JIXIE

YUANLI JI SHEJI FANGFA YANJIU

机械原理及设计方法研究

主　编　曹毅杰　宗望远　张　燕
副主编　王凤仙　王英利　孙芊芊
　　　　闫　亮　魏常武

中国水利水电出版社
www.waterpub.com.cn

内 容 提 要

本书对机械原理及设计方法进行了较为详细的探讨。全书共14章，主要内容包括绪论、机构的组成原理及结构分析、平面机构的运动与动态静力分析、平面连杆机构及其设计、凸轮机构及其设计、齿轮机构及其设计、轮系及其设计、轴承及联轴器设计、机构的惯性力平衡、机械传动原理与设计、机械的运转及其速度波动的调节、机械中的摩擦和机械效率、机械系统运动方案设计、机械优化设计等。

本书可作为高等院校机械类各专业的教学用书，也可作为机械工程领域相关专业及工程技术人员的参考书。

图书在版编目(CIP)数据

机械原理及设计方法研究/曹毅杰，宗望远，张燕主编．--北京：中国水利水电出版社，2014．10（2022．10重印）

ISBN 978-7-5170-2508-5

Ⅰ．①机… Ⅱ．①曹… ②宗… ③张… Ⅲ．①机构学②机械设计 Ⅳ．①TH111②TH122

中国版本图书馆CIP数据核字(2014)第214935号

策划编辑：杨庆川　责任编辑：杨元泓　封面设计：马静静

书　　名	机械原理及设计方法研究
作　　者	主　编　曹毅杰　宗望远　张　燕 副主编　王凤仙　王英利　孙芊芊　闫　亮　魏常武
出版发行	中国水利水电出版社 （北京市海淀区玉渊潭南路1号D座 100038） 网址：www.waterpub.com.cn E-mail：mchannel@263.net（万水） 　　　sales@mwr.gov.cn 电话：(010)68545888（营销中心）、82562819（万水）
经　　售	北京科水图书销售有限公司 电话：(010)63202643、68545874 全国各地新华书店和相关出版物销售网点
排　　版	北京鑫海胜蓝数码科技有限公司
印　　刷	三河市人民印务有限公司
规　　格	184mm×260mm　16开本　25.75印张　659千字
版　　次	2015年4月第1版　2022年10月第2次印刷
印　　数	3001-4001册
定　　价	86.00元

前　言

随着科学技术的进步和生产的发展，机械产品更新换代的周期将日益缩短，对机械产品在质量和品种上的要求将不断提高，这就对机械设计人员提出了更高的要求。中国作为世界机械制造大国，机械制造企业对技术人员的要求已进入新阶段，相关新技术日新月异，机械原理作为机器设计的基础，为了适应新的社会发展需求，必须拓展和延伸更为深层次的内容。

机械原理主要介绍各类机械产品常用机构设计基本知识、理论和方法，内容涉及机构的运动学、动力学原理以及机构设计的方法。其中机械设计是影响机械产品性能、质量、成本和企业经济效益的一项重要工作，机械产品能不能满足用户要求，很大程度上取决于设计。

本书在详细介绍基础理论、基本方法和基本技能的前提下以机构和机械系统设计为主线，注重机构和机械系统创新设计方面的内容。全书共 14 章，主要内容包括绪论、机构的组成原理及结构分析、平面机构的运动与动态静力分析、平面连杆机构及其设计、凸轮机构及其设计、齿轮机构及其设计、轮系及其设计、轴承及联轴器设计、机构的惯性力平衡、机械传动原理与设计、机械的运转及其速度波动的调节、机械中的摩擦和机械效率、机械系统运动方案设计、机械优化设计等。

本书具有以下几个特点：

1. 全书内容以理论为基础、设计为主线，各章独立并相互联系，具有较为严密的体系性。

2. 归纳和梳理了各种常用机械传动的特点，以及如何选择机械系统的传动方案和传动方案的布置顺序。

3. 通过案例分析，注重启发创新思维，加强实践，将设计基本知识、基本理论和设计方法有机地融合，并通过理论与实践有机地联系，为现代机械产品设计提供必要的基础知识和创新方法。

4. 本书的数据和资料基本上来自于机械设计手册的最新标准和规范，计算实例大部分来自于工程实践。

本书在编写过程中，参考了大量有价值的文献与资料，吸取了许多前人的宝贵经验，在此向这些文献的作者表示敬意。由于编者自身水平有限，书中难免有错误和疏漏之处，敬请广大读者和专家给予批评指正。

编　者

2014 年 6 月

目　　录

第1章　绪　论

1.1　机械与机械系统

1.1.1　机械

机械是人类重要的生产工具,机械的不断改进和新机械的发明与应用,显著地加速了生产力的发展,推动了生产方式的变革,促进了人类文明和进步。在人类历史上,简单机械的发明与应用可以追溯到几千年以前,古代的中国、埃及和希腊为了满足从事建筑、运输和起重的需要,都曾发明和应用了杠杆、斜面、绞盘等简单机械。在现代,机械的应用已遍及生产、流通、生活和服务等各个领域。

我们通常所说的“机械”是从许多具体机械中抽象出来的一个概念。人们把轧钢机、起重机、机床、水泵等都称为机械,那就意味着这些功用各异的不同设备之间必然存在某些本质上共同的特定因素,即形成了机械的概念。

通常机械原理课程所讲述的机械的定义为:机械是由许多抗力物体(刚体或构件)组成的系统,其各部分之间有确定的相对运动,在生产过程中利用机械能做有用功或者实现机械能与其他形式能量之间的转换。

1.1.2　机械系统

所谓机械系统是指由若干机械装置组成的一个特定系统,图1-1所示为数控机床和洗衣机

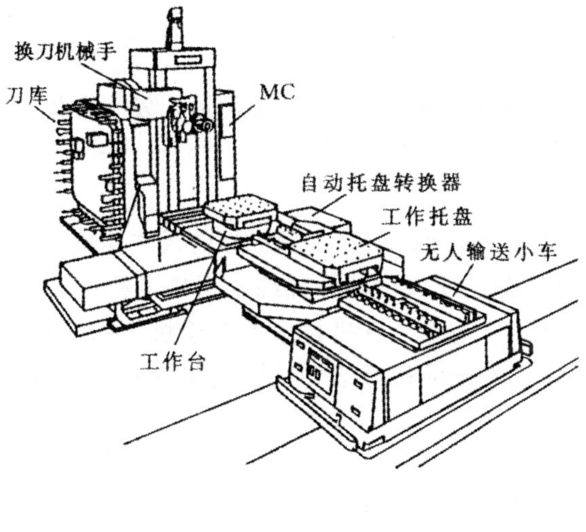

(a) 数控机床

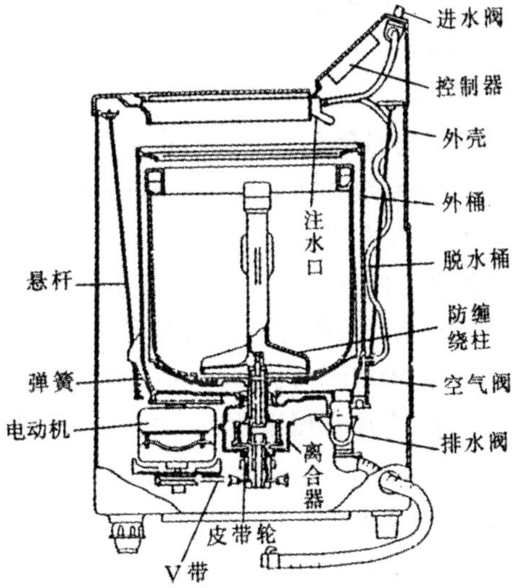

(b) 洗衣机

图1-1　机械系统

都是由若干装置、部件和零件组成的两种在功能和构造上各异的机械系统。它们都是由有确定的质量、刚度和阻尼的物体组成并能完成特定功能的系统。机械零件和构件是组成机械系统的基本要素，它们为完成一定的功能相互联系并分别组成了各个子系统。

1. 机械系统特性

(1)整体性

机械系统是由若干个子系统构成的统一体，虽然各子系统具有各自不同的性能，但它们在结合时必须服从整体功能的要求，相互间必须协调和适应。一个系统整体功能的实现，并不是某个子系统单独作用的结果；一个系统的好坏，最终体现在其整体功能上。因此，必须从全局出发，确定各子系统的性能和它们之间的联系。设计中并不要求所有子系统都具有完善的性能，即使某些子系统的性能并不完善，但如能与其他相关子系统在性能上总体地协调，一般也可使整个系统具有满意的功能。

系统是不能分割的，即不能把一个系统分割成相互独立的子系统，因为机械系统的整体性反映在子系统之间的有机联系上；正是这种联系，才使各子系统组成一个整体，若失去了这种联系，整个系统也就不存在了。实际系统往往是很复杂的，为了研究的方便，可以根据需要把一个系统分解成若干个子系统。分解系统与分割系统是完全不同的，因为在分解系统时始终没有忘记它们之间的联系，分解后的子系统都不是独立的，它们之间的联系可分别用相应子系统的输入与输出表示。

(2)相关性

系统内部各子系统之间是有机联系的，它们之间相互作用、相互影响，形成了特定的关系，如系统的输入与输出之间的关系、各子系统之间的层次联系、各子系统的性能与系统整体特定功能之间的联系等，取决于各子系统在系统内部的相互作用和相互影响的有机联系。某一子系统性能的改变，将对整个系统的性能产生影响。

(3)目的性

系统的价值体现在其功能上，完成特定的功能是系统存在的目的。因此，系统应实现所要求的功能，排除或减少有害的干扰。

(4)环境适应性

任何系统都存在于一定的物质环境中。外部环境的变化，会使系统的输入发生变化，甚至产生干扰，引起系统功能的变化。好的系统应具备较强的环境适应性。

2. 机械系统组成

随着科技的发展，机械的内涵不断变化。机电一体化已成为现代机械的最主要特征，机电一体化拓展到光、机、电、声、控制等多学科的有机融合。现代机械系统综合运用了机械工程、控制系统、电子技术、计算机技术和电工技术等多种技术，是将计算机技术融合于机械的信息处理和控制功能中，实现机械运动、动力传递和变换，完成设定的机械运动功能的机械系统。就功能而言，一台现代化的机械包含四个组成部分。

(1)动力系统

动力系统包括动力机及其配套装置，是机械系统工作的动力源。按能量转换性质的不同，有把自然界的能源(一次能源)转变为机械能的机械，如内燃机、汽轮机、水轮机等动力机；有把二次能源(如电能、液能、气能)转变为机械能的机械，如电动机、液压马达、气动马达等动力机。动力机输出的运动通常为转动，而且转速较高。选择动力机时，应全面考虑执行系统的运动和工作载荷、机械系统的使用环境和工况，以及工作载荷的机械特性等要求，使系统既有良好的动态性能，又有较好的经济性。

(2)传动系统

传动系统是把动力机的动力和运动传递给执行系统的中间装置。传动系统主要有以下几项功能。

①减速或增速。把动力机的速度降低或提高，以适应执行系统工作的需要。

②变速。当用动力机进行变速不经济、不可能或不能满足要求时，可通过传动系统实行变速(有级或无级)，以满足执行系统多种速度的要求。

③改变运动规律或形式。把动力机输出的均匀、连续、旋转的运动转变为按某种规律变化的旋转或非旋转、连续或间歇的运动，或改变运动方向，以满足执行系统的运动要求。

④传递动力。把动力机输出的动力传递给执行系统，供给执行系统完成预定任务所需的转矩或力。

如果动力机的工作性能完全符合执行系统工作的要求，也可省略传动系统，而将动力机与执行系统直接连接。

(3)执行系统

执行系统包括机械的执行机构和执行构件，它是利用机械能来改变作业对象的性质、状态、形状或位置，或对作业对象进行检测、度量等，以进行生产或达到其他预定要求的装置。不同的功能要求，对运动和工作载荷的机械特性要求也不相同，因而各种机械系统的执行系统也不相同。执行系统通常处在机械系统的末端，直接与作业对象接触，是机械系统的主要输出系统。因此，执行系统工作性能的好坏，将直接影响整个系统的性能。执行系统除应满足强度、刚度、寿命等要求外，还应满足运动精度和动力学特性等要求。

(4)操纵系统和控制系统

操纵系统和控制系统都是为了使动力系统、传动系统、执行系统彼此协调运行，并准确、可靠地完成整机功能的装置。二者的主要区别是：操纵系统一般是指通过人工操作来实现启动、离合、制动、变速、换向等要求的装置；控制系统则是指通过人工操作或测量元件获得的控制信号，经由控制器，使控制对象改变其工作参数或运行状态而实现上述要求的装置，如伺服机构、自动控制装置等。良好的控制系统可以使机械处于最佳运行状态，提高其运行稳定性和可靠性，并有较好的经济性。

此外，根据机械系统的功能要求，还有润滑系统、计数系统、行走系统、转向系统等。

如图1-2所示的工业机器人的构造，工业机器人由主体、驱动系统和控制系统三个基本部分组成。主体即机座和执行机构，包括臂部、腕部和手部，有的机器人还有行走机构。执行机构由多个刚性的杆件所组成，各杆件间由运动副相连(在机器人学中，通常称这些运动副为关节)，使得相邻杆件间能产生相对运动。大多数工业机器

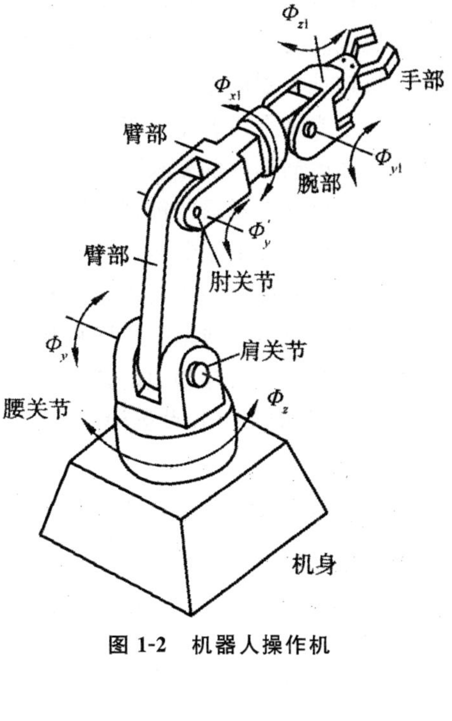

图1-2 机器人操作机

人有 3～6 个运动自由度，其中腕部通常有 1～3 个运动自由度；驱动系统包括动力装置和传动机构，用以使执行机构产生相应的动作；控制系统是按照输入的程序对驱动系统和执行机构发出指令信号，并进行控制。

1.2 机械原理

1.2.1 机械原理的研究对象

机械原理是机构与机器原理的简称，是以机构和机器为研究对象的一门学科。

所谓机构是指用来传递运动和力的、有一个构件为机架的、用构件间能够相对运动的连接方式组成的构件。

只要留心观察，就会发现人类所制造的各种可以产生相对运动的工具都包含机构。无论是日常生活还是工业生产中，到处可以看到机构蕴藏在其中，如家具、门窗、钟表、汽车、飞机、海洋石油钻井平台、自动生产线等；工农业生产以及航空航天中的各种设备，如汽车生产线、风力发电机组、石油机械、冶金机械、农业机械、印刷机械、包装机械等，都是由各种常用机构及其组合构成的。

而机器是执行机械运动的装置，用来完成有用的机械功或转换其他能量为机械能，具体具有以下的特征：

①它是一种通过加工制造和装配而成的机件组合体。

②各个机件之间都具有确定的相对运动。

③能实现能量的转换，并做有用的机械功。在生产过程中，能代替或减轻人的劳动。

凡同时具备上述三个特征的实物组合体就称为机器，而利用机械能来完成有用功的机器称为工作机，如各种机床、轧钢机、纺织机、印刷机、包装机等。将化学能、电能、水力、风力等能量转换为机械能的机器称为原动机，如内燃机、电动机、涡轮机等。

机构是机器的重要组成部分，其主要功能是实现运动和动力的传递和变换。每部机器又可分为一个或多个由若干机件(如齿轮、凸轮、连杆、曲轴等)组成的特定组合体，用来实现某种运动的传递或运动形式的变换。

机构也具有机器的前两个特性：

①一种通过加工制造和装配而成的机件组合体。

②各个机件之间具有确定的相对运动。

机器是由一个或多个不同机构所组成的。它可以完成能量的转换或做有用的机械功，而机构则仅仅起着运动和动力的传递和变换的作用。或者说，机构是实现预期的机械运动的机件组合体，而机器则是由各种机构组成的、能实现预期机械运动并完成有用机械功或转换机械能的机构系统。

由于机构与机器具有两个共同的特性，所以从结构和运动的角度，两者并无区别，传统上认为机械就是机器和机构的总称，将机器和机构均用“机械”来表示。

1.2.2 机械原理的研究内容与方法

现代机械种类繁多，功用各异。按机械的功能和应用领域来划分，则有冶金机械、矿山机械、工程运输机械、金属切削机床等。如果抛开各种具体机械的特定功能,从总体功能考查各种机械,它们存在一些需要研究的共性问题:怎样才能把许多构件组合并以一定的方式连接起来使之有确定的相对运动?构件间的不同类型的连接对机械的性能有何影响?如何实现将一种运动形式变换成另一种运动形式完成不同的工艺目的?使之运转的外力在机械的各个构件之间是怎样传递的,它们对机械的运转会产生什么影响?如何使机械在工作过程中耗费较少的能量获得更大的效益?这些都是设计和分析各种具体机械过程中的共性问题,对这类问题的系统研究就形成了机械科学中的一个重要分支——机械原理。机械原理所研究的主要是执行系统和传动系统部分的内容。

1. 机械原理的研究内容

机械原理的研究内容一般可以概括如下:

①对已有机械进行分析它包括机构的结构分析,即研究机构的组成原理、机构运动的可能性及确定性条件;机构的运动分析,即研究在给定原动件运动的条件下,机构各点的轨迹、位移、速度和加速度等运动特性;机构的动力分析,即研究机构各运动副中力的计算方法、摩擦及机械效率等问题。

②常用机构的分析和设计问题如连杆机构、凸轮机构、齿轮机构、间歇运动机构等常用机构的相关概念、结构特点、基本设计理论与方法。它们是机械原理课程学习的主要内容。

③机器动力学问题研究在已知力作用下,具有确定惯性参量的机械系统的真实运动规律;分析机械运动过程中各构件之间的相互作用力;机械运转过程中速度波动的调节和飞轮设计问题,回转构件和机构平衡的理论和方法。

④根据运动和动力性能方面的要求设计新机械包括机构的选型、机构的构型、机构的创新设计、机构的运动设计及动力设计。最后确定能够满足功能要求的机构运动简图。

机械原理是研究机械系统的组成原理、设计实现各种运动变换功能的机构系统、分析机械中力和功率传递规律的设计理论和方法的科学。

2. 机械原理的研究方法

研究机械原理问题的方法有图解法、解析法和虚拟样机仿真法。图解法主要是通过作图求解机构运动和设计问题,特点是几何概念清晰、直观易懂,便于判断结果正确与否,在解决问题的过程中,侧重于形象思维。解析法是在建立数学模型的基础上,通过计算求解获得有关分析和设计结果,特点是应用计算机使计算变得快捷而精确,在解决问题的过程中,侧重于逻辑思维。虚拟样机仿真法是应用虚拟样机技术,借助虚拟样机软件平台,通过建立机械系统的虚拟样机,进行仿真分析,获取有关分析结果,或对设计结果进行验证,特点是形象直观、易于操作。

今年来计算机相关技术的发展为机械原理的研究提供了先进的手段和方法,也促进了机械原理的发展。在学习和研究机械原理的过程要注意以下几个方面:

①理论与实践相结合。随时联系生产和生活实践,主动应用所学理论与方法去解决有关机构与机器在运动学和动力学方面的实际问题。

②机构简图与实物相结合。为便于研究,课程中的机构均用简单的几何线条表示,与实际的机件所组成的机构的外形相差甚远。在进行机构运动设计时,应考虑到由实际机件组成的机构可能会出现的问题。

③机构的静态与动态相结合。在研究机构运动时,往往要画出机构在某个位置的简图(几何图形),在屏幕或纸面上只是表示出该位置的静止状态。而要真正了解机构在一个运动周期的运

动特性，就必须让机构位置的几何图形动起来，即将其看成一个可变的几何图形。

④形象思维与逻辑思维相结合。在对机构的研究中，某些概念、结论或参数关系式并非完全由逻辑推理而得，常常直接由几何图形或物理概念获得。

1.2.3 机械原理的学科发展与工业展望

1. 机械原理的学科发展

机械原理学科是机械学学科的重要组成部分，是机械工业和现代科学技术发展的重要基础。这一学科的主要组成部分为机构学和机械动力学。

18世纪下半叶，由于资本主义的兴起，在英国产生了世界第一次工业革命，推动了用机械化生产代替手工生产的过程，大大促进了纺织机械、缝纫机械、农业机械、蒸汽机、内燃机等各类机械的产生和应用。同时，也促进了机械工程学科的形成和发展。机构学在原来的机械力学的基础上发展为一门独立的学科。

机构学的研究对象是机器中的各种常用机构，如连杆机构、凸轮机构、齿轮机构和间歇运动机构等。它的研究内容是机构结构的组成原理和运动确定性，以及机构的运动分析和综合。机构学在研究机构的运动时仅从几何的观点出发，而不考虑力对运动的影响。如内燃机、压缩机等的主体机构都是曲柄滑块机构，这些机构的运动不同于一般力学上的运动，它只与其几何约束有关，而与其受力、构件质量和时间无关。1875年，德国的F.勒洛把上述共性问题从一般力学中独立出来，编著了《理论运动学》一书，创立了机构学的基础。书中提出的构件、运动副、运动链和机构运动简图等概念，以及相关观点和研究方法至今仍在沿用。1841年，英国的R.威利斯发表了《机构学原理》。早期的机构学局限在具有确定运动的刚性构件系统，且将运动副视为没有间隙的，将机器的概念局限于由原动机、传动机械和工作机械组成，用于代替人类的劳动。

传统的机械原理研究对低速运转的机械一般是可行的。但随着机械向高速、高精度方向发展，构件接触面的间隙、构件的弹性或温差变形以及制造和装配等所引起的误差必将影响运动的变化，因而从20世纪40年代开始，提出了机构精确度问题。由于航天技术以及机械手和工业机器人的飞速发展，机构精确度问题已越来越引起人们的重视，并已成为机械原理的不可缺少的一个组成部分。

20世纪70年代机电一体化概念的提出，形成了以计算机协调和控制的现代机械，如并联机床、柔性机器人、航天机械以及21世纪的智能机械、微型机械及仿生机械等。机器和机构的概念也有相应的扩展。如在某些情况下，组成机构的构件已不能再简单视为刚体；有些时候，气体和液体也参与了实现预期的机械运动，如液动机构、气动机构等。现代机械概念的形成使得机构学发展成为现代机构学。将构件扩展到了弹性构件、柔性构件等，运动副也包括了柔性铰链。机械动力学的研究对象已扩展到包括不同特性的动力机和控制调节装置在内的整个机械系统，控制理论已渗入机械动力学的研究领域。在高速、精密机械设计中，形成了考虑机构学、机械振动和弹性理论结合起来的运动弹性体动力学学科。

2. 工业应用要求与展望

(1)功能要求

现代机电产品的功能要求非常广泛。不同机械因其工作要求、追求目标和使用环境的不同，其具体功能的要求也有很大差异。例如，起重机是一种有间歇运动的机械，主要用于物品的装卸，其基本功能要求是起升重量、起升高度、起升速度、运行速度、生产率、作业范围及经济性，以及工作过程的安全性、可靠性、稳定性、可操纵性、对周围环境的适应性等;而机床是工作母机,其基本功能要求主要是加工精度等。

各种机械的功能要求大体上可归纳为以下几个方面。

①体积和质量要求，如尺寸、质量、功率等。

②动力要求,包括传递的功率、转矩、力和功效等。

③运动要求,如速度、加速度、转速,调速范围、行程、运动轨迹,以及运动的精确性等。

④产品造型要求,如外观、色彩与环境的协调性等。

⑤经济性要求,包括机械设计和制造的经济性,以及使用和维修的经济性等。

⑥可靠性和寿命要求,包括机械和零部件执行功能的可靠性、零部件的耐磨性和使用寿命等。

⑦安全性要求,包括强度、刚度、热力学性能、摩擦学特性、振动稳定性、系统工作的安全性,以及操作人员的安全性等。

⑧环境保护要求,如防噪、防振、防尘、防毒,“三废”(废气、废水、废渣)的治理,以及对人员和设备的安全性等。

⑨其他要求不同的机械还可有一些特殊要求,如对精密机械要求能长期保持其精度并有良好的防振性;对经常搬动的机械要求安装、拆卸、运输方便;对户外型机械要求有良好的防护、防腐和密封条件;对食品和药品加工机械要求不污染被加工产品等。

(2)未来展望

随着科学技术的深入发展,降低能耗、保护环境、高精度、高性能的各类机械产品将不断涌现,机器的应用将不断进入过去从未达到过的领域。如人类正在进入太空、微观世界、深海(6000米及以上)等领域,未来一段时期机械工业发展方向主要表现在:

①以太阳能和核能为代表的洁净能源的动力机械将会出现并投入使用,如燃氢发动机驱动的汽车将会行驶在公路上。

②绿色机械(不污染环境的报废机械又称为绿色机械)将会取代传统机械,设计方法智能化,大量工程设计软件取代人工设计与计算过程。

③高精度、高效率的自动机床、加工中心更加普及,CAD/CAPP/CAM系统更加完善。

④微型机械将会应用到医疗和军事领域,人工智能机械将会大量出现。

⑤民用生活机械进入家庭,兵器更加先进,非金属材料和复合材料在机器中的应用日益广泛。

⑥载人航天技术更加成熟,人类乘坐宇宙飞船登陆火星、月球和其他星球,甚至可以实现太空旅行和其他星球居住。

总之,未来的机械在能源、材料、加工制作、操纵与控制等方面都会发生很大变革。未来机械的种类更加繁多,性能更加优良。

1.3　机械设计过程

设计是复杂的思维过程,是人类改造自然的基本活动之一。设计过程蕴含着创新和发明。设计的目的是将预定的目标,经过一系列规划与分析决策,产生一定的信息(如文字、数据、图形等)而形成设计,并通过制造,使设计成为产品,造福人类。机械设计的最终目的是为市场提供优质高效、价廉物美的机械产品，在市场竞争中取得优势、赢得用户，并取得较好的经济效益。

机械设计有以下三种不同的设计类型。

①开发性设计。在工作原理、结构等完全未知的情况下，应用成熟的科学技术或可行的新设计，设计出以往没有过的新型机械。这是一种完全创新的设计。

②适应性设计。在工作原理方案基本保持不变的前提下，对产品作局部的变更或设计一个新部件，使机械产品在质和量方面更能满足使用要求。

③变型设计。在工作原理和功能结构都不变的情况下，变更现有产品的结构配置和尺寸，使之适应更多的性能要求。这里的性能含义很广，如功率、转矩、加工对象的尺寸、传动比范围等。

机械设计是指规划和设计实现预期功能的新机械或改进原有机械的性能的过程。

设计机械时应满足的基本要求是：在满足预期功能的前提下，性能好、效率高、成本低，在预定使用期限内安全可靠，操作方便，维修简单，以及造型美观等。

图 1-3 所示为机械产品的一般设计过程。

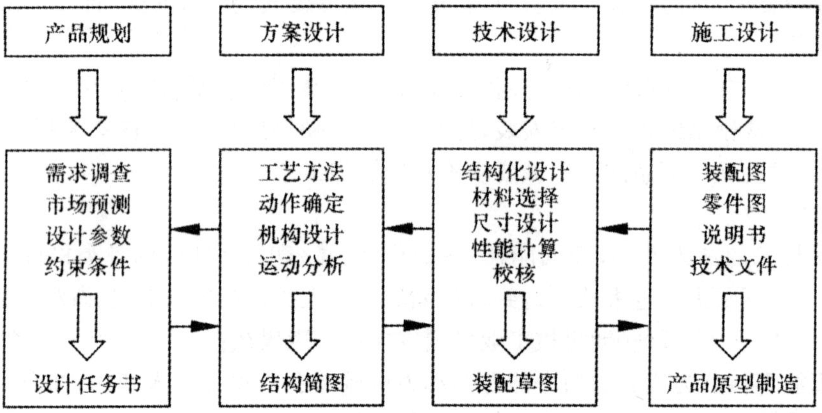

图 1-3　机械产品的一般设计过程

1.3.1　产品规划

对产品开发中的重大问题要进行技术、经济、社会等各方面条件的详细分析，对开发的可能性进行综合研究，提出可行性报告，其内容主要有：

①产品开发的必要性，市场需求预测。

②有关产品的国内外水平和发展趋势。

③提出设计、工艺等方面需要解决的关键问题。

④预期达到的最低目标和最高目标，包括设计水平、技术、经济和社会效益。

⑤现有条件下开发的可能性及准备采取的措施。

⑥预算投资费用及项目的进度、期限。

拟定设计任务书就是确定所设计机械的工艺目的和各种功能指标。这是一项需要从技术、经济、市场、国家有关产业政策、环境保护法规以及考虑区域文化背景等多方面研究论证的复杂任务，需要进行需求调查、市场分析及预测，综合各方面因素，确定工艺目的和设计参数，最后下达设计任务书。

1.3.2 方案设计

1. 工艺方法动作的确定

工艺目的确定之后,应研究用什么样的方法去达到工艺目的。例如,设计一台破碎石料的机械,破碎石料是工艺目的。石料可以被压碎(压力)、搓碎(剪切力)、击碎(冲击力),在具体工艺指标下,用哪一种破碎方法较好这是值得研究的。因此,颚式破碎机、圆锥旋转破碎机等应运而生。若设计一台缝纫机,按传统手工缝纫的穿针引线的结线方法把布料缝合起来将是十分困难的。19世纪40年代,美国人哈威通过观察织布工手中的梭子,将手针倒置并采取增设底线的方法,首先研究出了新的结线方法,于是实用的缝纫机产品问世。

为了实现选定的工艺方法,要求所设计的机械能完成确定的工艺动作,这需要通过设计机械系统的传动机构或执行机构来实现。当同时需要两个以上的工艺动作时,还应使各个工艺动作之间相互协调。

可见,实现一种工艺目的可有不同的方法,但从节省能量、提高工效和用机械方法是否易于实现的角度分析,各种方法有很大差别。研究合理、可行的工艺方法和对应的工艺动作,是机械设计过程中的重要问题,也是机构创新的重要环节。

2. 机构设计

由于多数机械是由动力机驱动的,而常用的动力机,它们一般只能给出如匀速转动、直动等最简单的运动形式,但是实际工况要求的工艺,动作却是多种多样的。因此,将动力机给出的简单运动变换为工艺动作要求的运动形式,要靠各种机构来实现。例如,颚式破碎机要求其破碎颚板模仿上下颚咀嚼食物时的动作,在牙齿间既产生压力,又产生剪切力。因此需要设计一机构,将电动机的匀速转动运动,转换成颚板的平面任意运动。若设计上述结线方式的缝纫机,需要设计:机针带着上线刺布做上下往复运动的走针机构;使上线绕过底线,摆梭勾线往复摆动的摆梭机构;挑线杆完成挑线动作的挑线机构;送布牙板完成步进式送布动作的送布机构,并使各动作间相互协调。

3. 运动学分析与综合

经过以上各阶段的工作,得到了以机构运动简图表示的机构。这个机构及初步设计的相应的尺寸参数能否满足所提出的工艺动作要求,需要通过运动分析来验证。机构的运动分析,就是令机构的主动件按给定的运动参数运动,求出输出动件的对应运动参数和运动规律,根据运动分析的结果判定机构能实现自如运动与工艺动作的符合程度。例如,筛分机械中的筛筐,运动形式可以是往复直动,又如设计成曲柄滑块机构。但如果机构类型或结构参数选择不当,将导致其往复运动中速度和加速度的变化规律不当,有可能出现物料与筛筐始终是一起运动的情况,从而达不到筛分的目的。如果分析结果表明机构实际所能实现的运动变换不能满足工艺动作要求,则需要修改机构尺寸或者重新选择机构类型。

按给定的运动变换要求确定机构中与运动性能有关的尺寸参数的工作称机构的运动学综合(kinematic syntheses of mechanisms)。可见,机构设计、机构的运动分析和机构的运动学综合通常为反复交互的过程。在以计算机辅助设计为手段的现代设计方法中,机构综合和分析工作常常是交织在一起的。运动学分析工作已成为设计工作中不可分割的一部分,并为机械系统的动力学分析建立基础。

1.3.3 技术设计

1. 零部件的结构设计

技术设计主要包括机械的各个零部件结构尺寸的初步设计。在经过分析、验证了所选择的机构形式和尺寸参数能满足工艺动作要求的前提下，需要把机构简图转化为机械的结构图（装配图和零件图）。在这一环节里，要考虑材料的选择，零部件承载情况，加工、装配的可能性和方便性，以及保证它们正常工作所需要的调整、润滑措施等问题。

2. 机械受力及动力学分析

在初步确定了机械的零部件结构形状和尺寸的前提下，就可估算出各个构件的动力学参数，即质量、质心位置及转动惯量。利用运动分析结果就可以计算出在运转过程中构件的惯性力和惯性力偶，然后可以进行包括动载荷在内的受力分析。受力分析不仅可以确定机械中各个零部件在工作过程中所承受的载荷大小及其变化规律，为零部件承载能力验算提供依据，还可以计算出为了驱动机械正常运转所需动力机的容量大小。与此同时，我们还可以通过受力分析检验所设计机构的合理性。

现代机械对其运转质量的要求不断提高，因此需要对其进行动力学分析与设计，其内容主要包括：求机械在外力作用下的真实运动规律，如何避免和减轻机械运转过程中的振动途径和探求提高机械运转的平稳性等。这一环节对于大型、高速重载机械或精密机械是十分重要的。

动力学分析是在机械的结构设计基本完成和动力机已选定的前提下进行的。根据动力学分析的结果可能会导致某些零部件结构形状和尺寸的修改，有时甚至导致机构形式的重新选择。

在此基础上，对所设计的零部件进行承载能力验算，如果验算结果不满足工作需要，则应修改结构参数或结构形式。

1.3.4 施工与改进设计

上述各环节均满足设计要求后，完成机械装配图和零件图，并进行产品样机的制造（产品原型制造）。

最后根据样机性能测试数据，分析用户使用以及在鉴定中所暴露的各种问题，进一步做出相应的技术完善工作，以确保产品的设计质量。这一阶段是设计过程不可分割的一部分，通过这一阶段的工作，可以进一步提高产品的性能、可靠性和经济性，使产品更具生命力。

以上设计过程的各个阶段是相互联系、相互依赖的，有时还要反复进行。只有经过不断修改与完善，才能获得较好的设计。

第2章　机构的组成原理及结构分析

2.1　机构的组成

2.1.1　零件与构件

构件是组成机构的基本要素之一，是运动的单元体。构件可以由一个零件组成，也可以由多个彼此无相对运动的零件组成。

图2-1所示的内燃机是由曲轴4、连杆3、活塞10、凸轮轴7、推杆8、气阀17和机架2等一系列的零件组成。任何机器都是由若干个需要单独制造加工的单元体——零件按一定方式组合而成的。

但是从机器实现预期运动和功能的角度来看，这些零件在机器中的作用是不同的。其中有的零件可以作为一个独立的运动单元体——构件来参与机构的运动，如内燃机中的曲轴；而有些零件则由于结构和工艺上的需要与其他一些零件刚性地固连在一起，从而组成构件作为整体参与机构的运动。如图2-2所示的内燃机中的连杆就是由连杆体1、连杆头2、轴瓦3、4和5、螺栓6、螺母7以及开口销8等零件刚性地固连在一起，在内燃机中作为一个运动单元体而运动。机械原理研究机构的运动学、动力学问题，而不研究机械零件的加工、制造问题。因此，我们将构件作为机械原理研究的基本单元体，即从运动的观点来看，任何机器都是由若干个构件组合而成的。

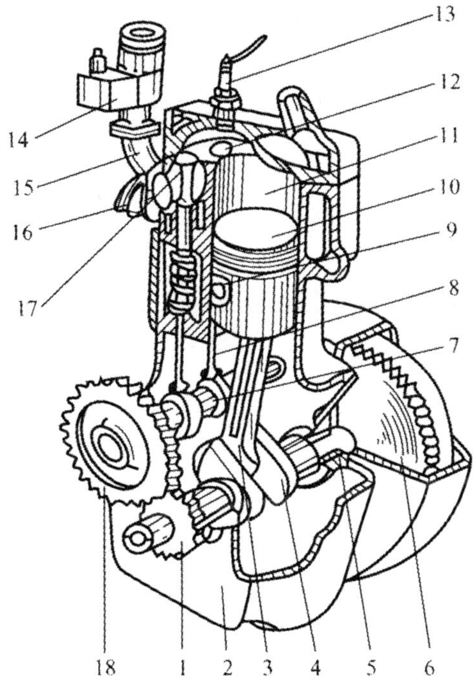

图2-1　内燃机结构简图

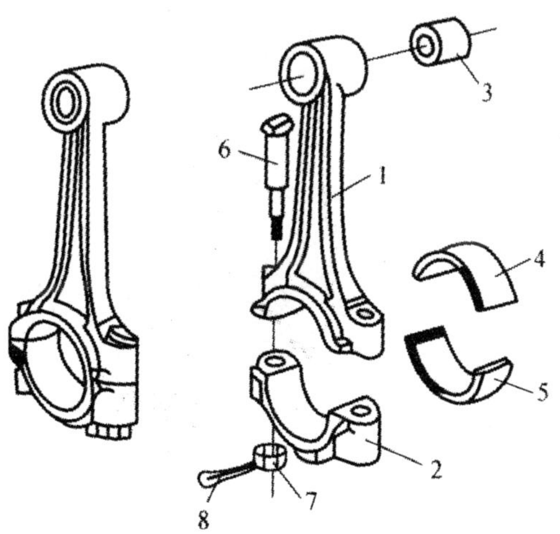

图2-2　零件与构件

在内燃机中，曲柄既是一个零件，同时也是一个构件。而连杆作为一个参与运动的构件，则是由连杆体、连杆头、螺栓、螺母、垫圈等多个零件刚性连接组成。

构件上的每一个零件都必须单独加工制作，因此从加工的观点来说，零件是制造的单元体。

2.1.2 运动副

运动副是组成机构的另一基本要素。在机构中，每个构件都是以一定方式与其他构件相互连接，这种连接是可动的，但又受到一定的约束，以保证构件间具有确定的相对运动。两构件之间的这种直接接触而又能产生一定相对运动的活动连接称为运动副。

运动副有多种分类方法，常见的有以下几种：

①根据运动副所引入的约束数分类。把引入一个约束的运动副称为Ⅰ级副，引入两个约束的运动副称为Ⅱ级副，依次类推，最末为Ⅴ级副。

②根据构成运动副的两构件的接触情况分类。理论上凡是以面接触的运动副称为低副，以点或线相接触的运动副称为高副。

③根据构成运动副的两元素间相对运动的空间形式进行分类。如果运动副元素间只能相互作平面平行运动，则称之为平面运动副，否则称为空间运动副。应用最多的是平面运动副，它只有转动副、移动副（统称为低副）和平面高副三种形式。

④根据运动副的锁合形式进行分类。运动副元素间的相互接触和所允许的相对运动，可通过运动副元素的几何形状或通过外力来加以保证，常称之为形锁合和力锁合。形锁合是通过运动副元素的结构来保持两构件运动副元素的相互接触，而力锁合则是通过施加各种外力保证运动副元素之间的接触。

常用运动副及其简图和分类（GB 4460—1984），可见表 2-1 所示。

表 2-1 常用运动副及其简图和分类

名称	简图	符号及代号	约束数	自由度	相对运动数		类别
					转动	移动	
球面高副	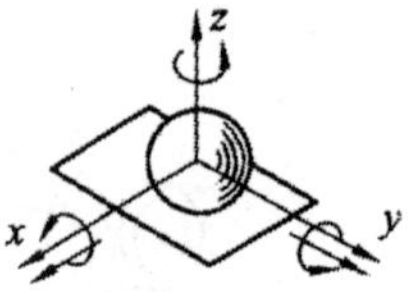		1	5	3	2	Ⅰ
柱面高副	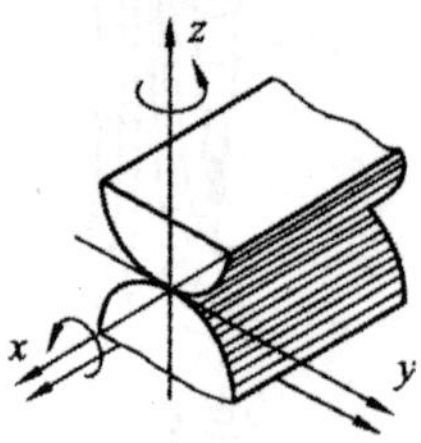		2	4	2	2	Ⅱ
球面低副	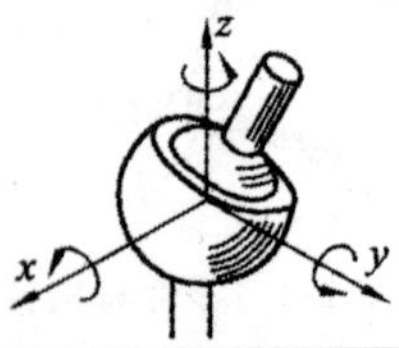		3	3	3	0	Ⅲ

续表

名称	简图	符号及代号	约束数	自由度	相对运动数		类别
					转动	移动	
球销幅	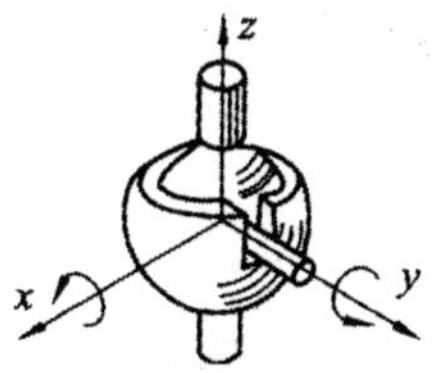	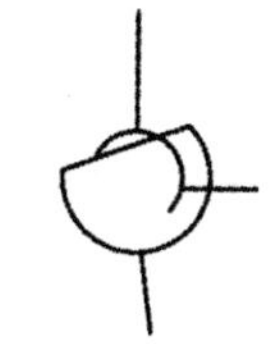	4	2	2	0	Ⅳ
圆柱副	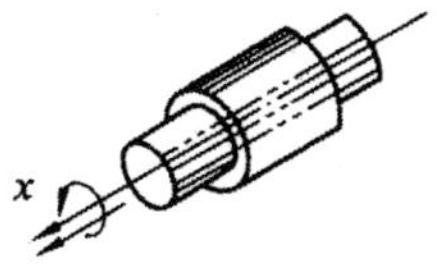	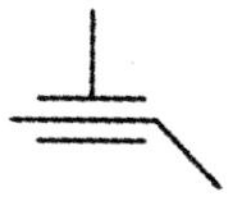	4	2	1	1	Ⅳ
转动副	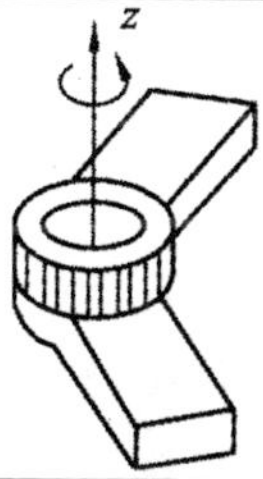	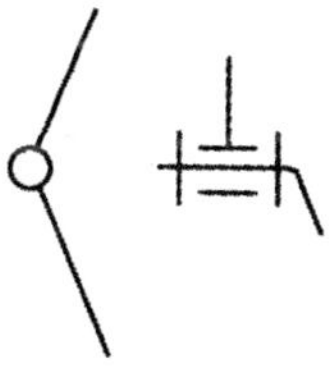	5	1	1	0	Ⅴ
移动副	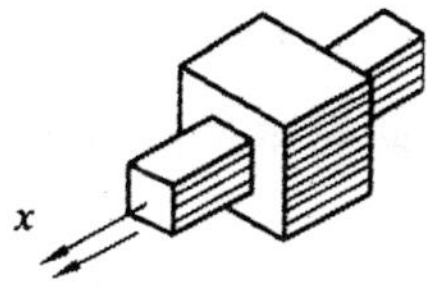	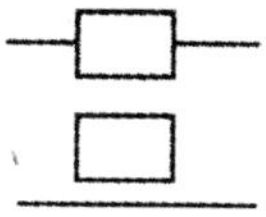	5	1	0	1	Ⅴ
螺旋副	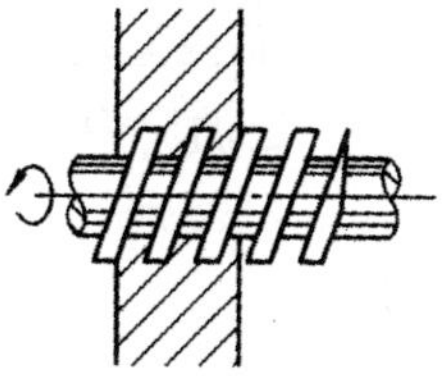	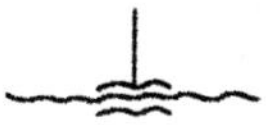	5	1	1(0)	0(1)	Ⅴ

2.1.3　运动链与机构

1. 运动链

两个以上构件通过运动副的连接而构成的系统称为运动链。如果组成运动链的各构件构成了首末封闭的系统，则称为闭式运动链(简称闭链)，如图 2-6(a)、(b)所示；如果各构件未构成首末封闭的系统，则称为开式运动链(简称开链)如图 2-6(c)所示。

根据组成运动链的各构件之间的相对运动是平面运动还是空间运动，我们也将运动链分成平面运动链和空间运动链，分别如图 2-3、图 2-4 所示。

在构件数目相同的情况下，开链的自由度要多于闭链。一般机械中多采用闭链，而随着生产中机械手和机器人的应用日益普遍，机器中开链也日益增多。

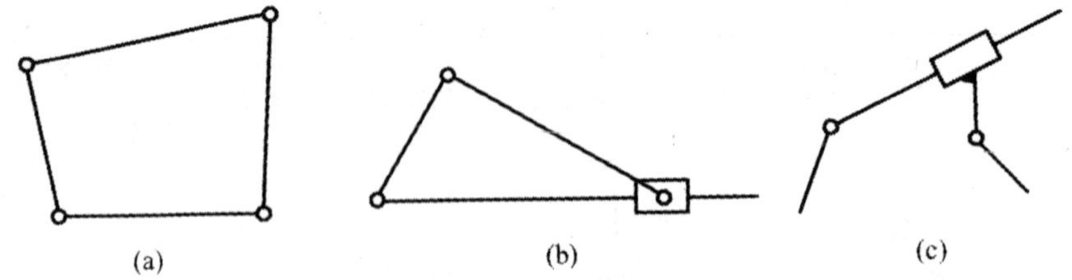

图 2-3　平面运动链

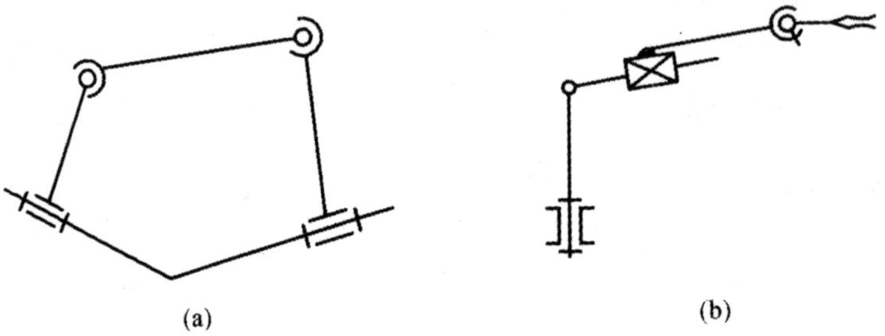

图 2-4　空间运动链

2. 机构

在运动链中，将某一构件加以固定，而让另一个（或少数几个）构件按给定运动规律相对于该固定构件运动，若其余构件随之做确定的相对运动，则该运动链成为机构。

机构中的固定构件称为机架。按给定运动规律相对机架独立运动的构件称为主动件，而其余活动构件称为从动件。从动件的运动规律取决于主动件的运动规律及机构的结构。因此，机构是由机架、主动件和从动件所组成的构件系统。

根据组成机构的各构件之间的相对运动为平面运动还是空间运动，可以把机构分为平面机构和空间机构两大类。其中，所有构件都在同一平面或相互平行的平面内运动的机构称为平面机构，否则称为空间机构。平面机构在各类机械设备中得到了极为广泛的应用。

2.2　机构运动简图绘制方法

2.2.1　机构运动简图概述

从机构的组成来看，任何机构都是由构件通过运动副的连接而构成的。由于强度、制造、工艺等方面的需要，机构中各构件的结构及形状往往都是不同的。而从机构运动的角度来看，机构中各构件的运动取决于主动件的运动规律、机构所含有的运动副的种类和数目以及机构的运动尺寸（各运动副之间的相对位置关系），而与构件的外形、断面尺寸、运动副的具体结构等无关。因此，在对现有机械进行分析，或进行新机械的运动方案设计时，可以不考虑上述对机构运动无关的因素，只采用国家标准规定的简单线条和运动副的代表符号，并按一定比例尺画出机构中各个运动副的相对位置，以表达机构的运动情况。我们将这种表达了机构中各构件间的相对运动关系的简单图形称为机构运动简图。机构运动简图所表达的机构运动特性必须与原机构完全相同，这样才可以根据运动简图对机构进行运动分析与受力分析。表 2-2、表 2-3 及表 2-4 分别为常用运动副在机构运动简图中的符号，构件的表示方法及其运动简图符号。

表 2-2　常用运动副在机构运动简图中的符号

运动副名称		运动副表示方法	
		两运动构件构成的运动副	两构件之一为固定时的运动副
平面运动副	转动副	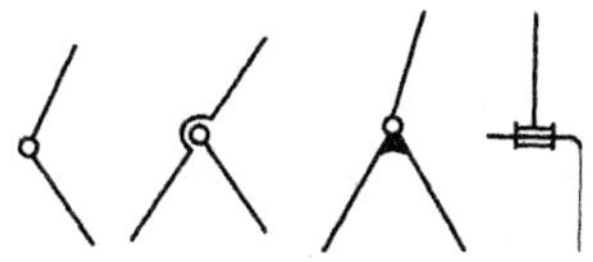	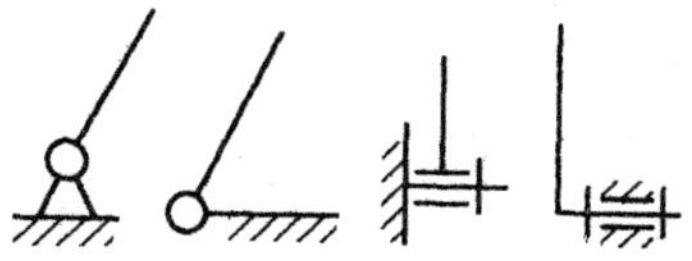
平面运动副	移动副	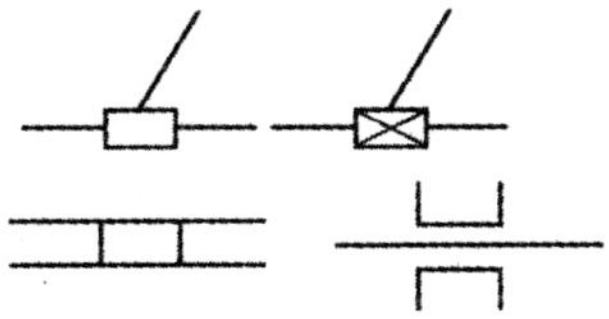	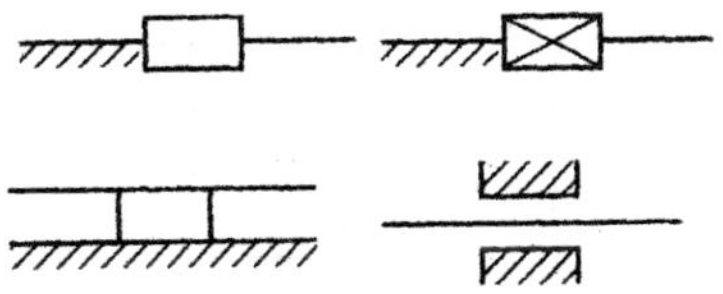
平面运动副	平面高副	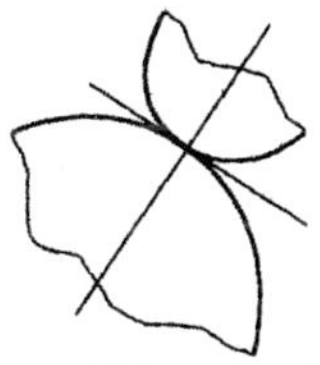	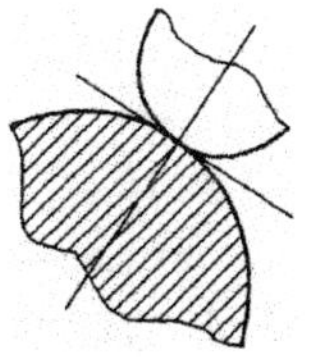
空间运动副	螺旋副	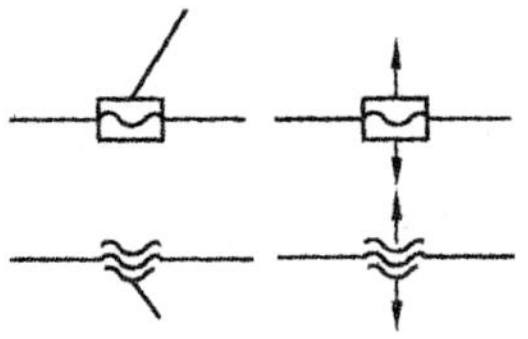	
空间运动副	球面副及球销副	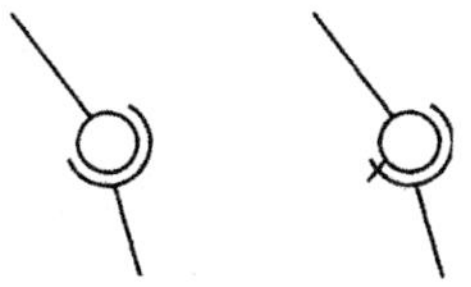	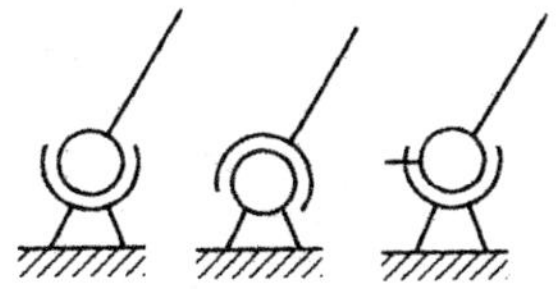

表 2-3　常用构件的表示方法

	构件的表示方法
同一构件	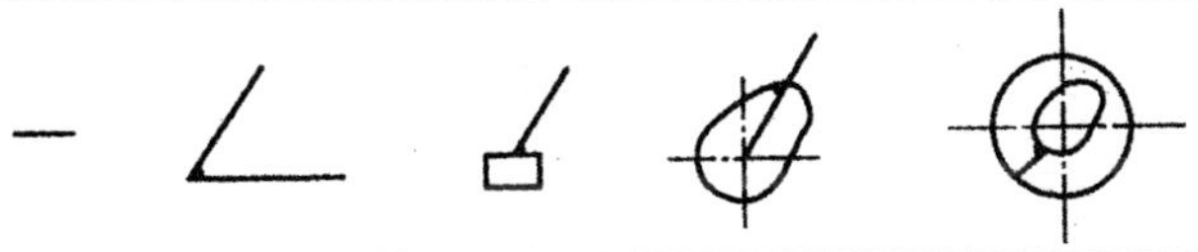
固定构件	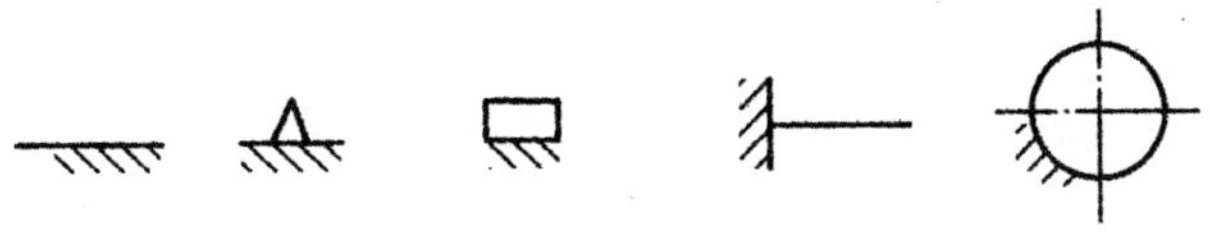
两副构件	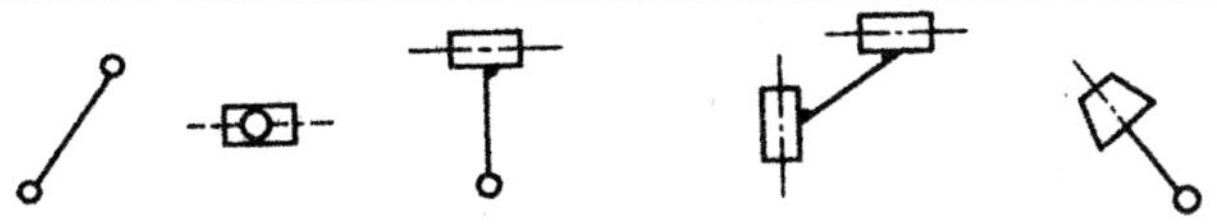

续表

	构件的表示方法
三副构件	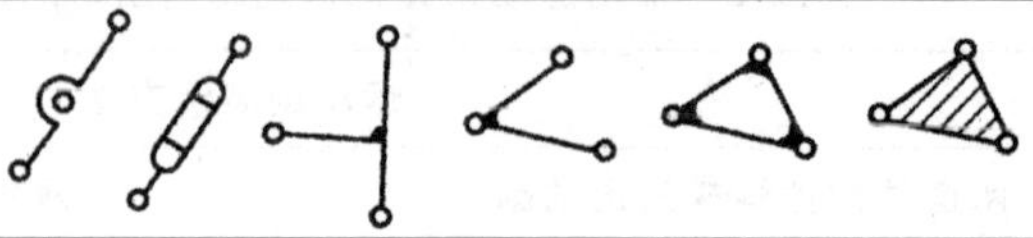

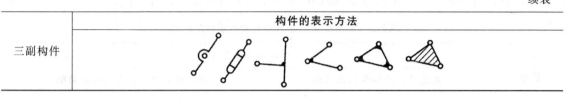

表 2-4　常用机构运动简图符号

常见机构	简单运动符号	单见机构	简单运动符号
在支架上的电机	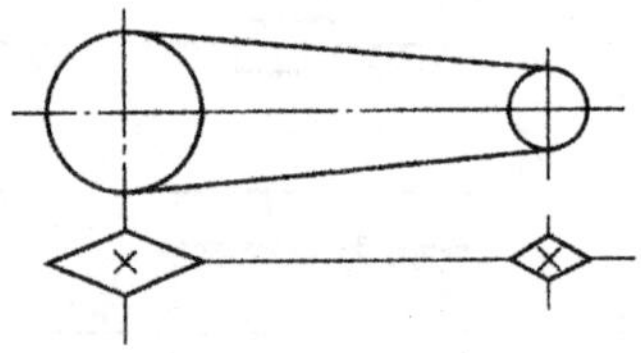	齿轮齿条传动	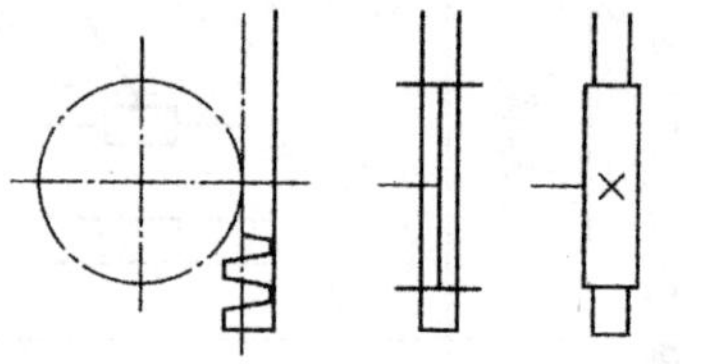
带传动	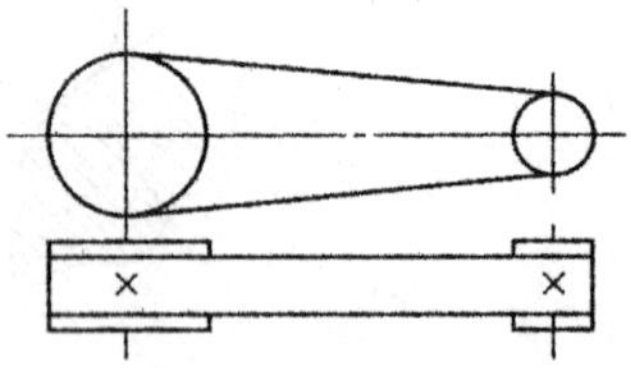	圆锥齿轮传动	
链传动	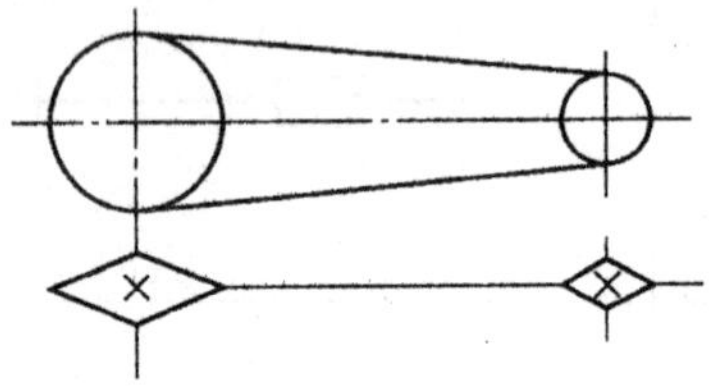	圆柱蜗轮蜗杆传动	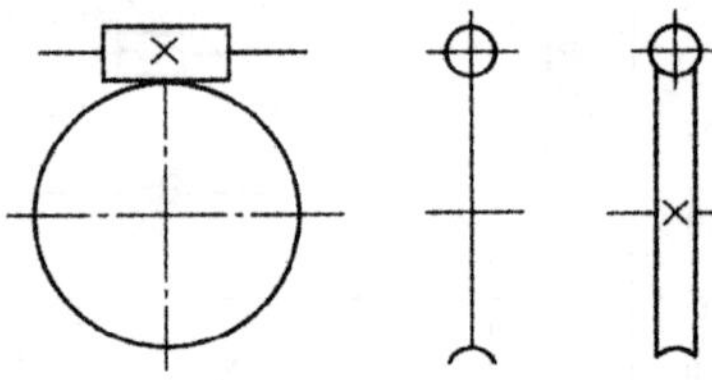
外啮合圆柱齿轮传动	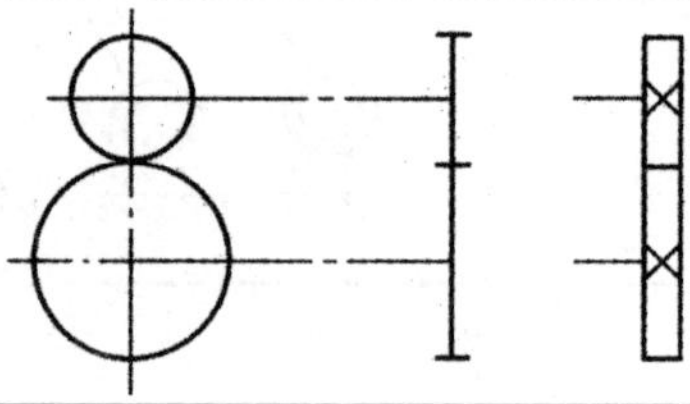	凸轮传动	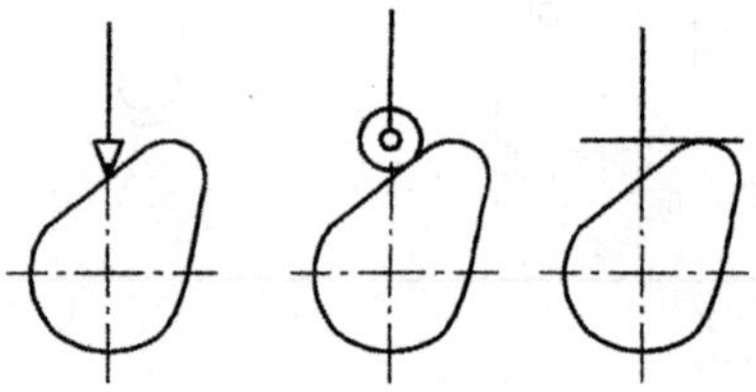
内啮合圆柱齿轮传动	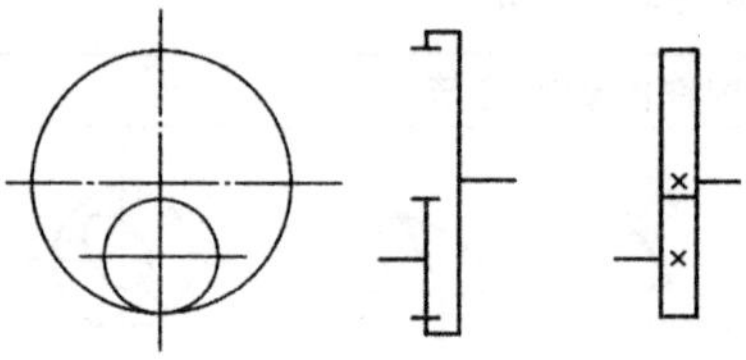	棘轮机构	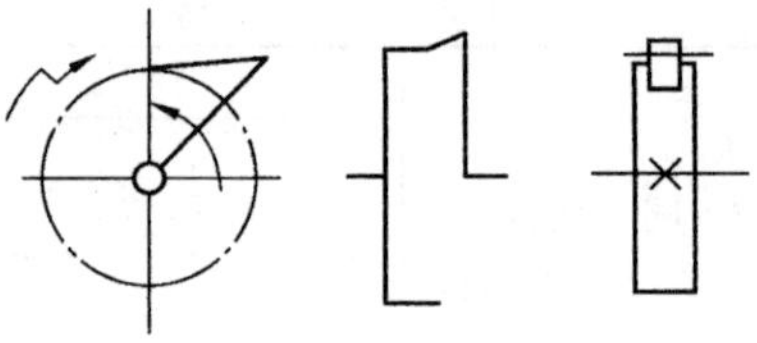

2.2.2　机构运动简图的绘制

机构运动简图绘制主要步骤如下：

①分析机构的动作原理、组成情况和运动情况，明确机构的组成构件，确定原动件、机架、执行部分和传动部分。

②沿着运动传递路线,逐一分析每两个构件间相对运动的性质,以确定运动副的类型和数目。

③恰当地选择运动简图的视图平面。通常应选择机构中多数构件的运动平面为视图平面。对于复杂机构也可选择两个或两个以上的视图平面,然后将其展开到同一图面 E。

④选择适当的比例尺 μ_l,μ_l=实际尺寸(m)/图示长度(mm),从原动件开始,按传动顺序确定各运动副的相对位置,并用国家标准规定的运动副符号和简单线条绘制机构运动简图。然后在原动件上标出箭头以表示其运动方向,并标出各构件的编号和运动副的代号。

下面举例说明机构运动简图的绘制方法。

【例 2-1】 试绘制例图 2-5(a)所示液压泵机构的机构运动简图。

解　按以下步骤进行:

①工作原理分析。圆盘 1 为主动件,绕固定轴线 A 转动,并且带动柱塞 2 在构件 3 的圆孔中往复移动,柱塞 2 又带动构件 3 在泵体(机架)4 中绕固定轴线 c 往复摆动。当构件 3 上小孔对准泵体 4 的右侧孔时,将油吸入,对准左侧孔时,将油排出。

②选择投影面。取视图面为机构运动简图投影面。

③分析组成构件。机构共由四个构件组成,分别是圆盘 1、柱塞 2、从动构件 3 和泵体(机架)4。

④分析运动副。圆盘 1 和机架 4 组成转动副 A;构件 1 和 2 组成转动副 B,构件 2 和 3 组成移动副,导路中心线为构件 3 上圆孔中心线;构件 3 和 4 组成转动副 C。

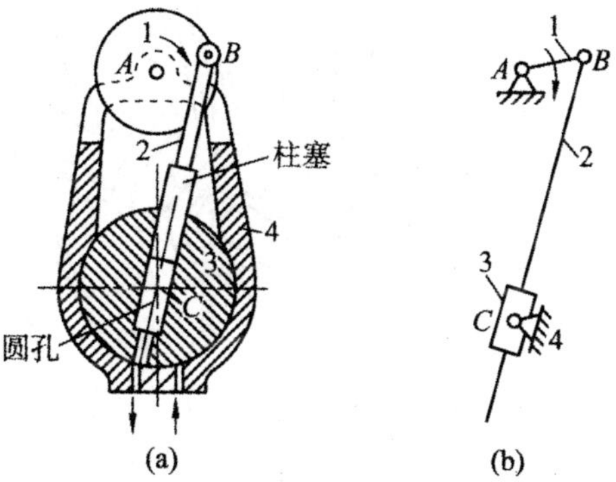

图 2-5　液压泵机构的机构运动简图

⑤选定比例尺 μ_l 和作图位置,按实际尺寸和比例尺 μ_l 绘制机构运动简图。如例图 2-5(b)所示。

【例 2-2】 试绘制如图 2-6(a)所示内燃机的机构运动简图。

解　①分析机构运动,弄清构件数目。此内燃机的主体机构是由缸体 1、活塞 2、连杆 3 和曲轴 4 所组成的曲柄滑块机构。此外,还有齿轮机构、凸轮机构等。在燃气的压力作用下,活塞 2 首先运动,然后通过连杆 3 使曲轴 4 输出回转运动;为了控制进气和排气,由固装于曲轴 4 上的小齿轮 4′带动大齿轮 5 使凸轮轴回转,再由凸轮轴上的凸轮 5′,推动推杆 6 以控制进排气阀门。该机构共有 6 个构件。

②判定运动副的类型。根据各构件相对运动和接触情况,不难判定构件 1 与 2、构件 1 与 6 构成移动副;构件 2 与 3、构件 3 与 4、构件 4 与 1、构件 5 与 1 均构成转动副,构件 4(4′)与 5、构件 5(5′)与 6 构成高副。

③表达运动副。选择与各构件运动平面相平行的平面为视图投影面,位置如图 2-6(a)所示,选定适当比例,用规定符号绘制出各运动副。

④表达构件。用简单线条将同一构件上的运动副连接起来,即表达出各构件。构件 1 为机架,用斜线标示;构件 2 为原动件,用箭头标示。如图 2-6(b)所示即为要绘制的内燃机的机构运动简图。

值得注意的是,为了准确地反映构件间原有的相对运动,在绘制机构运动简图时,表示转动副的小圆,其圆心必须与相对回转轴线重合;表示移动副的滑块、导杆或导槽,其导路必须与相对

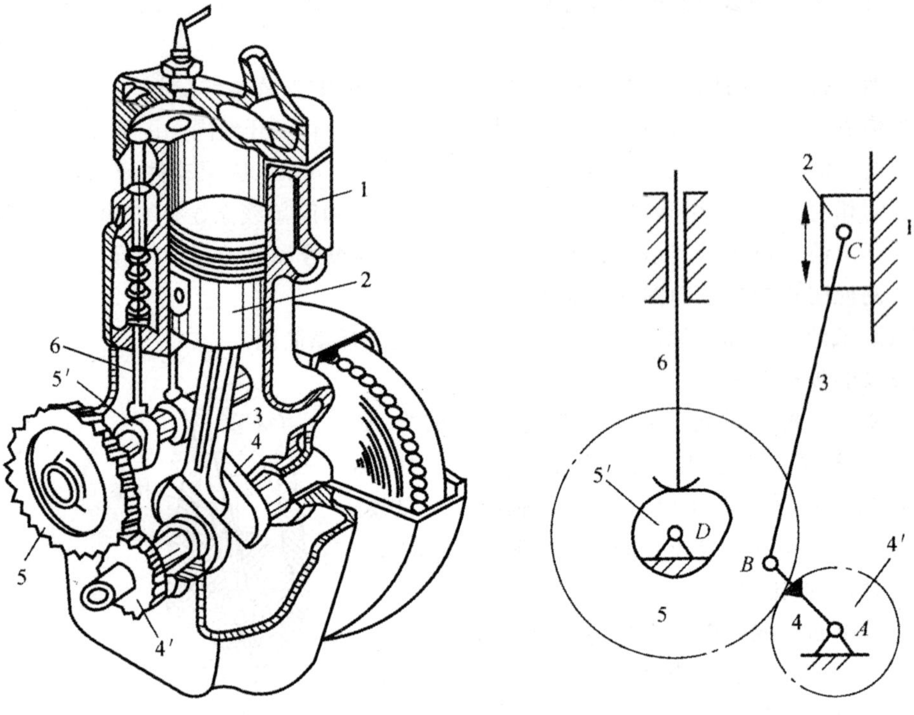

(a) 内燃机三维结构图　　(b) 内燃机机构运动简图

1—缸体；2—活塞；3—连杆；4—曲轴；4′、5—齿轮；5′—凸轮；6—推杆

图 2-6　内燃机的机构运动简图

移动方向一致；表示平面高副的曲线，其曲率中心必须与构件实际廓线曲率中心一致。只有保证机构与原机械具有完全相同的运动特性，才可以根据运动简图对机械进行运动分析和力分析。

如果只是为了表明机械的结构状况，而不需要借助简图来求解机构的运动参数，也可以不严格地按比例来绘制简图，通常把这样的简图称为机构示意图。

2.2.3　机构运动简图的识别

机构运动简图与原机构具有相同的运动特性，但在结构上剔除了机械中与运动无关的因素而简洁地表示机械运动特征的图形，但无论由实际机械所绘制出的机构运动简图，还是新设计的机构运动简图，都会因运动副绘制或表达方式的不同而使同一机构所绘出的机构运动简图形态不尽相同，从而不利于对机构进行分析。为此，必须正确识别各种机构运动简图。

1. 移动副绘制和表达方法的不同

由于移动副绘制和表达方法的不同而出现的简图“差异” 组成移动副的两构件作相对移动时，相对移动的方向仅取决于移动副的方位，而与移动副的两元素（包容面和被包容面）的具体形状和位置无关。因而移动副两元素之一以长方框表示滑块，另一元素以直线表示导杆。它可以是固定导杆而成为机架，也可以是具有其他运动形式的摆动导杆、转动导杆或移动导杆。由于对哪个构件上的移动副元素以长方框或直线表示未作统一规定，导路位置又未限定。所以，存在这种移动副的机构可绘制成几种不同的图形，从直观上会感到有所差异。图 2-7 中(b)、(c)、(d)、(e)所示四种具有移动副的机构运动简图实际上表示了同一种机构[图 2-7(a)]。在这些机构中，相邻构件所组成的运动副类型保持不变；在由构件 2 和 3 组成的移动副中，可以用杆 2 作为导杆，杆 3 为滑块，见图 2-7(b)和(c)，也可用杆 2 为滑块，杆 3 为导杆，见图 2-7(d)和(e)；在任一机构中，杆 2 和杆 3 所组成的移动副导路方位或导路中心线方向应保持相同，图示机构中为直线 BO_3 平行于 AK。

在图 2-8 所示的牛头刨床主运动机构中，两种机构的运动简图在画法似有“差异”，但两种机构的运动完全相同。在绘制简图时仅将构件 3 和 4 的包容面和被包容面作了更替。为便于润滑和使机构结构更合理，在实体构造时，将图 2-8(a)所示的由构件 3 和 4 组成的移动副移到了图 2-8(b)所示机构的下部。

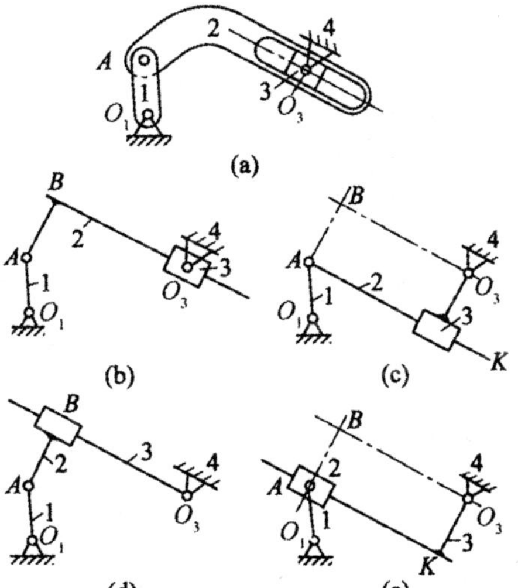

图 2-7　外啮合棘轮机构

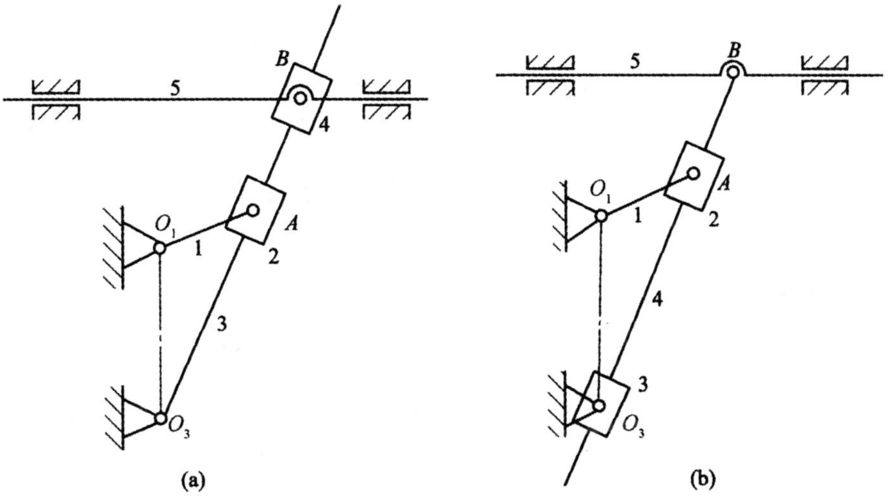

图 2-8　牛头刨床主体机构

2. 转动副元素尺寸变化

两个不同形状的构件组成转动副时，不管构件外形以及转动副元素尺寸是否改变，但只要两构件组成的转动副中心保持不变，则两构件的相对运动性质是相同的。

图 2-9(a)所示为四个构件组成的机构简图,图 2-9(b)为其运动简图。图 2-9(c)和(d)为对应于同一运动简图的另两个机构简图。在图 2-9(c)所示的机构中构成运动副 B 的构件 2 和 3 的运动副元素已由图 2-9(b)所示的销轴和销孔扩大为圆盘和圆环。当不需使构件 3 有运动输出时,图 2-9(a)所示机构可直接改成图 2-9(d)所示机构。由此可见,当保持转动副中心位置不变而仅改变构件形状和运动副元素尺寸时,即可得到对应同一机构运动简图的不同机构结构简图;当原设计机械的空间尺寸受限而不允许在运动副中心[如图 2-9(b)所示 B 处]有构件实体存在时,可采用图 2-9(a)和 2-9(d)所示机构结构。不同机构结构简图;当原设计机械的空间尺寸受限而不允许在运动副中心[如图 2-9(b)所示 B 处]有构件实体存在时,可采用图 2-9(a)和 2-9(d)所示机构结构。

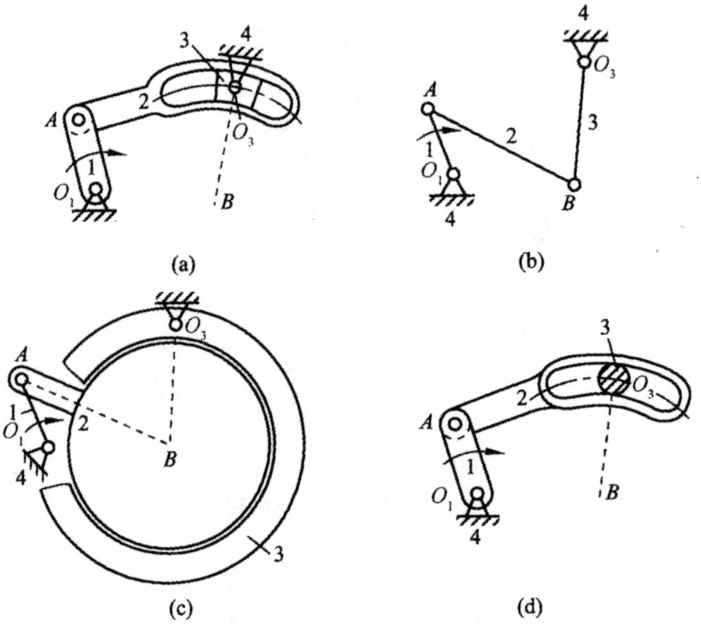

图 2-9　机构中转动副的构形变化

2.3　平面机构的自由度分析

2.3.1　机构的自由度定义

由理论力学可知,任何一个做平面运动的构件均可分解为沿 x 轴、y 轴方向的移动和绕垂直于 z(为平面的轴(即 z 轴)的转动,共三个独立运动。任一时刻,该构件的位置都可由三个独立参数来表示,即构件上任意一点 A 坐标(X_A,Y_A)及构件上过 A 点的一条直线与 x 轴的夹 θ,如图 2-10 所示。我们把构件所具有的独立运动的数目称为自由度。显然,一个不受任何约束的平面运动构件具有三个自由度。

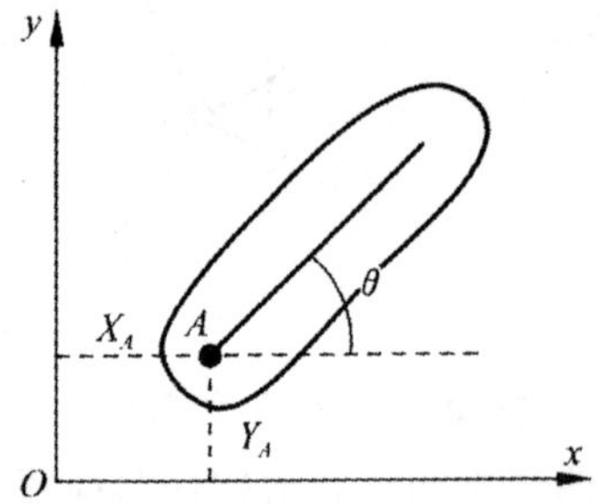

图 2-10　描述平面构件自由度的坐标系

机构具有确定运动时所必须给定的独立运动参数的数目，即为了使机构的位置得以确定，必须给定的独立的广义坐标的数目，称为机构的自由度。

2.3.2　运动副的约束特点

当两构件组成运动副后，其中一个构件的运动就要受到其他构件的限制，自由度将减少，这种对构件独立运动所加的限制称为约束，约束数目等于被其限制的自由度。组成运动副两构件间约束的特点和数目完全取决于该运动副的形式。

1. 转动副引入的约束

如图 2-11(a)所示，构件 1 与构件 2 构成转动副。则构件 2 相对构件 1 沿 x、y 两个方向的移动被限制，使构件 2 只能相对构件 1 转动。故组成一个转动副相当于引入了两个约束条件，即丧失了两个自由度。

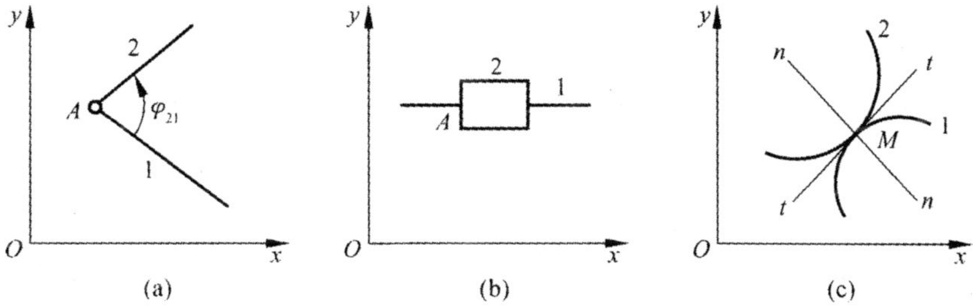

图 2-11　运动副的约束特点

2. 移动副引入的约束

图 2-11 (b)所示构件 1 与构件 2 构成移动副，构件 2 相对构件 1 沿 y 方向的移动和绕 z 轴的转动被限制，使构件 2 相对构件 1 只能沿 x 方向移动。因此，组成一个移动副也引入两个约束，即丧失了两个自由度。

3. 平面高副引入的约束

图 2-11(c)中的构件 1 与构件 2 以平面高副相连接，构件 1 相对构件 2 沿接触点 M 的公法线 n-n 方向的移动被限制，则构件 1 相对构件 2 可以沿接触点的公切线 $t-t$ 方向移动及绕接触点 M 做瞬时转动。所以一个平面高副只引入了一个约束，即丧失了一个自由度。

因此，平面低副(转动副和移动副)共引入两个约束，平面高副只引入一个约束。

2.3.3　机构具有确定运动的条件

机构是用来传递运动和力的构件系统，因而一般应使机构中各构件具有确定运动，下面我们来具体讨论平面机构具有确定运动的条件。

首先，机构应具有可动性，其可动性用自由度来度量。机构的自由度是指机构中各活动构件相对于机架所具有的独立运动的数目，标记为 F。考察图 2-12 所示的几个例子。图 2-12(a)有 4 个构件，对构件 1 角位移 φ_1 的每一个给定值，构件 2、3 便随之有一个确定的对应位置，故角位移 φ_1，可取为系统的独立运动参数，且独立的运动参数仅有一个，即 $F=1$。对图 2-12(b)进行类似的分析，易知其 $F=2$。在图 2-12(c)、(d)所示的系统中，若忽略构件的弹性，其构件显然没有相对运动的可能，图 2-12(c)、(d)分别为静定和超静定结构，其 $F\leqslant 0$，因此机构自由度必须大于零。

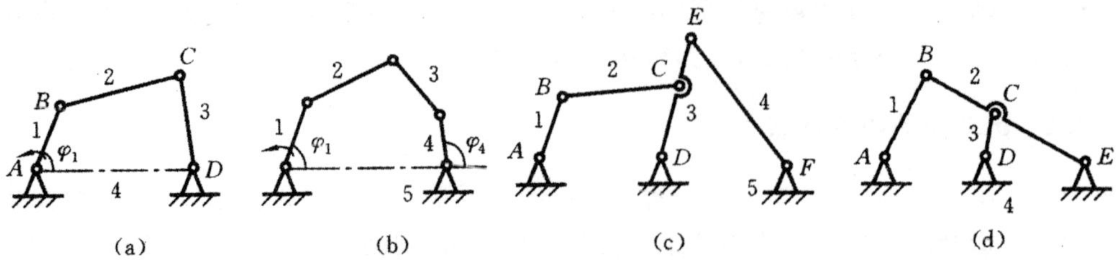

图 2-12 机构自由度的物理意义

另外，机构原动件的数目必须等于机构自由度数目。图 2-12(a)中，若取构件 1 为原动件，输入的运动规律 $\varphi_1=\varphi_1(t)$，即原动件的数目与 F 相等，均为 1，此时构件 2 和 3 便随之获得确定的运动，说明该机构的运动可以从原动件正确地传递到构件 2 和 3 上；若在该机构中同时给定两个构件作为原动件，如给定构件 1 和构件 3 为原动件，即原动件的数目大于 $F(=1)$，这时构件 2 势必既要处于由原动件 1 的参变量 φ_1 所决定的位置，又要随构件 3 的独立运动规律而运动，这显然将导致机构要么遭损坏要么被卡死。由图 2-12(b)所示系统知 F=2，若仅取构件 1 为原动件，即原动件的数目小于 F 时，对应 $\varphi_1=\varphi_1(t)$ 角位移规律的每一个 φ_1。值，构件 2、3、4 的运动并不能确定。由此可见，当原动件的数目小于机构自由度数目时机构运动具有不确定性。

值得注意的是，只有原动件才具有独立的输入运动，一般情况下，每个原动件只有一个独立运动。

总而言之，机构具有确定运动有以下两个条件：

①机构自由度必须大于零。

②机构原动件的数目必须等于机构自由度数目。

因此，判断机构是否具有确定运动的关键在于正确计算其自由度。

2.3.4 平面机构自由度计算

设某一平面运动链，具有个构件、P_L 个低副和 P_H 个高副。现假定其中某个构件作为机架，则余下的活动构件数为，在未组成运动链前，这个活动构件具有个自由度。但在运动链中，每个构件至少必须与另一构件连接成运动副，当两构件连接成运动副后，其运动就受到约束，自由度将减少。自由度减少的数目，应等于运动副引入的约束数目。由于平面机构中的运动副只可能是转动副、移动副或平面高副，其中每个低副(转动副、移动副)引入的约束数为 2，每个平面高副引入的约束数为 1。因此对于平面机构，若各构件之间共构成了 P_L 个低副和 P_H 个高副，则它们共引入$(2P_L+P_H)$个约束。机构的自由度应为 $F=3n-(2P_L+P_H)=3n-2P_L-P_H$ (2-1)

式中，n 为活动构件数目；P_L 为低副数目；P_H 为高副数目。

这就是平面机构自由度的计算公式。机构的自由度数目，表示该机构可能接受外部输入的独立运动的数目，也就是允许外部给予该机构独立位置参数的数目。

【例 2-3】试计算如图 2-13 所示机构或运动链的自由度。

解 图 2-13(a)所示为铰链四杆机构，共有 3 个活动构件，4 个低副(转动副，$P_L=4$)，没有高副($P_H=0$)，根据式(2-1)，机构自由度为

$$F=3n-2P_L-P_H=3\times3-2\times4=1$$

该机构的自由度为 1，有 1 个独立运动。由图可知，只要给定构件 1 转角 θ_1，后，构件 2、3 的位置

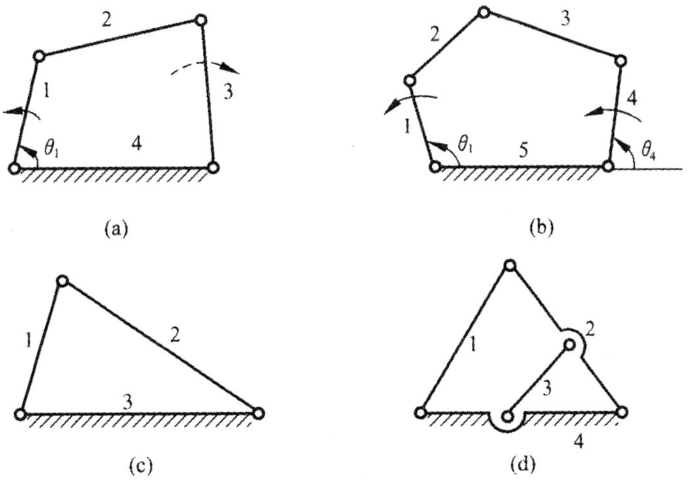

图 2-13　机构的结构简图

便随之而定，即该机构需要一个主动件，运动就确定了。若给该机构两个主动件，设再取构件 3 也为主动件（见图中虚线），则机构内部的运动关系将发生矛盾，或者机构不动，或者其中最薄弱的构件被破坏。

图 2-13(b)为一平面铰链五杆机构，其中 $n=4$，$P_L=5$，$P_H=0$，根据式(2-1)可得

$$F = 3n - 2P_L - P_H = 3 \times 4 - 2 \times 5 - 0 = 2$$

该机构的自由度为 2，若只取构件 1 为主动件，给出构件 1 的转角 θ_1 后，构件 2、3、4 的位置是不能确定的。若同时取构件 4 为主动件，给定两个独立运动参数 θ_1、θ_4，这时其余构件可有确定的运动。

如图 2-13(c)三个构件铰接在一起，则由式(2-1)可得

$$F=3n-2P_L-P_H=3\times2-2\times3-0=0$$

该运动链的自由度等于 0，表明其没有独立运动，因此它是一个不能产生相对运动的构件组合，即为桁架结构。

如图 2-13(d)四个构件铰接在一起，则由式(2-1)可得

$$F=3n-2P_L-P_H=3\times3-2\times5-0=-1$$

该运动链的自由度等于－1，表明其由于约束过多，已成为超静定桁架了。

综上所述，机构的自由度 F、机构的主动件数目与机构的运动有着密切关系：

①若 $F\leqslant0$，运动链退化成为桁架，构件间没有相对运动。

②若 $F>0$，且主动件数目$=F$，则机构各构件间的相对运动是确定的。

③若 $F>0$，且主动件数目$>F$，则构件间不能运动或机构被破坏。

④若 $F>0$，且主动件数目$<F$，则构件间的相对运动是不确定的，即机构做无规则运动。

由此得到，机构具有确定运动的条件是

机构的主动件数目＝机构的自由度　$(F>0)$

2.3.5　平面机构自由度计算时的注意事项

在计算机构的自由度时，还可能会遇到按公式计算出的自由度数目与机构的实际自由度数目不符的情况。所以根据式(2-1)计算机构的自由度时，还应该注意以下一些问题。

1. 复合铰链

在图 2-14(a)所示机构中，应该注意到 B 处存在两个转动副，由于视图的关系，它们重叠在了一起。实际上两个构件可以构成一个铰链；三个构件可以构成两个重叠的铰链(实际情况如图 2-14(b)所示)；四个构件构成三个重叠的铰链(实际情况如图 2-14(c)所示)；不难推知由 m 个构件可以形成($m-1$)个铰链。因此我们把两个以上的构件形成的转动副称为复合铰链，在计算机构的自由度时不要忽略复合铰链的存在。

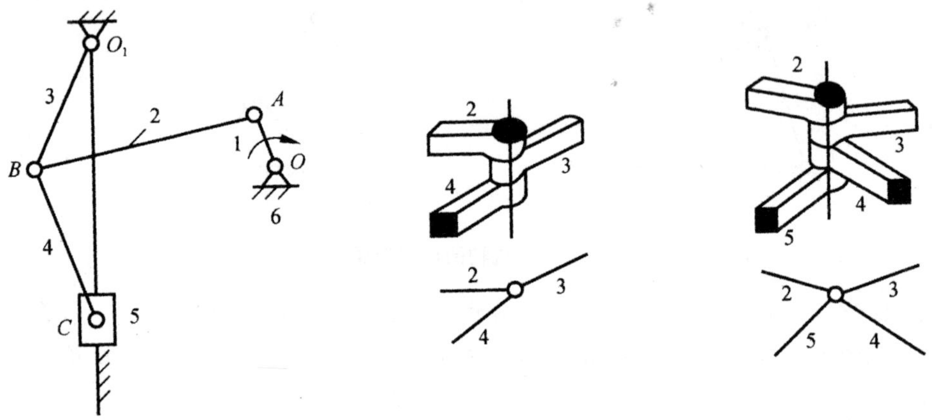

(a)六杆连杆机构　(b)三构件两铰链的复合铰链　(c)四构件三铰链的复合铰链

图 2-14　复合铰链

图 2-14(a)所示机构共有 5 个活动构件($n=5$)，7 个低副(6 个转动副，1 个移动副，$P_L=6$)，没有高副($P_H=0$)，根据式(2-1)，机构自由度为

$$F=3n-2P_L-P_H=3\times5-2\times7=1$$

2. 局部自由度

机构中，有些构件所产生的局部运动对其他构件的运动不产生影响，我们将这种局部运动的自由度称为局部自由度。局部自由度最典型的例子就是滚子从动件凸轮机构，如图 2-15(a)所示。为了减少高副元素的磨损，在凸轮 1 与从动件 3 之间安装了一个滚子 2，当凸轮按规定的运动规律相对机架转动时，凸轮轮廓通过滚子 2 推动从动件上下往复运动。这时若按公式(2-1)计算该机构的自由度为

$$F=3n-2P_L-P_H=3\times3-2\times3-1=2$$

但实际上该凸轮机构只有一个独立运动，也即其自由度为 1。这是由于安装了一个滚子之后，引入了一个自由度(加入一个构件和一个转动副 $F=3\times1-2\times1=1$)，这个自由度是滚子绕自身轴线转动的局部自由度，它并不影响其他构件的运动，因此在计算机构的自由度时，应将其去除。

去除局部自由度的方法通常有两种：

①将滚子 2 作为一个独立构件，按式(2-1)计算机构的自由度，再从结果中减去局部自由度，则图 2-15(a)机构的自由度为

$$F=3n-2P_L-P_H-F'=3\times3-2\times3-1-1=1$$

式中，F'表示局部自由度。

②假想将滚子 2 与从动件 3 焊在一起，视为一个构件(见图 2-15(b))，预先除掉局部自由度，

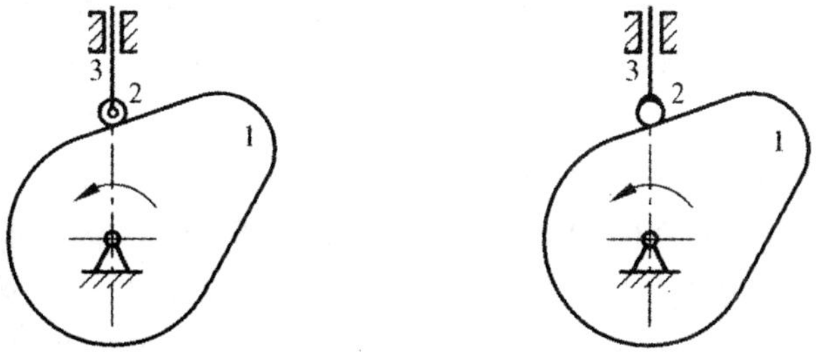

图 2-15　局部自由度

再按式(2-1)进行计算，即

$$F=3n-2P_L-P_H=3\times2-2\times2-1=1$$

3. 虚约束

机构的运动不仅与构件数、运动副类型和数目有关，而且与转动副间的距离、移动副的导路方向、高副元素的曲率中心等几何条件有关，但式(2-1)并没有考虑这些几何条件的影响。在一些特定的几何条件下，某些运动副所引入的约束可能与其他运动副所起的限制作用是一致的。这种不起独立限制作用的重复约束称为虚约束。如图 2-16(a)所示平行四边形机构，构件 1 与构件 3 做定轴转动，而构件 2 做平移运动。构件 2 上各点的轨迹均为圆心在 AD 线上，半径为 AB 的圆周。该机构的自由度 $F=3n-2P_L-P_H=3\times2-2\times4=1$。现若在构件 2 上任取一点 E，以转动副与构件 5 相连，同时构件 5 的另一端以转动副与机架 4 在 F 点相连，使 EF 与 AB 平行且长度相等(见图 2-16(b))。显然，这样做该机构的运动并没有发生变化。但此时，机构的自由度数目发生了变化：$F=3n-2P_L-P_H=3\times4-2\times6=0$（这说明该机构是不能运动的)，这与实际情况不符。产生这种情况的原因：在机构中加入一个构件和两个低副，相当于自由度增加 $F=3\times1-2\times2=-1$，即引入了一个约束，而此约束对机构的运动并不起实际的约束作用，故为虚约束。在计算机构的自由度时，应将产生虚约束的构件和运动副除掉。

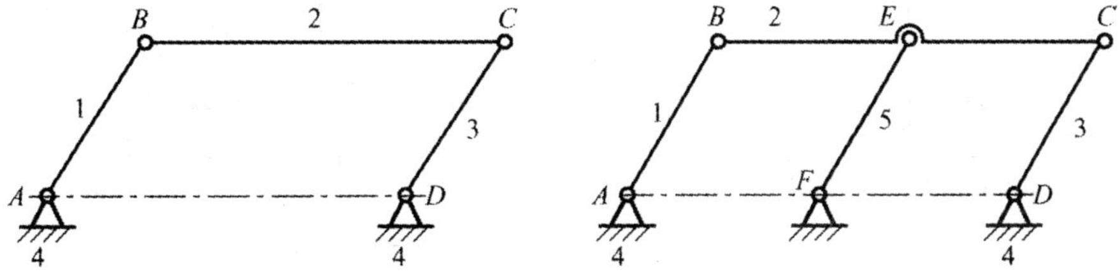

图 2-16　可产生虚约束的机构

机构中的虚约束常发生在下列情况中。

(1)连接构件与被连接构件上连接点的轨迹重合

如上例(见图 2-16(b))中，连杆 2 上 E 点的轨迹为以 AD 线上点 F 为圆心，定长 AB 为半径的圆周，并且满足 $EF/\!/AB$，且 $EF=AB$；同时若在 F 点将构件 5 与机架以转动副相连接，使构件 5 上 E' 点满足 $E'F/\!/AB$，且 $E'F=AB$，则 E' 点与 E 点的轨迹重合。此时用转动副将构件 2 上 E 点与构件 5 上 E' 点连接起来，将产生虚约束。又如图 2-17 所示的椭圆仪机构中，$\angle CAD=$

90°，$\overline{BC}=\overline{BD}=\overline{AB}$在机构运动过程中，构件 2 上除 B、C、D 外，其余各点的轨迹均为椭圆。而构件 2 上 C 点的轨迹与坐标轴 x 重合，此时 C 点处的连接（一个滑块、一个移动副及一个转动副）将引入一个虚约束。

（2）两构件上某两点间距离在运动过程中始终保持不变

如图 2-18 所示平行四边形机构，$AB/\!/CD$，且 $AB=CD$；$AE/\!/DF$，且 $AE=DF$。在机构运动过程中，构件 1 上 E 点与构件 3 上 F 点之间的距离始终保持不变，若用构件 5 及两个转动副将 E、F 两点连接起来，也将引入一个虚约束。图 2-18 所示机构中，连杆 2 上 E 点与机架 4 上 F 点之间也属于此种情况。

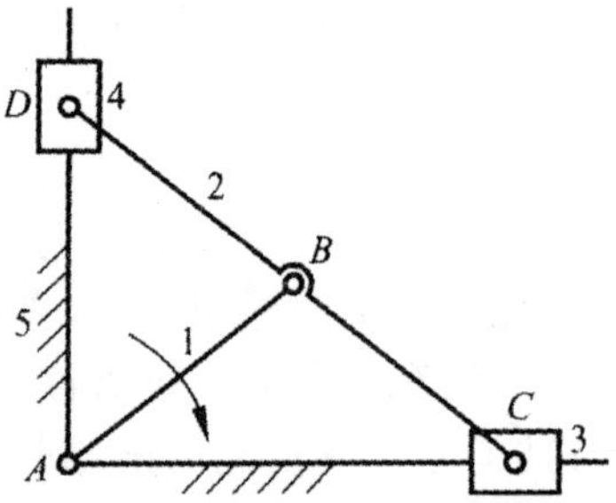

图 2-17　轨迹重合产生的虚约束

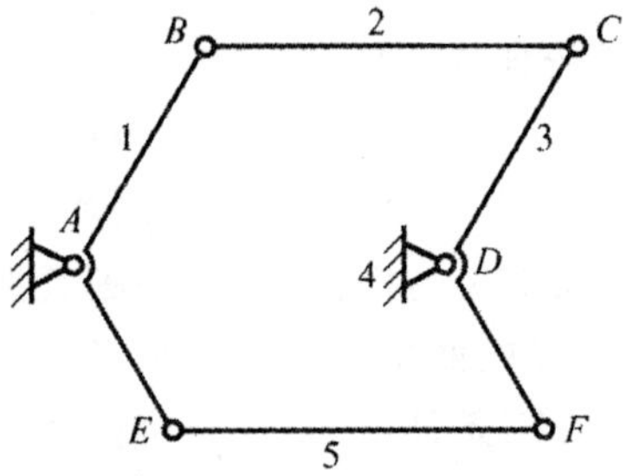

图 2-18　距离恒定产生的虚约束

（3）两构件间构成多个转动副，且轴线互相重合

当两构件之间在多处形成转动副，且各转动副的轴线重合，则其中只有一个转动副起实际约束作用，其余转动副均为虚约束。如图 2-19 所示齿轮机构中，转动副 A（或 A'）、B（或 B'）。

（4）两构件间构成多个移动副，且导路互相平行或重合

当两构件之间在多处形成移动副，且各移动副的导路互相平行或重合，则其中只有一个移动副起实际约束作用，其余移动副均为虚约束。如图 2-20 所示机构中，移动副 D（或 D'）。

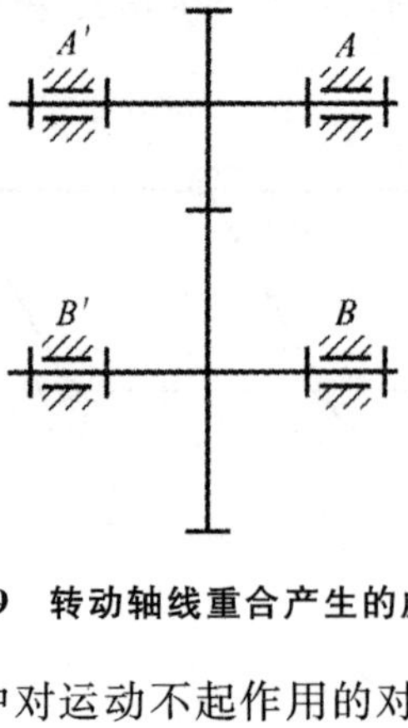

图 2-19　转动轴线重合产生的虚约束

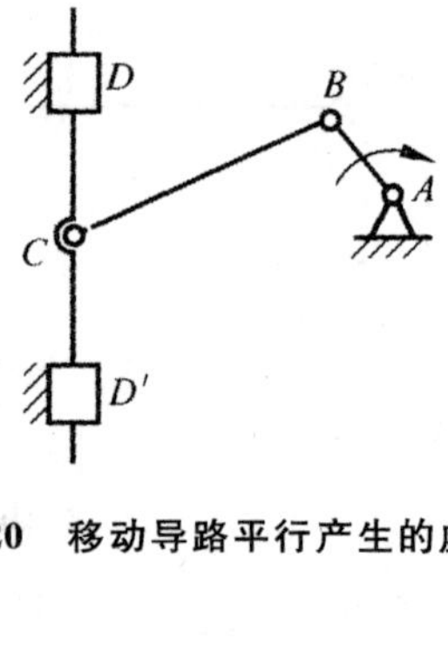

图 2-20　移动导路平行产生的虚约束

（5）机构中对运动不起作用的对称部分

如图 2-21 所示的行星轮系中，若仅从运动传递的角度来说，只需要一个行星齿轮 2 就可以满足要求。但为了均担主动轴上输入的功率，减小每对齿轮中所传递的力，和为了绕转轴 O 上的离心惯性力的平衡，在基本机构 1-2-3-4 的基础上又增加了大小相同且在圆周上均匀分布的 2、2′两个行星齿轮。每增加一个行星齿轮（包括一个构件、一个转动副和两个高副）就引入一个虚约束。

需要指出的是，机构中的虚约束都是在特定的几何条件下出现的，一旦所需要的几何条件不能满足，则原来的虚约束就成了对机构运动产生影响的有效约束。如图 2-16(b)中，若不满足 $EF /\!/ AB$，则机构就不能运动了。

机构中加入虚约束是为了改善构件的受力、增加构件的刚度(见图 2-16、图 2-19、图 2-20)；或是为了提高运动的可靠性(见图 2-18)；或是为了使机构受力均衡和传递较大的功率(见图2-21)；或是为了某种特殊需要(见图 2-17)。在制造加工时，应严格保证精度，以保证虚约束所需要的特定几何条件成立。

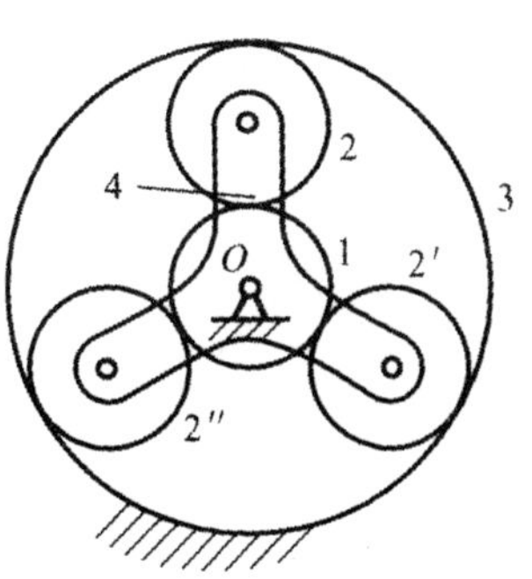

图 2-21　对称部分产生的虚约束

2.4　平面机构的组成原理与结构分析

机构的型式多种多样，那么它们的组成是依据什么样的原理呢？研究机构的组成原理可以为合理设计机构和创造新机构提供理论指导。同时，掌握机构的组成原理，便于对机构进行结构分析及结构分类，以利于机构设计与研究。

2.4.1　平面机构的组成原理

1. 基本杆组

任何机构都是由主动件、机架和从动件系统三部分组成的。根据机构具有确定运动的条件——机构的主动件数与机构的自由度相等，所以，从动件系统的自由度必为零。有时，它还可以继续拆分为若干个更简单的、自由度为零的构件组。我们把最简单的、不能再拆的、自由度为零的构件组称为基本杆组。

对于只含低副的平面机构，若基本杆组由 n 个构件、P_L 个低副组成，则它们应满足

$$3n-2P_{\mathrm{L}}=0 \text{ 或 } n=\frac{2}{3}P_{\mathrm{L}}$$

由于构件数 n 和运动副数目 P_L 都必须是整数，所以两者有如表 2-5 的对应关系。

表 2-5　构件数 n 和运动副数目 P_{L} 的对应关系

n	2	4	6	……
P_{L}	3	6	9	……

其中最简单的基本杆组为以 $n=2$，$P_{\mathrm{L}}=3$，即由 2 个构件和 3 个低副组成，这种基本杆组称为Ⅱ级杆组。Ⅱ级杆组是应用最多的基本杆组，绝大多数的机构都是由Ⅱ级杆组构成的。由于平面低副中有转动副(revolute pair，用 R 表示)和移动副(prismatic pair，用 P 表示)两种类型。因此，Ⅱ级杆组可以根据其中 R 副和 P 副的数目和排列的不同，分为 5 种不同的类型，如图2-22所示。

在少数结构较复杂的机构中，除了Ⅱ级杆组外，可能还有Ⅲ级、Ⅳ级等较高级别的基本杆组。如图 2-23 所示，即为Ⅲ级杆组的几种结构形式，它们均由 4 个构件和 6 个低副组成，其特征是中间是一个三副构件，而且每一个内副所连接的分支构件都是双副构件。

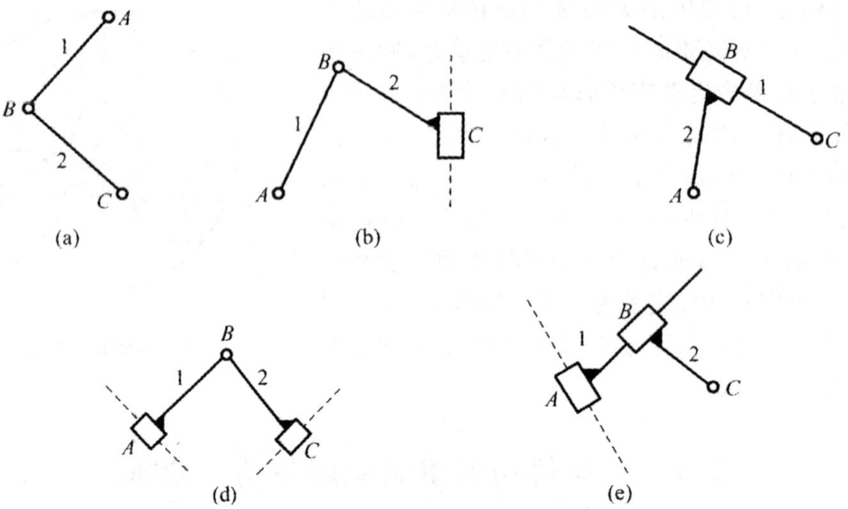

(a) RRR 杆组;(b) RRP 杆组;(c) RPR 杆组;(d) PRP 杆组;(e) RPP 杆组

图 2-22　Ⅱ级杆组的五种结构形式

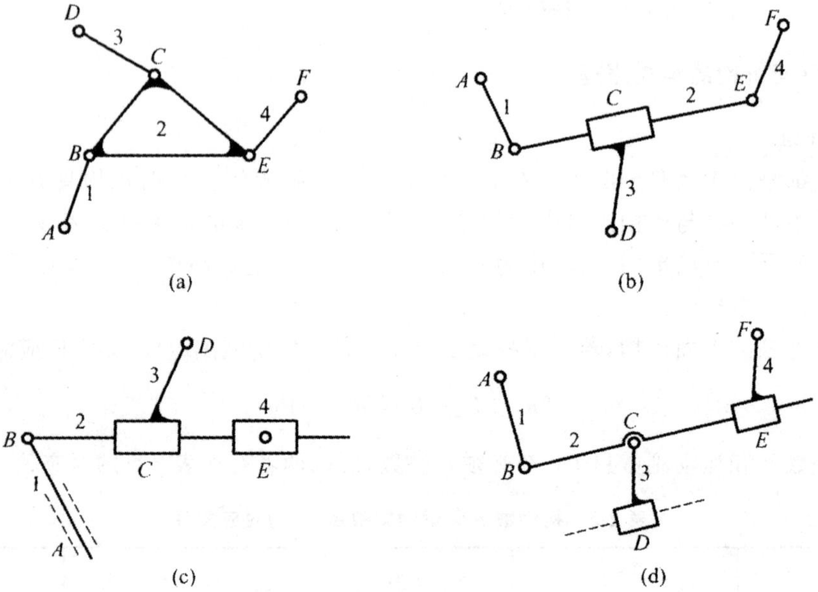

图 2-23　Ⅲ级杆组的几种结构形式

由于更高级别的基本杆组结构更复杂,而且Ⅲ级以下杆组在实际中应用较多,所以本文不再介绍Ⅲ级以上杆组,相关知识可参考有关文献。

2. 机构组成原理

从上述对基本杆组的分析可知,任何机构都可以看作是由若干个基本杆组依次连接于主动件和机架上而构成的,这就是机构的组成原理。

根据这一原理,当进行新机构方案设计时,可先选定一个构件作为机架,并将数目等于该机构自由度数的 F 个主动件以运动副连接于机架上,然后再将一个个基本杆组依次连接于机架和主动件上或其他杆组上而构成。图 2-24 表示了根据机构的组成原理组成机构的过程。

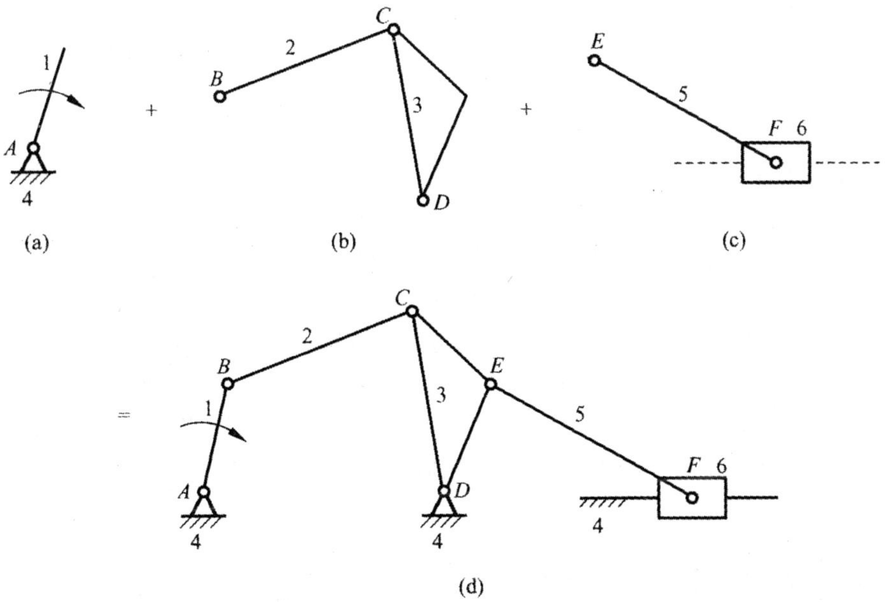

图 2-24　六杆机构组成的过程

值得注意的是，在基本杆组连接时，不能将同一杆组的每个外副全部接在一个构件上，否则将起不到增加杆组的作用。如图 2-25 所示，Ⅱ级杆组 5、6 中的转动副 E、F 都接于构件 3 上，使构件 3、5、6 组成一个刚性桁架，没有增加杆组。

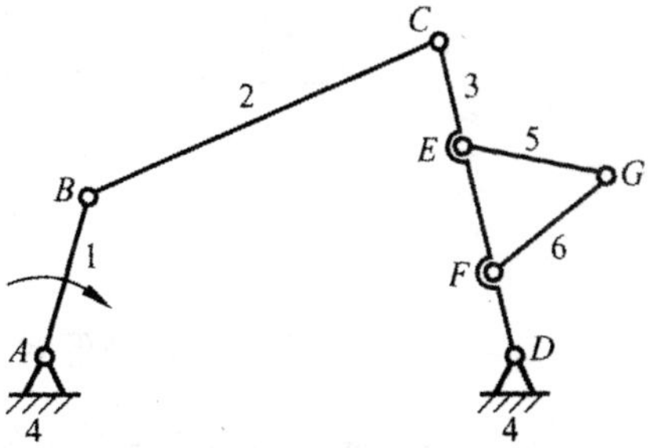

图 2-25　不起作用的杆组连接

2.4.2　机构的结构分析

1. 结构分析

为了对已有的机构或已设计完毕的机构进行运动分析和力分析，常需要对机构先进行结构分析，即将机构分解为主动件、机架和若干个基本杆组，进而了解机构的组成，并确定机构的级别。结构分析的过程与机构的组成过程正好相反，通常也把它称为拆分杆组。

在同一机构中可以包含不同级别的基本杆组，通常以机构中包含的基本杆组的最高级别定为机构的级别。如图 2-24 所示，机构由 2 个Ⅱ级杆组组成，则该机构为Ⅱ级机构。若一个机构中既有Ⅱ级杆组，又有Ⅲ级杆组，则该机构为Ⅲ级机构。

既然机构的级别取决于所含杆组的最高级别，而拆分出的杆组又是对机构进行运动分析和力分析的依据，因此，正确地从机构中依次拆出各杆组是十分必要的。下面为拆分杆组的一般步骤：

①正确计算机构的自由度(除去机构中的虚约束和局部自由度)，并指出主动件。

②拆下主动件和机架。

③从与主动件相连的运动副开始，向与机架相连的运动副方向搜索，找出外运动副运动参数已知的Ⅱ级杆组或Ⅲ、Ⅳ级杆组。

④从与已拆下的前一级杆组相连的运动副开始，重复步骤③的过程，直至拆出全部基本杆组。

⑤确定机构的级别。

应该说明的是，上述拆杆组的方法和步骤与机构运动分析过程中杆组的调用顺序一致，所以与前一级杆组相连的运动副的运动参数可以认为是已知的。这种拆分方法通常无需试拆过程，可一次将机构正确拆分为各基本杆组。而传统的从远离主动件处着手，则往往需要试拆过程。

2. 机架变换与主动件的选择

运动链中，选取不同的构件作为机架，可能得到不同类型的机构。按照相对运动原理，机架变换后，机构内各构件的相对运动关系不变，而绝对运动却发生了改变。因此，可能得到不同类型甚至是不同级别的机构。同样道理，选取运动链中的不同构件作为主动件，也可以得到不同输入输出特性的机构。这类问题的研究，对机械系统运动方案的构思、选型及创新设计具有重要意义。

如图 2-26(a)所示的运动链，分别选取 6、2 构件为机架，并都以 1 构件为主动件，得到的对应机构如图 2-26(b)、(c)所示。通过对机构进行结构分析可知，它们分别是Ⅲ级机构和Ⅳ级机构。再针对图 2-26(b)将主动件变换为 4 构件，得到的对应机构如图 2-26(d)所示，该机构为Ⅱ级机构。

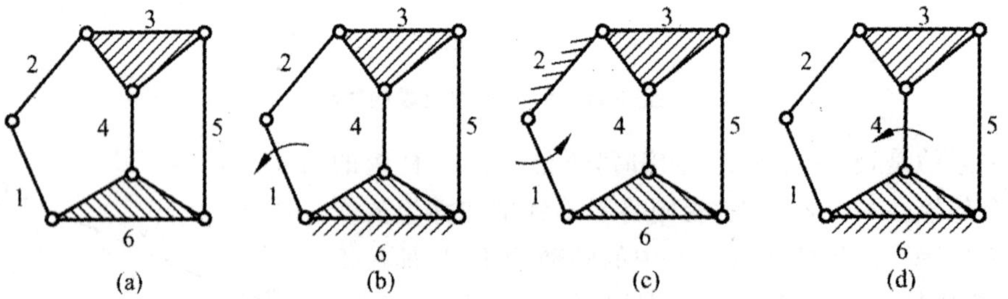

图 2-26 机架变换与主动件的选择

2.4.3 平面机构的高副低代

为了使平面机构的分析方法也能适用于含有高副的机构，可以将平面高副在一定的条件下用低副来替代，这种用低副来代替高副的方法称为“高副低代”。

进行高副低代的条件如下：

①代换前后机构的自由度完全相同。

②代换前后机构的瞬时速度和瞬时加速度完全相同。

在平面高副中，一个高副的约束数为 1。为了代换前后的自由度数不变，可以用一个构件和两个低副来取代原来的高副。因为一个运动构件的自由度数为 3，而两个低副的约束数为 4，其所引入的约束数为 1，也正好与原高副的约束数相同。

如图 2-27(a)所示为分别绕轴和轴转动的两个圆盘 1 和 2，圆盘的圆心分别为 O_1 和 O_2，半径为和，它们在点组成高副。该机构在运动时，由于高副的约束作用，使得圆心之间的距离 $O_1O_2(=r_1+r_2)$不变，另外 O_1A 和 O_2B 自然也不变。这时如果取一个杆长 $L=O_1O_2=r_1+r_2$ 的构件 4，使之与构件 1 和 2 分别在 O_1 和 O_2，处用转动副连接(实际上在这个特例中，4 杆和 O_1、O_2 两个运动副构成虚约束)，这样，就得到了一个代换四杆机构 AO_1O_2B（见图 2-27(b)），或者说机构的高副被构件 4 和位于 O_1 和 O_2 处的两个低副所替代。经过这样的替代以后，无论替代后的机构的自由度还是其相对运动关系都与原机构一致。这种过程和方法就是“高副低代”。

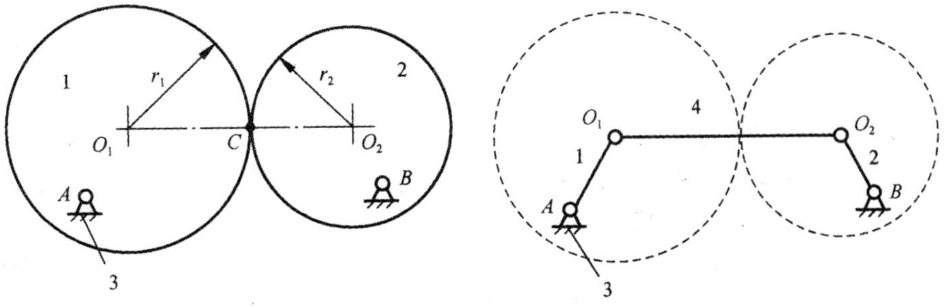

(a)圆盘高副机构　　(b)代换四杆机构

图 2-27　一般高副的低代方法

上述代替方法可以推广应用到各种的平面高副。例如图 2-28(a)所示高副机构，两高副元素是非圆曲线，假设在某运动瞬时高副接触点为，可以过接触点作公法线，在公法线上找出两轮廓曲线在点处的曲率中心 O_1 和 O_2，通过两个转动副将构件 4 与构件 1、2 连接起来，便可得到它的代替机构，如图 2-28(b)中所示。需要注意的是，当机构运动时，随着接触点的改变，两轮廓曲线在接触点处的曲率中心也随着改变，点 O_1 和 O_2 的位置也将随之改变。所以，对于一般高副机构只能进行瞬时替代，机构在不同位置时将有不同的瞬时替代机构，但是替代机构的基本型式是不变的。

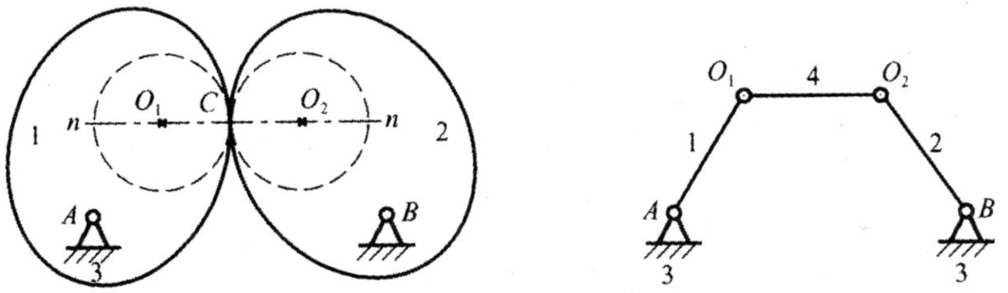

(a)　　(b)

图 2-28　任意曲线轮廓高副机构及其替代机构

综上所述，高副低代的最简单方法就是用两个转动副和一个虚拟构件来代替一个高副，两个转动副分别在高副两元素接触点的曲率中心。

如果两高副元素之一为直线，如图 2-29(a)所示机构，因其曲率中心在无穷远处，所以这一端的转动副将转化为移动副，其代替机构如图 2-29(b)所示。如果两高副元素之一为一点，如图 2-30(a)所示，因其曲率半径为零，所以曲率中心与接触点重合，这一端的转动副在接触点 B 处，其代替机构如图 2-30(b)所示。

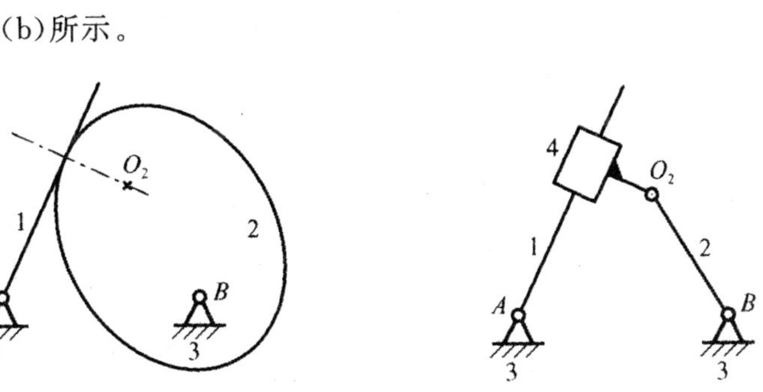

(a)　　(b)

图 2-29　带有直线轮廓高副机构及其替代机构

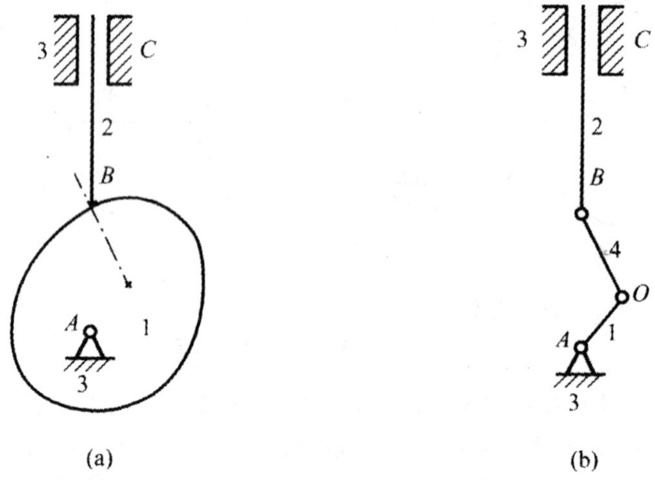

图 2-30　带有尖点轮廓高副机构及其代替机构

用上述方法对平面高副机构进行高副低代后，就可以用平面低副机构的结构分析方法对其进行分析研究了。

2.4.4　综合实例

【例 2-4】 试计算如图 2-31(a)所示大筛机构的自由度(指出其中是否含有复合铰链、局部自由度和虚约束)，并说明该机构的运动是否确定，然后对其高副低代，并对机构拆分基本杆组，说明该机构的级别。已知 $DE=FG,DF=EG,DH=EI$。

解　①自由度计算。在此机构中，滚子 2 绕其自身几何中心 B 转动的自由度为局部自由度；由于 $DFHIGE$ 的特殊几何尺寸关系，构件 FG 的存在只是为了改善平行四杆机构 $DHIE$ 的受力状况等目的，对整个机构的运动不起约束作用，故 FG 杆及其两端的转动副所引入的约束为虚约束；D 和 E 为复合铰链。在计算机构自由度时，除去 FG 杆及其带入的约束、除去滚子 2 引入的局部自由度(即假想将滚子 2 与杆 3 固连)，得到如图 2-31(b)所示的机构形式。

按图 2-31(b)所示的机构计算机构的自由度为

$$F=3n-2P_{\mathrm{L}}-P_{\mathrm{H}}=3\times8-2\times11-1=1$$

②高副低代。若将凸轮与滚子组成的高副以一个构件和两个转动副作替代，可得如图 2-31(c)所示的低副机构。按图 2-31(c)所示的机构来计算机构自由度为

$$F=3n-2P_{\mathrm{L}}-P_{\mathrm{H}}=3\times9-2\times13=1$$

用以上两种方法计算机构自由度所得结果相同，说明高副低代不会影响机构的自由度。

③结构分析。对图 2-31(c)所示的机构作结构分析。拆除机构的原动件 1 和机架 10 后进一步拆分从动件系统，得到四个Ⅱ级杆组如图 2-31(d)所示。由于组成机构的最高杆组是Ⅱ级杆组，故该杆组机构为Ⅱ级机构。

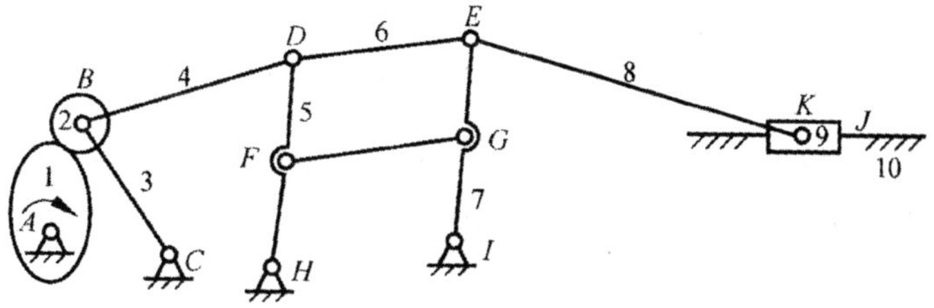

(a) 大筛机构运动简图

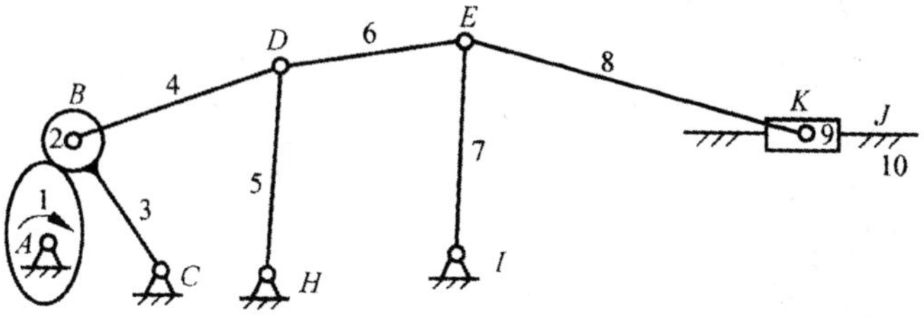

(b) 去除局部自由度和虚约束后的机构运动简图

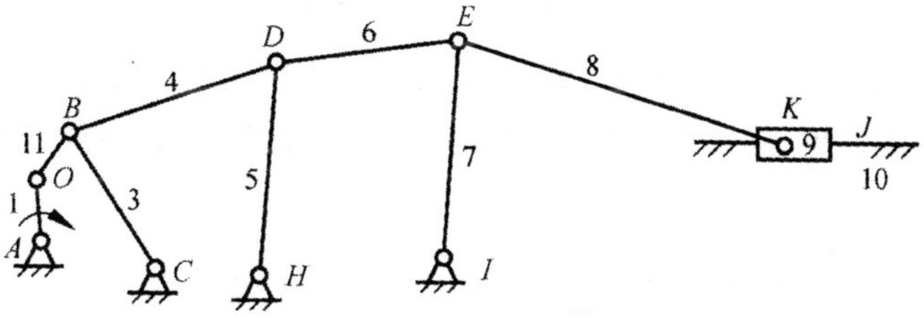

(c) 高副低代后的机构运动简图

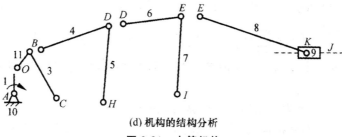

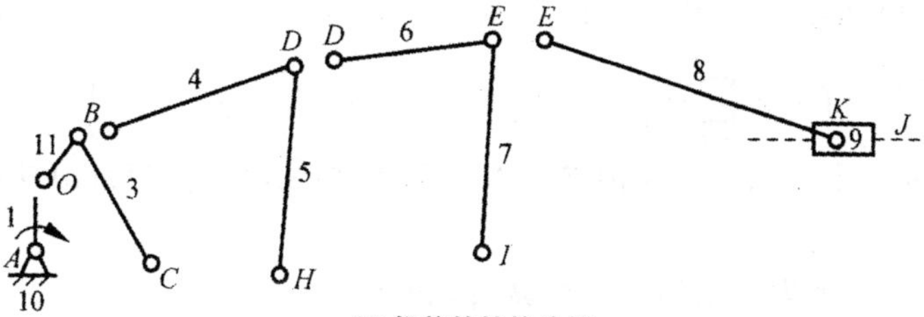

(d) 机构的结构分析

图 2-31　大筛机构

2.5　空间机构自由度分析

一个做空间运动的自由构件具有六个自由度，即沿 x、y、z 坐标轴的三个移动和绕 x、y、z 轴的三个转动。当两构件组成运动副之后，它们之间的相对运动受到约束。根据引入的约束数，运动副可以分为五个级别：引入一个约束的运动副称为 1 级副，引入两个约束的运动副称为 2 级副，以此类推，引入五个约束的运动副称为 5 级副。球面高副为 1 级副，柱面副为 2 级副，球面副为 3 级副，球销副、圆柱副、平面高副（齿轮副、凸轮副）为 4 级副，螺旋副、平面低副（转动副、移动副）为 5 级副。

设一个空间机构有 n 个活动构件，这些活动构件用运动副连接之前共有 $6n$ 个自由度，现在用 P_1 个 1 级副、P_2 个 2 级副、P_3 个 3 级副、P_4 个 4 四级副、P_5 个 5 五级副，将构件连接起来，则

此空间机构的自由度为

$$F = 6n - 5P_5 - 4P_4 - 3P_3 - 2P_2 - P_1 = 6n - \sum_{i=1}^{5} iP_i$$

上式是空间机构的自由度计算公式,可用于计算一般空间机构的自由度。

【例 2-5】 图 2-32(a)所示为用于飞机起落架中的一种空间连杆机构,试计算该机构的自由度。

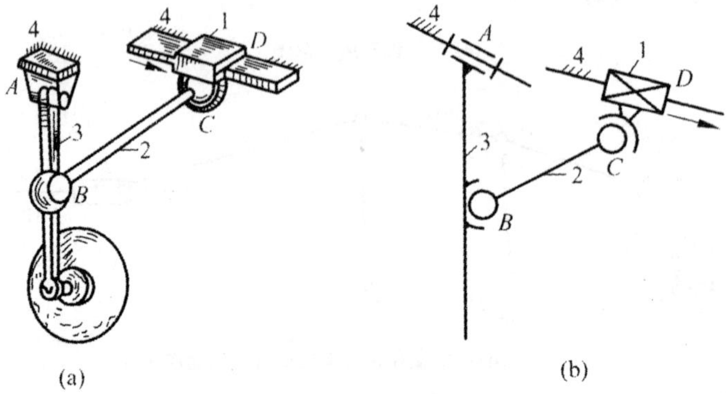

图 2-32 飞机起落架机构

解 该机构为空间四连杆机构,其机构运动简图如图 2-32(b)所示。其中含有活动构件 $n=3$,2 个 5 级副(一个转动副 A,一个移动副 D),即 $P_5=2$;2 个 3 级副(球面低副 B、C),即 $P_3=2$。则计算其自由度为

$$F = 6n - \sum_{i=1}^{5} iP_i = 6 \times 3 - 3 \times 2 - 5 \times 2$$

经分析其运动可知,构件 2 绕其自身轴线的转动为一个局部自由度,应在上面计算结果中去掉局部自由度($F'=1$),所以此机构的自由度为

$$F = 6n - \sum_{i=1}^{5} iP_i - F' = 6 \times 3 - 3 \times 2 - 5 \times 2 - 1 = 1$$

该空间机构需要 1 个主动件。当构件 1 为主动件时,主动件数与自由度数相等,该机构的运动是确定的。

【例 2-6】 图 2-33 所示为自动驾驶仪操纵装置的机构自由度。

解 该机构为空间四杆机构,包含 2 个转动副、1 个圆柱副和 1 个球面副。即 $P_5=2$,$P_4=1$,$P_3=1$,则机构自由度为

$$F = 6n - 5P_5 - 4P_4 - 3P_3 - 2P_2 - P_1 = 6 \times 3 - 5 \times 2 - 4 \times 1 - 3 \times 1 = 1$$

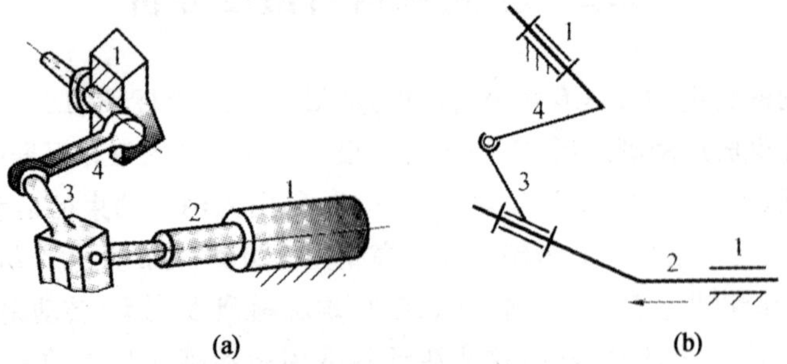

图 2-33 自动驾驶仪操纵装置

第3章　平面机构的运动与动态静力分析

3.1　简单机构速度的分析方法

3.1.1　概述

机构的运动分析，就是对机构的位移、速度和加速度进行分析，即根据主动件的已知运动规律，分析该机构其他构件上某些点的位移(轨迹)、速度和加速度，以及这些构件的角位移、角速度和角加速度。

位移分析是机构运动分析的基础。通过对机构进行位移或轨迹的分析，可以确定机构中从动件的行程，考查某构件或构件上某一点能否实现预定的位置或轨迹要求，确定某些构件在运动时所需的空间及判断当机构运动时各构件之间是否会互相干涉等。

通过对机构进行速度分析，可以了解从动件的速度变化规律能否满足工作要求。例如，牛头刨床，要求刨刀在工作行程中应接近于等速运动，以保证加工表面的质量和提高刀具使用寿命，而空回程的速度应高于工作行程的速度，以提高生产率。通过对它进行速度分析，可以验证所设计的刨床机构的结构尺寸是否能满足这种要求。同时，还是对机构进行加速度分析的必要前提。

在速度分析的基础上，对机构进行加速度分析，可以确定构件上某些点的加速度及各构件的角加速度，了解和掌握机构加速度的变化规律，这是计算构件惯性力(力矩)进而对机构进行动力分析的基础。用于机构运动分析的方法主要有图解法和解析法。

图解法的特点是形象直观，对于不复杂的平面机构来说一般也较简单，但精度不高，而且在分析机构的一系列位置时，需要反复作图。

解析法的特点是建立机构中尺寸参数和运动变量间的数学关系式并求解。不仅可以得到很高的计算精度，而且还便于把机构分析问题和机构综合问题联系起来。

3.1.2　速度瞬心法

速度瞬心的概念在分析各种机构时常用到。对于某些简单机构，如凸轮机构、齿轮机构、简单连杆机构的运动分析问题，利用速度瞬心的性质来求解直观而简便。

1. 速度瞬心的概念

(1)绝对瞬心

由理论力学知，在某瞬时平面图形内速度等于零的点称为绝对瞬心。刚体做平面运动的任一瞬间可以看成是绕该点的转动。例如，当一轮子在地面上纯滚动时，接触点就是其绝对瞬心，如图3-1所示。

(2)相对瞬心

当一构件相对另一运动构件做相对运动的任一瞬间，其相对运动同样可以看成是绕一重合点的转动，该点称为相对瞬心。若已知两构件上任意两重合点A、B的相对速度$v_{A_1A_2}$、$v_{B_1B_2}$的方向线，作两相对速度的垂线得到的交点就是两构件的相对瞬心 P_{12}，具体可见图 3-2 所示。

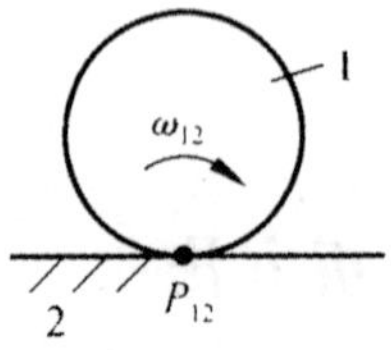

图 3-1　绝对瞬心

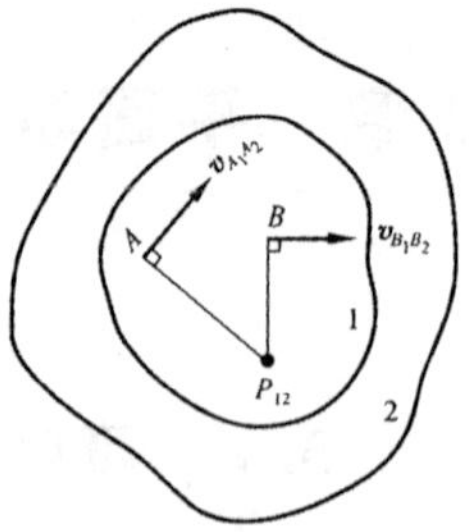

图 3-2　相对运动二构件的瞬心示意

绝对瞬心和相对瞬心统称为瞬心，可定义如下：

瞬心是做相对运动两构件的瞬时等速重合点。如果两构件之一是静止的，则其瞬心称为绝对瞬心；如果两构件都是运动的，则其瞬心称为相对瞬心。

2. 机构中瞬心的数目

如图 3-2 所示，做相对运动的两构件，相对 2 观察 1，有瞬心 P_{12} 若相对 1 观察 2，有瞬心 P_{21}，由瞬心定义可知 P_{12} 与 P_{21} 是同一点，因此两构件有一个瞬心。因为每两个构件只有一个瞬心，所以，由 N 个构件组成的机构，若总的瞬心数用 N_{um}。表示，则根据排列组合的知识可知

$$N_{um}=\frac{N(N-1)}{2}$$

3.1.3　瞬心的确定

1. 直接观察

用运动副直接连接的两构件的瞬心的求法——直接观察。如果两构件通过运动副直接连接在一起，则其瞬心位置可以很容易地通过直接观察来确定。

(1)组成转动副两构件的瞬心

图 3-3(a)所示，两构件 1、2 绕转动副中心做相对转动，故转动副的中心即为其瞬心 P_{12}。

(2)组成移动副两构件的瞬心

如图 3-3(b)所示，因两构件 1、2 上所有重合点的速度都是沿导路方向，可以认为是绕相对速度垂直方向无穷远处一点转动，故瞬心 P_{12} 应位于垂直导路方向的无穷远处。

(3)组成纯滚动高副两构件的瞬心

如图 3-3 所示，接触点的相对速度为零，所以接触点就是瞬心 P_{12}。

(4)组成滑动兼滚动高副的两构件的瞬心

如图 3-3(c)所示，因接触点的相对速度只能是沿切线 $t-t$ 方向，故瞬心应位于过接触点 K 的公法线 $n-n$ 上。但由于滚动角速度及滑动速度的大小和方向未知，瞬心在法线上的位置未知。

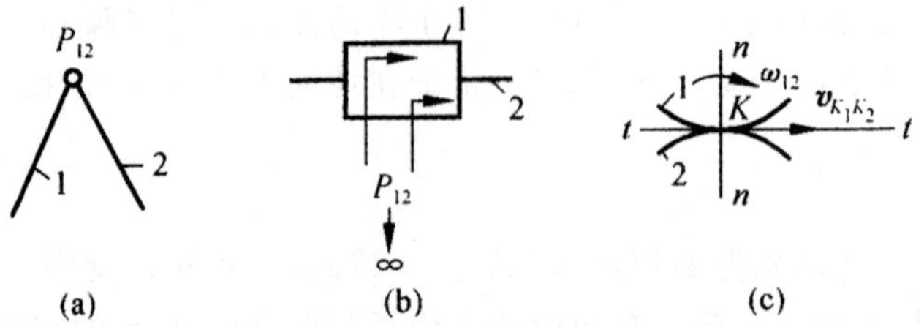

图 3-3　用运动副直接连接的两构件的瞬心

2. 三心定理

非运动副直接连接的两构件的瞬心的求法——三心定理。当需要确定机构中不是直接用运动副连接的两构件的瞬心时，直接观察已不易得到，这时可以利用三心定理(Kennedy’s theorem)求解。该定理可叙述为

作平面运动的三个构件共有三个瞬心，它们位于同一直线上。

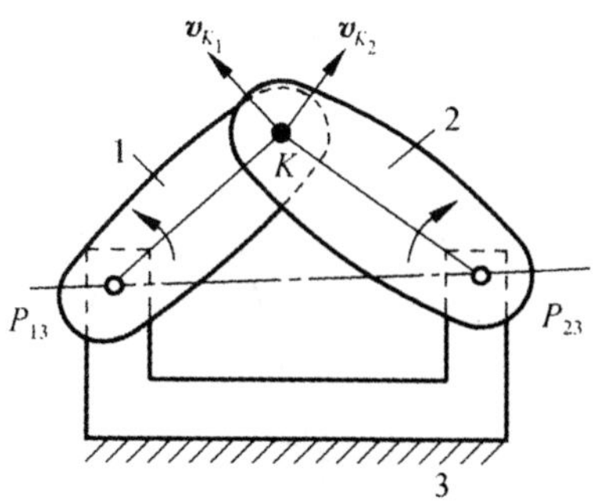

图 3-4　非运动副直接连接的两构件的瞬心

如图 3-4 所示，构件 1 和构件 2 用转动副与构件 3 连接，有两个瞬心 P_{13}、P_{23} 位于铰链中心，构件 1、2 间无运动副直接连接，根据三心定理，其瞬心 P_{12} 应在 P_{13}、P_{23} 的连线上。

3.1.4　速度瞬心法的应用

【例 3-1】 在图 3-5 所示的铰链四杆机构中，若已知各构件的长度及原动件(构件 2)的角速度 ω_2，顺时针方向回转。求从动件 4 的角速度 ω_4、角速度比$\frac{\omega_2}{\omega_4}$。

解　①确定机构中的瞬心数目。

根据公式可得瞬心的数目 $N_{um}=\frac{N(N-1)}{2}=\frac{4(4-1)}{2}=6$，瞬心分别为 P_{12}、P_{14}、P_{23}、P_{34}、P_{13} 和 P_{24}。

②确定机构中瞬心的位置。6 个瞬心中的 P_{12}、P_{23}、P_{34}、P_{14} 可直接观察求出，它们分别位于 A、B、C、D 四个转动中心，而 P_{13}、P_{24}。需要用三心定理来确定。

如图 3-5 所示，根据三心定理，构件 2、3、4 共有三个瞬心，即 P_{23}、P_{34} 和 P_{24}，且 P_{24} 应与 P_{23}、P_{34} 位于同一条线上，同理，构件 2、1、4 有三个瞬心，瞬心 P_{24} 应与 P_{12}、P_{14} 位于同一条线上，因此该两条线的交点便是瞬心 P_{24}。同样的方法可求出 P_{13} 必为 P_{12}、P_{24} 及 P_{34}、P_{14} 两连线的交点。

根据以上分析可知，在多杆机构中，不直接相连的两构件 i、j 的瞬心应在包含两构件 i、j 在内的两组三构件瞬心连线的交点上。

③速度求解。由瞬心的概念可知，P_{24} 为构件 2 和 4 的等速重合点，其绝对速度相等，因此有

$$v_{P_{24}}=\omega_2 P_{12}P_{24}\mu_l=\omega_4 P_{14}P_{24}\mu_l$$

式中，μ_l 为长度比例尺，m/mm。

由上式可求得

$$\omega_4=\frac{P_{12}P_{24}}{P_{14}P_{24}}\omega_2,\frac{\omega_2}{\omega_4}=\frac{P_{14}P_{24}}{P_{12}P_{24}}$$

由上式可见，主、从动件传动比$\frac{\omega_2}{\omega_4}$等于该两构件的绝对瞬心($P_{12}$、$P_{14}$)至其相对瞬心($P_{24}$)距离的反比。

【例 3-2】 在图 3-6 所示的平面高副凸轮机构中，已知各构件的尺寸、原动件凸轮角速度 ω_1，及回转方向，试用瞬心法求从动件 2 在此瞬时的速度 v_2。

解　该机构共有 3 个瞬心。两构件直接接触组成转动副的瞬心 P_{13} 及两构件组成移动副的瞬心 P_{23}，如图 3-6 所示。P_{23} 位于垂直导路的无穷远处。由于凸轮 1 和从动件 2 组成的高副是滑动兼滚动，因此 P_{12} 应在过接触点 M 的公法线 nn 上，又由三心定理可知 P_{12} 与 P_{13}、P_{23} 必须在同一条线上，所以，两直线的交点即为瞬心 P_{12}。

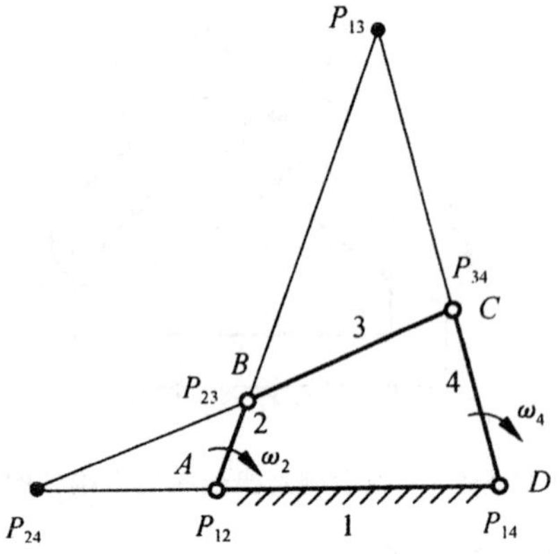

图 3-5　铰链四杆机构的速度瞬心

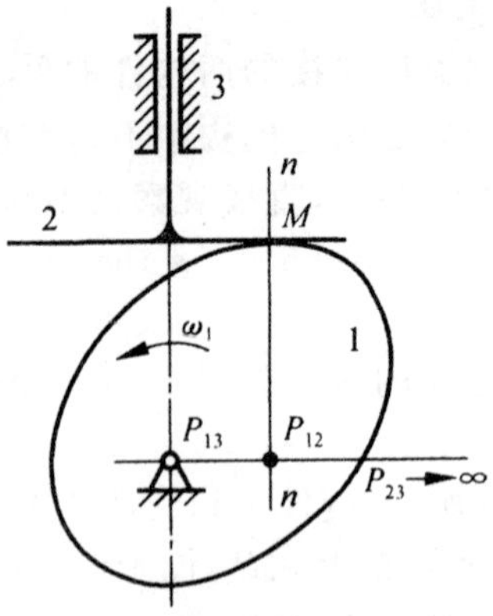

图 3-6　平面高副机构的速度分析

由瞬心的概念可知 P_{12}。为构件 1 和 2 的等速重合点，其绝对速度相等，因此可求的 v_2 的大小为 $v_2 = vP_{12}P_{13}\mu_l$。

通过上述例题的分析可知，当机构的构件数目较少时，利用瞬心法进行速度分析很方便。但对于多杆机构的速度分析，由于其瞬心数目多，找起来很烦琐。其次速度瞬心法的应用仅限于速度分析，该种方法无法对机构进行加速度分析。

3.2　机构速度和加速度的分析方法

在用矢量方程图解法作机构的速度和加速度分析时，首先要根据相对运动原理列出机构运动的矢量方程，然后按照一定的比例尺作出矢量多边形，最后求出未知量。矢量方程图解法利用了刚体的平面运动和点的复合运动原理。

3.2.1　矢量方程图解法的基本原理

1. 同一构件上两点间的速度和加速度

图 3-7 所示为一个做平面运动的刚体(构件)，其上任一点 B 的速度可以认为是随刚体上任意选定点 A 的牵连平动和绕该点的相对转动的运动合成。根据刚体平面运动的原理，点 B 的速度为

$$v_B = v_A + v_{BA} \tag{3-1}$$

(3-1)式中，v_B 是刚体上 B 点的绝对速度；v_A 是 A 点的绝对速度；v_{BA} 是 B 点绕 A 点的相对转动速度，其大小为 $v_{BA} = L_{BA} \cdot \omega$，方向与 A、B 连线垂直，指向与 ω 一致，如图 3-7(a)所示。

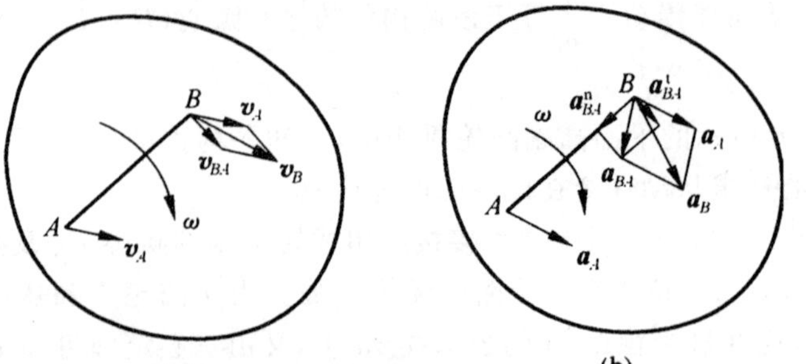

(a)　　(b)

图 3-7　刚体的平面运动

点 B 的加速度为

$$a_B = a_A + a_{BA} = a_A + a_{BA}^n + a_{BA}^t \tag{3-2}$$

式中，a_B、a_A 分别是 B 点、A 点的绝对加速度；a_{BA} 是 B 点对 A 点的相对加速度，$a_{BA}=a_{BA}^n+a_{BA}^t$。其中 a_{BA}^n 是 B 点相对于 A 点的向心加速度，其大小为 $a_{BA}^n=l_{AB}\omega^2$，方向由 B 指向 A。a_{BA}^t 是 B 点相对于 A 点的切向加速度，方向垂直于 A、B 连线，指向与刚体瞬时角加速度一致，如图 3-7(b)所示。

一个矢量方程可以求两个未知数，若式(3-1)和式(3-2)中各自的未知量为两个，便可根据矢量方程分别作矢量多边形求解。

2. 两构件重合点的速度和加速度

根据点的复合运动原理，动点的绝对运动是动点对动坐标系的运动和动坐标系的牵连运动的合成。牵连运动是指动坐标系上与动点瞬时重合的那一点的运动。如图 3-8 所示，构件 1 与构件 2 组成移动副，点 B(B_1 和 B_2)为两构件的任一瞬时重合点。B_1、B_2 两点的速度关系为

$$v_{B_2} = v_{B_1} + v_{B_2B_1} \tag{3-3}$$

式中，v_{B_2} 为 B_2 点绝对速度；v_{B_1} 为 B_1 点的绝对速度；$v_{B_2B_1}$ 为 B_2 点对 B_1 点的相对速度，其方向沿移动副导轨方向。

重合点 B_1、B_2 的加速度关系为

$$a_{B_2} = a_{B_1} + a_{B_2B_1}^k + a_{B_2B_1}^r \tag{3-4}$$

式中，a_{B_2} 为 B_2 点的绝对加速度；a_{B_1} 为 B_1 点的绝对加速度；$a_{B_2B_1}^k$ 是 B_2 点对 B_1 点的哥氏加速度，其大小为 $a_{B_2B_1}^k=2\omega_1\cdot v_{B_2B_1}$，方向是将相对速度 $v_{B_2B_1}$ 沿牵连角速度 ω_1，的方向转 90°后所指的方向，$a_{B_2B_1}^r$ 为 B_2 点对 B_1 点的相对加速度，方向沿移动副导路方向。

当式(3-3)和式(3-4)中各自的未知量为两个时，便可根据方程式分别作矢量多边形求解。

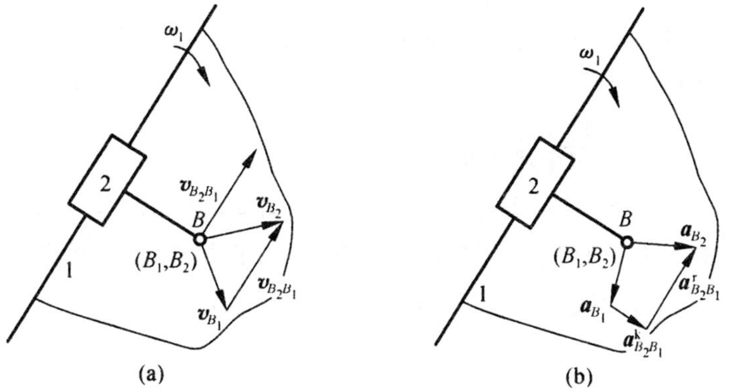

图 3-8　点的复合运动

3.2.2　机构的速度和加速度分析

在机构运动分析时，主动件的运动是已知的。分析的方法是从主动件开始，依次对各构件进行分析。最后利用机构已知的运动参数和各构件间的相对运动关系，列出矢量方程式。然后绘制矢量多边形，求解矢量方程式，求出构件的运动参数，即可求得机构的全部运动参数。下面举例加以说明。

【例 3-3】 图 3-9(a)所示铰链四杆机构中，已知机构的位置，各构件的长度和曲柄 1 的角速度

ω_1，用矢量方程图解法求构件 2、3 的角速度 ω_2、ω_3 和角加速度 α_2、α_3，并求 E 点的速度 v_E 和加速度 a_E。

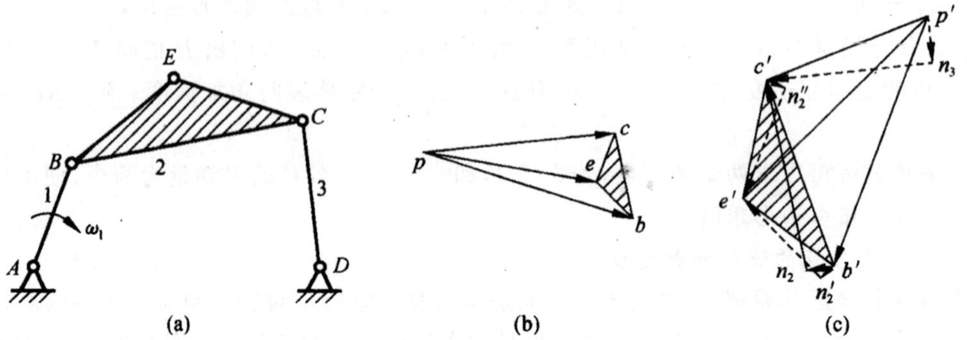

图 3-9　铰链四杆机构运动分析

解　取长度比例尺作机构运动简图如图 3-9(a)所示。

$$\mu_1=\frac{L_{AB}}{AB}\ \text{m/mm}$$

式中，L_{AB} 为实际长度，$\overline{AB}$ 为图示长度。

1. 速度分析

由构件 1 的角速度 ω_1，可得 $v_{AB}=L_{AB}\omega_1$，点 C 是构件 2 上的点，又是构件 3 上的点，根据同一构件上两点间的速度关系可得

	v_C	$=$	v_B	$+$	v_{CB}
方向：	$\perp CD$		$\perp AB$		$\perp BC$
大小：	?		√		?

式中，$v_C=L_{CD}\omega_3$，$v_{CB}=L_{BC}\omega_2$，此矢量方程有两个未知量 ω_2、ω_3，可以作图求解。

先选择速度比例尺

$$\mu_v=\frac{\text{真实速度大小}}{\text{图中线段长度}}(\text{m/s})/\text{mm}=\frac{v_B}{\overline{pb}}(\text{m/s})/\text{mm}$$

即图中 1mm 线段长度代表真实速度 μ_v，m/s。如图 3-9(b)所示，任取一点 p 为起点，过 p 点作与 v_B 方向一致的向量 $\overrightarrow{pb}$ 代表 v_B。然后过 b 点作 v_{CB} 的方向线 bc，垂直于杆 BC。再过 p 点作方程左边的矢量 v_C 的方向线 pc，垂直于 DC，交 bc 于 c 点，则 $\overrightarrow{pc}$ 代表 v_C，$\overrightarrow{bc}$ 代表 v_{CB}，其大小分别为

$$v_C=\mu_v\,\overline{pc}\quad \text{m/s}$$
$$v_{CB}=\mu_v\,\overline{bc}\quad \text{m/s}$$

构件 2、3 的角速度分别为

$$\omega_2=\frac{v_{CB}}{L_{BC}}=\frac{\mu_v\,\overline{bc}}{L_{BC}}\quad \text{rad/s}$$

$$\omega_3=\frac{v_C}{L_{CD}}=\frac{\mu_v\,\overline{pc}}{L_{CD}}\quad \text{rad/s}$$

角速度方向的确定方法：把代表 v_{CB} 的向量 $\overrightarrow{bc}$ 平移到机构图 C 点处，根据 v_{CB} 是 C 点绕 B 点转动的速度可以确定 ω_2 的方向。本题中 ω_2 为逆时针方向，同理可根据 v_C，的方向确定 ω_3 的方

向为顺时针方向。

为求构件 2 上 E 点的速度 v_E，则利用 B、E 两点和 C、e 两点间的速度关系分别列出矢量方程式。

	v_E	=	v_B	+	v_{EB}
方向：	?		√		$\perp BE$
大小：	?		√		?

	v_E	=	v_c	+	v_{BC}
方向：	?	√		$\perp CE$	
大小：	?	√		?	

上面两式均有三个未知量，不满足矢量方程式求解条件，无法独立求解，可以将两式联立得

	v_B	+	v_{EB}	=	v_C	+	v_B
方向：	√		$\perp BE$		√		$\perp CE$
大小：	√		?		√		?

这样此方程式中仅有 v_{EB} 和 v_{EC} 的大小未知，方程可解。在图 3-9(b)上继续作图，过 b 点作 v_{EB} 方向线沈 be，垂直于 BE。再过 C 点作 v_{EC} 的方向线 ce，垂直 CE，两方向线相交于 e 点。连接 p、e 两点，则 $\overrightarrow{pe}$ 代表 v_E，$\overrightarrow{be}$ 代表 v_{EB}，$\overrightarrow{ce}$ 代表 v_{EC}，其大小分别为

$$v_E = \mu_v \overline{pe} \quad \mathrm{m/s}$$

$$v_{EB} = \mu_v \overline{be} \quad \mathrm{m/s}$$

$$v_{EC} = \mu_v \overline{ce} \quad \mathrm{m/s}$$

图 3-9(b)中，由各速度向量组成的多边形 $pbce$ 称为速度多边形或速度图解。在速度多边形中，p 点称为速度极点，它代表机构中各构件上速度为零的点。连接极点 p 到任意点的向量，代表构件上同名点的绝对速度，方向由 p 点指向该点。连接速度多边形中除 p 点外的任意两点的向量，代表构件上相应两点间的相对速度，方向与速度向量的下脚标字母顺序相反。如 $\overrightarrow{pb}$ 代表 v_B、$\overrightarrow{bc}$ 代表 v_{CB}。

由图 3-9 还可看出，构件 2 上 B、C、E 三点组成的 $\triangle BCE$ 与速度多边形中的 b、c、e 三点组成的 $\triangle bce$ 各对应边相互垂直，因此两三角形相似，且两者的字母转向顺序也相同。将速度多边形中的 $\triangle bce$ 称为机构图中同一构件上相应点的 $\triangle BCE$ 的速度影像。根据这一特征，当已知一构件上任意两点的速度，就可以用速度影像原理，求出该构件上任意第三点的速度。例如在速度多边形中做出 $\overrightarrow{pb}$ 和 $\overrightarrow{pc}$ 后，只要连接 b、c 两点，再作 $\triangle bce$ 与 $\triangle BCE$ 相似，且使两者字母转向顺序相同。求得 e 点后，连接 p、e 两点，则 $\overrightarrow{pe}$ 代表 E 点速度 v_E。

2. 加速度分析

加速度分析的步骤与速度分析的步骤基本相同。B 点的加速度为

$$a_B = a_B^n = l_{AB}\omega_1^2 \quad \mathrm{m/s^2}$$

根据同一构件两点间的加速度关系，可得矢量方程

	$\boldsymbol{a}_C =$	$\boldsymbol{a}_B$	+	$\boldsymbol{a}_{CB}^n$	+	$\boldsymbol{a}_{CB}^t$	=	a_c^n	+	a_C^t
方向：		$B\to A$		$C\to B$		$\perp BC$		$C\to D$		$\perp CD$
大小：		$l_{AB}\omega_1^2$		$l_{BC}\omega_2^2$		?		$l_{CD}\omega_3^2$		?

式中，a_{CB}^n、a_C^n 在完成速度分析后，均可求出，为已知量。$a_{CB}^t = l_{BC}a_2$，$a_C^t = l_{CD}a_3$。因 a_2、a_3 未知，故

a_{CB}^{n}、a_{C}^{n} 的大小未知，方程式中含有两个未知参数，可以求解。选择加速度比例尺

$$\mu_a=\frac{\text{真实速度大小}}{\text{图中线段长度}}(\mathrm{m/s^2})/\mathrm{mm}=\frac{a_B}{p'b'}(\mathrm{m/s^2})/\mathrm{mm}$$

即图中 1mm 线段长度代表真实加速度 $\mu_a(\mathrm{m/s^2})$。如图 3-9(c)所示，任取一点 p' 作 $p'b'$ 平行 AB，由 B 指向 A，代表 a_B。接着过 b' 作平行于 BC，由 C 指向 B 的向量子 $\overrightarrow{b'n_2}$，代表 a_{CB}^{n}，其长度 $\overline{b'n_2}=\frac{a_{CB}^{n}}{\mu_a}$。过 n_2 点作 a_{CB}^{t} 的方向线 n_2c' 垂直于 BC。再作方程右边的向量，过 p' 点作平行于 CD，由 C 指向 D 的向量 $\overrightarrow{p'n_3}$，代表 a_C^n，其长度 $\overrightarrow{p'n_3}=\frac{a_C^n}{\mu_a}\mathrm{mm}$。过 n_3 点作 a_C^t 的方向线 n_3c' 垂直于 CD，交 n_2c' 于 c' 点，分别连接 p'、c' 和 b'、c'，则 $\overrightarrow{p'c'}$ 代表 a_C，$\overrightarrow{b'c'}$ 代表 a_{CB}，$\overrightarrow{n_2c'}$ 代表 a_{CB}^t，$\overrightarrow{n_3c'}$ 代表 a_C^t，它们的，大小分别为

$$a_C=\mu_a\,\overrightarrow{p'c'}\quad \mathrm{m/s^2}$$
$$a_{CB}=\mu_a\,\overrightarrow{b'c'}\quad \mathrm{m/s^2}$$
$$a_C^t=\mu_a\,\overrightarrow{n_3c'}\quad \mathrm{m/s^2}$$
$$a_{CB}^t=\mu_a\,\overrightarrow{n_2c'}\quad \mathrm{m/s^2}$$

构件 2、3 的角加速度

$$a_2=\frac{a_{CB}^t}{L_{BC}}=\frac{\mu_a\,\overrightarrow{n_2c'}}{L_{BC}}$$

$$a_3=\frac{a_C^t}{L_{CD}}=\frac{\mu_a\,\overrightarrow{n_3c'}}{L_{CD}}$$

角加速度的方向的确定方法如下：将代表 a_{CB}^t 的向量 $\overrightarrow{n_2c'}$ 平移到机构图上 C 点，根据 C 点绕 B 点转动可得 a_2 为逆时针方向，同样可得 a_3 的方向为逆时针方向。

为求构件 2 上 E 点的加速度 a_Er，利用 B、E 两点和 C、E 两点间的加速度关系分别列出矢量方程式。

	$\boldsymbol{a}_E$	=	$\boldsymbol{a}_B$	+	$\boldsymbol{a}_{EB}^n$	+	$\boldsymbol{a}_{EB}^t$
方向：	?		√		$E\to B$		$\perp BE$
大小：	?		√		$l_{BE}\omega_2^2$		?
	$\boldsymbol{a}_E$	=	$\boldsymbol{a}_C$	+	$\boldsymbol{a}_{EC}^n$	+	$\boldsymbol{a}_{EC}^t$
方向：	?		√		$E\to C$		$\perp CE$
大小：	?		√		$l_{CE}\omega_2^2$		?

联立二式可得

	$\boldsymbol{a}_B$	+	$\boldsymbol{a}_{EB}^n$	+	$\boldsymbol{a}_{EB}^t$	=	$\boldsymbol{a}_C$	+	$\boldsymbol{a}_{EC}^n$	+	$\boldsymbol{a}_{EC}^t$
方向：	√		$E\to B$		$\perp BE$		√		$E\to C$		$\perp CE$
大小：	√		$l_{BE}\omega_2^2$		?		√		$l_{CE}\omega^2$		?

此方程式中含有两个未知参数，可以求解。在图 3-9(c)上继续作图，过 b' 点作平行于 EB，由 E 指向 B 的向量 $\overrightarrow{b'n'_2}$，其长度 $b'n'_2=\frac{a_{EB}^n}{\mu_a}$，代表 a_{EB}^n。过 n'_2 点作 a_{EB}^t 的方向线 n'_2e'，垂直于 EB。再过 c' 点作平行于 EC，由 E 指向 C 的向量 $\overrightarrow{c'n''_2}$，其长度 $c'n''_2=\frac{a_{EC}^n}{\mu_a}$ 代表 a_{EC}^n。过 n''_2 点作

a_{EC}^{t}的方向线，n''_2e'交n'_2e'于e'点。连接声p'、e'，则$\overrightarrow{p'e'}$代表a_E，其大小为

$$a_E=\mu_a\overrightarrow{p'c'}\quad m/s^2$$

在图3-9(c)中，由各加速度向量组成的多边形$p'b'c'e'$称为加速度多边形或加速度图解。在加速度多边形中，p'点称为加速度极点，代表机构中各构件上所有加速度为零的点。连接加速度极点p'到任意点的向量代表机构上对应点的绝对加速度。除p'点外，任意两点间的连线代表两点间的相对加速度，方向与加速度向量下脚标的顺序相反。

可以证明，加速度多边形中△$b'c'e'$与机构图中△BCE相似，并且字母转向顺序相同，△△$b'c'e'$为△BCE加速度影像。当已知一构件上任意两点的加速度后，可以根据加速度影像原理求得该构件任意第三点的加速度，而不必列出相应矢量方程。例如，在作出$\overrightarrow{p'b'}$和$\overrightarrow{p'c'}$后，只要连接b'，c'两点，作△$b'c'e'$与机构图中△BCE相似，且使字母转向顺序相同。求得点e'后，连接p'，e'两点，则$\overrightarrow{p'e'}$即代表a_E。

3.3　机构运动分析的解析法

平面连杆机构运动分析，就是在已知机构几何参数和原动件运动规律条件下，分析机构其他运动构件的运动是否满足设计的运动要求，即分析其位移(包括轨迹)、速度及加速度等运动情况。

通过位移和轨迹的分析，可以确定机构中活动构件所需的运动空间，由此判断各构件在运动过程中是否发生干涉，从动件的运动行程是否合理以及考察构件上点的轨迹是否实现预期的轨迹要求。

通过速度和加速度分析，可以确定从动件的速度和加速度的大小及变化规律是否符合机构的设计要求，机器的生产效率和所需的功率，还可以确定构件的惯性力，为机构的受力分析提供基本的数据。

机构的运动分析方法很多，通常分为图解法和解析法。图解法的特点是形象直观，方法简便，求解过程能满足一般设计要求，但是精度不高，机构各个位置的运动参数，需要逐个求解，相当繁琐。解析法建立机构的运动参数与尺寸参数之间的函数关系，计算精度高，而且便于把机构分析与机构综合问题联系起来。本节主要介绍用解析法进行机构的运动分析。

平面机构运动学解析法研究的是机构各运动构件相对于机架的绝对运动以及各运动构件之间的相对运动，为此需要分别在机架上建立固定坐标系以及在运动构件上建立运动坐标系，利用坐标系之间的变换，来描述构件的绝对运动和相对运动，同时去研究运动构件上特殊点的运动特性。

3.3.1　Ⅱ级杆组的运动分析

用解析法对平面机构进行运动分析时，首先是建立机构的位置方程式，然后就位置方程对时间求一阶和二阶导数，求得速度方程和加速度方程。

根据杆组法的机构组成原理，机构是由主动件、机架和基本杆组组合而成的。因此，如果以主动件和基本杆组为基本单元，建立起各单元的运动参数之间的数学关系式，当需要对某一机构进行运动分析时，就可根据机构的组成结构和拆分的基本杆组，应用相应单元的计算模块，求解所需要的运动参数。如果依据这些模块的计算关系式，编制出求解各种基本杆组运动参数的计

算机运算子程序(或函数)模块,当对机构进行运动分析时,只需在主程序中调用相应的子程序(或函数)模块,便可迅速求得所需的结果,从而实现用有限的计算模块,求解所有对应机构的运动分析问题。由于Ⅱ级机构是最基本和最常用的平面机构,因此本章主要介绍Ⅱ级机构的运动分析的杆组法。

在对杆组进行运动分析时,规定 i 构件的长度用 l_i 表示,位置角 θ_i 从外运动副引 x 轴正向线按逆时针量取,N_i 点的位置用(P_{ix},P_{iy},)表示,N_i 点的速度用(v_{ix},v_{iy})表示,N_i 点的加速度用(a_{ix},a_{iy})表示,i 构件的角速度和角加速度分别用 ω_i、a_i 表示,且均以逆时针方向为正。

1. RRR 杆组

(1)位置分析

如图 3-10 所示,已知 RRR 杆组的外运亏副 N_1、N_2 的位置(P_{1x},P_{1y})、(P_{2x},P_{2y}),求内运动副 N_3 的位置(P_{3x},P_{3y}),构件①和②的位置角 θ_1、θ_2。由图 3-10,有

$$d=\sqrt{(P_{2x}-P_{1x})^2+(P_{2y}-P_{1y})^2}$$

$$\cos\beta=\frac{d^2+l_1^2-l_2^2}{2dl_1}$$

$$\varphi=\arctan\frac{(P_{2y}-P_{1y})}{P_{2x}-P_{1x}}$$

所以,构件①的位置角

$$\theta_1=\varphi\pm\beta \tag{3-5}$$

式(3-5)中的正负号,对应杆组可能处于的两种不同的装配或工作模态(assembly or working mode)。如图 3-10 所示,当为实线模态时,即 $\theta_1=\varphi+\beta$,当为虚线模态时,$\theta_1=\varphi-\beta$ 对于实际机构,只要不出现 $d=|l_1\pm l_2|$ 的情形,杆组只可能在一种状态下运动,不会从一种状态过渡到另一种状态。所以计算开始之前,应按实际机构的工作要求,指定杆组的工作状态:

当点号 N_1、N_2、N_3 逆时针读取时,$\theta_1=\varphi+\beta$;当点号 N_1、N_2、N_3 顺时针读取时,目$\theta_1=\varphi-\beta$。

如果出现 $d=|l_1\pm l_2|$ 的情形(如平行四边形机构),应根据机构的实际工作状况,实时判断并给定其工作模态。同时还应注意,在给定点 N_1、N_2 及 l_1、l_2 条件下,可能出现 $d>(l_1+l_2)$)或 $d<|l_1-l_2|$ 的情形,在这两种状态下实际上不可能形成 RRR 杆组,需要调整 N_1 和 N_2 点的坐标或构件长度。N_3 点的位置

$$\left.\begin{aligned}P_{3x}&=P_{1x}+l_1\cos\theta_1\\P_{3y}&=P_{1y}+l_1\sin\theta_1\end{aligned}\right\} \tag{3-6}$$

构件②的位置角

$$\theta_2=\arctan\left(\frac{P_{3y}-P_{2y}}{P_{3x}-P_{2x}}\right) \tag{3-7}$$

(2)速度分析

已知外运动副 N_1 点、N_2 点的速度(v_{1x},v_{1y})、(v_{2x},v_{2y}),求内运动副 N_3 点的速度(v_{3x},v_{3y})和构件①、②的角速度 ω_1、ω_2。

由位置分析

$$\left.\begin{aligned}P_{3x}&=P_{1x}+l_1\cos\theta_1=P_{2x}+l_2\cos\theta_2\\P_{3y}&=P_{1y}+l_1\sin\theta_1=P_{2y}+l_2\sin\theta_2\end{aligned}\right\}$$

上式对时间求导得 N_3 点的速度表达式

$$\left.\begin{aligned}v_{3x}&=v_{1x}-l_1\omega_1\sin\theta_1=v_{2x}-l_2\omega_2\sin\theta_2\\v_{3y}&=v_{1x}-l_1\omega_1\sin\theta_1=v_{2y}-l_2\omega_2\cos\theta_2\end{aligned}\right\}\tag{3-8}$$

由式(3-8)分离出构件①、②的角速度

$$\left.\begin{aligned}\omega_1&=-\frac{[(v_{2x}-v_{1x})(P_{3x}-P_{2x})+(v_{2y}-v_{1y})(P_{3y}-P_{2y})]}{Q}\\\omega_2&=-\frac{[(v_{2y}-v_{1y})(P_{3y}-P_{1y})+(v_{2x}-v_{1x})(P_{3x}-P_{1x})]}{Q}\end{aligned}\right\}\tag{3-9}$$

其中

$$Q=(P_{3y}-P_{1y})(P_{3x}-P_{2x})-(P_{3y}-P_{2y})(P_{3x}-P_{1x})$$

将式(3-9)代入式(3-8),便可求出 N_3 点的速度(v_{3x},v_{3y})。

(3)加速度分析

已知杆组外运动副 N_1 点、N_2 点的加速度(a_{1x},a_{1y})、(a_{2x},a_{2y}),求解内运动副 N_3 点的加速度(a_{3x},a_{3y})和构件①、②的角加速度 a_1、a_2。

将式(3-8)对时间求导得 N_3 点的加速度表达式

$$\left.\begin{aligned}a_{3x}&=a_{1x}-l_2\omega_1^2\cos\theta_1-l_1\alpha_1\sin\theta_1=a_{2x}-l_2\omega_2^2\cos\theta_2-l_2\alpha_2\sin\theta_2\\a_{3y}&=a_{1y}-l_2\omega_1^2\sin\theta_1+l_1\alpha_1\cos\theta_1=a_{2y}-l_2\omega_2^2\sin\theta_2+l_2\alpha_2\cos\theta_2\end{aligned}\right\}\tag{3-10}$$

令

$$\left.\begin{aligned}E&=a_{2x}-a_{1x}+(v_{3y}-v_{1y})\omega_1-(v_{3y}-v_{2y})\omega_2\\F&=a_{2y}-a_{1y}+(v_{3x}-v_{1x})\omega_1-(v_{3x}-v_{2x})\omega_2\end{aligned}\right\}$$

解出构件①、②的角加速度

$$\left.\begin{aligned}a_1&=-\frac{[E(P_{3x}-P_{2x})+F(P_{3y}-P_{2y})]}{Q}\\a_2&=-\frac{[F(P_{3y}-P_{1y})+E(P_{3x}-P_{1x})]}{Q}\end{aligned}\right\}\tag{3-11}$$

将式(3-11)代入式(3-10),便可求出 N_3 点的加速度(a_{3x},a_{3y})。

2. RRP 杆组

(1)位置分析

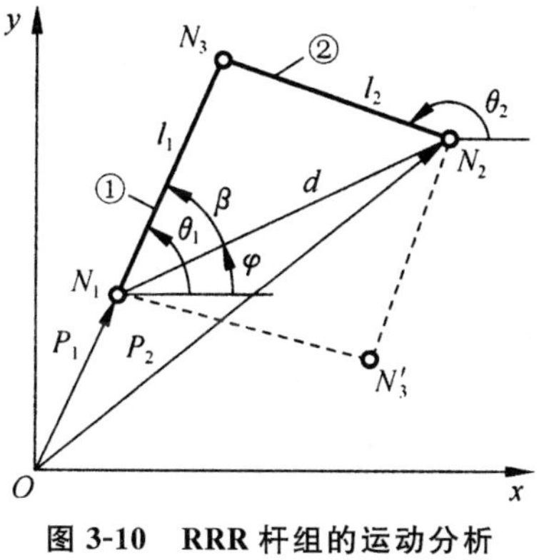

图 3-10　RRR 杆组的运动分析

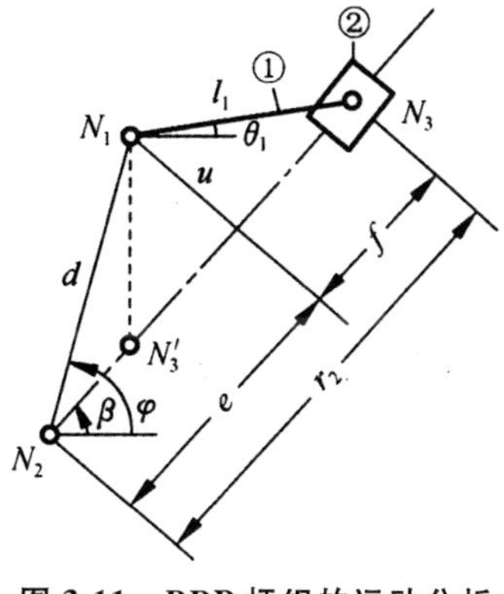

图 3-11　RRP 杆组的运动分析

如图 3-11 所示,已知 RRP 杆组的外运动副 N_1 点、导路上某一参考点 N_2 点的位置(P_{1x},P_{1y})、(P_{2x},P_{2y})及导路的位置角 β,求内运动副 N_3 点的位置(P_{3x},P_{2x})、构件②相对参考点 N_2

的滑移尺寸 r_2 及构件①的位置角 θ_1。

根据图 3-10 的几何关系

$$r_2=e\pm f$$

其中

$$e=d\cos(\varphi-\beta)$$

$$f=\sqrt{l_1^2-u^2}$$

$$d=\sqrt{(P_{2x}-P_{1x})^2+(P_{2y}-P_{1y})^2}$$

$$\varphi=\arctan\frac{(P_{1y}-P_{2y})}{(P_{1x}-P_{2x})}$$

$$u=d\sin(\varphi-\beta)$$

如果 $l_1>|u|$，则 r_2 有两个解（图中实线和虚线位置），分别对应于 RRP 杆组的两种装配或工作模态，即当 $\angle N_1N_3N_2<90°$ 时，$r_2=e+f$；当 $\angle N_1N_3N_2>90°$ 时，$r_2=e-f$。

如果 $l_1<|u|$，此时导路与以 N_1 点为圆心、l_1 为半径的圆不相交，则 r_2 无解，需要调整 N_1 点的位置或构件①的长度。

N_3 点的位置

$$\left.\begin{aligned}P_{3x}&=P_{2x}+r_2\cos\beta\\P_{3y}&=P_{2y}+r_2\sin\beta\end{aligned}\right\}$$

构件①的位置角

$$\theta_1=\arctan\frac{(P_{3y}-P_{1y})}{(P_{3x}-P_{1x})}$$

(2)速度分析

已知外运动副 N_1 点和导路上参考点 N_2 点的速度 (v_{1x},v_{1y})、(v_{2x},v_{2y}) 及导路的角速度 ω_β，求内运动副 N_3 点的速度 (v_{3x},v_{3y})、滑块与导路重合点的相对速度 v_{r_2} 及构件①的角速度 ω_1。

N_3 点位置

$$\left.\begin{aligned}P_{3x}&=P_{1x}+l_1\cos\theta_1=P_{2x}+r_2\cos\beta\\P_{3y}&=P_{1y}+l_1\sin\theta_1=P_{2y}+r_2\sin\beta\end{aligned}\right\}$$

上式对时间求导，解出构件①的角速度 ω_1，及相对速度 v_{r_2}，为

$$\omega_1=\frac{(-E\sin\beta+F\cos\beta)}{Q}$$

$$v_{r_2}=-\frac{[E(P_{3x}-P_{1x})+F(P_{3y}-P_{1y})]}{Q}$$

式中

$$E=v_{2x}-v_{1x}-v_{r_2}\omega_\beta\sin\beta$$

$$F=v_{2y}-v_{1y}+v_{r_2}\omega_\beta\cos\beta$$

$$Q=(P_{3y}-P_{1y})\sin\beta-(P_{3x}-P_{1x})\cos\beta$$

N_3 点的速度

$$\left.\begin{aligned}v_{3x}&=v_{1x}-l_1\omega_1\sin\theta_1\\v_{3y}&=v_{1y}+l_1\omega_1\cos\theta_1\end{aligned}\right\}$$

(3)加速度分析

已知外运动副点 N_1 和导路上参考点 N_2 点的加速度(a_{1x},a_{1y})、(a_{2x},a_{2y})及导路的角加速度 a_β，求内运动副 N_3 点的加速度(a_{3x},a_{3y})、滑块与导路重合点的相对加速度 a_{r_2} 及构件①的角加速度 a_1。

将 N_3 点的位置方程对时间求二阶导数，解得构件①的角加速度 a_1 及相对加速度 a_{r_2}。

$$\left.\begin{aligned}a_1&=\frac{(-G\sin\beta+H\cos\beta)}{Q}\\a_{r_2}&=-\frac{[G(P_{3x}-P_{1x})+H(P_{3y}-P_{1y})]}{Q}\end{aligned}\right\}$$

其中

$$G=a_{2x}-a_{1x}+\omega_1^2(P_{3x}-P_{1x})-\omega_\beta^2 r_2\cos\beta-2\omega_\beta v_{r_2}\sin\beta-\alpha_\beta(P_{3y}-P_{2y})$$

$$H=a_{2y}-a_{1y}+\omega_1^2(P_{3y}-P_{1y})-\omega_\beta^2 r_2\sin\beta+2\omega_\beta v_{r_2}\cos\beta-\alpha_\beta(P_{3x}-P_{2x})$$

N_3 点的加速度

$$\left.\begin{aligned}a_{3x}&=a_{1x}-l_1\omega_1^2\cos\theta_1-l_1\alpha_1 sin\theta\\a_{3y}&=a_{1y}-l_1\omega_1^2 sin\theta_1+l_1\alpha_1\cos\theta_1\end{aligned}\right\}$$

3. RPR 杆组

(1)位置分析

如图 3-11 所示，已知 RPR 杆组的外运动副 N_1 和 N_2 点的位置(P_{1x},P_{1y})、(P_{2x},P_{2y})及构件①的偏距 l_1，求导杆的位置角 θ 及滑移尺寸 r_2。

根据图 3-11 的几何关系

$$\theta=\varphi+\beta$$

其中，

$$\varphi=\arctan\left(\frac{P_{2y}-P_{1y}}{P_{2x}-P_{1x}}\right)$$

$$\beta=\arctan\left(\frac{l_1}{r_2}\right)$$

$$r_2=\sqrt{d^2-l_1^2}$$

$$d=\sqrt{l^2+r^2}=\sqrt{(P_{2x}-P_{1x})^2+(P_{2y}-P_{1y})^2}$$

β 从 d 向导路量取，逆时针时，$\theta=\varphi+\beta$，反之 $\theta=\varphi-\beta$，对应于杆组的两种装配或工作模态，如图 3-12 中实线和虚线所示。

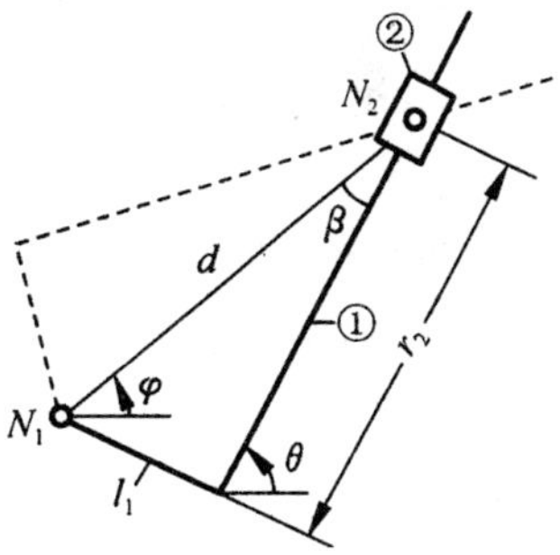

图 3-12　RPR 杆组的运动分析

(2)速度分析

已知外运动副 N_1 点和 N_2 点的速度(v_{1x},v_{1y})、(v_{2x},v_{2y})，求导杆的角速度 ω 和滑块与导杆重合点的相对速度 v_{r_2}。

$$\left.\begin{aligned}P_{2x}&=P_{1x}+l_1\sin\theta+r_2\cos\theta\\P_{2y}&=P_{1y}-l_1\cos\theta+r_2\sin\theta\end{aligned}\right\}\tag{3-12}$$

式(3-12)对时间求导得

$$\left.\begin{aligned}v_{2x}&=v_{1x}+l_1\omega\cos\theta+v_{r_2}\cos\theta-r_2\omega\sin\theta\\v_{2y}&=v_{1y}+l_1\omega\sin\theta+v_{r_2}\sin\theta+r_2\omega\cos\theta\end{aligned}\right\}\tag{3-13}$$

解得

$$\omega=-\frac{(E\sin\theta-F\cos\theta)}{Q}$$

$$v_{r_2}=-\frac{[E(P_{2x}-P_{1x})-F(P_{2y}-P_{1y})]}{Q}$$

其中

$$E=v_{2x}-v_{1x}$$
$$F=v_{2y}-v_{1y}$$
$$Q=(P_{2x}-P_{1x})\cos\theta-(P_{2y}-P_{1y})\sin\theta$$

(3)加速度分析

已知外运动副 N_1 点和 N_2 点的加速度(a_{1x},a_{1y})、(a_{2x},a_{2y})，求导杆的角加速度 α 和滑块与导路重合点的相对加速度 a_{r_2}。

将式(3-13)对时间求导得

$$\left.\begin{aligned}\alpha&=-\frac{(G\sin\theta-H\cos\theta)}{Q}\\a_{r_2}&=\frac{[G(P_{2x}-P_{1x})+H(P_{2y}-P_{1y})]}{Q}\end{aligned}\right\}$$

其中

$$G=a_{2x}-a_{1x}+\omega^2(P_{2x}-P_{1x})+2\omega v_{r_2}\sin\theta$$
$$H=a_{2y}-a_{1y}+\omega^2(P_{2y}-P_{1y})-2\omega v_{r_2}\cos\theta$$

对于 PRP 杆组和 RPP 杆组以及更复杂杆组的运动分析，可参见有关文献。

3.3.2 主动件上的点及刚体上任一点的运动参数

1. 主动件上的点的运动参数分析

图 3-13(a)所示为用转动件连接在机架上的主动件。N_1 点在 xOy 坐标系中的位置(P_{1x},P_{1y})为已知常数。设杆的长度为 l 且与 x 轴正向夹角为 θ、角速度 ω、角加速度 α，求构件上 N_2 点的位置、速度和加速度。

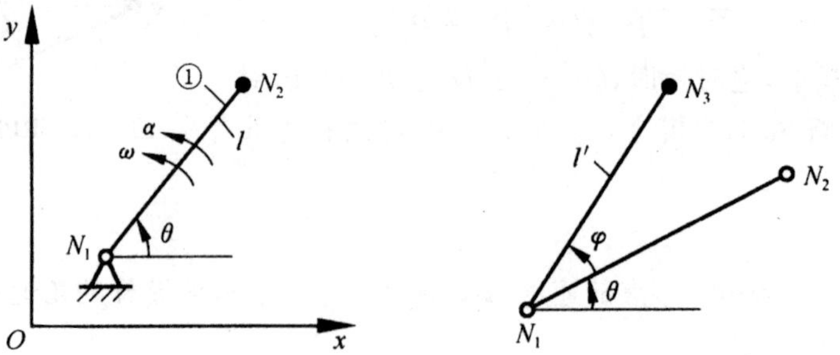

(a)主动件的运动分析　　(b)刚体上任一点的运动参数析

图 3-13　主动件上的点及刚体上任一点的运动参数分析

构件上 N_2 点的位置为

$$\left.\begin{aligned}P_{2x}&=P_{1x}+l\cos\theta\\P_{2y}&=P_{1y}+l\sin\theta\end{aligned}\right\}\tag{3-14}$$

式(3-14)对时间求导,得 N_2 点的速度方程式为

$$\left.\begin{aligned} v_{2x} &= -\omega l\sin\theta \\ v_{2y} &= +\omega l\cos\theta \end{aligned}\right\} \tag{3-15}$$

式(3-15)对时间求导,得 N_2 点的加速度方程式为

$$\left.\begin{aligned} a_{2x} &= -\omega^2 l\cos\theta - \alpha l\sin\theta \\ a_{2y} &= -\omega^2 l\sin\theta + \alpha l\cos\theta \end{aligned}\right\} \tag{3-16}$$

2. 刚体上任一点的运动参数分析

平面机构中做任意运动的构件,可抽象为做平面运动的刚体(做平面定轴转动或平移运动的构件可以看成是其特例)。其上任意一点 N_2 的运动参数(见图 3-13(b))。

(1)位置参数

已知参考点 N_1 的位置和刚体的位置角 θ,按给定的 l'、φ 值,求刚体上 N_3 点的位置:

$$\left.\begin{aligned} P_{3x} &= P_{1x} + l'\cos(\theta+\varphi) \\ P_{3y} &= P_{1y} + l'\sin\theta(\theta+\varphi) \end{aligned}\right\}$$

(2)速度参数

已知参考点 N_1 的速度和刚体的角速度 ω,求 N_3 点的速度:

$$\left.\begin{aligned} v_{3x} &= v_{1x} - l'\omega\sin(\theta+\varphi) \\ v_{3y} &= v_{1y} + l'\cos(\theta+\varphi) \end{aligned}\right\}$$

(3)加速度参数

已知参考点 N_1 的加速度和刚体的角加速度 α,求 N_3 点的加速度:

$$\left.\begin{aligned} a_{3x} &= a_{1x} - l'\omega^2\cos(\theta+\varphi) - l'\alpha\sin(\theta+\varphi) \\ a_{3y} &= a_{1y} + l'\omega^2\sin(\theta+\varphi) + l'\alpha\cos(\theta+\varphi) \end{aligned}\right\}$$

3.3.3　Ⅱ级机构的运动分析

1. 实例分析

应用杆组法对机构进行运动分析,首先将待分析机构拆分为主动件和基本杆组,其次按下述步骤进行分析:

①对主动件进行运动分析,求出其与其他构件连接点处的运动参数。

②从与主动件连接的构件开始,找出外运动副运动参数为已知的杆组并对其分析,求出有关运动参数;若杆组中还有其他待求点(如质心,与其他构件的连接点等),应用求解刚体上任一点参数公式,求出各点运动参数。

③从与前一杆组连接的杆组开始,顺次分析对应的杆组及刚体上任一点的运动参数,直至求出机构全部运动参数。

【例 3-4】 如图 3-14 所示的机构中,已知 $l_3=1000\text{mm}$,$l_{24}=1200\text{mm}$,$l_{34}=700\text{mm}$,$l_{56}=2000\text{mm}$,$l_{37}=350\text{mm}$,$l_{25}=500\text{mm}$,$l_{28}=700\text{mm}$,$l_{59}=800\text{mm}$,$r_1=-30°$,$r_2=-10°$,$P[1,1]=0$,$P[1,2]=0$,$P[2,1]=150\text{mm}$,$P[2,2]=260\text{mm}$,等角速度 $\omega_1=10s^{-1}$,逆时针转动,求构件①在 $\theta=60°$。时构件⑤即点 F 的位置、速度和加速度。

解　该机构是由主动件和机架连接一 RRR 杆组,再连接一 RRP 杆组而成。分析过程如下:

①对主动件 AB 进行运动分析,A 相当于图 3-13(a)中的 N_1 点,B 相当于 N_2 点,由前面介绍的各式求 B 点的运动参数。

②对由 B、C、D 和②、③构件组成的 RRR 杆组进行运动分析，若取 B 为图 3-10 中的 N_1 点，则 D 相当于 N_2 点，C 则为 N_3 点；图 3-14 中的②、③构件分别相当于图 3-10 中的①、②构件。点号 N_1、N_2、N_3 逆时针读取，$\theta=\varphi+\beta$，求出②、③构件及 C 点的运动参数。

③应用求解刚体上任一点参数公式，即以 D 为参考点，求 E 点的运动参数（式中 $\varphi=-30°$，$l'_3=l_{25}$）。

④对由 D、E、F 组成的 RRP 杆组进行运动分析，若取 E 为图 3-11 中的 N_1 一点，D 为 N_2 点（参考点），则 F 相当于 N_3 点；图 3-14 中的④、⑤构件分别相当于图 3-11 中的①、②构件，$\beta=-90°$。由于 $\angle N_1N_3N_2<90°$。，式 $r_2=e\pm f$ 取正号，求出 F 点的运动参数。

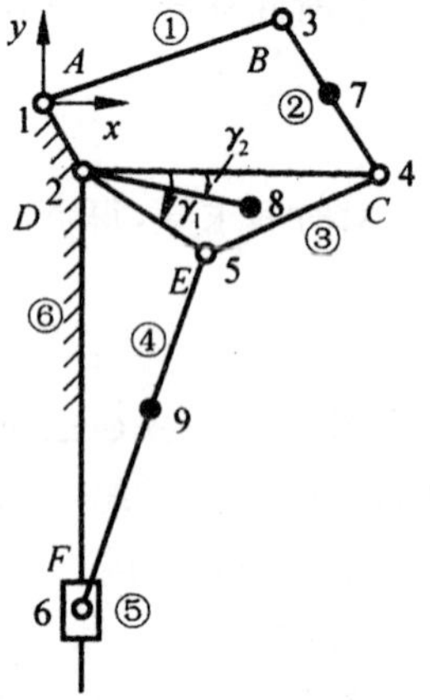

图 3-14　插床机构运动简图式

求出的 F 点的位置、速度、加速度分别为 -2.124m、4.180m/s、-20.768m/s^2。

2. 计算机辅助分析

通过解析法计算机构各点的运动参数虽然可以得到较精确的结果，但用传统人工的方法完成这一过程将花费较多的时间和较大的精力。而且通常对机构进行运动分析时需要对其整个运动周期进行分析并改变机构参数反复计算。如果将上述机构运动分析计算公式写成相对应的计算机运算程序，在对机构进行运动分析时，只要顺序调用对应的程序模块，并以机构的实际变量替代模块中的虚拟变量，即可便捷、准确地实现对任意机构的运动分析。这种通过编程、应用计算机辅助分析求解的方法，即本节介绍的计算机辅助机构运动分析(computer-aided kinematic analysis)。

为表明机构中各构件的连接关系及各杆组中虚实变量的替代和数据的传递，应用杆组法建立的程序模块对机构进行运动分析时，需要将各构件和节点（运动副或参考点）进行编号，例如，将图 3-14 所示机构中的各构件依次用①～⑥表示，A～F 各节点用 1～6 表示，构件②、③、④的质心用 7～9 表示，其运动分析过程和虚实变量对应关系如下所述。

①调单杆运动分析模块，求 B 点的运动参数如下所示。

虚拟变量	N_1	N_2	l	构件	θ	ω	α	p	v	a
实际变量	1	3	l_1	①	θ_1	ω_1	α_1	p	v	a

②调 RRR 杆组运动分析模块，求构件②、③的运动参数如下所示。

虚拟变量	N_1	N_2	N_3	构件 1	构件 2	l_1	l_2	装配模态	θ	ω	α	p	v	a
实际变量	3	2	4	②	③	l_{34}	l_{24}	$M=1$	θ	ω	α	p	v	a

③调用单杆运动分析模块，求构件③上 5、8 点的运动参数和②构件上 7 点的运动参数如下所示。

虚拟变量	N_1	N_3	l'	构件	φ	θ	ω	α	p	v	a
实际变量	2	5	l_{25}	③	−30	θ_3	ω_3	α_3	p	v	a
	2	8	l_{28}	③	−10	θ_3	ω_2	α_3	p	v	a
	3	7	l_{37}	②	0	θ_2	ω_2	α_2	p	v	a

④调用 RRP 杆组运动分析模块，求 F 点运动参数如下所示。

虚拟变量	N_1	N_2	N_3	l_1	构件 1	构件 2	β	装配模态	θ	ω	α	p	v	a
实际变量	5	2	6	l_4	④	⑤	−90	$M=1$	θ	ω	α	p	v	a

⑤调用单杆运动分析模块，求构件④上 9 点的运动参数如下所示。

虚拟变量	N_1	N_3	l'	构件	φ	θ	ω	α	p	v	a
实际变量	5	9	l_{59}	④	0	θ_4	ω_4	α_4	p	v	a

其中，装配模态 $M=1$ 取对应公式中的正号，$M=0$ 取对应公式中的负号。

按一定的步长，改变 θ_1，使其在 0°～360°连续变化，重复①～④，便可求出机构各各点在整个运动循环内的运动参数，程序运行结果如下：

The Kinematic Parameters of Point 6

No	THETA1 deg	S6 m	V6 m/s	A6 m/s/s
1	0.000	−2.606	4.084	32.953
2	15.000	−2.490	4.688	13.775
3	30.000	−2.364	4.838	−1.695
4	45.000	−2.240	4.634	−13.238
5	60.000	−2.124	4.180	−20.768
6	75.000	−2.022	3.578	−24.671
7	90.000	−1.937	2.913	25.748
8	105.000	−1.870	2.246	−24.986
9	120.000	−1.819	1.612	−23.364
10	135.000	−1.785	1.023	−21.738
11	150.000	−1.765	0.468	−20.828
12	165.000	−1.760	−0.080	−21.253
13	180.000	−1.770	−0.662	−23.609
14	195.000	−1.796	−1.338	−28.542
15	210.000	−1.841	−2.184	−36.623
16	225.000	−1.912	−3.282	−47.551
17	240.000	−2.016	−4.668	−57.541
18	255.000	−2.158	−6.182	−54.238
19	270.000	−2.335	−7.206	−16.848
20	285.000	−2.522	−6.742	55.098
21	300.000	−2.672	−4.473	110.136

22	315.000	−2.750	−1.473	111.029
23	330.000	−2.753	1.101	84.076
24	345.000	−2.699	2.928	56.173
25	360.000	−2.606	4.084	32.953

为表明在机构整个运动循环中某构件或构件中某点的运动变化规律，可将其在整个运动循环中的一系列位置的位移、速度和加速度或角位移、角速度和角加速度，相对于时间或主动件位移的关系作成曲线，这些曲线图称为机构的运动线图。用解析法对机构进行运动分析时，利用计算机的绘图功能，可以很方便地绘出机构的运动线图。图 3-15 就是图 3-14 所示机构 F 点的运动线图。其中 s、v、a 为 F 点的位移、速度、加速度在 y 方向的分量。

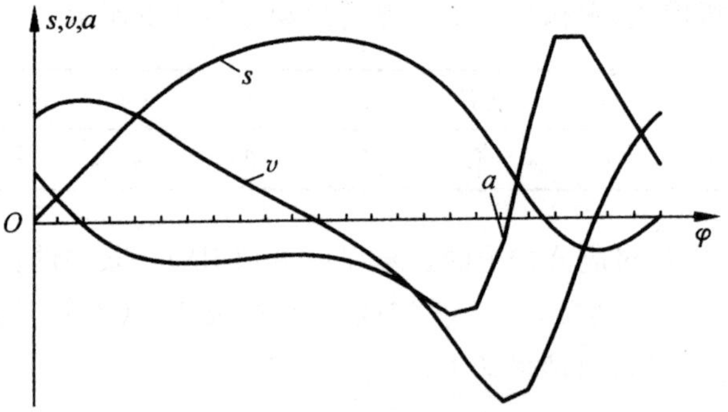

图 3-15　例 3-4 所示机构 F 点的运动线图

3.4　机构力分析的目的及方法

3.4.1　机构力分析的目的

在机械的运动过程中，各构件始终受到各种力的作用。这些力的大小和变化规律不仅影响机械的运动性能，而且是决定构件的结构尺寸和形状以及选择动力机功率的重要依据。设计新机械时，为使机械具有良好的机械性能，必须对机械进行力的分析，以了解各构件的受力情况，才能计算各零件的强度、机械效率、机械所需的驱动力和它所能克服的工作阻力，才能选定轴承、润滑方式、原动机和其他配件。在使用机械时，为了更好地挖掘和发挥现有机械的潜力，也需要了解机械所能克服的最大工作阻力；只有了解该机械的受力情况和薄弱环节之后，才能对其进行适当的改造。因此，机构的受力分析是研究和设计机械过程中不可缺少的重要环节之一。

机构力分析的目的：

①确定运动副中的反力，即确定运动副两元素接触处彼此间的作用力。这些力的大小和性质是决定构件中各个零件的强度、决定机构中的摩擦力和机械效率，以及计算运动副中的磨损和确定轴承的形式等必要的资料。

②确定为了维持主动件按给定的运动规律运动时需加于机械上的平衡力(或平衡力矩)。平衡力(或平衡力矩)是指与作用在机械上的已知外力以及当机械按给定规律运动时其各构件的惯性力相平衡的未知外力(或力矩)，一般指作用在主动件上的驱动力或从动件上的生产阻力。

机械平衡力(或平衡力矩)的确定对设计新的机械及合理地使用现有机械、充分挖掘机械的生产潜力都是十分必要的。例如，设计新的机械时根据机械的生产负荷确定所需动力机的功率，或根据动力机的功率确定机械所能克服的最大生产负荷等问题，都需要求出机械的平衡力(或平衡力矩)。

3.4.2　机构力分析的方法

1. 图解法

图解法的特点是形象直观、简捷，适用于结构相对简单的平面机构运动分析，但精度不高。图解法主要有速度瞬心法和矢量方程图解法，因矢量方程图解法在理论力学中已专门介绍，本章主要讨论速度瞬心法。

2. 解析法

解析法的特点是计算精度高，不仅可方便地对机械进行一个运动循环过程的研究，还可将机构分析与机构综合问题联系起来，便于机构的优化设计。其缺点是计算工作量较大，但随着计算机的普及，各种数学模型与算法的不断完善，解析法得到广泛应用，将成为机构运动分析的主要方法。本章主要讨论整体运动分析法和基本杆组法。

3. 实验法

实验法是运用非电测量的手段，通过位移、速度或加速度传感器将机械信号转变成电信号，再通过测试仪器或输入计算机进行信息处理，得到有关数值或显示它们的运动规律。

在位移分析中，实验法还可直接用来求解预定的轨迹问题。

3.5　机构动态静力分析原理

3.5.1　作用在机械上的力

作用在机械上的力，常见的有驱动力、阻力、重力、运动构件受到的空气和润滑油等液体的介质阻力、构件在变速运动时产生的惯性力，以及由上述诸力在运动副处引起的作用力，即运动副反力。

驱动力是驱使机械运动的力。例如，推动内燃机活塞的燃气压力和加在主动构件上的力矩等都是驱动力，它做正功，又称输入功或总功。

阻力是指阻止机械运动的力，它做负功。阻力分为有效阻力(生产阻力)和有害阻力。有效阻力(生产阻力)是指机械在生产过程中为了改变工件的外形、位置或状态等所受到的阻力。例如，机床中工件作用于刀具上的切削阻力，起重机提升重物的力等均为生产阻力。生产阻力所做的功称为输出功或有用功。而有害阻力所做的功为损耗功或无用功，如有些摩擦力和机械运动时受到的空气或润滑油的介质阻力都是有害阻力。介质阻力一般很小，常常可以忽略不计。如果需要考虑，则可以采用测量、计算等方法定出，为已知力。

重力作用在构件的重心上，其大小为 mg(m 为构件的质量，g 为重力加速度)，方向垂直向下。在机械设计的初始阶段，由于构件的结构尺寸尚未最后确定，重心位置和构件质量 m 只能估算。作机构的力分析时，重力为已知力。重力在重心上升时做负功，是生产阻力；在重心下降时做正功，是驱动力。在一个运动循环中重力所做的功为零。

惯性力是由于构件做变速运动而产生的，是虚拟地加于构件上的一种力。对做平面运动且具有平行于运动平面的对称面的构件，其全部惯性力可以简化为一个加于构件质心 S 的惯性力 F_I，和一个惯性力偶 T_I，即

$$F_I=-m\boldsymbol{a}_S \text{ 或 } F_{Ix}=-m\boldsymbol{a}_{Sx}, F_{Iy}=-m\boldsymbol{a}_{Sy}$$

$$T_I=-J_S\alpha$$

式中，m 为构件的质量，可按结构图算出或按实物称量。在机械设计的初始阶段，可以估算，单位 kg；J_S 为构件对质心的转动惯量，可按结构图算出或用实验法测定。在机械设计的初始阶段可以估算，单位 $kg \cdot m^2$；$\boldsymbol{a}_S$ 为构件质心 S 的加速度矢量；$\boldsymbol{a}_{Sx}$、$\boldsymbol{a}_{Sy}$ 为 $\boldsymbol{a}_S$ 在 x 轴和 y 轴上的分量；α 为构件的角加速度。

在一个运动循环中惯性力及惯性力偶所做的功为零。

运动副反力是组成运动副的两构件间的作用力。对整个机构而言，运动副反力是内力，而对一个构件来说是外力。运动副反力可分解为沿运动副两元素接触处的法向分力和切向分力。法向分力一般常称为正压力。由于此正压力的存在，使运动副中产生摩擦来阻止运动副两元素间产生相对运动，此摩擦力即为运动副反力的切向分力。作机构的力分析时，运动副反力为待求力。

3.5.2 平面运动副的反力分析

运动分析完成之后，机构各构件的惯性力就确定了。则可以根据机械所受的已知外力(包括惯性力)来确定其各运动副中的反力和需加于该机构上的平衡力(或平衡力矩)。但这里需要注意这样的问题：因为运动副反力的未知要素与运动副的类型有关；另外运动副中的反力对于整个机构来说是内力，故，不能就整个机构进行分析计算，必须将机构分解为若干个静定杆组，然后逐个进行分析，求出各运动副中的反力和所需加的平衡力或平衡力矩。

力的三要素是指力的大小、方向和作用点。对于不同的运动副，其反力的未知要素也不同。

①转动副。如图 3-16(a)所示，当不考虑摩擦时，转动副中的反力是沿着圆周径向分布的，所以总反力 **R** 通过转动副中心，即反力 R 的作用点为已知，而其大小和方向未知。

②移动副。如图 3-16(b)所示，当不考虑摩擦时，反力作用线垂直于导路，所以总反力 **R** 必定垂直于导路的方向，即反力 **R** 的方向为已知，而其大小和作用点未知。

③平面高副。如图 3-16(c)所示，当不考虑摩擦时，总反力 **R** 应通过接触点 C 并沿高副接触点的法线方向，即反力 **R** 的作用点和方向均为已知，仅大小未知。

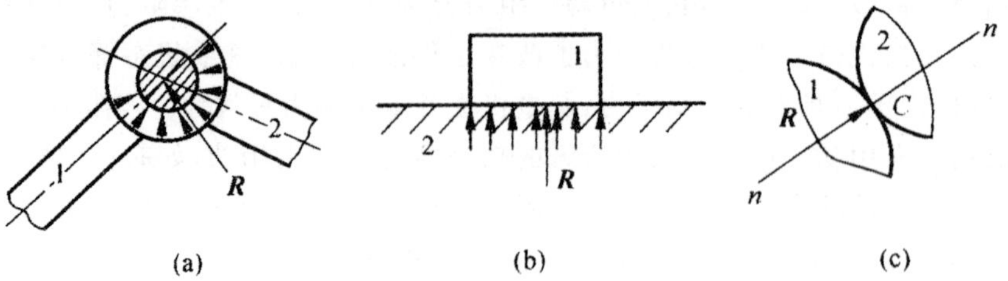

图 3-16 平面运动副的反力

可见平面机构中的每个低副中的反力含有两个未知要素，而每个高副中的反力只含有一个未知要素。所以，如果一个构件上的外力已知，只有一个高副和一个低副的反力未知，或者一个构件上有一个低副和一个未知平衡力矩(或一个已知作用点和方向的未知平衡力)，则作用在构

件上所有外力(包括运动副反力)未知数共三个,故可由这个构件的三个力平衡方程式解出。如果一个构件有两个低副,则运动副中反力的未知要素共四个,而一个构件只能列出三个独立的平衡方程式,不能直接求解。因此,这时就有必要将这个构件和与其相连的一个或几个构件组成的杆组作为对象,当这个杆组为静定时,才能联立求解。

3.5.3 杆组静定条件

杆组的静定条件就是该杆组中所有的外力(包括运动副中的反力)都可以用静力学方法确定出来的条件。或者说该杆组所能列出的独立的力平衡方程数等于杆组中所有力的未知要素的数目。

如果杆组中有 n 个构件,p_L 个低副和 p_H 个高副,因为对每个做平面运动的构件都可以列出三个独立的力平衡方程式,所以,该构件组可列出 $3n$ 个独立的力平衡方程式。而每一个低副中的反力含有两个未知要素;每一个高副中的反力含有一个未知要素,所以共有($2p_L+p_H$)个未知要素。于是,当作用在该杆组各构件上的外力均为已知时,该杆组的静定条件应为

$$3n=2p_L+p_H$$

如果杆组中仅有低副,则静定条件为

$$3n=2p_L$$

这与平面机构的结构分析中得到的基本杆组应符合的条件完全相同。因此,在不考虑摩擦时,基本杆组即为静定杆组。当生产阻力已知时,可以直接使用运动分析中所拆得的基本杆组作为静定杆组进行机构的动态静力分析,求出各运动副中的反力及需加在主动件上的平衡力(或平衡力矩)。当驱动力已知时,可利用虚位移原理先求出生产阻力,然后拆分基本杆组,进行动态静力分析,求出各运动副中的反力。

3.6 Ⅱ级机构的动态静力分析

Ⅱ级机构,不管其杆数如何增多,都可归纳为一些Ⅱ级杆组的动态静力分析。如图3-17所示,作用在杆组上的外力(生产阻力、惯性力等)以 F_{ix}、F_{iy} 表示,i 为外力作用点的点号,外力偶矩(生产阻力矩、惯性力矩)以 T_j,表示,j 为构件号。运动副反力以 R_{ix}、R_{iy} 表示,i 为运动副点号。所有外力及力偶矩在杆组示力体图中均以正向标志。另外,为了简化公式,令 $P_{ikx}=P_{ix}-P_{kx}$,i、k 走为杆组中的两个点号,P_{ix}、P_{iy}、P_{kx}、P_{ky}、分别为 N_i、N_k 点的位置坐标分量。内运动副反力约定为杆组中①构件对②构件的作用力。下面在不考虑摩擦的条件下,对常见的Ⅱ级杆组及主动件进行动态静力分析。

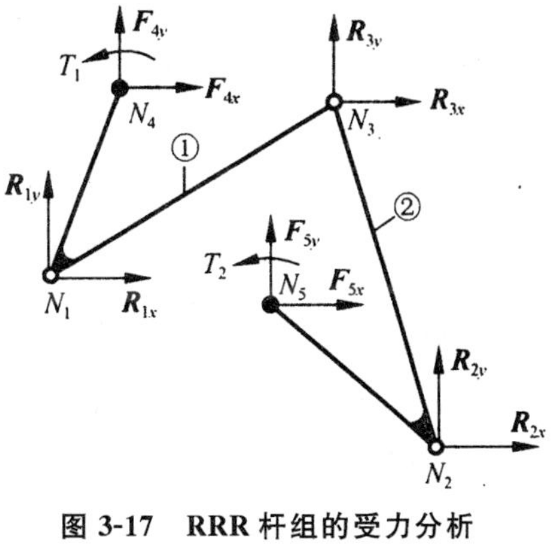

图3-17　RRR杆组的受力分析

平面机构动态静力分析的步骤大致如下:

①将机构按主动件及杆组进行分解。

②从主动件开始,依次对各杆组进行运动分析。

③计算各构件的惯性力及惯性力矩。

④力已知的杆组开始,依次对各杆组进行动态静力分析,求出各运动副中的反力。

⑤)对平衡力(或平衡力矩)作用的构件进行动态静力分析,求出应作用在该构件上的平衡力

(或平衡力矩)及运动副中的反力。

⑥当驱动力或驱动力矩已知时,先利用虚位移原理求出生产阻力,再按步骤④、步骤⑤进行分析。

若将前述各类杆组动态静力分析公式编制成相应程序模块,并依上述分析步骤顺次调用,便可实现计算机辅助机构动态静力分析。

3.6.1 RRR 杆组的动态静力分析

图 3-18 所示,已知作用在①构件上的 N_4 点的外力 F_{4x}、F_{4y},作用在②构件上的 N_5 点的外力 F_{5x}、F_{5y}作用在①构件上的力矩 T_1,及作用在②构件上的力矩 T_2。求运动副反力 R_{1x}、R_{1y}、R_{2x}、R_{2y}、R_{3x}、R_{3y}。以 T_{ik} 表示 N_i 点作用力对 N_k 一点的力矩,则

$$\left.\begin{aligned}T_{41}&=P_{41x}F_{41y}-P_{41y}F_{41x}\\T_{51}&=P_{51x}F_{51y}-P_{51y}F_{51x}\\T_{53}&=P_{53x}F_{5y}-P_{53y}F_{5x}\end{aligned}\right\}$$

整个杆组平衡,对 N_1 点取矩:

$$P_{21x}R_{2y}-P_{23y}R_{2x}=-(T_{41}+T_{51}+T_1+T_2)=A$$

构件②平衡,对 N_3 点取矩:

$$P_{23x}R_{2y}-P_{23y}R_{2x}=-(T_{53}+T_2)=B$$

令

$$C=P_{23x}P_{21y}-P_{23y}P_{21x}$$

联立上面两式,可以解出

$$\left.\begin{aligned}R_{2x}&=\frac{(-AP_{23x}+BP_{21x})}{C}\\R_{2y}&=\frac{(-AP_{23y}+BP_{21y})}{C}\end{aligned}\right\}$$

整个杆组写出力平衡方程,可得

$$\left.\begin{aligned}R_{1x}&=-(R_{2x}+F_{4x}+F_{5x})\\R_{1y}&=-(R_{2y}+F_{4y}+F_{5y})\end{aligned}\right\}$$

对构件②写出力平衡方程,可得

$$\left.\begin{aligned}R_{3x}&=-(R_{2x}+F_{5x})\\R_{3y}&=-(R_{2y}+F_{5y})\end{aligned}\right\}$$

3.6.2 RRP 杆组的动态静力分析

如图 3-18 所示,已知作用在①构件上的 N_4 的外力 F_{4x}、F_{4y},作用在②构件上的 N_5 点的外力 F_{5x}、F_{5y}作用在①构件上的力矩 T_1,及作用在②构件上的力矩 T_2。求运动副反力 R_{1x}、R_{1y}、R_{kx}、R_{ky}、R_{3x}、R_{3y}及移动副反力的作用点 P_{kx}、P_{ky}。构件①平衡,对 N_3 点取矩:

$$R_{13x}R_{1y}-P_{13y}R_{1x}=-(T_{43}+T_1)=A$$

忽略摩擦,则移动副中沿导路方向的反力为零。整个杆组平衡,力在导路方向的投影方程为

$$R_{1y}\sin\beta+R_{1x}\cos\beta=-[(F_{4x}+F_{5x})\cos\beta+(F_{4y}+F_{5y})\sin\beta]=B$$

令

$$C=P_{13x}\cos\beta+P_{13y}\sin\beta$$

联立上面两式，可得

$$\left.\begin{aligned}R_{1x}&=\frac{(-A\sin\beta+BP_{13x})}{C}\\R_{1y}&=\frac{(-A\cos\beta+BP_{13y})}{C}\end{aligned}\right\}$$

对构件①力平衡方程，可得

$$\left.\begin{aligned}R_{3x}&=R_{1x}+F_{4x}\\R_{3y}&=R_{1y}+F_{4y}\end{aligned}\right\}$$

构件②移动副中受到导路的作用力 R_{kx}、R_{ky}，则由构件②平衡，写出力平衡方程，可得

$$\left.\begin{aligned}R_{kx}&=-(R_{3x}+F_{5x})\\R_{ky}&=-(R_{3y}+F_{5y})\end{aligned}\right\}$$

对 N_3 点取矩：

$$P_{k3x}R_{1y}-P_{k3y}R_{kx}=-(T_{53}+T_2)=D$$

此外，

$$P_{k3y}-P_{k3x}\tan\beta=0$$

联立上面两式，可解得

$$\left.\begin{aligned}P_{k3x}&=\frac{D}{(R_{ky}-R_{kx}\tan\beta)}\\P_{k3y}&=P_{k3x}\tan\beta\end{aligned}\right\}$$

因此

$$\left.\begin{aligned}P_{kx}&=P_{3x}+P_{k3x}\\P_{ky}&=P_{3y}+P_{k3y}\end{aligned}\right\}$$

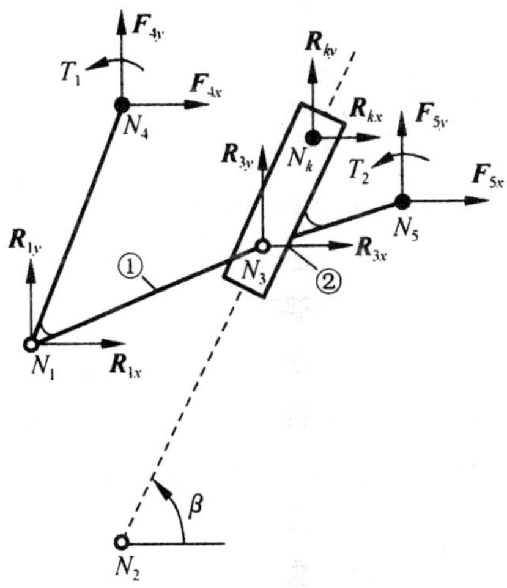

图 3-18　RRP 杆组的受力分析

3.6.3　RPR 杆组的动态静力分析

如图 3-19 所示，已知作用在①构件上的 N_4 点的外力 F_{4x}、F_{4y}，作用在②构件上的 N_5 点的外力 F_{5x}、F_{5y}，及作用在①构件上的力矩 T_1，及作用在②构件上的力矩 T_2。求运动副反力 R_{1x}、R_{1y}、R_{2x}、R_{2y}、R_{kx}、R_{ky} 如及移动副反力的作用点 P_{kx}、P_{ky}。整个杆组平衡，对 N_1，点取矩：

$$P_{21x}R_{2y}-P_{21y}R_{2x}=-(T_{41}+T_{51}+T_1+T_2)=A$$

构件②平衡，忽略摩擦，则移动副中构件①对构件②的反力垂直于导路方向，写出构件②在导路方向上力的投影方程：

$$R_{2y}\sin\theta+R_{2x}\cos\theta=-(F_{5x}\cos\theta+F_{5y}\cos\theta)=B$$

令

$$C=P_{21x}\cos\theta+P_{21y}\sin\theta$$

由上式联立可解得

$$\left.\begin{aligned}R_{2x}&=\frac{(-A\sin\theta+BP_{21x})}{C}\\R_{2y}&=\frac{(A\cos\theta+BP_{21y})}{C}\end{aligned}\right\}$$

整个杆组平衡，写出平衡方程可得

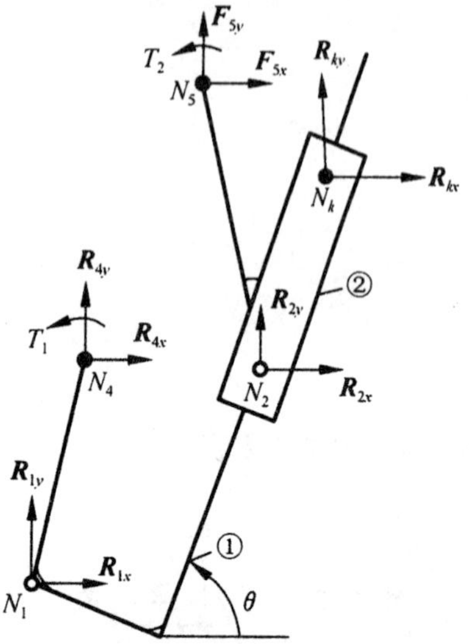

图 3-19　RPR 杆组的受力

$$\left.\begin{aligned}R_{1x}&=-(R_{2x}+F_{4x}+F_{5x})\\R_{1y}&=-(R_{2y}+F_{4y}+F_{5y})\end{aligned}\right\}$$

构件②平衡，写出平衡方程，可得

$$\left.\begin{aligned}R_{kx}&=-(R_{2x}+F_{5x})\\R_{ky}&=-(R_{2y}+F_{5y})\end{aligned}\right\}$$

对 N_2 点取矩：

$$P_{k2x}R_{ky}-P_{k2y}R_{kx}=-(T_{52}+T_2)=D$$

此外

$$P_{k2y}-P_{k2x}\tan\theta=0$$

联立上面两式可得

$$\left.\begin{aligned}P_{k2x}&=\frac{D}{(R_{ky}-R_{kx}\tan\theta)}\\P_{k2y}&=P_{k2x}\tan\theta\end{aligned}\right\}$$

因此

$$\left.\begin{aligned}P_{kx}&=P_{2x}+P_{k2x}\\P_{ky}&=P_{2y}+P_{k2y}\end{aligned}\right\}$$

3.6.4　主动件的动态静力分析

①主动件以转动副与机架连接，且其上作用一驱动力偶矩。例如，电动机通过联轴器驱动主动件。具体可见图 3-20 所示，已知作用在主动件上的力矩 T_1 及作用在 N_2 点的力 F_{2x}、F_{2y}，求平衡力矩 T_b 和运动副反力 R_{1x}、R_{1y}。构件①平衡，对 N_2 点取矩：

$$T_b=-(T_{21}+T_1)$$

写出力平衡方程，可得

$$\left.\begin{aligned}R_{1x}&=-F_{2x}\\R_{1y}&=-F_{2y}\end{aligned}\right\}$$

②主动件以转动副与机架连接，且其上作用一作用点和方向已知的驱动力。例如，驱动力加在与主动件固连的齿轮上。如图 3-20 所示，已知作用在主动件上的力矩 T_1 及作用在 N_2 点的力 F_{2x}、F_{2y}，求平衡力 F_{bx}、F_{by}，和运动副反力 R_{1x}、R_{2y}。构件①平衡，对 N_1 点取矩：

$$P_{31x}F_{by}-P_{31y}F_{bx}=-(T_{21}+T_1)=A$$

$$F_{by}=F_{bx}\tan\beta$$

联立两式，可解得

$$F_{bx}=\frac{A}{(P_{31x}\tan\beta-P_{31y})}$$

$$F_{by}=\frac{A\tan\beta}{(P_{31x}\tan\beta-P_{31y})}$$

写出力平衡方程，可得

$$\left.\begin{aligned}R_{1x}&=-(F_{2x}+F_{bx})\\R_{1y}&=-(F_{2y}+F_{by})\end{aligned}\right\}$$

上式中，β 为平衡力 F_b 作用线的方向角。

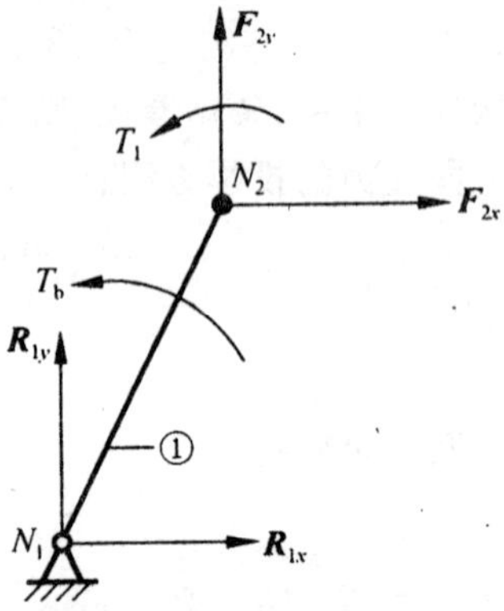

图 3-20　作用有一驱动力偶矩的主动件的受力分析

第 4 章　平面连杆机构及其设计

4.1　平面连杆机构的特点及类型

4.1.1　平面连杆机构的特点

平面连杆机构是由若干个刚性构件用低副(转动副、移动副)连接而成的低副机构。它是一种应用十分广泛的机构,如人造卫星太阳能板的展开机构、机械手的传动机构、折叠伞的收放机构以及汽车门的开闭机构等,都是连杆机构。

图 4-1 所示为一雷达天线的机构简图。当主动件(曲柄 1)匀速连续转动时,可带动摇杆 3 往复摆动以调整雷达天线的仰角。

图 4-2 所示为一鹤式起重机,为避免悬挂的重物 G 做不必要的升降而消耗能量,连杆上吊钩滑轮中心 E 点应沿近似水平的直线 EE' 移动。

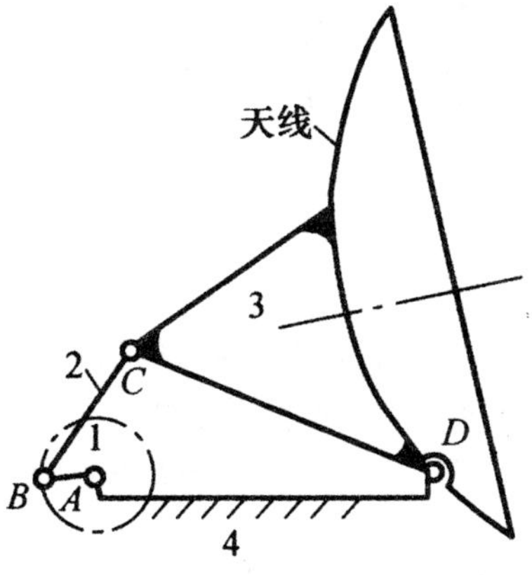

图 4-1　雷达天线的机构简图

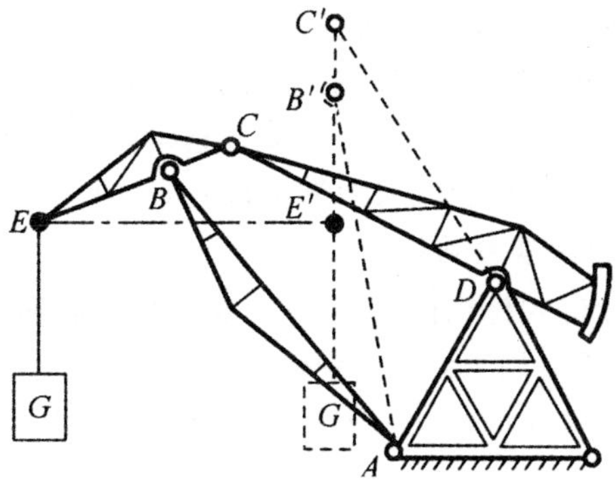

图 4-2　鹤式起重机的机构简图

从上述两个例子可见,连杆机构有如下特点:

①连杆机构中构件运动形式具有多样性。有做定轴转动的曲柄,有做往复运动的摇杆、滑块以及做平面复杂运动的连杆。因此,利用连杆机构可以获得所需的各种运动形式。

②形成低副的两构件之间是面接触,压强较小,故承载能力好;而且接触面之间易于储油,便于润滑,因而磨损也较轻;此外,低副元素的几何形状一般比较简单,加工制造比较容易,易获得较高的精度。

③由于两构件之间的接触主要靠运动副元素自身的几何封闭来实现(而凸轮机构则一般需要靠弹簧之类的元件保证运动副的闭锁),故连接可靠。

由于连杆机构有上述优点,所以广泛应用于各种(动力、重型、轻工)机械和仪表中。

但是,与其他机构相比,连杆机构也存在如下一些缺点:

①在连杆机构中，主动件的运动必须经过中间构件传递给从动件，故连杆机构一般具有较长的传动链(即较多的构件和较多的运动副)，所以各构件的尺寸误差和运动副中的间隙将使连杆机构产生较大的积累误差，同时也会使机械效率降低。

②在连杆机构的运动过程中，大多数的构件都在做变速运动，所产生的惯性力难以用一般的平衡方法加以消除，因而会增加机构的动载荷，使得连杆机构一般不宜用于高速传动。

根据连杆机构中各构件间的相对运动为平面运动还是空间运动，连杆机构可分为平面连杆机构和空间连杆机构两大类，在一般机械中应用最多的是平面连杆机构。平面连杆机构中结构最简单、应用最广泛的机构是平面四杆机构，其他平面连杆机构都是在它的基础上扩充而成的。

4.1.2 平面四杆机构的类型

1. 平面四杆机构的基本型

如图 4-3 所示，全部运动副均为转动副的四杆机构称为铰链四杆机构，它是平面四杆机构的基本形式。其他形式的四杆机构可以认为是由它演化而来的。

在此机构中，固定不动的构件 4 称为机架，直接与机架相连的构件 1 和 3 称为连架杆，连接两连架杆的构件 2 称为连杆。连架杆中能做整周回转的称为曲柄，如构件 1。仅能在某一角度范围内做往复摆动的连架杆称为摇杆，如构件 3。以转动副相连的两构件如果能做整周相对转动，则此转动副称为整转副，不能做整周相对转动的称为摆转副。

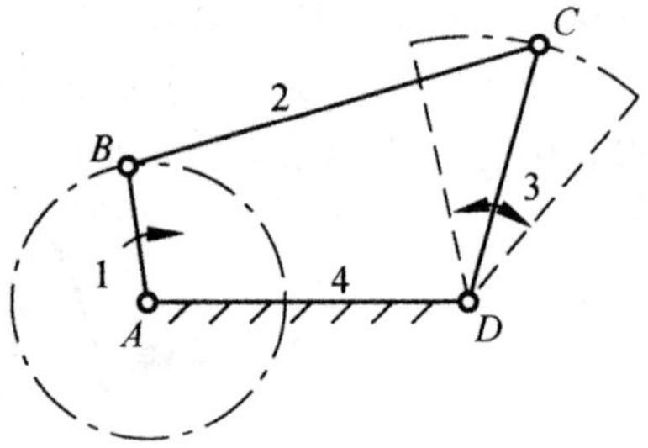

图 4-3 铰接四杆机构

铰链四杆机构根据两连架杆运动形式的不同，可分为三种类型：曲柄摇杆机构、双曲柄机构和双摇杆机构。

2. 曲柄摇杆机构

在铰链四杆机构中，若一个连架杆是曲柄，另一个连架杆为摇杆，则称为曲柄摇杆机构。图 4-4 所示为应用于搅拌机中的曲柄 1 为主动件的曲柄摇杆机构，该机构利用连杆上某点 E 的轨迹将物体搅拌均匀。图 4-5 所示为应用于家用缝纫机中的摇杆 3 为主动件的脚踏板机构。

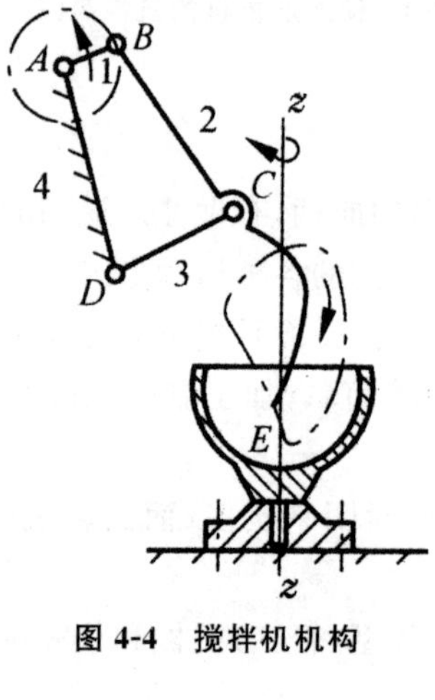

图 4-4 搅拌机机构

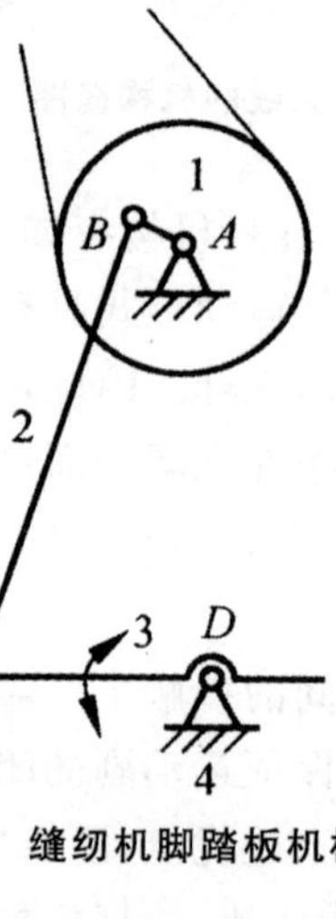

图 4-5 缝纫机脚踏板机构

曲柄摇杆机构在印刷和包装机械中有着广泛的应用，用以实现某种特定的运动要求。圆盘型自动包本机是印后加工机械中专门用来给书芯包上封皮的机器，其包本机进本机构是曲柄摇杆机构的典型应用。如图 4-6 所示，书芯 8 在传动轮 7 的带动下运动至进本架前端的过程中，曲柄 1 以叫的角速度逆时针转动，带动连杆 2 和摇杆 3 运动，最终将摇杆 3 的运动传递给前挡规 5，使其绕 O 点向上摆动，从而书芯不能再向前运动，完成对书芯的定位，实现了具体工作要求。

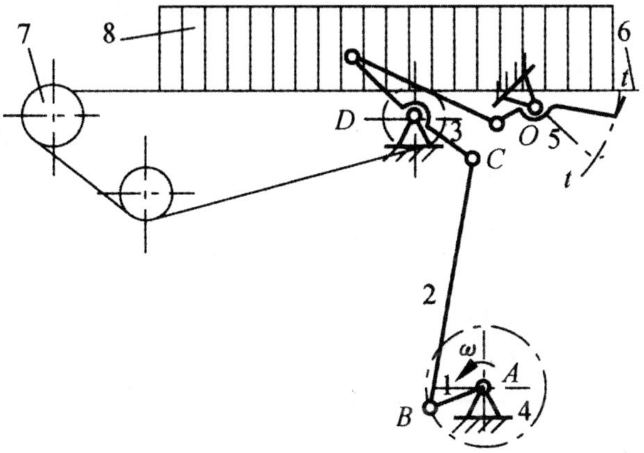

1—曲柄；2—连杆；3—摇杆；4—机架；5—前挡规；6—进本架；7—传动轮；8—书芯

图 4-6　包本机进本装置中的曲柄摇杆机构

3. 双曲柄机构

所谓双曲柄机构是指在铰链四杆机构中，两个连架杆均为曲柄，具体可见图 4-7 所示。在此机构中，当主动曲柄 AB 等速转动时，从动曲柄 CD 则做变速转动。在图 4-8 所示的惯性筛机构中，就利用了双曲柄机构 $ABCD$ 的这种特性，当主动曲柄等速转动时，从动曲柄做变速转动，从而使筛体 6 具有较大变化的加速度，利用加速度产生的惯性力筛分物体。

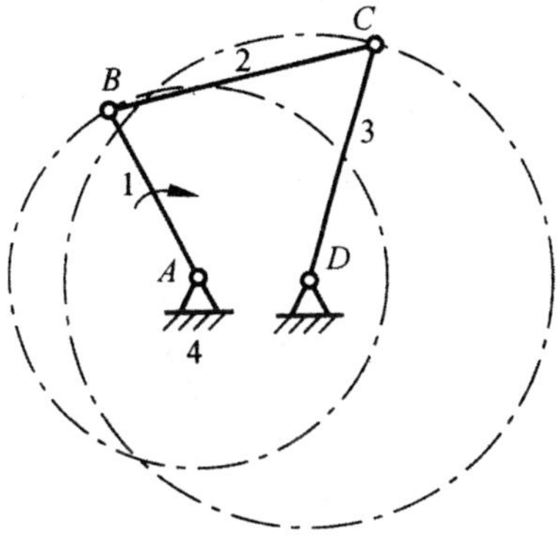

图 4-7　双曲柄机构

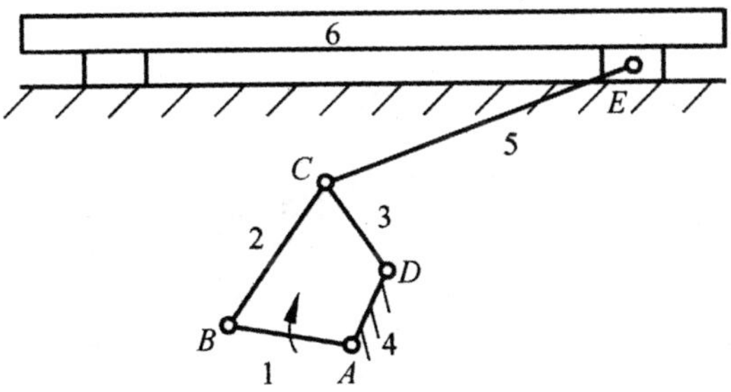

图 4-8　惯性筛机构

在双曲柄机构中，若两对边构件的长度相等且平行，则称为平行四边形机构，如图 4-9 所示。这种机构的特点是主动曲柄、从动曲柄以相同的角速度转动，连杆做平动。如图 4-10 所示的机车车轮联动机构和如图 4-11 所示的摄影平台升降机构都利用了平行四边形机构。

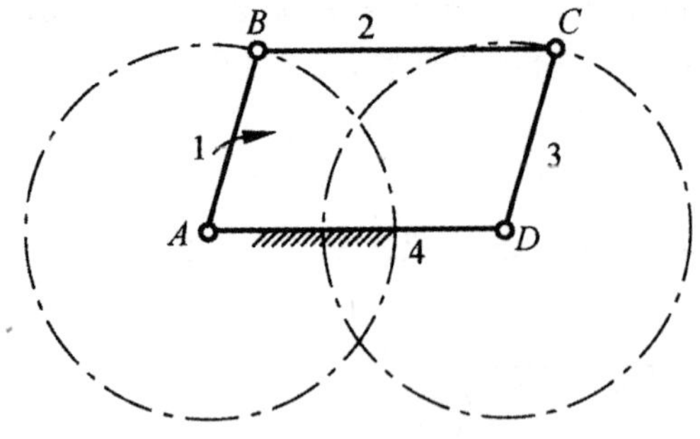

图 4-9　平行四边形机构

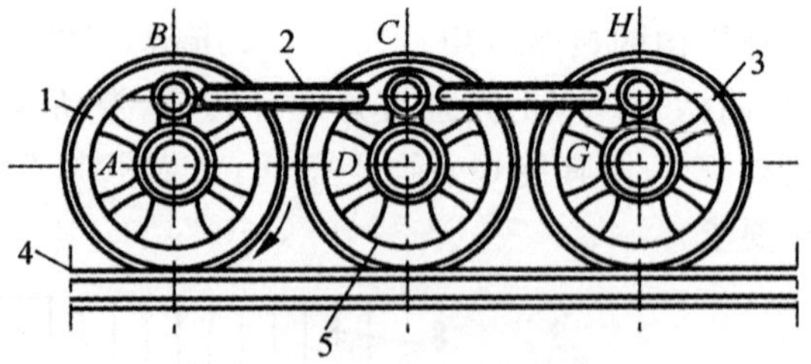

图 4-10　机车车轮联动机构

在双曲柄机构中，若两对边构件的长度相等，但不平行，则称为反平行四边形机构，如图 4-12 所示。此时机构的主、从动曲柄转向相反。如图 4-13 示的汽车车门开闭机构就是利用了反平行四边形机构的特性，实现了两扇车门同时打开或同时关闭的目的。

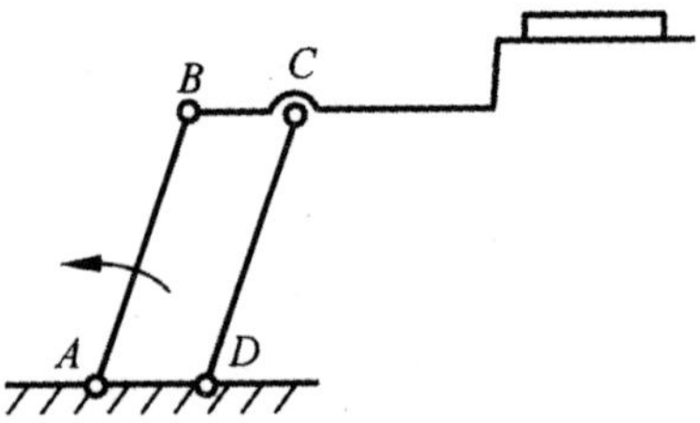

图 4-11　摄影平台升降机构

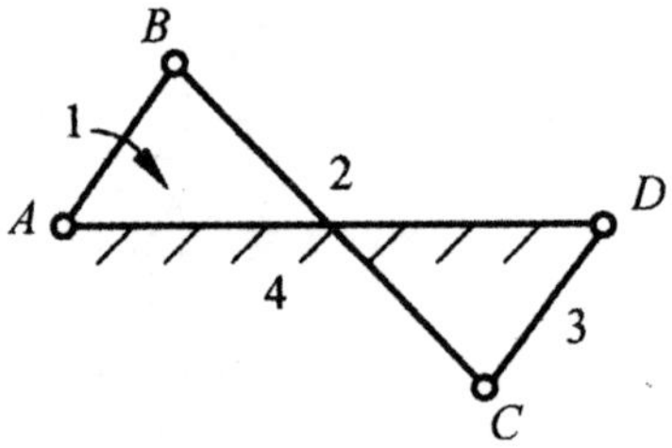

图 4-12　反平行四边形机构

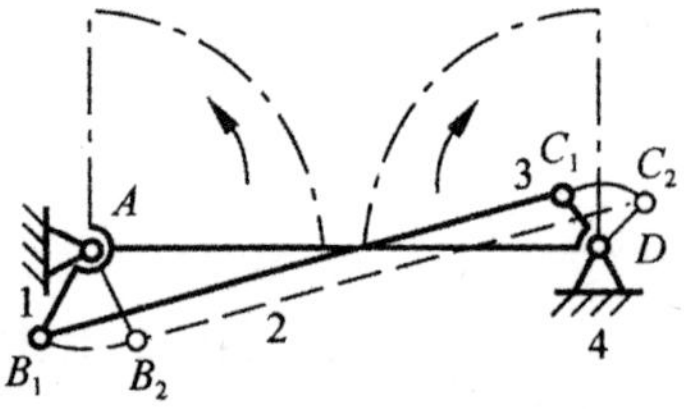

图 4-13　汽车车门开闭机构

4. 双摇杆机构

在铰链四杆机构中，若两个连架杆均为摇杆，则称为双摇杆机构。如图 4-14 所示的鹤式起重机中的四杆机构 $ABCD$ 为其应用实例。当主动摇杆 AB 摆动时，从动摇杆 CD 也随之摆动，位于连杆 BC 延长线上的重物悬挂点 E 将沿近似直线轨迹移动，从而避免重物移动时因不必要的升降而消耗能量。

在双摇杆机构中，当两摇杆的长度相等时，则称为等腰梯形机构。图 4-15 所示的汽车前轮转向机构中的四杆机构 $ABCD$ 即为等腰梯形机构。

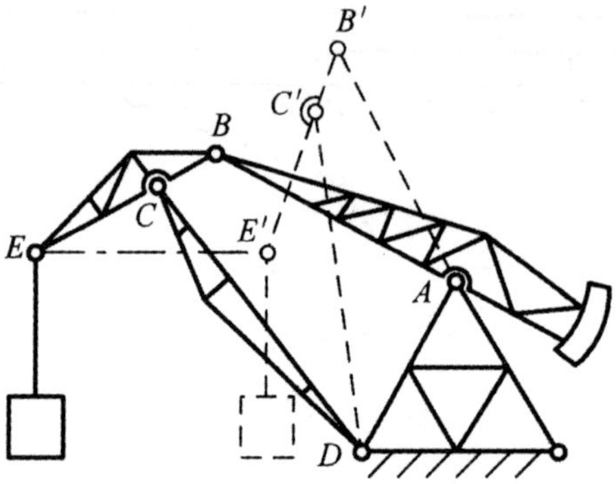

图 4-14　鹤式起重机

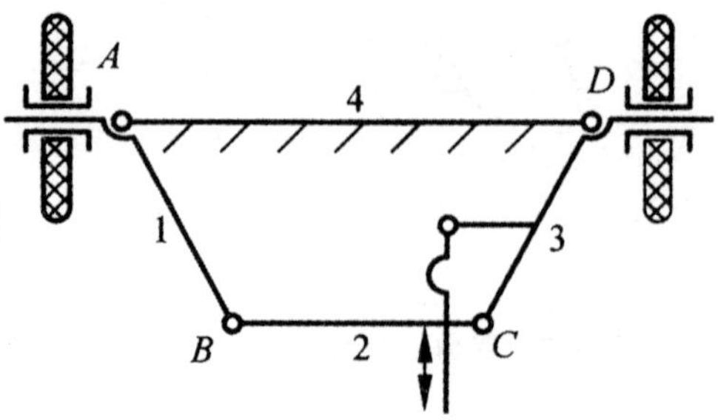

图 4-15　汽车前轮转向机构

4.2　平面四杆机构的设计基础

4.2.1　平面四杆机构的演化

除上述三种形式的铰链四杆机构外，在工程实际中，还广泛应用着许多其他类型的四杆机构。这些机构都可以看成是由铰链四杆机构通过某种演化方式演化而来的。机构的演化，不仅是为了满足运动方面的要求，还往往是为了改善受力状况以及满足结构设计上的需要。了解这些演化的方法，有利于对连杆机构进行创新设计。

1. 改变相对杆长、转动副演化为移动副

若将图 4-16(a)所示的曲柄摇杆机构中摇杆 CD 的长度不断增大[图 4-16(a)]一直增加到无穷大[图 4-16(b)]时，转动副 D 将逐渐移至无穷远处，而转动副 C 的运动轨迹由原来的 kk 圆弧变为 kk 直线。转动副 D 转化成移动副，曲柄摇杆机构则演化成曲柄滑块机构。

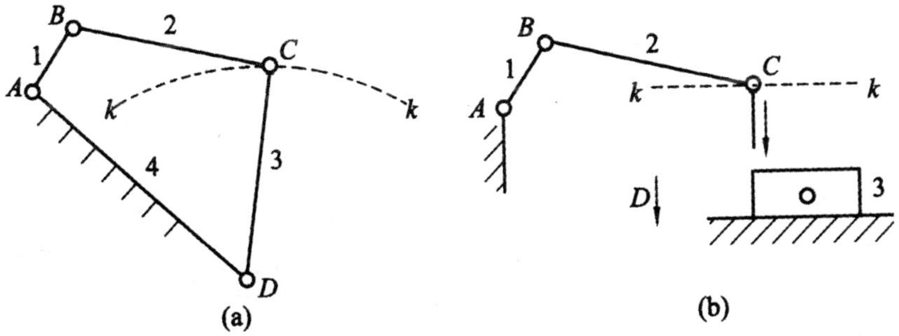

图 4-16　曲柄摇杆机构的演化

在曲柄滑块机构中，当滑块 3 的导路中心线通过曲柄 1 的转动中心($e=0$)时，称为对心曲柄滑块机构[图 4-17(a)]，否则($e\neq0$)称为偏置曲柄滑块机构[图 4-17(b)]，图中的 e 称为偏距。曲柄滑块机构在内燃机、压缩机、压力机、冲床等生产实际中得到广泛应用。

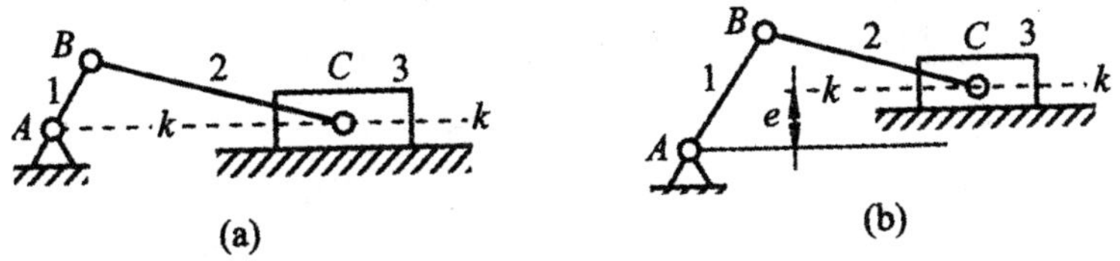

图 4-17　对心与偏置曲柄滑块机构

若再将曲柄滑块机构中连杆 BC 的长度增至无穷大时，转动副 C 移至无穷远处。以 C 为参照点，则 B 点的运动轨迹由圆弧变成直线，转动副 B 变成移动副。则该机构由图 4-18(a)的曲柄滑块机构演化成图 4-18(b)所示的双滑块机构，构件 2 变为滑块。

该机构中导杆 3 的位移 s 与构件 1 的长度 l_{AB} 和转角 φ 有如下关系：$s=l_{AB}\sin\varphi$，故该机构又称为正弦机构，在仪器仪表中得到广泛应用。

2. 改变构件的形状和相对尺寸

(1)扩大转动副的尺寸

在图 4-19(a)所示曲柄滑块机构中，当曲柄 AB 的长度很短而传递动力又较大时，在一个尺

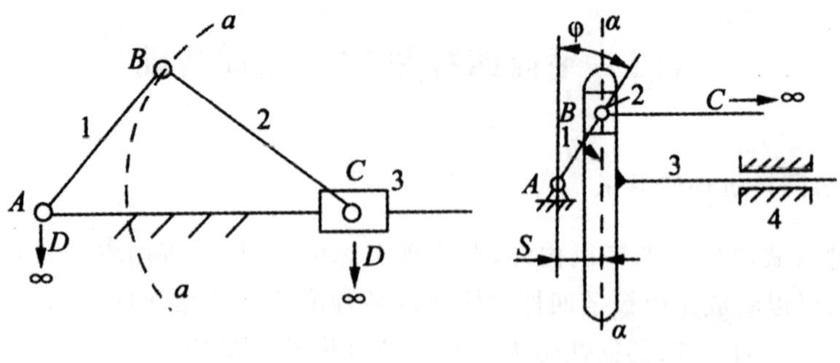

(a)　　　　(b)

图 4-18　曲柄滑块机构的演化

寸较短的构件 AB 上加工装配两个尺寸较大的转动副是不可能的，此时常将图 4-19(a)中转动副 B 的半径扩大至超过曲柄 AB 的长度，使之成为图 4-19(b)所示的偏心轮机构。这时，曲柄变成了一个几何中心为 B、回转中心为 A 的偏心圆盘，其偏心距就是原曲柄的长。该机构常用在小型冲床上。

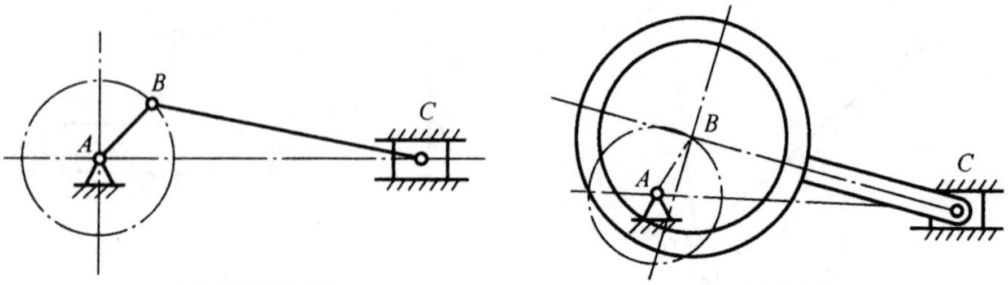

(a) 曲柄滑块机构　　　　(b) 偏心轮机构

图 4-19　扩大转动副

(2)变换构件的形态

在图 4-20(a)所示的曲柄摇块机构中，滑块 3 绕 C 点做定轴往复摆动，若变换构件 2 和 3 的形态，即将杆状构件 2 做成块状，而将块状构件 3 做成杆状，如图 4-20(b)所示，此时构杆 3 为摆动导杆，该机构成为摆动导杆机构。这两种机构本质上完全相同。

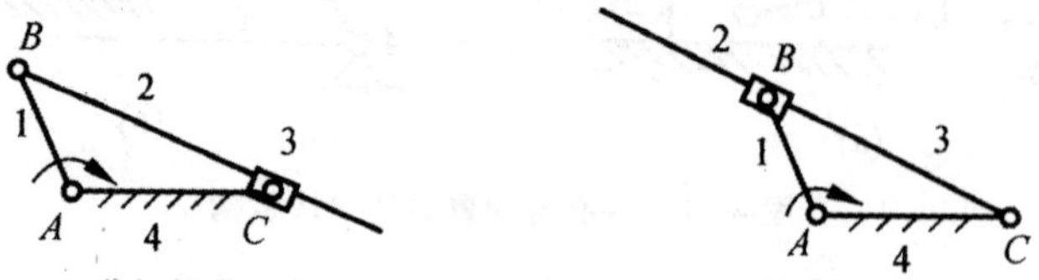

(a) 曲柄摇块机构　　　　(b) 摆动导杆机构

图 4-20　曲柄摇块机构和摆动导杆机构

3. 选择不同的构件为机架

根据相对运动原理，在同一机构中选择不同的构件作为机架，各构件间的相对运动关系保持不变。

(1)变化铰链四杆机构的机架

图 4-21(a)中所示的铰链四杆机构中为曲柄摇杆机构，AD 杆为机架，AB 杆为曲柄，CD 为摇杆。转动副 A、B 能整周回转，而转动副 C、D 只能在一定范围内往复摆动。根据相对运动原理，选

择不同杆件为机架后，这种相对运动关系保持不变，但能演化出不同特性和不同用途的机构。

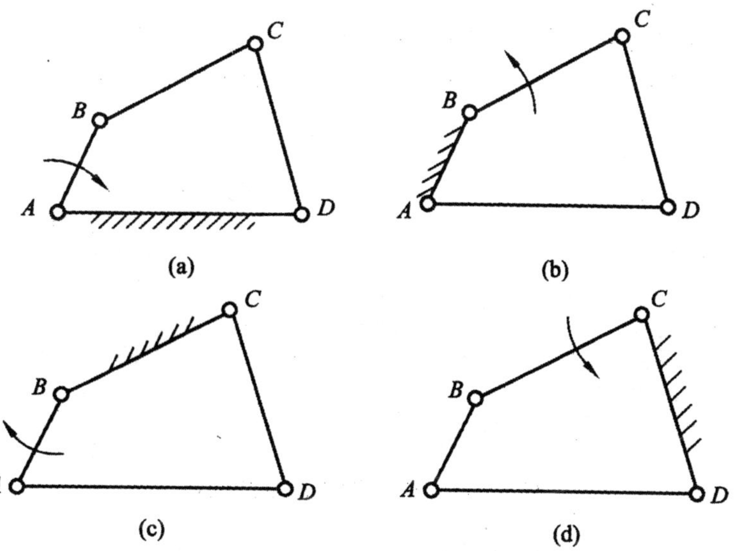

图 4-21　铰链四杆机构取不同的构件为机架

当选择杆件 AB 作机架[图 4-21(b)]时，与机架相连的转动副 A、B 仍保持整周旋转，该机构演化成双曲柄机构；选择 BC 杆为机架[图 4-21(c)]，转动副 A 能整周旋转，B 只能往复摆动，所得机构仍然为曲柄摇杆机构；选择 CD 杆为机架[图 4-21(d)]时，转动副 C、D 均只能往复摆动，因此，所得机构为双摇杆机构。

(2)变化单移动副机构的机架

在图 4-22(a)所示的对心曲柄滑块机构中，若选构件 1 为机架[图 4-22(b)]，则构件 4 可绕轴 A 转动，滑块 3 以构件 4 为导杆沿其作相对移动，这种机构称为导杆机构。

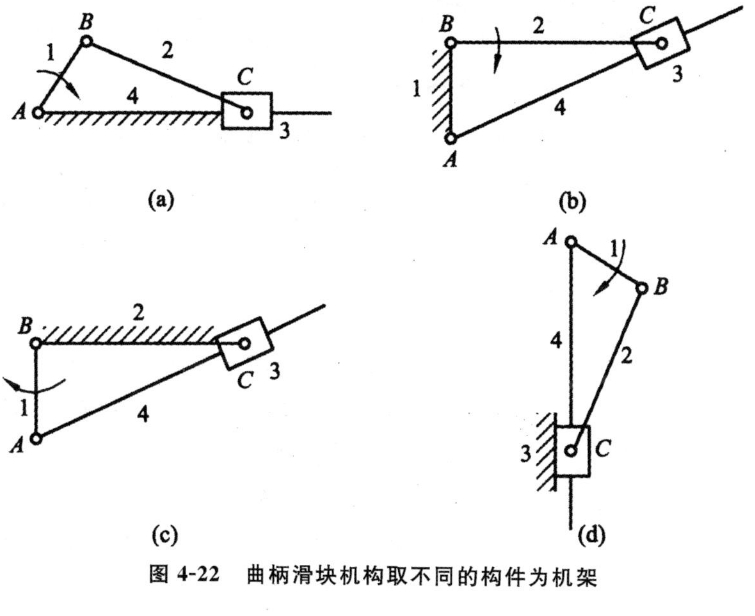

图 4-22　曲柄滑块机构取不同的构件为机架

在导杆机构中，如果杆件 2 的长度大于机架 1 的长度，则导杆能作整周转动，称为转动导杆机构。图 4-23(a)所示的小型刨床中的刀架驱动机构为转动导杆机构。如果杆件 2 的长度小于机架 1 的长度，则导杆仅能作一定角度范围内的摆动，称为摆动导杆机构。如图 4-23(b)所示的牛头刨床的牛头驱动机构。由此可见，杆长的相对变化会导致新机构的产生，在摆动导杆机构中，由于转动副 A 不能产生整周回转，所以摆动导杆机构不能回复成曲柄滑块机构。

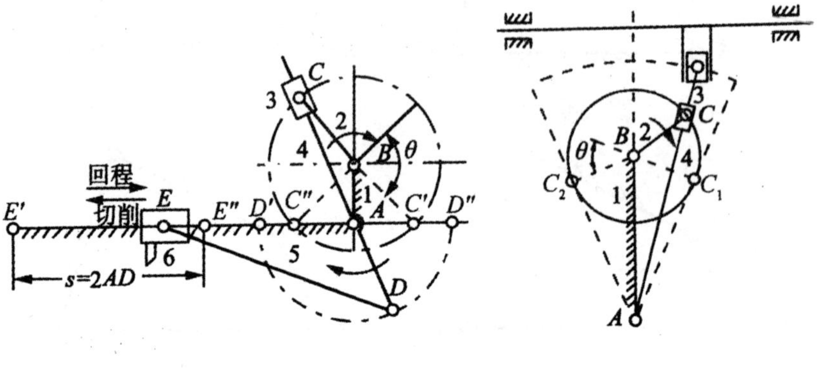

(a)转动导杆机构　　(b)摆动导杆机构

图 4-23　导杆机构

在图 4-22(a)所示的对心曲柄滑块机构中，选择构件 2 为机架[图 4-22(c)]，则滑块 3 仅能绕机架上轴 C 摆动，这时机构称为曲柄摇块机构；它广泛应用于机床、液压驱动及气动装置中，如图 4-24 所示的自卸卡车车厢自动翻转机构。

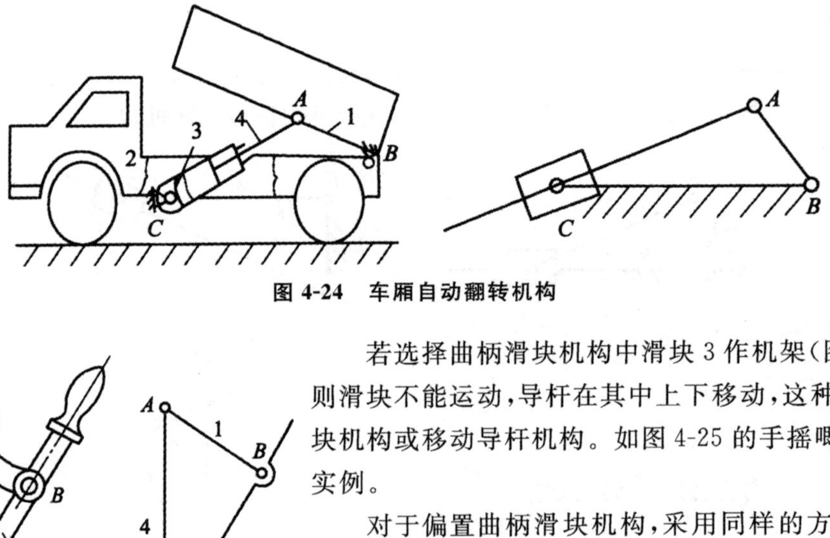

图 4-24　车厢自动翻转机构

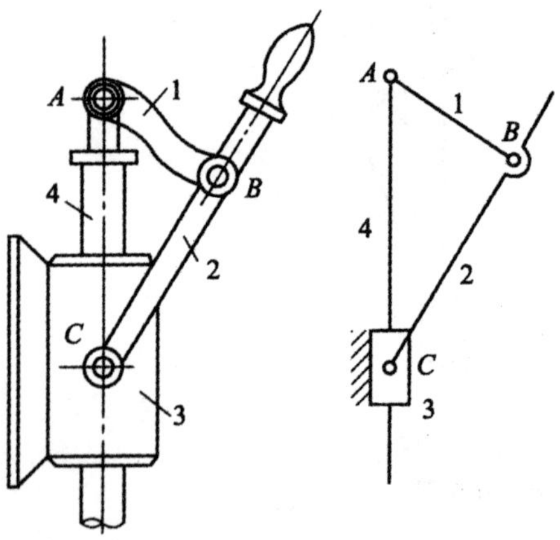

图 4-25　手摇唧筒

若选择曲柄滑块机构中滑块 3 作机架(图 4-22(d))，则滑块不能运动，导杆在其中上下移动，这种机构称为定块机构或移动导杆机构。如图 4-25 的手摇唧筒是其应用实例。

对于偏置曲柄滑块机构，采用同样的方法可以得到上述类似的机构，但运动特性将有所不同，可以满足不同设备的运动特性要求。

(3)变化双移动副机构的机架

如图 4-18(b)和图 4-26 所示的具有两个移动副的四杆机构，是选择滑块 4 作为机架的，称之为正弦机构，这种机构在各类机械、机床及计算装置中均得到广泛地应用，例如机床变速箱的操纵机构、缝纫机中的针杆机构（图 4-27）。

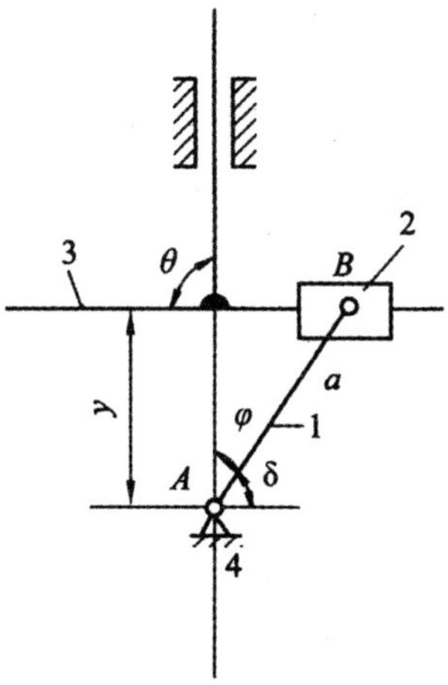

图 4-26　正弦机构

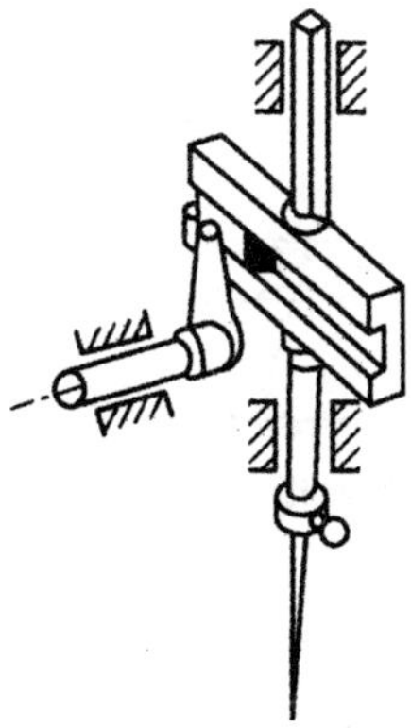

图 4-27　缝纫机中针杆机构

若选取构件 1 为机架（图 4-28），则演化成双转块机构，构件 3 作为中间构件，它保证转块 2、4 转过的角度相等。因此，常应用于作两距离很小的平行轴的联轴器，如图 4-29 所示的十字滑块联轴节，在运动过程中，两平行轴 A、B 的转速相等。

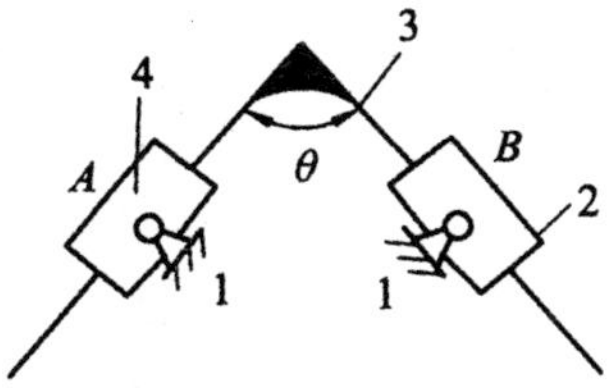

图 4-28　双转块机构

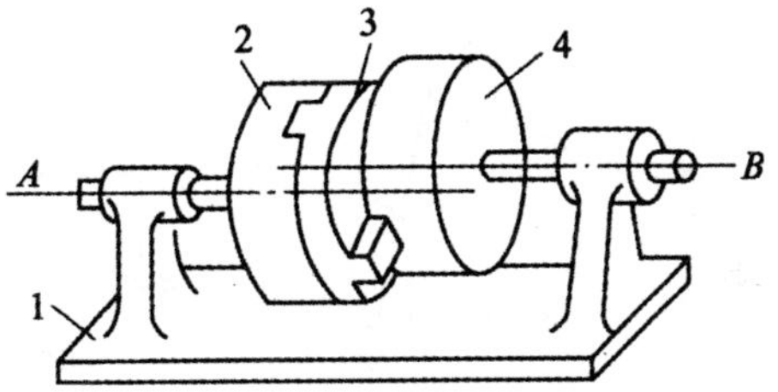

图 4-29　十字滑块联轴节

当若选取构件 3 为机架（图 4-30），演化成双滑块机构，常应用它作椭圆仪，如图 4-31 所示，AB 直线上任意点 C 的轨迹为椭圆，图中 A、C 两点的距离为椭圆的长半径，B、C 两点的距离为椭圆的短半径，利用双滑块机构的运动特点，可以很简便地绘制各种规格的椭圆。

将平面四杆机构的演化规律归纳于表 4-1 中，以便查阅和选用。

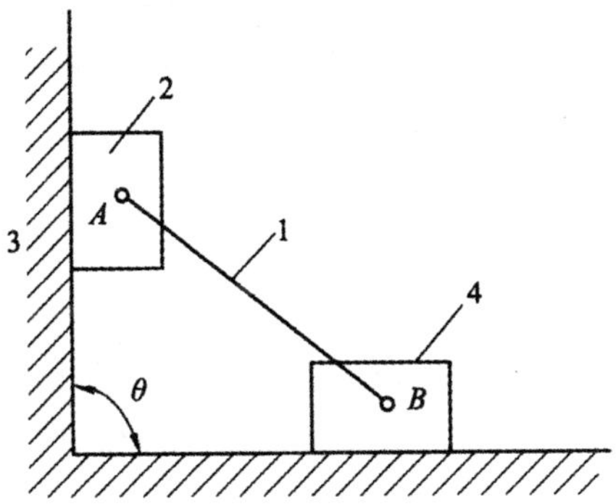

图 4-30　双滑块机构

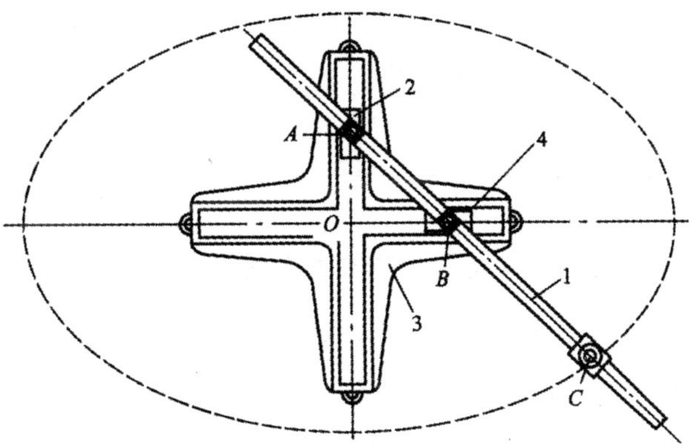

图 4-31　椭圆仪

表 4-1　平面四杆机构的演化

	铰链四杆机构	转动副 D 转化成移动副后的机构（$e=0$）	转动副 C 和 D 转化成移动副后的机构
构件4为机架	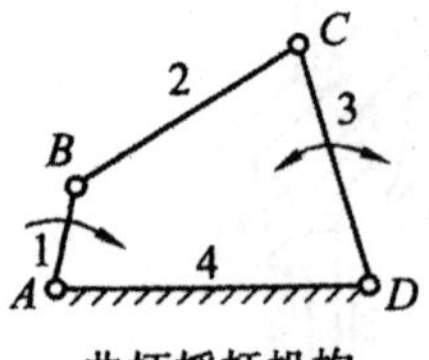 曲柄摇杆机构	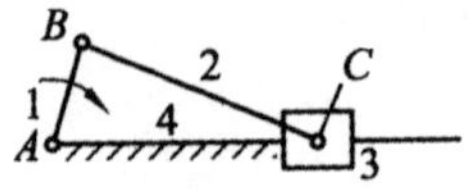 曲柄滑块机构	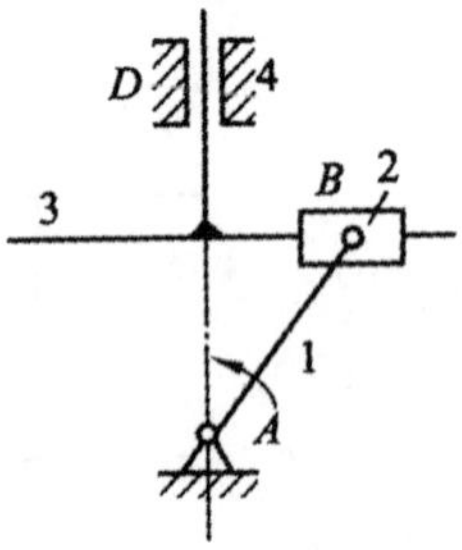 正弦机构
构件1为机架	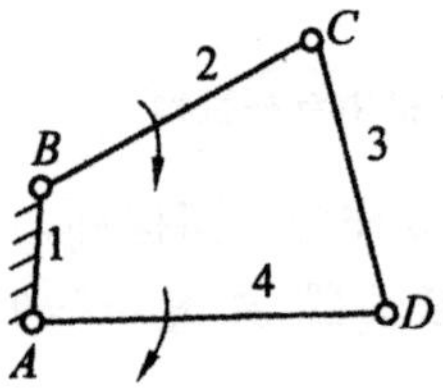 双曲柄机构	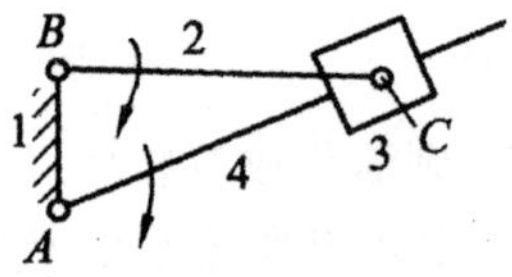 转动导杆机构	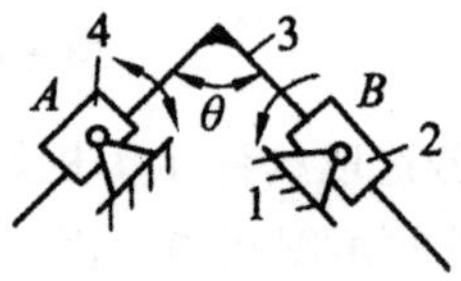 双转块机构
构件2为机架	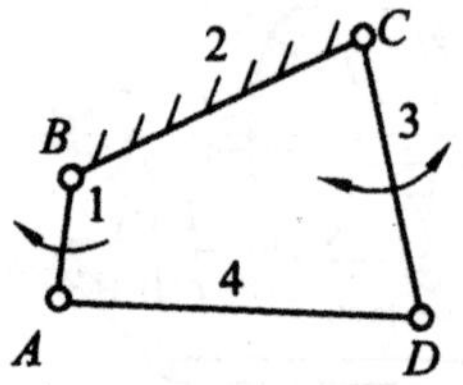 曲柄摇杆机构	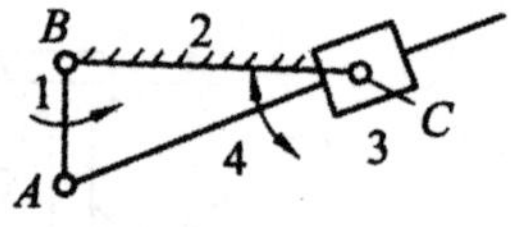 曲柄摇块机构	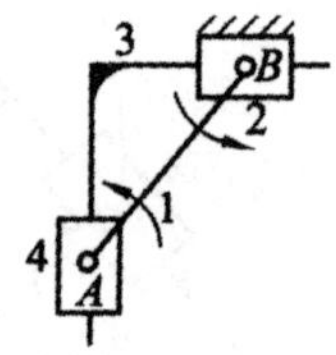 曲柄移动导杆机构
构件3为机架	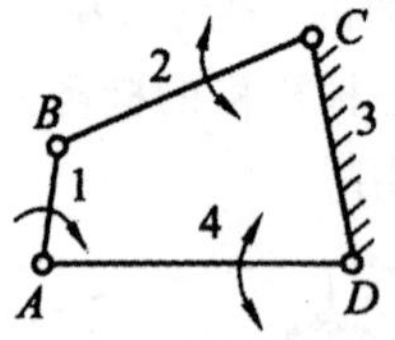 双摇杆机构	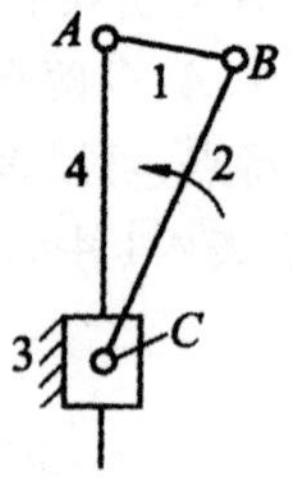 移动导杆机构	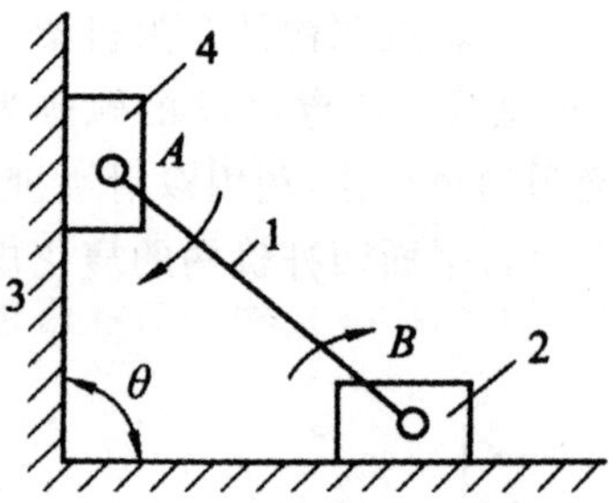 双滑块机构

4.2.2　平面四杆机构有曲柄的条件

由前述可知，铰接四杆机构三种基本形式的区别在于机构中是否存在曲柄和有几个曲柄；通过观察铰接四杆机构各杆的相对运动会发现，机构中能否有曲柄主要与四个构件的相对长度有关。下面将以铰接四杆机构为例来分析曲柄存在的条件。

设铰接四杆机构 $ABCD$ 如图 4-32 所示，四个杆长分别为 a、b、c、d。如果构件 AB 能绕 A 点整周转动，B 点轨迹应为以 A 点为圆心，以为半径的圆周。B 点在此圆周上任一点 B_i 时，以 B_i 为圆心、b 为半径的圆弧应与以 D 为圆心、c 为半径的圆弧有交点 C_i，即构件 BC、CD 有确定的位置，也说明 AB 杆能绕 A 点转到任一位置。在 AB 转动过程中，B、D 两点间距离在变化，当 B 转至 B' 和 B'' 时分别为距离最长和最短的位置(即 AB 与 AD 延伸共线和重叠共线的两个位置)，则存在两个三角形，即$\triangle B'C'D$ 和$\triangle B''C''D$，由三角形边长关系可得

$$a+d\leqslant b+c \tag{4-1}$$

$$|c-b|\leqslant|d-a| \tag{4-2}$$

上式可能有多种情形，我们先就 $a<d$ 的情况，可将式(4-2)写成

$$a+b\leqslant c+d \tag{4-3}$$

$$a+c\leqslant b+d \tag{4-4}$$

将式(4-1)、式(4-3)、式(4-4)分别两两相加，则得

$$a\leqslant b, a\leqslant c, a\leqslant d \tag{4-5}$$

即 AB 杆为最短杆。若 $a>d$，则按上述同样的推导会得出 AD 杆为最短杆。

分析上述各式，可得出铰接四杆机构有曲柄的条件如下：

①最短杆与最长杆长度之和小于或等于其余两杆长度之和，此条件通常称为“杆长条件”。

②连架杆与机架之中必有一个是最短杆。

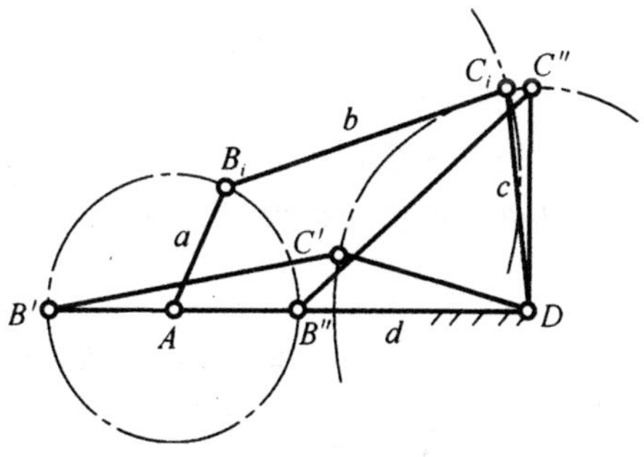

图 4-32　四杆机构有曲柄的条件

上述条件表明：当平面四杆机构各杆的长度满足杆长和条件时，其最短杆与相邻两构件分别组成的两转动副都是能作整周转动的“周转副”，而平面四杆机构的其他两转动副都不是“周转副”，即只能是“摆动副”。

在上节中，曾讨论过以曲柄摇杆机构为基础选取不同构件为机架，可得到不同形式的平面四杆机构。现根据上述讨论，可更明确地将上节所得到的结论叙述如下。

①在平面四杆机构中，如果最短杆与最长杆的长度之和小于或等于其他两杆长度之和，且：以最短杆的相邻构件为机架，则最短杆为曲柄，另一连架杆为摇杆，即该机构为曲柄摇杆机构；以最短杆为机架，则两连架杆均为曲柄，即该机构为双曲柄机构；以最短杆的对边构件为机架，则无曲柄存在，即该机构为双摇杆机构。

②在平面四杆机构中，如果最短杆与最长杆的长度之和大于其他两杆长度之和，则不论选定哪一个构件为机架，均无曲柄存在，即该机构只能是双摇杆机构。

应当指出的是，在运用上述结论判断平面四杆机构的类型时，还应注意四个构件组成封闭多边形的条件，即最长杆的杆长应小于其他三杆长度之和。

对于图 4-33(a)中所示的滑块机构，可得到杆 AB 成为曲柄的条件分别是：a 为最短杆；$a+e\leqslant d$。

对于图 4-33(b)所示的导杆机构，可得到杆 AB 成为曲柄的条件分别是：a 为最短杆；$a+e\leqslant d$，这种机构称为曲柄摆动导杆机构。在图 4-33(c)中，d 为最短杆，且满足 $d+e\leqslant a$，则该机构成为曲柄转动导杆机构。

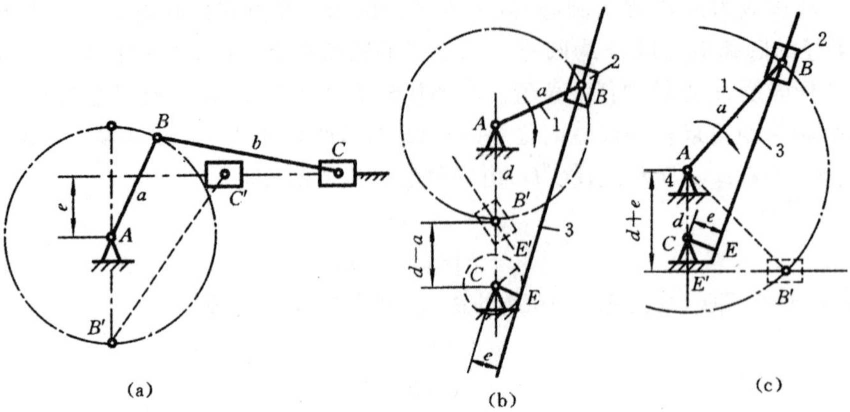

图 4-33　其他四杆机构存在曲柄的条件

4.2.3　平面四杆机构的急回特性

在图 4-34 所示的曲柄摇杆机构中，主动曲柄 AB 逆时针转动一周过程中，有两次与连杆共线。当曲柄位于 AB_1、连杆位于 B_1C_1 时，曲柄与连杆处于拉直共线的位置，此时从动摇杆 CD 位于右极限位置 C_1D。当曲柄位于 AB_2、连杆位于 B_2C_2 时，曲柄与连杆处于重叠共线的位置。当从动件在两极限位置时，对应的主动曲柄两位置之间所夹的锐角称为极位夹角，用 θ 表示。

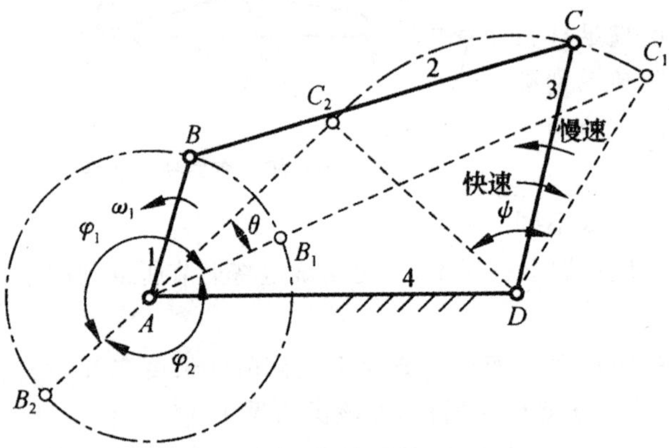

图 4-34　急回运动特性分析

如图 4-34 所示，当曲柄 1 以等角速度 ω_1，逆时针转 $\varphi_1=180°+\theta$ 角时，摇杆由右极限位置 C_1D 摆到左极限位置 C_1D，摆过的角度为 ψ，所需的时间 t_1，此行程中摇杆 3 上 C 点的平均速度为 v_1。当主动曲柄继续逆时针再转 $\varphi_2=180°-\theta$ 角时，摇杆从左极限位置 C_2D 摆到右极限位置 C_1D，摆过的角度仍为 ψ，所需的时间 t_2，此行程中摇杆 3 上 C 点的平均速度为 v_2。由于 $\varphi_1>\varphi_2$，因此当曲柄以等角速度转过这两个角度时，对应的时间 $t_1>t_2$，因此有 $v_1<v_2$。摇杆的这种运动性质称为急回运动。

为了表明急回运动的急回程度，可用行程速度变化系数 K 表示，即

$$K=\frac{v_2}{v_1}=\frac{\dfrac{\psi}{t_2}}{\dfrac{\psi}{t_1}}=\frac{t_1}{t_2}=\frac{\varphi_1}{\varphi_2}=\frac{180°+\theta}{180°-\theta} \tag{4-6}$$

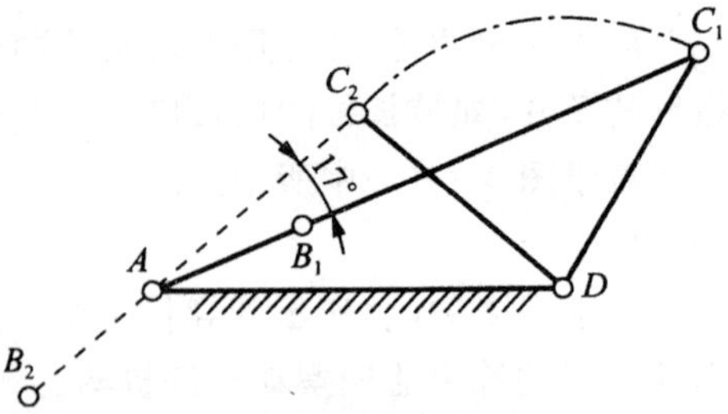

图 4-35　曲柄摇杆机构急回特性分析

下面以曲柄摇杆机构为例，分析其急回特性。摇杆处于极限位置时，机构的位置如图 4-35 所示。测量得到机构的极位夹角 $\theta=17°$，由式(4-6)计算得到机构的行程速度变化系数 $K=1.21$。仿真该曲柄摇杆机构(一个运动周期的时间为 15s)，测量得到摇杆 CD 的转角位置曲

线，如图 4-36 所示。从图中可以看出，摇杆从左极限位置摆动到右极限位置所用时间为 6.75s，从右极限位置摆动到左极限位置所用时间为 8.25s，因此可以计算得到机构的行程速度变化系数 $K=8.28/6.72=1.22$，与计算结果相近。

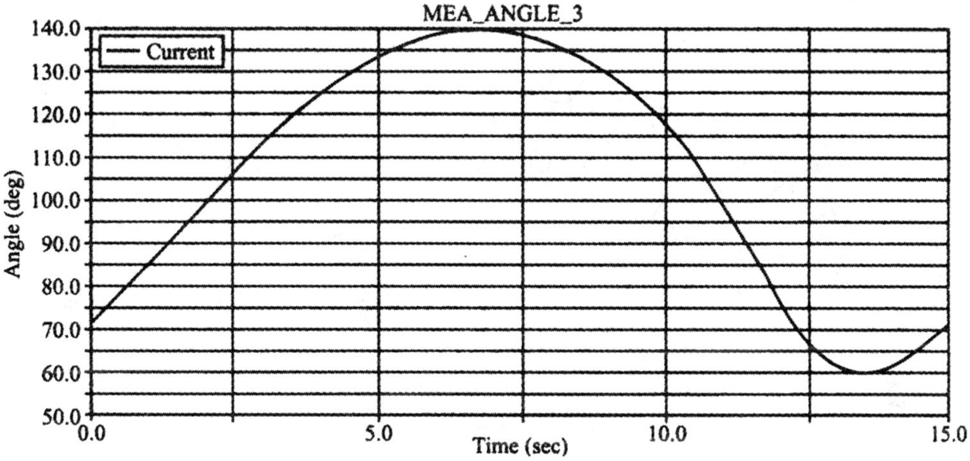

图 4-36　曲柄摇杆机构虚拟样机仿真曲线

在设计时，如已知 K，即可求得极位夹角 θ，即

$$\theta=180^\circ\frac{K-1}{K+1}$$

以上分析表明：若极位夹角 $\theta=0^\circ$、$K=1$，则机构无急回特性；反之，若 $\theta>0^\circ$、$K>1$，则机构有急回特性。θ(或 K)越大，机构的急回运动性质也越显著。

在机器中常可以用机构的这种急回特性来节省回程的时间，以提高生产率，如牛头刨床、插床等。如图 4-37(a)所示的偏置曲柄滑块机构，其极位夹角 $\theta>0^\circ$。，故该机构有急回特性。如图 2-36(b)所示的摆动导杆机构，当主动曲柄两次转到与从动导杆垂直时，导杆就摆到两个极限位置。由于极位夹角大于零，故该机构有急回特性。且该机构的极位夹角 θ 与导杆的摆角函 ψ 等。

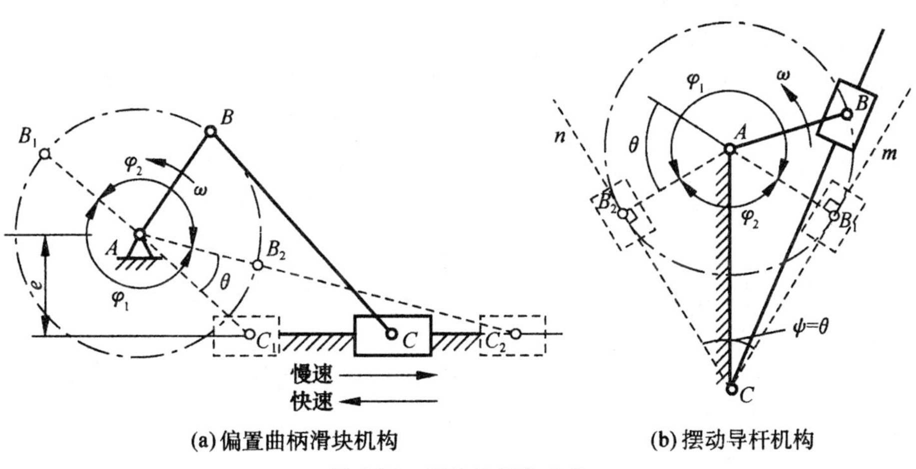

(a) 偏置曲柄滑块机构　　(b) 摆动导杆机构

图 4-37　机构的极位夹角

4.2.4 平面四杆机构的传动角和死点

1. 压力角和传动角

如图 4-38(a)所示的铰链四杆机构，构件 AB 为主动构件，构件 CD 为输出构件。

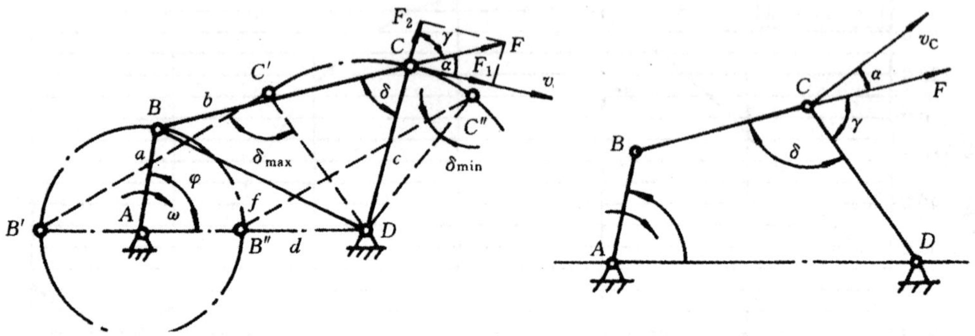

(a) (b)

图 4-38 机构的压力角与传动角

若不考虑构件的重力、惯性力和运动副中的摩擦力等影响，则主动构件 AB 上的驱动力通过连杆 BC 传给输出构件 CD 的力 $\boldsymbol{F}$ 是沿 BC 方向作用的。现将力 $\boldsymbol{F}$ 分解为两个分力：沿着受力点 C 的速度 v_C 方向的分力 $\boldsymbol{F}_1$ 和垂直于 $\boldsymbol{v}_C$ 方向的分力 $\boldsymbol{F}_2$。设力 F 与速度 $\boldsymbol{v}_C$ 方向之间所夹的锐角为 α，则

$$F_1=F\cos\alpha, F_2=F\sin\alpha$$

其中，沿 $\boldsymbol{v}_C$ 方向的分力 $\boldsymbol{F}_1$ 是使输出构件转动的有效分力，对从动件产生有效转动力矩；而 $\boldsymbol{F}_2$ 则是仅仅在转动副 D 中产生附加径向压力的分力，它只增加摩擦力矩，而无助于输出构件的转动，因而是有害分力。为使机构传力效果良好，显然应使 $\boldsymbol{F}_1$ 愈大愈好，因而理想情况是 $\alpha=0°$，最坏的情况是 $\alpha=90°$。由此可知，在力 $\boldsymbol{F}$ 一定的条件下，$\boldsymbol{F}_1$、$\boldsymbol{F}_2$ 的大小完全取决于角 α。角 α 的大小决定四杆机构的传力效果，是一个很重要的参数，一般称角 α 为机构的压力角。

根据以上讨论，可给出机构压力角 α 的定义如下：在不计摩擦力、惯性力和重力的条件下，机构中驱使输出构件运动的力的方向线与输出构件上受力点的速度方向间所夹的锐角称为压力角。在连杆机构中，为了应用方便，也常用压力角 α 的余角 γ(见图 4-38(a)、(b))来表征其传力特性，一般称之为传动角。显然，)，的值愈大愈好，理想的情况是)$\gamma=90°$，最坏的情况是 $\gamma=0°$。

为了保证机构的传力效果，应限制机构的压力角的最大值 α_{max} 或传动角的最小值 γ_{min} 在某一范围内。目前对于机构(特别是传递动力的机构)的传动角或压力角作了以下限定，即

$$\gamma_{min}\geqslant[\gamma] \text{或} \alpha_{max}\leqslant[\alpha]$$

式中，$[\gamma]$、$[\alpha]$分别为许用传动角与许用压力角。一般机械中，推荐$[\gamma]=30°\sim60°$，对高速和大功率机械，$[\gamma]$应取较大值。

为了提高机械的传动效率，对于一些承受短暂高峰载荷的机构，应使其在具有最小传动角的位置时，刚好处于工作阻力较小(或等于零)的空回行程中。

2. 最小传动角的确定

对已设计好的平面四杆机构，应校核其压力角或传动角，以确定该机构的传力特性。为此，必须找到机构在一个运动循环中出现最小传动角(或最大压力角)的位置及大小。现以图 4-38

所示的曲柄摇杆机构为例讨论最小传动角的问题。由图 4-38 可知，当 BC 与 CD 的内夹角 δ 为锐角时，$\gamma=\delta$；当 δ 为钝角时，γ 应为 δ 的补角，即有)，$\gamma=180°-\delta$，如图 4-38(b)所示。故当 δ 在最小值或最大值的位置时，有可能出现传动角的最小值。

在图 4-38(a)中，令 BD 的长度为 f，由△ABD 和△BCD 可知

$$f^2=a^2+d^2-2ad\cos\varphi$$

$$f^2=b^2+c^2-2bc\cos\delta$$

解以上二式可得

$$\delta=\arccos\frac{b^2+c^2-a^2-d^2+2ad\cos\delta}{2bc}$$

由上式可知：

①当 $\varphi=0°$，即 AB 与机架 AD 重叠共线时，得到 δ 的最小值为

$$\delta_{\min}=\arccos\frac{b^2+c^2-(d-a)^2}{2bc}$$

②当 $\varphi=180°$，即 AB 与机架 AD 拉直共线时，得到 δ 的最大值为

$$\delta_{\max}=\arccos\frac{b^2+c^2-(d+a)^2}{2bc}$$

故可得

$$\gamma_{\min}=Min\{\delta_{\min},180°-\delta_{\max}\}$$

同样也可由几何法直接作图画出 AB 与机架 AD 共线的两个位置 AB′C′D 和 AB″C″D，继而得到 $\gamma_{\min}$ 的值。

对于图 4-39 所示的偏置曲柄滑块机构，当曲柄为主动件、滑块为从动件时，由

$$cos\gamma=\frac{a\sin\varphi+e}{b}$$

可知当 $\varphi=90°$时，有

$$\gamma_{\min}=\arccos\frac{a+e}{b} \tag{4-7}$$

根据平面四杆机构的演化方法，曲柄滑块机构可视为由曲柄摇杆机构演化而成。所以，曲柄与机架的共线位置应为曲柄垂直于滑块导路线的位置，故 $\gamma_{\min}$ 必然出现在 $\varphi=90°$时的位置。

为使机构具有最小传动角的瞬时位置能处于机构的非工作行程中，对于图 4-39 所示的偏置曲柄滑块机构，应注意滑块的偏置方位、工作行程方向与曲柄转向的正确配合。例如，当滑块偏于曲柄回转中心的下方，且滑块向右运动为工作行程，则曲柄的转向应该是逆时针的；反之，若滑块向左运动为工作行程，则曲柄的转向应该是顺时针的。这样也可以同时保证输出件滑块具有良好的传力性能。在设计偏置曲柄滑块机构时，可采用下述方法判别偏置方位是否合理：过曲柄回转中心 A 作滑块上铰链中心 C 的移动方位线的垂线，将其垂足 E 视为曲柄上的一点，则当 v_E 与滑块的工作行程方向一致时，说明主动件曲柄的转向以及滑块的偏置方位选择是正确的；否则，应重新设计。还可利用式(4-7)来判别偏置方位的合理性。

对于图 4-40 所示的导杆机构，因滑块作用在导杆上的力始终垂直于导杆，而导杆上任何受力点的速度也总是垂直于导杆，故这类导杆机构的压力角始终等于 0°，即传动角始终等于 90°。

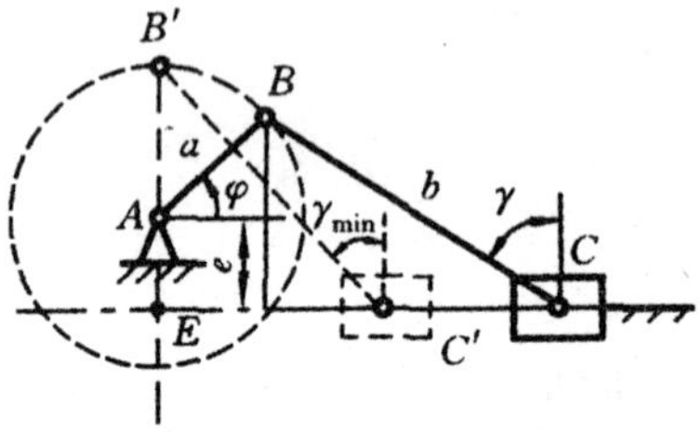

图 4-39 偏置曲柄滑块机构的传动角

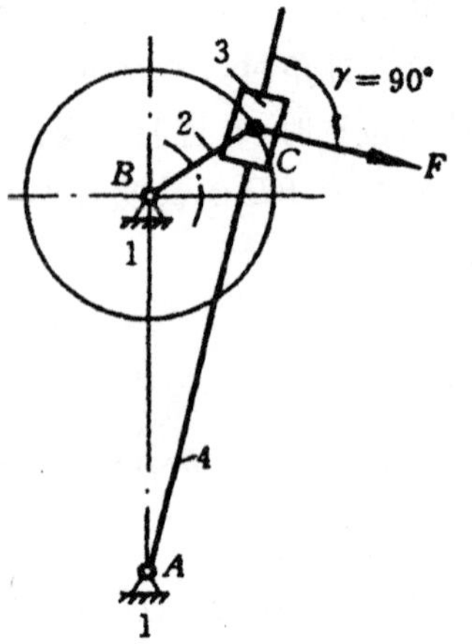

图 4-40 导杆机构的传动角

3. 机构的“死点”

由上述可知，在不计构件的重力、惯性力和运动副中的摩擦阻力的条件下，当机构处于传动角 $\gamma=0°$（或压力角 $\alpha=90°$）的位置时，推动输出件的力 F 的有效分力 F_1 等于零。因此，无论给机构主动件上的驱动力或驱动力矩有多大，均不能使机构运动，这个位置称为“死点”位置。如图 4-41 所示的缝纫机，主动件是摇杆（踏板）CD。输出件是曲柄 AB。从图(b)可知，当曲柄与连杆共线时，$\gamma=0°$，主动件摇杆给输出件曲柄的力将沿着曲柄的方向，不能产生使曲柄转动的有效力矩，当然也就无法驱使机构运动。

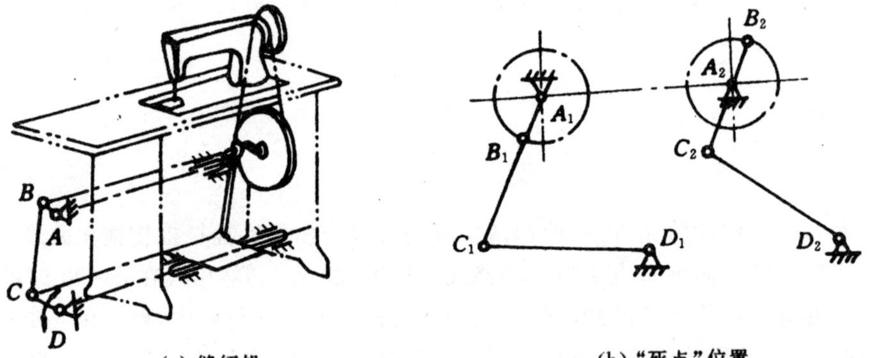

(a) 缝纫机

(b) “死点”位置

图 4-41 缝纫机

对于传动机构，机构具有“死点”位置是不利的，应该采取措施使机构顺利通过“死点”位置。对于连续运转的机构，可利用机构的惯性来通过“死点”位置。例如，上述的缝纫机就是借助带轮（即曲柄）的惯性通过“死点”位置的。

机构的“死点”位置并非总是起消极作用的。在工程实践中，不少场合要利用“死点”位置来满足一定的工作要求。例如，图 4-42 所示的钻床上夹紧工件的快速夹具，就是利用“死点”位置夹紧工件的一个例子。又如，图 4-43 所示的飞机起落架机构也是利用“死点”位置进行工作的一个例子（其工作原理，读者可自行分析）。

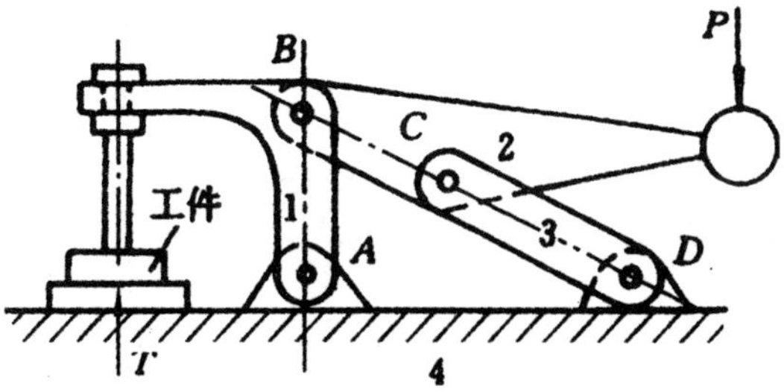

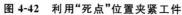

图 4-42　利用"死点"位置夹紧工件

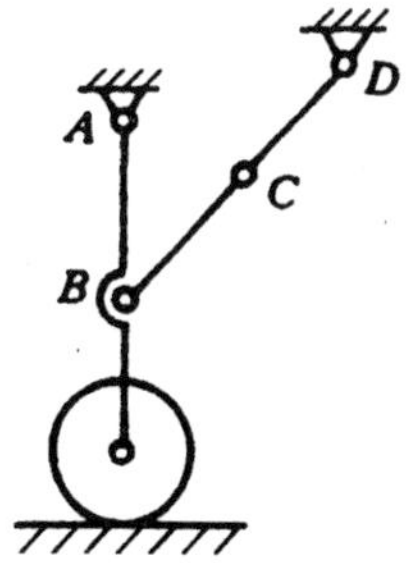

图 4-43　飞机起落架机构

4.2.5　机构运动的连续性

如图 4-44 所示，当曲柄连续转动时，从动件 CD 根据安装形式的不同，可分别在 $C_1D \rightarrow C_2D$ 的 φ 角范围内或在 $C'_1D \rightarrow C'_2D$ 的 φ' 角范围内往复摆动，由 φ 或 φ' 角所确定的区域称为机构的可行域。

可行域的范围是由机构杆长和初始安装位置决定的，从图 4-44 中也可以看出，从动摇杆 CD 不可能进入角度 δ 或 δ' 所决定的区域，这个区域称为运动的不可行域。

运动的连续性是指当原动件连续运动时，从动件也能连续地占据给定的各个位置。运动的连续性在某些情况下得不到满足，则出现了运动的不连续。

运动不连续主要有两种形式：错位不连续和错序不连续。

(1)错位不连续

连杆机构的从动摇杆只能在某一可行域内运动，不能从一个可行域跃入到另一个与其不连通的可行域内连续运动，连杆机构的这种运动不连续称为错位不连续。

(2)错序不连续

当原动件转动方向发生变化时，从动件连续占据几个给定位置的顺序可能变化，这种不连续一般称为错序不连续。

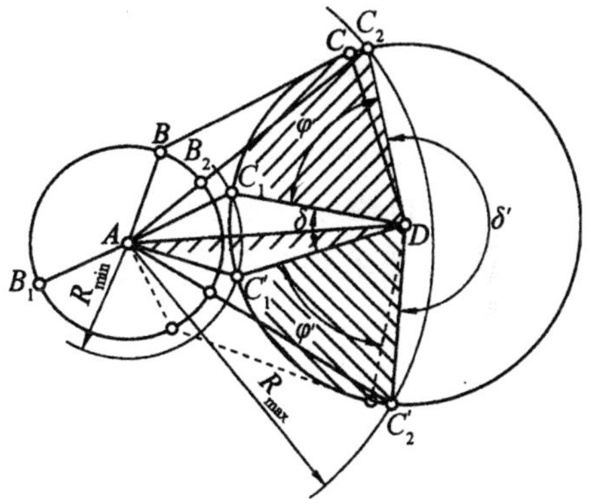

图 4-44　机构运动的连续性

因此，在设计连杆机构时，要注意避免错位和错序不连续的问题。

4.3　连杆机构的设计概论

连杆机构设计就是根据给定的工艺条件来设计能满足已知条件的新机构。因为不涉及与结构、工艺及承载能力等有关尺寸，通常把这种设计称连杆机构的运动学综合。

连杆机构所能实现的运动变换是多种多样的。因而在工程实际中获得了广泛的应用。概括地说，常见的工艺动作要求可归纳为刚体导引问题、函数变换问题和轨迹复演问题三种典型的运动学综合问题。

4.3.1 刚体导引问题

刚体导引就是机构能引导刚体(如连杆)通过一系列给定位置。具有这种功能的连杆机构，称之为刚体导引机构。图 4-45 所示的铸造造型机的翻转机构就是实现连杆两个位置导引的平面连杆机构。又如图 4-46 所示为导引料斗卸料的平面连杆机构。导引这个料斗的动作，就是刚体导引机构的综合问题。

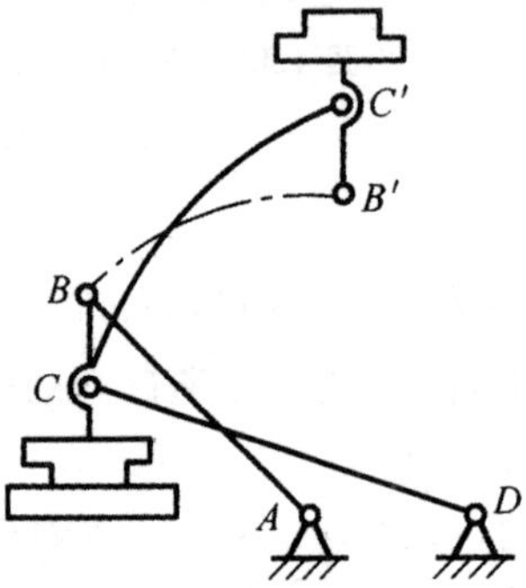

图 4-45 翻转机构

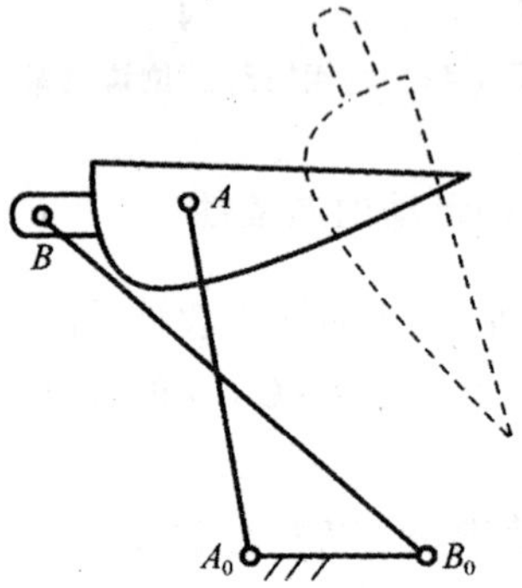

图 4-46 料斗机构

4.3.2 函数变换问题

要求机构的主动件与从动件运动之间满足一定的函数关系的运动变换称函数变换问题，如图 4-47 的机构可实现主动件与从动件间确定的函数关系。又如汽车前轮转向机构，如图 4-48 所示，工作要求两连架杆的转角满足一定的函数关系，以保证汽车顺利转弯。

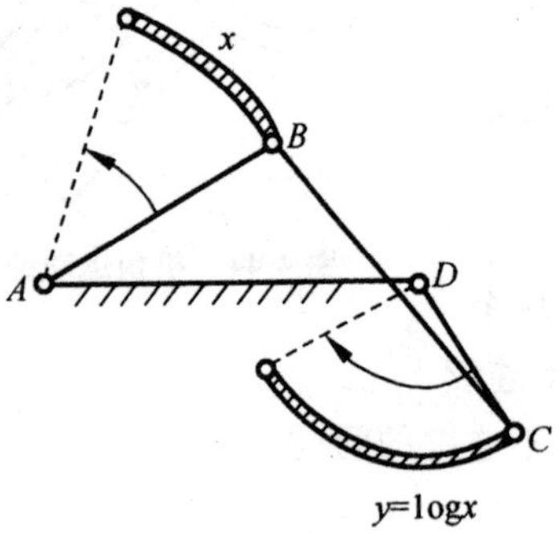

图 4-47 对数计算机构

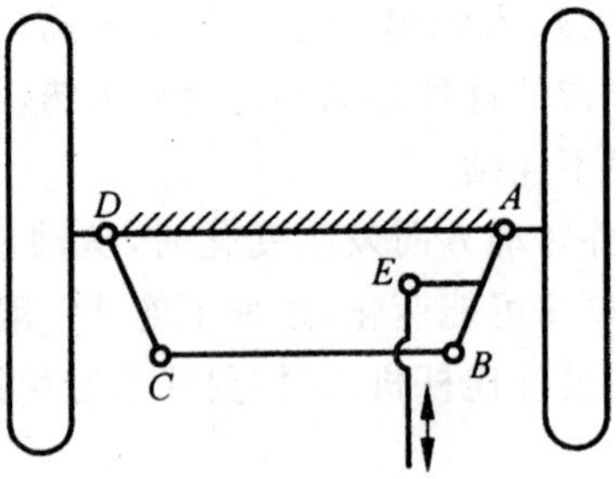

图 4-48 汽车转向机构

4.3.3 轨迹复演问题

机械的工艺动作有一些是要求执行构件某一点按一定形状的轨迹运动。图 4-49 表示一部电影片洗印设备中的抓片机构，它要求钩子端点 E 按“D”形轨迹运动。又如图 4-50 港口常用的鹤式起重机要求重物(E 点)的运动轨迹近似为直线。这种按给定轨迹形状确定连杆机构尺寸及连杆上描迹点位置就是轨迹复演机构的综合问题。

如果给定整条曲线的形状可查阅连杆曲线图谱，在其中可以查到能复演该曲线的连杆机构尺寸参数，或者借助于计算机用优化方法求解。带有近似圆弧段和直线段的连杆曲线，应用尤广。

机构综合的方法主要分为解析法、图解法和实验法。

解析方法就是把预期的运动变换和机构参数之间建立起数学关系，用数学方法解出要求的机构尺寸参数来。虽然这种概念早已提出，而且已成功地建立了许多数学模型，但由于受到计算条件的限制，解析方法长期以来难以在实际设计工作中广泛应用。随着计算机的出现和计算技术的进步，以计算机为手段的解析方法已成为机构综合的主要方法。

图解方法的主要缺点是对每个具体问题都需一整套繁杂的作图过程，更改一个条件，整套作图过程又得重来，精度也较差，且精确度因人而异。作图的人要通晓作图的理论依据，即对具体设计人员的机械原理知识水平有较高的要求。但图解法将解析法的理论形象化，有助于对解析法的理解。

实验法就是用作图试凑或利用图谱、表格及模型实验等求得机构运动学参数来确定机构运动简图。此种方法直观简单，但精度较低，适用于精度要求不高的设计或参数预选。

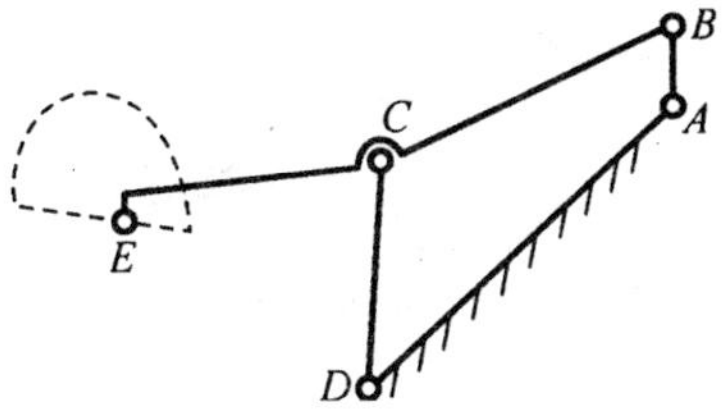

图 4-49　抓片机构

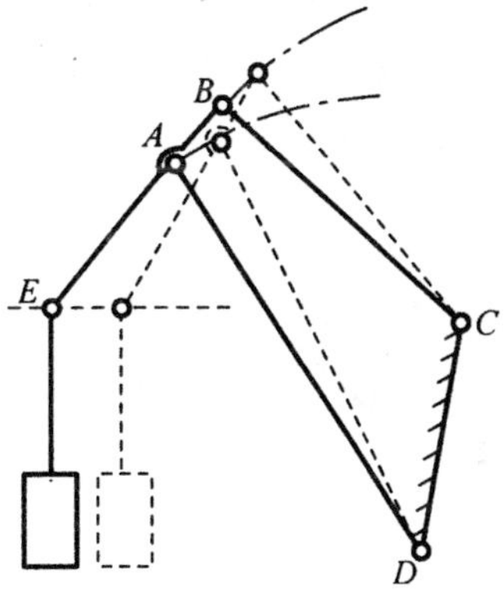

图 4-50　鹤式起重机构

4.3.4　实现综合功能的机构设计

平面连杆机构可用于实现机器的某些复杂的运动功能要求。如图 4-51 所示的带钢飞剪机，是用来将连续快速运行的带钢剪切成尺寸规格一定的钢板的。根据工艺要求，该飞剪机的上、下剪刀必须连续通过确定的位置（实现连杆位置），并使刀刃按一定轨迹运动（实现轨迹）；此外，还对上、下剪刀在剪切区段的水平分速有明确的要求。对这种机构的设计问题，往往要采用现代设计方法（如优化设计方法）才能较好地解决。

在进行平面四杆机构的运动设计时，除了要考虑上述各种运动要求外，往往还有一些其他要求，例如：

①要求某连架杆为曲柄。

②要求最小传动角在许用传动角范围内，即要求 $\gamma_{min} > [\gamma]$，以保证机构有良好的传力条件。

③要求机构运动具有连续性等。

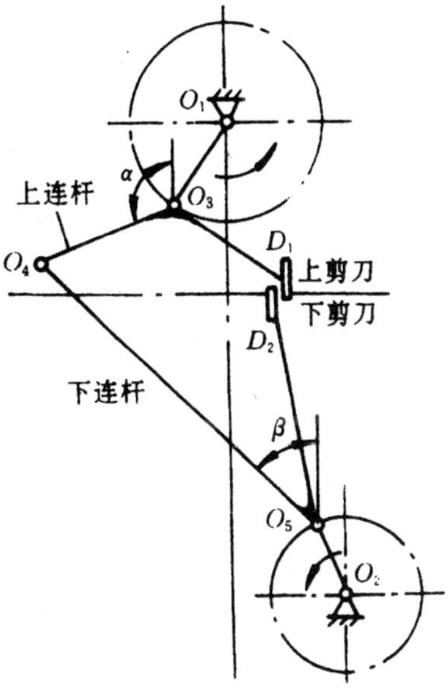

图 4-51　飞剪机剪切机构

4.4 连杆机构设计方法

4.4.1 图解法

1. 按给定连杆位置设计四杆机构

对于较简单的连杆机构设计问题，图解法有着简捷明快的特点。例如，给定连杆平面的两个或三个序列位置就可以采用图解法设计。如图 4-52(a)所示，已知给定动平面的两个序列位置，求一四杆机构可以实现这样的刚体导引。作法如图 4-52(b)所示，在动平面上可任意选定两个动铰链 M、N，作 M_1M_2 的垂直平分线 m_{12}；作 N_1N_2 的垂直平分线 n_{12}，在 m_{12} 上任选 M_0 作定铰链，在 n_{12} 上任选 N_0 作定铰链。$M_0M_1N_1N_0$ 就是所求机构的第一个位置，由于 M_0、M_1、N_1、N_0 选择的任意性，这种问题的解是无穷多的。又如图 4-53(a)所示，已知给定动平面的三个序列位置，求一四杆机构可以实现这样的刚体导引。作法如图 4-53(b)所示，在动平面上可任意选定两个动铰链 A、B 位置，由 A_1、A_2、A_3 求得圆心 A_0，由 B_1、B_2、B_3 求得圆心 B_0，$A_0A_1B_1B_0$ 就是所求机构的第一个位置，由于 A、B 选择的任意性，这种问题的解也是无穷多的。

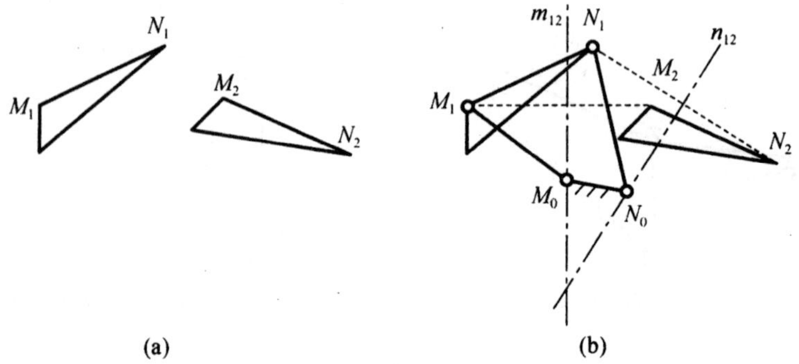

图 4-52 设计导引刚体到达两个位置的四杆机构

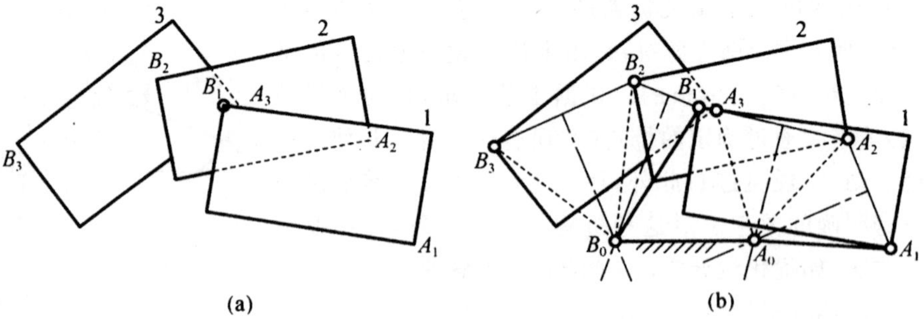

图 4-53 设计导引刚体到达三个位置的四杆机构

但实际设计问题中可能会有诸多约束，如按机械的结构要求，固定铰链 A_0、B_0 的位置已定，需要求出动平面上两个活动铰链 A、B 的位置，求解就没有这样简单了。这类问题可用机构反转法或半角转动法来解决。

(1)机构反转法

机构反转法是利用相对运动原理。当运动链确定后，各构件的相对运动就确定了，不随选择的机架不同而改变。把原机构中的连杆或连架杆当作“机架”，就要反转机构，使得本来运动的构件变为不动的。

若已知连杆平面的两个位置 M_1N_1、M_2N_2 及固定铰链 A、D，求四杆机构能实现这样的刚体导引，如图 4-54(a)所示。即求两个动铰链。设想把连杆固定当作机架，让原机架作连杆，这时求动铰链问题就转化为求固定铰链的问题，图 4-54(b)为具体做法。

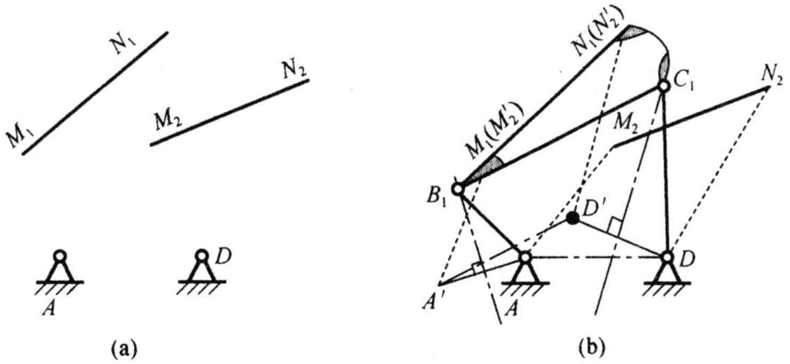

图 4-54　反转法设计导引刚体到达两个位置的四杆机构

反转法包含着“刚化”和“反转”两个过程。刚化就是把每一位置的各构件间的相对位置关系固定并视为刚体（见图 4-54，刚化 AM_2N_2D）。刚化的目的就是保持各构件间的相对运动不变。反转的目的就是保证“机架”不动。因为选择了实际动平面为机架，所以反转实际上包括移动和转动两个动作，反转这些刚体时要保证，使动平面上被选做机架的标线始终重合，这样动平面就变为机架，而已知的定铰链就变成了一系列的“动铰链”，这一系列的“动铰链”所在的圆心就是“定铰链”，即所要求的动铰链。

如图 4-55(a)所示，若给定连杆上一直线的三个位置 M_1N_1、M_2N_2、M_3N_3 及两固定铰链点 A 和 D。确定四杆机构连杆上活动铰链 B 和 C，方法与前相同，即将四边形 AM_2N_2D 和 AM_3N_3D 分别刚性地反转运动到使 M_2N_2，M_3N_3 均与 M_1N_1 重合的位置，于是分别得 A、D 的新位置 A'、D' 和 A''、D''，分别作 AA' 连线、$A'A''$ 连线的中垂线，两中垂线的交点即为活动铰链点 B_1；再分别作 DD′、$D'D''$ 连线的中垂线，两中垂线的交点即为活动铰链点 C_1。因此，AB_1C_1D 即为该四杆机构的第一个位置，不要忘了将 B_1C_1 与 M_1N_1 固连上。如图 4-55(b)所示，显然，该四杆机构有唯一解。

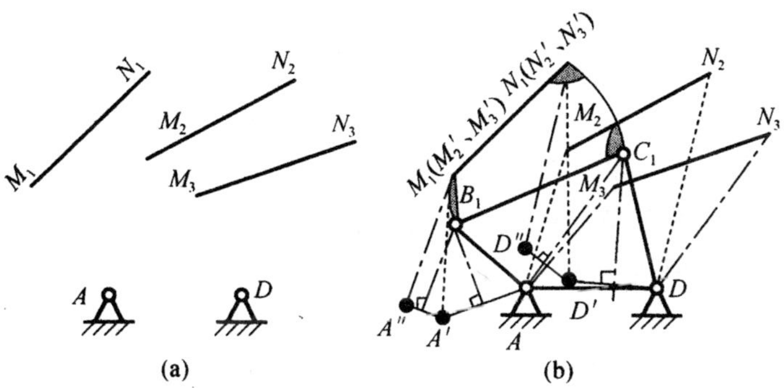

图 4-55　反转法设计导引刚体到达三个位置的四杆机构

(2)半角转动法

半角转动法是一种应用较灵活、适用性较广的图解法。当一个平面从一个位置做一般的平面运动到另一个位置时，在这个平面上总是可以找到一个位置没有发生变化的点。可以认为整个平面在运动中就是绕着这个固定的点作转动的，这个点称为极点。已知动平面 E 的两个位置 E_1 和 E_2，要求设计一四杆机构导引它。使 E 从 E_1 到 E_2 最简单的办法是使动平面 E 绕某一定点 P_{12} 转动 θ_{12} 角而实现，如图 4-56 所示，P_{12} 即为极点。

极点的求法：在动平面 E 上任取两个参考点 M、N，连接 M_1、M_2，作中垂线 m_{12}，连接 N_1、N_2 作中垂线 n_{12}，两条中垂线的交点 P_{12}，即是转动极点，简称极。动平面由 E_1 到 E_2 可绕 P_{12} 转 θ_{12} 角而实现。注意，θ_{12} 是有向角。动平面上任一点在此过程都绕 P_{12} 转 θ_{12} 角。

E_1、E_2 两个位置一经确定，P_{12} 和 θ_{12} 即为定值，不因参考点选择的不同而变化。例如，也可选 A、N 为参考点，求得极点仍为 P_{12} 转角仍为 θ_{12}。

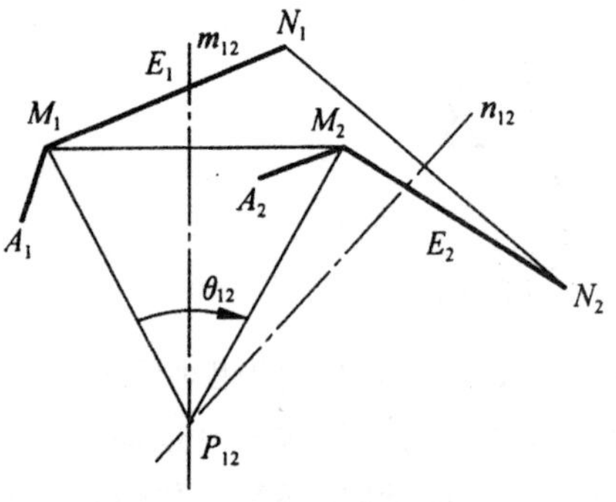

图 4-56 动平面的极点及转角

使 E 由 E_1 到 E_2 可由四杆机构实现。通常把 E 看作连杆平面，把 M、N 点作为连杆与连架杆相连接的动铰链，在 m_{12} 上任选一点为固定铰链 M_0，在 n_{12} 上任选一点为另一固定铰链 N_0，则四杆机构 $M_0M_1N_1N_0$。中 M_0M_1 转到 M_0M_2 时，N_0N_1 必相应转到 N_0N_2，亦即实现了 E_1 运动到 E_1，如图 4-57(a)所示。也可以把 M_0 选在 m_{12} 上的无限远点，M 点轨迹应为一直线，在 M 点铰接一滑块，当滑块由 M_1 移动到 M_2 时 N_0N_1 转到 N_0N_2，E_1 运动到 E_2，如图 4-57(b)所示。

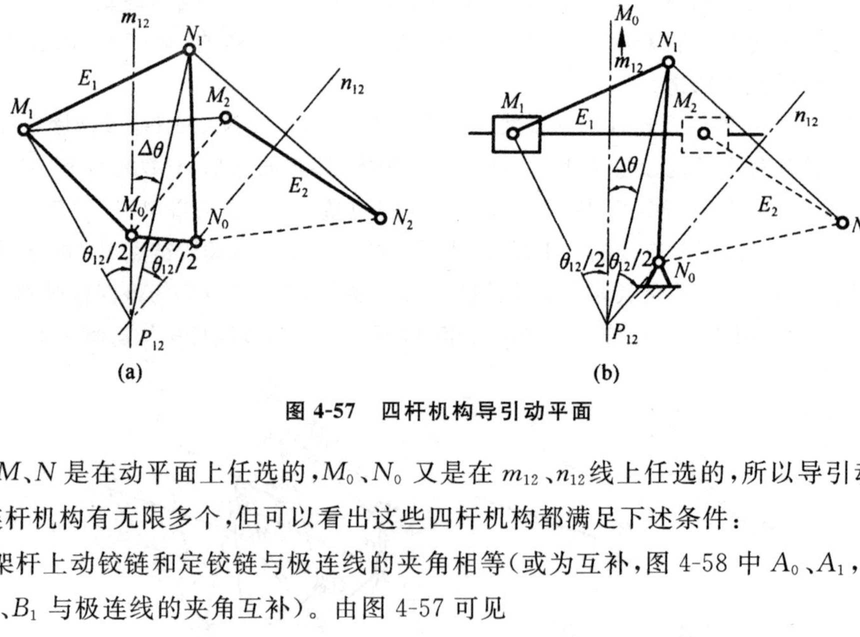

图 4-57 四杆机构导引动平面

由于 M、N 是在动平面上任选的，M_0、N_0 又是在 m_{12}、n_{12} 线上任选的，所以导引动平面由 E_1 到 E_2 的连杆机构有无限多个，但可以看出这些四杆机构都满足下述条件：

两连架杆上动铰链和定铰链与极连线的夹角相等(或为互补，图 4-58 中 A_0、A_1，与极连线的夹角和 B_0、B_1 与极连线的夹角互补)。由图 4-57 可见

$$\angle M_1P_{12}M_0=\angle N_1P_{12}N_0=\frac{1}{2}\theta_{12}$$

机架上两固定铰链与极连线的夹角与连杆上两动铰链与极连线的夹角也相等(或为互补，读者可自己证明)。

$$\angle M_1P_{12}N_1=\angle M_0P_{12}N_0=\frac{1}{2}\theta_{12}+\Delta\theta$$

式中，$\frac{1}{2}\theta_{12}$ 称半角，也是有向角；E_1、E_2 给定后它也是定值。连架杆的动铰链在它的始边上，连架杆的固定铰链在它的终边上，半角的大小和方向是一定的，但其始、

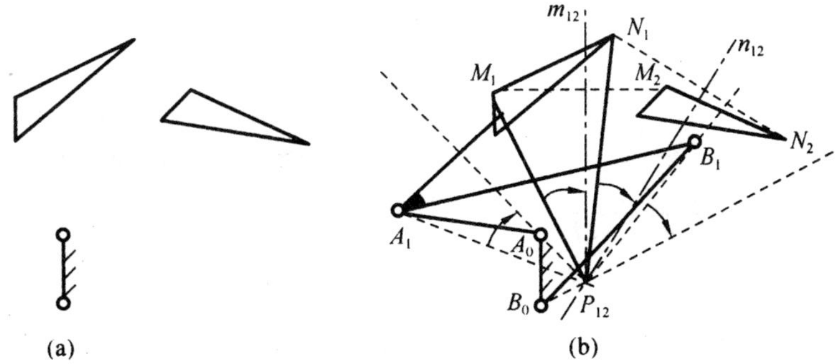

图 4-58　四杆机构导引动平面经过 2 个位置

终边的位置因参考点 M、N 的选择的任意性却是任意的。或者说可以把半角看成一个“刚性角”，顶点置于 P_{12}，可以转动到任意位置，只要在其始边上选动铰链，在其终边上选固定铰链形成连架杆，这样组成的四杆机构就可满足动平面的 E_1、E_2 两个位置要求。

由此，引导平面由 E_1 到 E_2 位置的四杆机构有无数个。

导引动平面由 E_1 到 E_2 位置的四杆机构的求法：

①求极点。

②求半角。

③刚化半角并绕极点任意转动，在半角的始边上选动铰链，在终边选定铰链。

④将连杆固连在动平面上。

2. 按给定连架杆对应位置设计四杆机构

(1)机构反转法

应用相对运动原理可将给定两连架杆的对应位置设计四杆机构问题转化为给定连杆平面序列位置设计四杆机构问题，就是把两连架杆假想地当作连杆和机架，这样两连架杆间的相对运动就转化为连杆相对机架的运动，其图解方法与前述相同。

如图 4-59 (a)所示，已知连架杆 AB 和机架 AD 的长度，连架杆 AB 的三个位置 AB_1、AB_2、AB_3。及另一连架杆 CD 上一直线的三个对应位置 DE_1、DE_2、DE_3。要求确定四杆机构 $ABCD$ 的连架杆 CD 上的活动铰链 C。

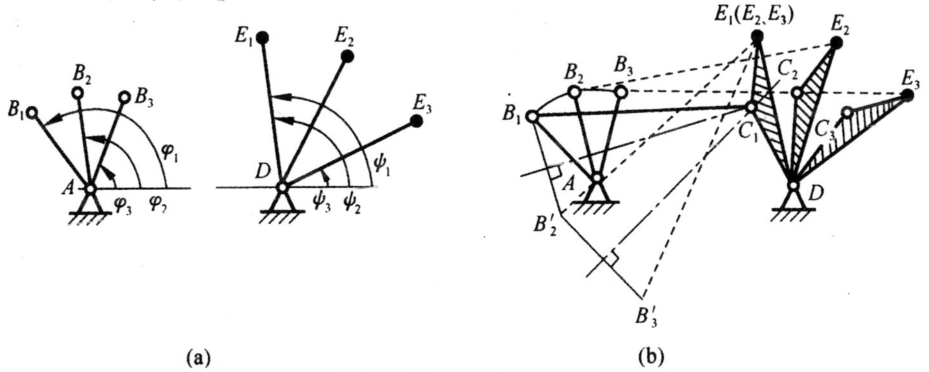

图 4-59　反转法基本原理

具体求法如图 4-59(b)将连架杆 CD 第一位置 DE_1，当作机架，将四边形 AB_2E_2D、AB_3E_3D 分别刚性地绕点 D 反转到使 DE_2 和 DE_3 均与 DE_1 重合位置，则点 B_2、B_3 到新的位置 B'_2，B'_3（称为转位点）；A 点到 A'' 位置(图中未画出)。分别作 $B_1B'_2$、$B'_2B'_3$ 的中垂线，两中垂线的交点是活动铰链点 C_1，则 AB_1C_1D 为该四杆机构的第一位置。显然，该机构有唯一解。

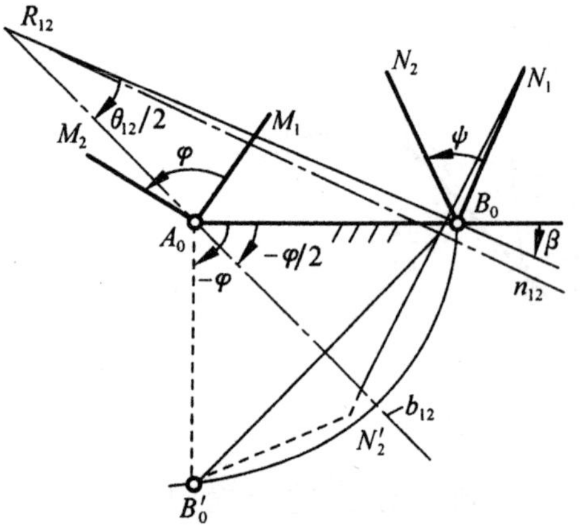

图 4-60　相对极和半角

若给定连架杆两个对应位置，则机构有无穷解。若加上其他条件限制，可确定机构。

(2)半角转动法

把两连架杆假想地当作连杆和机架，这样两连架杆间的相对运动就转化为连杆相对机架的运动，其图解方法与前述半角转动法相同。

已知机架上两固定铰链位置 A_0B_0，要求一个连架杆转过 φ 角时，另一个连架杆转过 ψ 角，如图 4-60 所示。

在两个连架杆上各任取 M、N，A_0M 从 A_0M_1 转过 φ 角到达 A_0M_2 时，另一个连架杆 B_0N 从 B_0N_1，转过 ψ 角到达 B_0N_2。刚化 $A_0M_2N_2B_0$，反转 $A_0M_2N_2B_0$，使 A_0M_2 与 A_0M_1 重合，得到 $B'_0N'_2$，A_0M_1 成为机架，B_0N_1、$B'_0N'_2$ 为连杆的两个位置，问题转化为给定连杆位置设计四杆机构问题。求法同前类似，作 $B_0B'_0$ 中垂线 b_{12}，作 $N_1N'_2$ 中垂线 n_{12} 交点即为相对转极 R_{12}，同时确定了半角 $\frac{\theta_{12}}{2}=\angle B_0R_{12}A_0$。

刚化半角绕 R_{12} 转动半角，始边上选动铰链 B_1，终边上选动铰链 A_1，连接 $A_0A_1B_1B_0$ 即为所求的第一个位置如图 4-61 所示。

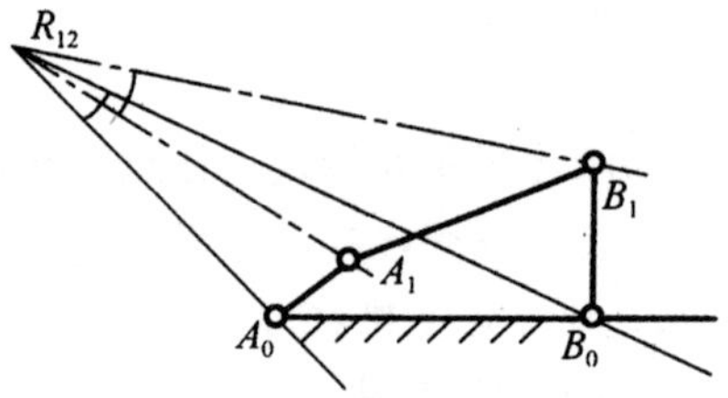

图 4-61　给定连架杆对应位置设计四杆机构

这样求 R_{12}、θ_{12} 的方法较繁，分析图 4-60，可简化 R_{12} 的求法。因为连架杆从 B_0N_1 运动到 $B'_0N'_2$ 实际转过 $-\varphi+\psi$ 角。所以

$$\frac{\theta_{12}}{2}=\frac{-\varphi+\psi}{2}$$

又有

$$\beta+\frac{\theta_{12}}{2}-\left(-\frac{\varphi}{2}\right)=0$$

所以

$$\beta=-\frac{\varphi}{2}-\frac{-\varphi+\psi}{2}=-\frac{\psi}{2}$$

因此，当给定两连架杆的对应转动角度 φ 和 ψ 时，R_{12} 的求法：以机架 A_0B_0 为基准，分别过 A_0 转 $-\frac{\varphi}{2}$ 角作一射线和 B_0 转 $-\frac{\psi}{2}$ 角作一射线，则二射线的交点即为相对转 R_{12}。同时求得相对半角 $\frac{\theta_{12}}{2}=\angle B_0R_{12}A_0$，其通过 A_0 的边是相对半角的终边，通过 B_0 的边是相对半角的始边。

3. 按给定的行程速比系数设计四杆机构

利用连杆机构可以实现急回运动。“急回”一般是说机构空回行程的速度大于其工作行程的速度。这样，可以节省空回行程的时间，有利于提高生产率。但也有个别的情况则相反，而是机构工作行程的速度大干其空回行程的速度，即不是“急回”，而是“急进”。例如，有的颚式破碎机就是这样的，其目的是增大动颚在碎矿时的动量，以利于工作。对有急回运动的四杆机构，设计时应满足行程速比系数 K 的要求。

如图 4-62 所示，已知摇杆 CD 长度及其摆角行程速比系数，要求设计曲柄摇杆机构。首先由行程速比系数公式求出极位夹角值。然后任选固定铰链 D 的位置，并作出摇杆两极位 C_1D、C_2D 和摆角 ψ，连接 C_1C_2，并作 $\angle C_1C_2O=\angle C_2C_1O=90°-\theta$，得交点 O，以 O 为圆心、OC_1（或 OC_2）为半径作圆，在该圆上可任选点 A 为固定铰链，连接 AC_1、AC_2，AC_1、AC_2 分别为曲柄与连杆重合和共线的位置，即以 $a+b=AC_2$，$b-a=AC_1$，则曲柄和连杆的长度 a、b 可求，即

$$a=\frac{AC_2-AC_1}{2}$$

$$b=\frac{AC_2+AC_1}{2}$$

从可确定活动铰链点 B_1、B_2 位置。

设计时应注意，曲柄的固定铰链点 A 不能选在 EF 弧段上，否则机构不满足运动的连续性要求。

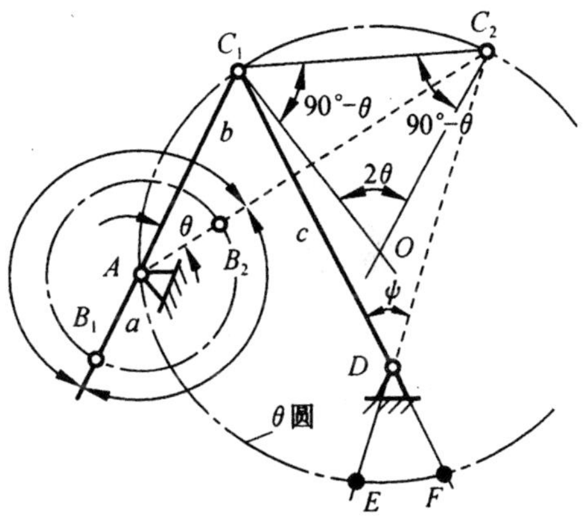

图 4-62　按急回系数设计四杆机构

4.4.2　解析法

用解析法设计平面四杆机构时，首先需要建立包含机构各尺寸参数和运动变量在内的船析式。然后根据已知的运动变量求机构尺寸参数。其设计的结果比较精确，能够解决复杂的设计问题，但计算过程比较烦琐，宜采用计算机辅助设计计算。

1. 按给定连架杆对应位置设计平面四杆机构

图 4-63 中所示的曲柄摇杆机构中，已知两连架杆 AB 和 CD 之间的对应角位置分别为 $(\varphi_0+\varphi)$，$(\psi_0+\psi)$；要求确定各构件的长度 a、b、c、d 与两连架杆转角 φ 和 ψ 之间的关系。

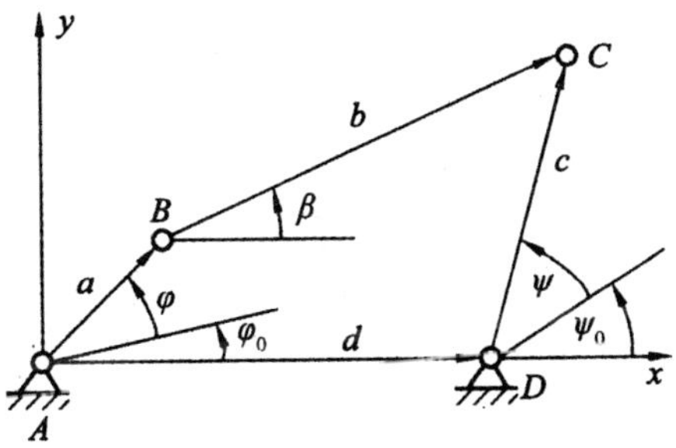

图 4-63　解析法设计平面四杆机构

建立图 4-63 所示直角坐标系，将各杆长度用矢量表示并向 x、y 轴投影得

$$\left.\begin{aligned}&a\cos(\varphi_0+\varphi)+b\cos\beta=d+c\cos(\psi_0+\psi)\\&a\sin(\varphi_0+\varphi)+b\sin\beta=c\sin(\psi_0+\psi)\end{aligned}\right\}$$

将上式移项后分别平方相加，消去 β，并整理得

$$b^2=a^2+c^2+d^2+2cd\cos(\psi_0+\psi)-2ad\cos(\varphi_0+\varphi)-2ac\cos[(\varphi-\psi)+(\varphi_0-\psi_0)]$$

令

$$\left.\begin{aligned}R_1&=\frac{(a^2+c^2+d^2-b^2)}{2ac}\\R_2&=\frac{d}{c}\\R_3&=\frac{d}{a}\end{aligned}\right\}$$

则有

$$R_1-R_2\cos(\varphi_0+\varphi)+R_3\cos(\psi_0+\psi)=\cos[(\varphi-\psi)+(\varphi_0-\psi_0)]$$

上式即为铰链四杆机构的位置方程，式中共有五个待定参数：R_1、R_2、R_3、φ_0 和 ψ_0 说明它最多能满足两连架杆的5组对应角位置的要求，若只给定两连架杆间的3组对应角位置，可令 φ_0 和 ψ_0 为常数，上式变为线性方程组，则在求得 R_1、R_2 和 R_3 后，再设定曲柄长度 a 或机架长度 d，就可以求出机构的尺寸。若给定两连架杆间的5组对应角位置，则上式为非线性方程组，一般情况下要给定初值才能求得结果，若初值给得不恰当，有可能不收敛而求不出机构尺寸。

另一方面，即使按给定两连架杆间的5组对应位置求得机构，也只是在这5组位置上能精确实现要求的函数，在其他位置上均有误差。可见用解析法求得的机构，其结果不一定令人满意。为求解方便，可先给定两连架杆的三组对应位置，用求得的机构作为初值，而后再进一步用优化设计的方法求出误差更小的解。

2. 按给定曲柄转角与滑块位移对应位置设计曲柄滑块机构

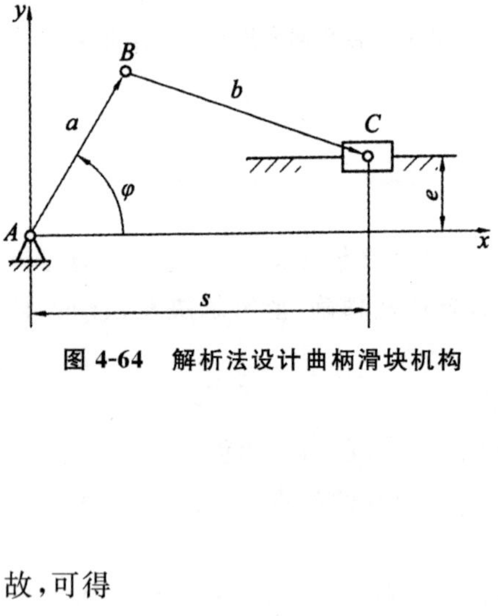

图 4-64 解析法设计曲柄滑块机构

在图4-64所示的曲柄滑块机构中，已知曲柄转角 φ 与滑块位移 s 之间的对应关系，要求确定曲柄长 a，连杆长 b 和偏距 e。

确定图示的坐标系和各杆矢量方向。由图4-64可得

$$b^2=(x_C-x_B)^2+(y_C-y_B)^2$$

将：$x_C=s$，$y_C=e$，$x_B=a\cos\varphi$，$y_B=a\sin\varphi$ 代入上式，可得：

$$2as\cos\varphi+2ae\sin\varphi-(a^2-b^2+e^2)=s^2 \qquad (4\text{-}8)$$

令

$$\left.\begin{aligned}P_1&=2a\\P_2&=2ae\\P_3&=a^2-b^2+e^2\end{aligned}\right\} \qquad (4\text{-}9)$$

故，可得

$$P_1 s\cos\varphi+P_2 s\sin\varphi-P_3=s^2 \qquad (4\text{-}10)$$

式(4-9)中共有三个待定参数 P_1、P_2、P_3，说明它最多能满足3组对应位置的要求。将给定曲柄转角 φ 与滑块位移 s 之间的3组对应关系，由式(4-10)得到线性方程组，可解得 P_1，P_2 和 P_3，再由式(4-9)可求得各杆长为

$$\left.\begin{aligned}a&=\frac{P_1}{2}\\e&=\frac{P_2}{2a}\\b&=\sqrt{a^2+e^2-P_3^2}\end{aligned}\right\} \qquad (4\text{-}11)$$

3. 按给定轨迹设计平面四杆机构

已知连杆上某点 M 的轨迹坐标，确定四杆机构的尺寸，此即为解析法轨迹机构设计。

在图 4-65 中，先以 A 为原点建立坐标系 $A-xy$，机构尺寸如图 4-65 所示，沿 $A—B—M$ 路径，M 点的坐标值 (x,y) 可写成：

$$\left.\begin{aligned}x&=a\cos\varphi+e\sin\theta_1\\y&=a\sin\varphi+e\cos\theta_1\end{aligned}\right\}\tag{4-12}$$

沿 $A—D—C—M$ 路径，M 点的坐标值还可以写成

$$\left.\begin{aligned}x&=d+a\cos\psi-g\sin\theta_2\\y&=c\sin\psi+g\sin\theta_2\end{aligned}\right\}\tag{4-13}$$

在式(4-12)消去 φ，在式(4-13)消去 ψ，并将两者合并可得

$$\left.\begin{aligned}&x^2+y^2+e^2-a^2=2e(y\cos\theta_1+x\sin\theta_1)\\&(d-x)^2+y^2+g^2-c^2=2g(d-x)a\sin\theta_2+y\cos\theta_2\end{aligned}\right\}\tag{4-14}$$

令 $\theta=\theta_1+\theta_2$，并由上式消去 θ_1 和 θ_2，求得 M 点位置方程即连杆曲线方程为

$$U^2+V^2=W^2\tag{4-15}$$

式中

$$U=g[(x-d)\cos\theta+y\sin\theta](x^2+y^2+e^2-a^2)-ex[(x-d)^2+y^2+g^2-c^2]$$
$$V=g[(x-d)\sin\theta-y\cos\theta](x^2+y^2+e^2-a^2)-ey[(x-d)^2+y^2+g^2-c^2]$$
$$W=2ge\sin[x(x-d)+y^2-dy\cot\theta]$$
$$\theta=\arccos\left[\frac{(e^2+g^2-b^2)}{2ge}\right]$$

式(4-15)中有六个待定参数：a、b、c、d、e、g，若在给定轨迹中选 6 个点 (x_i,y_i) 代入上式，即可得到 6 个方程。解此 6 个方程组成的非线性方程组，可求出全部待定参数，即求出机构尺寸 a、b、c、d、e、g，机构实现的连杆曲线可由 6 个点与给定轨迹重合。

在上述分析中，预选了坐标系 $A-xy$，即预先确定了轨迹曲线和待求机构在坐标系中的位置。为了使设计四杆机构的连杆曲线上有更多的点与给定的轨迹相重合，在图 4-65 中再引入坐标系 $O-x'y'$，这样，原坐标 $A-xy$ 在新坐标系内又增加了三个参数 x'_A、y'_A 和 η。因此，在新坐标系中连杆曲线的待定参数可有九个，按此求解出机构的连杆曲线可有九个点与给定轨迹相重合。

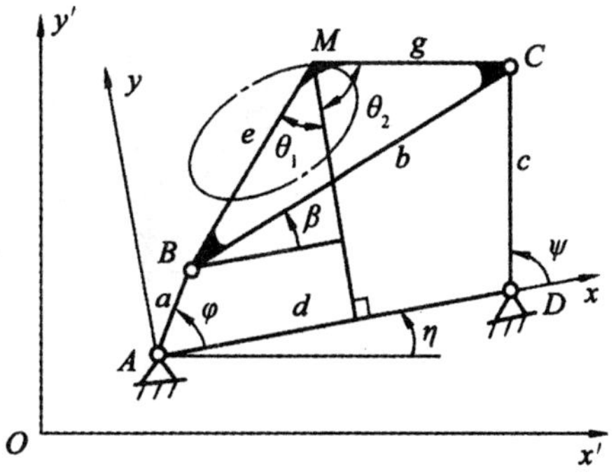

图 4-65　解析法设计轨迹机构

若给定轨迹曲线中的九个点，式(4-15)为高阶非线性方程组，解题非常困难，有时可能没有解，或求出的机构不存在曲柄，或传动角太小而不能实用。通常情况下，给定 4～6 个精确点，其余的 3～5 个参数可以预选，这样，就有无穷多个解，有利于进一步进行优化计算。

综上所述，用解析法进行较为复杂的函数机构或轨迹机构设计时，往往存在解题计算困难的问题，而且往往求得的解实用性较差。因此，随着计算机技术的发展，数值比较法和优化分析方法得到越来越广泛的应用。

4.4.3 实验法

当运动要求比较复杂，需要满足的位置较多，特别是对于按预定轨迹要求设计四杆机构时，用实验法设计有时会更简便。

1. 按两连架杆多对对应位置设计四杆机构

要求设计一个四杆机构，满足两连架杆之间的多对转角关系：$\varphi_i = f(a_i)$。

如图 4-66 所示，设计时，可先在一张纸上取一固定点 A，并按角位移 a_i 作出原动件的一系列位置线，选取适当的原动件长度 l_{AB}，以 A 点为圆心，l_{AB} 为半径作圆弧，与上述位置线分别相交于 B_1、B_2、…、B_i；再选择适当的连杆长度 l_{BC}，分别以点 B,、Bz、…、B:为圆心，以 l_{BC} 为半径画弧 K_1、K_2、…、K_i。

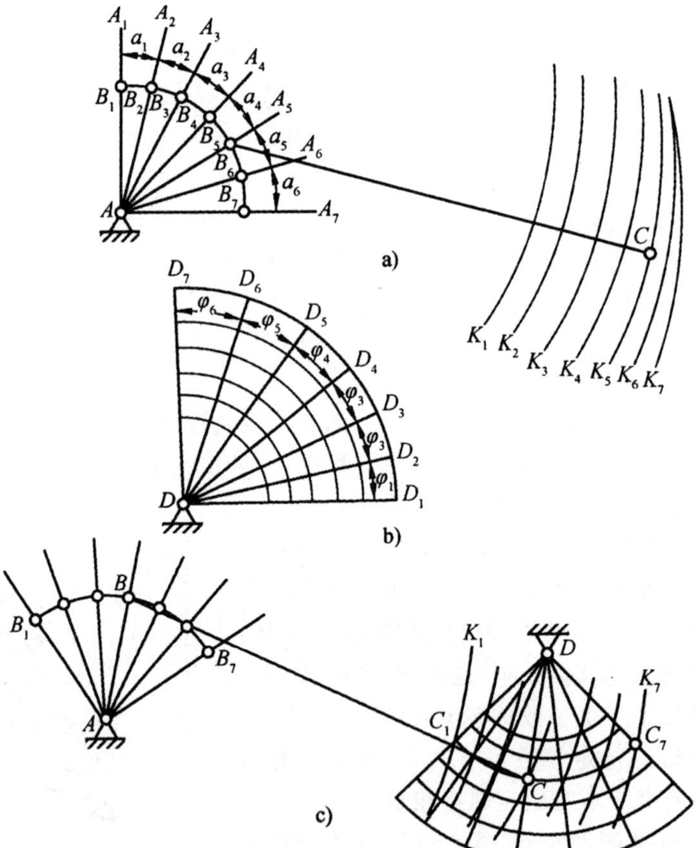

图 4-66　实验法按两连架杆对应位置设计四杆机构

接着在一透明纸上选取一固定点 D，并按已知的角位移 φ_i 作出从动件的一系列位置线，再以点 D 为圆心，以不同长度为半径作一系列同心圆。

将透明纸覆盖在第一张图纸上，并移动透明纸，力求找到这样一个位置，即从动件位置线 DD_1、DD_2、…、DD_i 与相应的圆弧线 K_1、K_2、…、K_i 的交点位于(或近似位于)以 D 为圆心的某一同心圆上。则此时点 D 即为另一固定铰链所在的位置，l_{AD} 即为机架长，l_{CD} 则为从动连架杆的长度。这个过程往往需要反复多次，直至满足设计要求。

2. 按照预定的轨迹设计四杆机构

如图 4-67 所示，设已知运动轨迹 $m-m$，要求设计一个四杆机构，使其连杆上某一点沿轨迹 $m-m$ 运动。

选定构件 1 作为曲柄，具有若干分支的构件 2 作为连杆，在轨迹 $m-m$ 附近合适的位置上选取曲柄的转动中心 A，并以 A 点为圆心作两个与轨迹 $m-m$ 相切的圆弧，由此而得半径 ρ_{min} 与 ρ_{max}。所选的曲柄 AB 长度 a 及连杆上一分支 BM 的长度 k 应满足

$$a+k=\rho_{max}, a-k=\rho_{min}$$

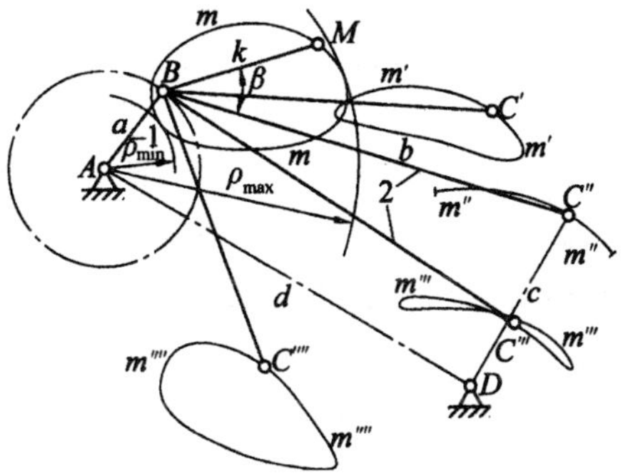

图 4-67　实验法按预定的轨迹设计四杆机构

实验时使 M 点沿轨迹 $m-m$ 运动，则曲柄绕 A 点转动，而连杆上其他分支的端点 C'、C''、C'''…将各自描绘出曲线 $m'm'$、$m''m''$、$m'''m'''$…找出其中一条最接近于圆弧或直线的轨迹(如果找不出，则可通过改变 A 点位置，各分支的长度或相对于分支 BM 的夹角重新进行实验)。如图 4-67 中 C''的轨迹 $m''m''$很接近圆弧，其圆心为 D，这时 C''即为所要求得的铰链中心 C，BC 为连杆长度 b，CD 为摇杆的长度 c，AD 代表机架的长度 d；若找出的轨迹很接近于直线，则表示圆心 D 在无穷远处，即得到曲柄滑块机构，该近似直线画成直线后作为滑块与连杆的铰链点的运动轨迹，也就是导路的方向线。

按实现给定运动轨迹设计四杆机构时，也可应用汇编成册的连杆曲线图谱来设计，这种方法称为图谱法。设计时，可从图谱中查出形状与给定轨迹相似的连杆曲线，及描绘该连杆曲线的四杆机构中各杆的相对长度。然后求出图谱中的连杆曲线与所要求的轨迹之间相差的倍数，就可得到机构的真实尺寸。

4.4.4　其他方法

除了上述三种常用的方法外，还有数值比较法。数值比较法是一种借助于计算机技术的现代设计方法，它根据计算机计算速度快和存储量大的特点，在指纹、声音识别，材料特征分析、图形图像处理、曲线拟合分析中得到广泛应用。其原理是将同一类对象的特征值以图形或数据的形式存入计算机中，形成数据库文件。而将待求对象的特征值与数据库中的数值进行比对，以求得最接近这一特征值的对象。

在平面四杆机构设计中，数值比较法可以较好地完成函数机构设计和轨迹机构设计的任务。

前述分析表明：可以用连架杆转角曲线 $\psi(\varphi)$或连杆转角曲线 $\beta(\varphi)$来表征一个四杆机构，也就是说在 $\psi(\varphi)$、$\beta(\varphi)$曲线和机构相对尺寸之间存在一一对应的关系，在进行函数机构或轨迹机构设计时，实质上是已知 $\psi(\varphi)$或 $\beta(\varphi)$曲线，要求出具有这种特征曲线的四杆机构尺寸。

在运用数值比较法前，先按一定系列尺寸确定一批尺寸已知的四杆机构，将其 $\psi(\varphi)$ 或 $\beta(\varphi)$ 曲线存入计算机，建立特征曲线与四杆机构的关系数据库，作为以后进行数值比较的基础。

在运用数值比较法求已知特征曲线的四杆机构时，就是通过计算机程序，将给定的特征曲线与计算机中的特征曲线进行对比，找出最接近的一条曲线，进而求得与该曲线相对应的四杆机构。

①建立连杆机构特征曲线数据库：给定一系列机构相对尺寸：$a_1=\frac{AB}{AD}$、$b_1=\frac{BC}{AD}$、$c_1=\frac{CD}{AD}$（见图 4-63）算机构运动特征曲线 $\psi(\varphi)$ 或 $\beta(\varphi)$，并将这些特征曲线、机构相对尺寸和最小传动角。等参数以数据库形式存储起来，作为以后进行数值比较的基础。

②求出机构的相对尺寸：将待求机构的特征曲线 $\psi_1(\varphi)$ 或 $\beta_1(\varphi)$ 与数据库中的 $\psi(\varphi)$ 或 $\beta(\varphi)$ 曲线进行比较，找出与其最接近的、误差最小的 $\psi(\varphi)$ 或 $\beta(\varphi)$ 曲线，该曲线所对应的机构即为所求的机构。这时所求出的机构尺寸是相对尺寸，即各杆与 AD 的比率 a_1、b_1、c_1。

③求出机构的绝对尺寸：根据其他附加条件，确定机架 AD 的尺寸，即可进一步求出机构绝对尺寸。

基于同样的原理，通过建立连杆曲线数据库，可采用数值比较的方法进行轨迹机构的设计。

4.5 多杆机构

在平面连杆机构中，四杆机构以其结构简单、设计方便，得到广泛的应用，但由于工程实际问题的复杂性，使得四杆机构不能满足实际要求而往往要借助于多杆机构。多杆机构的应用以六杆机构为主，它通常由四杆机构加二级基本杆组构成，有时也可看成两个四杆机构的主、从动杆叠加而成。因此，利用四杆机构的知识可以很方便地对六杆机构进行分析和计算。相对于四杆机构，采用多杆机构主要有以下优点。

1. 可改进机构的传动特性

图 4-68 所示为洗衣机搅拌机构及其运动简图，由于输出摇杆（叶轮）FG 的摆角很大（>180°），因此采用曲柄摇杆机构时，不仅其最小传动角将很小，而且其运动性能也不易满足要求。而采用六杆机构即可很好地解决这一问题。如图 4-68(b) 所示，该六杆机构由曲柄摇杆机构 $ABCD$ 加 RRR 二级杆组 EFG 组成，能够保证在运动过程中满足机构的传动性能要求。

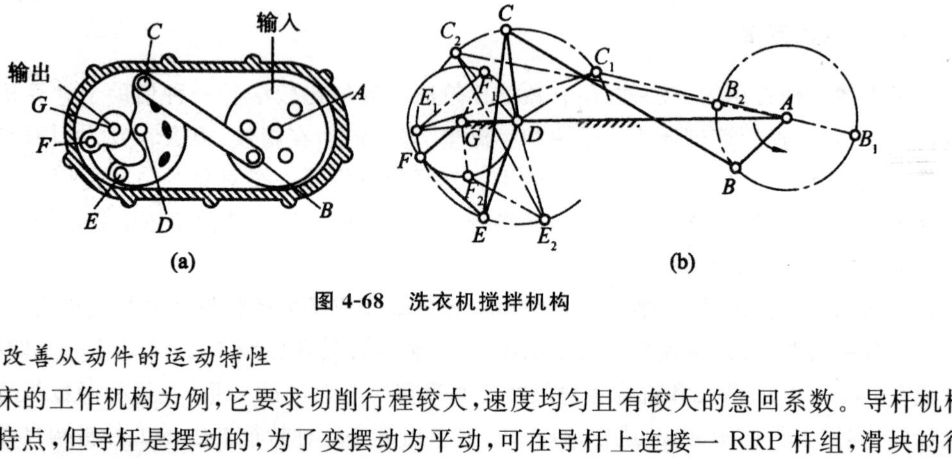

图 4-68 洗衣机搅拌机构

2. 可改善从动件的运动特性

以刨床的工作机构为例，它要求切削行程较大，速度均匀且有较大的急回系数。导杆机构有这样一些特点，但导杆是摆动的，为了变摆动为平动，可在导杆上连接一 RRP 杆组，滑块的行程

$s \geqslant 2a$，这就基本上实现了所要求的工艺动作，具体可见图 4-69 所示。

3. 可使机构从动件的行程可调

对于上面的机构也有些问题：其行程大小的调节是通过改变曲柄长度 a，即改变导杆的摆角 ψ_M 大小实现的。我们知道，导杆的摆角大小与急回系数 K 直接相关，亦即调节行程必然改变急回系数，行程越大，急回系数也越大，导致动力学性能不好。

考虑到对心曲柄滑块机构可实现往复移动，但无急回特性，如果使它的曲柄做变速转动，即对应于滑块的工作行程，曲柄转慢一些，对应于滑块的空回行程，曲柄转快一些，滑块就有急回特性了。为此，可以用一个能把匀速转动变换为非匀速转动的回转导杆机构带动一个对心曲柄滑块机构，具体可见图 4-70，能较好地实现工艺动作要求，行程的调节可以通过改变 BD 长度实现，并不影响机构的急回特性。

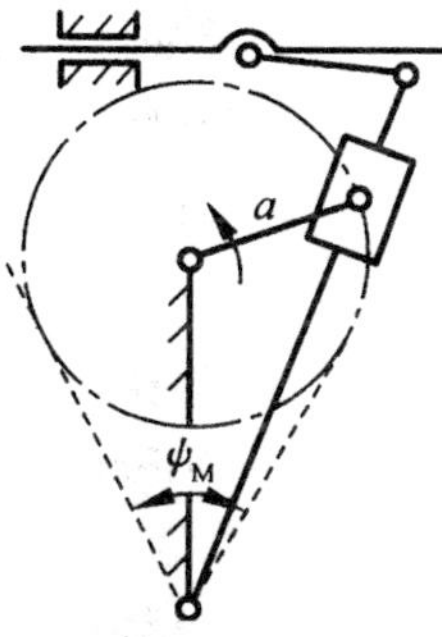

图 4-69 刨床的工作机构

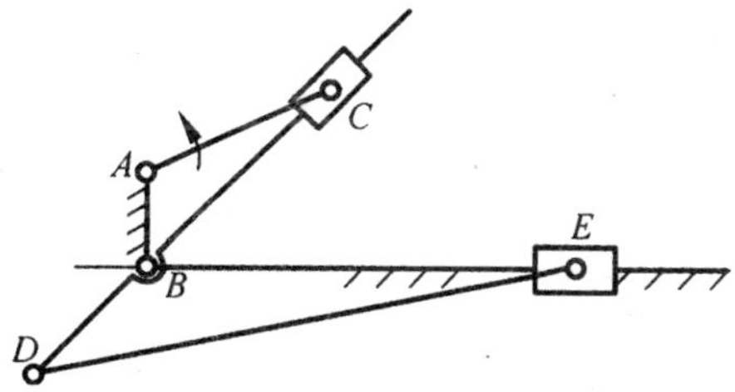

图 4-70 可调节行程的插床机构

4. 可实现从动件带停歇的运动

实现从动件往复运动中的停歇，这本是凸轮机构的特长，但在承受较大工艺载荷情况下宜用连杆机构。我们知道，四杆机构的连杆曲线有各种形式，我们可以选择一条包含有圆弧段或直线段的连杆曲线，利用它们可以做成间歇机构。如图 4-71(a)所示曲柄摇杆机构 $ABCD$ 的连杆上 E 点轨迹在 $E'-E''$段近似一圆弧，其圆心在 F 点，若适当选取 G 点，连接一 RRR 杆组(EFG)，组成一个六杆机构 $ABCDEFG$。在曲柄转动过程中，当连杆上 E 点在 $E'-E''$段上运动时，F 点不动，从动件 FG 杆将处于停歇状态。又如图 4-71(b)所示四杆机构 $ABCD$ 中的连杆 BC 上的 E 点的轨迹有一段为近似直线段，在直线段延线上设置一固定转动副，连接一 RPR 杆组，组成一个六杆机构 $ABCDEF$，则当连杆上 E 点沿近似直线段运动时，导杆可处于停歇状态。

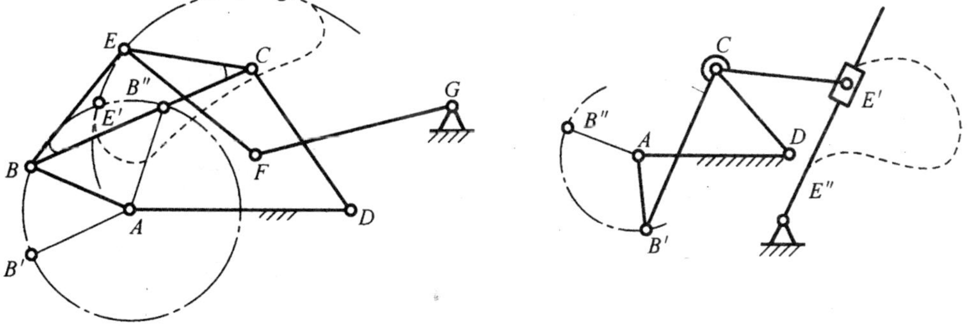

(a) (b)

图 4-71 间歇机构

5. 可获得较大的机械增益

有些机械需要克服较大的工艺阻力,常应用所谓的"增力机构",即主动件上施加较小的力,从动件可以克服很大的力的机构。由功能原理可知,这种机械一定是某种减速的或位移缩小的机构。图 4-72 所示就是一种常用于冲压、剪断机械上的增力机构。它是在曲柄摇杆机构上连接一个 RRP 杆组形成的,这里的关键是它的工作位置,即 CD 和 CE 接近共线的位置。此时,E 点的位移远远小于 B 点的位移,因而在 AB 上施加以较小的力即可使滑块 E 克服很大的力,亦即可获得很大的机械利益。

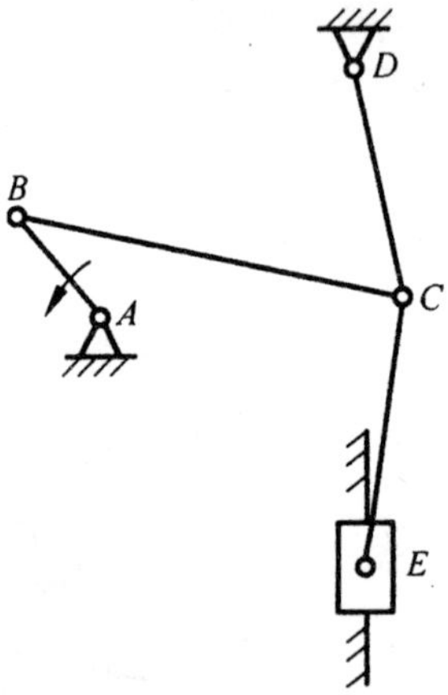

图 4-72 增力机构

6. 可实现更精确的轨迹要求

由于多杆机构的尺度参数较多,因此它可以满足更为复杂的或实现更加精确的运动规律要求和轨迹要求。

第5章 凸轮机构及其设计

5.1 凸轮机构概述

凸轮机构是一种高副机构，它由具有曲线轮廓或凹槽的凸轮，通过高副接触带动从动件实现预期的运动规律。凸轮机构结构简单，易于实现各种复杂的运动要求，所以广泛地应用于各种机械，尤其是自动机械、半自动机械和自动控制装置中。

5.1.1 凸轮机构的组成及特点

由上节的几个应用实例可知，凸轮机构是能够将简单运动转变成所需复杂运动的最简单的机构，它主要由凸轮、从动件和机架三个基本构件组成。

凸轮是一个具有曲线轮廓的构件，当它运动时，通过其上的曲线轮廓与从动件的高副接触，使从动件获得预期的运动。凸轮机构在一般情况下，凸轮是原动件且作等速转动，从动件则按预定的运动规律作直线移动或摆动。但有时凸轮也可以作为机架，如图5-1所示。

优点是：只要设计出适当的凸轮轮廓尺寸，便可使从动件按各种预定的规律运动，并且结构简单紧凑。

缺点是：凸轮与从动件之间为高副接触，压强较大，易于磨损，故凸轮机构一般用于传递动力不大的场合。因凸轮轮廓直接决定从动件的运动规律，因此凸轮轮廓的加工要求比较高，费用昂贵。但随着现代数控加工技术的发展，使得凸轮的加工成本大幅度下降，凸轮机构的应用也越来越广泛。由于从动件的运动规律是由凸轮轮廓曲线决定的，所以只要凸轮轮廓设计得当，就可以使从动件实现任意给定的运动规律。但凸轮轮廓与从动件之间是点或线接触，接触应力较大，故易于磨损，所以凸轮机构多用于传递动力不大的场合。

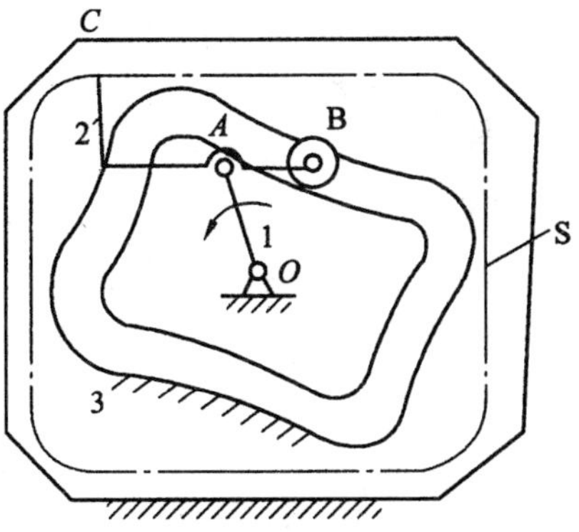

图5-1 罐头盒封盖凸轮机构

5.1.2 凸轮机构的分类

凸轮机构的种类很多，通常可以从以下几个方面进行分类：凸轮的形状、从动件的端部形式、维持从动件与凸轮的高副接触的锁合方式及从动件的运动形式。

1. 按凸轮的形状分

(1)盘形凸轮机构

在这种凸轮机构中，凸轮是一个绕定轴转动且具有变曲率半径的盘形构件，如图5-2(a)所示。当凸轮绕定轴回转时，从动件在垂直于凸轮轴线的平面内运动。

(2)移动凸轮机构

盘形凸轮的回转中心趋于无穷远时,就演化为移动凸轮,如图 5-2(b)所示。在移动凸轮机构中,凸轮一般做往复直线运动。大型超市的循环电梯台阶的自动上升和下降、印刷机中收纸牙排咬牙的开闭均是通过移动凸轮进行控制的。

(3)圆柱凸轮机构

在这种凸轮机构中,圆柱凸轮可以看成是将移动凸轮卷在圆柱体上而得到的凸轮,如图 5-2(c)和图 5-2 (d)所示。由于凸轮和从动件的运动平面不平行,因而这是一种空间凸轮机构。

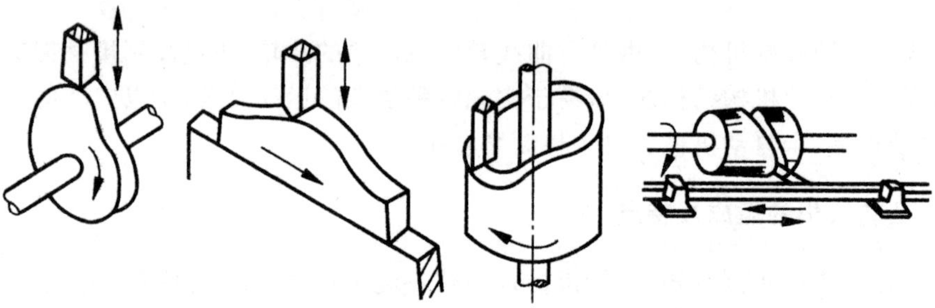

(a) (b) (c) (d)

图 5-2 凸轮形状种类

2. 按从动件的端部形式分

按照从动件的端部形式的不同可以分为尖端从动件、滚子从动件和平底从动件凸轮机构。

(1)尖端从动件凸轮机构

从动件形状如图 5-3(a)所示,这种凸轮机构的从动件结构简单,对于复杂的凸轮轮廓也能精确地实现所需的运动规律。由于以尖端和凸轮相接触很容易磨损,因此,这种凸轮机构适用于受力不大、低速以及要求传动灵敏的场合,如精密仪表的记录仪等。

(2)滚子从动件凸轮机构

如图 5-3(b)所示,为了克服尖端从动件凸轮机构的缺点,可在尖端处安装滚子,将滑动摩擦变为滚动摩擦使其耐磨损,从而可以承受较大的载荷,是应用最为广泛的一种凸轮机构。

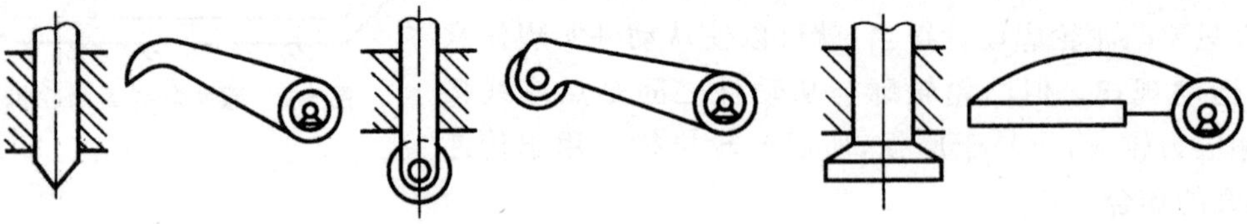

(a) (b) (c)

图 5-3 凸轮从动件种类

(3)平底从动件凸轮机构

从动件形状如图 5-3(c)所示,这种凸轮机构的从动件与凸轮轮廓表面相接触的端面为一平面,因而不能用于具有内凹轮廓的凸轮。这种凸轮机构的特点是受力比较平稳(不计摩擦时,凸轮对平底从动件的作用力垂直于平底),凸轮与平底之间容易形成楔形油膜,润滑较好。因此,平底从动件常用于高速凸轮机构中。

3. 按从动件的运动形式分

从动件做往复直线运动，称为直动从动件凸轮机构，如图 5-4 和图 5-5 所示。从动件做往复摆动，则称为摆动从动件凸轮机构。在直动从动件盘形凸轮机构中，若从动件往复运动的轨迹线通过凸轮的回转中心，称为对心直动从动件盘形凸轮机构，如图 5-4 所示。反之，则称为偏置直动从动件盘形凸轮机构，如图 5-5 所示，偏置的距离称为偏距。

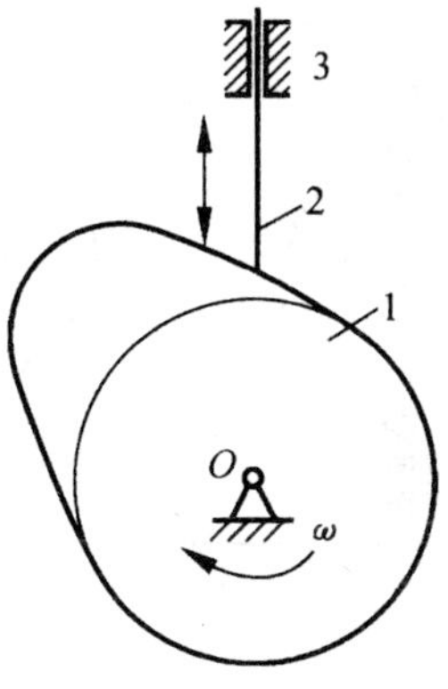

图 5-4　对心直动从动件盘形凸轮机构

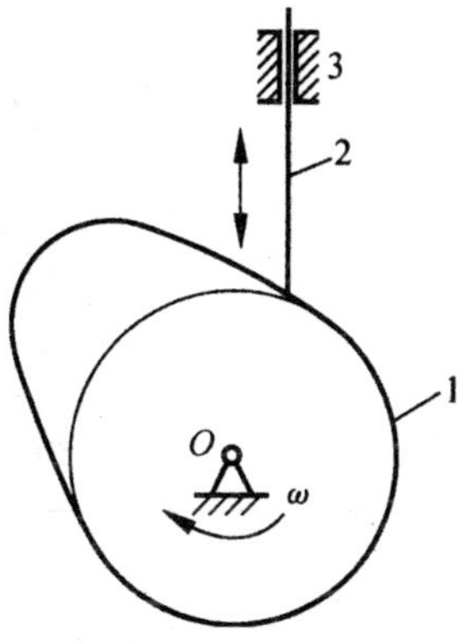

图 5-5　偏置直动从动件盘形凸轮机构

4. 按维持高副接触的锁合方式分

在凸轮机构的工作过程中，必须保证凸轮与从动件一直保持接触。常把保持凸轮与从动件接触的方式称为封闭方式或锁合方式，主要分为力封闭和形封闭两种。

(1)力封闭的凸轮机构

这种凸轮机构利用从动件的重力或其他外力(常为弹簧力)来保持凸轮和从动件始终接触。

(2)形封闭的凸轮机构

形封闭的凸轮机构依靠高副元素本身的几何形状使从动件与凸轮始终保持接触。常有以下几种形式。

①沟槽凸轮机构。圆柱凸轮以及表 5-1 所示的沟槽凸轮，利用圆柱或圆盘上的沟槽保证从动件的滚子与凸轮始终接触。这种锁合方式最简单，且从动件的运动规律不受限制。其缺点是增大了凸轮的尺寸和质量，且不能采用平底从动件的形式。

②等宽、等径凸轮机构。如表 5-1 所示，等宽凸轮机构的从动件具有相对位置不变的两个平底，而等径凸轮机构的从动件上则装有轴心相对位置不变的两个滚子，它们与凸轮轮廓同时保持接触。这种凸轮机构的尺寸比沟槽凸轮小，但从动件可以实现的运动规律受到了限制。

③共轭凸轮机构。表 5-1 中所示的共轭凸轮机构由安装在同一根轴上的两个凸轮控制一个从

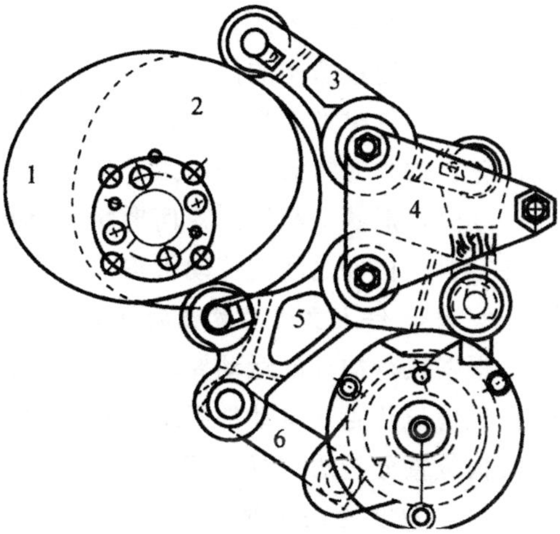

1—主凸轮；2—副凸轮；3—主动摆臂；
4—固定墙板；5—从动摆臂；
6—连杆；7—递纸牙摆臂

图 5-6　下摆式递纸机构

动件，一个凸轮控制从动件逆时针摆动，另一个凸轮则驱动从动件顺时针摆回。共轭凸轮机构可用于高精度传动，如现代印刷机中的下摆式前规机构、下摆式递纸机构（见图5-6）等均采用共轭凸轮驱动。其缺点是结构比较复杂，制造和安装精度要求较高。

表5-1 形封闭的凸轮机构

沟槽凸轮	等宽凸轮	等径凸轮	共轭凸轮
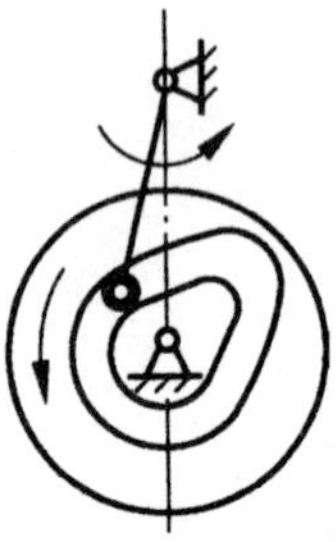	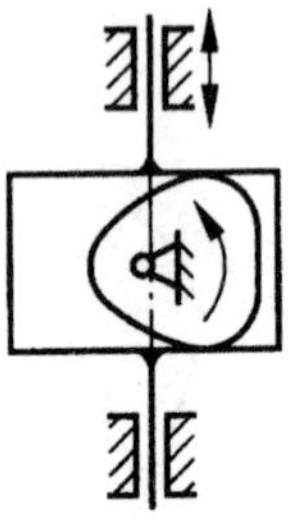	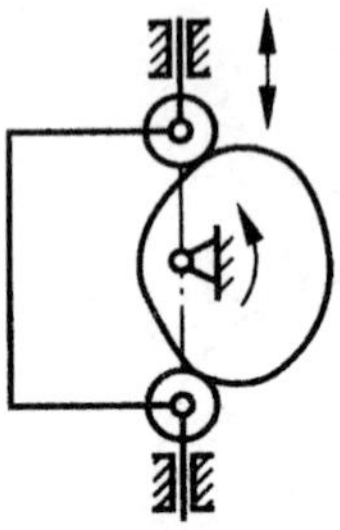	

5.1.3 凸轮机构设计的基本过程

在实际应用中，凸轮机构与尺寸参数都是与凸轮机构的应用场合及实现运动的工作过程密切相关的。一般来说，凸轮机构的设计分为以下几个步骤。

1. 凸轮机构选型

在设计凸轮机构时，首先要确定采用何种形式的凸轮机构，其中包括凸轮的几何形状、从动件的几何形状、从动件的运动方式、从动件与凸轮轮廓维持接触的方式等。选型设计的灵活性很强，同一工作要求可以由多种不同的机构类型来实现。选型设计时通常应考虑以下三个方面：

①从动件运动方式。从动件的运动方式可以与执行构件的运动方式相同，也可以不相同。它们之间可通过适当的传动机构进行转化，即移动变为摆动，或者摆动变为移动。

②从动件类型。平面凸轮机构可用各种形式的从动件，如尖底、滚子或平底的从动件，而空间凸轮机构中通常只能采用滚子从动件。

③凸轮形状。凸轮的几何形状选择要考虑到其在机器中的安装位置，目的是尽量简化由从动件到执行构件之间的传动机构。

2. 从动件主要运动参数的计算

根据执行构件的运动要求计算出凸轮机构的从动件行程（最大线位移或者最大角位移）。若执行机构与凸轮或从动件固结，则运动要求一致，否则两者之间还需要有运动传递机构，需要采用机构位置分析法进行计算。

3. 从动件运动规律的选择

从动件在整个运动范围内的运动特性，如位移、速度、加速度乃至跃动度，是与执行构件工作特征密切相关的，也与所选定的凸轮机构的类型之间存在一定的制约。因此，在确定从动件运动规律时需要分析多种因素，根据具体工作要求选择或设计最合适的运动规律。当工作要求凸轮机构从动件实现一定的工作行程，而对其运动规律无特殊要求时，应考虑选择的运动规律使凸轮机构具有较好的动力特性和便于加工。当机械的工作行程对从动件运动规律有特殊要求时，对于低速凸轮机构，应首先从满足工作要求出发选择从动件的运动规律，其次考虑其动力特性和便于制造；对于高速凸轮机构，通常可考虑把不同形式的常用运动规律组合起来，形成既能满足工作对运动的特殊要求，又具有良好动力性能的运动规律。

4. 凸轮机构的基本尺寸设计

凸轮机构的基本尺寸主要受两种矛盾因素的制约。基本尺寸过大，则相应的机构总体尺寸较大，机器尺寸就会过大，造成原材料和加工工时的浪费；基本尺寸过小，会造成运动失真、机构自锁、强度不足等不良后果。机构的基本尺寸设计是要寻求合理的结构尺寸，使之能够兼顾矛盾的两个方面。

5. 凸轮机构的凸轮轮廓设计

基于凸轮结构的基本尺寸和从动件的运动规律，根据本章后面的凸轮机构轮廓曲线设计原理即可求得凸轮的轮廓曲线。

5.1.4　凸轮机构的应用

图 5-7 所示为内燃机配气机构，当凸轮 1 匀速转动时，其轮廓迫使从动件 2(气门)按照预期运动规律往复运动，适时地开启或关闭进、排气阀门，以控制可燃气体进入气缸或废气排出气缸，在设计过程中，对进、排气阀门开启的严格控制是靠凸轮轮廓曲线来实现的。

图 5-8 所示为绕线机中用于排线的凸轮机构，在绕线轴 3 快速转动的同时，经蜗杆传动带动凸轮 1 缓慢转动，通过凸轮高副驱动从动件 2 往复摆动，使线均匀地缠绕在绕线轴上。

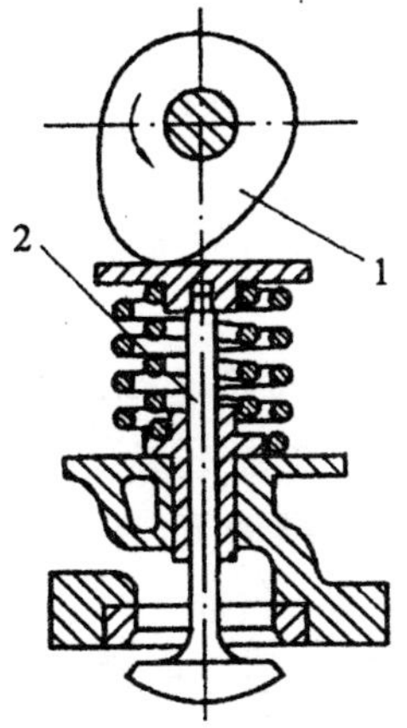

图 5-7　内燃机配气凸轮机构

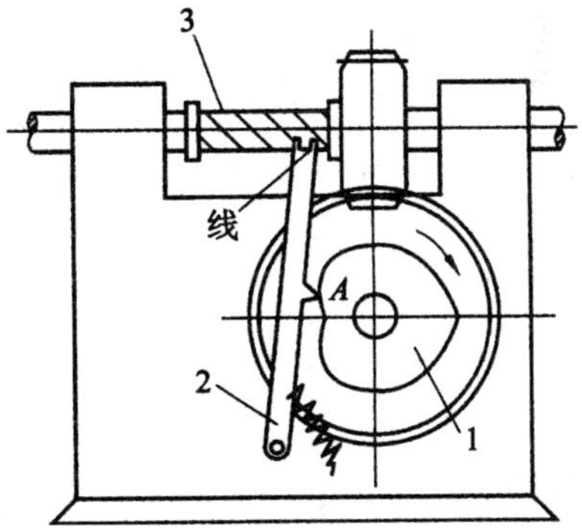

图 5-8　绕线机排线凸轮机构

图 5-9 所示为录音机中的卷带凸轮机构，移动凸轮 1 的上下运动位置由放音按键控制，放音时，凸轮处于图 5-9 所示最低位置，在弹簧 6 的作用下，安装在主动带轮上的摩擦轮 3 压靠在卷带轮 5 上，从而驱动磁带运动而放音。停止放音时，凸轮 1 随按键上移，其轮廓驱动从动件 2 顺时针摆动，使摩擦轮与卷带轮分离，从而停止卷带。

图 5-10 所示为物料输送凸轮机构，当带有凹槽的圆柱凸轮 1 连续等速转动时，通过嵌入凹槽中的滚子驱动从动件 2 往复移动。凸轮 1 每旋转一周，从动件 2 即从供料器中推出一块物料送入指定位置。

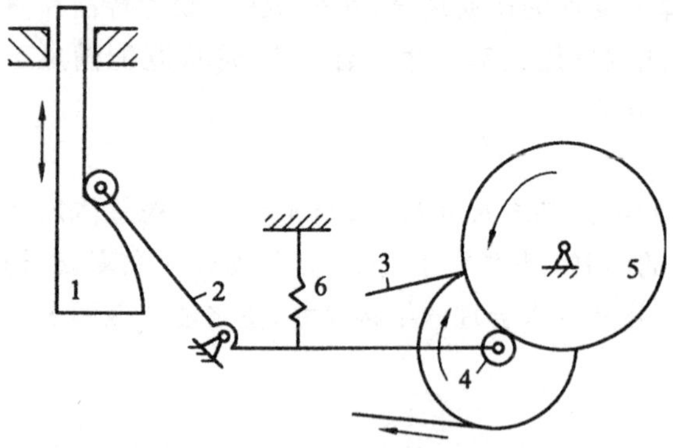

图 5-9　录音机卷带凸轮机构

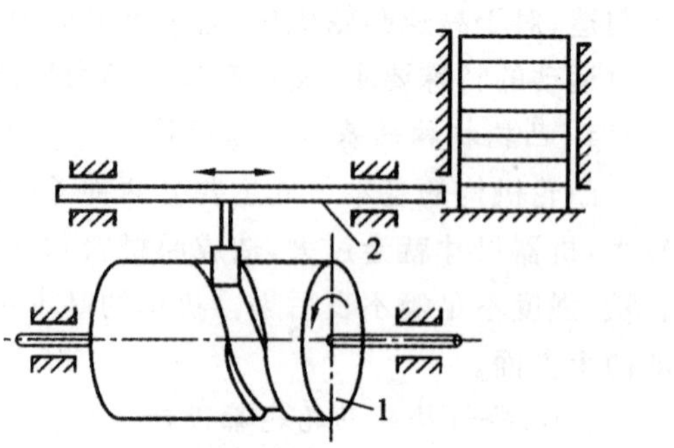

图 5-10　物料输送凸轮机构

5.2　从动件的运动规律分析

5.2.1　凸轮机构基本名词

图 5-11(a)所示为一对心尖顶直动从动件盘形凸轮机构，图 5-11(b)为一个周期中的位移曲线图，凸轮机构所涉及的基本名词术语如下：

①凸轮理论廓线。尖顶从动件的尖顶或滚子从动件的滚子中心相对于凸轮的运动轨迹。

②凸轮工作廓线。与从动件工作面直接接触的凸轮轮廓曲线，又称实际廓线。对于尖顶从动件，凸轮的工作廓线与理论廓线重合，对于滚子从动件，工作廓线是理论廓线的等距曲线，两者的法向距离等于滚子半径。

③基圆。以凸轮回转中心 O 为圆心，以其轮廓最小向径 r_0 为半径所作的圆称为凸轮的基圆，基圆半径用 r_0 表示，它是设计凸轮轮廓曲线的基准。

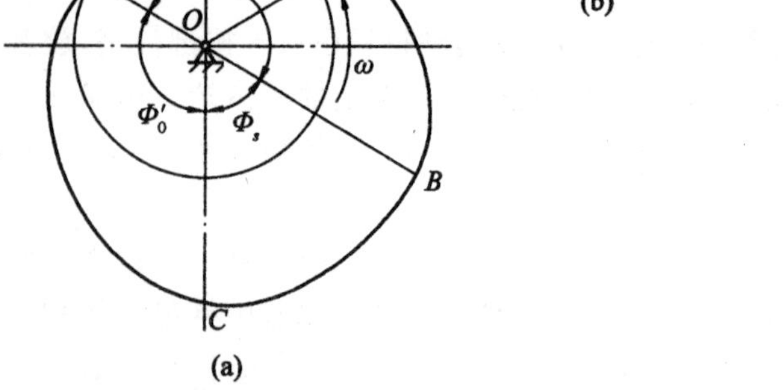

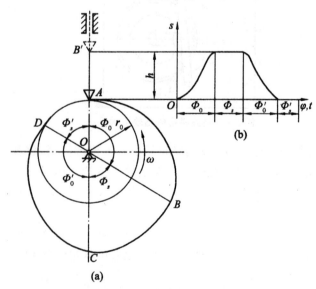

图 5-11　凸轮机构运行循环图

④推程与推程运动角。当凸轮以等角速度 ω 逆时针转动时，推杆在凸轮轮廓线 AB 段的推动下，将由最低位置 A 被推到最高位置 B'，推杆的这一运动过程称为推程，而凸轮相应的转角 Φ_0 称为推程运动角。

⑤远休止与远休止角。当推杆与凸轮廓线的 BC 段接触时，由于 BC 段为以凸轮轴心 O 为圆心，OB(或 OC)为半径的圆弧，所以推杆将处于最高位置而静止不动，此过程称为远休止，而此过程中凸轮相应的转角 Φ_s 称为远休止角。

⑥回程与回程运动角。当推杆与凸轮廓线的 CD 段接触时，它又由最高位置回到最低位置 D，推杆运动的这一过程称

为回程，而凸轮相应的转角 Φ'_0 称为回程运动角。

⑦近休止与近休止角。当推杆与凸轮廓线 DA 段接触时，由于 DA 段为以凸轮轴心 O 为圆心，OD(或 OA)为半径的圆弧，所以推杆将在最低位置静止不动，此过程为近休止，而凸轮相应的转角 Φ'_s 称为近休止角。

⑧从动件运动规律，即指从动件在推程或回程时，其位移、速度、加速度随时间 t 的变化规律。因在绝大多数情况下凸轮作等速转动，其转角 φ 与时间 t 成正比，所以从动件运动规律常表示为从动件的位移、速度、加速度随转角 φ 的变化规律。

5.2.2　从动件常用运动规律

在工程实际中，从动件的常用运动规律主要有多项式运动规律、三角函数运动规律和组合运动规律。

1. 多项式运动规律

多项式函数具有高阶导数连续的特性，在从动件运动规律设计中得到广泛应用。从动件的运动规律用多项式表示，其一般表达式为

$$s=C_0+C_1\varphi+C_2\varphi^2+\cdots+C_n\varphi^n$$

式中，φ 为凸轮转角；s 为从动件位移；C_0、C_1、C_2、…、C_n 一待定系数。

较为常用的多项式运动规律为：

(1)等速运动规律

在多项式运动规律的一般形式中，当 $\varphi=1$ 时，则有：

$$\left.\begin{aligned} s&=C_0+C_1\varphi \\ v&=\frac{\mathrm{d}s}{\mathrm{d}t}=C_1\omega \\ a&=\frac{\mathrm{d}v}{\mathrm{d}t}=0 \end{aligned}\right\}$$

当凸轮等速运转时，从动件在运动过程中的速度为常数。

将推程边界条件：$\varphi=0$，$s=0$；$\varphi=\Phi_0$，$s=h$；；回程边界条件：$\varphi=\Phi_0+\Phi_s$，$s=h$；$\varphi=\Phi_0+\Phi_s+\Phi'_0$，$s=0$ 分别代入上式，整理可得从动件推程、回程的运动方程及运动线图如表 5-2 所示。

表 5-2　等速运动规律的运动方程式与运动线图

推程运动方程式 $0\leqslant\varphi\leqslant\Phi_0$	回程运动方程式 $\Phi_0+\Phi_s\leqslant\varphi\leqslant\Phi_0+\Phi_s+\Phi'_0$	推程、回程运动线图
$s=\frac{h}{\Phi_0}\varphi$ $v=\frac{h}{\Phi_0}\omega_1$ $a=0$	$s=h\left[1-\frac{\varphi-(\Phi_0+\Phi_s)}{\Phi'_0}\right]$ $v=\frac{h}{\Phi'_0}\omega_1$ $a=0$	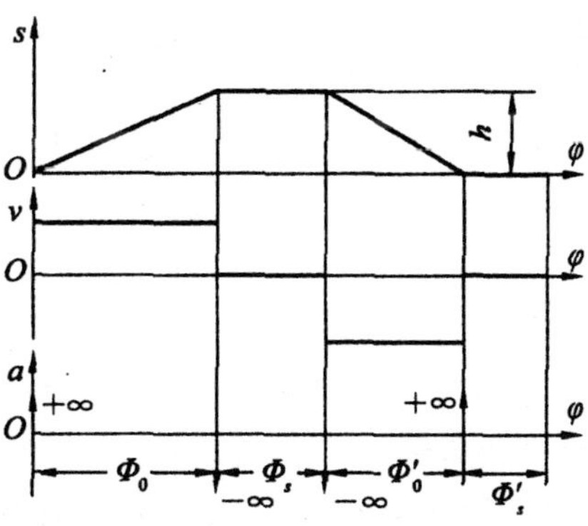

等速运动规律的运动线图表明：尽管从动件在运动过程中的加速度 $a=0$，但在运动的开始和终止位置速度发生突变，这时从动件的加速度在理论上为无穷大，因而使凸轮机构受到极大的冲击，这种由于速度不连续，导致加速度理论值为无穷大所产生的冲击称为刚性冲击，因此等速运动规律只适宜于低速轻载的场合。

(2)等加速、等减速运动规律

等加速等减速运动规律是一个运动过程(推程或回程)中，前半段行程作等加速运动，后半段行程作等减速运动，且加速度的绝对值相等。

在多项式运动规律的一般形式中，当 $n=2$ 时，则有：

$$\left.\begin{aligned} s&=C_0+C_1\varphi+C_2\varphi^2\\ v&=\frac{ds}{dt}=C_1+2C_2\omega\varphi\\ a&=\frac{dv}{dt}=2C_2\omega^2 \end{aligned}\right\}$$

当凸轮等速运转时，从动件在运动过程中的加速度为常数。

将各阶段的边界条件代入上式中，整理可得从动件推程、回程的运动方程及运动线图如表5-3所示。

表 5-3 等加速、等减速运动规律的运动方程式和线图

推程运动方程式 $0\leqslant\varphi\leqslant\frac{\Phi_0}{2}$	回程运动方程式 $\Phi_0+\Phi_s\leqslant\varphi\leqslant\Phi_0+\Phi_s+\frac{\Phi'_0}{2}$	推程、回程运动线图
$s=2h\left(\frac{\varphi}{\Phi_0}\right)^2$ $v=\frac{4h\omega_1}{\Phi_0^2}\varphi$ $a=\frac{4h\omega_1^2}{\Phi_0^2}$	$s=h-\frac{2h}{\Phi_0'^2}[(\varphi-(\Phi_0+\Phi_s)]^2$ $v=\frac{4h\omega_1}{\Phi_0'^2}[(\varphi-(\Phi_0+\Phi_s))]$ $a=\frac{4h\omega_1^2}{\Phi_0'^2}$	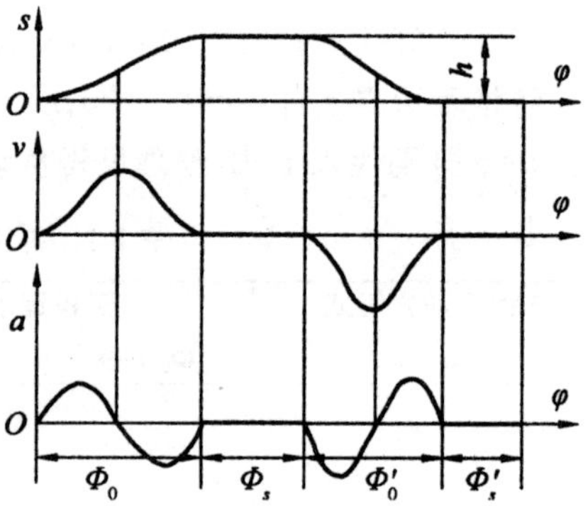
推程运动方程式 $\frac{\Phi_0}{2}\leqslant\varphi\leqslant\Phi_0$	回程运动方程式 $\frac{\Phi_0+\Phi_s+\Phi'_0}{2}\leqslant\varphi\leqslant\Phi_0+\Phi_s+\Phi'_0$	
$s=h-\frac{2h}{\Phi_0^2}(\Phi_0-\varphi)^2$ $v=\frac{4h\omega_1}{\Phi_0^2}(\Phi_0-\varphi)$ $a=\frac{4h\omega_1^2}{\Phi_0^2}$	$s=\frac{2h}{\Phi_0'^2}[(\Phi_0+\Phi_s+\Phi'_0)-\varphi]^2$ $v=-\frac{4h\omega_1}{\Phi_0'^2}[(\Phi_0+\Phi_s+\Phi'_0)-\varphi]$ $a=\frac{4h\omega_1^2}{\Phi_0'^2}$	

等加速、等减速运动规律的运动线图表明：其速度曲线连续，加速度曲线在运动过程中为常数。但在运动的始末点和中间位置有突变，但为有限值，由此产生的惯性力将对机构产生一定的冲击，这种冲击称为柔性冲击，因此，等加速等减速运动规律只适用于中速运动的场合。

(3)五次多项式运动规律

当 $n=5$ 时,多项式运动规律的方程为:

将各阶段的边界条件代入式(6-3)中,整理可得从动件推程、回程的运动方程及运动线图如表 5-4 所示。

$$\left.\begin{aligned} s&=C_0+C_1\varphi+C_2\varphi^2+C_3\varphi^3+C_4\varphi^4+C_5\varphi^5\\ v&=\frac{ds}{dt}=C_1\omega+2C_2\omega\varphi+3C_2\omega\varphi^2+4C_4\omega\varphi^3+5C_5\omega\varphi^4\\ a&=\frac{dv}{dt}=2C_2\omega^2+6C_3\omega^2\varphi+12C_4\omega^2\varphi^2+20C_5\omega^2\varphi^3 \end{aligned}\right\}$$

将各阶段的边界条件代入上式中,整理可得从动件推程、回程的运动方程及运动线图如表 5-4 所示。

表 5-4　五次多项式运动规律运动方程式和线图

推程运动方程式 $0\leqslant\varphi\leqslant\Phi_0$	回程运动方程式 $\Phi_0+\Phi_s\leqslant\varphi\leqslant\Phi_0+\Phi_s+\Phi'_0$	推程、回程运动线图
$s=h(10T_1^3-15T_1^4+6T_1^5)$ $v=\frac{30h\omega_1 T_1^2}{\Phi_0}(1-2T_1+T_1^2)$ $a=\frac{60h\omega_1^2}{\Phi_0^2}T_1(1-3T_1+2T_1^2)$ 式中,$T_1=\frac{\varphi}{\Phi_0}$	$s=h-h(10T_2^3-15T_2^4+6T_2^5)$ $v=\frac{30h\omega_1}{\Phi_0{'}}T_2^2(1-2T_2+T_2^2)$ $a=\frac{60h\omega_1^2}{\Phi_0{'}^2}T_2(1-3T_2+2T_2^2)$ 式中,$T_2=\frac{\varphi-(\varphi_0+\varphi_s)}{\Phi_0{'}}$	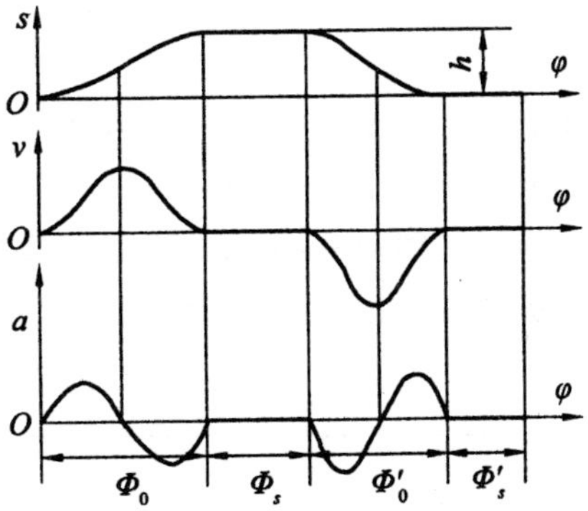

这种运动规律也称为 3—4—5 多项式运动规律。其运动线图表明:此运动规律既无刚性冲击,也无柔性冲击,因而运动平稳性好,可用于高速凸轮机构中。

2. 三角函数运动规律

(1)余弦加速度运动规律

这种运动规律是指从动件的加速度按半个周期的余弦曲线变化,其加速度的一般方程为

$$a=k_1\cos(k_2\omega t)$$

式中,k_1、k_2 为常数,积分并代入各阶段的边界条件,整理可得其运动方程式及运动线图。如表 5-5所示。

由表可见,位移曲线是一条简谐曲线,故又称为简谐运动规律。这种运动规律在起始和终止位置加速度曲线有突变,但为有限值,故也会对机构产生柔性冲击,因此也只适宜于中速运动的场合。若从动件依此运动规律仅作一升一降的循环运动,则没有加速度突变,可用于高速运动凸轮机构。

表 5-5 余弦加速度运动规律的运动方程式与运动线图

推程运动方程式 $0\leqslant\varphi\leqslant\Phi_0$	回程运动方程式 $\Phi_0+\Phi_s\leqslant\varphi\leqslant\Phi_0+\Phi_s+\Phi'_0$	推程、回程运动线图
$s=\frac{h}{2}\left(1-\cos\frac{\pi}{\Phi_0}\varphi\right)$ $v=\frac{\pi h\omega_1}{2\Phi_0}\sin\frac{\pi}{\Phi_0}\varphi$ $a=\frac{\pi^2 h\omega_1^2}{2\Phi_0^2}\cos\frac{\pi}{\Phi_0}\varphi$	$s=\frac{h}{2}\left\{1+\cos\frac{\pi}{\Phi'_0}\left[\varphi-(\Phi_0+\Phi_s)\right]\right\}$ $v=\frac{\pi h\omega_1}{2\Phi'_0}\sin\frac{\pi}{\Phi'_0}\left[\varphi-(\Phi_0+\Phi_s)\right]$ $a=\frac{\pi^2 h\omega_1^2}{2\Phi'^2_0}\cos\frac{\pi}{\Phi'_0}\left[\varphi-(\Phi_0+\Phi_s)\right]$	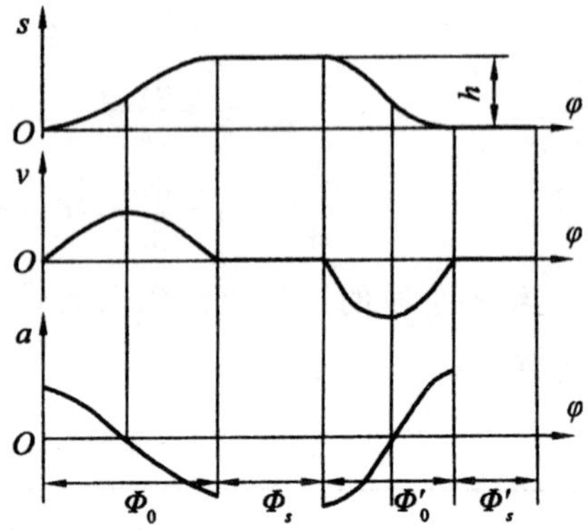

(2)正弦加速度运动规律

这种运动规律是指从动件的加速度按整个周期的正弦曲线变化，其加速度的一般方程为

$$a=k_1\sin(k_2\omega t)$$

式中，k_1、k_2 为常数，积分并代入各阶段的边界条件，整理可得其运动方程式及运动线图。如表 5-6 所示。

运动线图表明：位移曲线是一条摆线，故又称为摆线运动规律。这种运动规律的速度和加速度都是连续变化的，故没有刚性和柔性冲击，因此适宜于高速运动场合。

表 5-6 正弦加速度运动规律的运动方程式与运动线图

推程运动方程式 $0\leqslant\varphi\leqslant\Phi_0$	回程运动方程式 $\Phi_0+\Phi_s\leqslant\varphi\leqslant\Phi_0+\Phi_s+\Phi'_0$	推程、回程运动线图
$s=\frac{h}{2}\left(1-\cos\frac{\pi}{\Phi_0}\varphi\right)$ $v=\frac{\pi h\omega_1}{2\Phi_0}\sin\frac{\pi}{\Phi_0}\varphi$ $a=\frac{\pi^2 h\omega_1^2}{2\Phi_0^2}\cos\frac{\pi}{\Phi_0}\varphi$	$s=\frac{h}{2}\left[1-\frac{T}{\Phi'_0}+\frac{1}{2\pi}\sin\left(\frac{2\pi}{\Phi'_0}T\right)\right]$ $v=\frac{h\omega_1}{\Phi_0}\left(1-\cos\frac{2\pi}{\Phi_0}\varphi\right)$ $a=\frac{2\pi^2 h\omega_1^2}{\Phi_0'^2}\sin\left(\frac{2\pi}{\Phi'_0}T\right)\varphi$ 式中，$T=\varphi-(\Phi_0+\Phi_s)$	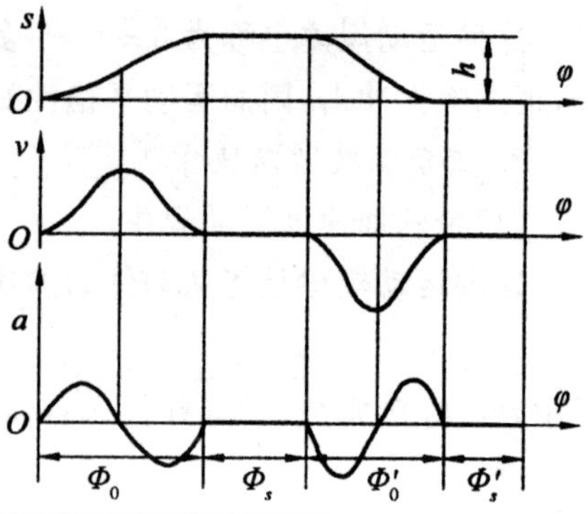

5.2.3 运动规律的组合

在工程实际中，经常会遇到机械对从动件的运动和动力特性有多种要求，而只用上述单一型运动规律又难于满足这些要求。为了克服这种缺陷，可以把几种常用运动规律组合起来加以使

用，这种做法称为运动规律的组合或运动曲线的拼接。组合时应遵循以下原则：

①满足工作对从动件特殊的运动要求。

②保证各段运动规律在连接点上的运动参数（位移、类速度、类加速度）连续。

③在运动起始点和终止点处的运动参数必须满足边界条件。

④为了获得更好的运动特性，组合运动规律应使最大类速度 s'_{max} 和最大类加速度 s''_{max} 的值尽可能小。

组合运动规律设计比较灵活，易于满足特定要求，故应用日益广泛。组合方式的类型也很多，现列举两种典型的组合运动规律来说明其组合原则和方法。

1. 改进等速运动规律

等速运动规律可使从动件在整个运动区段中的速度值比其他运动规律的最大类速度值 s'_{max} 小。而且其等速特性适合自动机床进给机构的要求，但在行程的始末两端有刚性冲击。为了保持其优点，避免缺点，可在等速运动规律位移曲线的两端分别拼接一段曲线，使整个位移曲线光滑连续。这就改进了等速运动规律。同时也为了避免柔性冲击，通常采用正弦加速度运动规律与等速运动规律进行拼接，如图 5-12 所示。

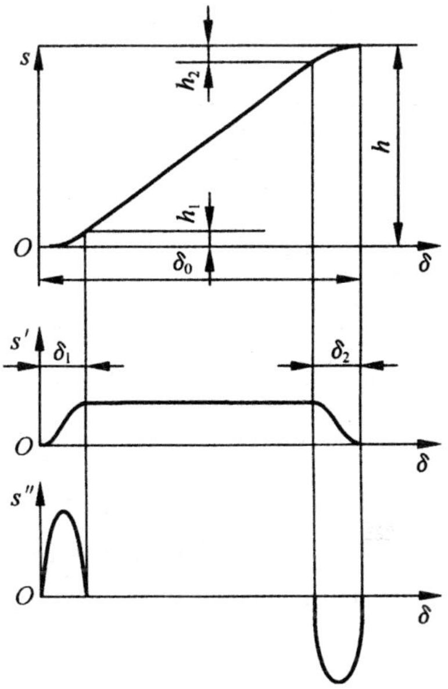

图 5-12　改进等速运动规律的运动线图

2. 改进等加速等减速运动规律

等加速等减速运动规律的优点是在整个运动区段中的加速度值比其他运动规律的最大类加速度值 s''_{max} 小，但加速度曲线不连续，有柔性冲击。因此需要在加速度曲线间断处，加上一段正弦加速度曲线，则可使加速度曲线光滑连续，如图 5-13 所示。这就是改进等加速等减速运动规律，也称梯形加速度运动规律。

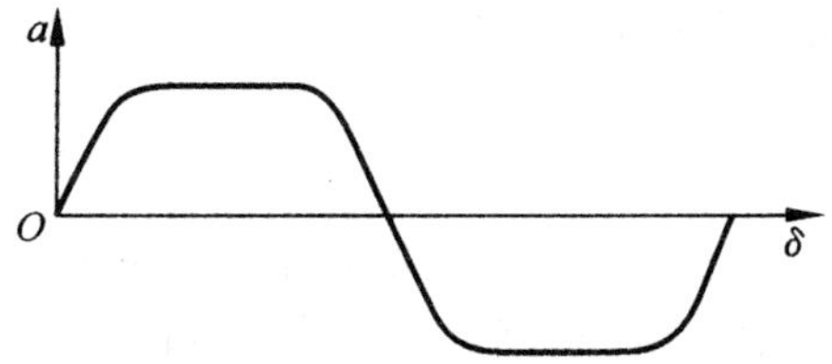

图 5-13　改进等加速等减速运动规律的加速度线图

5.2.4　从动件运动规律的选择

选择从动件运动规律时，主要考虑以下几个方面。

1. 满足机器的工作要求

这是选择从动件运动规律的基本依据。有的机器对工作过程中从动件的运动规律有详细的或特殊的要求，如要求等速运动等，这就限制了对运动规律的选择；有的机器对运动规律的限制较少，如只对始末点的位置和时间有限制，这就有较充分的余地来选择运动规律。

2. 使凸轮机构具有良好的动力学性能

在选择从动件运动规律时，除要考虑刚性冲击与柔性冲击外，还应对各种运动规律的速度幅值 v_{max} 加速度幅值 a_{max} 及其影响加以分析和比较。v_{max} 越大，则从动件动量幅值 mv_{max} 越大；为安全和缓和冲击起见，v_{max} 值愈小愈好。而 a_{max} 值越大，则从动件惯性力幅值 ma_{max} 越大；从减小凸轮副的动压力、振动和磨损等方面考虑，a_{max} 值愈小愈好。所以，对于重载凸轮机构，考虑到从动件质量优较大，应选择 v_{max} 值较小的运动规律；对于高速凸轮机构，为减小从动件惯性力，宜选择 a_{max} 值较小的运动规律。

表 5-7 列出了上述几种常用运动规律的特性比较，并给出了其适用范围，供选用时参考。

表 5-7　常用从动件运动规律特性比较

运动规律	$v_{max}(h\omega/\Phi_0)$	$a_{max}(h\omega_0^2/\Phi_0^2)$	冲击	适用范围
等速	1.00	∞	刚性	低速轻载
等加速等减速	2.00	4.00	柔性	中速轻载
3—4—5 多项式	1.88	5.77	无	高速中载
余弦加速度	1.57	4.93	柔性	中低速中载
正弦加速度	2.00	6.28	无	中高速轻载

3. 使凸轮轮廓便于加工

在满足前两点的前提下，应尽量选择便于加工的凸轮廓线，如采用圆弧、直线等易加工曲线，以降低凸轮的加工成本。

5.3　凸轮轮廓曲线的设计

根据工作要求合理地选择或设计从动件的运动规律之后，可以按照结构所允许的空间和具体要求，初步确定凸轮的基圆半径，然后运用图解法绘制凸轮的轮廓曲线。

5.3.1　凸轮廓线设计的基本原理

凸轮机构工作时凸轮是运动的，而绘制凸轮轮廓时却需要凸轮与图纸相对静止。为此，在设计中采用“反转法”。根据相对运动原理：如果给整个机构加上绕凸轮轴心 O 的公共角速度 $-\omega$，机构各构件间的相对运动不变。这样，凸轮不动，而从动件一方面随机架和导路以角速度 ω 绕 O 点转动，另一方面又在导路中往复移动。由于尖端始终与凸轮轮廓相接触，所以反转后尖端的运动轨迹就是凸轮轮廓。

如图 5-14 所示，已知凸轮绕轴 O 以等角速度 ω 逆时针转动，推动从动件在导路中上、下往复运动。当从动件处于最低位置时，凸轮轮廓曲线与从动件在 A 点接触，当凸轮转过 φ_1 角时，凸轮的向径 OA 将转到 OA' 的位置上，而凸轮轮廓将转到图中虚线所示的位置。这时，从动件尖端从最低位置 A 上升至 B'，上升的距离 $s_1=AB'$。这是凸轮转动时从动件的真实运动情况。

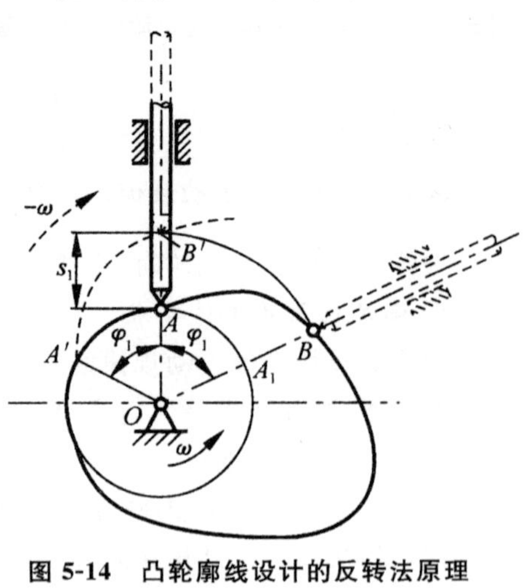

图 5-14　凸轮廓线设计的反转法原理

现在设想凸轮固定不动，而让从动件连同导路一起绕 O 点以角速度 $-\omega$ 转过 φ_1 角，此时从动件将一方面随导路一起以角速度 $-\omega$ 转动，同时又在导路中做相对移动，运动到图 5-14 中的虚线所示的位置。此时从动件向上移动的距离为 A_1B。从图 5-14 可以看出，$A_1B=AB'=s_1$，，即在上述两种情况下，从动件移动的距离不变。由于从动件尖端在运动过程中始终与凸轮轮廓曲线保持接触，所以此时从动件尖端所占据的位置 B 一定是凸轮轮廓曲线上的一点。若继续反转从动件，即可得到凸轮轮廓曲线上的其他点。由于这种方法是假定凸轮固定不动而使从动件连同导路一起反转，故称为反转法。反转法原理适用于各种凸轮轮廓曲线的设计。

5.3.2　凸轮机构坐标变换

图 5-15(a)所示为一偏置直动尖底从动件盘形凸轮机构，从动件处于起始位置。在研究凸轮机构运动时，需要建立三个直角坐标系，一个为机架坐标系 $O_0x_0y_0$，其原点设在凸轮回转中心，y 轴与从动件移动方向平行；另外两个坐标系 $O_1x_1y_1$、$O_2x_2y_2$ 分别与凸轮和从动件固结，凸轮坐标系 $O_1x_1y_1$ 原点设在凸轮回转中心，初始位置与机架坐标系 $O_0x_0y_0$ 重合，从动件坐标系 $O_2x_2y_2$ 原点设在从动件与凸轮接触点，在初始位置 y_2 轴与 y_0 轴平行。

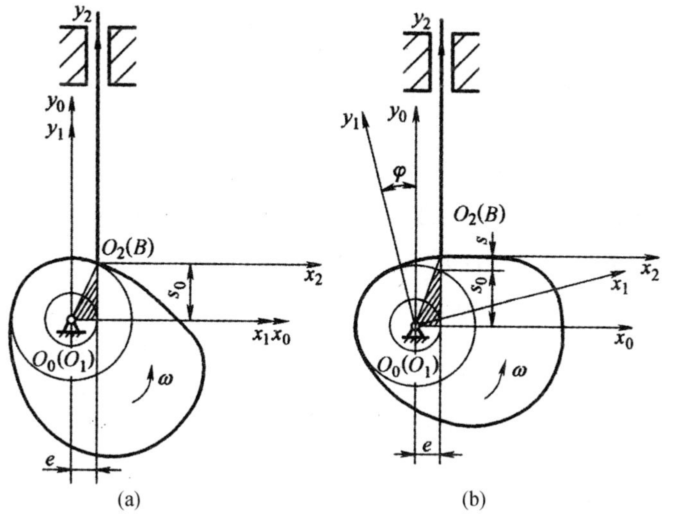

图 5-15　直动从动件盘形凸轮机构坐标系

图 5-15(b)所示凸轮机构处于任意运动位置，从动件坐标系 $O_2x_2y_2$ 到凸轮坐标系 $O_1x_1y_1$ 的变换矩阵 $\boldsymbol{M}_{12}$，根据坐标变换法可得

$$\boldsymbol{M}_{12}=\boldsymbol{M}_{10}\boldsymbol{M}_{02}$$

$\boldsymbol{M}_{10}$ 为机架坐标系 $O_0x_0y_0$ 到凸轮坐标系 $O_1x_1y_1$ 的变换矩阵，即机架坐标系 $O_0x_0y_0$ 沿凸轮角速度反方向 $-\omega$ 绕坐标原点 O_0 转动 $-\varphi$ 角

$$\boldsymbol{M}_{10}=\begin{pmatrix}\cos(-\varphi) & -\sin(-\varphi) & 0\\ \sin(-\varphi) & \cos(-\varphi) & 0\\ 0 & 0 & 1\end{pmatrix}=\begin{pmatrix}\cos\varphi & \sin\varphi & 0\\ -\sin\varphi & \cos\varphi & 0\\ 0 & 0 & 1\end{pmatrix}$$

$\boldsymbol{M}_{02}$ 为从动件坐标系 $O_2x_2y_2$ 到机架坐标系 $O_0x_0y_0$ 的变换矩阵，即从动件坐标系 $O_2x_2y_2$ 原点 O_2 相对点 O 平移$(e,s+s_0)$

$$\boldsymbol{M}_{02}=\begin{pmatrix}1 & 0 & e\\ 0 & 1 & s+s_0\\ 0 & 0 & 1\end{pmatrix}$$

因此

$$\boldsymbol{M}_{12}=\boldsymbol{M}_{10}\boldsymbol{M}_{02}=\boldsymbol{M}_{10}=\begin{pmatrix}\cos\varphi & \sin\varphi & e\cos\varphi+(s_0+s)\sin\varphi\\ -\sin\varphi & \cos\varphi & -e\sin\varphi+(s_0+s)\cos\varphi\\ 0 & 0 & 1\end{pmatrix}$$

图 5-16(*a*)所示为一摆动滚子从动件盘形凸轮机构，从动件处于起始位置。此时从动件与连心线 OA 之间的夹角为 ψ_0。分别建立以凸轮回转中心为原点的机架坐标系 $O_0x_0y_0$。和凸轮坐标系 $O_1x_1y_1$，以摆杆摆动中心 A_0 为原点的从动件坐标系 $O_2x_2y_2$。

图 5-16(b)所示凸轮机构处于任意运动位置。此时从动件角位移为 ψ，从动件与连心线 OA 之间的夹角为 $\psi+\psi_0$。M_{10} 为机架坐标系 $O_0x_0y_0$ 到凸轮坐标系 $O_1x_1y_1$ 的变换矩阵，由于凸轮机构以角速度 ω 反方向转动 φ 角，机架坐标系 $O_0x_0y_0$ 相对凸轮坐标系 $O_1x_1y_1$ 绕坐标原点 O_0。旋转角度为 $-\omega$。

$$M_{10}=\begin{pmatrix}\cos(-\varphi) & -\sin(-\varphi) & 0\\ \sin(-\varphi) & \cos(-\varphi) & 0\\ 0 & 0 & 1\end{pmatrix}=\begin{pmatrix}\cos\varphi & \sin\varphi & 0\\ -\sin\varphi & \cos\varphi & 0\\ 0 & 0 & 1\end{pmatrix}$$

$\boldsymbol{M}_{02}$ 为从动件坐标系 $O_2x_2y_2$ 到机架坐标系 $O_0x_0y_0$ 的变换矩阵，设从动件坐标系 $O_2x_2y_2$ 原点 O_2 在机架坐标系 $O_0x_0y_0$ 坐标为(0，a)，且从动件坐标系 $O_2x_2y_2$ 相对机架坐标系 $O_0x_0y_0$ 做摆动运动，相对摆动角度为 $90°-(\psi+\psi_0)$。故得变换矩阵为

$$\boldsymbol{M}_{02}=\begin{pmatrix}\cos[90^\circ-(\psi+\psi_0)] & -\sin[90^\circ-(\psi+\psi_0)] & 0\\ \sin[90^\circ-(\psi+\psi_0)] & \cos[90^\circ-(\psi+\psi_0)] & a\\ 0 & 0 & 1\end{pmatrix}=\begin{pmatrix}\sin(\psi+\psi_0) & -\cos(\psi+\psi_0) & 0\\ \cos(\psi+\psi_0) & \sin(\psi+\psi_0) & a\\ 0 & 0 & 1\end{pmatrix}$$

故可得从动件坐标系 $O_2x_2y_2$ 到凸轮坐标系 $O_1x_1y_1$ 的变换矩阵 $\boldsymbol{M}_{12}$

$$\boldsymbol{M}_{12}=\boldsymbol{M}_{10}\boldsymbol{M}_{02}=\begin{pmatrix}\sin(\varphi+\psi_0+\psi) & -\cos(\psi_0+\psi-\varphi) & a\sin\varphi\\ \cos(\varphi+\psi_0+\psi) & \sin(\varphi+\psi_0+\psi) & a\cos\varphi\\ 0 & 0 & 1\end{pmatrix}$$

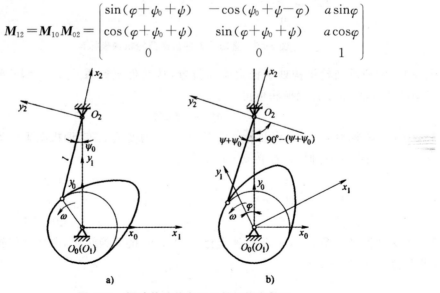

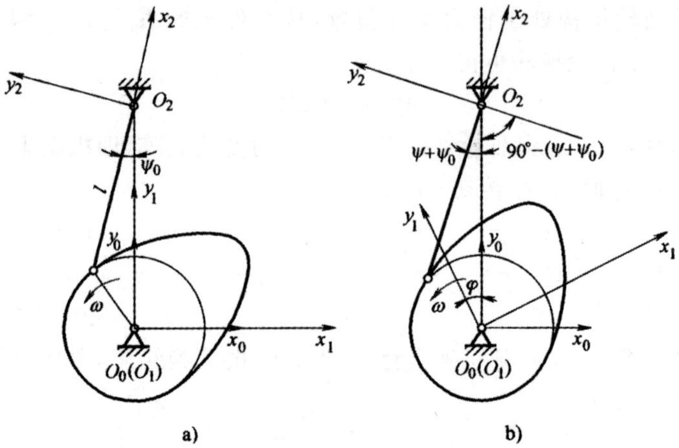

图 5-16　摆动从动件盘形凸轮机构坐标系

5.3.3　图解法设计凸轮轮廓曲线

1. 直动从动件盘形凸轮机构

(1)尖端从动件

图 5-17(a)所示为偏距 $e=0$ 的对心尖端直动从动件盘形凸轮机构。已知从动件位移线图如图 5-17(b)所示，凸轮的基圆半径 r_b 以及凸轮以等角速度 ω 顺时针方向回转，要求绘制出此凸轮的轮廓曲线。

根据“反转法”原理，可以作图如下。

①选择与绘制位移线图中凸轮行程 h 相同的长度比例尺，以 r_b 为半径作基圆。此基圆与导路的交点 A_0 便是从动件尖端的起始位置。

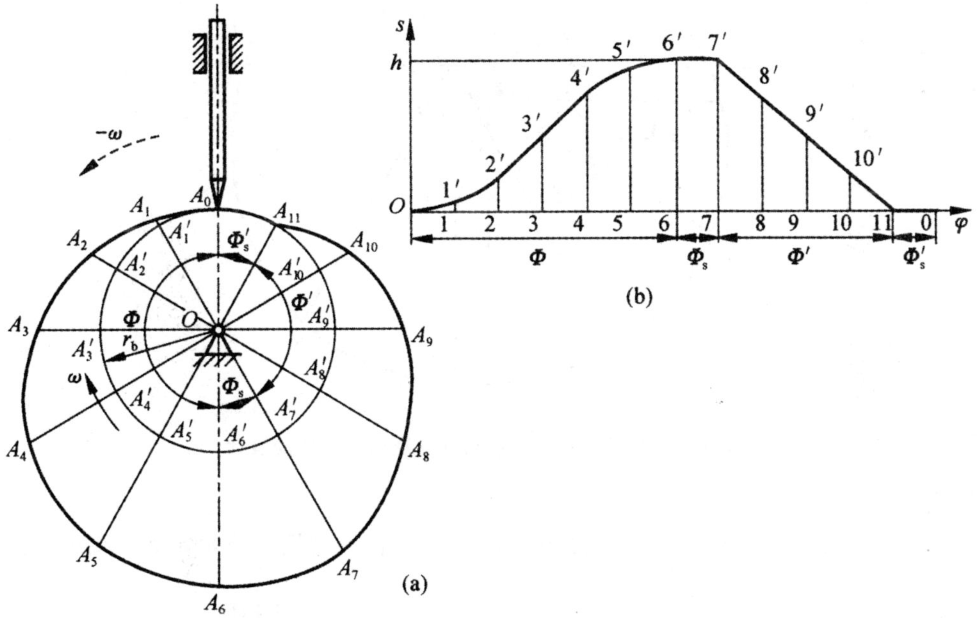

图 5-17　对心尖端直动从动件盘形凸轮机构的设计

②自 OA_0 沿 $-\omega$ 方向取角度 $\Phi, \Phi_s, \Phi', \Phi'_s$，并将它们各分成与位移线图 5-17(b)对应的若干等份，得基圆上的相应分点 $A'_1, A'_2, A'_3, \cdots$ 连接 $OA'_1, OA'_2, OA'_3, \cdots$，它们便是反转后从动件导路的各个位置。

③量取各个位移量，即取 $A_1A'_1=11'$，$A_2A'_2=22'$，$A_3A'_3=33'$，…得反转后尖端的一系列位置 $A_1, A_2, A_3, \cdots$。

④将 $A_0, A_1, A_2, A_3, \cdots$ 连成一条光滑的曲线，便得到所要求的凸轮轮廓曲线。

若偏距 $e\neq0$ 则为偏置尖端直动从动件盘形凸轮机构，如图 5-18 所示，从动件在反转运动中，其往复移动的轨迹线始终与凸轮轴心 O 保持偏距 e。因此，在设计这种凸轮轮廓时，首先以 O 为圆心及偏距 e 为半径作偏距圆切于从动件的导路。其次，以 r_b 为半径作基圆，基圆与从动件导路的交点 A_0 即为从动件的起始位置。自 OA_0 沿 $-\omega$ 方向取角度 $\Phi, \Phi_s, \Phi', \Phi'_s$，并将它们各分成与位移线图 5-17(b)对应的若干等份，得基圆上的相应分点 $A'_1, A'_2, A'_3, \cdots$ 过这些点作偏距圆的切线，它们便是反转后从动件导路的一系列位置。从动件的对应位移应在这些切线上量取，

即取 $A_1A'_1=11'$,$A_2A'_2=22'$,$A_3A'_3=33'$,…最后将 A_0,A_1,A_2,A_3,…连成一条光滑的曲线,便得到所要求的凸轮轮廓曲线。

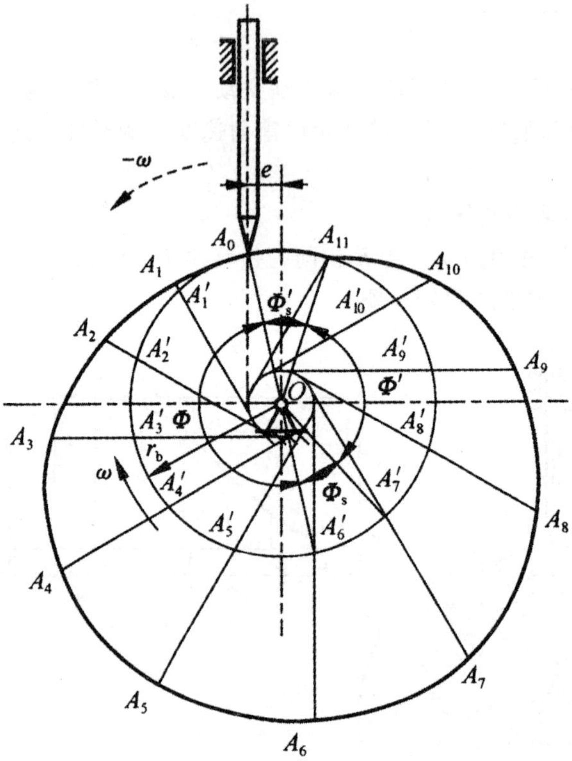

图 5-18 偏置尖端直动从动件盘形凸轮机构的设计

(2)滚子从动件

将图 5-17 和图 5-18 中的尖端改为滚子,如图 5-19 所示,它们的凸轮轮廓曲线可按如下方法

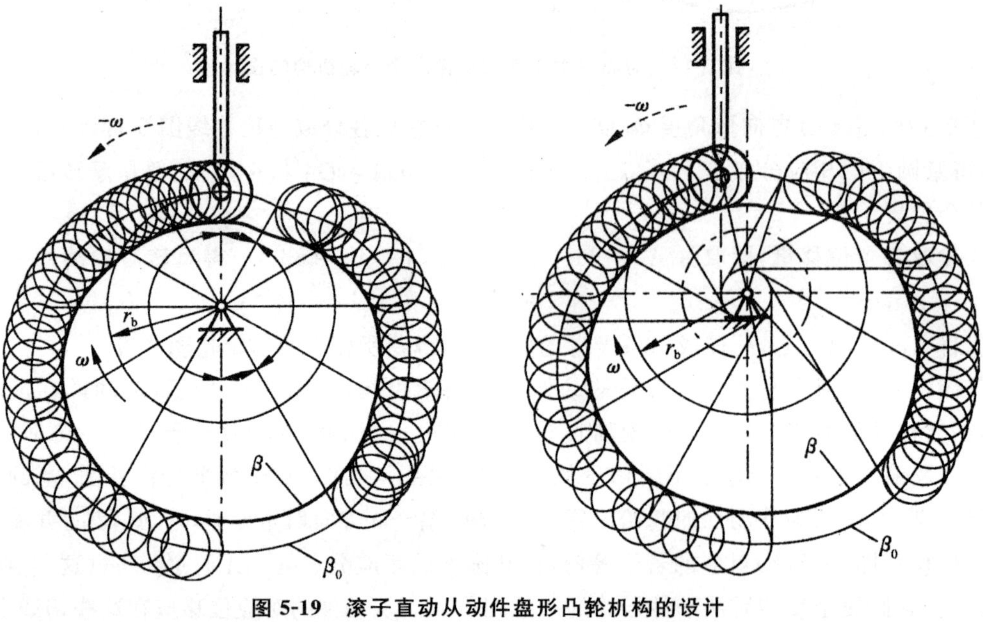

图 5-19 滚子直动从动件盘形凸轮机构的设计

绘制：首先，把滚子中心看成尖端从动件的尖端，按上述方法求出一条轮廓曲线 β_0，如图 5-19 所示；再以 β_0 上各点为中心，以滚子半径为半径作一系列圆；最后作出这些圆的包络线 β，它便是使用滚子从动件时凸轮的实际廓线，β_0 称为该凸轮的理论廓线。由上述作图过程可知，滚子从动件凸轮的基圆半径应该在理论廓线上度量。

(3)平底从动件

平底直动从动件盘形凸轮机构的凸轮轮廓曲线的设计方法，可以用图 5-18 来说明。其图 5-20 平底直动从动件盘形凸轮机构的设计基本思路与上述滚子从动件盘形凸轮机构相似，只是在这里取从动件平底表面的 B_0 点作为假想的尖端从动件的尖端。其具体设计步骤如下。

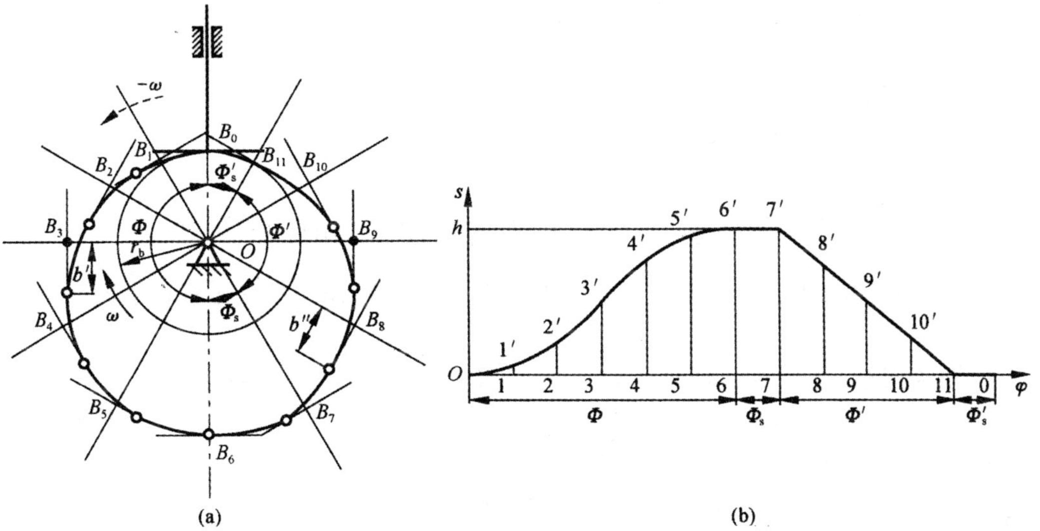

图 5-20　平底直动从动件盘形凸轮机构的设计

①取平底与导路中心线的交点 B_0 作为假想的尖端从动件的尖端，按照尖端从动件盘形凸轮的设计方法，求出该尖端反转后的一系列位置 $B_1, B_2, B_3, \cdots$。

②过 $B_1, B_2, B_3, \cdots$ 各点，画出一系列代表平底的直线，得一直线族。这族直线即代表反转过程中从动件平底依次占据的位置。

③作该直线族的包络线，即可得到凸轮的实际廓线。

由图 5-20 可以看出，平底上与凸轮实际廓线相切的点是随机构位置变化的。因此，为了保证在所有的位置从动件平底都能与凸轮轮廓曲线相切，凸轮的所有廓线必须都是外凸的，并且平底左、右两侧的宽度应分别大于导路中心线至平底上左、右最远切点的距离 b' 和 b''。

2. 摆动从动件盘形凸轮机构

图 5-21(a)所示为一尖端摆动从动件盘形凸轮机构。已知凸轮轴心 O 与从动件转轴 A 之间的中心距为 a，凸轮基圆半径为 r_b，从动件长度为 l，凸轮以等角速度 ω 逆时针转动，从动件的运动规律如图 5-21(b)所示。设计该凸轮的轮廓曲线。

反转法原理同样适用于摆动从动件凸轮机构。当给整个机构绕凸轮转动中心 O 加上一个公共的角速度 $-\omega$ 时，凸轮将固定不动，从动件的转轴 A 将以角速度 $-\omega$ 绕 O 点转动，同时从动件将仍按原有的运动规律绕轴 A 摆动。因此，凸轮轮廓曲线可按下述步骤设计。

①选取适当的比例尺，作出从动件的位移线图，并将推程和回程区间的位移曲线的横坐标各

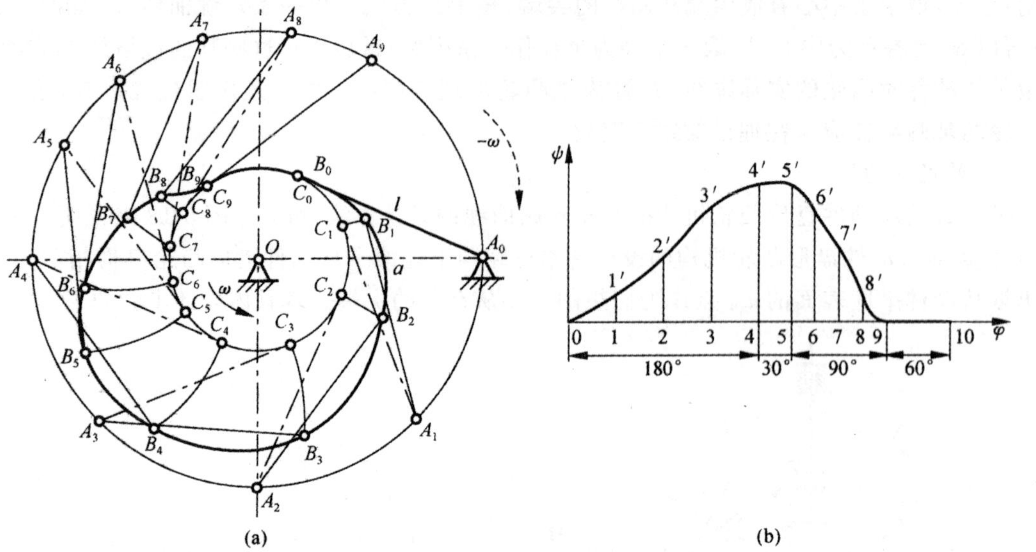

图 5-21　尖端摆动从动件盘形凸轮机构的设计

分成若干等份，如图 5-21(b)所示。与移动从动件不同的是，图中的纵坐标代表的是从动件的摆角。

②以 O 为圆心、以 r_b 为半径作出基圆，并根据已知的中心距 a，确定从动件转轴 A 的位置 A_0。然后以 A_0 为圆心，以从动件杆长 l 为半径作圆弧，交基圆于 C_0 点。A_0C_0 即代表从动件的初始位置，C_0 即为从动件尖端的初始位置。

③以 O 为圆心、以 $OA_0=a$ 为半径作转轴圆，并自 A_0 点开始沿 $-\omega$ 方向将该圆分成与图 5-21(b)中横坐标对应的区间和等份，得点 $A_1,A_2,\cdots,A_9$。它们代表从动件在反转过程中从动件转轴 A 依次占据的位置。

④分别以 $A_1,A_2,\cdots,A_9$ 点为圆心，以从动件杆长 z 为半径作圆弧，交基圆于 C_1，，C_2，⋯各点，得线段 $A_1C_1,A_2C_2,\cdots$。以 $A_1C_1,A_2C_2,\cdots$ 为一边，分别作 $\angle C_1A_1B_1,\angle C_2A_2B_2,\cdots$，并使它们分别等于位移线图中对应区段的角位移。得弧段 $\widehat{B_1C_1},\widehat{B_2C_2},\cdots,B_1,B_2,\cdots$ 各点代表从动件尖端在反转过程中依次占据的位置。

⑤将点 $B_0,B_1,B_2,\cdots$ 连成光滑曲线，即得到凸轮的轮廓曲线。从图中可以看出凸轮的廓线与线段 AB 在某些位置已经相交。故在考虑机构的具体结构时，应将从动件做成弯杆形式，以避免在运动过程中凸轮与从动件发生干涉。

若采用滚子或平底从动件，则上述连 $B_0,B_1,B_2,\cdots$ 各点所得的光滑曲线为凸轮的理论廓线。类比对应的移动盘形凸轮的设计方法，可以通过绘制滚子圆的包络线的方法获得凸轮的实际廓线。

【例 5-1】图 5-22 为偏置尖端直动从动件凸轮机构，试应用反转法绘出推杆的位置曲线。

解　由凸轮廓线绘制推杆的位移曲线是图解设计凸轮廓线的逆问题。作图步骤：

①作偏置圆。

②对偏置圆作 n 等分，得到等分点 $K_1,K_2,\cdots,K_n$，过各等分点作偏置圆的切线，与凸轮廓线交于 $Q_1,Q_2,\cdots,Q_n$。

③作一参考坐标系，横坐标为转角 φ，纵坐标为位移 s，对 φ 轴作 n 等分，使得 $\varphi_1=\angle K_1OK_2,\varphi_2=\angle K_2OK_3$，以 $\overline{K_1Q_1}$、$\overline{K_2Q_2}$、⋯、$\overline{K_nQ_n}$ 为纵坐标作出一系列点，连成光滑曲线。

④作坐标系 xOs，使 x 轴过曲线的最低点，则坐标系 xOs 中的曲线即为从动件的位移曲线。如例图 5-23 所示。

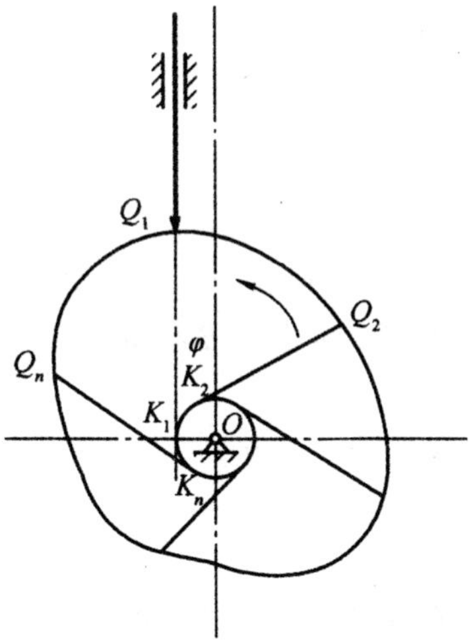

图 5-22　偏置尖端直动从动件凸轮机构

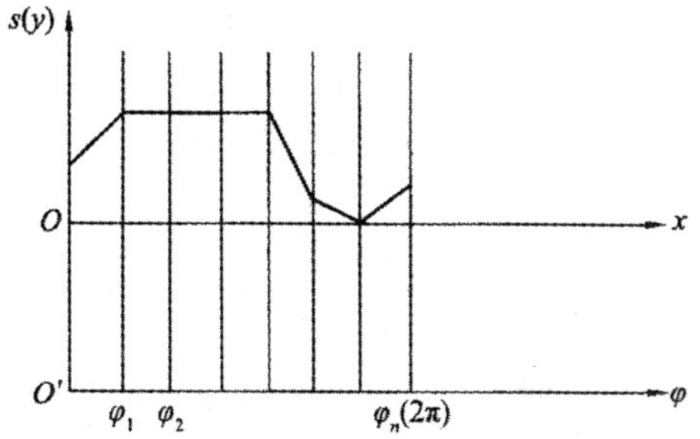

图 5-23　例 5-1 配图

5.3.4　解析法设计凸轮轮廓曲线

解析法设计是根据已知的凸轮机构参数和从动件运动规律，求出凸轮轮廓曲线方程，并可精确得到凸轮轮廓曲线上各点的坐标值。解析法设计凸轮轮廓曲线有多种方法，其中坐标变换法的设计原理是求解凸轮机构的从动件与凸轮接触点在凸轮坐标系中的轨迹方程，设计关键问题是坐标系的简历及变换矩阵的确定。

1. 直动从动件盘形凸轮机构

(1)尖底从动件

图 5-24 所示为偏置直动尖底从动件盘形凸轮机构。对于图 5-24(a)所示凸轮机构，已知凸轮的基圆半径为 r_b，从动件导路偏于凸轮轴心的右侧，偏心距为 e，凸轮以等角速度 ω 逆时针方向转动，从动件运动规律方程为 $s=s(\varphi)$。

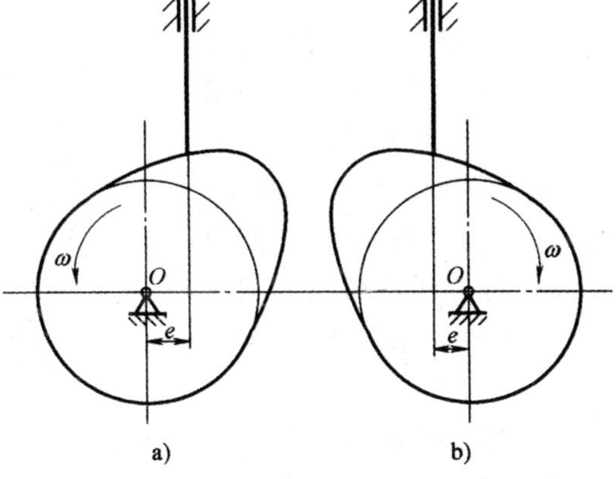

图 5-24　偏置直动尖底从动件盘形凸轮机构

根据坐标变换法设计凸轮轮廓曲线的基本原理，首先建立机架坐标系 $O_0x_0y_0$o、凸轮坐标系 $O_1x_1y_1$。及从动件坐标系 $O_2x_2y_2$，应用坐标变换法将任意位置的从动件坐标系 $O_2x_2y_2$ 中推杆尖底点 B 坐标（x_{2B}，y_{2B}）转换到凸轮坐标系 $O_1x_1y_1$ 中，形成相应轨迹坐标（x_{1B}，y_{1B}），即为所求凸轮轮廓曲线各点坐标，其表达式为

$$\begin{pmatrix} x_{1B} \\ y_{1B} \\ 1 \end{pmatrix} = M_{12} \begin{pmatrix} x_{2B} \\ y_{2B} \\ 1 \end{pmatrix} \tag{5-1}$$

而从动件尖底点 B 在从动件坐标系 $O_2x_2y_2$ 的坐标（x_{2B}，y_{2B}）恒为（0，0），将式矩阵变换一节中的中 M_{12} 代入式（5-1）。所以尖底从动件相对凸轮运动过程中尖底点 B 坐标（x_{2B}，y_{2B}）在凸轮坐标系 $O_1x_1y_1$ 中的坐标变换式为

$$\begin{pmatrix} x_{1B} \\ y_{1B} \\ 1 \end{pmatrix} = M_{12} \begin{pmatrix} x_{1B} \\ y_{1B} \\ 1 \end{pmatrix} = M_{12} \begin{pmatrix} 0 \\ 0 \\ 1 \end{pmatrix} = 1 \begin{pmatrix} e\cos\varphi + (s+s_0)\sin\varphi \\ -e\sin\varphi + (s+s_0)\cos\varphi \\ 1 \end{pmatrix} \tag{5-2}$$

点 B 坐标（x_{1B}，y_{1B}）即为所求凸轮轮廓曲线坐标值。凸轮轮廓曲线方程式为

$$\begin{cases} x=(s+s_0)\sin\varphi+e\cos\varphi \\ y=(s+s_0)\cos\varphi-e\sin\varphi \end{cases} \tag{5-3}$$

对于对心从动件盘形凸轮机构，由于 $e=0$，$s_0=r_b$ 凸轮轮廓曲线方程式可写为

$$\begin{cases} x=(s+r_b)\sin\varphi \\ y=(s+r_b)\cos\varphi \end{cases} \tag{5-4}$$

同理，对于图 5-24(b)所示凸轮机构，从动件导路偏于凸轮轴心的左侧，凸轮以等角速度 ω 顺时针方向转动时，可推导出凸轮轮廓曲线方程式为

$$\begin{cases} x=-(s+s_0)\sin\varphi-e\cos\varphi \\ y=(s+s_0)\cos\varphi-e\sin\varphi \end{cases} \tag{5-5}$$

相应的对心从动件盘形凸轮机构，由于 $e=0$，$s_0=r_b$ 凸轮轮廓曲线方程式可写为

$$\begin{cases} x=-(s+r_b)\sin\varphi \\ y=(s+r_b)\cos\varphi \end{cases} \tag{5-6}$$

（2）滚子从动件

对于偏置直动滚子从动件盘形凸轮机构，滚子从动件相对凸轮运动轨迹如图 5-25 所示，滚子从动件在运动过程中始终与凸轮轮廓保持接触，滚子中心点 B 的运动规律就是从动件的运动规律，滚子中心点 B 在凸轮坐标系中的轨迹称为滚子从动件盘形凸轮的理论轮廓曲线，也就是将滚子中心 B 假想为尖底从动件的尖底，按照前述的尖底从动件凸轮轮廓曲线设计方法求解出的尖底从动件盘形凸轮的轮廓曲线作为理论轮廓曲线，再求解凸轮的实际轮廓曲线。

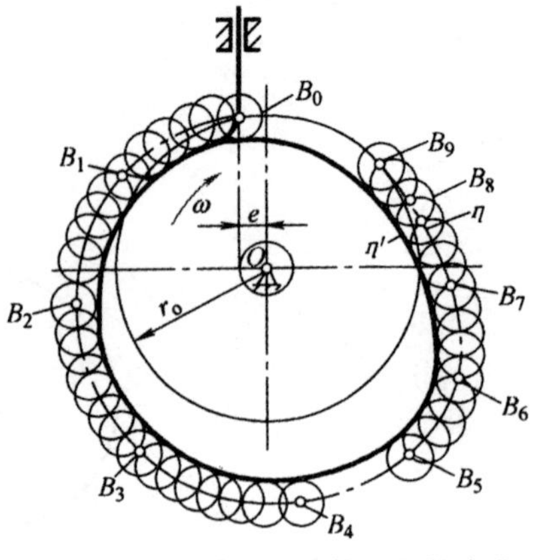

图 5-25　滚子从动件凸轮机构实际轮廓曲线

凸轮的实际轮廓曲线是凸轮理论轮廓曲线的一条由滚子圆族包络的曲线，以凸轮理论轮廓曲线上各点为

圆心，作一系列滚子圆族，然后求得该圆族的包络线。利用高等数学的偏微分方法通过理论轮廓曲线方程和滚子半径可以求出实际轮廓曲线方程。

如图 5-26 所示，若存在一条曲线 E，在其上面的每一点 M_i 处都与曲线族中的一条曲线 C_i 相切，即在点 M_i 处曲线 E 的切线与 C_i 的切线重合，则称曲线 E 为曲线族 $\{C_i\}$ 的包络线。由高等数学曲线包络线条件可知，以 φ 为单参数的平面曲线族的包络线方程为

$$\begin{cases} f(X,Y,\varphi)=0 \\ \dfrac{\partial f(X,Y,\varphi)}{\partial\varphi}=0 \end{cases} \tag{5-7}$$

式(5-7)中，$f(X,Y,\varphi)=0$ 为曲线族 $\{C_i\}$ 的方程，表示包络线 E 上每一点都属于曲线族中的某一曲线 C_i；方程 $\dfrac{\partial f(X,Y,\varphi)}{\partial\varphi}=0$ 表示包络线 E 上每一点 M_i 处包络线的切线与曲线族中的某一条曲线 C_i 的切线重合。

凸轮机构滚子圆曲线族圆心即为理论轮廓曲线上各点，因此滚子圆曲线族圆心曲线方程由式(5-5)确定，表示为 $x=x(\varphi)$)，$y=y(\varphi)$ 设滚子半径为 r_r，则对应滚子圆曲线族方程

$$(X-x)^2+(Y-y)^2-r_r^2=0 \tag{5-8}$$

相应包络线方程为

$$\begin{cases} f(X,Y,\varphi)=(X-x)^2+(Y-y)^2-r_r^2=0 \\ \dfrac{\partial f(X,Y,\varphi)}{\partial\varphi}=\dfrac{-2(X-x)dx}{d\varphi}-2\dfrac{(Y-y)dy}{d\varphi}=0 \end{cases} \tag{5-9}$$

将式(5-5)代入式(5-9)并联立求解，可得凸轮实际轮廓曲线方程

$$\begin{cases} X=x\pm r_r\dfrac{\dfrac{\mathrm{d}y}{\mathrm{d}\varphi}}{\sqrt{\left(\dfrac{\mathrm{d}x}{\mathrm{d}\varphi}\right)^2+\left(\dfrac{\mathrm{d}y}{\mathrm{d}\varphi}\right)^2}} \\ Y=y\mp r_r\dfrac{\dfrac{\mathrm{d}x}{\mathrm{d}\varphi}}{\sqrt{\left(\dfrac{\mathrm{d}x}{\mathrm{d}\varphi}\right)^2+\left(\dfrac{\mathrm{d}y}{\mathrm{d}\varphi}\right)^2}} \end{cases} \quad (0\leqslant\varphi\leqslant2\pi) \tag{5-10}$$

上式表示滚子圆曲线族内外两条包络线。式中上面一组加、减号适用于外包络线，下面一组减、加号适用于内包络线。

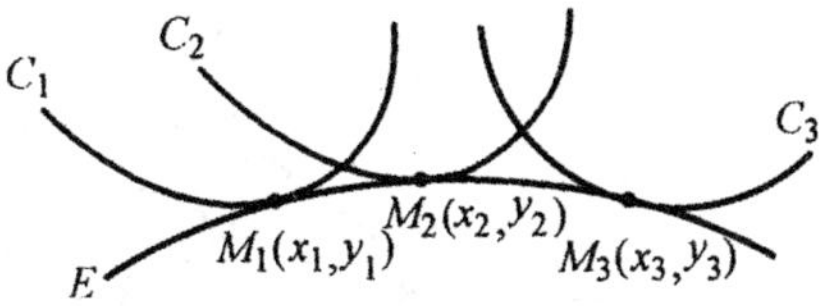

图 5-26　曲线族包络线

(3)平底从动件

对于直动平底从动件盘形凸轮机构，选择适当的偏心距，通常是考虑减轻从动件过大的弯曲应力等结构因素，因此直动平底从动件盘形凸轮机构通常按对心设计。对于图 5-27 所示对心直动平底从动件盘形凸轮机构，已知凸轮的基圆半径为 r_b，凸轮以等角速度 ω 顺时针方向转动，从动件运动规律方程为 $s=s(\varphi)$，设计凸轮轮廓曲线。

凸轮机构运动时，平底从动件盘形凸轮机构的平底从动件与导路中心交点 B 在凸轮坐标系中的轨迹，即为尖底从动件盘形凸轮机构的凸轮轮廓曲线，也称为平底从动件盘形凸轮机构中凸轮的理论轮廓曲线，而凸轮的实际轮廓曲线是平底从动件相对凸轮的运动过程中过理论轮廓上

一系列点的平底位置包络线。

建立笛卡尔坐标系如图 5-27 所示，平底从动件处于起始位置时平底与凸轮的接触点为 B_0 当凸轮转过 φ 角时，平底从动件相对凸轮运动为平底从动件相对凸轮回转中心以角速度 $-\omega$ 反转 φ 角且从动件沿导路位移 $s=s(\varphi)$，此时，从动件平底与导路中心交点为 B，点 B 的轨迹曲线为凸轮的理论轮廓曲线，其方程为式(5-6)，平底从动件与凸轮的接触点为 K，因此凸轮实际轮廓曲线即为过凸轮理论轮廓上各点的从动件平底直线相对凸轮运动形成的平底直线族的包络线如图 5-28 所示。当凸轮转过任意角 φ 时，从动件相对位置的平底直线 BK 方程为

$$Y-y=k(X-x) \tag{5-11}$$

式中，k 为直线的斜率，$k=\tan\varphi$；x,y 为理论轮廓曲线上点 B 的坐标值，将式(5-6)中 $x=x(\varphi)$，$y=y(\varphi)$与后代入式(5-11)，则平底直线族方程为

$$f(X,Y,\varphi)=X\sin\varphi-Y\cos\varphi+(r_b+s)=0 \tag{5-12}$$

根据单参数的曲线族的包络线方程，求得

$$\frac{\partial f(X,Y,\varphi)}{\partial\varphi=X\cos\varphi+Y\sin\varphi+\frac{ds}{d\varphi}=0} \tag{5-13}$$

联立式(5-12)和式(5-13)，求得如图 5-28 所示直动平底从动件凸轮的实际轮廓曲线方程为

$$\begin{cases} x=(r_b+s)\sin\varphi+\dfrac{ds}{d\varphi}\cos\varphi \\ y=(r_b+s)\cos\varphi-\dfrac{ds}{d\varphi}\sin\varphi \end{cases} \tag{5-14}$$

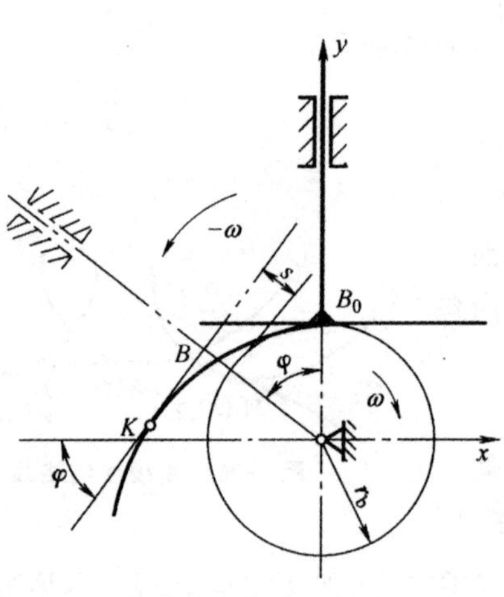

图 5-27　直动平底从动件盘形凸轮机构

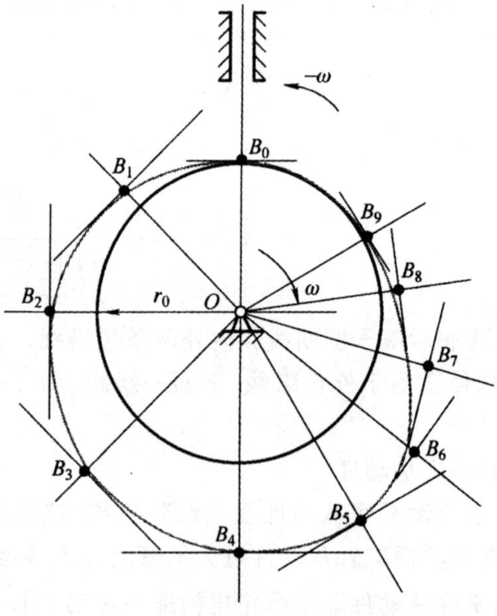

图 5-28　平底从动件凸轮的实际轮廓曲线

2. 摆动从动件盘形凸轮机构

图 5-27 为不同布局摆动滚子从动件盘形凸轮机构。对于图 5-29(a)所示凸轮机构，已知凸轮的基圆半径为 r_b，凸轮回转中心 O 与从动件摆动中心 O_2 的距离为 a，从动件长度为 l，凸轮以等角速度 ω 逆时针方向转动，从动件运动规律方程为 $\psi=\psi(\varphi)$。用解析法设计此凸轮轮

廓曲线。

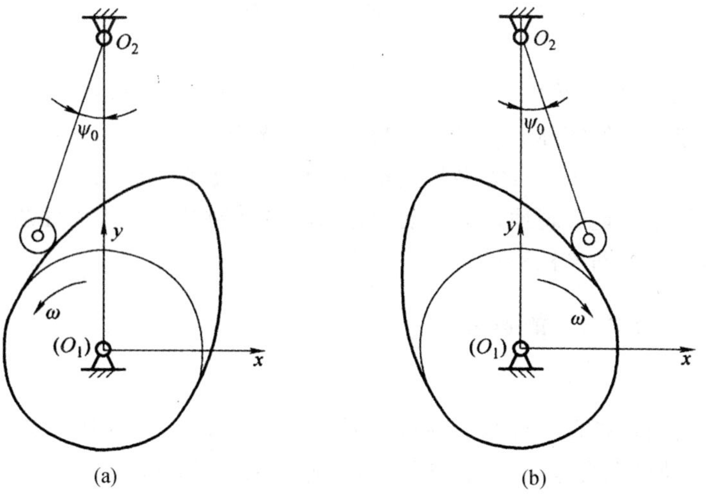

图 5-29　摆动滚子从动件盘形凸轮机构

由凸轮基圆半径 r_b、连心线 OO_2 的距离 a 及从动件长度 l，可求得从动件处于初始位置时摆杆与连心线 OO_2 夹角 ψ_0。

根据凸轮轮廓曲线设计的基本原理，应用坐标变换法将任意位置的从动件动坐标系 $O_2x_2y_2$ 中摆动从动件尖底 B 坐标 (x_{2B}, y_{2B}) 转换到凸轮坐标系 $O_1x_1y_1$ 中描述，形成相应轨迹坐标 (x_{1B}, y_{1B})，即为凸轮理论轮廓曲线点坐标值。坐标变换式为

$$\begin{pmatrix} x_{1B} \\ y_{1B} \\ 1 \end{pmatrix} = M_{12} \begin{pmatrix} x_{2B} \\ y_{2B} \\ 1 \end{pmatrix}$$

而从动件滚子中心 B 在从动件坐标系 $O_2x_2y_2$ 的坐标为 $(-l, 0)$，将 M_{12} 代入上式。所以尖底从动件相对凸轮运动过程中滚子中心 $B(x_{2B}, y_{2B})$ 在凸轮坐标系 $O_1x_1y_1$ 下坐标变换式为

$$\begin{pmatrix} x_{1B} \\ y_{1B} \\ 1 \end{pmatrix} = M_{12} \begin{pmatrix} x_{2B} \\ y_{2B} \\ 1 \end{pmatrix} = M_{12} \begin{pmatrix} -l \\ 0 \\ 1 \end{pmatrix} = \begin{pmatrix} a\sin\varphi - l\sin(\varphi+\psi+\psi_0) \\ a\cos\varphi - l\cos(\varphi+\psi+\psi_0) \\ 1 \end{pmatrix}$$

尖底 $B(x_{1B}, y_{1B})$ 在凸轮坐标系 $O_1x_1y_1$ 的轨迹即为所求凸轮理论轮廓曲线。凸轮理论轮廓曲线方程式为

$$\begin{cases} x = a\sin\varphi - l\sin(\varphi+\psi+\psi_0) \\ y = a\cos\varphi - l\cos(\varphi+\psi+\psi_0) \end{cases}$$

同理，对于图 5-29(b)所示凸轮机构，可推导出凸轮理论廓线方程式为

$$\begin{cases} x = -a\sin\varphi + l\sin(\varphi+\psi+\psi_0) \\ y = a\cos\varphi - l\cos(\varphi+\psi+\psi_0) \end{cases}$$

由凸轮理论轮廓曲线求实际凸轮轮廓曲线方程的方法与直动滚子从动件盘形凸轮机构相同，在此不再赘述。

5.4 凸轮机构参数设计

前述凸轮廓线设计时，凸轮机构的基本参数，如基圆半径 r_b、偏距 e、滚子半径 r_r 及平底尺寸等均作为已知条件给出。但实际上，这些参数在设计凸轮廓线前，是在综合考虑凸轮机构的传力特性、结构的紧凑性、运动是否失真等多种因素的基础上确定的。也就是说，设计凸轮机构时，不仅要满足从动件能够准确地实现预期的运动规律，还要求结构紧凑、传力性能良好。因此合理选择凸轮机构的基本参数是凸轮机构设计的重要内容。

5.4.1 凸轮机构压力角口的确定

1. 凸轮机构的压力角

凸轮机构的压力角是指在不计摩擦的情况下，凸轮对从动件作用力的方向（接触点处凸轮轮廓的法线方向）与从动件上力作用点的速度方向所夹的锐角，用 α 表示。

2. 压力角与受力的关系

由图 5-30 可以看出，凸轮对从动件的作用力 F 可以分解成两个分力，即沿着从动件运动方向的分力 F' 和垂直于运动方向的分力 F''。前者是推动从动件克服载荷的有效分力，后者将增大从动件与导路之间的滑动摩擦，它是一种有害分力。

压力角 α 越大，则有害分力 F'' 越大，由 F'' 引起的摩擦阻力也越大，推动推杆越费劲，即凸轮机构在同样载荷 G 下所需的推动力 F 将增大。当 α 增大到某一数值时，因 F'' 而引起的摩擦阻力 $F''_f = fF''$ 将超过 F'，这时，无论凸轮给从动杆的推力多大，都不能推动从动杆，即机构发生自锁。因此，从减小推力，避免自锁，改善机构的受力状况来看，压力角应越小越好。

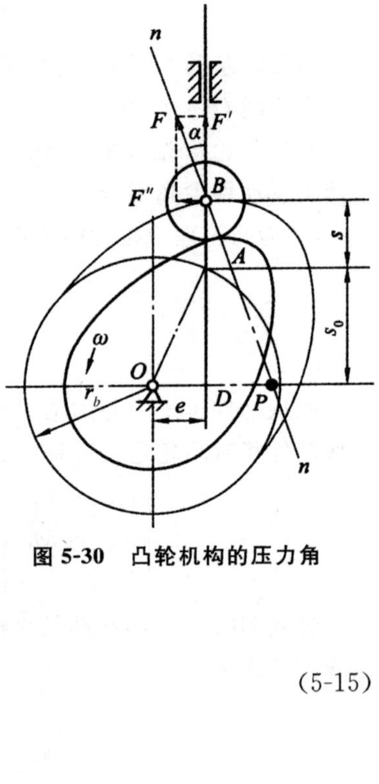

图 5-30 凸轮机构的压力角

3. 压力角与机构尺寸的关系

如图 5-30 中法线 n—n 与过 O 点的水平线的交点 P 为凸轮与推杆的相对速度瞬心，则有：$l_{\overline{op}} = \dfrac{v}{\omega} = \dfrac{ds}{d\delta}$，可得出以下关系

$$\tan\alpha = \frac{\dfrac{ds}{d\delta} \mp e}{\sqrt{r_b^2 - e^2} + s} \tag{5-15}$$

或

$$r_b = \sqrt{\left(\frac{\dfrac{ds}{d\delta} \mp e}{\tan\alpha} - s\right)^2 + e^2}$$

由上式可知：

①当运动规律确定后，s 和 $\dfrac{ds}{d\delta}$ 均为定值，因此，基圆半径 r_b 愈大，则 α 愈小，机构的受力状态愈好，但整个机构的尺寸也随之增大，所以，二者必须兼顾，

②当其他条件不变时，改变推杆偏置方向使 e 前为减号，可使压力角减小，从而改善其受力

情况。

为了兼顾机构受力和机构紧凑两个方面，在凸轮设计中，通常要求在压力角 α 不超过许用值 $[\alpha]$ 的原则下尽可能采用最小的基圆半径。上述的 $[\alpha]$，称为许用压力角。

在一般设计中，许用压力角 $[\alpha]$ 的数值推荐如下：

直动从动杆，推程许用压力角 $[\alpha]=30°$（不同的场合要求可能会不一样）。

摆动从动杆，推程许用压力角 $[\alpha]=35°\sim45°$。

机构在回程时发生自锁的可能性很小，故回程推程许用压力角 $[\alpha']$ 可取得大些，不论直动杆还是摆动杆，通常取 $[\alpha']=70°\sim80°$。

5.4.2　凸轮基圆半径 r_b 的确定

凸轮的基圆半径越小，凸轮机构越紧凑。然而，基圆半径的减小受到压力角的限制，由上面可知，当基圆半径越小，凸轮机构的压力角就越大，而且在实际设计工作中还受到凸轮机构尺寸及强度条件的限制。因此，在实际设计工作中，基圆半径的确定必须从凸轮机构的尺寸、受力、安装、强度等方面予以综合考虑。但仅从机构尺寸紧凑和改善受力的观点来看，基圆半径 r_b 确定的原则是：在保证 $\alpha_{max}\leqslant[\alpha]$ 的条件下应使基圆半径尽可能小。

5.4.3　滚子半径的选择和平底尺寸的确定

1. 滚子半径的选择

如图 5-31 所示，采用滚子从动件时，滚子半径的选择，要考虑滚子的结构、强度及凸轮廓线形状等因素，图中，ρ 为理论廓线某点的曲率半径；ρ_a 为实际廓线对应点的曲率半径；r_r 为滚子半径。

①当理论廓线内凹时，由图 5-31(a)可见，$\rho_a=\rho+r_r$，此时，实际廓线总可以画出。

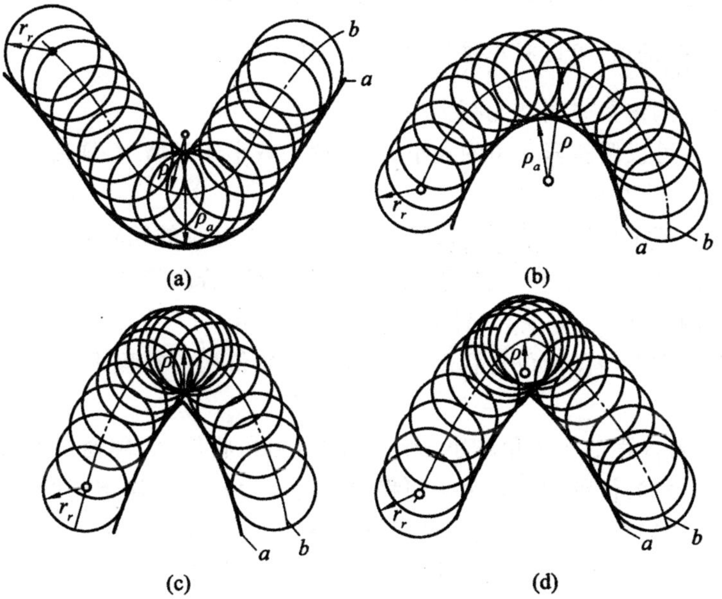

图 5-31　滚子半径的选择

②当理论廓线外凸时，$\rho_a=\rho-r_r$，它又可分为三种情况：

$\rho>r_r$，如图 5-31(b)所示，这时 $\rho_a>0$，可求出实际廓线；

$\rho>r_r$，如图 5-31 (c)所示，这时 $\rho_a=0$，实际轮廓变尖，称为变尖现象，极易磨损，实际过程中不能使用；

$\rho<r_r$，如图 5-31(d)所示，这时 $\rho_a<0$，实际廓线相交，当进行加工时，交点以外的部分将被刀具切去，即相交部分事实上已不存在，因而导致从动件不能准确地实现预期的运动规律，这种现象称为运动失真。

综上分析可知，欲保证滚子与凸轮正常接触，滚子半径 r_r 必须小于理论廓线外凸部分的最小曲率半径 ρ_{min}，即 $r_r<\rho_{min}$。

凸轮工作廓线的最小曲率半径一般不应小于 1～5mm，如果不能满足此要求时，就应增大基圆半径或减小滚子半径，有时则必须修改推杆的运动规律。另一方面滚子的尺寸还受其强度、结构的限制，因而也不能太小，通常取 $r_r=(0.1\sim0.5)r_b$。

2. 平底尺寸的确定

由前述分析可知，平底直动从动作盘形凸轮的轮廓形状与偏距 e 无关，因此，平底通常采用对心直动从动件。平底与凸轮轮廓接触点到导路中心的最大距离为

$$l_{max}=\frac{v_{max}}{\omega}=\frac{ds}{d\delta}\Big|_{max}$$

5.4.4 减小压力角

由式(5-15)所示的压力角与各参数之间的关系，可知减小机构压力角的措施：

①增大基圆半径。前面已经讨论。

②增大凸轮推程运动角。即在推杆行程不变的情况下，加大推程运动角，则可使推杆的运动曲线变缓，从而减小$\frac{ds}{d\delta}$的值，可以减小推程时机构的压力角。

③改变直动推杆的偏置方向和偏距大小。

通过改变偏距 e 可以调整压力角的大小，但究竟是减小还是增大，取决于凸轮的转向和从动件的偏置方向。

设置偏置方向的原则如图 5-32 所示，即应使偏置与推程时的相对瞬心 P_{12} 位于凸轮轴心的同一侧，若凸轮顺时针转动，从动件应偏于凸轮轴心的左侧；若凸轮逆时针转动，应使从动件轴线偏于凸轮轴心的右侧，此时用式(5-15)计算压力角时，e 前用“—”号代入。

若从动件的偏置方向与图示位置相反，则会增大凸轮机构的推程压力角，使机构的传力性能变坏。

需要指出的是，若推程的压力角减小，则回程的压力角将增大，即通过增加偏距来减小压力角是以增大回程压力角为代价的。但由于回程的许用压力角一般比推程的许用压力角要大，所以在设计凸轮机构时，如果压力角超过了许用值，而机械的结构空间又不允许增大基圆半径，则可以通过选取从动件适当偏置的方法来获得较小的推程压力角。

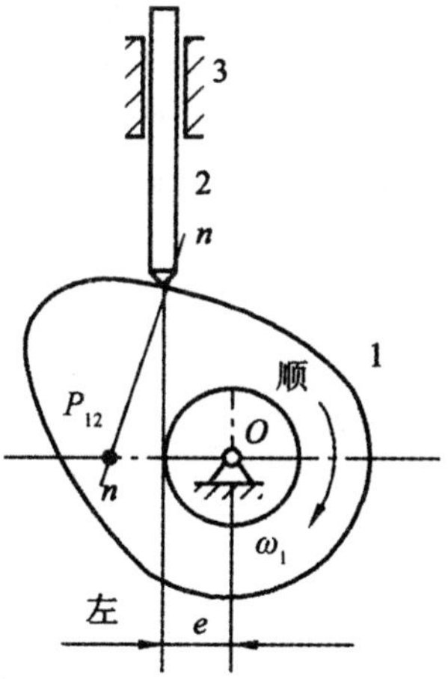

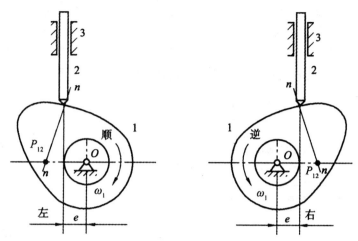

图 5-32　偏距对推程压力角的影响

5.4.5　凸轮机构的计算机辅助设计

计算机具有强大的数值计算、逻辑判断和图形绘制功能，在相关软件的支撑下，可以完成凸轮机构设计的各个环节。利用计算机编制程序进行凸轮机构设计，不仅可以大大提高设计速度、设计精度和设计自动化程度，而且可以采用动态仿真技术和三维造型技术，模拟凸轮机构的工作情况，甚至可由设计数据形成数控加工程序，直接传输给制造系统，实现计算机辅助设计（CAD）和计算机辅助制造（CAM）一体化，从而提高产品质量，缩短产品更新换代周期。

在机构运动方案设计阶段，一个凸轮机构的完整设计过程包括如下内容：

①根据使用场合和工作要求，选择凸轮机构的类型。

②根据工作要求选择或设计从动件的运动规律。

③根据机构的具体结构条件，初选凸轮的基圆半径。

④编制计算程序，进行计算机辅助设计。下面通过一个具体的设计实例来加以说明。

【例 5-2】设某机械装置中需要采用凸轮机构。工作要求当凸轮顺时针转过 60°时，从动件上升 10 mm 当凸轮继续转过 120°时，从动件静止不动，凸轮再继续转过 60°时，从动件下降 10mm～最后，凸轮转过剩余的 120°时，从动件又停止不动。已知凸轮以等角速度 $\omega=-10$rad/s 转动，工作要求机构没有刚性冲击，试设计该凸轮机构。

解　①根据适用场合和工作要求，选择凸轮机构的类型。本例中，要求从动件做往复移动，因此可选择对心滚子直动从动件盘形凸轮机构。

②根据工作要求选择从动件的运动规律。本例中要求机构无刚性冲击，故从动件推程和回程均选用等加速等减速运动规律。推程运动角 60°，远休止角 $\Phi=60°$，$\Phi_s=120°$，回程运动角 $\Phi'=60°$，近休止角 $\Phi'_s=120°$。

③根据滚子的结构和强度等条件，选择滚子半径 r_r。本例中取 $r_r=10$mm。

④根据机构的结构空间，初选凸轮的基圆半径 r_b。本例中，初选 $r_b=50$mm。

⑤对凸轮机构进行计算机辅助设计。为了保证凸轮机构具有良好的受力状况，设计过程中要保证凸轮机构在推程段和回程段的最大压力角不超过各自的许用值，这里取推程许用压力角 $[\alpha]=40°$，回程许用压力角 $[\alpha']=70°$；为保证凸轮机构不产生运动失真和避免凸轮实际廓线产

生过度切割并减少应力集中和磨损，设计过程中要保证凸轮的理论廓线外凸部分的最小曲率半径不小于许用曲率半径$[\rho_a]$与滚子半径 r_r 之和，即 $\rho \geqslant [\rho_a]+r_r=3+10=13(\text{mm})$。若在实际计算的过程中上述条件不成立，则需要加大基圆半径并重新进行计算。根据上述思路及相关的计算公式，可以设计出此凸轮机构的计算机辅助设计程序的框图，如图 5-33 所示。

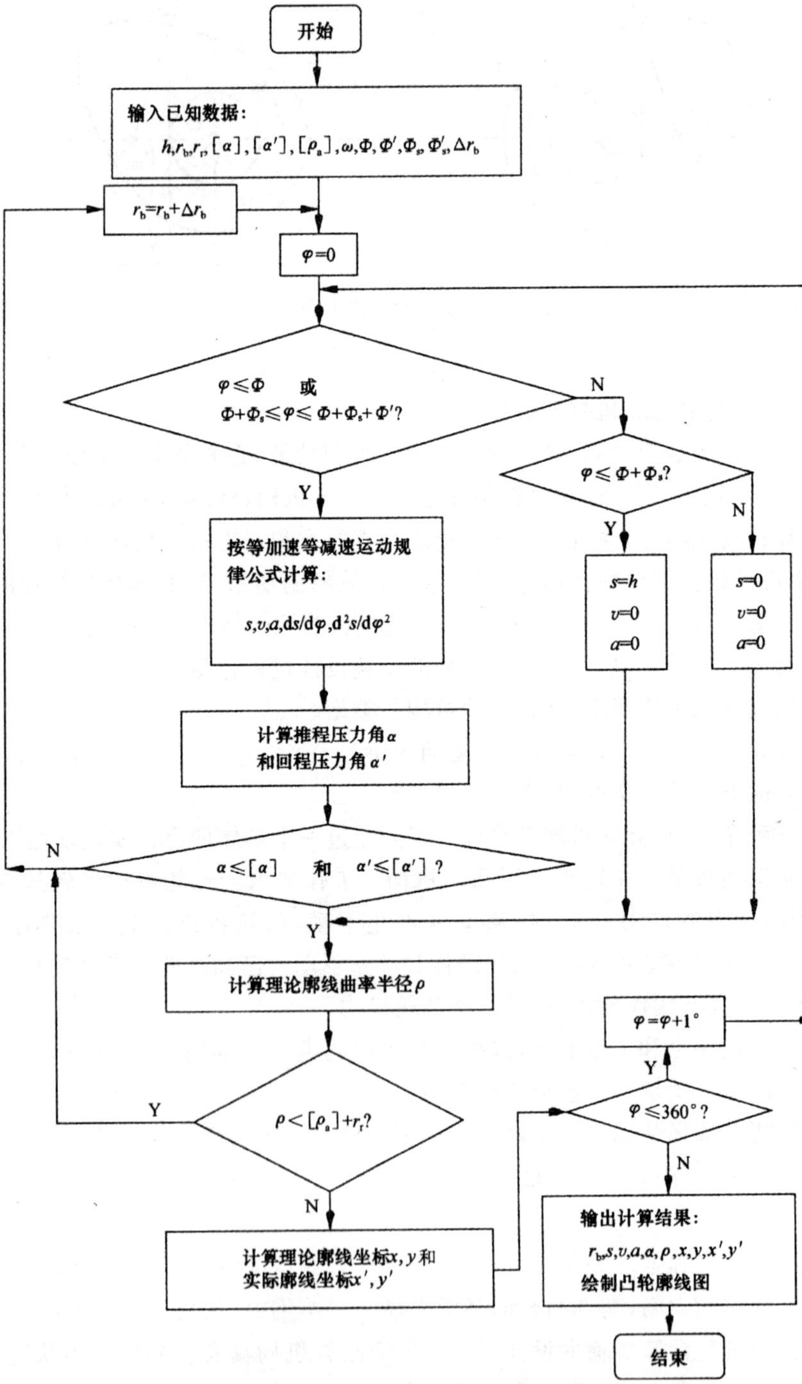

图 5-33 凸轮计算机辅助设计程序框图

此外，利用计算机对凸轮机构进行辅助设计的另一个优点是可以方便地打印出从动件的位移、速度、加速度线图，当然也可以绘制凸轮廓线图。图 5-34 所示即为根据本例的已知条件，应用计算机绘制的凸轮廓线图。

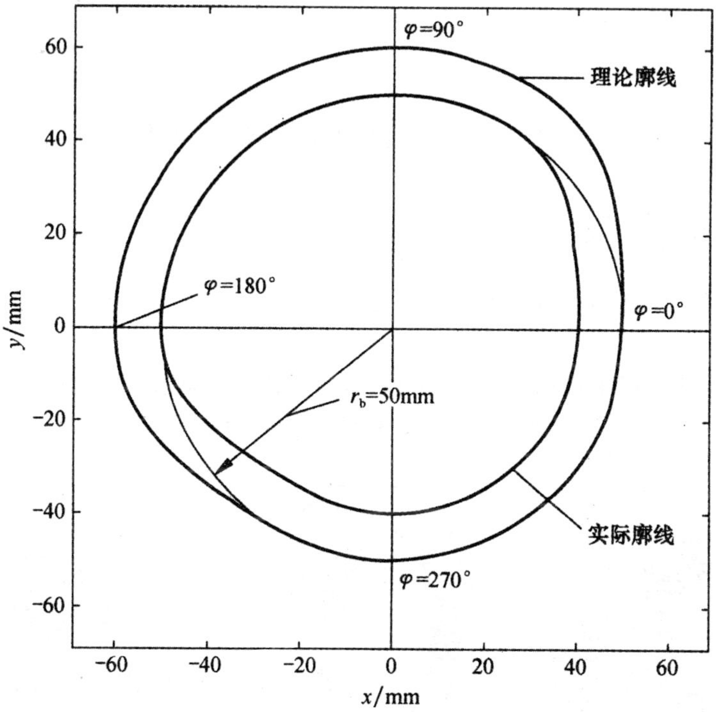

图 5-34　凸轮理论与实际廓线图

第6章 齿轮机构及其设计

6.1 齿轮机构的分类与应用

6.1.1 齿轮机构的分类

根据齿轮传递运动和动力时两轴间的相对位置，齿轮机构可以分为两种。

1. 平面齿轮机构

平面齿轮机构用于两平行轴间的运动和动力的传递，两齿轮间的相对运动为平面运动，齿轮的外形呈圆柱形，故又称为圆柱齿轮机构，具体可见图 6-1 所示。

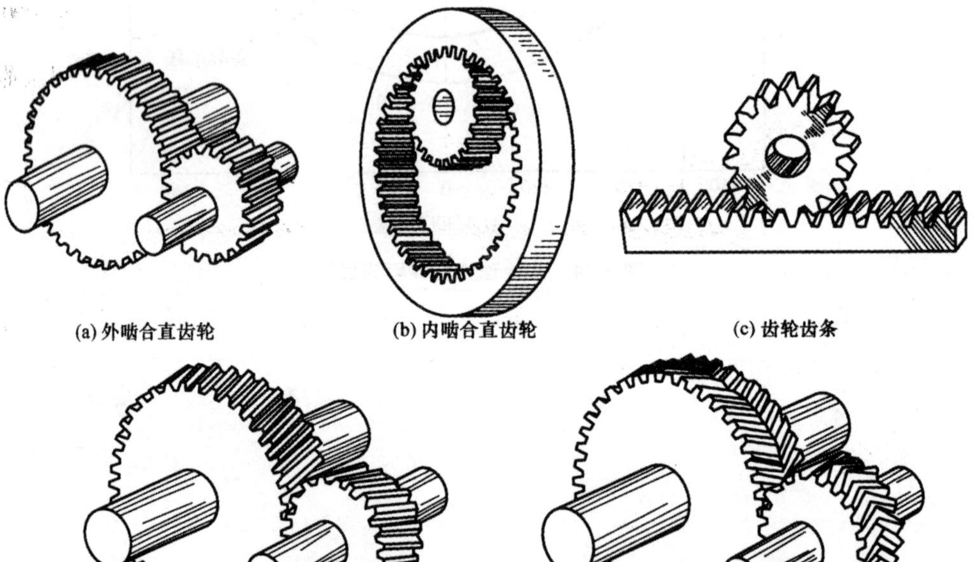
(a) 外啮合直齿轮　(b) 内啮合直齿轮　(c) 齿轮齿条

(d) 外啮合斜齿轮　(e) 人字齿轮

图 6-1　平面齿轮机构

平面齿轮机构又可以分为外啮合、内啮合和齿轮齿条机构。外啮合齿轮机构由两个轮齿分布在外圆柱表面的齿轮相互啮合，两齿轮的转动方向相反[见图 6-1(a)]。内啮合齿轮机构由一个小外齿轮与轮齿分布在内圆柱表面的大齿轮相互啮合，两齿轮的转动方向相同[见图 6-1(b)]。齿轮齿条机构由一个外齿轮与齿条相互啮合，可以实现转动与直线运动的相互转换[见图 6-1(c)]。

图 6-1(a)、(b)、(c)中各轮齿的方向与齿轮的轴线平行，称为直齿轮；图 6-1(d)中轮齿的方向与齿轮的轴线倾斜了一定的角度，称为斜齿轮；图 6-1(e)由方向相反的两部分轮齿构成，称为人

字齿轮。

2. 空间齿轮机构

空间齿轮机构用于两相交轴或相互交错轴间的运动和动力的传递，两齿轮间的相对运动为空间运动，具体可见图 6-2 所示。

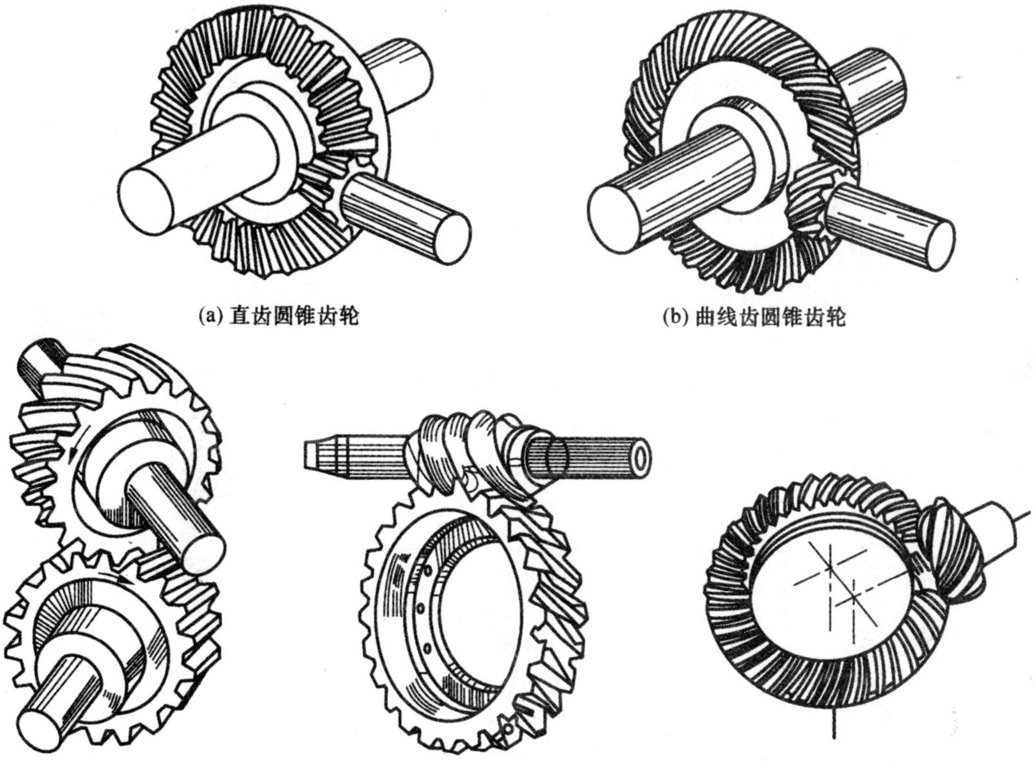

(a) 直齿圆锥齿轮　(b) 曲线齿圆锥齿轮　(c) 交错轴斜齿轮　(d) 蜗杆蜗轮　(e) 准双曲面齿轮

图 6-2　空间齿轮机构

用于两相交轴间的运动和动力传递的齿轮外形呈圆锥形，故又称为圆锥齿轮机构。它有直齿[见图 6-2(a)]和曲线齿[见图 6-2(b)]两种。

圆锥齿轮用于两相交轴之间的传动。其轮齿分布在截锥体的表面上，有直齿、斜齿和曲齿之分。直齿圆锥齿轮应用最广，曲齿圆锥齿轮由于能适应高速重载要求，也有广泛的应用，斜齿圆锥齿轮应用较少。

交错轴斜齿轮传动。斜齿圆柱齿轮也可用于交错轴传动，如图 6-2(c)。就单个齿轮来说与用于平行轴传动的斜齿轮是相同的，但是两轮的轮齿倾斜角度的大小和方向之间的关系与平行轴斜齿轮传动不同。

蜗杆传动也是用来传递两交错轴之间的运动。蜗杆与蜗轮两轴一般垂直交错，如图 6-2(d) 所示，这种传动可以获得较大的传动比。

用于交错轴间的齿轮传动，除斜齿轮传动和蜗杆传动外，还有准双曲线齿轮传动，如图 6-2(e)和锥蜗杆传动等多种形式。

按照轮齿的齿廓形状，齿轮机构还可分为渐开线、摆线和圆弧齿轮机构等，直到目前，渐开线齿轮仍是应用最广泛的，本章在简述齿轮啮合规律的基础上，着重介绍渐开线齿轮的啮合原理和设计方法。

6.1.2 齿轮机构的应用

在各种机器中，齿轮机构是应用最广泛的一种传动机构，它可以用来传递空间任意两轴间的运动和动力，运动准确可靠，效率较高。

齿轮机构多数用于定传动比传动。由于动力机一般转速较高、转矩较小，而工作机转速较低且要求转矩较大，这时可应用齿轮机构，在进行减速的同时增加转矩，当然齿轮机构也可用于增速。

图 6-3 非圆齿轮机构

齿轮机构也可以实现按某一规律的变速传动，这种齿轮机构中的齿轮一般是非圆形的，称作非圆齿轮机构，图 6-3 所示为一种常见的非圆齿轮机构，两个齿轮都是椭圆形，主动轮等速转动时，从动轮则按一定规律变速转动。相对来说，非圆齿轮用得较少，本章只讨论实现定传动比传动的齿轮机构。

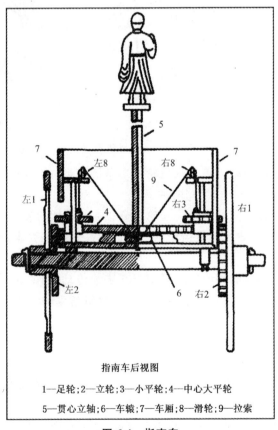

据史料记载，早在 2400 多年前的中国古代就已经开始使用齿轮，在我国山西出土的青铜齿轮是迄今已发现最古老的齿轮。经专家研究认为，作为反映古代科学技术成就的记里鼓车以及图 6-4 所示指南车就是以齿轮机构为核心的机械装置。

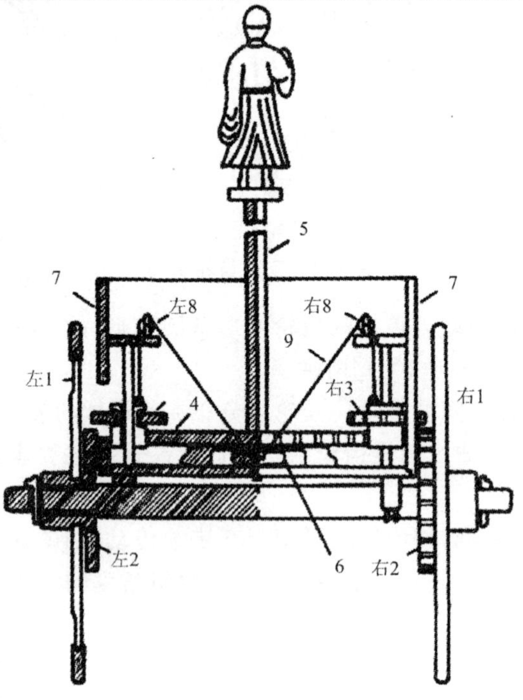

指南车后视图

1—足轮；2—立轮；3—小平轮；4—中心大平轮

5—贯心立轴；6—车辕；7—车厢；8—滑轮；9—拉索

图 6-4 指南车

6.2　齿廓啮合定律与齿轮转动坐标变换

6.2.1　齿廓啮合基本定律

齿轮是通过齿廓表面的接触来传递运动和动力的，齿廓表面可以由各种曲线构成。无论两齿轮齿廓形状如何，其平均传动比总是等于齿数的反比，即

$$i_{12}=\frac{n_1}{n_2}=\frac{z_1}{z_2}$$

齿轮机构的瞬时传动比是两齿轮的瞬时角速度之比，即

$$i_{12}=\frac{\omega_1}{\omega_2}$$

而齿轮的瞬时传动比与齿廓表面曲线形状有关，这一规律可以由齿廓啮合基本定律进行描述。

图 6-5 中 λ_1 和 λ_2 是一对分别绕 O_1 和 O_2 转动的平面齿轮的齿廓曲线，它们在点 K 处相接触，K 称为啮合点。过啮合点 K 作两齿廓的公法线 $n-n$，与两齿轮的连心线 O_1O_2 交于点 P。

根据瞬心概念可知：交点 P 是两齿轮的相对瞬心 P_{12} 此时 λ_1 和 λ_2 在 P 点的速度相等：

$$v_P=O_1P\times\omega_1=O_2P\times\omega_2$$

故两轮的瞬时传动比为

$$i_{12}=\frac{\omega_1}{\omega_2}=\frac{O_2P}{O_1P}$$

由以上分析可以得出齿廓啮合基本定律：相互啮合的一对齿轮，在任一位置时的传动比，都与其连心线 O_1O_2 被啮合点处的公法线所分成的两段长度成反比。

满足齿廓啮合基本定律的一对齿廓称为共轭齿廓。

齿廓啮合基本定律描述了两个齿轮齿廓（两个几何要素）与两轮的角速度（两个运动要素）之间的关系，当已知任意三个要素即可求出第四个要素。如齿轮传动中已知的是两个齿轮齿廓及主动轮的角速度 ω_1，即可求出从动轮的角速度 ω_2；又如用范成法加工齿轮时，当刀具与轮坯按一定的传动比$\frac{\omega_1}{\omega_2}$。运动时，且已知刀具齿廓形状，则刀具齿廓就在齿坯上加工出所需的共轭齿廓。这说明齿轮的瞬时传动比与齿廓形状有关，可根据齿廓曲线确定齿轮传动比；反之，也可以按照给定的传动比来确定齿廓曲线。

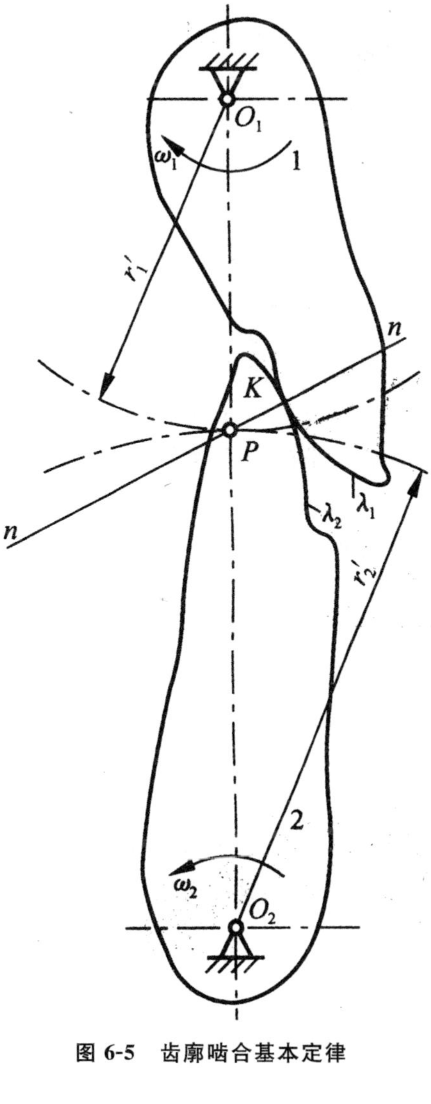

图 6-5　齿廓啮合基本定律

齿廓啮合基本定律既适用于定传动比的齿轮机构，也适用于变传动比的齿轮机构。

机械中对齿轮机构的基本要求是：瞬时传动比必须为常数，这样可以减小由于机构转速变化所带来的机械系统惯性力、振动、冲击和噪声。若要求两齿轮的传动比为常数，则应使$\frac{O_2P}{O_1P}$为常数。而由于在两齿轮的传动过程中，其轴心 0一和 02 均为定点，所以，欲使$\frac{O_2P}{O_1P}$为常数，则必须使 P 点在连心线上为一定点。由此可得出齿轮机构定传动比传动条件：不论两轮齿廓在何位置啮合，过啮合点所作的两齿廓公法线必须与两齿轮的连心线相交于一定点。

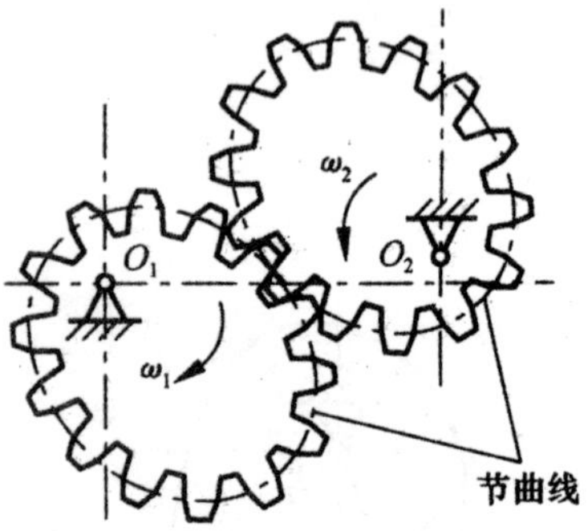

图 6-6　非圆齿轮的节曲线

点 P 称为两轮的啮合节点（简称为节点）。分别以两轮的回转中心 O_1 和 O_2 为圆心，以 $r'_1=O_1P$、$r'_2=O_2P$ 为半径作圆，称为两齿轮的节圆。这两个圆相切于节点 P，因此，两齿轮的啮合传动可以看成两个节圆做纯滚动；两轮在节圆上的圆周速度相等；节圆是节点在两齿轮运动平面上的轨迹。

同理，由上式可知，当要求两齿轮做变传动比传动时，则节点 P 就不再是连心线上的一个定点，而应是按传动比的变化规律在连心线上移动的。这时，P 点在轮 1、轮 2 运动平面上的轨迹也就不再是圆，而是一条非圆曲线，称为节曲线。如图 6-6 所示的两个椭圆即为该对非圆齿轮的节曲线。

6.2.2　齿轮传动坐标变换

齿轮传动是依靠主动齿轮齿廓推动从动齿轮齿廓绕固定轴线回转，主、从动齿轮齿廓的接触点及其变化规律决定齿轮传动比。通过主、从动齿轮及机架坐标系的坐标变换描述主、从动齿轮齿廓曲线及接触点，是研究齿轮啮合原理常用的方法，本节重点讲述如何建立齿轮啮合传动的坐标系以及坐标变换矩阵。

如图 6-7 所示，在研究平面齿轮啮合时，需要建立三个笛卡尔坐标系，一个建立在机架上，为固定坐标系 $S(Oxy)$，其原点 O 选在其中一齿轮的回转中心，其 y 轴与两个齿轮回转中心连线重合；两个运动坐标系 $S_1(O_1x_1)$、$S_2(O_2x_2y_2)$分别与齿轮 1、2 相固连，并随齿轮一起转动，坐标原点 O_1、O_2：分别与齿轮 1、2 的回转中心重合，在初始位置，y_1 和 y_2 轴均与中心连线重合。

设轮 1 沿逆时针方向转过 φ_1 角时，轮 2 沿顺时针方向转过 φ_2 角，运动坐标系 S_1 到固定坐标系 S 的变换矩阵为 M_{01}，运动坐标系 S_2 到固定坐标系 S 的变换矩阵为 M_{02}，则运动坐标系 S_1 到运动坐标系 S_2 的变换矩阵：$M_{21}=M_{20}M_{01}=M'_{02}M_{01}$，其中 M_{20} 为 M_{02} 的逆矩阵，描述了固定坐标系 S 到运动坐标系 S_2 的坐标变换。

观察两啮合齿轮的运动，运动坐标系 S_1 相对于固定坐标系 S 仅有绕原点的转角为 φ_1 的逆时针旋转，故坐标变换矩阵为

$$M_{01}=\begin{pmatrix}\cos\varphi_1 & -\sin\varphi_1 & 0\\ \sin\varphi_1 & \cos\varphi_1 & 0\\ 0 & 0 & 1\end{pmatrix}$$

运动坐标系 S_2 相对于固定坐标系 S 平移 O_1O_2：后，绕原点作转角为 φ_2 的顺时针旋转，坐标变换矩阵为

$$M_{02}=\begin{pmatrix}\cos\varphi_2 & \sin\varphi_2 & 0\\ -\sin\varphi_2 & \cos\varphi_2 & a\\ 0 & 0 & 1\end{pmatrix}$$

所以运动坐标系 S_1 到运动坐标系 S_2 的变换矩阵为

$$\begin{aligned}M_{21}&=M_{20}M_{01}\\&=\begin{pmatrix}\cos\varphi_2 & \sin\varphi_2 & 0\\ -\sin\varphi_2 & \cos\varphi_2 & a\\ 0 & 0 & 1\end{pmatrix}\begin{pmatrix}\cos\varphi_1 & -\sin\varphi_1 & 0\\ \sin\varphi_1 & \cos\varphi_1 & 0\\ 0 & 0 & 1\end{pmatrix}\\&=\begin{pmatrix}\cos(\varphi_1+\varphi_2) & -\sin(\varphi_1+\varphi_2) & a\sin\varphi_2\\ \sin(\varphi_1+\varphi_2) & \cos(\varphi_1+\varphi_2) & -a\cos\varphi_2\\ 0 & 0 & 1\end{pmatrix}\end{aligned}$$

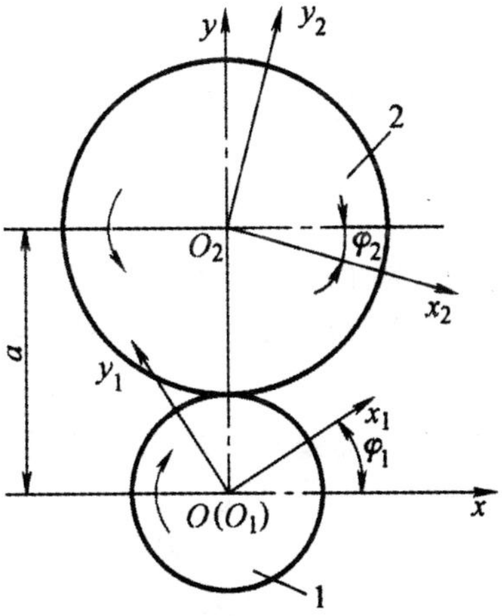

图 6-7　齿轮传动坐标系

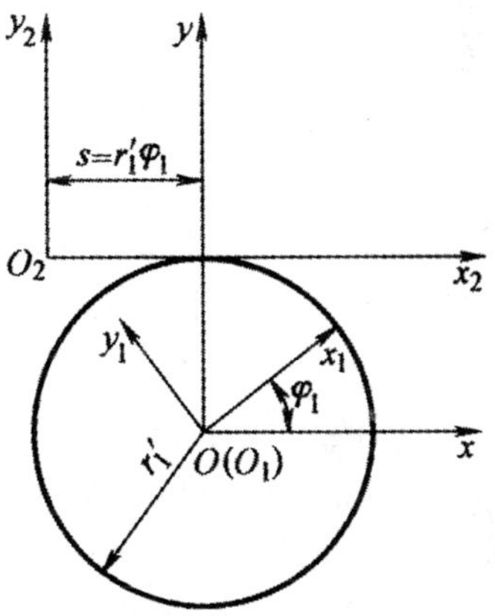

图 6-8　齿轮齿条传动坐标系

对于齿轮与齿条传动，同样建立三个坐标系，如图 6-8 所示，其中固定坐标系的原点选在齿轮的回转中心，运动坐标系 S_1 和 S_2 分别与齿轮和齿条相固连，其坐标变换矩阵仍按前述方法建立，故可得

$$M_{01}=\begin{pmatrix}\cos\varphi_1 & -\sin\varphi_1 & 0\\ \sin\varphi_1 & \cos\varphi_1 & 0\\ 0 & 0 & 1\end{pmatrix}$$

$$M_{02}=\begin{pmatrix}1 & 0 & -r'_1\varphi_1\\ 0 & 1 & r'_1\\ 0 & 0 & 1\end{pmatrix}$$

$$M_{21}=\begin{pmatrix}\cos\varphi_1 & -\sin\varphi_1 & r'_1\varphi_1\\ \sin\varphi_1 & \cos\varphi_1 & -r'_1\\ 0 & 0 & 1\end{pmatrix}$$

6.3 渐开线直齿圆柱齿轮

6.3.1 渐开线的形成与特性

齿轮的齿廓曲线必须满足齿廓啮合基本定律。现代工业中应用最多的齿廓曲线是渐开线曲线。

1. 渐开线的形成

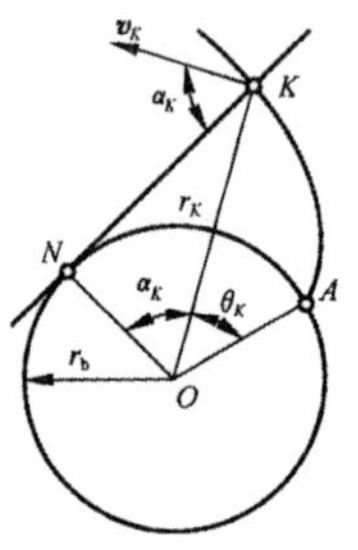

图 6-9 渐开线的形成

如图 6-9 所示，当直线 NK 沿一圆周做纯滚动时，直线上任意点 K 的轨迹 AK，就是该圆的渐开线。该圆称为渐开线的基圆，其半径用 r_b 表示；直线 NK 称为渐开线的发生线；角 θ_K 称为渐开线上 K 点的展角。

2. 渐开线的特性

根据渐开线的形成过程，可知渐开线的具有下列特性。

①由于发生线在基圆上做纯滚动，所以发生线沿基圆滚过的直线长度，等于基圆上被滚过的圆弧长度，即

$$\overline{NK}=\widehat{NA}$$

②由于发生线在基圆上做纯滚动，所以发生线与基圆的切点 N 即为其速度瞬心，发生线 NK 即为渐开线在点 K 的法线。故可得出结论：渐开线上任意点的法线必切于基圆。

③发生线与基圆的切点 N 也是渐开线在点 K 处的曲率中心，而线段 NK 就是渐开线在点 K 处的曲率半径。又由图 6-9 可见，在基圆上的曲率半径最小，其值为零。渐开线越远离基圆，其曲率半径越大。

④渐开线的形状取决于基圆的大小。如图 6-10 所示，在展角 θ_K 相同的条件下，基圆半径越大，其曲率半径越大，渐开线的形状越平直。当基圆半径为无穷大时，其渐开线就变成一条直线。故齿条的齿廓曲线为直线。

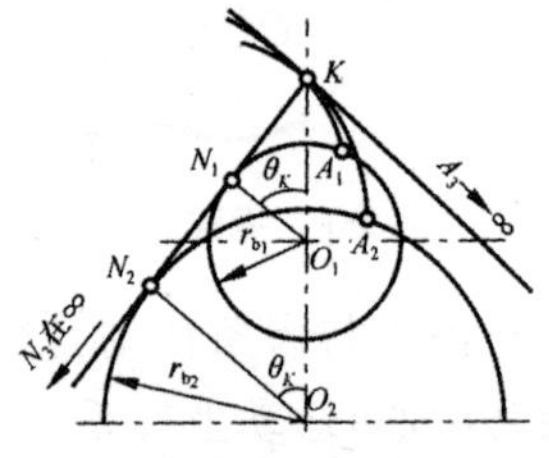

图 6-10 渐开线的形状取决于基圆的大小

⑤基圆以内无渐开线。由于渐开线是由基圆开始向外展开的，故基圆内无渐开线。

6.3.2 渐开线的函数及方程式

如图 6-9 所示，以 O 为极点，以 OA 为极坐标轴，渐开线上任一点 K 的极坐标可以用向径 r_K 和展角 θ_K 来确定。当以此渐开线作为齿轮的齿廓，并与其共轭齿廓在点 K 啮合时，则此齿廓在该点所受正压力的方向（即法线 NK 方向）与该点速度方向（垂直于直线 OK 方向）之间所夹的锐角称为渐开线在该点的压力角，用 α_K 表示。

由图可见 $\alpha_K=\angle NOK$，且

$$\cos\alpha_K=\frac{r_b}{r_K}$$

因

$$\tan\alpha_K=\frac{NK}{ON}=\frac{\widehat{AN}}{r_b}=\frac{r_b(\alpha_K+\theta_K)}{r_b}=\alpha_K+\theta_K$$

上式说明，展角 θ_K 是压力角 α_K 的函数。又因该函数是根据渐开线的特性推导出来的，故称其为渐开线函数。工程上常用 $\mathrm{inv}\alpha_K$ 来表示，即

$$\mathrm{inv}\alpha_K=\theta_K=\tan\alpha_K-\alpha_K$$

综上所述，可得渐开线的极坐标方程式为

$$\left.\begin{aligned}r_K&=\frac{r_b}{\cos\alpha_K}\\ \theta_K&=inv\alpha_K=\tan\alpha_K-\alpha_K\end{aligned}\right\}$$

6.3.3　渐开线齿轮尺寸参数

图 6-11 所示为一标准直齿圆柱外齿轮的一部分，齿轮的各个部分都分布在不同的圆周上。

①齿顶圆。过所有轮齿顶端的圆称为齿顶圆，其半径和直径分别用 r_a 和 d_a 表示。

②齿根圆。过所有轮齿槽底的圆称为齿根圆，其半径和直径分别用 r_f 和 d_f 表示。

③分度圆。是设计齿轮的基准圆，其半径和直径分别用 r 和 d 表示。

④基圆。生成渐开线的圆称为基圆，其半径和直径分别用 r_b 和 d_b 表示。

⑤齿厚、齿槽和齿距。沿任意圆周上，同一轮齿左右两侧齿廓间的弧长称为该圆周上的齿厚，以 s_i 表示；相邻两轮齿，任意圆周上齿槽的弧线长度，称为该圆周上的齿槽宽，以 e_i 表示；沿任意圆周，相邻两齿同侧齿廓之间的弧长称为该圆周上的齿距，以 p_i 表示。在同一圆周上，齿距等于齿厚与齿槽宽之和，即

$$p_i=s_i+e_i$$

分度圆上的齿厚、齿槽宽和齿距分别以 s、e 和 p 表示。

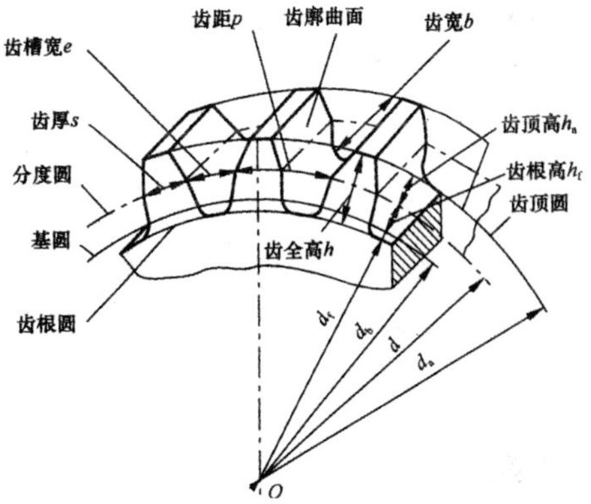

图 6-11　齿轮各部分的名称

⑥齿顶高、齿根高和齿全高。轮齿介于分度圆与齿顶圆之间的部分称为齿顶，其径向高度称为齿顶高，以 h_a 表示；介于分度圆与齿根圆之间的部分称为齿根，其径向高度称为齿根高，以 h_f 表示；齿顶高与齿根高之和称为齿全高，以 h 表示，显

$$h=h_a+h_f$$

1. 基本参数

①齿数。在齿轮整个圆周上轮齿的总数称为齿数，用 z 表示。

②模数。由于齿轮分度圆的周长等于 zp，故分度圆的直径 d 可表示为

$$d=\frac{zp}{\pi}$$

为了便于设计、计算、制造和检验，现令

$$m=\frac{p}{\pi}$$

m 称为齿轮的模数，其单位为 mm。于是得

$$d=mz$$

模数 m 已经标准化了，下表 6-1 所示为国家标准所规定的标准模数系列。齿数相同的齿轮，若模数不同，则其尺寸也不同（见图 6-12）。

表 6-1　圆柱齿轮标准模数系列表

单位为:mm

第一系列	1 8	1.25 10	1.5 12	2 16	2.5 20	3 25	4 32	5 40	6 60
第二系列	1.75 7	2.25 9	2.75 (11)	(3.25) 14	3.5 18	(3.75) 22	4.5 28	5.5 36	(6.5) 45

(摘自 GB/T 1357—1987)

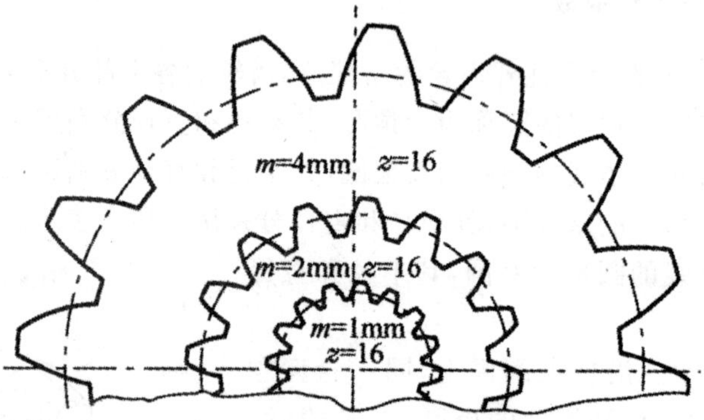

图 6-12　相同齿数,不同模数齿轮尺寸

注:选用模数时,应优先采用第一系列,其次是第二系列,括号内的模数尽可能不用。

③分度圆压力角(简称压力角)。同一渐开线齿廓上各点的压力角不同。通常所说的齿轮压力角是指在分度圆上的压力角,以 α 表示。则有

$$\alpha=\arccos\left(\frac{r_b}{r}\right)$$

或

$$r_b=r\cos\alpha=\frac{1}{2}zm\cos\alpha$$

国家标准(6B/T 1356—1988)中规定,分度圆压力角的标准值为 $\alpha=20°$。在某些特殊场合,α 也有采用其他值的情况,如 $\alpha=15°$等。

④齿顶高系数和顶隙系数。齿顶高系数和顶隙系数分别用 h_a^* 和 c^* 表示。

齿轮的齿顶高:

$$h=h_a^* m$$

齿根高:

$$h_f=(h_a^*+c^*)m$$

齿根高略大于齿顶高,这样在一个齿轮的齿顶到另一个齿轮的齿根的径向形成顶隙 c

$$c=c^* m$$

其既可以存储润滑油,也可以防止轮齿干涉。

齿顶高系数 h_a^* 和顶隙系数 c^* 也已经标准化了,1 为国家标准所规定的齿顶高系数 h_a^* 和顶隙系数 c^* 数值。

表 6-2　齿顶高系数和顶隙系数

	正常齿制	短齿制
齿顶高系数 h_a^*	1	0.8
顶隙系数 c^*	0.25	0.3

（摘自 GB/T 1357—1987）

2. 几何尺寸计算

若齿轮基本参数中的 m、α、h_a^*、c^* 均为标准值，而且 $e=s$，则齿轮称为标准齿轮。表 6-3 是渐开线标准直齿圆柱齿轮各个部分几何尺寸的计算公式。

表 6-3　渐开线标准直齿圆柱齿轮传动几何尺寸的计算公式

名　称	代　号	计算公式	
		小　齿　轮	大　齿　轮
模数	m	（根据齿轮受力情况和结构需要确定，选取标准值）	
压力角	a	选取标准值	
分度圆直径	d	$d_1=mz_1$	$d_2=mz_2$
齿顶高	h_a	$h_{a1}=h_{a2}=h_a^* m$	
齿根高	h_f	$h_{f1}=h_{f2}=(h_a^*+c^*)m$	
齿全高	h	$h_1=h_2=(2h_a^*+c^*)m$	
齿顶圆直径	d_a	$d_{a1}=(z_1+2h_a^*)m$	$d_{a2}=(z_2+2h_a^*)m$
齿根圆直径	d_a	$d_{f1}=(z_1-2h_a^*-2c^*)m$	$d_{f2}=(z_2-2h_a^*-2c^*)m$
基圆直径	d_b	$d_{b1}=d_1 cos_a$	$d_{b2}=d_2 cos_a$
齿距	p	$p=\pi m$	
基圆齿距	p_b	$p_b=pcos_a$	
齿厚	s	$s=\pi m/2$	
齿槽宽	e	$e=\pi m/2$	
顶隙	c	$c=c^* m$	
标准中心距	a	$a=m(z_1+z_2)/2$	
节圆直径	d'	（当中心距为标准中心距 a 时）$d'=d$	
传动比	i	$i_{12}=w_1/w_2=d'_2/d'_1=d_{b2}/d_{b1}=d_2/d_1=z_2/z_1$	

3. 内齿轮

如图 6-14 所示为一内齿圆柱齿轮。由于内齿轮的轮齿分布在空心圆柱体的内表面上，所以它与外齿轮相比较有下列不同点。

①内齿轮的齿根圆大于齿顶圆。

②内齿轮的轮齿相当于外齿轮的齿槽，内齿轮的齿槽相当于外齿轮的轮齿，故内齿轮的齿廓是内凹的。

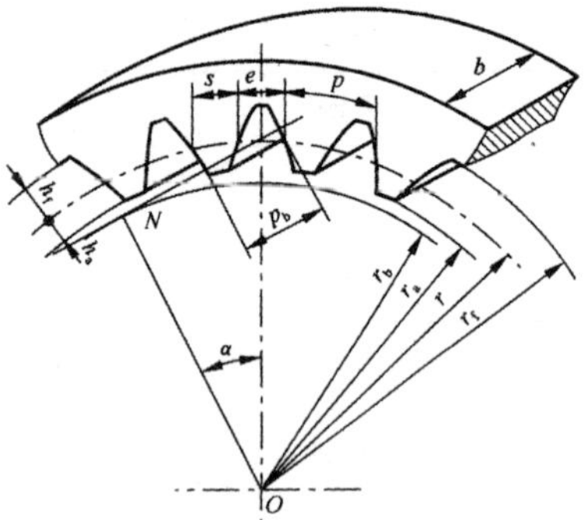

图 6-13　内齿圆柱齿轮

③为了使内齿轮齿顶的齿廓全部为渐开线，则其齿顶圆必须大于基圆。

基于内齿轮与外齿轮的不同，其部分基本尺寸的计算公式也就不同，如齿顶圆直径 $d_a=d-2h_a$；齿根圆直径 $d_f=d+2h_f$ 等。

4. 齿条

如图 6-14 所示为一齿条。齿条与齿轮相比有以下两个主要特点。

①由于齿条的齿廓是直线，所以齿廓上各点的法线是平行的，而且由于在传动时齿条是做直线移动的，所以齿条齿廓上各点的压力角相同，其大小等于齿廓直线的齿形角 α。

②由于齿条上各齿同侧的齿廓是平行的，所以不论在分度线上或与其平行的其他直线上，其齿距都相等，即 $p_i=p=\pi m$。

齿条的部分基本尺寸(如 h_a、h_f、s、e、p、p_b 等)可参照外齿轮几何尺寸的计算公式进行计算。

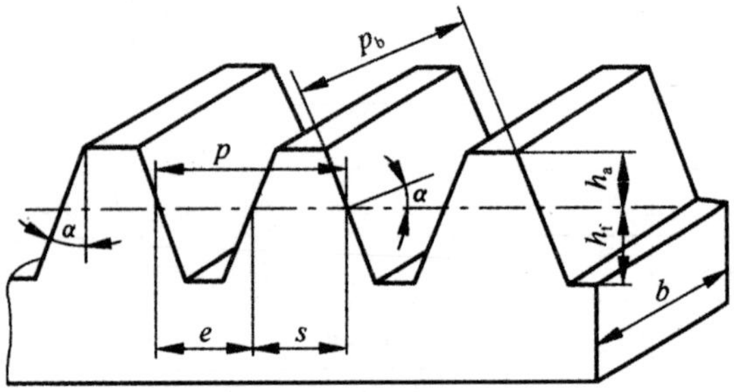

图 6-14　标准齿条

6.4　渐开线齿轮的啮合传动

6.4.1　渐开线齿廓的啮合特性

一对渐开线齿廓在啮合传动中，具有以下几个特点。

1. 渐开线齿廓能保证定传动比传动

现设 λ_1 和 λ_2 为两齿轮上相互啮合的一对渐开线齿廓，具体可见图 6-15，它们的基圆半径分别为 r_{b1}、r_{b2} 当 λ_1 和 λ_2 在任一点 K 啮合时，过点 K 所作这对齿廓的公法线为 N_1N_2。根据渐开线的特性可知，此公法线必同时与两轮的基圆相切，即 N_1N_2 为两基圆的一条内公切线。由于两轮的基圆为定圆，其在同一方向的内公切线只有一条。故不论该对齿廓在何处啮合，过啮合点 K 所作两齿廓的公法线必为一条固定的直线，它与连心线 O_1O_2 的交点 P 必为一定点。因此两个以渐开线作为齿廓曲线的齿轮，其瞬时传动比为常数，即

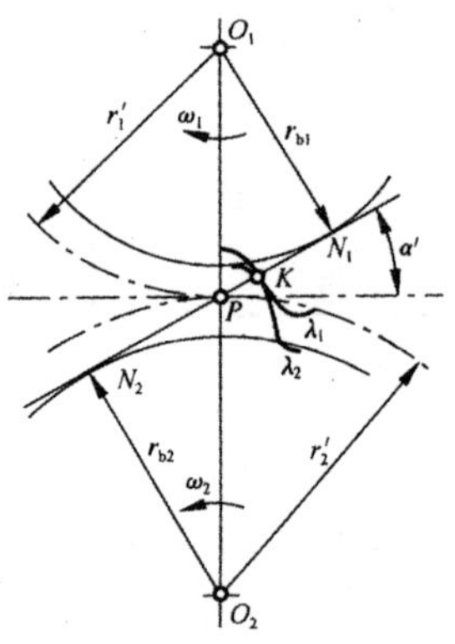

图 6-15　渐开线齿廓在啮合特性

$$i_{12}=\frac{\omega_2}{\omega_1}=\frac{O_2P}{O_1P}=\text{常数}$$

机械传动中为保证机械系统运转的平稳性，要求齿轮能做定传动比传动，渐开线齿廓能满足此要求，故任意两个渐开线齿廓都是共轭齿廓。

2. 渐开线齿廓传动具有可分性

由图 6-15 可知，$\triangle O_1N_1P \sim \triangle O_2N_2P$ 故两轮的传动比又可写成

$$i_{12}=\frac{\omega_1}{\omega_2}=\frac{O_2P}{O_1P}=\frac{r'_2}{r'_1}=\frac{r_{b2}}{r_{b1}}$$

上式说明，一对渐开线齿轮的传动比等于两轮基圆半径的反比。对于渐开线齿轮来说，齿轮加工完成后，其基圆的大小就已完全确定，所以两轮传动比亦即完全确定，因而即使两齿轮的实际安装中心距与设计中心距略有偏差，也不会影响两轮的传动比。渐开线齿廓传动的这一特性称为传动的可分性。该特性对于渐开线齿轮的加工、制造、装配、调整、使用和维修都十分有利。

3. 渐开线齿廓之间的正压力方向不变

既然一对渐开线齿廓在任何位置啮合时，过啮合点的公法线都是同一条直线 N_1N_2，这就说明一对渐开线齿廓从开始啮合到脱离接触，所有的啮合点均在直线 N_1N_2 上，即直线 N_1N_2 是两齿廓接触点的轨迹，它称为渐开线齿轮传动的啮合线。由于在齿轮传动中两啮合齿廓间的正压力就沿其接触点的公法线方向，而对于渐开线齿廓啮合传动来说，该公法线与啮合线是同一直线 N_1N_2，故知渐开线齿轮在传动过程中，两啮合齿廓之间的正压力方向是始终不变的。这对提高齿轮传动的平稳性十分有利。

正是由于渐开线齿廓具有上述这些特点，才使得渐开线齿轮在机械工程中获得了广泛的应用。

6.4.2　啮合传动的基本条件

渐开线齿廓虽能够满足定传动比传动条件，但要实现一对渐开线齿轮的正常工作，还需要满足以下一些基本条件。

1. 正确啮合条件

如果两个齿轮能够一起啮合，则必须使一个齿轮的轮齿能够正常进入到另一轮的齿槽，否则，将无法进行啮合传动。现就图 6-16 所示的两齿轮啮合情况加以说明。

如前所述，一对渐开线齿轮在传动时，它们的齿廓啮合点都应位于啮合线 N_1N_2 上，因此要齿轮能正确啮合传动，应使处于啮合线上的各对轮齿都能同时进入啮合，为此两齿轮相邻两齿同侧齿廓的法向距离（法向齿距 P_n）应相等，即

$$P_{n1}=K_1K'_1=K_2K'_2=P_{n2}$$

根据渐开线的特性①，法向齿距 P_n 应等于基圆上的齿距 P_b，所以有

$$P_{b1}=P_{b2}$$

$$m_1\cos\alpha_1=m_2\cos\alpha_2$$

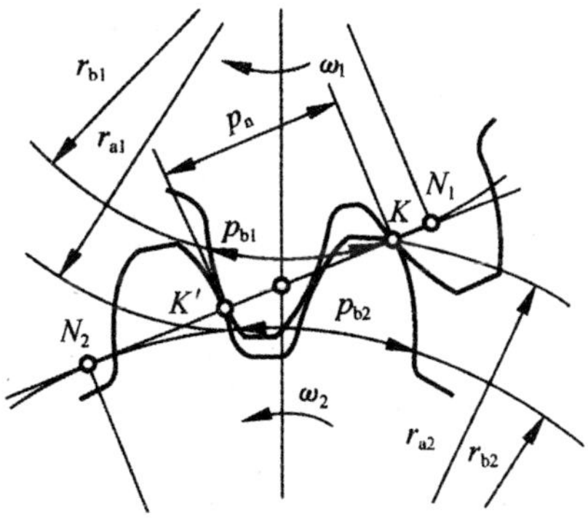

图 6-16　齿轮正确啮合条件

式中，m_1、m_2 及 α_1、α_2 分别为两轮的模数和压力角。

由于模数和压力角均已标准化,为满足上式,应使

$$m_1 = m_2 = m$$

$$\alpha_1 = \alpha_2 = \alpha$$

故一对渐开线标准直齿圆柱齿轮正确啮合条件是:两轮的模数和压力角应分别相等。这也是渐开线齿轮互换的必要条件。

2. 正确安装条件

一对齿轮应满足的正确安装条件是:两轮的齿侧间隙为零;顶隙为标准值。

如前所述,一对渐开线齿廓在啮合传动中具有可分性,即齿轮传动的中心距的变化不影响传动比,但会改变齿轮传动的顶隙和齿侧间隙的大小。

(1)两轮的项隙为标准值

在一对齿轮传动时,为了避免一轮的齿顶与另一轮的齿槽底部及齿根过渡曲线部分相抵触,并且为了有一些空隙以便储存润滑油,故在一轮的齿顶圆与另一轮的齿根圆之间留有一定的间隙,称为顶隙。顶隙的标准值为 $c = c^* m$。而由图 6-17(a)可见,两轮的顶隙大小与两轮的中心距有关。

设当顶隙为标准值时,两轮的中心距为 a,则

$$\begin{aligned} a &= r_{a1} + c + r_{f2} = (r_1 + h_a^* m) + c^* m + (r_2 - h_a^* m - c^* m) \\ &= r_1 + r_2 = \frac{m(z_1 + z_2)}{2} \end{aligned}$$

即两轮的中心距廊等于两轮分度圆半径之和,这种中心距称为标准中心距。

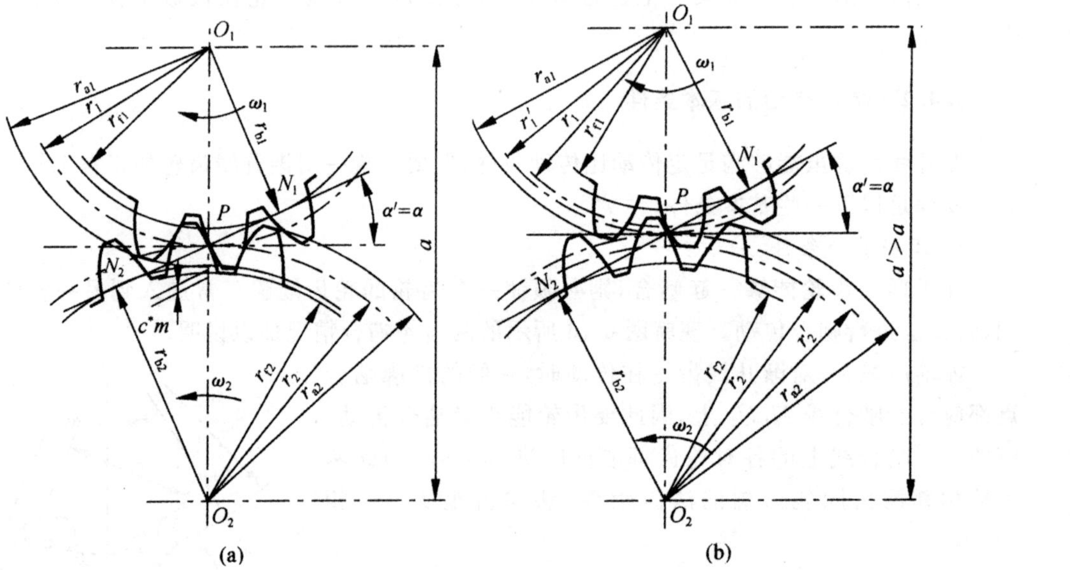

图 6-17　齿轮正确安装条件

由前可知,一对齿轮啮合时两轮的节圆总是相切的,当两轮按标准中心距安装时,两轮的分度圆也是相切的,即 $r'_1 + r'_2 = r_1 + r_2$。又因 $i_{12} = \frac{r'_2}{r'_1} = \frac{r_2}{r_1}$,故在此情况下,两轮的节圆分别与其分度圆相重合。

(2)两轮的齿侧间隙为零

由图 6-18 可见，一对齿轮侧隙的大小显然也与中心距的大小有关。虽然在实际齿轮传动中，在两轮的非工作齿侧间总要留有一定的间隙，但为了减小或避免轮齿间的反向冲撞和空程，这种齿侧间隙一般都很小，并由制造公差来保证。而在设计齿轮的公称尺寸和中心距时，都是按齿侧间隙为零来考虑的。

若一对齿轮在传动时其齿侧间隙为零，需使一个齿轮在节圆上的齿厚和齿槽宽等于另一个齿轮在节圆上的齿槽宽和齿厚，即 $s'_1=e'_2$，$e'_1=s'_2$。

当一对标准齿轮按标准中心距安装时，两轮的节圆与其分度圆重合，而分度圆上的齿厚与齿槽宽相等，因此有 $s'_1=e'_1=s'_2=e'_2=\pi m/2$。故标准齿轮在按标准中心距安装时，其无齿侧间隙的要求也能得到满足。

一对齿轮在啮合时，其节点 P 的速度方向与啮合线 N_1N_2 之间所夹的锐角称为啮合角，用 α'表示。由此定义可知，啮合角 α'总是等于节圆压力角。当两轮按标准中心距安装时，由于齿轮的节圆与其分度圆重合，所以此时的啮合角 α'也等于齿轮的分度圆压力角 α。

当两轮的实际中心距 a'与标准中心距 a 不相同时，两轮的分度圆将不再相切。设将原来的中心距 a 增大(见图 6-17(b))，这时两轮的分度圆不再相切，而是相互分离开一段距离。两轮的节圆半径将大于各自的分度圆半径，其啮合角 α'也将大于分度圆的压力角 α。因 $r_b=r\cos\alpha=r'\cos\alpha'$，故有 $r_{b1}+r_{b2}=(r_1+r_2)\cos\alpha=(r'_1+r'_2)\cos\alpha'$，则齿轮的中心距与啮合角的关系式为

$$a'\cos\alpha'=a\cos\alpha$$

对于如图 6-18 所示的齿轮齿条传动，由于齿条的渐开线齿廓变为直线，而且不论齿轮与齿条是标准安装(此时齿轮的分度圆与齿条的分度线相切)，还是齿条沿径向线 O_1P 远离或靠近齿轮(相当于中心距改变)，齿条的直线齿廓总是保持原始方向不变，因此使啮合线 N_1N_2 及节点 P 的位置也始终保持不变。这说明，对于齿轮和齿条传动，不论两者是否为标准安装，齿轮的节圆始终与其分度圆重合，其啮合角 α'始终等于齿轮的分度圆压力角 α。只是在非标准安装时，齿条的节线与其分度线将不再重合。

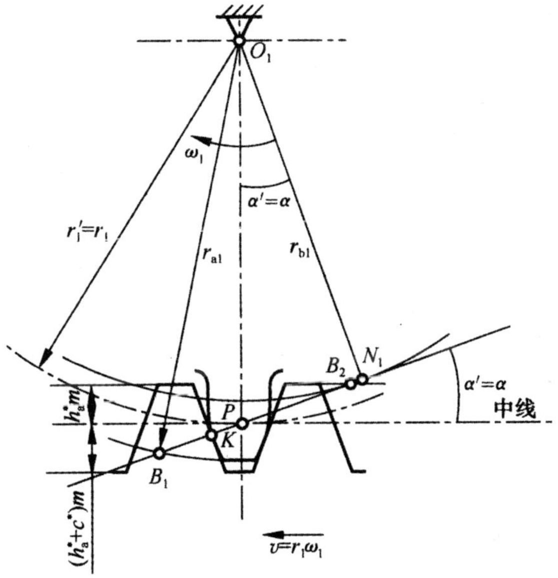

图 6-18　齿轮齿条的正确啮合

3. 连续传动条件

如图 6-19 所示为一对满足正确啮合条件的渐开线直齿圆柱齿轮传动。设轮 1 为主动轮，以角速度 ω_1 做顺时针方向回转；轮 2 为从动轮，以角速度 ω_2 做逆时针方向回转。直线 N_1N_2 为这对齿轮传动的啮合线。现分析这对轮齿的啮合过程。B_2 点是从动轮 2 的齿顶圆与啮合线 N_1N_2 的交点，B_1 是主动轮 1 的齿顶圆与啮合线 N_1N_2 的交点，两轮轮齿在 B_2 点进入啮合，B_2 点为起始啮合点。随着传动的进行，两齿廓的啮合点将沿着主动轮的齿廓，由齿根逐渐移向齿顶；而该啮合点沿着从动轮的齿廓，由齿顶逐渐移向齿根。B_1 点就是终止啮合点。从一对轮齿的啮合过程来看，啮合点实际所走过的轨迹只是啮合线 N_1N_2 上的 B_1B_2 一段，故把 B_1B_2 称为实际啮合线段。若将两齿轮的齿顶圆加大，则 B_1、B_2 将分别趋近于啮合线与两基圆的切点 N_1、N_2。但因基圆以内没有渐开线，所以两轮的齿顶圆与啮合线的交点不得超过点 N_1 和 N_2。因此，啮合线 N_1N_2 是理论上可能达到的最长啮合线段，称为理论啮合线段，而点 N_1、N_2 则称为啮合极限点。

由此可见，一对轮齿啮合传动的区间是有限的。所以，为了使两轮能够连续地传动，必须保证在前一对轮齿尚未脱离啮合时，后一对轮齿就要及时进入啮合。而为了达到这一目的，则实际啮合线段 B_1B_2 应大于或等于齿轮的法向齿距 p_b，如图 6-20 所示。

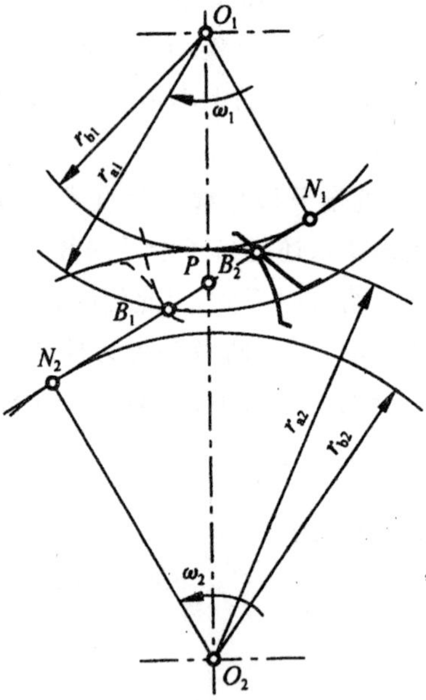

图 6-19　齿轮的啮合过程

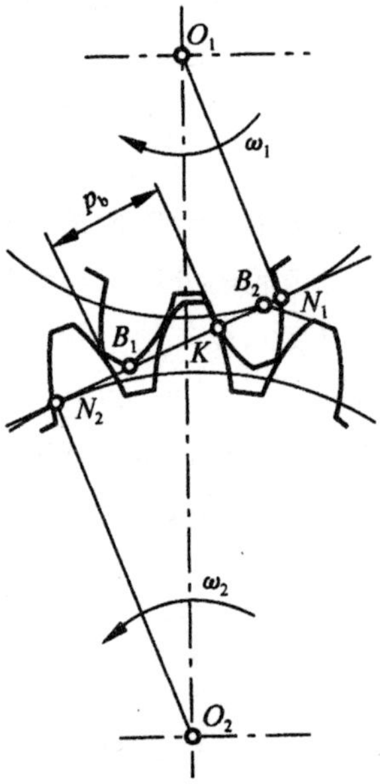

图 6-20　连续传动条件

通常把 B_1B_2 与 p_b 的比值 ε_α 称为齿轮传动的重合度。于是，可得到齿轮连续传动的条件为

$$\varepsilon_\alpha=\frac{B_1B_2}{p_b}\geqslant[\varepsilon_\alpha]$$

$[\varepsilon_\alpha]$是重合度 ε_α 的许用值，$[\varepsilon_\alpha]$值是随齿轮传动的使用要求和制造精度而定的，常用的$[\varepsilon_\alpha]$推荐值见表 6-4。

表 6-4　$[\varepsilon_\alpha]$的推荐值

使用场合	一般机械制造业	汽车拖拉机	金属切削机床
$[\varepsilon_\alpha]$	1.4	1.1～1.2	1.3

重合度 ε_α 的计算公式可以由图得

$$B_1B_2=PB_1+PB_2$$

$$PB_1=N_1B_1-N_1P=r_{b1}(\tan\alpha_{a1}-\tan\alpha')=\frac{mz_1}{2}\cos\alpha(\tan\alpha_{a1}-\tan\alpha')$$

同理

$$PB_2=\frac{mz_2}{2}\cos\alpha(\tan\alpha_{a2}-\tan\alpha')$$

式中，α'为啮合角；z_1、z_2 及 α_{a1}、α_{a2}分别为齿轮 1、齿轮 2 的齿数及齿顶圆压力角。

将 B_1B_2 的表达式及 $P_b=\pi m\cos\alpha$ 代入 $\varepsilon_\alpha=\dfrac{B_1B_2}{p_b}\geqslant[\varepsilon_\alpha]$，可得重合度的计算公式为

$$\varepsilon_\alpha=\frac{1}{2\pi}[z_1(\tan\alpha_{a1}-\tan\alpha')+z_2(\tan\alpha_{a2}-\tan\alpha')]$$

重合度 ε_α 意义：ε_α 的大小表示了同时参与啮合的轮齿对数的平均值。当 $\varepsilon_\alpha=1$ 时，表示前面一对轮齿即将在 B_1 点脱离啮合时，后一对轮齿恰好在 B_2 点进入啮合，啮合过程中始终仅有一对轮齿参与啮合。如图 6-21(b)所示，当 $\varepsilon_\alpha=1.4$ 时，表示实际啮合线 B_1B_2 是法向齿距 P_b 的 1.4 倍；CD 段为单齿啮合区，当轮齿在此段啮合时，只有一对轮齿相啮合；B_2D 段和 B_1C 段为双齿啮合区，当轮齿在其上任一段上啮合时，必有相邻的一对轮齿在另一段上啮合。

由上式可见：重合度 ε_α 与模数 m 无关，而随着齿数 z 的增多而加大，对于按标准中心距安装的标准齿轮传动，当两轮的齿数趋于无穷大时的极限重合度 $\varepsilon_{\alpha max}=1.981$。此外，重合度 ε_α 还随啮合角 α'的减小和齿顶高系数 h_a^* 的增大而增大。齿轮传动的重合度 ε_α 越大，意味着同时参与啮合的轮齿对数越多或双齿啮合区越长，这对于提高齿轮传动的平稳件承裁能力有重要意义。

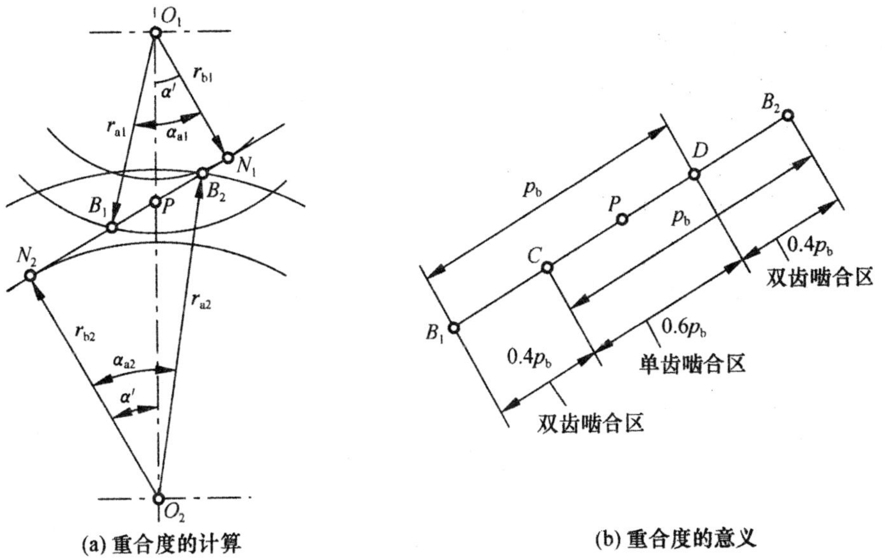

图 6-21　外啮合齿轮的重合度

6.4.3　渐开线齿廓间的滑动

一对渐开线齿廓啮合过程中，接触点沿啮合线移动，设此瞬时在 K 点接触，经出时间 Δt 后，

接触点变为 K'，是齿廓 1 上 K'_1 点与齿廓 2 上的 K'_2 点在 K' 点啮合。在 Δt 时间内，接触点在齿廓 1 上移动的弧长为 $\Delta s_1=\widehat{KK'_1}$，接触点在齿廓 2 上移动的弧长为 $\Delta s_2=\widehat{KK'_2}$，一般情形下 $\Delta s_1\neq\Delta s_2$，故知啮合传动过程中齿面间有滑动，具体可见图 6-22 所示。

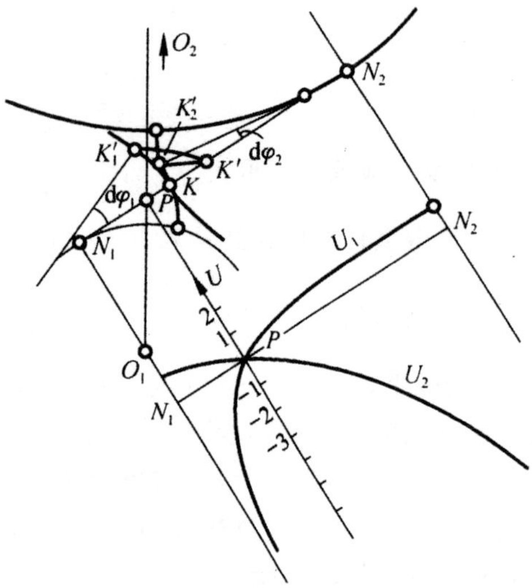

图 6-22　渐开线齿廓间的滑动

在齿面间润滑不充分的条件下，齿面滑动导致磨损。虽然相啮合的一对齿廓在 Δt 时间内相对滑动的大小是相同的，都为 $|\Delta s_1-\Delta s_2|$，但滑动弧长较小的齿面所受的磨损却比滑动弧长较大的齿面剧烈，所以，为了确切地说明齿面上不同点的滑动状况，定义了一个"滑动比"的指标，以 U_1 和 U_2 表示，则

$$U_1=\lim_{\Delta t\to 0}\frac{\Delta s_1-\Delta s_2}{\Delta s_1}=\frac{\mathrm{d}s_1-\mathrm{d}s_2}{\mathrm{d}s_1}$$

$$U_2=\lim_{\Delta t\to 0}\frac{\Delta s_2-\Delta s_1}{\Delta s_2}=\frac{\mathrm{d}s_2-\mathrm{d}s_1}{\mathrm{d}s_2}$$

将对应的几何关系及运动关系代入则

$$U_1=\frac{\rho_{K_1}\mathrm{d}\varphi_1-\rho_{K_2}\mathrm{d}\varphi_2}{\rho_{K_1}\mathrm{d}\varphi_1}=1-\frac{\rho_{K_2}}{\rho_{K_1}}\frac{1}{i_{12}}$$

$$U_2=\frac{\rho_{K_2}\mathrm{d}\varphi_2-\rho_{K_1}\mathrm{d}\varphi_1}{\rho_{K_2}\mathrm{d}\varphi_2}=1-\frac{\rho_{K_1}}{\rho_{K_2}}i_{12}$$

式中，ρ_{K_1}、ρ_{K_2} 分别为 12 齿廓在 K 点的曲率半径。

显然，U_1、U_2 随啮合点位置而变化，在节点啮合时，因为 $\frac{\rho_{K_2}}{\rho_{K_1}}=i_{12}$，所以 $U_1=U_2=0$；在 N_1 点啮合时，因 $\rho_{K_1}=0$，因此，$U_2=1$，$U_1\to\infty$；在 N_2 点啮合时，因 $\rho_{K_2}=0$，因此，$U_1=1$，$U_2\to\infty$。

6.5　渐开线齿轮齿廓的加工

6.5.1　渐开线齿廓的加工原理

齿轮的加工方法很多，主要有铸造、冲压、模锻、粉末冶金和切削法等，前 4 种方法都要求齿轮模具，所以渐开线齿廓的加工体现在对模具的加工上。切削法是齿轮加工中最常用的方法，按其加工原理，可概括成仿形法和展成法两大类。

1. *仿形法*

仿形法是利用与齿轮的齿槽形状相同的刀具直接加工出齿轮齿廓的。所采用的刀具有盘状铣刀和指状铣刀，如图 6-23 所示，在刀具的轴向剖面上，刀刃的形状与齿槽的形状相同。在加工过程中铣刀绕自身轴线回转，轮坯相对铣刀沿齿向移动，当铣完一个齿槽后，轮坯退回原处，再用分度头将轮坯转过 360°/z。用同样方法铣出第二个齿槽，重复进行，直至铣出全部轮齿。

仿形法的优点是可用普通铣床加工齿轮，适应于小批量和修配齿轮加工；缺点是切削不连续，效率低，精度差。

造成仿形法精度低的原因有：

①分度误差和对中误差。

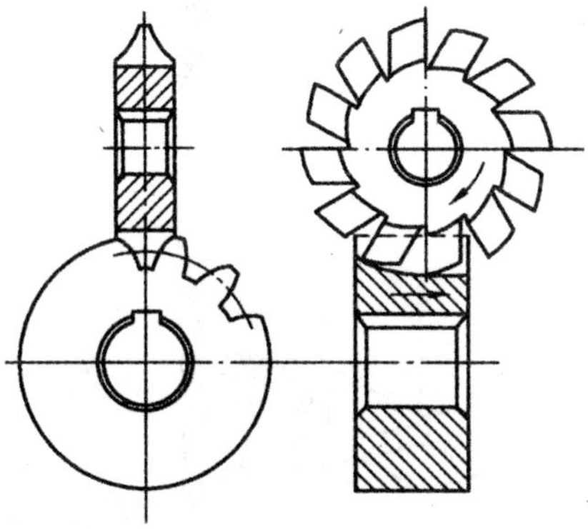
(a) 圆盘铣刀

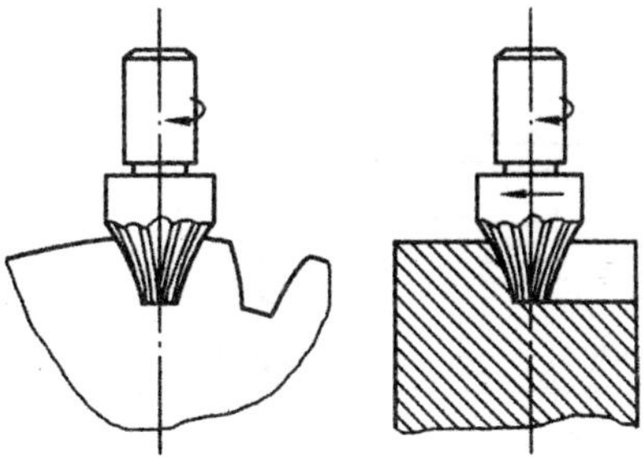
(b) 指状铣刀

图 6-23　仿形法加工齿轮

②刀具的齿形误差：即刀具形状与齿槽形状不完全一致。

由渐开线的特性可知，渐开线齿轮的形状取决于基圆的大小，基圆直径 $d_b = mz\cos\alpha$，因此当 m、α 一定时，渐开线齿廓形状随齿数 z 的多少而改变，故需要很多的刀具才能满足齿形一致的要求。但在实际生产中，为经济起见，对同一模数和压力角的齿轮，只准备 8 把或 15 把铣刀，各号铣刀的齿形都是按该组内齿数最少的齿轮齿形制作的，以便加工出的齿轮啮合时不致卡住。因而对于同组中的其他齿数的齿轮，则存在齿形误差。

2. 展成法

展成法也称为范成法，是根据一对齿轮啮合传动时，两轮的齿廓互为共轭曲线的原理来加工的一种方法。其过程是：按已知齿形做成齿条或齿轮刀具，通过传动机构强制使刀具和轮坯按给定的传动比转动，并辅助相关的运动，即可在轮坯上切削出所需的齿廓。

用展成法加工齿轮的齿廓时，可进一步分为插齿加工和滚齿加工两种类型。

(1)插齿加工

插齿加工所用的刀具有齿轮插刀，如图 6-24 所示和齿条插刀，如图 6-25 所示，其工作过程完全相同，刀具刃口部分的形状与齿轮或齿条基本相同，为了便于切削，在刃口后部磨成了一定的收缩角。在加工过程中刀具和轮坯间所产生的相对运动有：

①展成运动。刀具与轮坯间以恒定的传动比作回转运动，这个运动是由机床的传动链来保证的。对于齿轮插刀：$i=\dfrac{n_{刀}}{n_{坯}}=\dfrac{z_{坯}}{z_{刀}}$；对于齿条插刀：$v_{刀}=r_{坯}\ \omega_{坯}=\dfrac{mz_{坯}\ \omega_{坯}}{2}$。

②切削运动。刀具沿齿坯宽度方向作往复切削运动，以切除齿槽部分的材料，这是加工齿轮的主运动。

③进给运动。刀具向轮坯中心径向移动，直至切出规定齿高。

④让刀运动。刀具向上返回时，为避免擦伤已加工出的齿廓，轮坯沿径向作离开刀具的微量运动，并在刀具向下切削前，轮坯又回复到原来的位置。

这样刀具的齿廓就在轮坯上包络出与其共轭的渐开线齿廓来。

上述分析表明，插齿加工的切削过程是不连续的，因此生产率较低，但用齿轮插刀进行插齿加工时可加工内齿轮。为了提高生产率，在加工外齿轮时，生产上广泛采用滚齿加工的方式。

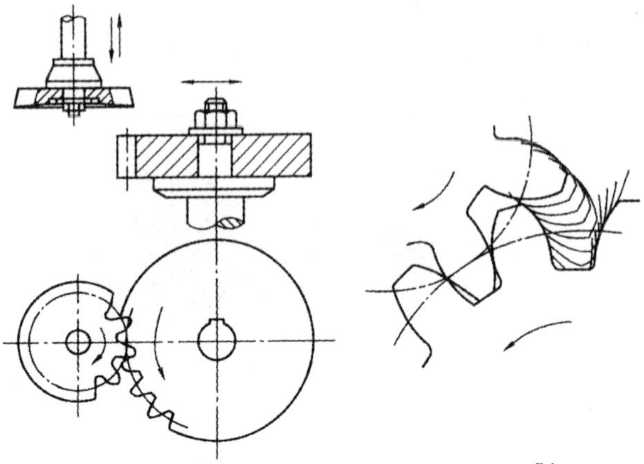

(a) (b)

图 6-24 用齿条插刀加工齿轮

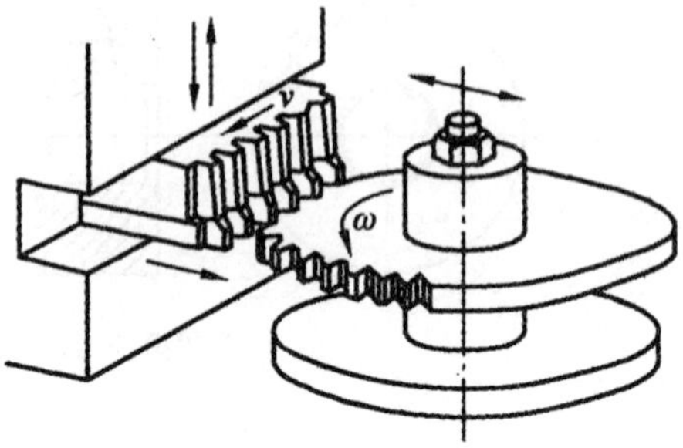

图 6-25 用齿轮插刀加工齿轮

(2)滚齿加工

滚齿加工的原理如图 6-26 所示，所采用的刀具为齿轮滚刀，其外形像一个螺旋杆，沿螺纹方向间断布置有一排排刀刃。在滚刀旋转过程中刃口对轮坯进行切削加工。

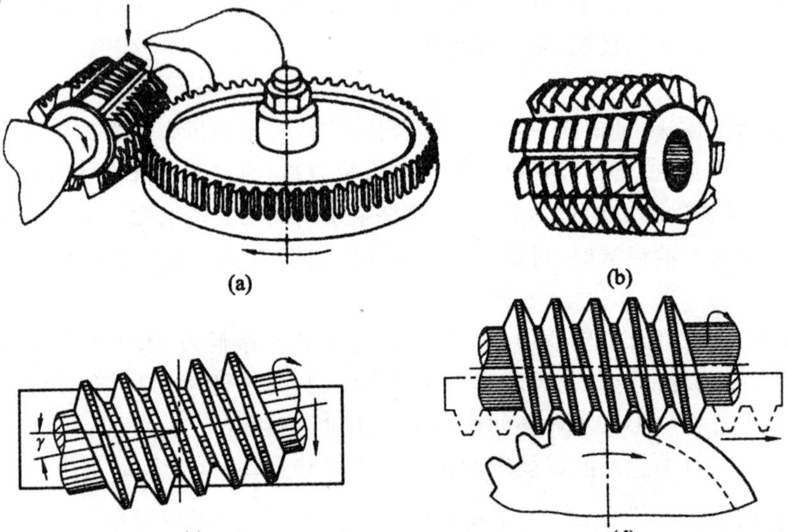

(a) (b) (c) (d)

图 6-26 滚齿加工

滚刀轴向剖面上的齿形与齿条齿形一样，滚刀转动时就相当于齿条作连续轴向移动，因此用齿轮滚刀加工齿轮的原理与用齿条插刀加工齿轮的原理基本相同，不过这时齿条插刀的切削运动和展成运动已为滚刀刀刃的螺旋运动所代替，同时滚刀又分别沿齿坯轴向和齿宽方向作缓慢的移动以切出全部齿廓。

由于展成法加工齿轮是利用齿轮啮合原理，故可以用一把刀具加工出同一模数和压力角而不同齿数的齿轮，而不会产生齿形误差。

6.5.2　渐开线齿轮的根切现象与最小齿数

1. 根切现象与产生原因

采用范成法加工渐开线齿轮时，若刀具的齿顶线或齿顶圆与啮合线的交点超过被切齿轮的啮合极限点，则刀具的齿顶会将被切齿轮齿根的渐开线齿廓切去一部分，这种现象称为“根切”，如图 6-27 所示。根切会降低齿根强度，甚至会降低传动的重合度，减少使用寿命，影响传动质量，应尽量避免。

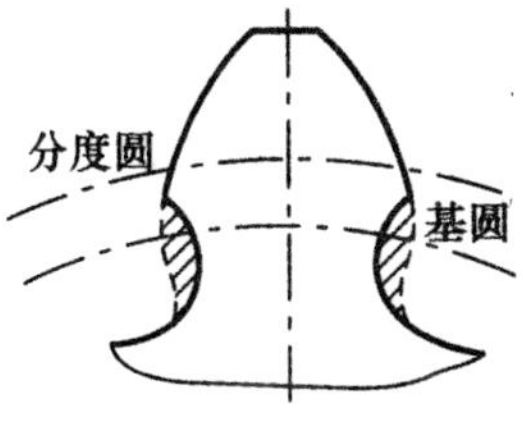

图 6-27　齿轮的根切现象

图 6-28 所示为齿条型刀具加工标准齿轮的情形。刀具中线与轮坯分度圆相切。点 N_1 是轮坯的基圆与啮合线的切点，即啮合极限点。被加工齿轮分度圆与齿条刀具的中线做纯滚动。刀具的刀刃与被切齿廓在位置Ⅰ进入啮合，然后它们逐点在啮合线上接触，即逐点把齿廓切出。到位置Ⅱ时刀刃已把渐开线齿廓全部切出。如果刀具的齿顶线刚好通过点 N_1，则范成运动继续进行时，刀刃与加工好的渐开线将退出啮合，不会产生根切。如刀具的齿顶线超过了啮合极限点 N_1，如图 6-28 所示，当刀具由位置Ⅱ运动到位置Ⅲ时，刀具移动了 s 距离，轮坯分度圆转过了 s 弧长，对应转过了 φ 角，此时刀刃与啮合线交于点 K。易知

$$N_1K = s\cos\alpha = r\varphi\cos\alpha = \varphi r_b = \overset{\frown}{N_1N'_1}$$

自同一点 N_1 出发的线段 N_1K 为刀具两位置之间的法向距离，而 $\overset{\frown}{N_1N'_1}$ 则为齿轮基圆上转过的弧长。因为它们的长度相等，所以渐开线齿廓上的 N'_1 点必落在刀刃上 K 点的后面，即 N'_1 点附近的渐开线必然被刀刃切掉而产堆根切(加图 6-29 所示的阴影部分)。

用范成法加工渐开线齿轮时，对于某一刀具，其模数 m、压力角 α、齿顶高系数 h_a^* 和齿数 z 为定值，故齿顶圆的位置就确定了。这时若被切齿轮的基圆越小，则啮合极限点 N 越接近节点 P，也就越容易发生根切现象。又因为基圆半径 $r_b = \frac{mz}{2}\cos\alpha$，而模 m 和压力角 α 为定值，所以被切齿轮齿数越少，越容易发生根切。

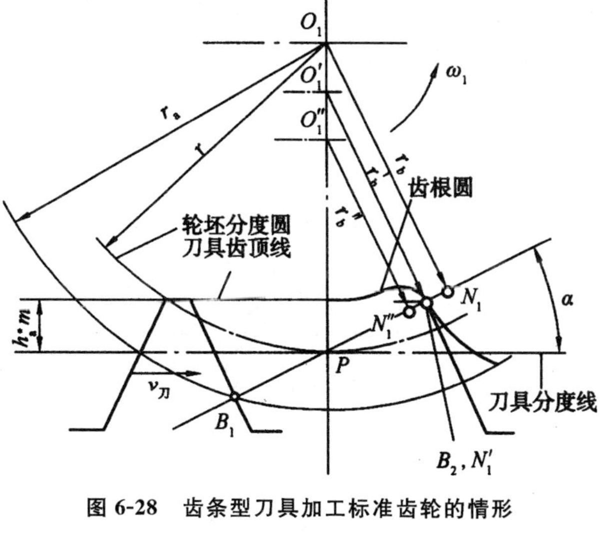

图 6-28　齿条型刀具加工标准齿轮的情形

2. 最小齿数

为避免产生根切现象，则啮合极限点 N_1 必须位于刀具齿顶线之上，如图 6-28 所示，即应使

$$PN_1\sin\alpha \geqslant h_a^* m$$

而

$$PN_1 = r\sin\alpha = \frac{1}{2}mz\sin\alpha$$

由此可以求出齿轮无根切断最小齿数为

$$z_{\min} = \frac{2h_a^*}{\sin^2\alpha}$$

当 $h_a^*=1$、$\alpha=20^\circ$时，$z_{\min}=17$。

6.6 渐开线直齿圆柱齿轮设计

标准齿轮具有设计计算简单，互换性好等许多优点，在机械传动中得到广泛应用。但在实际生产应用中，也存在如下的不足：

①一对标准齿轮的中心距等于两轮分度圆半径之和，而机械中常存在实际中心距不等于标准中心距的情况，这时标准齿轮就不能满足使用要求。

②在一对齿轮传动中，当大小齿轮的齿数差较大时，由于小齿轮的基圆半径较小，其齿根较薄，并且小齿轮轮齿的啮合频率较高，因此，小齿轮的强度和耐磨性都比大齿轮低，二者使用寿命不匹配。

③必须使齿轮的齿数大于不产生根切的最小齿数，因此限制了它在某些场合的应用。

为了克服以上不足，工程上广泛采用变位齿轮传动。从齿廓切制原理可知，标准齿轮可看作变位齿轮中变位系数为零的特例，因此本节标准齿轮的设计不单独讨论。

6.6.1 变位齿轮的概念

在用标准齿条形刀具加工齿轮时，改变刀具与轮坯的相对位置，使刀具的分度线与齿轮轮坯的分度圆不再相切而切制出的齿轮为变位修正齿轮，简称变位齿轮。

按刀具分度线与被加工齿轮分度圆的相对位置，可分为三种情况，如图 6-29 所示。

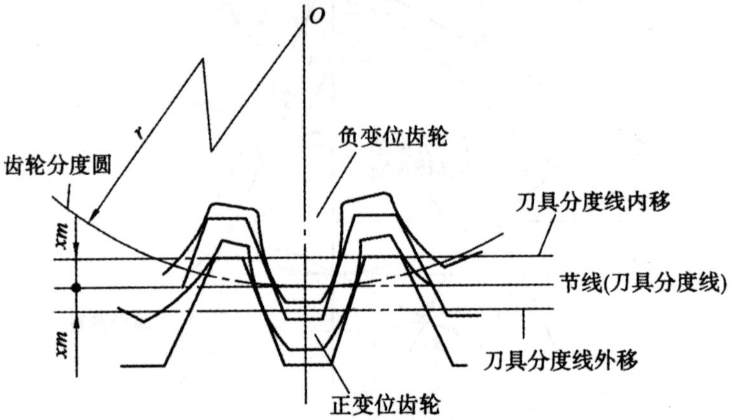

图 6-29 变位齿轮原理

①使刀具的分度线(中线)与被加工齿轮的分度圆相切而展成切制出来的齿轮为标准齿轮(或称零变位齿轮)。

②刀具的分度线外移,远离轮坯中心一段径向距离 xm(m 为模数,x 为径向变位系数,简称变位系数)。刀具分度线与轮坯分度圆分离。这样加工出来的齿轮称为正变位齿轮。$xm>0$,$x>0$。

③刀具的分度线内移,靠近轮坯中心移动一段径向距离 xm,刀具分度线与轮坯分度圆相割。这样加工出来的齿轮称为负变位齿轮。$xm<0$,$x<0$。

6.6.2　变位齿轮的用途

由于变位齿轮有一系列特点,在机构传动中得到了广泛的应用。变位齿轮的主要用途有以下几个方面。

1. 提高轮齿的强度

正变位齿轮齿根厚度增加。对抗弯强度显然有利,齿面曲率半径增大也有利于接触强度,因为二齿廓啮合时其接触应力是随二齿廓综合曲率半径的增加而减少。而变位齿轮的切制并不比标准齿轮增加任何麻烦,因此应用变位齿轮提高齿轮传动的承载能力是很有效的途径。

2. 配凑安装中心距

如前所述,齿轮传动应避免有齿侧间隙,为了保证无侧隙啮合,一对标准齿轮当齿数、模数一定的情况下,其中心距就随之而定,即

$$a=\frac{z_1+z_2}{2}m$$

如果需要在 $a'>a$ 的中心距安装,则必然出现侧隙,如果需要在 $a'<a$ 的中心距安装,则根本不可能。

利用变位切削可以改变轮齿的齿厚,当 $a'>a$ 时,只要采用正变位,使齿轮齿厚增加一些,就可以使侧隙消除;当 $a'<a$ 时,利用负变位,把齿厚减薄一些,也可以实现无侧隙啮合。

当然,在具体情况下究竟需要多大的变位切削($x=?$)才能刚好实现无侧隙啮合,这是需要计算的。

3. 避免根切

产生根切的齿轮,其靠近基圆的一段渐开线被切掉,齿廓出现尖点,根切显然削弱了轮齿的抗弯强度。由前面的内容可知,轮齿的最小变位系数就是由不根切条件推出的,即通过变位可切制出不根切的齿数更少的齿轮。

4. 改善齿面的滑动状况

本章前面小节曾讨论过互相啮合的一对渐开线齿廓的滑动状况。通常,小齿轮根部的滑动比大于大齿轮根部的滑动比,且随传动比 i_{12} 增大,其差别增大,在润滑不充分的条件下,小轮齿根部将较快地被磨损。这是因为小齿轮根部开始啮合点 B_1 接近极限啮合点 N_1 的缘故。如果用负变位的方法切制大齿轮,大齿轮齿顶圆变小,B_1 点就会远离

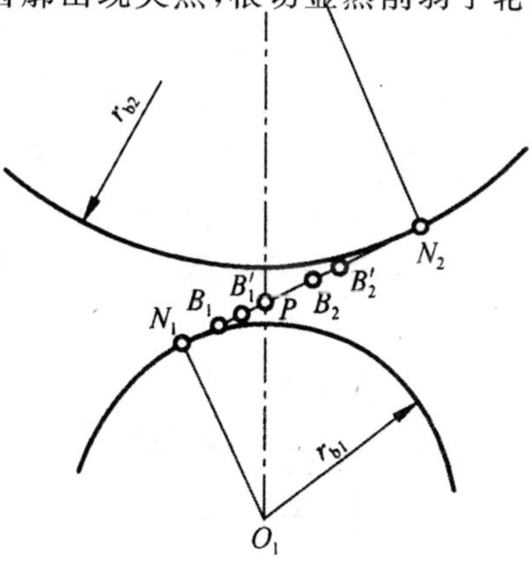

图 6-30　变位齿轮转动可以改变实际啮合线的位置

N_1 点，为了不使实际啮合线长变短，同时使小齿轮正变位，小齿轮齿顶圆变大，$\overline{PB_2}$ 增大，这样改变实际啮合线 B_1B_2。在 $\overline{N_1N_2}$ 上的位置可以使齿面滑动状况得到改善。图 6-30 中 B_1B_2 为标准齿轮实际啮合线，$B'_1B'_2$ 为大齿轮负变位，小齿轮正变位后啮合时实际啮合线。

6.6.3 齿轮传动的类型与特点

根据变位系数的数值及其分配，可把齿轮传动分为三种基本类型，具体可见图 6-31 所示。

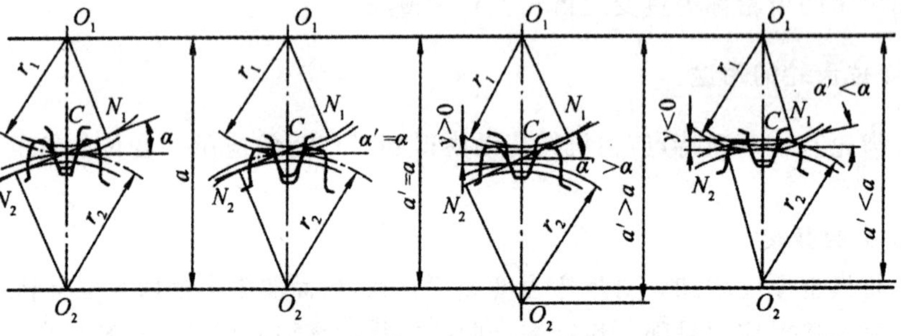

(a) 标准传动　(b) 等变位传动　(c) 不等变位正传动　(d) 不等变位负传动

图 6-31　齿轮传动的三种基本类型

1. 标准齿轮传动($x_\Sigma=x_1=x_2=0$)

可见，标准齿轮传动是变位齿轮传动的特例，如图 6-31(a)所示，其啮合角 α' 等于分度圆压力角 α，中心距 a 等于标准中心距 a'。为避免根切，要求 z＞z 耐。这类齿轮传动设计简单，使用方便，可以保持标准中心距，但小齿轮的齿根较弱，易磨损。

2. 等变位齿轮传动($x_\Sigma=x_1+x_2=0,x_1=-x_2$)

等变位齿轮传动的中心距等于标准中心距，其节圆与分度圆重合。如图 6-31(b)，因此

$$a'=a,\alpha'=\alpha,y=0,\rho=0$$

与标准齿轮相比，等变位齿轮传动仅仅齿顶高和齿根高发生了变化，即

$$h_{a_1}=(h_a^*+x_1)m$$

$$h_{f_1}=(h_a^*+c^*-x_1)m$$

故亦称之为高度变位齿轮传动。

等变位齿轮传动一般小齿轮采用正变位、大齿轮采用负变位，故可使小齿轮轮齿强度增加，大齿轮轮齿强度减小，而使两轮轮齿强度接近，从而提高承载能力。另外使小齿轮齿顶圆半径增大，大齿轮齿顶圆半径减小，而使两轮滑动系数接近，故可改善小齿轮的磨损情况。

等变位齿轮传动的应用之一是修复已磨损的旧齿轮，在一对齿轮传动中，一般小齿轮磨损较严重，大齿轮磨损较轻，在修复过程中，若利用负变位修复磨损较轻的大齿轮齿面，重新配制一个正变位的小齿轮，这样既保证原中心距不变，节省了一个大齿轮的制造费用，还能改善其传动性能。

3. 不等变位齿轮传动($x_\Sigma=x_1+x_2\neq0$)

由于 $x_\Sigma=x_1+x_2\neq0$，这对齿轮的中心距 a' 不再等于标准中心距 a，因此，其啮合角 α' 不再等于标准齿轮的啮合角 α，故又称为角度变位齿轮传动。它又可分为两种情况：

(1)正传动

正传动：$x_\Sigma=x_1+x_2>0$

此时，$a'>a$，$\alpha'>\alpha$，$y>0$，$\sigma>0$

因为中心距增大，则齿轮传动的两分度圆不再相切而是分离 ym，如图 6-31(c)所示。为保证标准顶隙和无侧隙啮合，其全齿高应比标准齿轮缩短 σm。

正传动的主要优点是：提高齿轮的承载能力，配凑并满足不同中心距的要求，还可以减小机构尺寸，减轻轮齿的磨损。

(2)负传动

负传动：$x_{\Sigma}=x_1+x_2<0$

此时，$a'<a$，$\alpha'<\alpha$，$y<0$，$\sigma>0$

这种齿轮传动的两分度圆相交，如图 6-31(d)所示，为保证标准顶隙和无侧隙啮合，其全齿高应比标准齿轮缩短 σm。

它的主要优点是可以配凑不同的中心距，但是其承载能力和强度都比标准齿轮有所下降。一般只在配凑中心距或在其他不得已的情况下，才采用负传动。

6.6.4　变位齿轮尺寸参数

1. 无侧隙啮合方程式

变位齿轮传动的啮合角与中心距计算——无侧隙啮合方程式。一对变位齿轮传动时，节圆与分度圆不重合，两齿轮在节圆上相切并作纯滚动，因此，应保证两齿轮在节圆上实现无侧隙啮合。

设两轮节圆上的齿厚分别为 s'_1 和 s'_2，齿槽宽分别为 e'_1 和 e'_2，由无侧隙啮合条件，应有 $s'_1=e'_2$、$s'_2=e'_1$，则

$$p'_1=s'_1+e'_1=p'_2=s'_2+e'_2=s'_1+s'_2$$

得节圆齿厚 s'_1、s'_2 为

$$s'_1= s_1\frac{r'_1}{r_1}-2r'_1(inv\alpha'-inv\alpha)$$

$$s'_2= s_2\frac{r'_2}{r_2}-2r'_2(inv\alpha'-inv\alpha)$$

节圆半径与分度圆半径之间的关系为

$$\frac{r'_1}{r_1}=\frac{r'_2}{r_2}=\frac{\cos\alpha'}{\cos\alpha}$$

又：$r_1=\frac{1}{2}mz_1$，$r_2=\frac{1}{2}mz_2$，$p=\pi m$

分度圆齿厚：$s_1=m\left(\frac{\pi}{2}+2x_1\tan\alpha\right)$，$s_2=m\left(\frac{\pi}{2}+2x_2\tan\alpha\right)$

代入上式并化简得

$$inv\alpha' = inv\alpha+\frac{2(x_1+x_2)}{z_1+z_2}\tan\alpha$$

上式称为无侧隙啮合方程式。它将齿轮传动的啮合角与一对齿轮的变位系数联系起来，是计算变位齿轮啮合的重要公式。求出啮合角后，可通过式$\frac{r'_1}{r_1}=\frac{r'_2}{r_2}=\frac{\cos\alpha'}{\cos\alpha}$求出两轮的节圆半径，变位齿轮传动的中心距 α' 即等于两节圆半径之和：

$$a'=r'_1+r'_2=\frac{\cos\alpha}{\cos\alpha'}(r_1+r_2)=\frac{\cos\alpha}{\cos\alpha'}a$$

令

$$ym=a'-a$$

y 称为中心距变动系数，其计算公式见表 6-5。

表 6-5　外啮合直齿圆柱齿轮机构的几何尺寸计算

名　称	符号	标准齿轮传动	变位齿轮传动	
			等变位齿轮传动	不等变位齿轮传动
变位系数	x	$x_1=x_2=0$	$x_1+x_2=0$	$x_1+x_2\neq 0$
分度圆直径	d	$d=mz$		
基园直径	d_b	$d_b=mz\cos a$		
节圆直径	d'	$d'=d$		$d'=\frac{\cos\alpha}{\cos\alpha'}rd$
啮合角	a'	$a'=a$		$a'=\frac{\cos\alpha}{\cos\alpha'}\alpha$
齿根高	h_a	$h_a=h_a^* m$	$h_a=(h_a^*+x)m$	$h_a=(h_a^*+x-\sigma)m$
齿根高	h_f	$h_f=(h_a^*+c^*)m$	$h_f=(h_a^*+c^*-x)m$	
齿顶圆直径	d_a	$d_a=d+2h_a$		
齿根圆直径	d_f	$d_f=d-2h_f$		
中心距	a、a'	$a=\frac{m}{2}(z_1+z_2)$		$a'=\frac{\cos\alpha}{\cos\alpha'}\alpha$
齿顶高变动系数	σ	$\sigma=0$		$\sigma=(x_1+x_2-\sigma)$
中心距变动系数	y	$y=0$		$y=\frac{a'-a}{m}$
分度圆齿厚	s	$s=\frac{\pi m}{2}$	$s=\frac{\pi m}{2}+2xm\tan\alpha$	

2. 变位齿轮的齿高变化

根据无侧隙啮合方程确定一对变位齿轮的安装中心距 a' 后，由于

$$ym=a'-a\leqslant(x_1+x_2)m$$

所以，齿轮的顶隙将小于等于标准顶隙。为了保证顶隙为标准值，应将齿顶高减短一些，设齿顶高变动量(减短量)为 σm，σ 为齿顶高变动系数，则

$$\sigma=x_1+x_2-y\geqslant 0$$

故变位齿轮的齿顶高为

$$h_a=(h_a^*+x-\sigma)m$$

齿顶圆直径

$$d_a=d+2h_a=(z+2h_a^*+2x-2\sigma)m$$

除 $x_1+x_2=0$ 和齿轮齿条传动外，总是 $\sigma=x_1+x_2-y>0$，因此，为了保证顶隙为标准值，不论 x_1、x_2 为何值，该对齿轮都要将标准全齿高减短 σm。

6.6.5 变位齿轮传动的设计步骤

变位齿轮传动的设计步骤与其使用目的有关，可分为以下三种主要情况。

1. 避免根切的设计

减小小齿轮的齿数，可以有效地减小传动机构的尺寸，从而使结构变得紧凑。这在大传动比传动中特别有意义。为了实现这一目的，并且避免根切，可以使用高度变位齿轮传动或正传动。设计步骤如下：

①选择齿数。

②计算最小变位系数，确定两轮的变位系数。

③按表 6-5 计算两轮的啮合角、中心距及两轮各部分尺寸。

④校验重合度 ε_α。和正变位齿轮齿顶圆齿厚 s_a，应满足 $\varepsilon_\alpha \geqslant [\varepsilon_\varepsilon]$，$s_a \geqslant (0.2-0.4)m$。

2. 提高强度的设计

一切传递动力的齿轮传动，应尽可能使用变位齿轮，以提高强度和耐磨性。在一对大小齿轮传动中，由于小齿轮的强度和耐磨性都要比大齿轮差，通常将小齿轮进行正变位。由于齿轮的使用条件不同，发生破坏的形式就不同，因此，应根据设计目标选择变位系数。在变位系数确定之后，其他设计步骤同上。

3. 中心距的设计

根据给定的中心距设计时，应根据实际中心距选择传动类型。应尽可能地选用正传动，但有时选用负传动也在所难免。此时设计步骤和前两种情况稍有不同。一般是先根据给定的中心距用式计算出啮合角，再根据无侧隙啮合方程式计算出总变位系数 x_1+x_2，然后综合考虑避免根切和改善强度分配两轮的变位系数。

6.7 其他类型齿轮传动

6.7.1 斜齿圆柱齿轮机构

斜齿圆柱齿轮的轮齿与轴线倾斜了一定的角度，故简称为斜齿轮，其可用于两平行轴间运动和动力的传递。

1. 斜齿圆柱齿轮概念

由于直齿圆柱齿轮的轮齿与轴线平行，所以，前面在讨论直齿圆柱齿轮时，是在齿轮的端面(垂直于齿轮轴线的平面)上加以研究的。而齿轮是有一定宽度的，在端面上的点和线，实际上代表着齿轮上的线和面。直齿圆柱齿轮上的渐开线齿廓的生成，实际上是发生面 G 在基圆柱上做纯滚动时，发生面 G 上一条与基圆柱轴线相平行的直线 KK 所生成的曲面就是渐开线曲面，即为直齿轮齿面，它是母线平行于齿轮轴线的渐开线柱面，具体可见图 6-32 所示。

斜齿圆柱齿轮齿面的形成原理与直齿圆柱齿轮相似，不同之处是，发生面 G 上的直线 KK 不与基圆柱轴线相平行，而是相对于轴线倾斜了一个角度 β_b，如图 6-33 所示。当发生面 G 在基圆柱上做纯滚动时，发生面 G 上斜直线 KK 所生成的曲面就是斜齿圆柱齿轮齿面，它是渐开线螺旋面。β_b 称为基圆柱上的螺旋角。β_b 越大，轮齿越偏斜；当 $\beta_b=0$ 时，斜齿圆柱齿轸即成为盲齿圆柱齿轮。

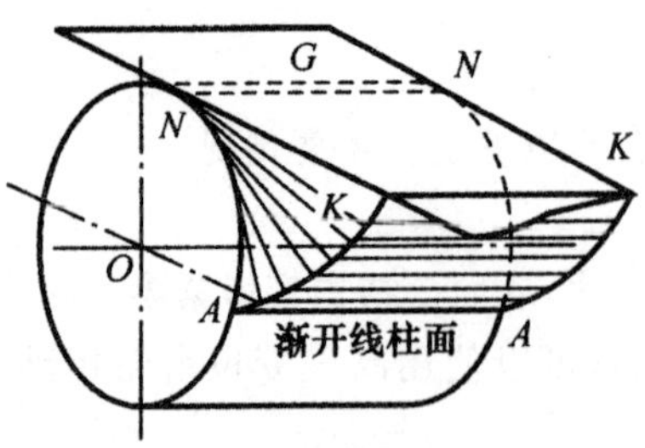

图 6-32　渐开线直齿轮齿面的生成

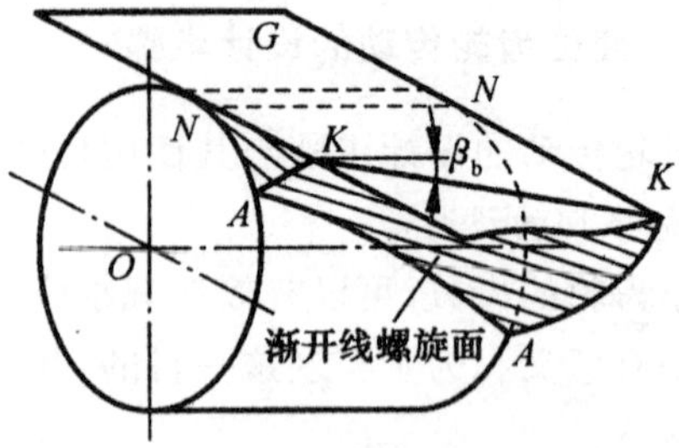

图 6-33　渐开线斜齿轮齿面的生成

在斜齿圆柱齿轮上，垂直于其轴线的平面称为端面；垂直于轮齿螺旋线方向的平面称为法面。在这两个面上齿轮齿形是不相同的，因而两个面的参数也不相同，端面与法面参数分别用下标 t 和 n 表示。又由于在切制斜齿圆柱齿轮的轮齿时，刀具进刀的方向一般是垂直于其法面的，故其法面参数（m_n、a_n、h_{an}^*、c_n^* 等）与刀具的参数相同，所以取为标准值。但在计算斜齿圆柱齿轮的几何尺寸时却需要按端面的参数来进行计算，因此就需要建立法面参数与端面参数的换算关系。

2. 斜齿轮传动的特点

与直齿轮传动比较，斜齿轮传动的主要优点是：

①啮合性能好斜齿圆柱齿轮轮齿之间是一种逐渐啮合过程，轮齿上的受力也是逐渐由小到大，再由大到小；因此斜齿轮啮合较为平稳，冲击和噪声小，适用于高速、大功率传动。

②重合度大由于斜齿轮的重合度包括端面重合度和轴向重合度，因此，在同等条件下，斜齿轮的啮合过程比直齿轮长，即重合度较大，这就降低了每对齿轮的载荷，从而提高了齿轮的承载能力，延长了齿轮的使用寿命，并使传动平稳。

③结构紧凑用齿条形刀具切制斜齿圆柱齿轮时，其无根切标准齿轮的最小齿数比直齿圆柱齿轮的少，因而可以得到更加紧凑的结构。

④斜齿轮通常都采用展成法加工，所采用的刀具和机床与直齿轮相同，因此，其制造成本并不增加。

⑤斜齿轮传动的主要缺点是会产生轴向力，该轴向力是由螺旋角 β 引起的，因此，为了不使斜齿轮产生过大的轴向力，设计时一般取 $\beta=8°-15°$。

斜齿轮传动所产生的轴向力是有害的，它将增大传动装置中的摩擦损失和轴承设计的困难，为了克服这个缺点，可采用左右两排轮齿完全对称的人字齿轮，由此产生的轴向力可以相互抵消。但人字齿轮的缺点是加工比较困难。当一根轴上存在多个斜齿轮传动时，可采用不同方向的螺旋角来抵消一部分轴向力。

6.7.2　交错轴斜齿轮传动

交错轴斜齿轮传动依然是两个斜齿轮之间的传动，与外啮合平行轴斜齿轮传动不同的是，它们不满足两轮螺旋角大小相等，旋向相反的要求。因此，安装后不能成为平行轴传动，而成为空间两交错轴之间的传动。

1. 正确啮合

图 6-34 所示为一对交错轴斜齿轮传动，两轮的分度圆柱相切于 P 点。因轮齿是在法面内相啮合的，故两轮的法面模数及法面压力角必须分别相等。它与平行轴斜齿轮传动不同的是，由于

在交错轴斜齿轮传动中两轮的螺旋角未必相等，所以两轮的端面模数和端面压力角也未必相等。

两轮轴线在两轮分度圆柱公切面上的投影的夹角 Σ 为两轮的交错角（见图 6-35(a)）。设两斜齿轮的螺旋角分别为 β_1 和 β_2，则交错轴斜齿轮传动的正确啮合条件为

$$\left.\begin{array}{l} m_{n1}=m_{n2}, \alpha_{n1}=\alpha_{n2} \\ \Sigma=|\beta_1+\beta_2| \end{array}\right\}$$

当两斜齿轮的螺旋角旋向相同时，β_1 和 β_2 均以正号代入（见图 6-35(a)）；当两斜齿轮的螺旋角旋向相反时，β_1 和 β_2 按一正一负代入（见图 6-35(b)）。

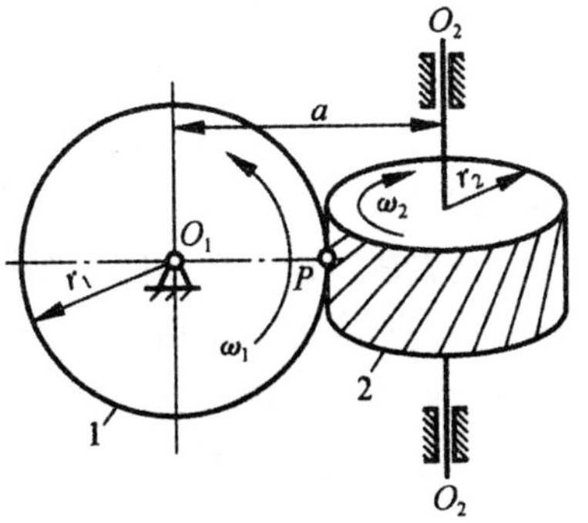

图 6-34　交错轴斜齿轮传动

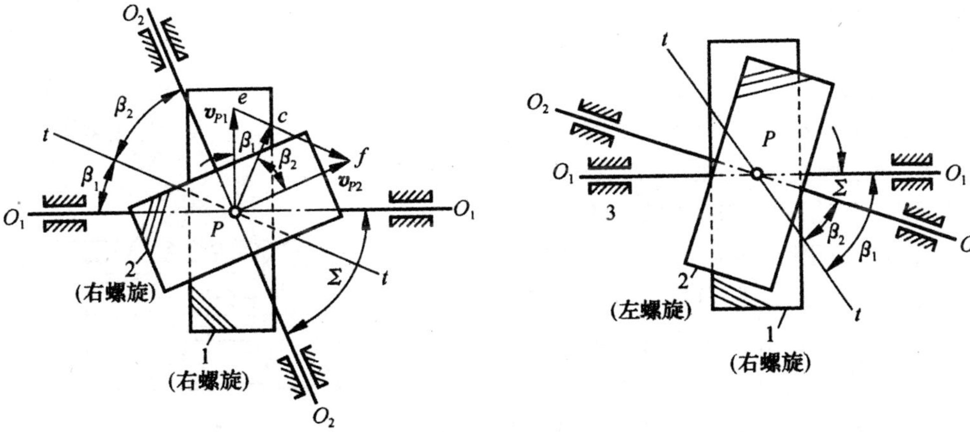

(a)两轮螺旋线方向相同　　(b)两轮螺旋线方向相反

图 6-35　交错轴斜齿轮的螺旋线方向

2. 传动比及从动轮转向

设两轮的齿数分别为 z_1、z_2，因 $z=\dfrac{d}{m_t}=\dfrac{d\cos\beta}{m_n}$，故两轮的传动比为

$$i_{12}=\frac{\omega_1}{\omega_2}=\frac{z_1}{z_2}=\frac{d_2\cos\beta_2}{d_1\cos\beta_1}$$

即交错轴斜齿轮传动的传动比不仅与分度圆的大小有关，还与各轮的螺旋角大小有关。

从动轮的转向则与两轮螺旋角的方向有关。在如图 6-35(a)所示的传动中，主动轮 1 及从动轮 2 在节点 P 处的速度分别为 v_{P1} 及 v_{P2}。由两构件的速度关系可得：

$$v_{P2}=v_{P1}+v_{P2P1}$$

式中，v_{P2P1} 为两齿廓啮合点沿公切线 $t-t$ 方向的相对速度。由 v_{P2} 方向即可确定从动轮 2 的转向。

3. 中心距

如图 6-34 所示，过点 P 作两交错轴斜齿轮轴线的公垂线，此公垂线的长度 a 即为交错轴斜齿轮传动的中心距，而且

$$a=r_1+r_2=\frac{m_n}{2}\left(\frac{z_1}{\cos\beta_1}+\frac{z_2}{\cos\beta_2}\right)$$

即交错轴斜齿轮传动的中心距不仅与模数、齿数有关，还与各轮的螺旋角大小有关。

4. 交错轴斜齿轮传动特点

根据上述分析可知，交错轴斜齿轮传动的主要优点是，可以实现两交错轴间回转运动传递，同时因其设计待定参数较多（z_1、z_2、m_n、β_1、β_2，可更方便地满足设计要求。

交错轴斜齿轮传动的主要缺点是：在其传动中，相互啮合的一对齿廓为点接触，而且轮齿间除了有沿齿高方向的相对滑动外，在轮齿啮合点的螺旋面切线方向上还有更大的相对滑动），因而轮齿的磨损较快，机械效率较低。所以交错轴斜齿轮传动不宜用于高速重载传动的场合，通常仅用于仪表及载荷不大的辅助传动中。

6.7.3 蜗杆传动机构

蜗杆传动机构是由交错轴斜齿轮传动机构演化而来的，它由蜗杆和蜗轮组成，用于传递交错轴之间的运动，通常取轴交错角 $\Sigma=90°$。

在交错轴斜齿轮机构中，若齿轮 1 的齿数 z_1 很小、螺旋角 β_1 很大、分度圆直径 d_1 很小，而其轴向尺寸又很长时，则轮齿将在分度圆柱上形成完整的螺旋线，类似于螺杆，故称之为蜗杆，如图 6-36 所示。与其配对的齿轮 2 的齿数 z_2 较大，螺旋角 β_2 很小，分度圆直径 d_2 较大，可视为一个宽度不大的斜齿轮，称之为蜗轮。这样得到的蜗杆传动的传动比 i_{12} 很大，一般 $i_{12}=10-80$，有时可达 300 以上。

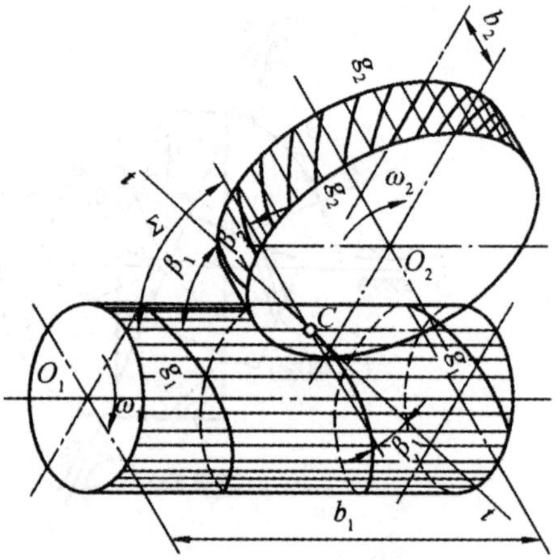

图 6-36 蜗杆和蜗轮的形成

交错轴斜齿轮齿间为点接触，为了改善接触状态，将蜗轮圆柱面上的直母线做成与蜗杆轴同心的圆弧形，使它部分地包住蜗杆，如图 6-37 所示。这样加工出的蜗轮与蜗杆啮合时，形成了线接触，从而提高了承载能力。

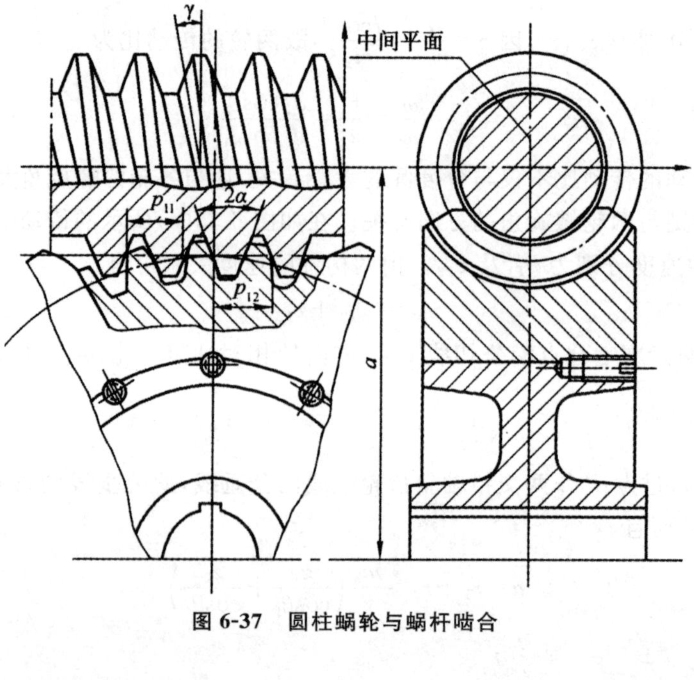

图 6-37 圆柱蜗轮与蜗杆啮合

为了加工出上述形状的蜗轮，采用了“对偶法”加工蜗轮轮齿，即是采用与蜗杆形状相同的滚刀（为加工出顶隙，蜗杆滚刀的外圆直径要略大于标准蜗杆外径），并保持蜗杆蜗轮啮合时的中心距与啮合传动关系去加工蜗轮。

蜗杆与螺旋相似，也有右旋和左旋之分，一般多采用右旋蜗杆，对蜗杆不再用螺旋角 β_1，而用导程角（螺旋升角）γ_1，作为其螺旋线的参数，$\gamma_1=90°-\beta_1$，由于交错角 $\Sigma=90°$。因此，蜗杆的导程角与蜗轮的螺旋角应大小相等，即 $\gamma_1=\beta_2$，其旋向应相同。并且对蜗杆不再称 z_1。为齿数，而称其为螺旋线的头数，z_1 等于 1 和 2 时称为单头蜗杆和双头蜗杆，$z_1\geqslant 3$ 时称为多头蜗杆。

蜗杆传动的特点如下。

①传动比大。因为 z_1 很少 z_2 可以很多，所以 $\frac{z_2}{z_1}=i_{12}=\frac{\omega_1}{\omega_2}$ 可以很大，通常用于动力传动的蜗杆蜗轮的传动比 i_{12} 为 10～50，在分度机构中可达 500 以上。

②可以自锁。当蜗杆的导程角 γ 小于啮合齿面间的当量摩擦角时，只能以蜗杆主动。反之，蜗轮不能推动蜗杆转动，即具有反向自锁性质。在起重装置中可起一定的保险作用。

③结构紧凑、传动平稳、噪声小。

④传动的机械效率较低。具有自锁性能的蜗杆，正向传动效率不大于 50%，故不推荐用于长期连续工作的动力传动。由于啮合齿面间有较大的相对滑动，蜗轮常需用耐磨材料（如锡青铜等）制造，成本较高。

6.7.4　圆锥齿轮机构的传动

圆锥齿轮传动是来传递两相交轴之间的运动和动力的，如图 6-39 所示。两轴之间的夹角（轴交角）Σ 可以根据结构需要而定，在一般机械中多采用 $\Sigma=90°$ 的传动。由于圆锥齿轮是一个锥体，所以轮齿是分布在圆锥面上的，与圆柱齿轮相对应，在圆锥齿轮上有齿顶圆锥、分度圆锥和齿根圆锥等；并且有大端和小端之分，为了计算和测量的方便，通常取圆锥齿轮大端的参数为标准值，即大端的模数按表 6-6 选取，压力角 $\alpha=20°$，齿顶高系数 $h_a^*=1$，顶隙系数 $c^*=0.2$。

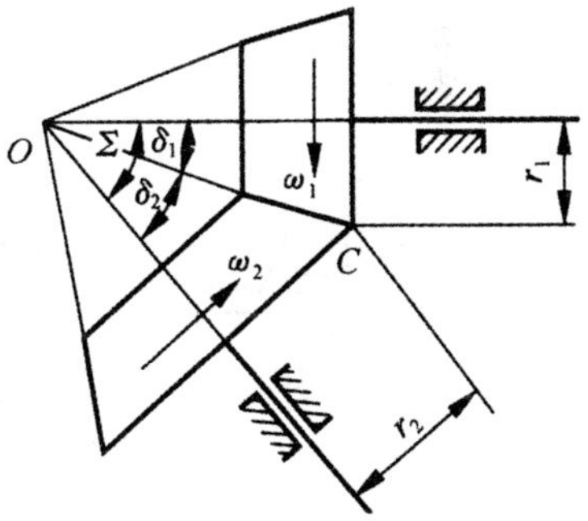

图 6-38　圆锥齿轮传动

圆锥齿轮的轮齿有直齿、斜齿及曲齿（圆弧齿、螺旋齿）等多种形式。由于直齿圆锥齿轮的设计、制造和安装均较简便，故应用最为广泛。曲齿锥齿轮由于其传动平稳，承载能力较强，故常用于高速重载传动，如飞机、汽车、拖拉机等的传动机构中。

表 6-6　圆锥齿轮模数系列表　　单位：mm

…	1	1.125	1.25	1.375	1.5	1.75	2
2.25	2.5	2.75	3	3.25	3.5	3.75	4
4.5	5	5.5	6	6.5	7	8	…

（摘自 GB/T 12368—1990）

6.7.5 摆线针轮齿廓

摆线针轮啮合是摆线啮合的一种变形，它用于钟表机构、炮塔的瞄准机构、起重运输机械以及某些类型的行星减速器中。如图 6-39 所示，在这种啮合中，轮 1 上装了许多针齿(圆柱)，它们被固定在两个圆盘之间；轮 2 做成齿轮。

如图 6-40 所示，半径为 r_1 的圆 1 沿半径为 r_2 的圆 2 滚动时，圆 1 上的一点 P 在圆 2 上形成两支外摆线 $P\alpha$ 和 $P\beta$，P 点与曲线 $P\alpha$ 和 $P\beta$ 形成一对共轭齿廓，E 点为轮 2 的齿顶，以 O_2 为圆心，O_2E 为半径的圆弧与 r_1 为半径的圆交 e 点，两齿廓的啮合线就是半径为 r_1 的圆弧 $\widehat{Pe}$。为了能够实际应用，两轮的实际齿廓由它们的等距线(法线距离相等的曲线)来代替，即以 r_u 为半径的圆与 dd 和 dd' 相啮合。

摆线针轮齿廓啮合传动的特点如下：

①因不产生齿顶和齿廓干涉，故齿数差可以很少。在内啮合传动中，两轮的齿数差可达一个齿。

②啮合线是圆弧曲线，与渐开线啮合相比，其啮合范围和重合度较大，有利于提高传动的平稳性。

③同时啮合的轮齿对数较多，有利于提高承载能力。

④齿廓啮合公法线变动很大，相应使轴承中受力方向不稳定。

⑤中心距变动对传动比影响较大，齿轮的互换性差。

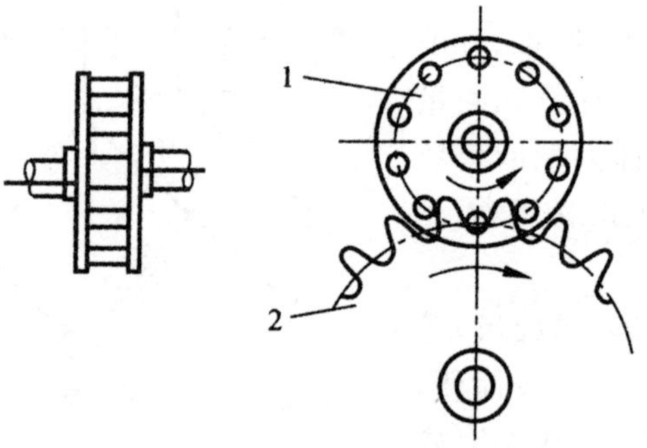

图 6-39 摆线针轮传动

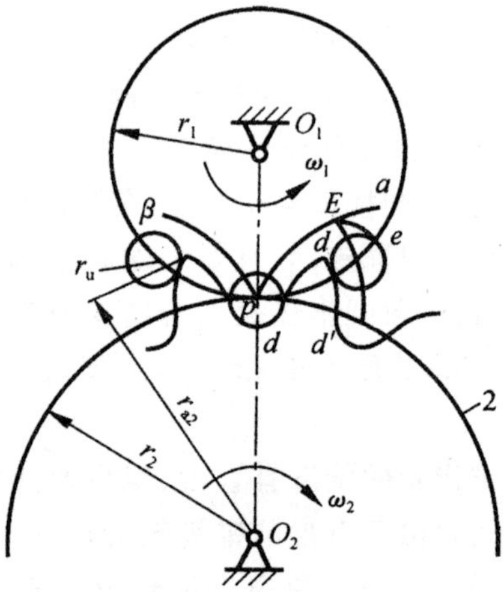

图 6-40 摆线齿廓的形成

第7章　轮系及其设计

7.1　轮系及其分类

由一对齿轮组成的齿轮机构是齿轮传动最简单的形式。但在机械中，由于两轴的距离较远，或要求获得较大的传动比，或有实现变速、换向的要求等原因，用一对齿轮传动就不能满足需要，常采用一系列互相啮合的齿轮进行传动，这种齿轮系统称为齿轮系，简称轮系。轮系在工程上应用很广泛，例如，汽车变速箱、金属切削机床等都有轮系的应用。

轮系一般由各种类型的齿轮或蜗杆、蜗轮等组成。在轮系的传动中，根据各轮几何轴线的位置是否固定，将轮系分为定轴轮系、周转轮系和复合轮系。

7.1.1　定轴轮系

轮系中各个齿轮的几何轴线位置均固定不动，这种轮系称为定轴轮系，如图7-1所示。

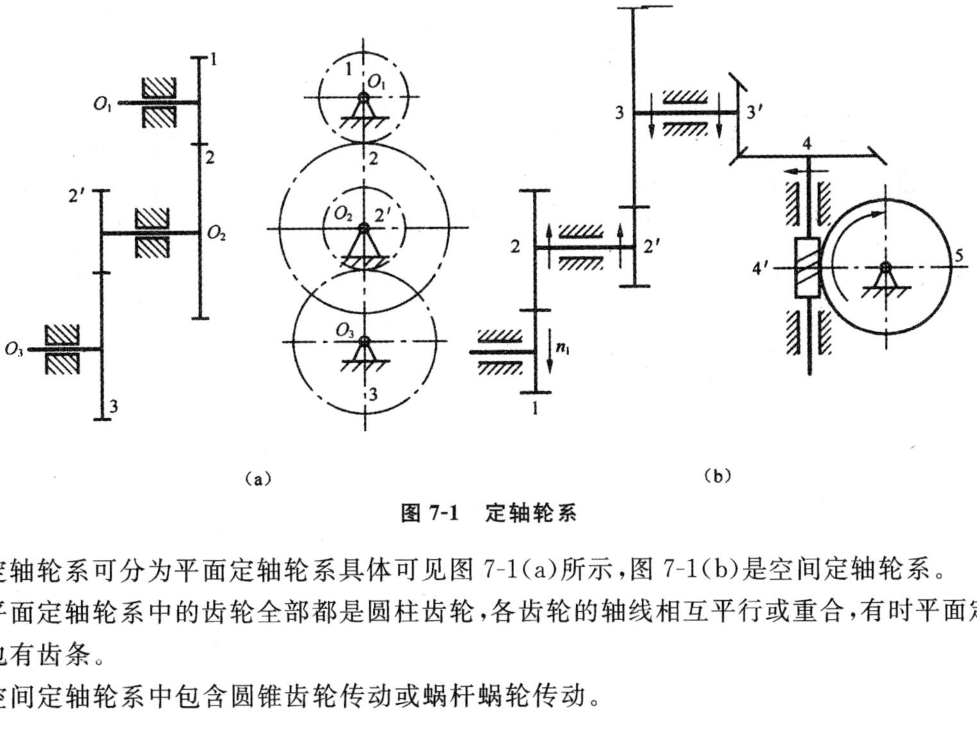

图7-1　定轴轮系

定轴轮系可分为平面定轴轮系具体可见图7-1(a)所示，图7-1(b)是空间定轴轮系。

平面定轴轮系中的齿轮全部都是圆柱齿轮，各齿轮的轴线相互平行或重合，有时平面定轴轮系中也有齿条。

空间定轴轮系中包含圆锥齿轮传动或蜗杆蜗轮传动。

7.1.2　周转轮系

当轮系运转时，凡至少有一个齿轮的几何轴线相对机架的位置不是固定的，而是绕另一定轴齿轮的几何轴线转动，这种轮系称为周转轮系。例如，图7-2所示的轮系即为周转轮系。此轮系中齿轮 2 的轴线绕着齿轮 1 的轴线 O 转动。由于齿轮 2 兼有自转和公转，故称行星轮。安装行星轮 2 的构件 H 称为系杆(或行星架)。齿轮 1 绕着固定轴线 O_1 回转，与系杆 H 同心，称为中心轮(或太阳轮)。

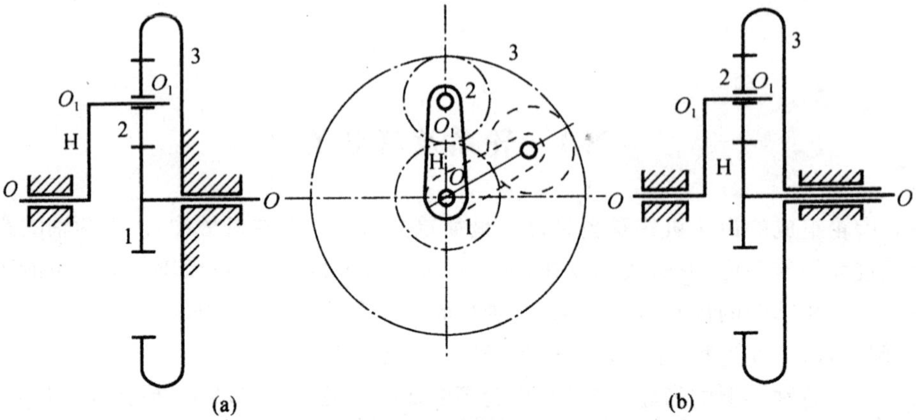

图 7-2　周转轮系

一个周转轮系必定具有一个系杆(也只有一个系杆)、一个或几个行星轮，以及与行星轮相啮合的中心轮。而且在周转轮系中，一般都以中心轮或系杆作为运动的输入、输出构件，所以常称这两个构件为周转轮系的基本构件。

周转轮系的结构形式是多种多样的，如图 7-3 所示。它的中心轮个数可以是一个、二个，也可以是三个；它的行星轮可以是单列的，也可以是双列的。通常可分类如下。

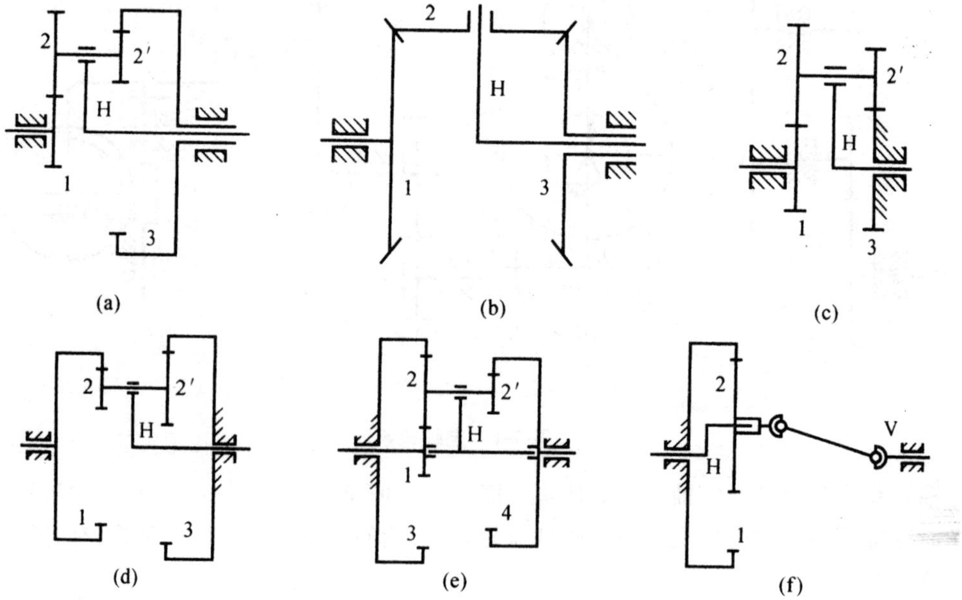

图 7-3　周转轮系的结构形式

1. 按中心轮数目分

分类时用符号“K”表示中心轮，用符号“H”表示系杆。

(1)2K-H 型

图 7-3 中(a)～(d)各图所示均属 2K－H 型，它们都有两个中心轮(2K)和一个系杆(H)。这

种类型的周转轮系应用最广泛。

(2)3K 型

在这种轮系中,行星轮与三个中心轮相啮合,故称 3K 型。系杆只起支承作用,不传递外力矩,如图 7-3(e)所示。

(3)K-H-V 型

这种轮系,只有一个中心轮,行星轮的运动通过一具有等角速比机构(图中为双万向联轴节)的 V 轴输出,如图 7-3(f)所示。

2. 按周转轮系的自由度分

(1)行星轮系

自由度为 1 的周转轮系称为行星轮系,它只要给定一个主动件,就有确定运动,如图 7-2(a)以及图 7-3(c)~(f)所示,共同特征是有一个中心轮固定。

(2)差动轮系

自由度为 2 的周转轮系称为差动轮系,它需要有两个独立运动的主动件,运动才能确定,如图 7-2(b)以及图 7-3(a)、(b)所示。

7.1.3　复合轮系

如图 7-4(a)、(b)所示的两种轮系均是复合轮系,它们既不是单一的定轴轮系,也不是单一的周转轮系,而是定轴轮系与周转轮系或周转轮系与周转轮系的组合。

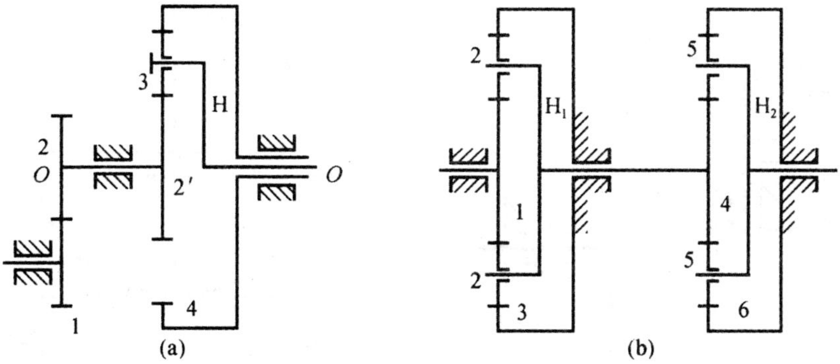

图 7-4　复合轮系

7.2　定轴轮系的传动比分析

轮系中,首轮 1 与末轮 k 的角速度(或转速)之比,称为轮系的传动比,用 i_{1k} 表示,即:$i_{1k}=\frac{\omega_1}{\omega_k}=\frac{n_1}{n_k}$。轮系传动比的计算包括两个内容:①计算传动比的大小;②确定首末两轮的转向关系。

7.2.1　确立转向关系

图 7-5 所示,一对外啮合圆柱齿轮传动,两轮的转向相反,传动比取负号,即 $i_{12}=\frac{n_1}{n_2}=-\frac{z_1}{z_2}$;

一对内啮合齿轮传动，两轮转向相同，如图 7-6 所示，传动比取正号，即 $i_{12}=\frac{n_1}{n_2}=+\frac{z_1}{z_2}$。

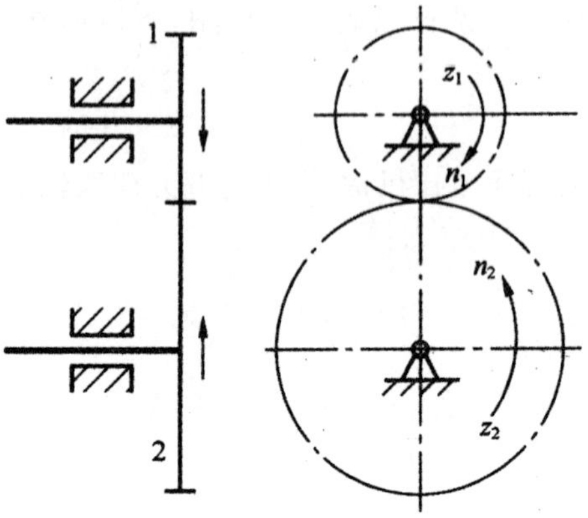

图 7-5　外啮合齿轮传动

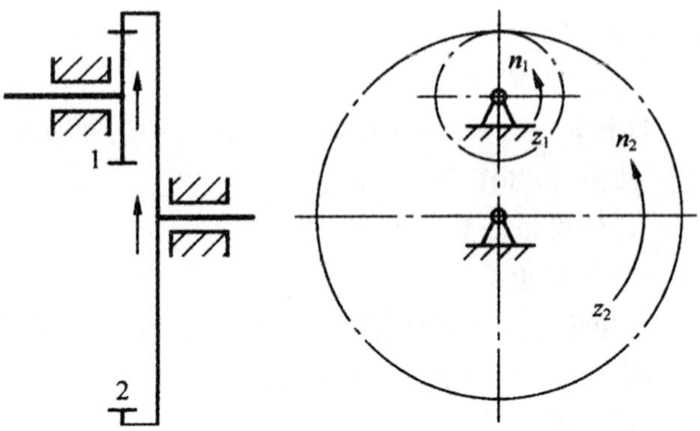

图 7-6　内啮合齿轮传动

由于圆锥齿轮传动和蜗杆传动的轴线不平行，不存在转向相同和相反问题，所以不能用正负号表示转向关系，必须在图中用画箭头的方法表示，如图 7-7、图 7-8 所示。

蜗杆传动转向的判别用左右手定则，即蜗杆右(左)旋用右(左)手，右(左)手握住蜗杆轴线，四指方向指向蜗杆转向，拇指方向的反方向为啮合点蜗轮的圆周速度方向，由此可判断蜗轮的转向，如图 7-8 所示。

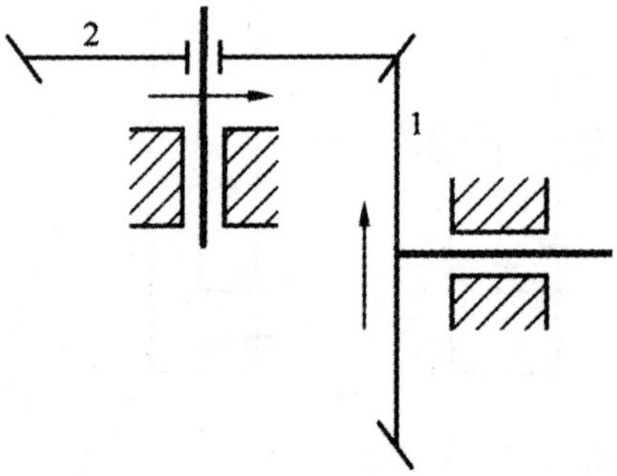

图 7-7　圆锥齿轮传动

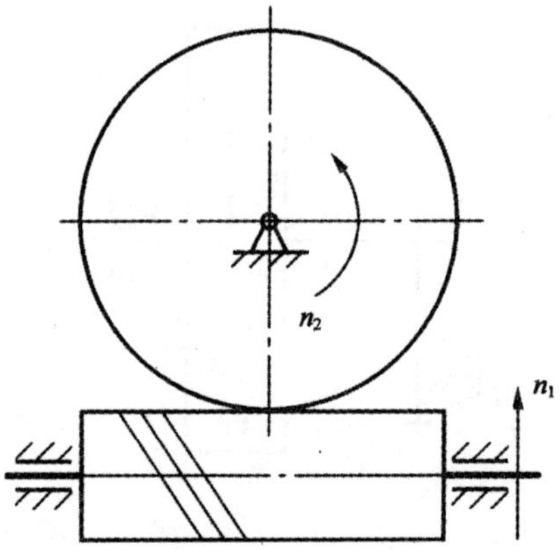

图 7-8　蜗杆传动

7.2.2　传动比的计算

图 7-9 所示为平面定轴轮系，其对应的各对齿轮的传动比为

$$i_{12}=\frac{n_1}{n_2}=-\frac{z_2}{z_1}$$

$$i_{2'3}=\frac{n_{2'}}{n_3}=+\frac{z_3}{z_{2'}}$$

$$i_{3'4}=\frac{n_{3'}}{n_4}=-\frac{z_4}{z_{3'}}$$

$$i_{45}=\frac{n_4}{n_5}=-\frac{z_5}{z_4}$$

连乘以上各式可得

$i_{12}\times i_{2'3}\times i_{3'4}\times i_{45}=\frac{n_1}{n_2}\times\frac{n_{2'}}{n_3}\times\frac{n_{3'}}{n_4}\times\frac{n_4}{n_5}=\left(-\frac{z_2}{z_1}\right)\times\left(+\frac{z_3}{z_{2'}}\right)\times\left(-\frac{z_4}{z_{3'}}\right)\times\left(-\frac{z_5}{z_4}\right)$考虑到 $n_2=n_{2'}$，$n_3=n_{2'}$，整理上式可得

$$i_{15}=\frac{n_1}{n_5}=(-)^3\ \frac{z_2z_3z_4z_5}{z_1z_{2'}z_{3'}z_4}$$

上式表明，平面定轴轮系的传动比等于轮系中各对啮合齿轮的所有从动轮齿数的连乘积与所有主动轮齿数连乘积之比。首末两轮的转向关系取决于外啮合次数。

上述结论可推广到平面定轴轮系的一般情形，即

$$i_{1k}=\frac{n_1}{n_k}=(-)^m\ \frac{\text{所有从动轮齿数的乘积}}{\text{所有主动轮齿数的乘积}} \tag{7-1}$$

上式中，m 为外啮合的次数。

首末两轮的转向关系也可以用画箭头的方法确定，如图 7-9 所示。

对于空间定轴轮系，其传动比的大小可用式(7-1)计算，首末两轮的转向关系用画箭头的方法确定。

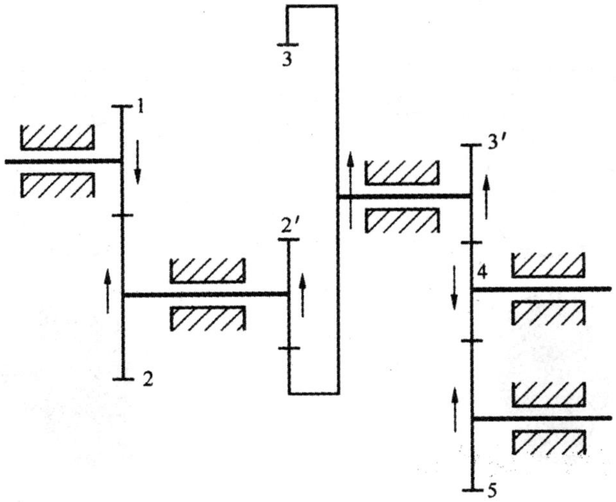

图 7-9　定轴轮系的传动比分析

【例 7-1】 图 7-10 所示为车床溜板箱进给刻度盘轮系，运动由齿轮 1 输入经齿轮 4 输出。已知各轮齿数 $z_1=18$，$z_2=87$，$z_{2'}=28$，$z_3=20$，$z_4=84$。试求此轮系的传动比 i_{14}。

解　由式(7-1)计算此轮系的总传动比为

$$i_{14}=\frac{n_1}{n_4}=(-)^2\ \frac{z_2z_3z_{4'}}{z_1z_{2'}z_3}=(-)^2\ \frac{87\times20\times84}{18\times28\times20}=14.5$$

上式计算结果为正，表示末轮 4 与首轮 1 的转向相同。

值得注意的是：应用式(7-1)计算定轴轮系的传动比时，如果轮系中有锥齿轮或蜗杆蜗轮等齿轮机构，其传动比的大小仍用式(7-1)来计算。由于一对锥齿轮(或蜗杆蜗轮)的轴线不平行，不存在转向相同或相反的问题，因此就不可能根据外啮合的次数来确定其转向关系，所以这类轮系的转向必须在图中用画箭头的方法表示。

因蜗轮蜗杆相当于螺旋副的运动，有一种实用且简便的转向判别方法如下：

①蜗杆的左、右旋方向的判别可参照螺纹的旋向判别法。

②如右旋蜗杆就伸出左手，四指顺蜗杆转向，则蜗轮的切向速度 v_2 的方向与大拇指指向相同，从而知道蜗轮的转向，如图 7-11(a)所示。

同理，如左旋蜗杆就伸出右手，四指顺蜗杆转向，则蜗轮的切向速度 v_2 的方向与大拇指指向相同，从而知道蜗轮的转向，如图 7-11(b)所示。

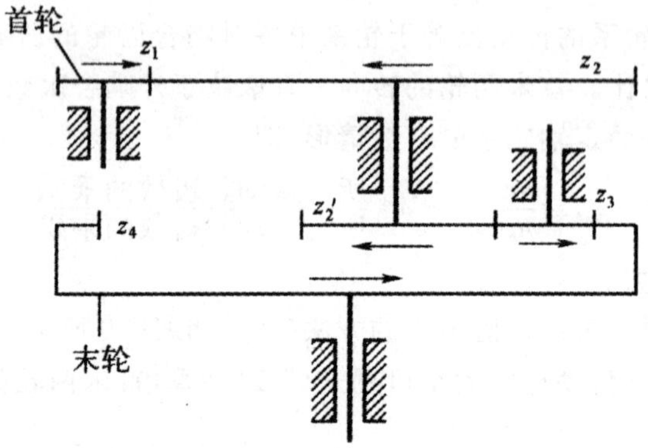

图 7-10　车床溜板箱进给刻度盘轮系

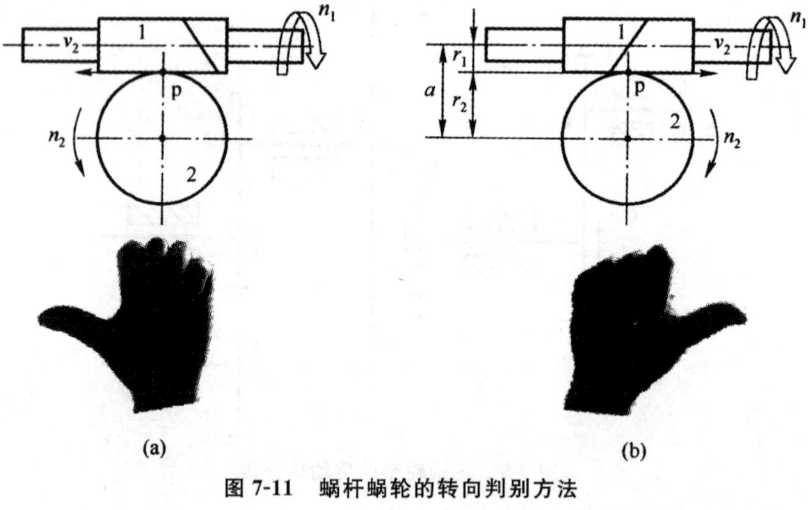

图 7-11　蜗杆蜗轮的转向判别方法

【例 7-2】图 7-12 所示为一手摇提升装置，其中各轮齿数已知。试求传动比 i_{15}；若提升重物便使其上升时，试确定手轮的转向。

解　在如图 7-12 所示轮系中有锥齿轮和蜗杆机构，应先按式(7-1)计算 i_{15} 的大小，然后画箭头示各轮的转向。

由式(7-1)得此轮系的传动比 i_{15} 的大小为

$$i_{15}=\frac{z_2 z_3 z_4 z_5}{z_1 z_{2'} z_{3'} z_{4'}}=\frac{50\times 30\times 40\times 52}{20\times 15\times 1\times 18}=577.78$$

各轮的转向如图中箭头所示，手轮的转向和 z_1 的转向相同。

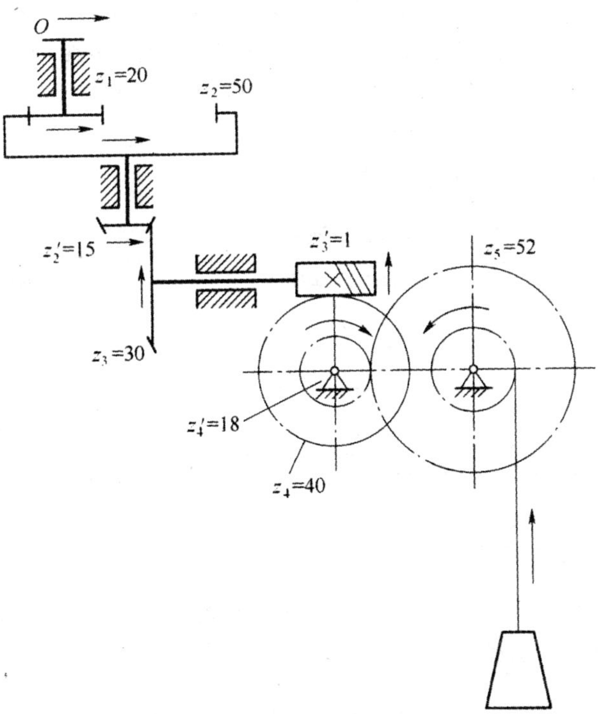

图 7-12　手摇提升装置

7.3　周转轮系的传动比分析

7.3.1　转化计算基本思路

要解决周转轮系传动比的计算问题，则应将其转化成假想的定轴轮系。在周转轮系中，根据相对运动原理可知，当对某一机构的整体加上一种公共转速时，其各构件间的相对运动关系仍保持不变。所以给整个周转轮系加上一个与系杆 H 的转速 n_H 大小相等、方向相反的公共转速（$-n_H$），如图 7-13 所示，此时，系杆 H 的转速为零（$n_H-n_H=0$），即静止不动。于是该轮系中，所有齿轮的几何轴线位置全部固定，转化成了假想的定轴轮系。这种经过转化后得到的定轴轮系，称为原周转轮系的转化轮系。

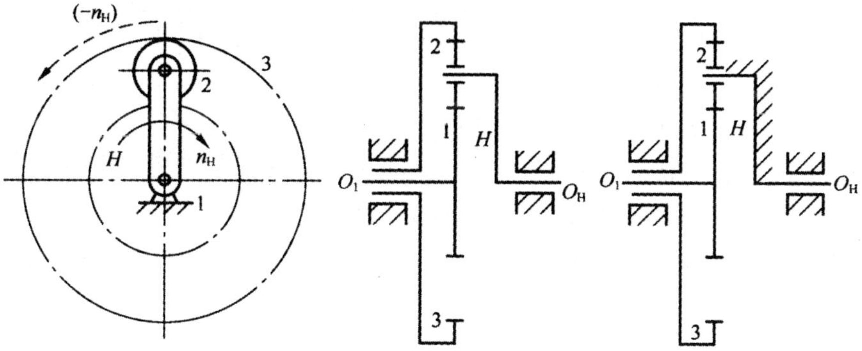

图 7-13　周转轮系的转化轮系

因为周转轮系的转化轮系是一定轴轮系。所以可引用计算定轴轮系传动比的计算方法来计算转化轮系的传动比。前面所说对机构整体加上了一个($-n_H$)转速,实际上就等于给机构中每一构件都加上了一个($-n_H$)转速。现将各构件转化前、后的转速列于表 7-1 中。

表 7-1 中的 n_1、n_2、n_3、n_H 是各构件在周转齿转系中的转速(或称绝对转速),n_1^H、n_2^H、n_3^H、n_H^H 是各构件在转化轮系中的转速(或称相对转速)。

表 7-1 各构件在转化轮系中的转速变化

构　件	原有的转速	转化轮系中的转速
1	n_1	$n_1^{\mathrm{H}}=n_1-n_{\mathrm{H}}$
2	n_2	$n_2^{\mathrm{H}}=n_2-n_{\mathrm{H}}$
3	n_3	$n_3^{\mathrm{H}}=n_3-n_{\mathrm{H}}$
H	n_{H}	$n_{\mathrm{H}}^{\mathrm{H}}=n_{\mathrm{H}}-n_{\mathrm{H}}$

7.3.2 周转轮系传动比计算

将行星轮系转化成定轴轮系后,即可应用求解定轴轮系传动比的方法,求出其中任意两轮间的传动比。如求转化轮系中齿轮 1 对齿轮 3 的传动比时,可写成

$$i_{13}^{\mathrm{H}}=\frac{n_1-n_{\mathrm{H}}}{n_3-n_{\mathrm{H}}}=(-1)^1\ \frac{z_2z_3}{z_1z_2}=\frac{z_3}{z_1}$$

式中齿数比前面的“—”号,表示在转化轮系中 1、3 两轮的转向相反。公式中共有 3 个未知转速(n_1、n_3、n_H),只要给定其中的两个,即可求出第三个。由以上结论,写出行星轮系传动比计算的通用公式

$$i_{1k}^{\mathrm{H}}=\frac{n_1^{\mathrm{H}}}{n_k^{\mathrm{H}}}=\frac{n_1-n_{\mathrm{H}}}{n_k-n_{\mathrm{H}}}=(-1)^m\ \frac{\text{所有从动齿轮齿数乘积}}{\text{所有主动齿轮齿数乘积}} \tag{7-2}$$

应用上面公式时,应注意以下几点。

①$i_{1k}^{\mathrm{H}}=\dfrac{n_1-n_{\mathrm{H}}}{n_k-n_{\mathrm{H}}}$H 表示转化轮系中,1、$k$ 两轮的相对转速比,$i_{1k}=\dfrac{n_1}{n_{\mathrm{H}}}$表示实际轮系中,1、$k$ 两轮的绝对转速比,$i_{1k}^{\mathrm{H}}\neq i_{1k}$。

②当所有齿轮几何轴线都平行时,公式中齿数比前的$(-1)^m$,表示在转化轮系中 1 和 k 二轮的相对转向,而不是绝对转向,其确定方法与定轴轮系相同;不是所有齿轮几何轴线都平行时,转化轮系中 1、k 两轮的转向可用画箭头的方法逐对标注。

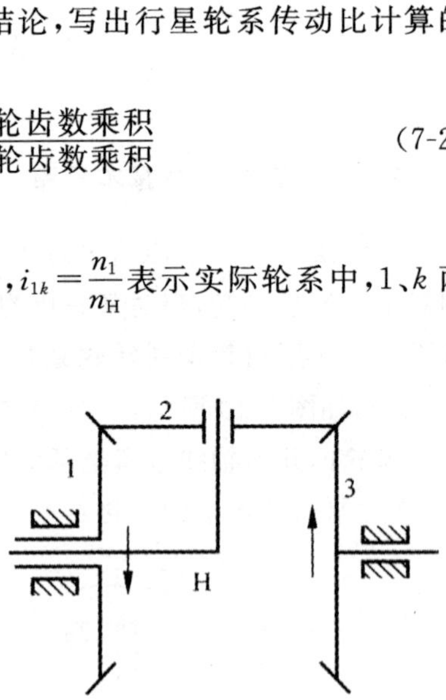

图 7-14 由圆锥齿轮所组成的差动轮系

③公式中共有 3 个未知转速(n_1、n_k、n_{H}),当给定其中两个,要往公式中代人具体数值时,必须连同转向的正负号一同带人。即规定某一转向为“+”时,相反的转向为“—”。而公式中未知转速的真正转向,由计算结果中的符号决定。

④公式只适用首末二轮轴线平行的情况。具体可见图 7-14 由圆锥齿轮所组成的差动轮系。因为 $i_2^{\mathrm{H}}\neq n_2-n_{\mathrm{H}}$,所以 $i_{12}^{\mathrm{H}}\neq\dfrac{n_1-n_{\mathrm{H}}}{n_2-n_{\mathrm{H}}}$。

【例 7-3】 图 7-15 所示的轮系中，已知各轮齿数为：$z_1=48$、$z_{2'}=18$、$z_3=24$，又 $n_1=250r/\text{min}$，$n_3=100r/\text{min}$ 转向如图所示，试求系杆 H 的转速 n_H 大小及方向。

解　这是一个由圆锥齿轮所组成的周转轮系。其转化机构的传动比为

$$i_{13}^{H}=\frac{n_1-n_H}{n_3-n_H}=-\frac{z_2z_3}{z_1z_{2'}}=-\frac{48\times24}{48\times18}=-\frac{4}{3}$$

注意：式中，"—"号表示在该轮系的转化机构中齿轮 1，3 的转向相反，它是用画箭头的方法确定的，图中虚线箭头所表示的分别是 n_1^H、n_2^H、n_3^H（转化机构中各轮的转向）。

将已知的 n_1、n_3 值代入上式。由于 n_1 和 n_3 的实际转向相反，故一个取正值，另一个取负值。现取 n_1 为正，n_3 为负，则

$$\frac{n_1-n_H}{n_3-n_H}=\frac{250-n_H}{-100-n_H}=-\frac{4}{3}$$

解得

$$n_H=50r/\text{min}$$

计算结果为正，表明系杆 H 的转向与齿轮 1 相同，与齿轮 3 相反。

本例说明，在求解由圆锥齿轮所组成的周转轮系时，一定要注意齿轮实际转向与转化机构中各轮转向的区别。实际转向由计算结果确定，而转化机构的转向可直接在图中画出。

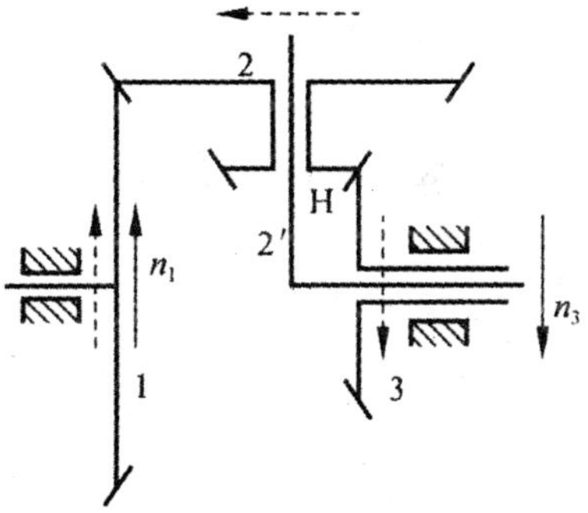

图 7-15　周转轮系

【例 7-4】 图 7-16 所示行星轮系 $z_1=100$、$z_{2'}=101$、$z_{2'}=100$、$z_3=99$，试求：(1) 主动件 H 对从动件 1 的传动比 i_{H1}。(2) 若 $z_1=99$，其他齿轮齿数不变时，求传动比 i_{H1}。

解　①根据式(7-2)得

$$i_{13}^{H}=\frac{n_1-n_H}{n_3-n_H}=(-1)^2\frac{z_2z_3}{z_1z'_2}=\frac{101\times99}{100\times100}$$

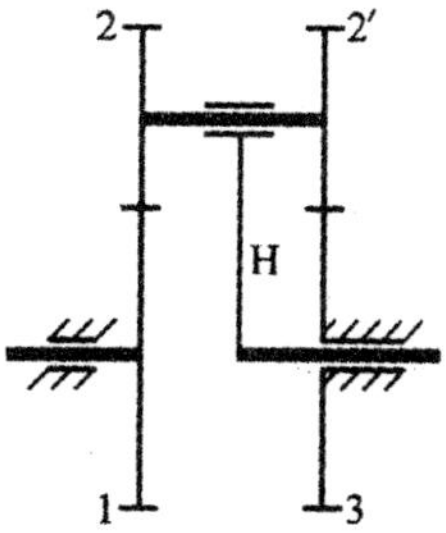

图 7-16　大传动比行星轮系

齿轮 3 固定，$n_3=0$，代入上式可得

$$\frac{n_1-n_H}{0-n_H}=\frac{101\times99}{100\times100}$$

$$\frac{n_1}{n_H}=1-\frac{9999}{10000}=\frac{1}{10000}$$

$$i_{H1}=\frac{n_H}{n_1}=10000\text{（行星架 H 和齿轮 1 转向相同）}$$

由此结果可知，行星架 H 转 10000 转时，太阳轮 1 只转 1 转，表明它的传动比很大。但是，这种大传动比行星轮系的效率很低。若取轮 1 为主动件（用于增速时），机构将发生自锁而不能运动。故这种行星轮系只适用于行星架 H 为主动件，并以传递运动为主的减速场合。

②$z_1=99$，其他齿轮齿数不变时，求 i_{H1}。由

$$\frac{n_1}{n_H}=1-\frac{z_2z_3}{z_1z'_2}=1-\frac{101\times99}{99\times100}=-\frac{1}{100}$$

$$i_{H1}=\frac{n_H}{n_1}=-100$$

计算结果表明，同一种结构形式的行星轮系，由于某一齿轮的齿数少了一齿，传动比可相差

100 倍,且传动比的符号也改变了(;即转向改变)。这说明构件实际转速的大小和回转方向的判断,用直观方法是看不出来的,必须根据计算结果确定。

7.4 混合轮系的传动比分析

复合轮系中,既包含定轴轮系部分也包含周转轮系部分,或者包含几部分周转轮系。对于这样的复合轮系,既不能应用式(7-1)将其视为定轴轮系来计算其传动比,也不能应用式(7-2)将其视为单一的周转轮系来计算其传动比。

计算复合轮系传动比一般采取如下步骤:

①正确划分各个基本轮系,即找出定轴轮系和各单一周转轮系。

②分别列出各基本轮系传动比的计算方程式。

③找出各基本轮系之间的联系。

④联立求解各基本轮系传动比的方程式,即可求得复合轮系的传动比。

注意:在计算复合轮系的传动比时,首要的问题是必须正确划分各基本轮系。为了能够正确划分,关键是先把其中的周转轮系部分划分出来。周转轮系的特点是具有行星轮,所以找周转轮系的方法:先找行星轮,即找出那些几何轴线不固定的齿轮;当行星轮找到后,那么支撑行星轮的构件就是系杆;然后找出与行星轮相啮合的几何轴线固定的中心轮。这样,每一个系杆,连同系杆上的行星轮和与行星轮相啮合的中心轮就组成一个基本周转轮系。按照上述方法继续划分,当将所有单一的周转轮系一一找出后,剩下的那些由定轴齿轮组成的部分便是定轴轮系了。

【例 7-5】 图 7-17 所示为滚齿机的差动机构。设已知齿轮 a、g、b 的齿数 $z_a=z_g=z_b=30$,蜗杆 1 为单头($z_1=1$)右旋,蜗轮 2 的齿数 $z_2=30$,当齿轮 a 的转速(分齿运动),$n_a=100$r/min,蜗杆转速(附加运动)$n_1=2$r/min 时,试求齿轮 b 的转速 n_b。

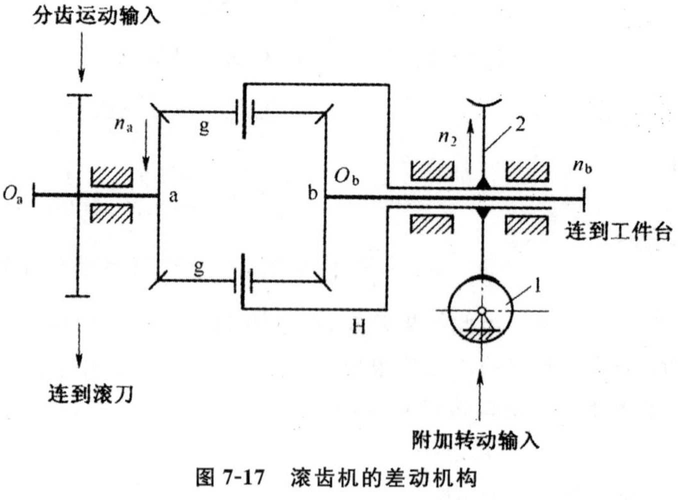

图 7-17 滚齿机的差动机构

解 分析:如图 7-17 所示,当滚齿机滚切斜齿轮时,滚刀和工件之间除了分齿运动之外,还应加入一个附加转动。锥齿轮 g(两个齿轮 g 的运动完全相同,分析该差动机构时只考虑其中一个)除绕自己的轴线转动外,同时又绕轴线 O_b 转动,故齿轮 g 为行星轮。H 为行星架,齿轮 a、b 为太阳轮,所以构件 a、g、b 及 H 组成一个差动轮系。蜗杆 1 和蜗轮 2 的几何轴线是不动的,所以它们组成定轴轮系。

在该差动轮系中，齿轮 a 和行星架 H 是主动件而齿轮 b 是从动件，表示这个差动轮系将转速 n_a、n_H（由蜗轮 2 带动行星架 H，$n_H = n_2 =$ n2）合成为一个转速 n_b。

解　由蜗杆传动得

$$n_H = n_2 = \frac{z_1}{z_2} n_1 = \frac{1}{30} \times 2 = \frac{1}{15} (r/\min)（转向图图 7\text{-}17 所示）$$

又由差动轮系得

$$i_{ab}^{H} = \frac{n_a - n_H}{n_b - n_H} = -\frac{z_b}{z_a}$$

因为在转化机构中齿轮 a 和 b 转向相反，故上式$\frac{z_b}{z_a}$之前加上负号。又因为 n_a 和 n_H（即 n_2）转向相反，故 n_a 用正号、n_H 用负号，代入上式得

$$i_{ab}^{H} = \frac{n_a - (-n_2)}{n_b - (-n_2)} = -\frac{z_b}{z_a}$$

即

$$\frac{n_a + n_2}{n_b + n_2} = -\frac{z_b}{z_a} = -1$$

故，

$$n_b = -2n_2 - n_a = -2 \times \frac{1}{15} - 100 = -100.13\ (r/\min)$$

上式计算结果为负号，表示齿轮 b 的实际转向与齿轮 a 的转向相反。

【例 7-6】 图 7-18 所示为一电动卷扬机的减速器运动简图，设已知各轮齿数 $z_1 = 24$，$z_2 = 33$，$z_{2'} = 21$，$z_3 = 78$，$z_{3'} = 18$，$z_4 = 30$，$z_5 = 78$，试求其传动比 i_{15}。

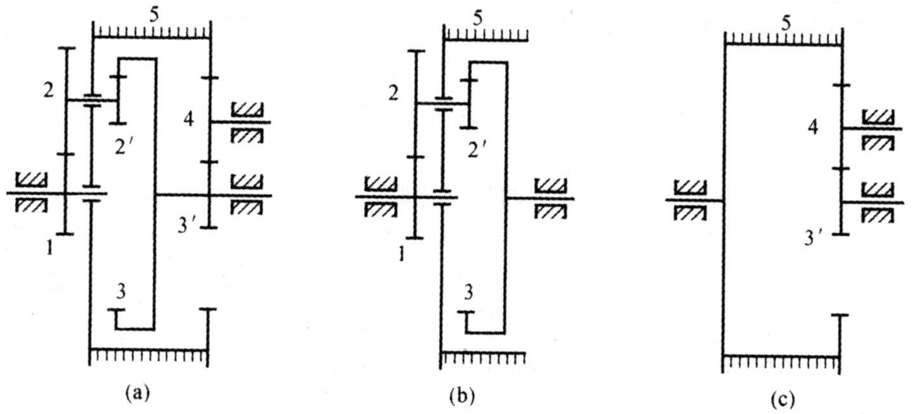

图 7-18　复合轮系

解　图示轮系为一复合轮系，首先将该轮系中的周转轮系划分出来，它由双联行星轮 2—2′，行星架 5（它同时又是鼓轮和内齿轮）及两个中心轮 1、3 组成，如图 7-18(b)所示，这是一个差动轮系。余下的齿轮 3′、4、5 组成的定轴轮系，如图 7-18(c)所示。

对于差动轮系 1-2-2′-3-5(H)有

$$i_{13}^{5} = \frac{\omega_1 - \omega_5}{\omega_3 - \omega_5} = -\frac{z_2 z_3}{z_1 z_{2'}}$$

得

$$\omega_1=(\omega_5-\omega_3)\frac{z_2z_3}{z_1z_{2'}}+\omega_5 \tag{a}$$

对于定轴轮系 3′-4-5，有

$$i_{3'5}=\frac{\omega_{3'}}{\omega_5}=\frac{\omega_3}{\omega_5}=-\frac{z_5}{z_{3'}}$$

或

$$\omega_3=-\omega_5\frac{z_5}{z_{3'}} \tag{b}$$

联立(a)、(b)可得

$$i_{15}=\frac{z_2z_3}{z_1z_{2'}}\left(1+\frac{z_5}{z_{3'}}\right)+1=\frac{33\times78}{24\times21}\left(1+\frac{78}{18}\right)+1=28.24$$

在图 7-18(a)所示的轮系中，其在图 7-18(a)所示的轮系中，其差动轮系部分(见图 7-18(b))的两个基本构件 3 及 5，被定轴轮系部分(见图 7-18(c))封闭起来了，从而使差动轮系部分的两个基本构件 3 及 5 之间保持一定的速比关系，而整个轮系变成了自由度为 1 的一种特殊的行星轮系，称之为封闭式行星轮系。

7.5 轮系的功用

轮系在各种机械中得到了广泛应用，其主要功能如下。

7.5.1 获得较大的传动比

当输入和输出轴之间需要较大的传动比时，由式(7-1)可知，只要适当选择轮系中各对啮合齿轮的齿数，即可实现较大传动比的要求。

适当选择结构或组合形式，周转轮系或混合轮系既能获得大传动比，而结构又紧凑，齿轮数目又少。

如图 7-19 所示，当两轴之间需要较大的传动比时，若仅用一对齿轮传动，必将使两轮的尺寸相差悬殊，外廓尺寸庞大，如图 7-19 中虚线所示，所以一对齿轮的传动比一般不大于 8。当需要较大的传动比时，就应采用轮系来实现(见图中实线)。特别是采用周转轮系，可用很少的齿轮，紧凑的结构，得到很大的传动比。

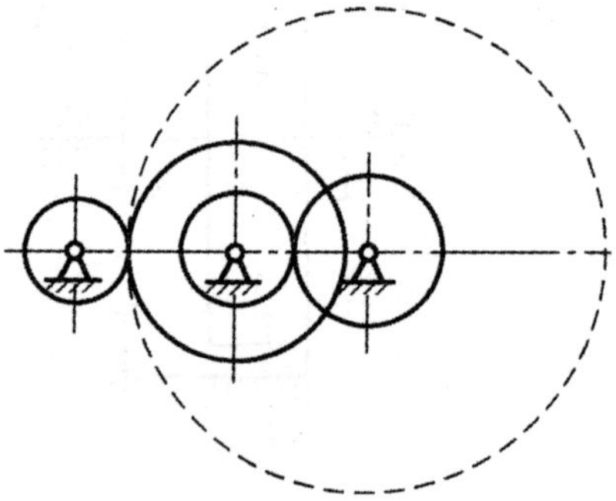
图 7-19 实现大传动比传动

7.5.2 实现分路传动

当输入轴转速一定时，利用定轴轮系使一个输入转速同时传到若干个输出轴上，获得所需的各种转速，这种传动称为分路传动。

图 7-20 所示为滚齿机切齿时滚刀与轮坯之间作展成运动的传动简图。其中滚刀的转速 $n_{刀}$ 与轮坯的转速 $n_{坯}$ 之间的关系为$\frac{n_{刀}}{n_{坯}}=\frac{z_{坯}}{z_{刀}}$。

输入轴 I 一方面通过锥齿轮 1 和锥齿轮 2 将运动传给了滚刀，同时又通过齿轮 3 经齿轮 4-5、6、7-8 将运动传到蜗轮 9，从而带动被加工的轮坯转动，以满足展成运动的要求。

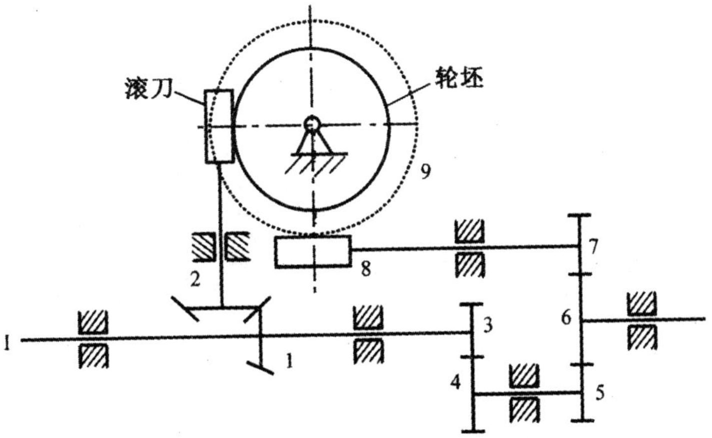

图 7-20　滚齿机切齿运动轮系

7.5.3　实现变速传动

在输入轴转速不变的情况下，利用轮系使输出轴实现多种转速在机械传动中是常见的。如图 7-21 所示的汽车变速箱，I 轴为输入轴，利用滑移齿轮 4 和 6 的滑移，可分别与齿轮 3、5、8 啮合，还可以利用离合器直接与输入轴接合，从而使输出轴 Ⅱ 获得四个挡的转速。此外，一般的机床、起重等设备也需要变速传动。

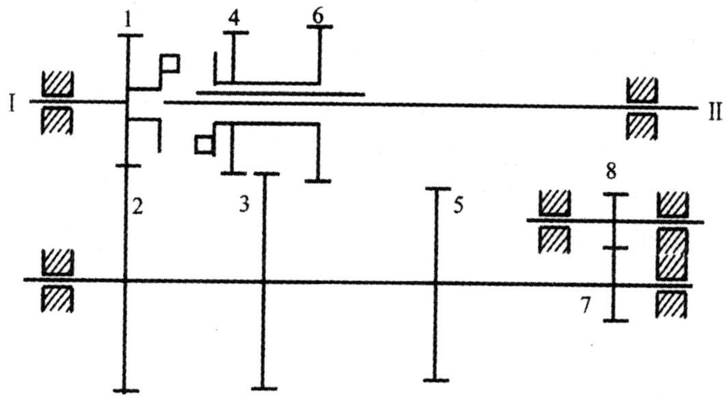

图 7-21　汽车变速箱

7.5.4　实现换向传动

如图 7-22 所示为机床上常用的换向机构，由定轴轮系加换向机构组成。图 7-22(a)中 I 轴为输入轴，Ⅱ 轴为输出轴，齿轮 1 和齿轮 3 空套在 I 轴上，离合器 4 用滑键与 I 轴相连接。当离合器 4 与齿轮 1 或齿轮 3 分别相连时，输出轴将分别得到两种相反的转向，从而达到换向的目的。图 7-22(b)图中齿轮 1 为主动轮，齿轮 2 为从动轮，齿轮 4、5、6 均为空套齿轮。当齿轮 1 与齿轮 6 或齿轮 4 分别啮合时，齿轮 2 可分别得到两种不同的转向，以达到换向的目的。

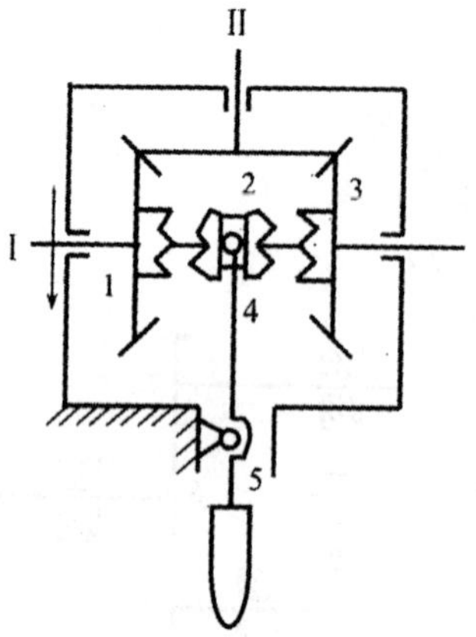

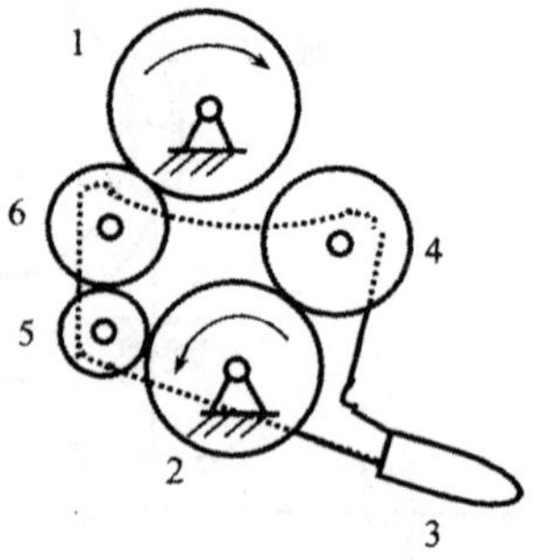

图 7-22　轮系换向机构

7.5.5　实现结构紧凑的大功率传动

尺寸小、重量轻的条件下实现大功率传动，是近年来机械制造业中日益高涨的期望。若采用周转轮系可以较好地实现这一愿望。

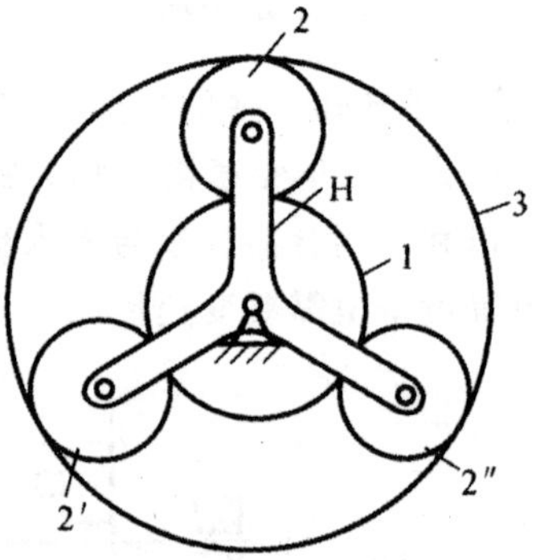

图 7-23　采用多个均匀分布行星轮的周转轮系

首先用作动力传动的周转轮系都采用具有多个行星轮的结构，如图 7-23 所示，各行星轮均匀地分布在中心轮的四周。这样既可用几个行星轮来共同分担载荷，以减小齿轮尺寸；同时又可使各个啮合处的径向分力和行星轮公转所产生的离心惯性力各自得以平衡，以减小主轴承内的作用力，增加运转的平稳性。此外，在动力传动用的行星减速器中，几乎都有内啮合，这样就提高了空间的利用率。兼之其输入轴和输出轴在同一轴线上，故可减小径向尺寸。因此可在结构紧凑的条件下，实现大功率传动。

7.5.6　实现运动的合成与分解

1. 实现运动的合成

合成运动是将两个输入运动合成为一个输出运动。差动轮系有两个自由度，当给定两个基本构件的运动时，第三个基本构件的运动随之确定。这意味着第三个构件的运动是由两个基本构件的运动合成的。如图 7-24 所示的由锥齿轮所组成的差动轮系，就常被用来进行运动的合成。其中 $z_1=z_3$，则

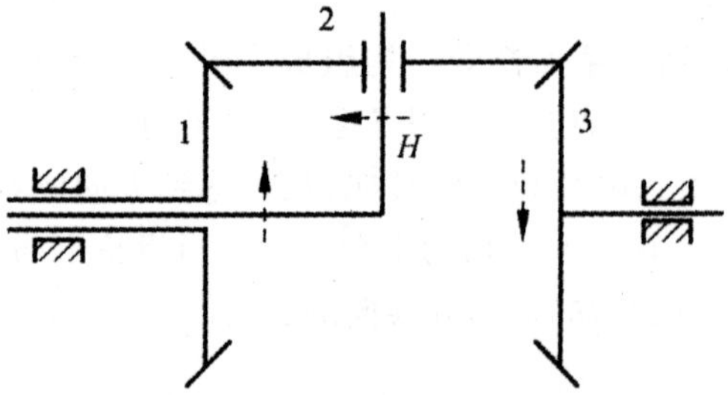

图 7-24　差动轮系用于运动合成

$$i_{13}^{H}=\frac{n_1-n_H}{n_3-n_H}=-\frac{z_3}{z_1}=-1$$

所以

$$n_H = n_1 + n_3$$

2. 实现运动的分解

所谓运动分解，即将差动轮系中已知的一个独立运动，按所需比例分解成另两个基本构件的不同转动。汽车后桥的差速器就利用了差动轮系的这一特性。

图7-25所示为装在汽车后桥上的差速器简图。其中齿轮1、2、3、4(H)组成一差动轮系。汽车发动机的运动从变速箱经传动轴传给齿轮5，再带动齿轮4及固接在齿轮4上的行星架H转动。当汽车直线行驶时，前轮的转向机构通过地面的约束作用，要求两后轮有相同的转速，即要求齿轮1、3转速相等($n_1 = n_3$)。由于在差动轮系中

$$i_{13}^H = \frac{n_1 - n_H}{n_3 - n_H} = -\frac{z_3}{z_1} = -1$$

故

$$n_H = \frac{1}{2}(n_1 + n_3)$$

将 $n_1 = n_3$ 代入上式，得 $n_1 = n_3 = n_H = n_4$ 即齿轮1、3和行星架H之间没有相对运动，整个差动轮系相当于同齿轮4固接在一起成为一个刚体，随齿轮2一起转动，此时行星轮2相对于行星架没有转动。

当汽车向左转弯时，为使车轮和地面间不发生滑动以减少轮胎磨损，就要求右轮比左轮转的快些。这时齿轮1和3之间便发生相对转动，齿轮2除了随着齿轮4绕后轮轴线公转外，还要绕自己的轴线自转。由齿轮1、2、3、4(H)组成的差动轮系便发挥作用。这个差动轮系和图7-24所示的机构完全相同，故有

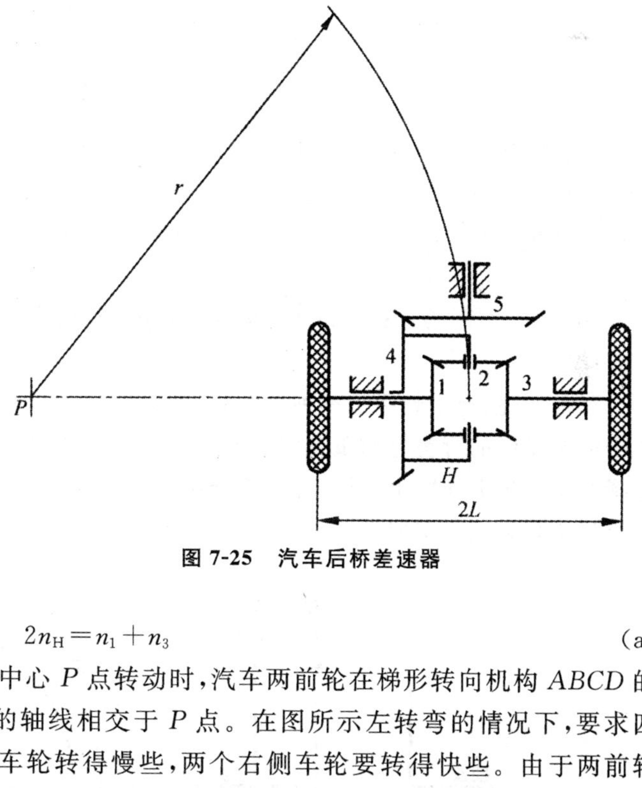

图7-25 汽车后桥差速器

$$2n_H = n_1 + n_3 \tag{a}$$

从图7-26可知，当车身绕瞬时转弯中心 P 点转动时，汽车两前轮在梯形转向机构 $ABCD$ 的作用下向左偏转，其轴线与汽车两后轴的轴线相交于 P 点。在图所示左转弯的情况下，要求四个车轮均能绕点 P 做纯滚动，两个左侧车轮转得慢些，两个右侧车轮要转得快些。由于两前轮是浮套在轮轴上的，故可以适应任意转弯半径而与地面保持纯滚动；至于两个后轮，则是通过上述差速器来调整转速的。设两后轮中心距为 $2L$，弯道平均半径为 r，由于两后轮的转速与弯道半径成正比，故由图可得

$$\frac{n_1}{n_3} = \frac{r-L}{r+L} \tag{b}$$

联立解(a)、(b)两式，可求得此时汽车两后轮的转速分别为

$$n_1 = \frac{r-L}{r} n_H$$

$$n_3=\frac{r+L}{r}n_{\rm H}$$

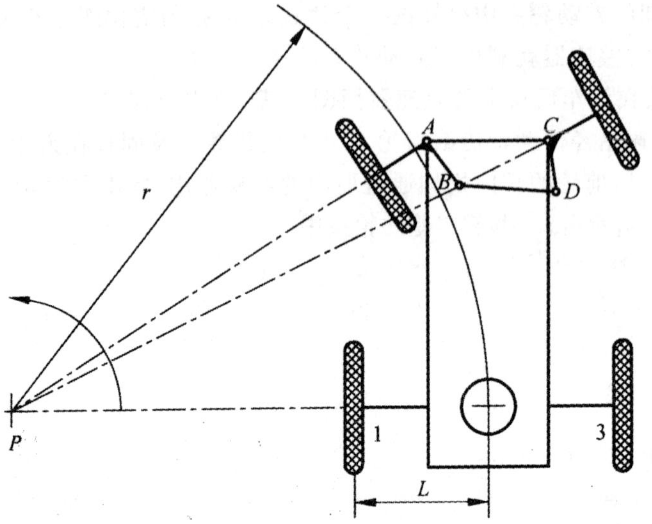

图 7-26　汽车转向机构

这说明当汽车转弯时，可利用上述差速器自动将主轴的转动分解为两个后轮的不同转动。

这里值得特别注意的是，差动轮系可以将一个转动分解成另外两个转动是有前提条件的，其前提条件是这两个转动之间的确定关系是由地面的约束条件确定的。

7.6　行星轮系各轮齿数与行星轮数的选择

如前所述，行星轮系是一种共轴式（即输出轴线与输入轴线重合）的传动装置，并且又采用了几个完全相同的行星轮均布在中心轮的四周。因此设计行星轮系时，其各轮齿数和行星轮数的选择必须满足下列四个条件，方能装配起来并正常运转和实现给定的传动比。现用图 7-27 所示的行星轮系为例说明如下。

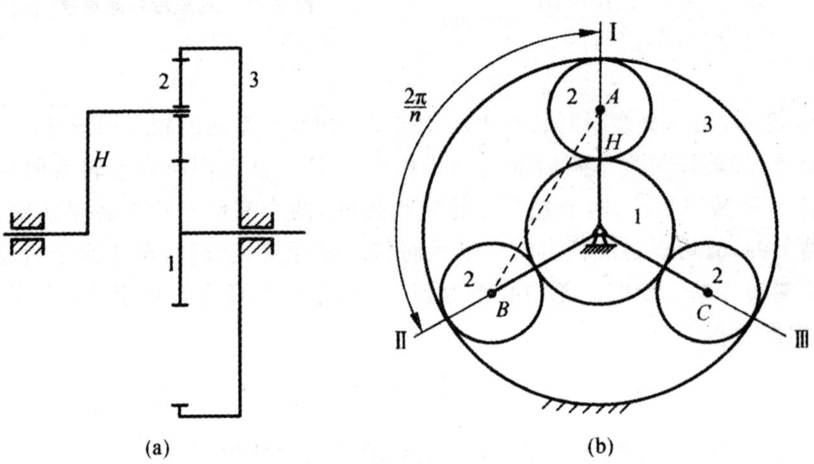

图 7-27　行星轮系

1. 传动比条件

传动比设计的行星轮系必须能实现给定的传动比，若给定的传动比为 i_{1H}，则由传动比计算公式得

$$i_{1\mathrm{H}}=1-i_{13}^{\mathrm{H}}=1+\frac{z_3}{z_1}$$

故

$$z_3=z_1(i_{1\mathrm{H}}-1) \tag{7-3}$$

2. 同心条件

为了保证装在行星架上的行星轮在传动过程中始终与中心轮正确啮合，必须使行星架的转轴与中心轮的轴线重合，这就要求各轮齿数必须满足第二个条件——同心条件。

中心轮 1 与行星轮 2 组成外啮合传动，中心轮 3 与行星轮 2 组成内啮合传动，由于行星轮系是一种共轴线的传动装置，即中心轮和系杆共绕一条轴线转动，因此同心条件就是要求这两组传动的中心距必须相等，即 $a_{12}=a_{23}$。若齿轮都采用标准齿轮，且三个齿轮的模数相同，则应有

$$\frac{m(z_1+z_2)}{2}=\frac{m(z_3-z_2)}{2}$$

即

$$z_3=\frac{(z_3-z_1)}{2}$$

该式表明，两中心轮的齿数应同为奇数或偶数。将式(7-3)代入上式可得

$$z_2=\frac{(z_3-z_1)}{2}=\frac{z_1(i_{1H}-2)}{2} \tag{7-4}$$

3. 装配条件

周转轮系中如果只有一个行星轮，则所有载荷将由一对啮合齿轮来承受，功率也由一对啮合齿轮传递。轮齿的啮合力和行星轮的离心惯性力都随行星轮的转动而改变方向，因此轴上所受的是动载荷。为了提高承载能力和解决动载荷问题，通常在实际机械应用中的周转轮系多采用多个行星轮均匀分布在两个中心轮之间，这样一来载荷由多对齿轮来承受，从而提高了轮系的承载能力。因为行星轮均匀分布，中心轮上作用力的合力将为零，所以行星架上所受的行星轮的离心惯性力也将得以平衡，可大大改善受力状况。

为使各个行星轮都能均匀分布在两中心轮之间，在设计行星轮系时，行星轮的数目和各齿轮的齿数必须有一定的关系。否则，当一个行星轮装好以后，两个中心轮的相对位置就确定了，且均布的各行星轮的中心位置也就确定了，在一般情况下，其余行星轮的轮齿就可能无法同时装配到内、外两中心轮的齿槽中。

若需要有 n 个行星轮均匀地分布在中心轮四周，则相邻两个行星轮之间的夹角为$\frac{2\pi}{n}$。

设行星轮齿数为偶数，参照图 7-27 分析行星轮数目 n 与各轮齿数间应满足的关系。

如图 7-27(b)所示，现将第一个行星轮 A 在位置Ⅰ装入，使行星架 H 沿着逆时针方向转过$\varphi_H=\frac{2\pi}{n}$到达位置Ⅱ，这时中心轮Ⅰ转过角 φ_1。由于

$$i_{1\mathrm{H}}=\frac{\omega_1}{\omega_{\mathrm{H}}}=\frac{\varphi_1}{\varphi_H}=\frac{\varphi_1}{\frac{2\pi}{n}}=1-i_{13}^{\mathrm{H}}=1+\frac{z_3}{z_1}$$

$$\varphi_1=\left(1+\frac{z_3}{z_1}\right)\frac{2\pi}{n}$$

φ_1 必须是 K 个轮齿所对的中心角，即刚好包含 K 个齿距，故

$$\varphi_1=\left(1+\frac{z_3}{z_1}\right)\frac{2\pi}{n}=\frac{2\pi}{z_1}K$$

整理后可得

$$K=\frac{z_1+z_3}{n} \tag{7-5}$$

当行星轮的个数和两中心轮的齿数满足上式的条件时，就可以在位置工装入第二个行星轮 B。同理，当第二个行星轮转到位置Ⅱ时，又可以在位置Ⅰ装入第三个行星轮，其余以此类推。

式(7-5)表明要想将 n 个行星轮均匀地分布安装在中心轮的四周，则行星轮系中两中心轮的齿数之和应能被行星轮数 n 整除。

4. 邻接条件

均匀分布的行星轮数目越多，每对齿轮所承受的载荷就越小，能够传递的功率也就越

大。但行星轮的数量受到一个限制，就是不能让相邻的两个行星轮在运动中齿顶相互碰撞。因此把保证相邻两个行星轮运动时齿顶不发生相互碰撞的条件称为邻接条件。

为满足上述条件，需要使两行星轮中心距 AB 大于两行星轮的齿顶圆半径之和，即

$$AB>2r_{a2}$$

$$AB=2(r_1+r_2)\sin\frac{\pi}{n}=m(z_1+z_2)\sin\frac{\pi}{n}$$

$$2r_{a2}=2(r_2+h_a^*m)=m(z_2+2h_a^*)$$

将上两式代入邻接条件中可得

$$(z_1+z_2)\sin\frac{\pi}{n}>z_2+2h_a^*$$

将上式整理后得到满足邻接条件的关系式为

$$\sin\frac{\pi}{n}>\frac{z_2+2h_a^*}{z_1+z_2} \tag{7-6}$$

为了设计时便于选择各齿轮的齿数，通常又将前面几式合并成一个总的配齿公式，即

$$z_1:z_2:z_3:K=z_1:\frac{z_1(i_{1H}-2)}{2}:z_1(i_{1H}-1):\frac{z_1i_{1H}}{n} \tag{7-7}$$

确定齿数时，应根据上式选定 z_1 和 n 所选定的值应使 K、z_2 和 z_3 均为正整数。然后将各齿轮齿数代入式(7-6)验算是否满足邻接条件。如果不满足，则应减少行星轮的个数或增加齿轮的齿数。

【例 7-7】 图 7-27 所示的行星轮系，已知输入转速 $n=1800$r/min，工作要求输出转速 $n_H=300r$/min，均布行星轮的个数 $n=3$，采用标准齿轮，$h_a^*=1$，$\alpha=20°$，试选取各齿轮齿数 z_1、z_2 和 z_3。

解 由题意知

$$i_{1H}=\frac{n_1}{n_H}=\frac{1800}{300}=6$$

由式(7-7)得

$$z_1 : z_2 : z_3 : K = z_1 : \frac{z_1(6-2)}{2} : z_1(6-1) : \frac{z_1 6}{3} = z_1 : 2z_1 : 5z_1 : 2z_1$$

由上式可知，为使上式各项均为正整数及各齿轮的齿数均大于 17。现取 $z_1=20$，则 $z_2=2z_1=40$，$z_3=5z_1=100$。

验算邻接条件，由式(7-6)得

$$\frac{z_2+2h_a^*}{z_1+z_2}=\frac{40+2\times1}{20+40}=0.7<\sin\frac{\pi}{n}=\sin\frac{\pi}{3}=0.866$$

上式结果表明所选的齿数与行星轮的个数满足邻接条件。

7.7　其他新型行星传动

7.7.1　渐开线少齿差行星传动

渐开线少齿差行星传动的基本原理如图 7-28 所示。若行星轮 g 与中心轮 K 的齿数差 $\Delta z = z_K - z_g = 1 \sim 4$ 时，该传动称为少齿差行星齿轮传动。该轮系由一个中心轮 K、行星轮 g、行星架 H 和一根带输出机构 W 的输出轴 V 组成。

这种传动通常是系杆 H 主动，行星轮 2 从动，内齿轮 1 固定，用于减速。其传动比的计算式为

$$i_{gK}^{H}=\frac{\omega_g-\omega_H}{\omega_K-\omega_H}=\frac{z_K}{z_g}$$

因 $\omega_K=0$ 得

$$i_{Hg}=\frac{\omega_H}{\omega_g}=\frac{z_g}{z_K-z_g}$$

若 $\Delta z=z_K-z_g=1$，即“一齿差”时，则 $i_{Hg}=-z_g$。只要 z_g 适当大，这种传动就可以利用很少的构件，获得较大的传动比。

在该传动中，行星架 H 为主动件，行星轮 g 为从动件，输出的运动就是行星轮的转动。由于行星轮是做复合平面运动的，它既有自转，又有公转，因此，要用一根轴直接把行星轮的转动输出来是不可能的，而必须采用合适的输出机构来传递行星轮的运动。

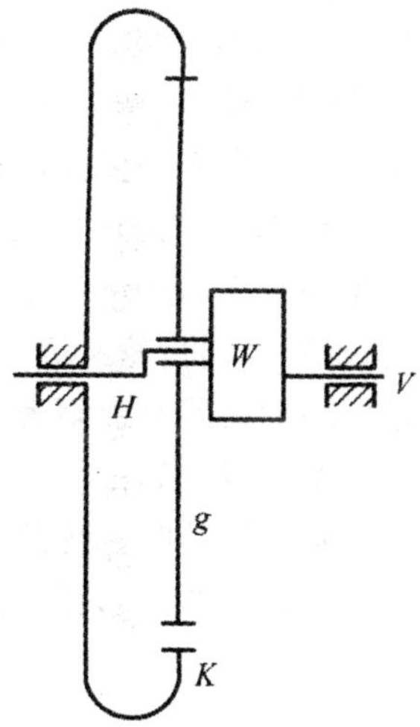

图 7-28　少齿差行星齿轮系

少齿差行星齿轮传动通常采用销孔式输出机构作为等角速比机构，它的结构和工作原理如图 7-29 所示。在行星轮的辐板上，沿着直径 D 的圆周均有若干个销孔，销孔的直径为 d_h。在输出轴的销盘上，沿相同直径的圆周均布着数目相同的圆柱销，圆柱销上再套以直径为 d_s 的销套，将这些带套的圆柱销分别插入销孔中，使行星轮和输出轴连接起来。设计时取以 $a=\frac{1}{2}(d_h-d_s)$，a 以为行星架的偏心距，也等于行星轮轴线与输出轴轴线间的距离。因此这种传动仍能保持输入轴与输出轴的轴线重合。这时，内齿轮的中心 O_2、行星轮的中心 O_1、销孔中心 O_h 和销轴中心 O_s，恰好组成一平行四边形。销孔式输出机构的运动就是平行四边形机构的运动，因此，输出轴的运动与行星轮的绝

对运动完全相同。

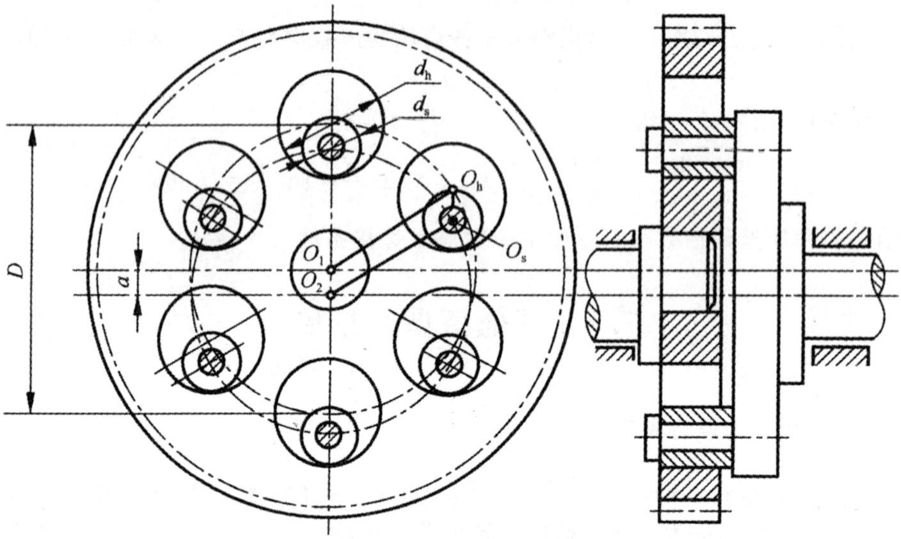

图 7-29　销孔式输出机构原理图

这种少齿差行星齿轮传动的特点是构件少，结构简单紧凑，传动比大，效率高，在工程实际中得到广泛应用。

7.7.2　摆线针轮行星传动

摆线针轮行星传动属于一齿差的 K－H－V 型行星轮系，它的传动原理、运动输出机构等均与渐开线少齿差行星传动相同，这里不再介绍。它与渐开线少齿差行星传动的主要区别，是它的齿廓曲线不是渐开线而采用摆线，摆线齿廓的形成，如图 7-30 所示。半径为 r_1 的滚圆与半径为 r_2（$r_2<r_1$）的导圆内接。当滚圆 1 在导圆 2 上做纯滚动时，滚圆 1 圆周上的一点 P 在导圆上画出一条外摆线 PP。同时，与滚圆 1 固接的另一点 M 在导圆上的轨迹 MM 为变态外摆线。MM 是从属于导圆上的一条曲线，而 M 点则是滚圆上的一个点。摆线针轮传动中的行星轮就是以变态外摆线作为理论齿廓曲线，故又称摆线轮。而与之啮合的内齿轮的齿廓是一个点，即 M 点，但实际上是以点 M 为中心、r_2 为半径的小圆柱针销作为内齿轮的齿廓，故内齿轮又称为针轮。此时，行星轮上与针轮针销共轭的实际齿廓则为上述变态外摆线的等距曲线 CC。

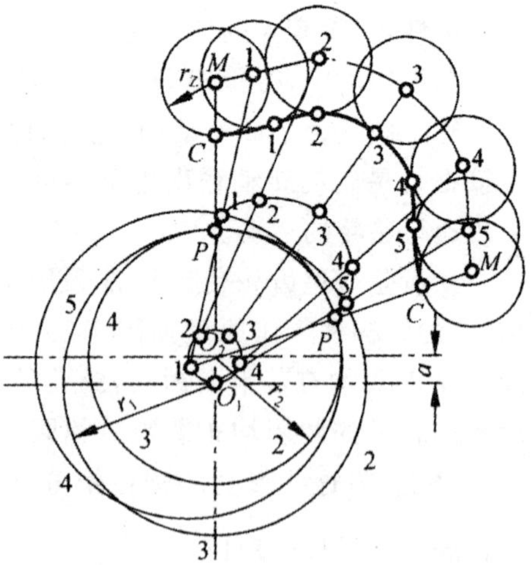

图 7-30　摆线齿廓的形成

由摆线轮和针轮齿廓的形成过程可知，当摆线轮和针轮啮合传动时，滚圆和导圆做纯滚动，所以滚圆和导圆也是传动的节圆，两圆的切点就是节点，两轮的传动比为

$$i_{12}=\frac{\omega_2}{\omega_1}=\frac{r_2}{r_1}$$

因 r_1 和 r_2 均为定值，所以摆线针轮可以保证定传动比传动。

因为摆线针轮行星传动也是 K-H-V 型传动，所以传动比为

$$i_{H2}=\frac{\omega_H}{\omega_2}=\frac{z_2}{z_1-z_2}$$

摆线针轮行星传动的行星轮 G 与中心轮 K(圆柱销数)的齿数只差 1，所以传动比为行星轮的齿数 $i_{H2}=-z_2$(式中"—"号表示行星轮 2 与转臂 H 的转向相反)。

摆线针轮行星传动的主要优点是传动比大，结构紧凑，效率高(一般可达 0.9～0.94)，承载能力大，传动平稳，磨损小等。图 7-31 所示为摆线轮($z_2=9$)和针轮($z_1=10$)啮合的情况，由图上看出有多齿啮合(实际上可有近半数的齿同时啮合)，故重迭系数大，承载能力高。针齿销上套着针齿套，故减小了磨损，提高了传动效率。摆线针轮行星传动的主要缺点是必须采用等角速比输出机构，制造精度要求较高，加工工艺较复杂等。

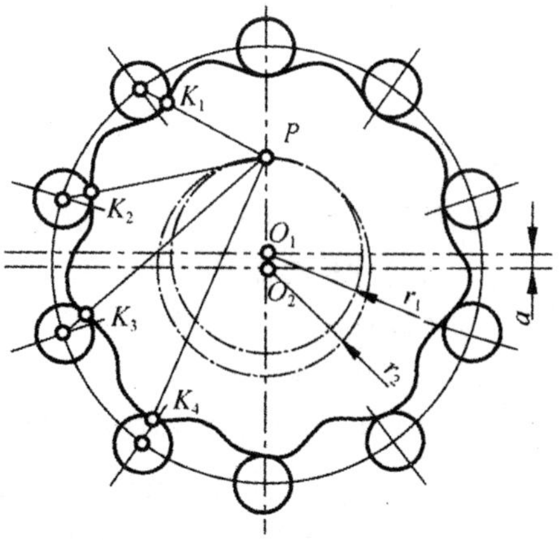

图 7-31　摆线轮和针轮啮合

7.7.3　谐波齿轮传动

1. 原理及特点

谐波齿轮传动的原理及特点谐波齿轮传动也类似于少齿差行星齿轮传动，但其结构形式和传动原理却不相同。它的组成部分如图 7-32 所示，图中：H 为波发生器(它相当于转臂)；b 为刚轮(它相当于中心轮)；g 为柔轮(它相当于行星轮)；柔轮可产生较大的弹性变形，转臂 H 的外缘尺寸大于柔轮的内孔直径。所以，将转臂装入柔轮的内孔后，柔轮即变成椭圆形，椭圆长轴处的轮齿与刚轮相啮合，而短轴处的轮齿脱开，其他各点则处于啮合和脱离的过渡阶段。

根据波发生器转一转可使柔轮上某点变形的循环次数的不同，谐波齿轮传动可分为双波及三波传动，一般常用的是双波传动。谐波齿轮传动的柔轮和刚轮的齿距相同，但齿数不等。通常采用刚轮与柔轮的齿数差等于波数 n，即

$$z_b-z_g=n$$

在谐波齿轮传动中，为了在输入一个运动时能获得确定的输出运动，与行星齿轮传动一样，在三个构件中必须有一个固定的，而其余两个，有一个为主动件，另一个便为从动件。一般常采用波发生器为主动件。当采用刚轮固定不动，而主动件(波发生器 H)回转时，柔轮与刚轮的啮合区也就跟着发生转动。由于柔轮比刚轮少 z_b-z_g 个齿，所以当波发生器逆时针转一转时，柔轮相对刚轮沿相反方向(顺时针)转过 z_b-z_g 个齿的角度，即反转 $\frac{z_b-z_g}{z_g}$ 转。因此，其传动比为

$$i_{Hg}=\frac{n_H}{n_g}=\frac{1}{\frac{z_b-z_g}{z_g}}=-\frac{z_g}{z_b-z_g} \tag{7-8}$$

式(7-8)与渐开线少齿差行星传动的传动比公式相同。

谐波齿轮传动借助于波发生器使柔轮产生可控的弹性变形来实现运动的传递，故就其传动机理而言，既不同于刚性构件的啮合传动，同时也与一般常见的具有柔性构件的传动(如带传动)有本质区别。

谐波齿轮传动有如下特点：

①传动效率高。

②可以通过密封壁传递运动。

③零件少、体积小、质量轻，结构简单。

④计算复杂，且柔轮加工工艺要求较高。

⑤柔轮的材料需采用高性能合金钢（或工程塑料）制造。

⑥传动比大，一般单级减速传动比可达60～300。

⑦同时啮合的齿数多，啮入、啮出的速度低，故承载能力大，传动平稳。

⑧回差小，并可实现零回差传动，适用于经常反向传动的场合。

⑨柔轮周期性地反复变形而引起疲劳损伤，影响使用寿命。

2. 渐开线谐波齿轮传动啮合参数的选择

谐波齿轮传动属少齿差行星传动，为了保证传动在啮合过程中不发生干涉的条件下能获得较大的啮入深度、较大的啮合区间以及合理的齿侧间隙，以满足类型众多的使用需要，必须合理地选择基准齿形角 α_0，变位系数 χ_1、χ_2，径向变形系数 ω_0^* 及轮齿工作区高度（啮入深度）h_n。根据我国的实际情况，可采用 $\alpha_0=20°$ 的基准齿形角。

3. 几何计算应满足的条件

为保证传动的工作条件和性能，几何计算时还应满足下列条件。

①不产生齿廓重叠干涉。要使两轮在啮合过程中不产生齿廓重叠干涉，这就要求在任意啮合位置上两齿廓的工作段不相交。

②不产生过渡曲线的干涉。为保证谐波齿轮传动的正常工作，柔轮和刚轮采用较大的变位系数。这时，对于用滚刀加工的柔轮，其轮齿过渡曲线部分将显著地增大。若啮合参数选择不当，就可能出现刚轮齿顶与柔轮齿根过渡曲线部分发生干涉的现象，或柔轮齿顶与刚轮齿根过渡曲线部分发生干涉的现象。为防止在啮合过程中发生这种干涉现象，则选择的啮合几何参数必须保证：在轮齿最大啮入深度的位置上的两轮轮齿齿顶均不进入配对齿轮轮齿的过渡曲线部分。

③最大啮入深度受刀具所能加工的最大齿高的限制。

④保证最大啮入深度不小于某一规定值。为提高传动的承载能力，适当扩大啮合区间，必须保证最大啮入深度不小于某一规定值。

⑤保证一定径向间隙。对于用滚刀切制柔轮和用插刀切制刚轮，刚轮齿顶与柔轮齿根间的径向间隙足够大，但是，柔轮齿顶与刚轮齿根间的径向间隙不能保证，不能满足传动径向间隙的要求。

⑥柔轮在谐波发生器的短轴方向能顺利退出啮合。

⑦保证齿顶不变尖。

4. 渐开线塑料谐波齿轮

在小功率应用场合，采用工程塑料（常用的材料为聚甲醛和尼龙等）代替高级合金钢来制造谐波齿轮，有很大的应用前景。如塑料谐波传动应用于汽车玻璃窗电动升降的减速机构、电钻头、电绞刀、汽车前灯的调转装置、高级音响的调谐装置、显微镜的微调装置、通信设备等方面，取得了很好的效果。

塑料齿轮具有摩擦系数小，耐磨性好，耐化学性好，阻尼小，吸振性好，噪声小，易于变形，能补偿加工误差与装配误差，弹性模量低，弹性好等优点。由于塑料的特性，塑料谐波齿轮与钢制谐波齿轮在设计上有差别。因为塑料齿轮在注射成型冷却过程中的冷缩，导致与标准齿轮相比，齿顶圆上齿厚变小，即齿顶变尖；齿根圆上齿厚变大，即齿形变“胖”。其分度圆上模数非标准化（小于标准模数），齿形误差较大，而且由于模具的齿轮型腔的收缩率及渐开线齿廓的估算，实际情况是很复杂的。一般认为，影响收缩的各种因素得到了有效控制，齿轮各尺寸形状收缩较均匀，故可认为，塑料齿轮的压力角与模数有以下改变（齿轮其他公式不变），即

$$\cos\alpha_c=(1+s)\cos\alpha$$

$$m_c=(1+s)m$$

式中：s 为塑料的平均收缩率；α_c 为模具型腔齿轮压力角；m_c 为模具型腔齿轮模数；α 为被塑齿轮压力角；m 为被塑齿轮模数。

金属谐波齿轮传动由于齿侧间隙与弹性变形不协调，使啮合过程中接触情况不理想，导致齿面强烈磨损。因此，要做磨损方面的计算。但塑料谐波齿轮耐磨性好，并且弹性模量小，形变能力强，可不做这方面的计算。又由于柔轮工作时产生周期变形，承受交替载荷，是最薄弱的环节之一。其弯曲疲劳强度直接影响谐波齿轮的寿命，而柔轮壁厚又直接影响弯曲疲劳强度。因此，在塑料谐波齿轮设计中首先要考虑柔轮壁厚的计算。

5. 谐波齿轮的结构

图 7-32 所示为谐波齿轮的结构图。

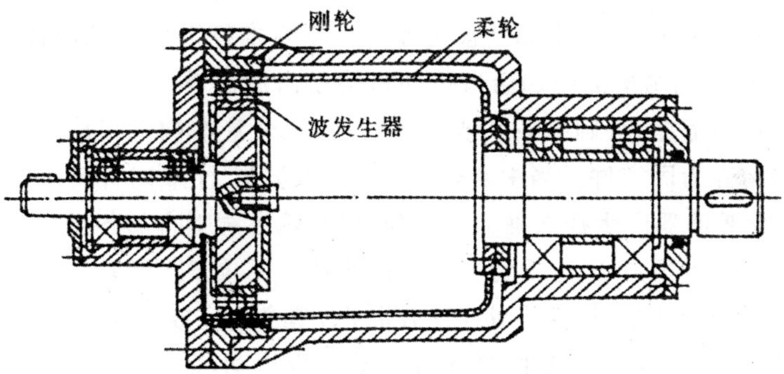

图 7-32　谐波齿轮的结构图

圆柱形柔轮的结构和联轴方式如下。

(1)杯形柔轮结构

如图 7-33(a)、(b)所示，这种结构又分为以下两种：

①整体式柔轮结构，其特点是将柔轮与输出轴做成一体，其扭转刚度较大，效率高，但轴向尺寸较长，需采用旋压加工（见图 7-33(a)）或注塑成形工艺加工（见图 7-33(b)）。

②端部采用螺钉与轴连接的柔轮结构，其加工工艺可得到改善（见图 7-33(c)）。

(2)齿式连接的柔轮结构

如图 7-33(d)、(e) 所示，可缩短柔轮的长度，结构紧凑，加工方便，还可用于复式谐波齿轮传动，但传动效率较低。

(3)径向销连接的柔轮结构

如图 7-33(f)所示，轴向尺寸紧凑，但传递载荷小，一般不采用。

(4)牙嵌式连接的柔轮结构

如图 7-33(g)所示，造价便宜，可缩短柔轮的长度，但效率较低，传动精度差。

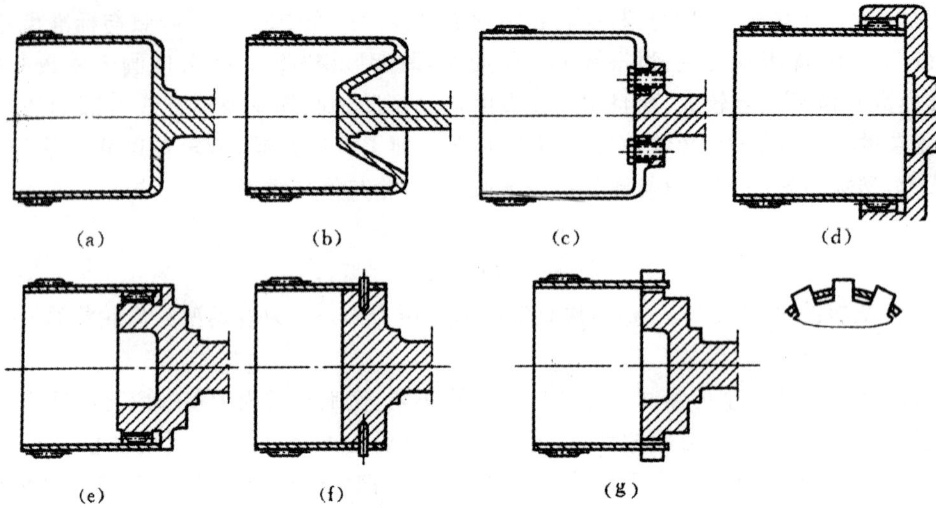

图 7-33　柔轮的结构形式和联轴方式

7.7.4　活齿传动

活齿传动是 K-H-V 型齿轮系的一种新结构形式。按活齿的结构不同，已研制出推杆活齿传动、摆动活齿传动、滚柱活齿传动、套筒活齿传动等。现就推杆活齿传动简述其工作原理。图 7-34 所示为推杆活齿传动的结构简图。活齿传动机构是由激波器 H、活齿轮 G(由活齿和活齿架组成)及中心轮 K(可做成摆线、圆弧或其他曲线形状)三个基本构件组成。这三个基本构件，可根据需要选择不同构件为固定件。当中心轮 K 固定，激波器 H 顺时针转动时，由于偏心圆盘激波器 H 向径的变化，激波器产生径向推力，迫使与中心轮齿廓啮合的各活齿沿其径向导槽移动，当啮合高副由中心轮的齿顶点 B 处转到中心轮的齿根点 C 处时，即激波器 H 将活齿由最小向径接触处推到最大向径接触处时，活齿处于工作状态，啮合副完成工作行程；当激波器 H 继续转动时，由于激波器的回程曲线向径减小，故不能推动活齿运动，活齿在活齿轮径向导槽反推作用下，由激波器最大位置返回到最小向径位置，此时活齿处于非工作状态，啮合副完成空回行程。因此每一个推杆活齿只能推动活齿轮 G 转动一定角度，而各推杆活齿的交替工作就可推动活齿轮以等角 ω_G 转动，从而实现运动的传递。其工作原理与谐波齿轮类似，只是其行星轮不采用柔轮，而采用轮齿架上的许多活动轮齿。

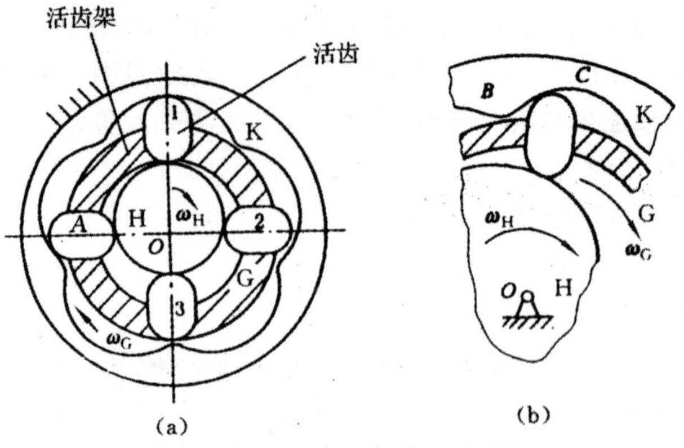

图 7-34　推杆活齿传动的结构简图

当中心轮 K 固定，即 $\omega_K=0$，激波器 H 主动时，其传动比计算公式由

$$i_{GK}^{H}=1-i_{GK}^{K}=\frac{z_K}{z_G}$$

可得

$$i_{HG}=i_{HG}^{K}=\frac{z_G}{z_G-z_K}$$

当 $z_K>z_G$ 时，激波器 H 与活齿轮转向相反；当 $z_K<z_G$ 时，激波器 H 与活齿轮转向相同。

活齿传动的特点：

①传动比大，单级传动比 $i=8\sim60$。

②由传动原理及其结构特征可知，活齿传动可避免内啮合齿轮副间的干涉，使所有的活齿与中心轮的齿廓接触，其中最多有一半的活齿参与啮合，因此传动平稳，承载能力高。

③活齿传动的输出运动是通过中间活动构件（活齿）来实现两轴之间的运动传递，故不用 W 输出机构，便可使其结构紧凑。

④传动效率高（$\eta=0.7\sim0.95$），其传动效率随传动比的增加而降低。

⑤活齿传动各构件的精度要求高，特别是活齿架上的径向等分槽，加工工艺较复杂。

目前，活齿传动应用于能源、通信、机床、冶金、轻工和食品机械等行业中。

7.8　轮系运动设计

7.8.1　定轴轮系设计

定轴轮系运动方案设计主要包括轮系类型的选择，确定各对齿轮的传动比、齿轮齿数以及轮系的布置方案等。轮系的类型应根据工作要求和使用场合恰当地选择，当轮系用于高速、重载场合时，应选用平行轴斜齿轮组成定轴轮系，以减小传动的冲击、振动和噪声，提高传动性能；当轮系需要转换运动轴线方向时，应选择包含锥齿轮传动的定轴轮系；当设计的轮系要求传动比大、结构紧凑或用于分度、微调及有自锁要求的场合时，则应选择含有蜗杆传动的定轴轮系。

在设计定轴轮系时，传动比分配不仅直接影响机构的承载能力和使用寿命，还会影响体积、重量等。传动比分配应满足以下要求：使各级传动强度大致相等；保证机构结构均匀、紧凑并减轻重量；降低转动构件圆周速度及转动惯量以提高传动平稳性。因为在确定传动比分配方案时，同时满足各项要求比较困难，有时甚至相互矛盾和制约，因此应综合考虑各项设计要求，选择较合理的分配方案。传动比分配通常遵循下述原则：

①各类齿轮每一级传动比应在其常用范围内选取。圆柱齿轮传动比通常为 3～5；当传动比大于 8～10 时，采用两级传动；当传动比大于 30 时，则采用两级以上传动。

②为了满足结构紧凑设计要求，应使各级中间轴具有较高的转速和较小的转矩。若轮系为减速传动，应按传动比逐级增大的原则确定各级传动比；若轮系为增速传动，则应按传动比逐级减小的原则确定各级传动比；且相邻两级传动比不要相差太大。

③为使各级传动齿轮寿命接近，应按等强度原则进行轮系设计。对于减速传动，高速级传动比略大于低速级，各级传动比应按前大后小逐级减小的原则确定。使各级传动容易接近等强度，同时对于减轻重量、改善润滑条件等方面都有利。

可见设计要求重点不同，则传动比分配方案不同，应根据传动系统具体工作条件及要求，确定较为合理的分配方案；若要获得最佳传动比分配方案，可以采用优化设计方法。

定轴轮系各级传动齿轮齿数确定应根据给定传动比进行试凑，齿轮的齿数需为整数且大于齿轮不发生根切的最少齿数。可根据工作要求及使用条件，对多种配齿方案进行评定，对于工程传动装置小于0.5%的传动比误差是可以接受的。但是，对于精密仪器或有较高运动精度要求的传动机构，齿数确定必须严格按照传动比要求进行。

表7-2所示两级齿轮传动机构常用布置方案及特点。在设计定轴轮系时，应根据具体工作要求确定合适布置方案。

表7-2　两级齿轮传动机构常用布置方案及特点

类　型	传动简图	特点及应用
展开式	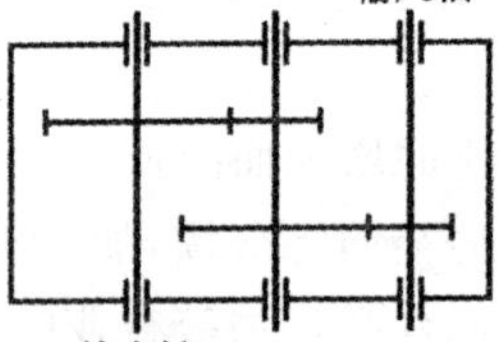	结构简单，但齿轮位置相对轴承不对称，齿向载荷分布不均，要求传动轴应具有较大刚性。常用于载荷比较平稳的场合
同轴式	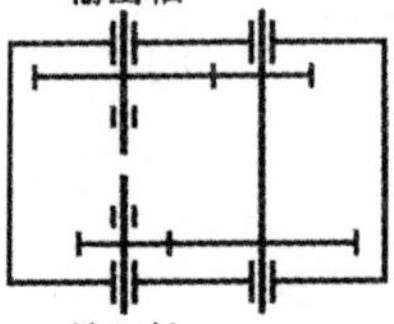	结构较紧凑，但轴向尺寸较大，且中间轴较长，刚性差，齿宽方向上的载荷分布不均匀。适用于要求空间位置紧凑，结构尺寸较小场合
分流式	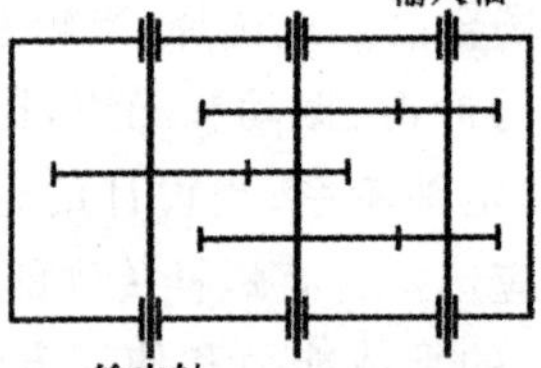	轴上齿轮位置与两端轴承对称，齿向载荷分布均匀，两轴承受载荷均匀。但结构复杂，常用于大功率变载荷的场合

7.8.2　周转轮系设计

周转轮系与定轴轮系相比具有体积小、重量轻、传动比大、承载能力强等特点，在工程实际中特别是在要求结构紧凑、大传动比及实现结构紧凑的大功率传动系统如飞行器、汽车和机器人机构中具有特殊的实用意义。周转轮系的运动方案设计，包括轮系类型的选择和轮系的齿数设计。

周转轮系类型的选择，主要应根据具体设计要求及条件从传动比范围、承载能力、效率高低、结构复杂程度以及尺寸、经济性等方面考虑。在行星轮系中存在着传动比、效率和机构尺寸相互制约的矛盾。与定轴轮系不同，行星轮系的类型、传动比、输入输出构件对其效率的影响非常大。转化轮系传动比小于零的行星轮系称为负号机构，对于负号机构，无论太阳轮主动（减速机构）还是系杆主动（增速机构）都具有较高的效率，因此，设计用于传递大功率的行星轮系，应尽可能选用负号机构。但负号机构传动比较大时，机构尺寸较大，所以应选择合适传动比，以克服其不足。

转化轮系传动比大于零的行星轮系称为正号机构，对于正号机构，传动比较大时效率较低，因此，采用正号机构实现结构紧凑的大传动比传动时效率较低。设计用于传递运动的小功率行星轮系，可选用正号机构。

表 7-3 列出了常用行星齿轮传动机构的类型、机构简图、主要技术参数及应用特点，可供设计轮系运动方案时选择传动类型时参考。

表 7-3　常用行星轮系主要技术参数及应用特点

类　型	传动简图	传动比范围	传动效率	传动功率范围	特点及应用
2K-H 负号机构	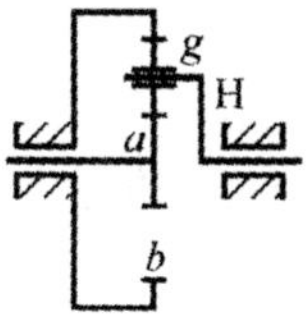	$i_{aH}=2.8\sim13$，推荐 3～9	0.97～0.99	不限	适用于任何情况下任何功率的减速或增速装置
2K-H 负号机构	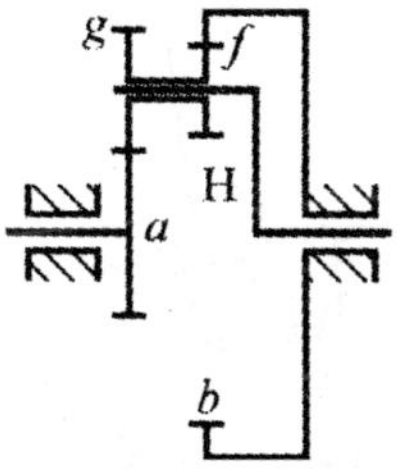	$i_{aH}=1\sim50$，推荐 8～16	0.97～0.99	不限	用途同上。但径向尺寸较紧凑，制造安装较复杂
2K-H 正号机构	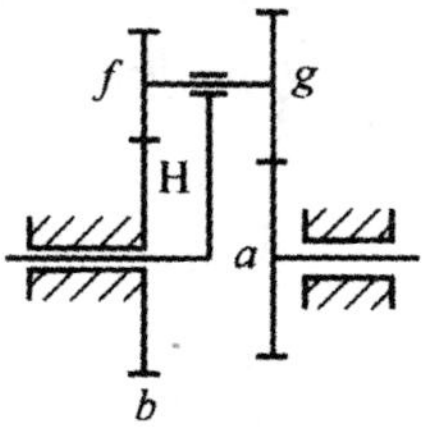	$\lvert i_{aH}\rvert=1.2$～几千		很少用于动力传动，短时工作制≤20kW	当传动比很大而传递功率很小时才采用。当 H 从动，传动比的绝对值小于一定值时机构自锁
2K-H 正号机构	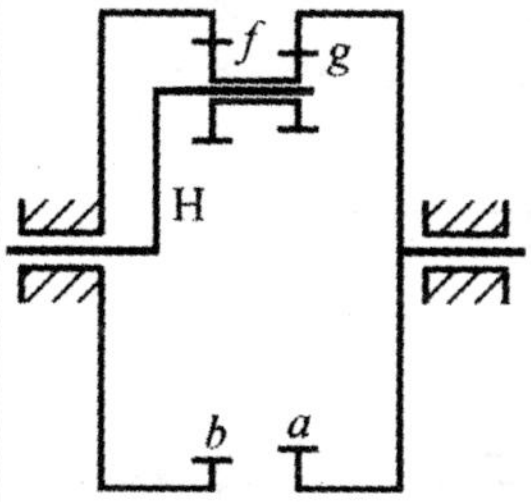	传递小功率 $i_{Ha}=1700$，推荐 30～100	当 $i_{Ha}=10\sim100$ 时，0.7～0.9	≤40kW	用于短时工作制中小功率传动。当 H 从动，传动比的绝对值达某值时机构自锁
3K	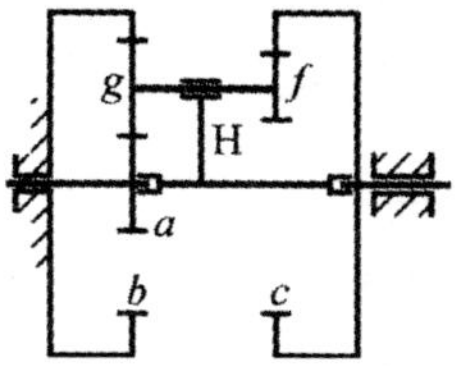	$i_{ac}=500$，推荐 20～100	0.8～0.9	短期工作≤120kW，长期工作≤10kW	结构紧凑，传动比大。制造安装较复杂，适用于短期工作中小功率传动，$\lvert i_{ac}\rvert$达某值时自锁
K-H-V	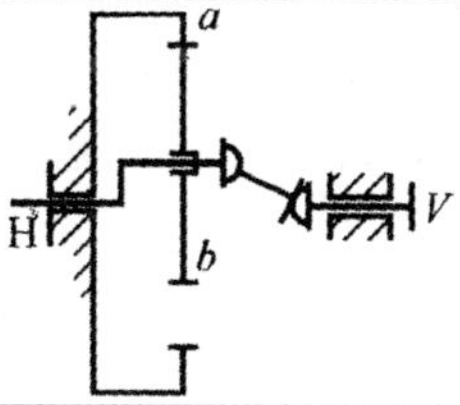	$i_{HV}=10\sim100$	0.8～0.97	短期工作≤100kW	结构紧凑，外廓尺寸小。渐开线齿形，用于中小功率短时工作制，摆线齿形，用于任意工作制

7.8.3 轮系设计实例

在机械运动方案设计阶段，轮系设计问题指轮系的运动学设计，包括轮系类型的选择和轮系的参数设计。

图 7-35 所示为风力发电机组组成示意图，风力发电机组是将风能转化为电能的机械。风轮由桨叶和轮毂组成，桨叶具有良好的空气动力外形，在气流作用下产生空气动力使风轮旋转，将风能转化成机械能，再通过增速器增速，驱动发电机转化成电能。

【例 7-8】 已知：风力发电机组增速器额定功率 $P=600\text{kW}$，输入转速 n=27.137r/min，增速比 $i=55.437$。试设计增速器运动方案。

解 由于总传动比 $i=55.437$，$\sqrt{55.437}=7.45$，$\sqrt[3]{55.437}=3.81$，可采用两级或三级齿轮传动机构。根据传递功率大小结合各类轮系特点确定增速器轮系 3 种运动方案设计，具体可见图 7-35、图 7-36 和图 7-37 所示。

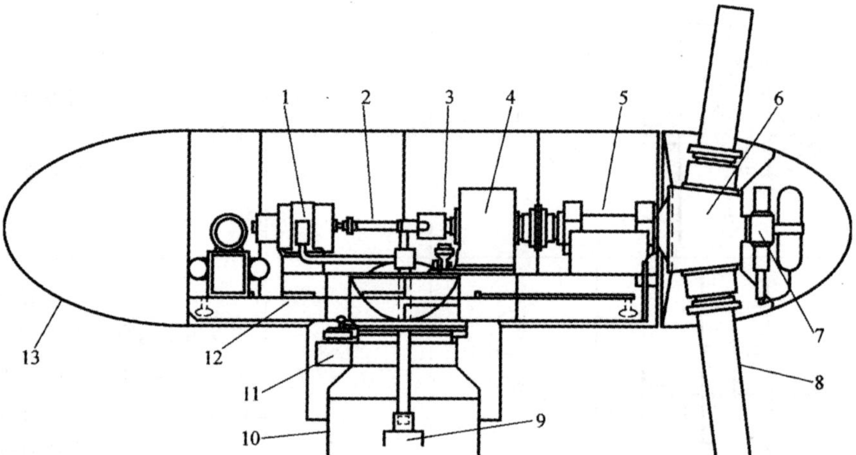

1—发电机；2—高速轴；3—制动器；4—齿轮箱；5—低速轴；6—轮毂；7—变桨驱动器
8—叶片；9—集电环；10—塔架；11—偏航驱动器；12—台架；13—罩

图 7-35 风力发电机组成

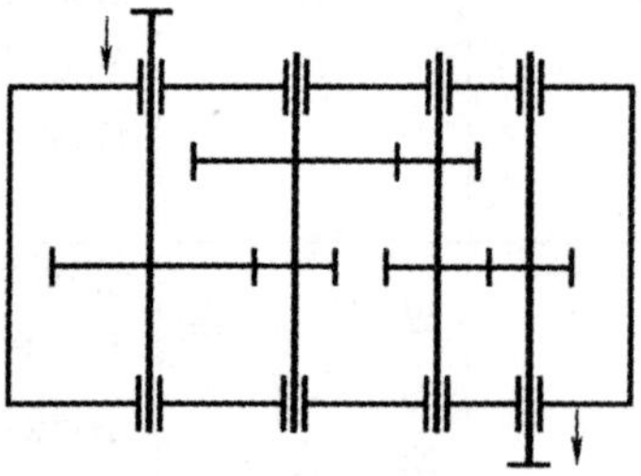

图 7-36 三级定轴轮系传动

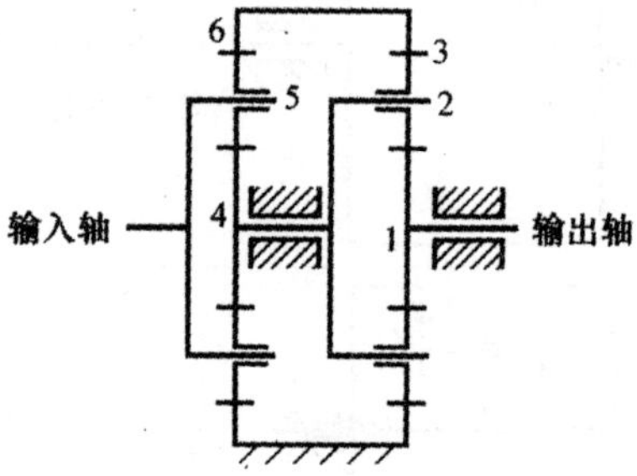

图 7-37 两级行星传动

方案 1 为三级定轴轮系，该方案结构简单，设计、制造、安装方便、效率高。但结构尺寸及重量大；方案 2 为两级行星传动机构串联而成的混合轮系，该方案结构紧凑、重量轻，但设计、制造、安装复杂；方案 3 为一级行星轮系串联两级定轴轮系的混合轮系，该方案综合方案 1 与方案 2 优点，可合理分配传动比。

对于中小功率风力发电机组增速器，上述 3 种运动方案各有特点，可根据具体工作要求确定设计方案。

第 8 章　轴承及联轴器设计

8.1　滑动轴承

回转运动的轴需要有元件对其支承，轴承就是这种能对作回转运动的轴进行支承的部件。此外，轴承还可以对装在轴上并相对轴进行回转运动的零部件进行支承。

轴承的种类很多，但按照摩擦性质，在目前工业应用中最为常见的有两种。一种是以滑动摩擦方式工作的滑动轴承，另一种是以滚动摩擦方式工作的滚动轴承。根据承受的载荷方向，这两种轴承又可以分为径向轴承（轴承上产生的反作用力与轴线方向垂直）和推力轴承（轴承上产生的反作用力与轴线方向一致）。再进一步细分，滑动轴承在工作过程中摩擦面有两种摩擦状态。一种情况下，摩擦面间能够形成液体油膜，将两表面完全隔开，处于完全的液体润滑状态，称为液体润滑滑动轴承。液体润滑滑动轴承又分为液体动压润滑滑动轴承（靠两表面间的收敛形间隙和足够的相对运动，将润滑液体带人摩擦面间隙中，形成足以抵抗外部载荷的动压油膜）和液体静压润滑滑动轴承（由外部输入的压力油建立压力油膜，使两摩擦表面分开）两种。另一种情况下，滑动轴承的两摩擦表面间无法形成完全的油膜，称为非液体润滑滑动轴承，这时的摩擦面一般处于边界摩擦或混合摩擦状态。

本章主要讨论液体滑动轴承的设计问题，重点讨论径向滑动轴承，包括：滑动轴承的结构形式设计、滑动轴承的轴瓦和轴承衬材料的选择、滑动轴承的结构参数确定方法、滑动轴承的润滑方式选择和润滑剂选择方法、滑动轴承的工作能力及有关性能参数计算方法。

8.1.1　滑动轴承的结构形式

1. 径向滑动轴承的基本结构

径向滑动轴承的结构一般有整体式和剖分式两种。如图 8-1(a)所示为整体式径向滑动轴承的结构。主要由轴承座、轴套、油孔、油杯螺纹孔构成。轴承座通过螺栓与机座联接，顶部的螺纹孔用于安装油杯，轴承孔通过压人方式安装减摩材料制作的轴套，轴套上开有用于输送润滑油的油孔，轴套内表面上开有油沟以均布润滑油。整体式滑动轴承的优点是结构简单，常应用于低速、轻载条件下工作的轴承和不重要的机械设备或手动机构中。主要缺点是磨损后间隙过大时无法调整，轴径只能从轴承端部轴向安装与拆卸，很不方便，也无法用于中间轴颈上。

如图 8-1(b)所示为剖分式滑动轴承结构，一般由轴承座、轴承盖、剖分式轴瓦、轴承盖螺柱等组成。在轴瓦的内表面上常贴附一层轴承衬，起到改善性能和节省贵重金属的作用。不重要的轴承也可以不用轴瓦，轴承与机架之间采用螺栓联接，轴瓦内表面上不承受载荷部分开设油沟，润滑油通过进油孔和油沟进入轴承间隙。轴瓦的剖分面最好与载荷方向近于垂直，多数轴承的剖分面是水平的，也有倾斜的，轴承座的剖分面做成阶梯形，以便安装定位和防止工作中错动。

如图 8-1(c)所示为自动调心滑动轴承，其特点是轴瓦外表面做成球形面，与轴承座的球状内表面相配合，轴瓦可以自动调位以适应轴颈在轴弯曲或偏斜时所产生的偏移。这种轴承一般用

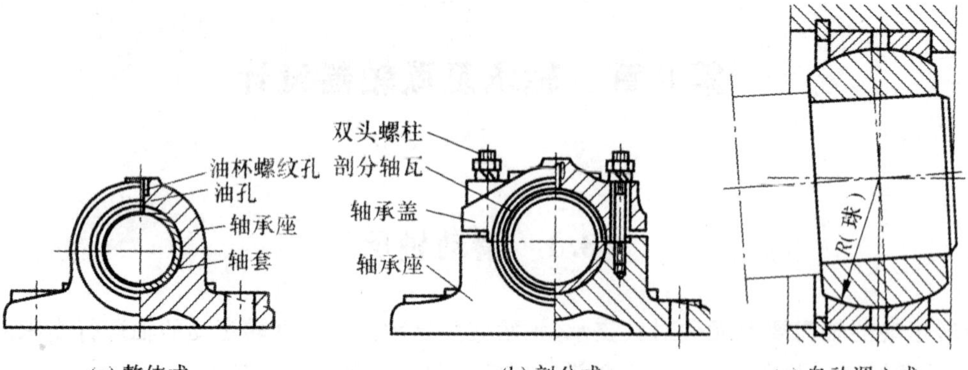

(a) 整体式　　(b) 剖分式　　(c) 自动调心式

图 8-1　滑动轴承结构

于轴承的宽径比较大的情形，所谓宽径比是指轴承的宽度(B)与轴承的直径(d)之比，宽径比越大，由于轴径偏移所产生的干涉作用会越强，对于 $B/d>1.5$ 的轴承，应该考虑采用自动调心滑动轴承。

2. 轴瓦、轴承衬、油孔、油沟和油室

轴瓦分为整体式和剖分式两种，如图 8-2 所示。为了改善轴瓦表面的摩擦性质，常在其内表面上浇铸一层或两层减摩材料(图 8-3)，通常称为轴承衬，所以轴瓦又有双金属轴瓦和三金属轴瓦。轴承衬的厚度一般随轴承直径的增大而增大，尺寸范围在十分之几到 6mm 之间。

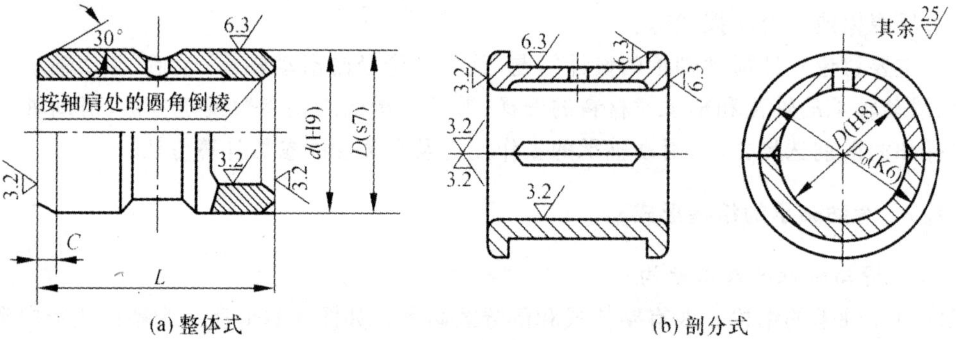

(a) 整体式　　(b) 剖分式

图 8-2　整体式和剖分式轴瓦结构

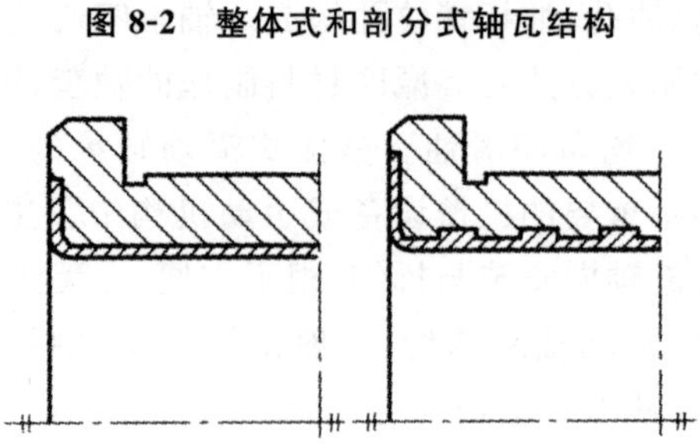

(a)　　(b)

图 8-3　浇铸轴承衬的轴瓦

油孔是用来为滑动轴承供应润滑油的，油沟用来输送和分布润滑油。图 8-4 所示为几种常见的油沟形状，轴向油沟有时也开在剖分面上(图 8-2(b))。油孔的位置、油沟的位置和形状会对轴承的油膜压力分布产生很大影响，油孔应该开在润滑油膜压力最小的地方，油沟也不应开在油膜承载区内，否则会降低油膜的承载能力，图 8-5 所示为油沟位置对承载能力的影响。轴向油沟应较轴承宽度稍短，以免润滑油从油沟端部流失过大。图 8-6 为油室结构，油室的主要作用是使润滑油沿轴承宽度方向均匀分布，并同时起储存润滑油和稳定供油的作用。

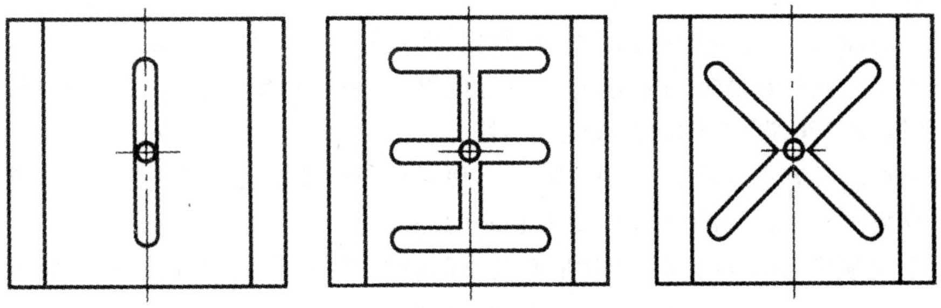

图 8-4　油沟的形状

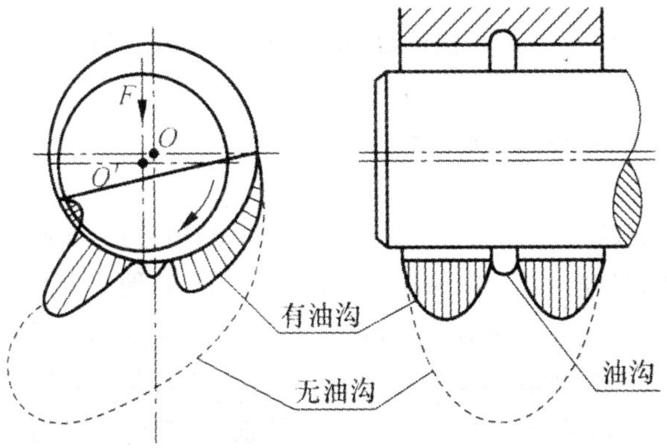

图 8-5　油沟位置对承载能力的影响

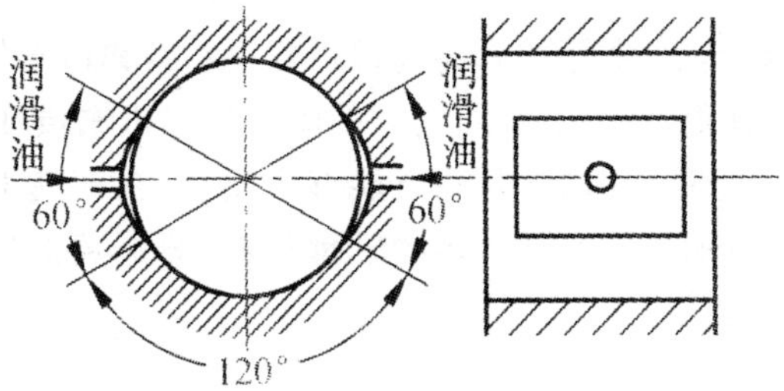

图 8-6　油室结构

关于轴瓦、轴承衬、油孔、油沟以及油室的结构尺寸和标准应根据有关手册进行确定。

8.1.2　轴瓦结构和轴承材料

1. 轴瓦的失效形式及对材料的要求

轴瓦的常见失效形式包括：过度磨损、由于强度不足而产生的疲劳破坏、由于工艺原因而出现的轴承衬脱落。根据这些失效形式，对轴瓦材料提出以下性能要求：

①轴瓦材料要有足够的疲劳强度，使其在变载荷作用下有足够的抵抗疲劳破坏的能力。

②轴瓦材料要有足够的抗压强度和抗冲击强度，使其在要求的载荷下不发生过度的塑性变

形、能够承受较大的冲击载荷。

③轴瓦材料应具有良好的减摩性和耐磨性，使得滑动过程摩擦系数小、磨损率低。

④轴瓦材料应具有良好的抗胶合性，以防止在温度升高、油膜破裂时造成胶合失效。

⑤轴瓦材料应具有良好的顺应性和嵌藏性，所谓顺应性就是轴承材料补偿对中误差和顺:应其他几何误差的能力，弹性模量低、塑性好的材料，顺应性也好。嵌藏性是指轴承材料嵌藏污物和外来微颗粒防止刮伤和磨损的能力，顺应性好的材料，一般嵌藏性也好，非金属材料则相反，如碳一石墨，弹性模量低，顺应性好，但嵌藏性不好。

⑥轴瓦材料应具有良好的润滑油吸附能力，使得易于形成强度较高的边界润滑膜。

⑦轴瓦材料应具有良好的导热性，具有良好的经济性和加工性能。

在现实中很难找到能同时满足上述所有要求的轴瓦材料，因此，在设计中要根据具体条件，综合考虑选择能够最大限度满足实际要求的轴承材料。

2. 常用轴承材料及其性质

常用的轴承材料分为三类：

①金属材料，包括轴承合金、青铜、铝基合金、锌基合金、减磨铸铁等。

②多孔质金属材料(粉末冶金材料)。

③非金属材料，包括塑料、橡胶、硬木等。

(1)轴承合金

所谓轴承合金是指由锡(Sn)、铅(Pb)、锑(Sb)、铜(Cu)组成的合金，又称为白合金或巴氏合金，它是以锡或铅作基体，悬浮锑锡(Sb-Sn)及铜锡(Cu-Sn)的硬质晶粒，硬晶粒起耐磨作用，软基体则增加材料的塑性和顺应性。受载时，硬晶粒会嵌入到软基体中，增加了承载面积。它的弹性模量和弹性极限都很低。在所有轴承材料中，轴承合金的嵌藏性和顺应性最好，具有良好的磨合性和卓越的抗胶合能力。但轴承合金的机械强度较低，通常将它贴附在软钢、铸铁或青铜制作的轴瓦上。锡基合金的热膨胀性能比铅基合金要好，价格也较贵，适用于高速轴承。

(2)轴承青铜

轴承青铜广泛用于一般轴承，常用的有铸锡锌铅青铜和铸锡磷青铜，铸锡锌铅青铜具有很好的疲劳强度，铸锡磷青铜具有很好的减摩性，它们的耐磨性和机械强度都很好，适用于重载轴承。铜铅合金具有优良的抗胶合性能，在高温状态下能够析出铅，在铜基上形成一层薄的润滑膜，起到良好的润滑作用。此外，黄铜也是一种常用的轴承材料，铸造黄铜用于滑动速度不高的轴承，综合性能不如轴承合金和青铜。

(3)多孔质金属材料

多孔质金属材料实际上就是粉末冶金材料，用不同的金属粉末混合、压制、烧结而成的具有多孔结构的轴承材料，孔隙率可达10%～30%，轴瓦浸入热油中以后，孔隙中充满润滑油，又称为含油轴承。工作时由于轴旋转时产生的抽吸作用、热膨胀作用，油从孔隙中回渗到轴承摩擦表面，起到润滑作用，因此具有自润滑作用。常用的含油轴承材料有铁一石墨和青铜一石墨两种。

(4)轴承塑料

目前使用的轴承塑料主要是以布为基体和以木为基体的塑料，可以用水或油润滑，具有摩擦系数小、较高强度和耐冲击性能、良好的耐磨性和跑合性、优越的嵌藏性，但导热性差，吸水和吸油后体积会有所膨胀，受载后有冷流现象，尺寸不稳定。

8.1.3　滑动轴承的润滑

1. 滑动轴承润滑油选用原则

对于动压润滑的滑动轴承，粘度是最为重要的指标，也是选择轴承用润滑油的主要依据。所谓选择润滑油，实际上就是选择不同粘度值的润滑油。在具体选择过程中，应考虑轴承压力、滑动速度、摩擦表面状况、润滑方式等条件。对于液体动力润滑的滑动轴承，其润滑油的选择一般应遵守如下原则：

①滑动速度高，容易形成油膜，为了减少摩擦功耗，应采用粘度较低的润滑油。

②压力大或有冲击、变载荷等工作条件下，应选用粘度较高的润滑油。

③对加工面粗糙或未经跑合的滑动轴承，应选用粘度较高的润滑油。

④当采用循环润滑，芯捻润滑或油垫润滑时，应选用粘度较低的润滑油；飞溅润滑应选用高品质、能防止由于与空气接触以及剧烈搅拌而发生的氧化。

⑤低温工作的滑动轴承应选择凝点低的润滑油。

对于液体动力润滑的滑动轴承，其使用的润滑油粘度可以通过计算和参考同类轴承使用润滑油的情况进行粘度的确定，也可以通过对同一台机器和相同的工作条件下，对不同的润滑油进行试验，选择功耗小而温升又较低的润滑油。

2. 滑动轴承润滑脂选用原则

对于轴颈速度小于 2m/s 的滑动轴承，一般很难形成液体动压润滑，可以采用脂润滑。润滑脂的稠度大，不易流失，承载能力也较大，但物理和化学性质没有润．滑油稳定，摩擦功耗大，不宜在温度变化大或高速下使用。选用原则为：

①在潮湿环境或与水、水汽接触的工作部位，应选用耐水性好的润滑脂。

②在低温或高温下工作的部位，所选用的润滑脂应满足其允许使用温度范围要求。最高工作温度应至少比滴点低 20℃。

③受载较大（压强 $p>5\text{MPa}$）的部位，应选择锥入度小的润滑脂，低速重载的部位，最好选用含有极压添加剂的润滑脂。

④在相对滑动速度较高的部位，应选用锥入度大、机械安定性好的润滑脂。

3. 滑动轴承的润滑方式

所谓润滑方式是指向滑动轴承提供润滑油的方法，轴承的润滑状态与润滑油的提供方法有很大的关系。润滑脂为半固体性质，决定了它的供给方法与润滑油不同，润滑方式不同，使用的润滑装置也不一样。

（1）油润滑

向滑动轴承摩擦表面添加润滑油的方法可分为间歇式和连续式两种。间歇式润滑是每隔一定时间用注油枪或油壶向润滑部位加注润滑剂。常用的间歇式和连续式润滑供油装置如图 8-7 和图 8-8 所示。

对于连续供油润滑方式，主要可分成如下几种：

①滴油润滑。图 8-7(c)和图 8-8(a)分别是针阀油杯和油芯滴油式油杯，都是可以作成连续滴油润滑装置。对于针阀式油杯，扳起手柄可将针阀提起，润滑油经杯的下端的小孔滴入润滑部位，不需要润滑时，放下手柄，针阀在弹簧力作用下向下移动将漏油孔堵住。对于油芯式油杯，利用油芯的毛细管作用，将润滑油滴入润滑的部位。这两种润滑方式只用于润滑油量不需要太大

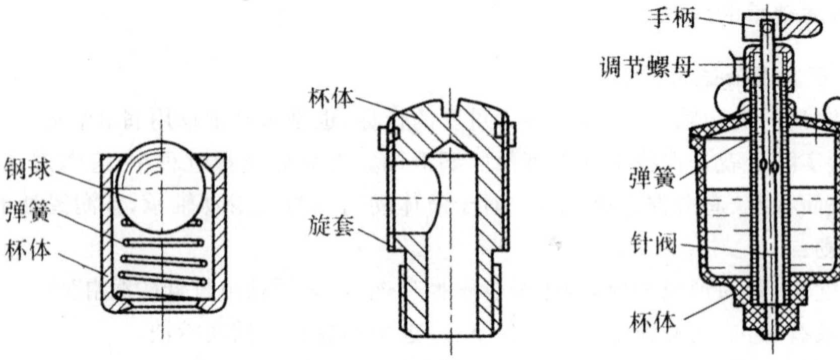

(a) 压配式压注油杯　　(b) 旋套式注油油杯　　(c) 针阀式注油油杯

图 8-7　间歇式供油装置

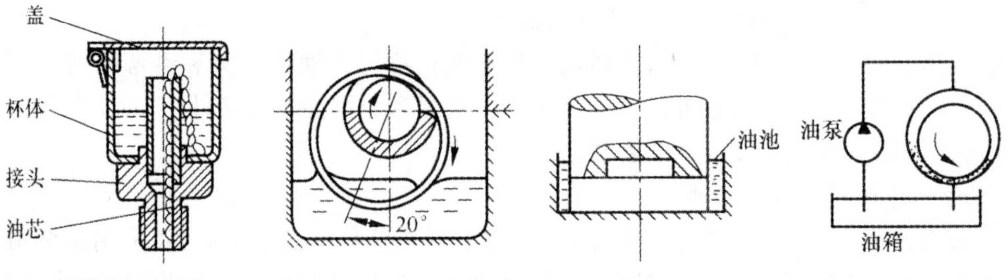

(a) 芯捻或线纱润滑　　(b) 油环润滑　　(c) 浸油润滑　　(d) 压力循环润滑

图 8-8　供油方式

的场合。

②油环润滑。图 8-8(b)所示，轴颈上套有油环，油环下垂浸到油池中，轴颈回转时把润滑油带到轴颈上，实现供油。这种装置只能用于水平而连续运转的轴颈，供油量与轴的转速、油环的截面形状和尺寸、润滑油粘度等有关。适用的转速范围为 60～100r/min$<n<$1500～2000r/min。速度过低，油环不能把油带起来；速度过高，油环上的润滑油会被甩掉。

③浸油润滑。如图 8-8(c)所示，将润滑的轴承面直接浸入润滑油池中，不需另加润滑装置，轴颈便可将润滑油带入轴承，浸油润滑供油充分，结构也较为简单，散热良好，但搅油损失大。

④飞溅润滑。利用传动件，如齿轮或专供润滑用的甩油盘将润滑油甩起并飞溅到需要润滑的部位，或通过壳体上的油沟将润滑油收集起来，使其沿油沟流人润滑部位。采用飞溅润滑时，浸入油中的零件的圆周速度应在 2～13m/s。速度太低，被甩起的润滑油量过少，速度太大时，润滑油产生的大量泡沫不利于润滑且易产生润滑油的氧化变质。

⑤压力循环润滑。如图 8-8(d)所示。当润滑油的需要量很大，采用前几种润滑方式满足不了润滑的要求时，必须采用压力循环供油。利用油泵供给具有足够压力和流量的润滑油，施行强制润滑。这种润滑方式一般用在高速重载轴承中。压力供油不仅可以加大供油量，而且还可以把摩擦产生的热量带走，维持轴承的热平衡，但增加了一个供油系统，增加了成本和系统的复杂性。

(2)脂润滑

润滑脂润滑一般只能采用间歇供应的方式。图 8-9 所示为黄油杯，是最为广泛使用的脂润滑装置。润滑脂储存在杯体内，杯盖用螺纹与杯体联接，旋拧杯盖可将润滑脂压送到轴承孔内。有时也使用黄油枪向轴承补充润滑脂。润滑脂也可以集中供应。

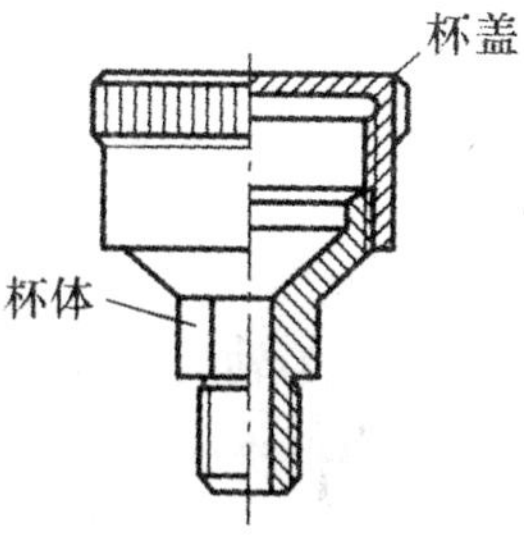

图 8-9　旋盖式黄油杯

4．滑动轴承润滑方式确定依据

滑动轴承的润滑方式一般可以根据类比或经验的方法进行确定，也可以通过对系数是的计算进行确定

$$k = \sqrt{qv^3} \tag{8-1}$$

式中，p 为滑动轴承的平均压强，$p=\frac{F}{(dB)}$；v 为滑动轴承的轴颈的线速度。

当 $k \leqslant 2$ 时，用润滑脂，油杯润滑；当 $k=2 \sim 16$ 时，采用针阀注油油杯润滑；当 $k=16 \sim 32$ 时，采用油环或飞溅润滑；当 $k>32$ 时，采用压力循环润滑。

8.1.4　非液体摩擦滑动轴承的设计计算

1．径向滑动轴承的条件性计算

（1）限制滑动轴承的平均压强 p

为了使滑动轴承不产生过度磨损，应对轴承的平均压强进行计算，使其满足条件

$$p=\frac{F}{dB} \leqslant [p] \tag{8-2}$$

式中，F 为轴承径向载荷；d、B 为轴颈直径和有效宽度；$[p]$为许用压强。

对上式进行变换可以进行尺寸计算。对于低速或间歇转动的滑动轴承只需进行压强校核。

（2）限制滑动轴承的 pv 值

对于速度较高的滑动轴承，常需限制 pv 值。v 是轴颈的圆周速度，轴承的发热量与其单位面积上的摩擦功耗 μpv 成正比，摩擦系数 μ 近似为常数，故限制摩擦温升实际上就是应该限制滑动轴承的 pv 值。计算表达式为

$$pv \approx \frac{Fn}{20000B} \leqslant [pv] \tag{8-3}$$

（3）限制滑动轴承的轴颈线速度 v

有些情况下，压强 p 较小，可能 p 和 pv 都在许用范围内，但也可能由于滑动速度过高而加速磨损，这就要求对轴承轴颈线速度进行限制，满足条件

$$v=\frac{\pi dn}{60 \times 1000} \leqslant [v] \tag{8-4}$$

2．推力滑动轴承的条件性计算

推力滑动轴承的条件性计算方法与径向滑动轴承十分相似，主要是对 p、pv 进行限制。常见的推力滑动轴承止推面的形状见图 8-10。实心端面推力轴颈由于跑合时中心与边缘的磨损不均匀，越接近边缘的部分磨损越快，会导致中心部分的压强极高。空心轴颈和环状轴颈可以克服这一缺点。载荷很大时可以采用多环轴颈，多环轴颈的推力滑动轴承还可以承受双向载荷的作用。

推力滑动轴承的条件性计算方法为

$$P=\frac{F}{\frac{\pi}{4}(d^2-d_0^2)z}\leqslant[p] \tag{8-5}$$

$$pv=\frac{Fn}{30000(d-d_0)z}\leqslant[pv] \tag{8-6}$$

式中，F 为轴向载荷；v 为推力轴颈平均直径处的圆周速度；n 为轴的转速；d_0、d 为轴的内外直径；z 为轴环数。

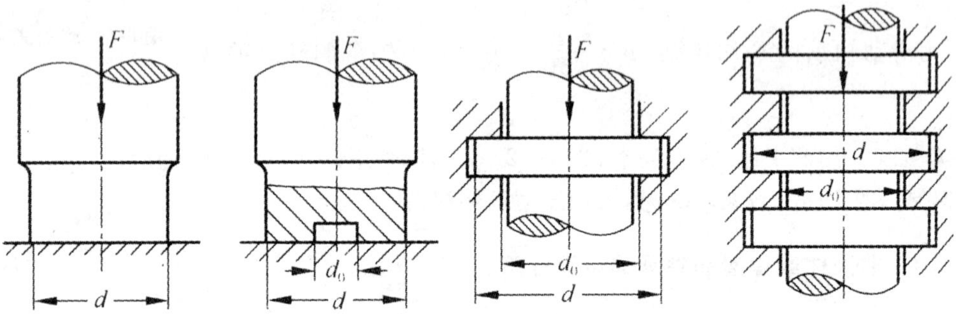

(a) 实心端面轴颈　(b) 空心端面轴颈　(c) 环状轴颈　(d) 多环轴颈

图 8-10　轴颈结构形式

8.1.5　液体动力润滑径向滑动轴承设计计算

1. 液体动压形成原理

如图 8-11 所示为直角坐标系内两块互相倾斜平板间流体的流动，其中下板静止，上板以速度 v 沿 x 方向滑动。描述流体动压润滑的雷诺方程可以通过对该模型的分析而建立起来。

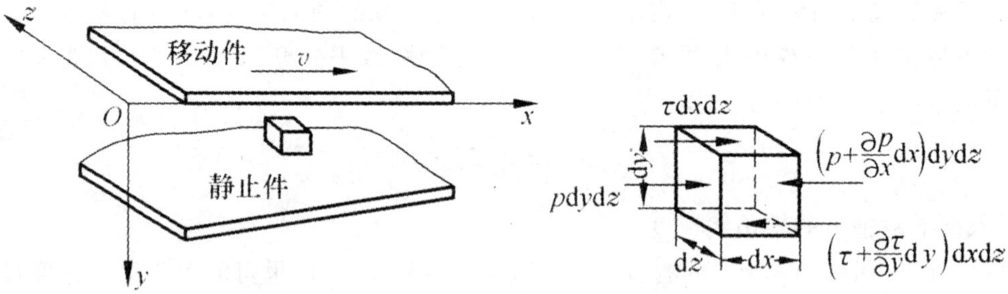

图 8-11　间隙中的流动

(1)基本假设

基本假设有如下几种：

①两板间的流体只作层流运动。

②两板间流体为牛顿流体。

③润滑油不可压缩。

④不计压力对润滑油粘度的影响。

⑤润滑油沿 2 向(宽度方向)没有流动。

⑥润滑油与板表面之间没有滑动。

⑦不计润滑油的惯性力和重力的影响。

(2)基本方程的建立

在两板之间取微元体 $dxdydz$(图 8-11)进行分析,作用在微元体左右两侧的压力为 p 和 $\left(p+\frac{\partial p}{\partial x}dx\right)$,作用在微元体上下两面的切应力为 τ 和 $\left(\tau+\frac{\partial \tau}{\partial x}dy\right)$。根据 x 方向力系的平衡,得到

$$p dydz-\left(p+\frac{\partial p}{\partial x}dx\right)dydz+\tau dxdz-\left(\tau+\frac{\partial \tau}{\partial x}dy\right)dxdz=0$$

整理后得到

$$\frac{\partial p}{\partial x}=-\frac{\partial \tau}{\partial x}$$

将 $\tau=-\eta\frac{\partial u}{\partial y}$代入上式,得到

$$\frac{\partial p}{\partial x}=\eta\frac{\partial^2 u}{\partial y^2}$$

对上式进行积分

$$u=\frac{1}{2\eta}\frac{\partial p}{\partial x}y^2+C_1 y+C_2$$

引入边界条件:当 $y=0$ 时,$u=v$;当 $y=h$ (油膜厚度)时,$u=0$。可将上式中的积分常数求出,得到一个新的速度表达式

$$u=\frac{v}{h}(h-y)+\frac{1}{2\eta}\frac{\partial p}{\partial x}(y-h)y$$

根据该速度表达式,就可以求出沿 z 方向单位宽度的流量

$$q_x=\int_0^h u dy=\frac{v}{2}h-\frac{1}{2\eta}\frac{\partial p}{\partial x}h^3$$

设油压最大处的间隙为 h_0,在这一截面上$\frac{\partial p}{\partial x}=0$,同时有

$$q_x=\frac{1}{2}vh_0$$

根据流动的连续性原理,即通过间隙任一截面的流量相等,有

$$\frac{\partial p}{\partial x}=6\eta v\frac{h-h_0}{h^3} \tag{8-7}$$

上式即为著名的一维雷诺动压润滑方程,经整理,并对 x 取偏导数可以得到

$$\frac{\partial}{\partial x}\left(\frac{h^3}{\eta}\frac{\partial p}{\partial x}\right)=6v\frac{\partial h}{\partial x} \tag{8-8}$$

考虑润滑油沿 z 方向的流动,则可以延伸建立二维雷诺动力润滑方程式

$$\frac{\partial}{\partial x}\left(\frac{h^3}{\eta}\frac{\partial p}{\partial x}\right)+\frac{\partial}{\partial z}\left(\frac{h^3}{\eta}\frac{\partial p}{\partial z}\right)=6v\frac{\partial h}{\partial x} \tag{8-9}$$

(3)动压形成机理

根据一维雷诺方程(8-7)可以看出,油膜承载能力的建立需要满足以下条件:①润滑油要有一定的粘度。粘度越大,承载能力也越大;②要有相当大的相对滑动速度,在一定范围内,油膜的承载能力与滑动速度成正比;③相对滑动面之间必须形成收敛形的间隙(油楔);要有足够的供油量。

结合雷诺方程，可以用图 8-12(a)说明油压形成过程，在油膜厚度 h_0 的左面 $h>h_0$，此时$\frac{\partial p}{\partial x}>0$，即油压随 x 的增大而增大；在油膜厚度 h_0 的右边 $h<h_0$，此时$\frac{\partial p}{\partial x}<0$，即油压随 x 的增加而减少。这一现象表明，油膜必须呈收敛形油楔，才能使油楔内各处的油压都大于入口和出口处的压力，产生正压力以支承外载荷。

如果两相对滑动的表面相互平行，如图 8-12(b)，这时所有截面上的油膜厚度均相同 $h=h_0$，导致所有点上$\frac{\partial p}{\partial x}=0$，这表明平行油膜各处油压总是等于入口和出口的压力，因此不能产生高于外面压力的油压，无法承受载荷。

如果两滑动表面呈扩散楔形，移动件将带着润滑油从小口走向大口，油压必将低于出口和人口处的压力，不仅不能产生油压支承外部载荷，而且会产生使两表面相吸的力。

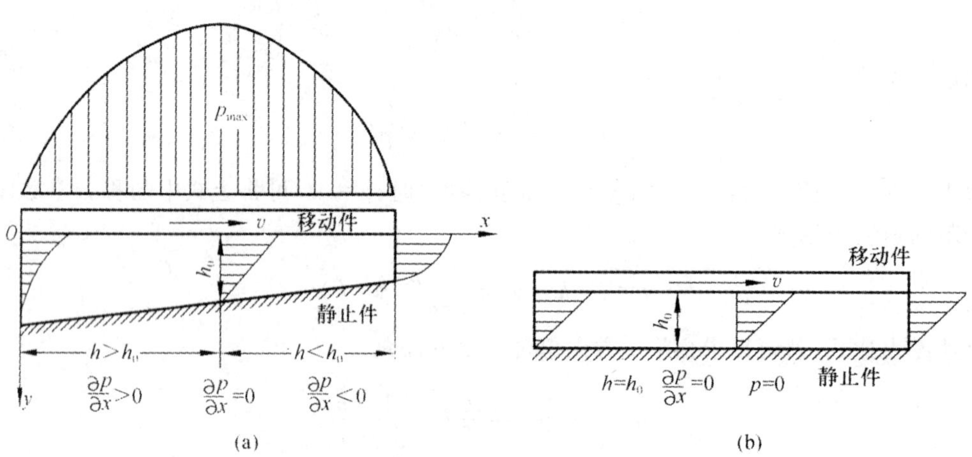

图 8-12　油膜承载机理

2. 径向滑动轴承油膜建立过程

液体动力润滑滑动轴承从静止、启动到稳定工作的过程可用图 8-13 进行表述。滑动轴承液体动力润滑油膜的建立过程分为三个阶段：①轴的启动阶段[图 8-13(a)]；②不稳定润滑阶段，这时轴颈沿轴承内壁上爬，不时与轴瓦内壁发生接触摩擦[图 8-13(b)]；③液体动力润滑运行阶段[图 8-13(c)]，这时的轴颈转速已经足够高，带入到油楔中的润滑油能产生足以支承外载荷的油压，将轴颈稳定在一个固定的空间位置。

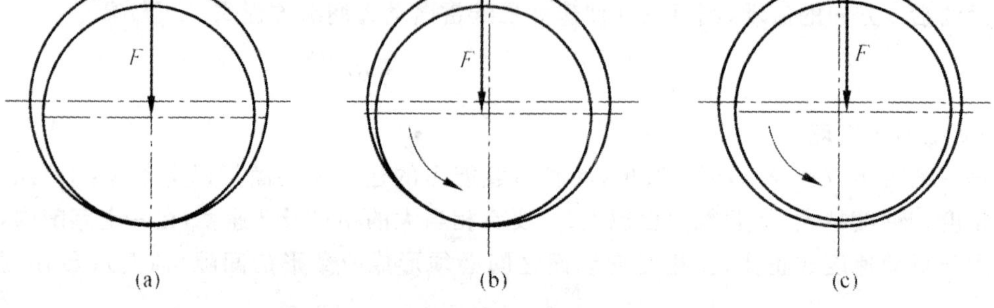

图 8-13　径向滑动轴承油膜建立过程示意图

3. 径向滑动轴承承载能力计算

如图 8-14 所示为滑动轴承几何关系与油压分布示意图。令 R、r 分别为轴承孔和轴颈的半径，两者之差为半径间隙，用 δ 表示，$\delta=R-r$，半径间隙与轴颈半径之比为相对间隙，用 ψ 表示，$\psi=\frac{\delta}{r}$。轴颈中心 O' 偏离轴承孔中心。的距离 e 称为偏心距，轴颈的偏心程度用偏心率 ε 表示，$\varepsilon=\frac{e}{\delta}$。轴颈以角速度 ω 旋转，β 为轴承包角，是轴瓦连续包围轴颈所对应的角度；$\alpha_1+\alpha_2$ 为承载油膜角，它只占轴承包角的一部分；θ 为偏位角，是轴承中心 O 与轴颈中心 O' 的连线与载荷作用线之间的夹角；φ 为从 OO' 连线起至任意油膜处的油膜角，φ_1 为油膜起始角，φ_2 为油膜终止角，最小油膜厚度 h_{min} 和最大轴承间隙都位于 OO' 连线的延长线上。在 $\varphi=\varphi_0$ 处，油膜压力为最大，这时油膜的厚度为 $h_0=\delta(1+\varepsilon\cos\varphi_0)$。

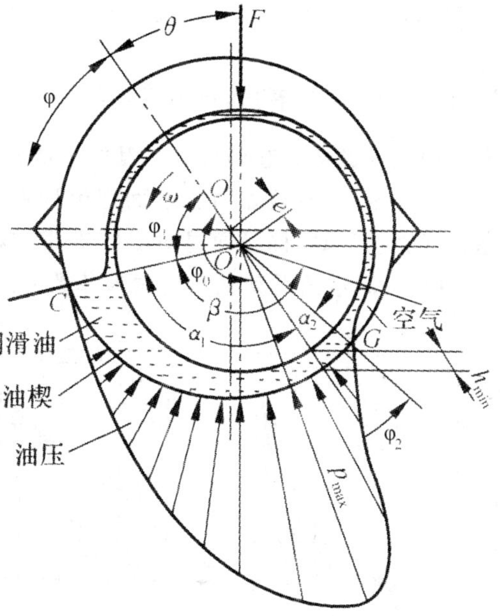

图 8-14　滑动轴承的几何关系与油压分布

首先考虑轴承为无限宽的一种假想情况，这时轴承中的润滑油可以认为不发生轴向流动。将一维雷诺方程通过如下转换变成极坐标形式：

$$dx=rd\varphi$$

$$h=\delta(1+\varepsilon\cos\varphi_0)$$

$$v=r\omega$$

一维雷诺方程的极坐标形式

$$\frac{dp}{d\varphi}=\frac{6\eta\omega}{\psi^2}\frac{\varepsilon(\cos\varphi-\cos\varphi_0)}{(1+\varepsilon\cos\varphi)^3}$$

通过积分，得到任意角度 φ 处的油膜压力值

$$p_\varphi=\int_{\varphi_1}^{\varphi}dp=\frac{6\eta\omega}{\psi^2}\int_{\varphi_1}^{\varphi}\frac{\varepsilon(\cos\varphi-\cos\varphi_0)}{(1+\varepsilon\cos\varphi)^3}d\varphi$$

单位宽度上滑动轴承的油膜承载能力为

$$F_1=\int_{\varphi_1}^{\varphi_2} p_\varphi \cos[180°-(\varphi+\theta)]r\mathrm{d}\varphi$$

$$=\frac{6\eta\omega}{\psi^2}\int_{\varphi_1}^{\varphi_2}\left[\int_{\varphi_1}^{\varphi}\frac{\varepsilon(\cos\varphi-\cos\varphi_0)}{(1+\varepsilon\cos\varphi)^3}\mathrm{d}\varphi\right]\cos[180°-(\varphi+\theta)]r\varphi$$

将上式乘以轴承宽度 B,代入 $r=\frac{d}{2}$,可以得到有限宽滑动轴承不考虑端泄的油膜承载能力 F,通过整理后得到

$$\frac{F\psi^2}{Bd\eta\omega}=3\varepsilon\int_{\varphi_1}^{\varphi_2}\left[\int_{\varphi_1}^{\varphi}\frac{\varepsilon(\cos\varphi-\cos\varphi_0)}{(1+\varepsilon\cos\varphi)^3}\mathrm{d}\varphi\right]\cos[180°-(\varphi+\theta)]\mathrm{d}\varphi$$

令 $S_0=3\varepsilon\int_{\varphi_1}^{\varphi_2}\left[\int_{\varphi_1}^{\varphi}\frac{\varepsilon(\cos\varphi-\cos\varphi_0)}{(1+\varepsilon\cos\varphi)^3}\mathrm{d}\varphi\right]\cos[180°-(\varphi+\theta)]\mathrm{d}\varphi$, S_0 称为索氏数,是一个无量纲参数,它是轴承包角 β、偏心率 ε 的函数。可以看出,有关系式:$S_0=\frac{F\psi^2}{Bd\eta\omega}$,从该式可以看出,在允许的条件下,降低间隙、提高润滑油粘度都可以起到提高承载能力的作用。

由于实际的滑动轴承存在端泄现象,承载能力比上面理论计算出来的数值要低,因此,在实际的计算中一般不采用上述公式直接计算,而是通过对二维雷诺方程数值求解得出的曲线图进行查表求解。图 8-15 给出了两种不同包角滑动轴承的索末菲数的曲线图。

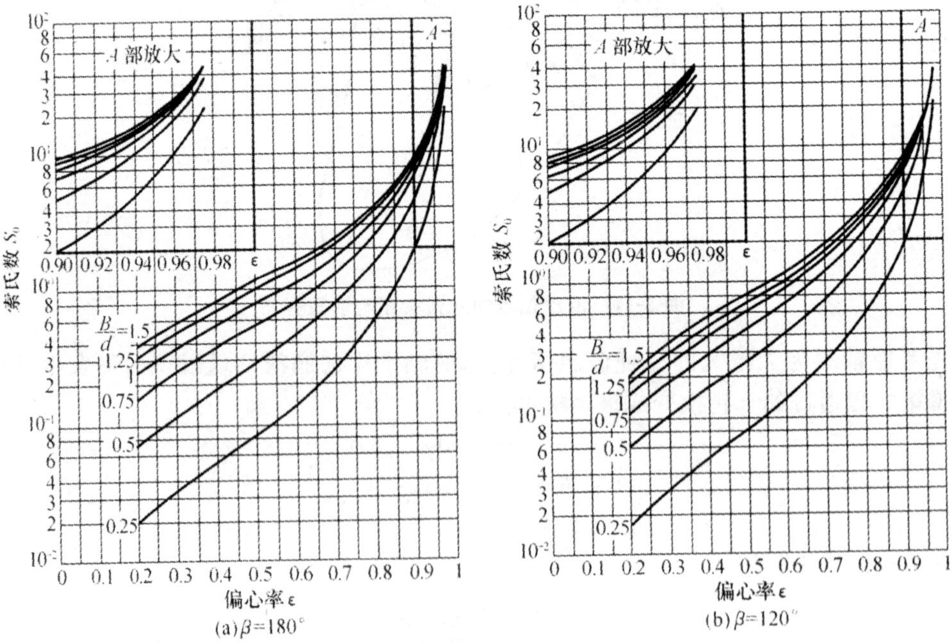

图 8-15 滑动轴承的索末菲数

对于大型滑动轴承、重要的滑动轴承或结构不规范的滑动轴承,其承载能力的计算,要通过对二维雷诺方程进行专门的研究、修正、离散化、计算机编程等过程进行求解,才能得出真正精确的结果。

8.2　滚动轴承

滚动轴承是机械工业重大基础标准件之一，广泛应用于各类机械。滚动轴承由轴承厂专业大批生产，使用者只需根据具体工作条件合理选用轴承的类型和尺寸，验算轴承的承载能力，以及进行轴承的组合结构设计（轴承的定位、装拆、调整、润滑、密封等问题）。

滚动轴承依靠元件间的滚动接触来承受载荷，与滑动轴承相比，滚动轴承具有摩擦阻力小、效率高、启动容易、安装与维护简便等优点。其缺点是耐冲击性能较差、高速重载时寿命低、噪声和振动较大。

滚动轴承的基本结构如图 8-16 所示，它由内圈、外圈、滚动体和保持架等四部分组成。内圈装在轴颈上，外圈装在轴承座孔内。使用时通常外圈固定，内圈随轴回转，但也可用于内圈不动而外圈回转，或者是内、外圈同时回转的场合。滚动体均匀分布于内、外圈滚道之间，其形状、数量、大小的不同对滚动轴承的承载能力和极限转速有很大的影响。常用的滚动体有球、圆柱滚子、滚针、圆锥滚子、球面滚子和非对称球面滚子等几种，见图 8-17。保持架的作用是将滚动体均匀地隔开，以避免其因直接接触而产生剧烈磨损。

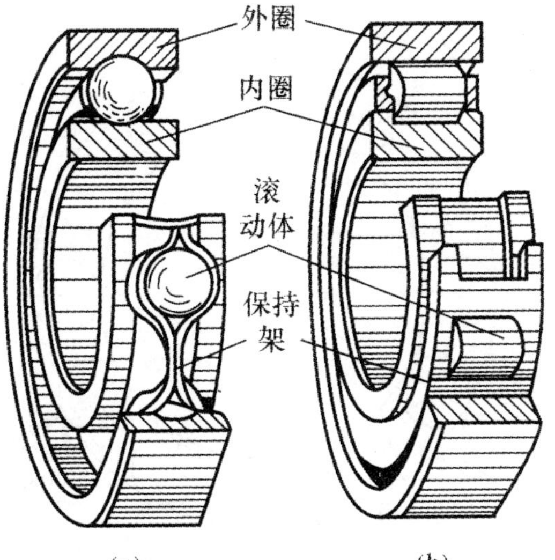

图 8-16　滚动轴承的基本结构

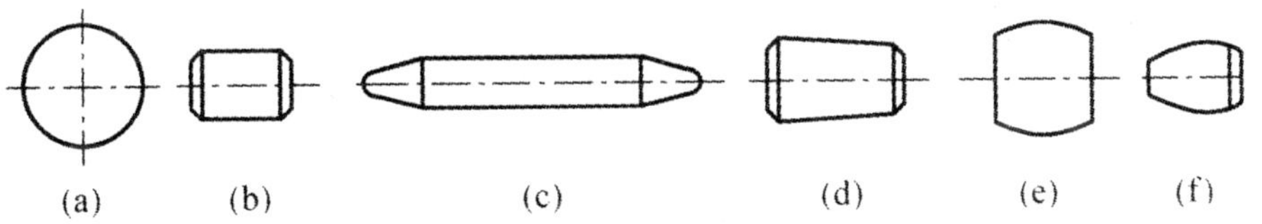

图 8-17　常用的滚动体

轴承的内、外圈和滚动体，一般是用轴承钢（如 GCr15、GCr15SiMn）制造，热处理后硬度应达到 61～65 HRC。保持架有冲压的[图 8-16(a)]和实体的[图 8-16(b)]两种结构。冲压保持架一般用低碳钢板冲压制成，它与滚动体间有较大间隙，工作时噪声大；实体保持架常用铜合金、铝合金或酚醛树脂等高分子材料制成，有较好的隔离和定心作用。

当滚动体是圆柱或滚针时，有时为了减小轴承的径向尺寸，可省去内圈、外圈或保持架，这时的轴颈或轴承座要起到内圈或外圈的作用，还必须具有相应的硬度和表面粗糙度。为满足使用中的某些需要，有些轴承附加有特殊结构或元件，如外圈带止动环、附加防尘盖等。

8.2.1 滚动轴承的工作情况及计算准则

1. 滚动轴承的工作情况分析

(1)滚动轴承工作时轴承元件的载荷分布

对于向心轴承和向心推力轴承，当受纯径向载荷作用时(图 8-18)，在工作的某一瞬间，径向载荷 F_r 通过轴颈作用于内圈，位于载荷方向的上半圈滚动体不受力，载荷由下半圈滚动体传到外圈再传到轴承座。假定轴承内、外圈的几何形状不变，下半圈滚动体与套圈的接触变形量的大小决定了各滚动体承受载荷的大小。从图中可以看出，处于力作用线正下方位置的滚动体变形量最大，承载也就最大，而 F_r 作用线两侧的各滚动体，承载逐渐减小。各滚动体从开始受载到受载终止所滚过的区域叫做承载区，其他区域称为非承载区。由于轴承内存在游隙，故实际承载区的范围将小于 180°。如果轴承在承受径向载荷的同时再作用有一定的轴向载荷，则可以使承载区扩大。

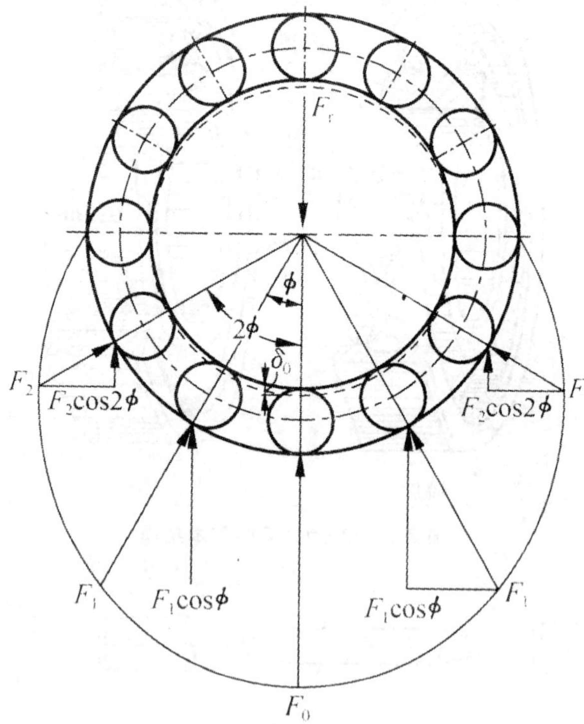

图 8-18 轴承中径向载荷的分布

根据力的平衡条件可以求出受载荷最大的滚动体的载荷为

$$F_0=\frac{4.397F_r}{Z}\approx\frac{5}{Z}F_r \quad (\text{电接触轴承})$$

$$F_0=\frac{4.08F_r}{Z}\approx\frac{4.6}{Z}F_r \quad \text{（线接触轴承）}$$

注释：对于能同时承受径向和轴向载荷的轴承（如 30000、70000 轴承），应使其承受一定的轴向载荷，以使承载区扩大到至少有一半滚动体受载。

角接触轴承承受径向载荷 F_r 时会产生附加的轴向力 F_s。如图 8-19 所示，按一半滚动体受力计算：$F_s\approx1.25F_r\tan\alpha$。

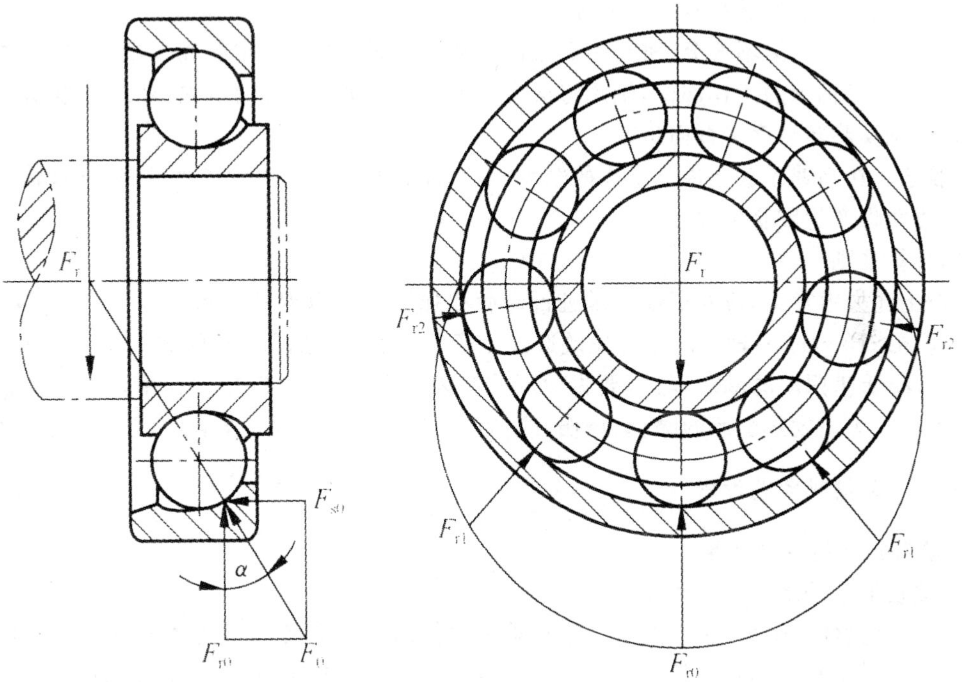

图 8-19 轴向力的产生

(2)轴承工作时轴承元件的应力分析

轴承工作时，由于内、外圈相对转动，滚动体与套圈的接触位置是时刻变化的。当滚动体进入承载区后，所受载荷及接触应力即由零逐渐增至最大值，然后再逐渐减至零。

就滚动体上某一点而言，由于滚动体相对内、外套圈滚动，每自转一周，分别与内、外套圈接触一次，故它的载荷和应力按周期性不稳定脉动循环变化。

对于固定的套圈，处于承载区的各接触点，按其所在位置的不同，承受的载荷和接触应力是不同的。对于套圈滚道上的每一个具体接触点，每当滚动体滚过该点的一瞬间，便承受一次载荷，再滚过另一个滚动体时，接触载荷和应力是不变的。这说明固定套圈在承载区内的某一点上承受稳定脉动循环载荷。

转动套圈上各点的受载情况，类似于滚动体的受载情况。就其滚道上某一点而言，处于非承载区时，载荷及应力为零。进入载荷区后，每与滚动体接触一次就受载一次，且在承载区的不同位置，其接触载荷和应力也不一样。

2. 滚动轴承的失效形式和计算准则

(1)失效形式

滚动轴承可能出现的失效形式主要有：

①疲劳点蚀。轴承在安装、润滑、维护良好的条件下工作时，由于各承载元件承受周期性变应力的作用，各接触表面的材料将会产生局部脱落，产生疲劳点蚀，它是滚动轴承主要的失效形式。轴承发生疲劳点蚀破坏后，通常在运转时会出现比较强烈的振动、噪声和发热现象，轴承的旋转精度将逐渐下降，直至丧失正常的工作台能力。

②塑性变形。在过大的静载荷或冲击载荷作用下，轴承承载元件间的接触应力超过了元件材料的屈服极限，接触部位发生塑性变形，形成凹坑，使轴承性能下降、摩擦阻力矩增大。这种失效多发生在低速重载或做往复摆动的轴承中。

③磨损。由于润滑不充分、密封不好或润滑油不清洁，以及工作环境多尘，一些金属屑或磨粒性灰尘进入了轴承的工作部位，轴承将会发生严重的磨损，导致轴承内、外圈与滚动体间隙增大、振动加剧及旋转精度降低而报废。

④胶合。在高速重载条件下工作的轴承，因摩擦面发热而使温度急骤升高，导致轴承元件的回火，严重时将产生胶合失效。

(2)计算准则

针对上述失效形式，应对滚动轴承进行寿命和强度计算以保证其可靠地工作，计算准则为：一般转速($n>10$ r/min)轴承的主要失效形式为疲劳点蚀，应进行疲劳寿命计算。极慢转速($n\leqslant$ 10 r/min)或低速摆动的轴承，其主要失效形式是表面塑性变形，应按静强度计算。高速轴承的主要失效形式为由发热引起的磨损、烧伤，故不仅要进行疲劳寿命计算，还要校验其极限转速。

8.2.2 滚动轴承的计算

1. 滚动轴承的寿命计算

(1)滚动轴承的基本额定寿命

对于一个具体的轴承，轴承的寿命是指轴承中任何一个套圈或滚动体材料首次出现疲劳点蚀扩展之前，一个套圈相对于另一个套圈的转数或者在一定转速下的工作小时数。

大量试验结果表明，一批型号相同的轴承(即结构、尺寸、材料、热处理及加工方法等都相同的轴承)，即使在完全相同的条件下工作，它们的寿命也是极不相同的，其寿命差异最大可达几十

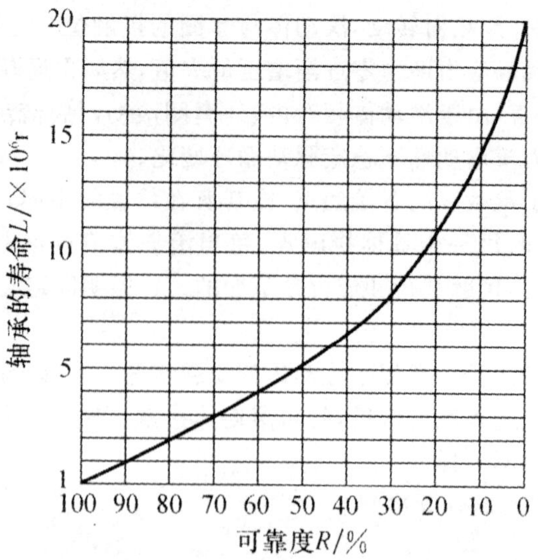

图 8-20 滚动轴承的寿命-可靠度曲线

倍。因此，不能以一个轴承的寿命代表同型号一批轴承的寿命。

用一批同类型和同尺寸的轴承在同样工作条件下进行疲劳试验，得到轴承实际转数 L 与这批轴承中不发生疲劳破坏的百分率（即可靠度 R）之间的关系曲线如图 8-20 所示。由图可知，在一定的运转条件下，对应于某一转数，一批轴承中只有一定百分比的轴承能正常工作到该转数；转数增加，轴承的损坏率将增加，而能正常工作到该转数的轴承所占的百分比则相应地减少。

基本额定寿命：是指一组在相同条件下运转的滚动轴承，10％的轴承发生点蚀破坏而 90％的轴承未发生点蚀破坏前的转数或在一定转速下的工作小时数，以 L_{10}（单位为 10^6 r）或 L_h（单位为 h）表示。即按基本额定寿命选用的一批同型号轴承，可能有 10％的轴承发生提前破坏，有 90％的轴承寿命超过其基本额定寿命，其中有些轴承甚至还能工作更长时间。对于一个具体的轴承而言，能顺利地在额定寿命期内正常工作的概率为 90％，而在额定寿命期到达前就发生点蚀破坏的概率为 10％。

（2）基本额定动负荷

轴承的寿命与所受载荷的大小有关，工作载荷越大，接触应力也就越大，承载元件所能经受的应力变化次数也就越少，轴承的寿命就越短。图 8-21 是用深沟球轴承 6207 进行寿命试验得出的载荷寿命关系曲线。其他轴承也存在类似的关系曲线。

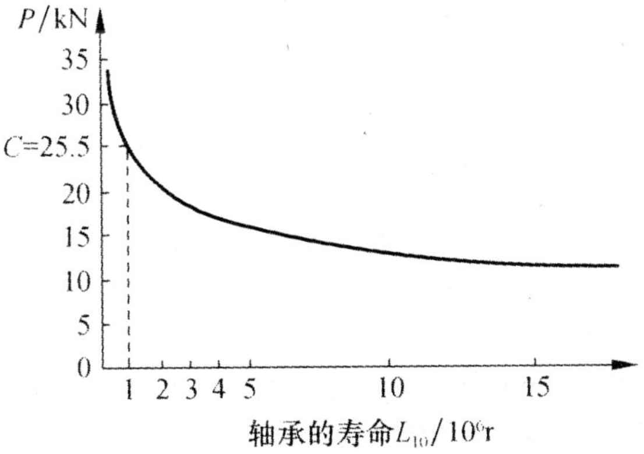

图 8-21 滚动轴承的载荷-寿命曲线

滚动轴承在基本额定寿命等于 10^6 r 时所能承受的载荷，称为基本额定动载荷 C。对向心轴承，指的是纯径向载荷，称为径向基本额定动载荷，记为 C_r；对于推力轴承，指的是纯轴向载荷，称为轴向基本额定动载荷，记为 C_a；对于角接触球轴承或圆锥滚子轴承，指的是使套圈间产生纯径向位移的载荷的径向分量，记为 C_r。在基本额定动载荷作用下，轴承工作寿命为 10^6 r 时的可靠度为 90％。

不同型号的轴承有不同的基本额定动载荷值 C，它表征了具体型号轴承的承载能力。各型号轴承的基本额定动载荷值 C 可查轴承样本或设计手册，它们是在常规运转条件下——轴承正确安装、无外来物侵入、充分润滑、按常规加载、工作温度不过高或过低、运转速度不特别高或特别低，以及失效率为 10％、基本额定寿命为 10^6 r 时给出的。

（3）寿命计算公式

图 8-21 所示轴承的载荷一寿命曲线（即疲劳曲线）满足关系式

$$P^{\varepsilon}L_{10}=C^{\varepsilon}\times 1=\text{常数} \tag{8-10}$$

式中，C 为轴承的基本额定动载荷值；P 为轴承所受的当量动载荷（后文将详细讨论）；ε 为轴承的寿命指数，球轴承 $\varepsilon=3$，滚子轴承 $\varepsilon=10/3$；L_{10} 为可靠度为 90%（失效率为 10%）时轴承的基本额定寿命（10^6r）。

当考虑温度及载荷特性对轴承寿命的影响后，可得

$$L_{10}=\left(\frac{f_tC}{f_PP}\right)^{\varepsilon} \tag{8-11}$$

式中，f_P 为载荷因数。系考虑附加载荷如冲击力、不平衡作用力、惯性力以及轴挠曲或轴承座变形产生的附加力等对轴承寿命影响，将当量动负荷 P 进行修正的因数；f_t 为温度因数。系考虑较高温度（$t>120$℃）工作条件下对轴承样本中给出的基本额定动载荷值 C 进行的修正。

实际计算中习惯于用小时数表示寿命，即

$$L_{10h}=\frac{10^6}{60n}\left(\frac{f_tC}{f_PP}\right)^{\varepsilon} \tag{8-12}$$

若已给定轴承的预期寿命 L_{10h}' 转速 n 和当量动载荷 P，可按下式求得轴承的计算额定动载荷 C'，再查手册确定所需的 C 值，应使 $C\geqslant C'$。

(4)额定寿命的修正

对于有特殊性能、特殊运转条件要求及可靠度不等于 90%的滚动轴承，应对其基本额定寿命进行修正。修正后的轴承额定寿命计算式为

$$L_{nm}=a_1a_{xyz}L_{10}$$

$$L_{nmh}=a_1a_{xyz}L_{10h}$$

式中，L_{10} 或 L_{10h} 为可靠度为 90%时的轴承基本额定寿命。通常，采用 L_{10} 作为衡量轴承性能的准则足以满足要求；a_1 为考虑可靠度不等于 90%时轴承额定寿命的修正因数；a_{xyz} 为考虑其他因素，如材料、润滑、环境、套圈中的内应力、安装、载荷及轴承类型等影响轴承额定寿命的修正因数，GB/T 6391—2003 规定应由轴承制造厂提出有关建议。

(5)滚动轴承的当量动载荷

由前所述，基本额定动负荷分径向基本额定动负荷和轴向基本额定动负荷。当轴承既承受径向载荷又承受轴向载荷时，为能应用额定动载荷值进行轴承的寿命计算，就必须把实际载荷转换为与基本额定动负荷的载荷条件相一致的当量动负荷。当量动负荷是一个假想的载荷，在它的作用下，滚动轴承具有与实际载荷作用时相同的寿命。当量动负荷 P 的计算方法如下：

①对只能承受径向载荷 F_r 的向心轴承（$\alpha=0°$的向心滚子轴承，如 N0000 型、NA0000）

$$P=F_r \tag{8-13}$$

②对只能承受轴向载荷 F_a 的推力轴承（$\alpha=90°$的推力球轴承和推力滚子轴承，如 50000 型、80000 型）

$$P=F_a \tag{8-14}$$

③对以承受径向载荷 F_r 为主又能承受轴向载荷 F_a 的角接触向心轴承（包括角接触球轴承、深沟球轴承及 $\alpha\neq0°$的向心推力滚子轴承，如 30000 型、70000 型、60000 型及 10000 型、20000 型）

$$P=P_r=XF_r+YF_a \tag{8-15}$$

④对以承受轴向载荷 F_a 为主又能承受径向载荷 F_r 的角接触推力轴承（$\alpha\neq90°$的推力滚子轴承）

$$P=P_a=XF_r+YF_a \tag{8—16}$$

式中　X、Y—径向载荷因数和轴向载荷因数。

对于上述求取当量动载荷的计算公式，在考虑机械工作时常具有振动和冲击，为此，轴承的当量动载荷还应乘以一系数 f_d，即 $P=f_d(XF_r+YF_a)$。f_d 的取值方法为：对于平稳运转或轻微冲击 $f_d=1.0\sim1.2$；对于中等冲击 $f_d=1.2\sim1.8$；对于强大冲击 $f_d=1.8\sim3.0$。

(6)角接触球轴承和圆锥滚子轴承的径向载荷

角接触球轴承和圆锥滚子轴承都有一个接触角，当内圈承受径向载荷 F_r 作用时，承载区内各滚动体将受到外圈法向反力 F_{ni}的作用，如图 8-22 所示。F_{ni}的径向分量 F_{ri}都指向轴承的中心，它们的合力与 F_r 相平衡；轴向分量 F_{ai}都与轴承的轴线相平行，合力记为 F_s，称为轴承内部的派生轴向力，方向由轴承外圈的宽边一端指向窄边一端，有迫使轴承内圈与外圈脱开的趋势。F_s 要由轴上的轴向载荷来平衡。

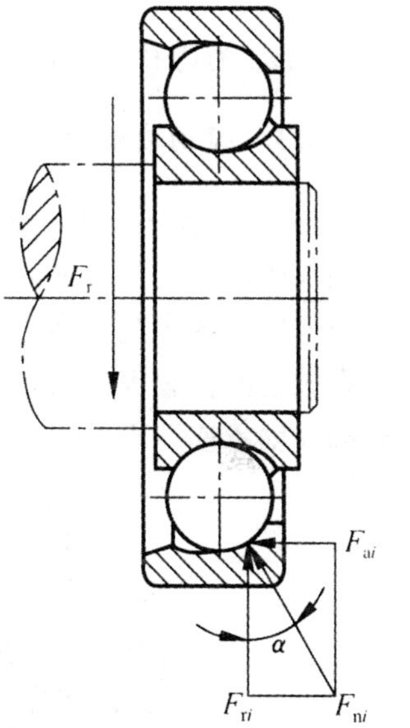

图 8-22　径向载荷产生的派生轴向力

由于角接触球轴承和圆锥滚子轴承在受到径向载荷后会产生派生轴向力，为了保证轴承的正常工作，这两类轴承需成对使用。图 8-23 是角接触球轴承的两种安装方式，图 8-23(a)中两套轴承外圈宽边相对，称为“背靠背”安装或称“反装”，这种安装方式使两支反力作用点 o_1、o_2 相互远离，支承跨距加大。图 8-23(b)中两套轴承外圈窄边相对，称为“面对面”安装或称“正装”，它使支反力作用点 o_1、o_2 相互靠近，支承跨距缩短。精确计算时，支反力作用点 o_1 和 o_2 距其轴承端面的距离可从轴承样本中查得。当轴上两支承距离较远时，一般可不考虑支承跨距的变化，而以轴承中点的距离作为支承跨距。

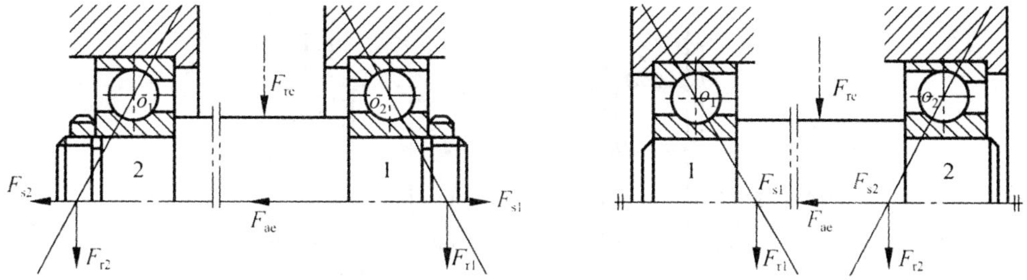

图 8-23　角接触球轴承安装方式及受力分析

2. 滚动轴承的静强度计算

基本上不转动、极低速转动($n\leqslant10$r/min)或缓慢摆动的轴承，失效形式为由静载荷或冲击载荷引起的滚动体与内、外圈滚道接触处的过大的塑性变形(不会出现疲劳点蚀)，因此需要计算轴承的静强度。GB/T 4662—2003 规定：使受载最大滚动体与滚道接触处产生的接触应力达到一定值(如调心球轴承为 4600MPa，其他球轴承为 4200MPa，滚子轴承为 4000MPa)时的载荷称为基本额定静负荷，用 C_0 表示(径向基本额定静载荷记为 C_{0r}，轴向基本额定静载荷记为 C_{0a})。轴承样本中列有各种型号轴承的 C_0 值，供设计时查用。

滚动轴承的静强度校核公式为

$$C_0 \geqslant S_0 P_0 \tag{8-17}$$

式中，S_0 为静强度安全因数；P_0 为当量静载荷。

当量静载荷 P_0 是一个假想载荷。在当量静载荷作用下，轴承内受载最大滚动体与滚道接触处的塑性变形总量，与实际载荷作用下的塑性变形总量相同。

对于角接触向心轴承和径向接触轴承，当量静载荷取由下面两式求得的较大值：

$$P_{0r} = X_0 F_r + Y_0 F_a \tag{8-18}$$

式中，X_0、Y_0 为静径向因数和静轴向因数。

8.2.3 滚动轴承的组合设计

1. 滚动轴承的轴向定位与紧固

轴承的轴向定位与紧固是指轴承的内圈与轴颈、外圈与座孔间的轴向定位与紧固。轴承轴向定位与紧固的方法很多，应根据轴承所受载荷的大小、方向、性质，转速的高低，轴承的类型及轴承在轴上的位置等因素，选择合适的轴向定位与紧固方法。单个支点处的轴承，其内圈在轴上和外圈在轴承座孔内轴向定位与紧固的方法分别见图 8-24、图 8-25。

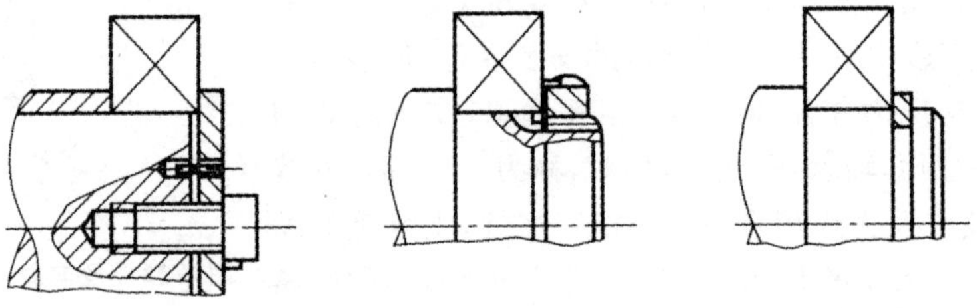

轴端挡圈　　圆螺母　　轴用弹性挡圈

图 8-24　轴承内圈的固定方法

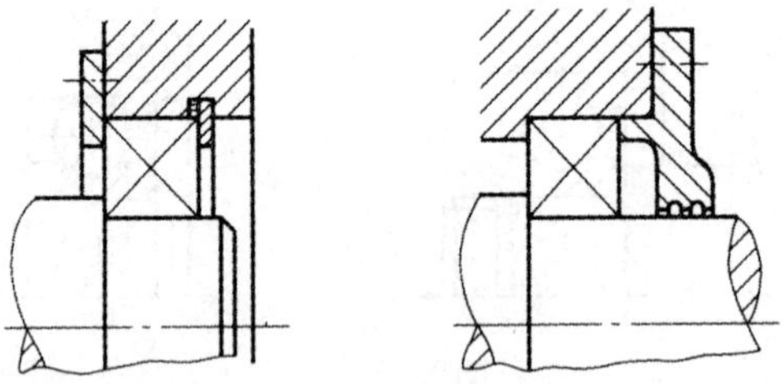

压板及孔用弹性挡圈　　端盖

图 8-25　轴承外圈的固定方法

为保证可靠定位，轴肩圆角半径 r_1 必须小于轴承的圆角 r。轴肩的高度通常不大于内圈高度的 3/4，过高不便于轴承拆卸，如图 8-26 所示。

2. 滚动轴承的配置

通常一根轴需要两个支点，每个支点由一个或两个轴承组成。滚动轴承的支承结构应考虑轴在机械中的正确位置，防止轴向窜动及轴受热伸长后将轴承卡死。利用轴承的支承结构使轴获得轴向定位的方式有 3 种基本形式。

(1)两端固定

如图 8-27 所示，利用轴两端轴承各限制一个方向的轴向移动。这种结构一般用于工作温度较低和支承跨距较小的刚性轴的支承，轴的热伸长量可由轴承自身的游隙补偿（如图 8-27 下半部所示），或者在轴承外圈与轴承盖之间留有以 $a=0.2\sim0.4$mm 间隙补偿轴的热伸长量，调节调整垫片（如图 8-27 上半部所示）可改变间隙的大小。

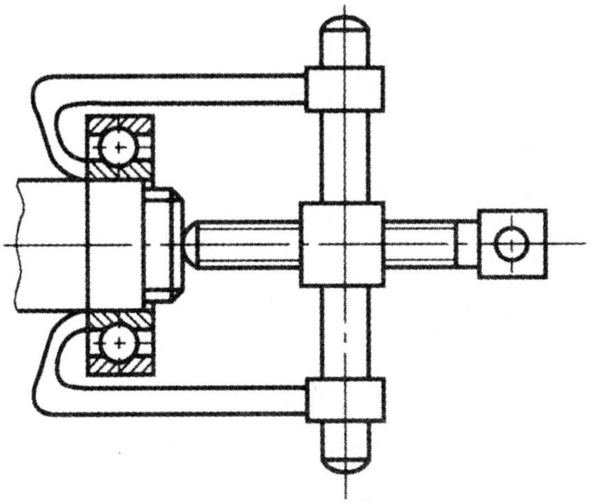

图 8-26　轴承的拆卸

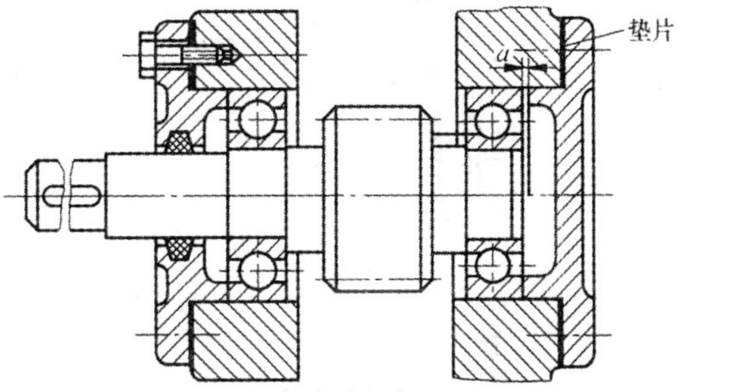

图 8-27　两端固定支承结构

（2）一端固定、一端游动

当支承跨距较长或工作温度较高时，轴有较大的热膨胀伸缩量，这时应采用一端固定、一端游动支承的轴承组合结构。

如图 8-28(a)所示，轴的两端各用一个深沟球轴承支承，左端轴承的内、外圈都为双向固定，而右端轴承的外圈在座孔内没有轴向固定，内圈用弹性挡圈限定其在轴上的位置。工作时轴上的双向轴向载荷由左端轴承承受，轴受热伸长时，右端轴承可以在座孔内自由游动。

支承跨距较大（$L>350$mm）或工作温度较高（$t>70$℃）的轴，游动端轴承采用圆柱滚子轴承更为合适，如图 8-28(b)所示，内、外圈均作双向固定，但相互可作相对轴向移动。

当轴向载荷较大时，固定端可用深沟球轴承或径向接触轴承与推力轴承的组合结构（图 8-28(c)）。由深沟球轴承或径向接触轴承承受径向载荷，推力轴承承受轴向载荷，因而承载能力大。

固定端也可以用两个角接触球轴承[如图 8-28(d)上半部所示]，或采用两个圆锥滚子轴承[如图 8-28(d)下半部所示]，“面对面”（正排列）或“背靠背”（反排列）安装的形式。图中上半部的两个角接触球轴承为“面对面”安装，下半部的两个圆锥滚子轴承为“背靠背”安装。“面对面”安装时，两外圈的窄边相对，此时两轴承反力在轴上的作用点间距离较小，支承刚度较小，但轴承的安装调整较方便；“背靠背”安装时，两外圈的宽边相对，两轴承反力在轴上的作用点间距离较大，支承刚度较大，但轴承的安装调整不方便。

（3）两端游动

两端游动支承通常用于人字齿轮传动中。如图 8-29 所示，大齿轮所在轴采用两端固定支承，小齿轮轴采用两端游动支承，靠人字齿传动的啮合作用，小齿轮轴可作轴向少量游动，自动补偿两侧螺旋角的制造误差，使两侧轮齿受力均匀。

3. 轴承游隙和轴承组合位置的调整

轴承游隙的大小对轴承的寿命、效率、旋转精度、温升及噪声等都有很大的影响。需要调整

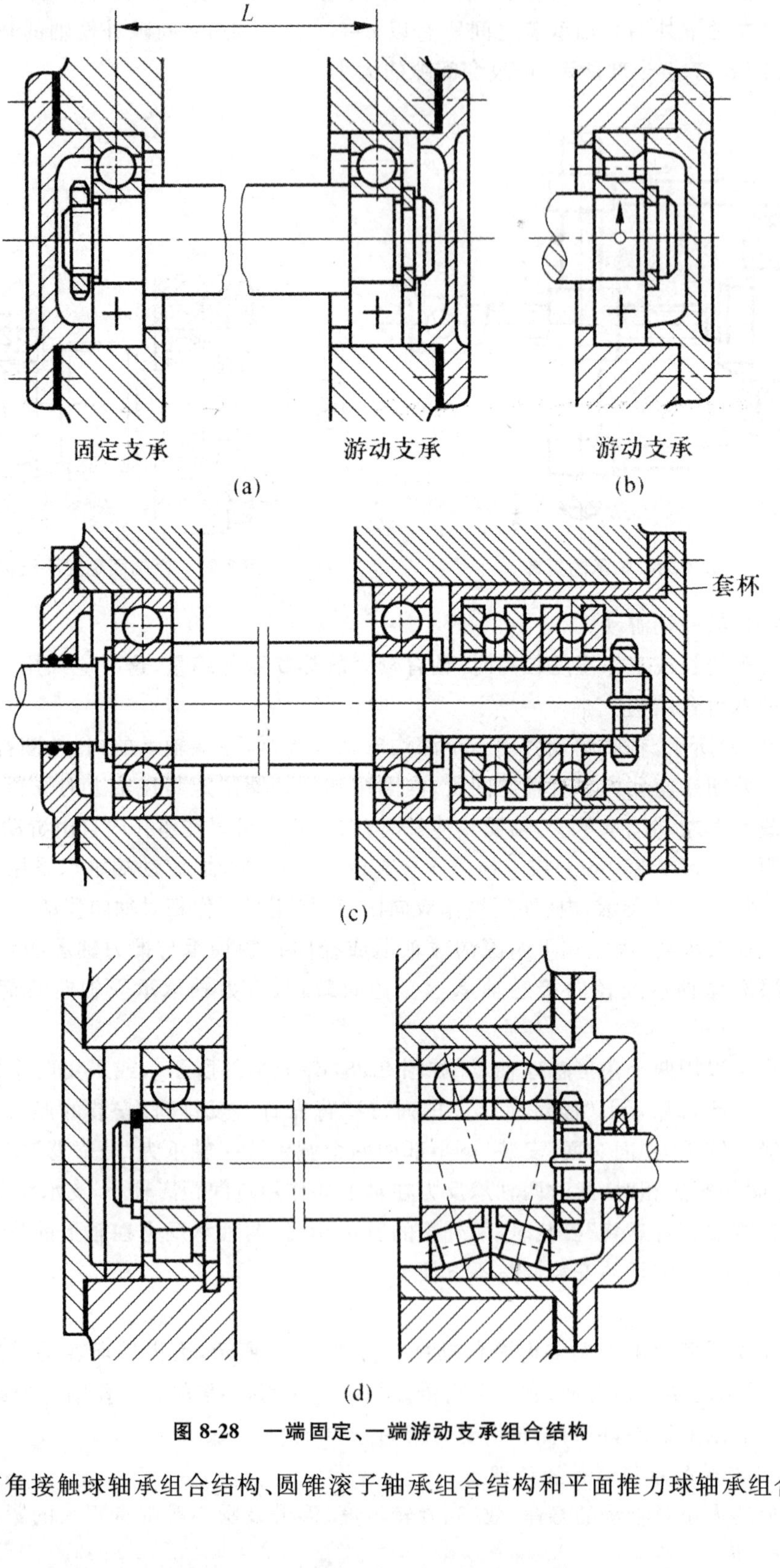

图 8-28　一端固定、一端游动支承组合结构

游隙的主要有角接触球轴承组合结构、圆锥滚子轴承组合结构和平面推力球轴承组合结构。

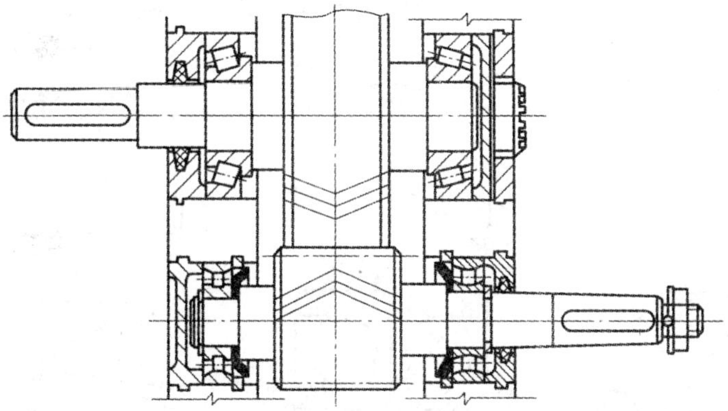

图 8-29　两端游动支承

图 8-28(a)及图 8-28(c)、图 8-28(d)右支点的上部所示结构中，轴承的游隙和预紧是靠轴承端盖与套杯间的垫片来调整的，简单方便；而图 8-28(b)及图 8-28(d)右支点的下部所示的结构中，轴承的游隙是靠轴上圆螺母来调整的，操作不甚方便，且螺纹为应力集中源，削弱了轴的强度。

为使圆锥齿轮传动中的分度圆锥锥顶重合或使蜗轮蜗杆传动能于中间平面位置正确啮合，必须对其支承轴系进行轴向位置调整。如图 8-30 所示，整个支承轴系放在一个套杯中，套杯的轴向位置(即整个轴系的轴向位置)通过改变套杯与机座端面间垫片的厚度来调节，从而使传动件处于最佳的啮合位置。

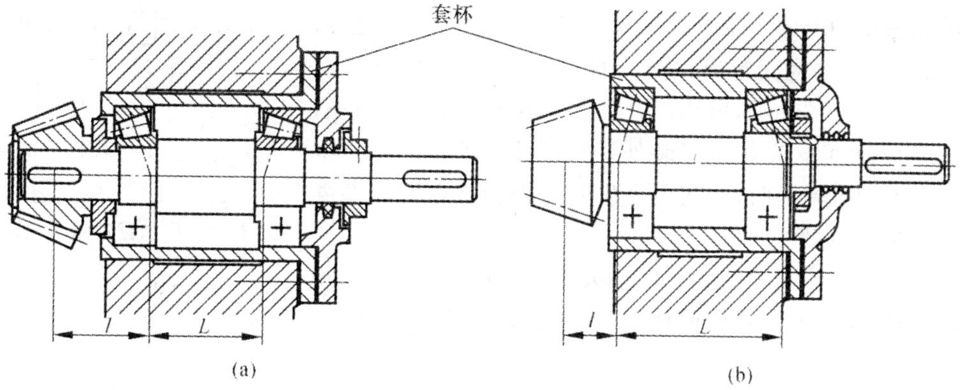

图 8-30　小锥齿轮轴支承结构

4. 滚动轴承的预紧

所谓轴承的预紧，就是在安装轴承时用某种方法在轴承中产生并保持一定的轴向力，以消除轴承的轴向游隙，并在滚动体与内、外圈滚道接触处产生弹性预变形，以提高轴承的旋转精度和支承刚度。向心推力轴承常用的预紧方法如图 8-31 所示。在两轴承的内圈或外圈之间放置垫片[图 8-31(a)]或者磨薄一对轴承的内圈或外圈[图 8-31(b)]来预紧，预紧力的大小由垫片的厚度或轴承内、外圈的磨削量来控制；在一对轴承的内、外圈间装入长度不等的套筒进行预紧[图 8-31(c)]，预紧力的大小决定于两套筒的长度差。

5. 滚动轴承轴系刚度和精度

轴或轴承座的变形都会使轴承内滚动体受力不均匀及运动受阻，影响轴承的旋转精度，降低

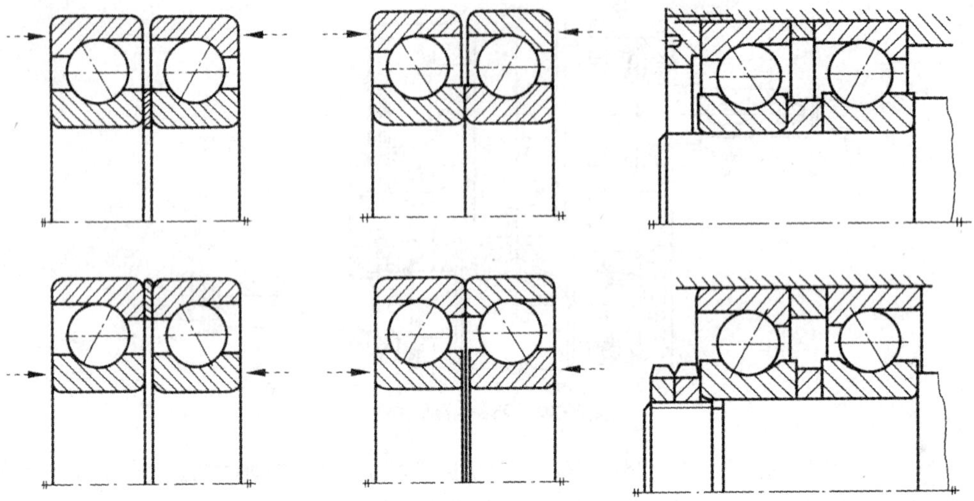
(a) 加金属垫片　(b) 磨窄套圈　(c) 内、外套筒

图 8-31　向心推力轴承的预紧

轴承的寿命。因此，安装轴承的外壳或轴承座也应有足够的刚度。如孔壁要有适当的厚度，壁板上轴承座的悬臂应尽可能地缩短，并用加强肋来提高

支座的刚度(图 8-32)。对轻合金或非金属外壳，应加钢或铸铁制的套杯。

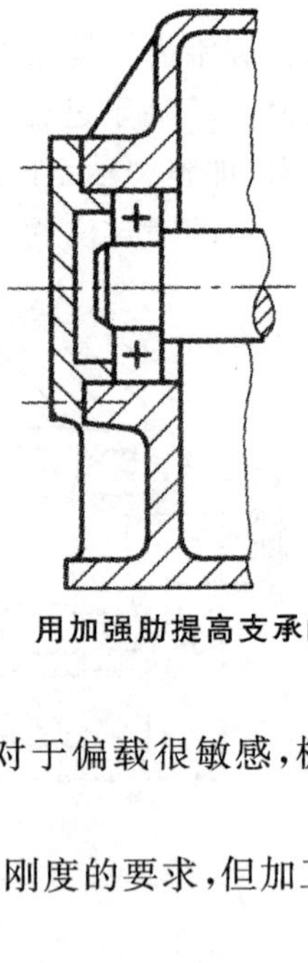
图 8-32　用加强肋提高支承的刚性

支承同一根轴上两个轴承的轴承座孔，其孔径应尽可能相同，以便加工时一次将其镗出，保证两孔的同轴度。如果一根轴上装有不同尺寸的轴承，可用组合镗刀一次镗出两个尺寸不同的座孔，用钢制套杯结构来安装外径较小的轴承。当两个座孔分别位于不同机壳上时，应将两个机壳先进行结合面加工再联接成一个整体，然后镗孔。

不同类型的滚动轴承刚度差别很大，滚子轴承比球轴承的刚度高；多列轴承比单列轴承的刚度高；滚针轴承具有很大的刚度，但对于偏载很敏感，极限转速低。

对刚度要求很高且跨度很大的轴系，可采用多支点轴系结构来满足刚度的要求，但加工装配时，对轴承孔、轴的同轴度要求高。

8.3　联轴器及离合器设计

联轴器所连接的两根轴，由于制造及安装误差，以及机器在工作受载时基础、机架和其他零部件的弹性变形与温度变形，其轴线不可避免地会产生相对位移，如图 8-33 所示。这就要求设计联轴器时，要从结构上采取各种不同的措施，使之具有适应一定范围的相对位移的性能。

根据有无弹性元件和对各种相对位移有无补偿能力，联轴器可分为刚性联轴器、挠性联轴器和安全联轴器。联轴器的主要类型、特点及其作用见表 8-1。

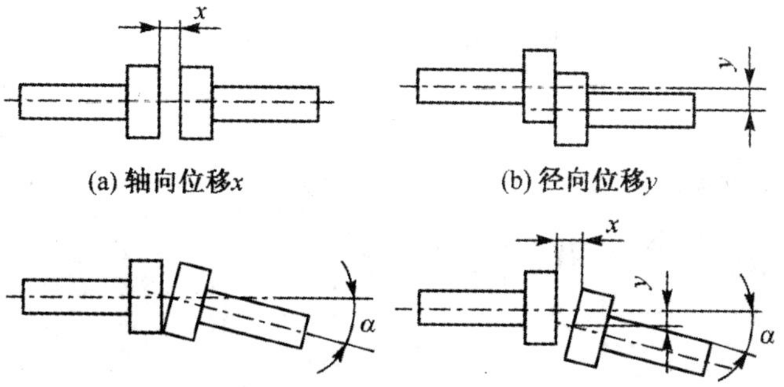

(a) 轴向位移x　(b) 径向位移y　(c) 角位移α　(d) 综合位移x、y、α

图 8-33 两根轴间的各种相对位移

表 8-1 联轴器的类型

类 型	在传动系统中的作用	备 注
刚性联轴器	只能传递运动和转矩，不具备其他功能	包括凸缘联轴器、套筒联轴器、夹壳联轴器等
挠性联轴器	无弹性元件的挠性联轴器，不仅能传递运动和转矩，而且具有不同程度的轴向(Δx)、径向(Δy)、角向($\Delta\alpha$)补偿性能	包括齿式联轴器、万向联轴器、链条联轴器等。
	有弹性元件的挠性联轴器，不仅能传递运动和转矩，具有不同程度的轴向(Δx)、径向(Δy)、角向($\Delta\alpha$)补偿性能，还具有不同程度的减振、缓冲作用，能改善传动系统的工作性能	包括各种非金属弹性元件挠性联轴器和金属弹性元件挠性联轴器，各种弹性联轴器的结构不同，差异较大，在传动系统中的作用也不尽相同
安全联轴器	传递运动和转矩，具有过载安全保护的性能，还具有不同程度的补偿性能	包括销钉式、摩擦式、磁粉式、离心式、液压式等

8.3.1 刚性联轴器

1. 凸缘联轴器

凸缘联轴器是应用最广的刚性联轴器，如图 11-2 所示。它是把两个带有凸缘的半联轴器用普通平键分别与两根轴连接，然后用螺栓把两个半联轴器连成一体，以传递运动和转矩。

这种联轴器有两种主要的结构形式：

①图 8-34(a)所示的是普通的凸缘联轴器，通常靠铰制孔用螺栓来实现两轴对中，当采用铰制孔用螺栓时，螺栓杆与钉孔为过渡配合，靠螺栓杆承受挤压与剪切来传递转矩；

②图 8-34(b)所示的是有对中榫的凸缘联轴器，靠一个半联轴器上的凸肩与另一个半联轴器上的凹槽相配合而对中，两个半联轴器此时用普通螺栓连接，螺栓杆与孔壁之间存在间隙，装配时必须拧紧螺栓，转矩靠半联轴器接合面的摩擦力矩来传递。

为了运行安全，凸缘联轴器可做成带防护边的结构，如图 8-34(c)所示。

凸缘联轴器的材料可用灰铸铁和碳钢。当重载或圆周速度大于 30m/s 时应用铸钢或锻钢，

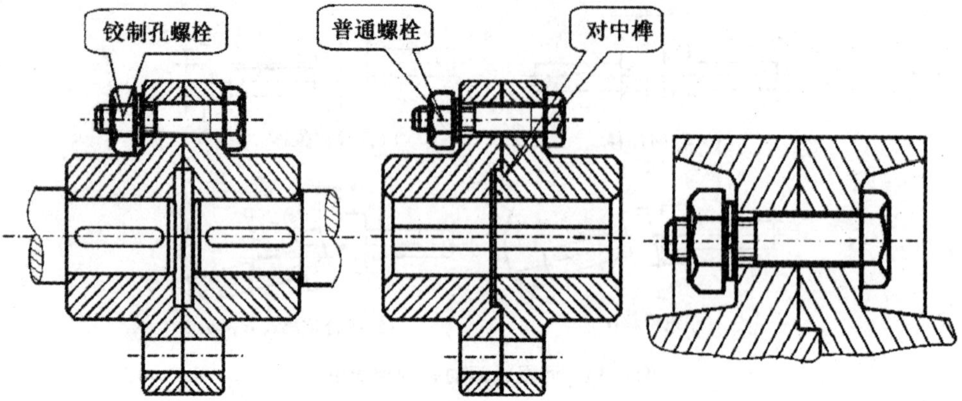

(a) 普通的凸缘联轴器　(b) 有对中榫的凸缘联轴器　(c) 带防护边的凸缘联轴器

图 8-34　凸缘联轴器

由于凸缘联轴器属于刚性联轴器，对所连两根轴之间的相对位移缺乏补偿能力，故对两根轴对中性的要求很高。当两根轴有相对位移存在时，就会在机件内引起附加载荷，使工作情况恶化，这是它的主要缺点。但由于它构造简单、成本低、可传递较大的转矩，故当转速低、无冲击、轴的刚性大、对中性较好时常被采用。

2. 套筒联轴器

套筒联轴器是一种结构最简单的刚性联轴器，如图 8-35 所示。这种联轴器是一个圆柱形套筒，可用两个圆锥销来传递转矩，也可以用两个平键代替圆锥销。该联轴器的优点是径向尺寸小，结构简单。结构尺寸推荐：$D=(1.5\sim2)d$，$L=(2.8\sim4)d$。此种联轴器尚无标准，需要自行设计，如机床上就经常采用这种联轴器。

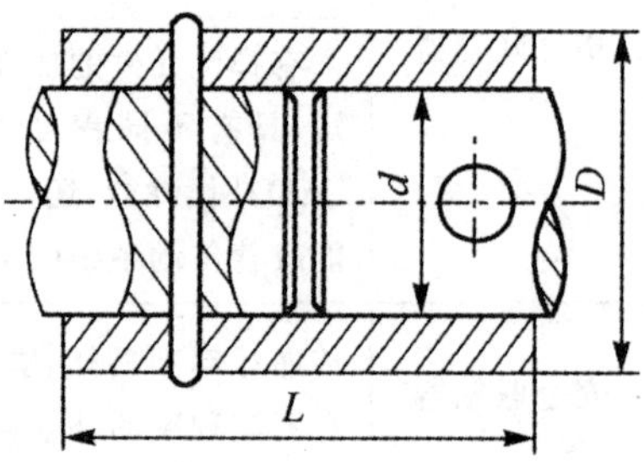

图 8-35　套筒联轴器

8.3.2　挠性联轴器

1. 无弹性元件的挠性联轴器

这类联轴器因具有挠性，故可补偿两根轴的相对位移。但由于无弹性元件，故不能缓冲减振。常用的挠性联轴器有以下几种。

(1)十字滑块联轴器

如图 8-36 所示，十字滑块联轴器由端面开有凹槽的两个半联轴器 1、3 和一个两端具有凸牙的中间圆盘 2 组成。中间圆盘两端的凸牙相互垂直，并分别与两个半联轴器的凹槽相嵌合，凸牙的中心线通过圆盘中心。两个半联轴器分别装在主动轴和从动轴上。

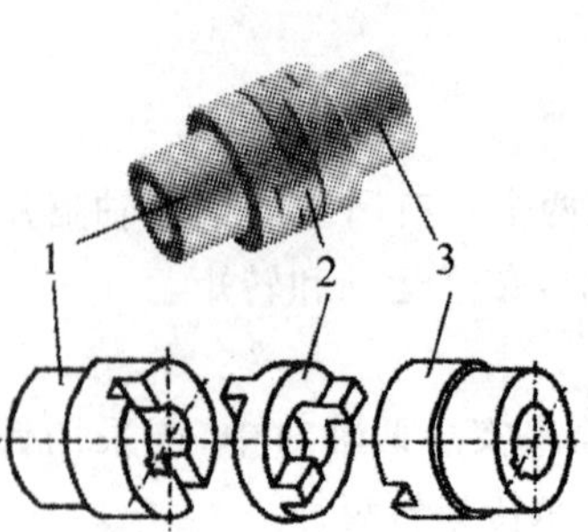

图 8-36　十字滑块联轴器

运转时，如果两条轴线不同心或偏斜，中间圆盘的凸牙将在半联轴器的凹槽内滑动，以补偿两根轴的相对位移。因此，凹槽和凸牙的工作面要求有较高的硬度（HRC46～50）并要加润滑剂。

因为半联轴器与中间圆盘组成移动副，不能发生相对转动，故主动轴与从动轴的角速度应相等。但在两根轴有相对位移的情况下工作时，若转速较高，中间圆盘的偏心将会产生较大的离心力，从而加速工作面的磨损，并给轴和轴承带来较大的附加载荷，故它只宜用于低速的场合，一般不超过 300 r/min。此外，该联轴器所允许的径向位移（即偏心距）为 $y\leqslant 0.04\ d$（d 为轴径），角位移为 $\alpha\leqslant 30'$。

十字滑块联轴器零件的工作表面一般都要进行热处理，以提高其硬度。为了减小摩擦及磨损，使用时应从中间盘的油孔中注油进行润滑。

（2）十字轴式万向联轴器

图 8-37 所示的是十字轴式万向联轴器的结构图。它主要由两个分别固定在主、从动轴上的叉形接头 1、3，一个十字形零件 2（称为十字头）和轴销 4、5（包括销套及铆钉）组成；轴销 4 与 5 互相垂直配置，并分别把两个叉形接头与中间连接件 2 连接起来。这样，就构成了一个可动的连接。这种联轴器可以允许两根轴之间有较大的夹角（夹角 α 最大可达 35°～45°），而在机器运转时，即使夹角发生改变仍可正常传动。

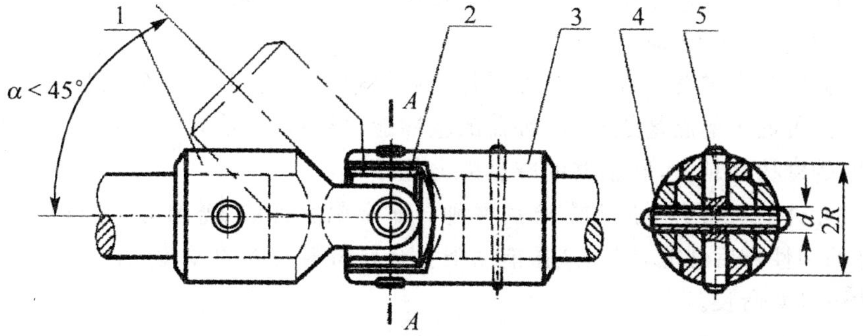

图 8-37　十字轴式万向联轴器

但当仪过大时，传动效率会显著降低。如图 8-38（a）所示，主动轴上叉形接头 1 的叉面在图纸的平面内，而从动轴上叉形接头 2 的叉面则在垂直图纸的平面内，设主动轴以角速度 ω_1 等速转动，可推出从动轴在此位置时的角速度 $\omega_2'=\frac{\omega_1}{\cos\alpha}$。

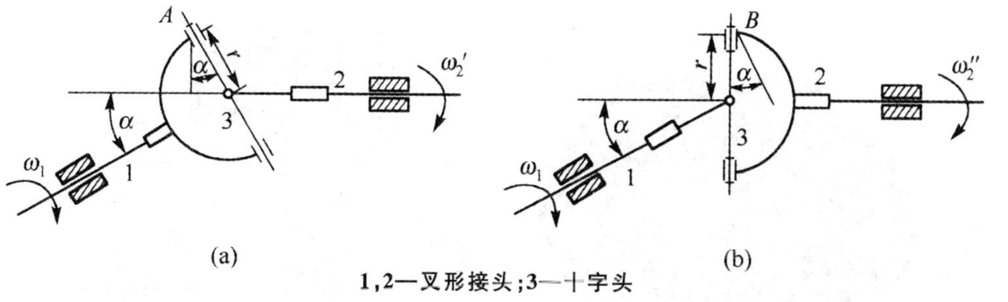

1，2—叉形接头；3—十字头

图 8-38　十字轴式万向联轴器的角速度变化

当主动轴再转过 90°时，从动轴也转过 90°，如图 8-38（b）所示，此时叉形接头 1 的叉面在垂直图纸的平面内，叉形接头 2 的叉面则在图纸的平面内，可推出从动轴在此位置时的角速度 $\omega_2''=\omega_1\cos\alpha$。

当主动轴再转过 90°时，主、从动轴的叉面位置又回到图 8-39（a）所示状态。故当主动轴以

等角速度 ω_1 转动时,从动轴角速度在哪 $\omega_1\cos\alpha\leqslant\omega_2\leqslant\frac{\omega_1}{\cos\alpha}$ 仪范围内周期性地变化,因而在传动中引起附加动载荷。为了改善这种情况,常将万向联轴器成对使用,即使用双万向联轴器,如图8-39所示。需要注意的是,安装时必须保证主动轴、从动轴与中间轴之间的夹角相等($\alpha_1=\alpha_2$),并且中间轴两端的叉面位于同一平面内,这种双万向联轴器才可以得到 $\omega_1=\omega_2$,从而降低运转时的附加动载荷。

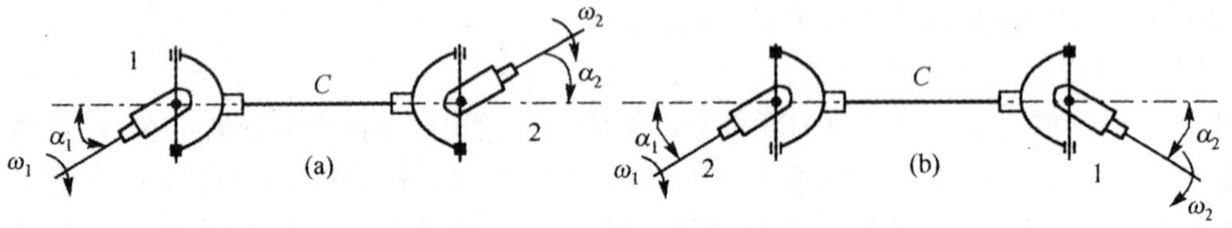

图 8-39 双万向联轴器简图

万向联轴器各元件的材料多用合金钢,以获得较高的耐磨性及较小的尺寸。由于这类联轴器结构紧凑,维护方便,广泛应用于汽车、多头钻床等机器的传动系统中。

2. 有弹性元件的挠性联轴器

这类联轴器因装有弹性元件,不仅可以补偿两根轴之间的相对位移,而且具有缓冲和减振的能力。弹性元件可储蓄的能量越多,联轴器的缓冲能力越强;弹性元件的弹性滞后性能与弹性变形时零件之间的摩擦功越大,联轴器的减振能力越好。

制造弹性元件的材料有金属和非金属两种。非金属有橡胶、塑料等,其特点为质量小,价格便宜,有良好的弹性滞后性能,因而减振能力强。金属材料制成的弹性元件(主要为各种弹簧)则强度高,尺寸小且寿命长。

(1)弹性套柱销联轴器

弹性套柱销联轴器结构上和凸缘联轴器很近似,但是两个半联轴器的连接不用螺栓而用套有弹性套的柱销,如图8-40所示。因为通过环形波纹的弹性套传递转矩,故可缓冲减振。弹性套的材料常用耐油橡胶,并做成截面形状如图中网纹部分所示,以提高其弹性。为了在更换弹性套时简便而不必拆移机器,设计中应注意留出距离 B;为了补偿轴向位移,安装时应注意留出相应大小的间隙 c。

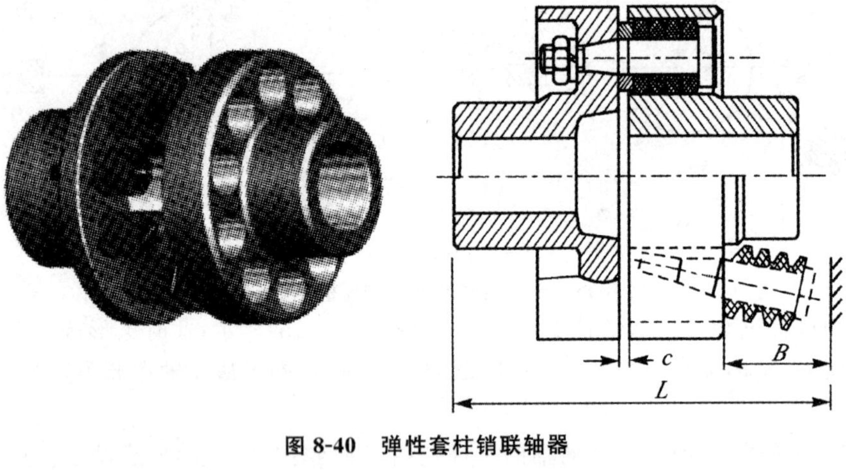

图 8-40 弹性套柱销联轴器

这种联轴器制造容易，装拆方便，成本较低，但弹性套易磨损，寿命较短。它适用于经常反转，启动频繁，转速较高的场合。如电动机与减速器(或其他传动装置)之间就常用这种联轴器。

半联轴器的材料常用 HT200，有时也采用 35 号钢或 ZG270—500 柱销材料多用 35 号钢。

(2)弹性柱销联轴器

如图 8-41 所示，弹性柱销联轴器利用将若干非金属材料制成的柱销置于两个半联轴器凸缘的孔中，以实现两根轴的连接。柱销通常用尼龙制成，而尼龙具有一定的弹性。弹性柱销联轴器的结构简单，更换柱销方便。为了防止柱销脱出，在柱销两端配置挡圈。装配时应注意留出间隙 c。

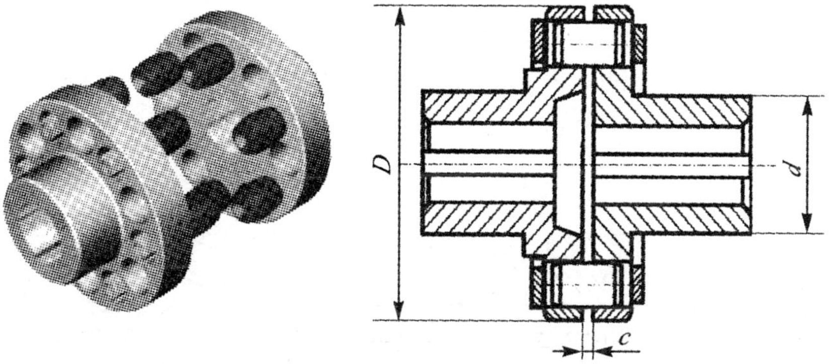

图 8-41 弹性柱销联轴器

这种联轴器与弹性套柱销联轴器很相似，都是动力从主动轴通过弹性件传递到从动轴，但传递转矩的能力更大，结构更简单。它安装、制造方便，耐久性好，弹性柱销有一定的缓冲和吸振能力，允许被连接的两根轴有一定的轴向位移及少量的径向位移和角位移，适用于轴向窜动较大、正反转变化较多和启动频繁的场合。由于尼龙柱销对温度较敏感，故使用温度限制在－20℃～70℃的范围内。

(3)金属膜片联轴器

金属膜片联轴器的典型结构如图 8-42 所示，其弹性元件是由一定数量的很薄的多边环形(或圆环形)金属膜片叠合而成的膜片组，膜片上有沿圆周均匀分布的若干个螺栓孔，使用铰制孔用螺栓交错间隔地把两边的半联轴器连接起来。这样，将弹性元件上的弧段分为交错受压缩和受拉伸的两部分，拉伸部分传递转矩，压缩部分趋向皱折。当所连接的两根轴存在轴向、径向和角位移时，金属膜片便产生波状变形。

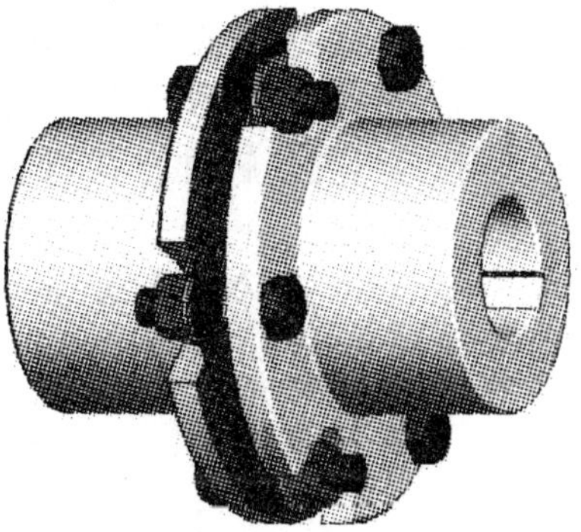

图 8-42 膜片联轴器

这种联轴器结构比较简单，质量轻，拆装方便，工作可靠，平衡校正容易，而且没有相对滑动，故不需要润滑也无噪声，维护方便；但膜片的扭转弹性小，缓冲、吸振能力差，因此其适用于载荷比较平稳的高速传动和工作环境恶劣的场合。

有金属弹性元件的挠性联轴器除上述金属膜片联轴器外，还有多种形式，如定刚度的圆柱弹簧联轴器、变刚度的蛇形弹簧联轴器及径向弹簧片联轴器等。

8.3.3 离合器设计研究

离合器主要也是用做轴与轴之间的连接。与联轴器不同的是，用离合器连接的两根轴，在机器工作中能方便地使它们分离或接合。如汽车临时停车时不必熄火、，只要操纵离合器使变速箱的输入轴与汽车发动机输出轴分离。对离合器的基本要求有：接合平稳，分离迅速而彻底；调节和修理方便；外廓尺寸小；质量小；耐磨性好，有足够的散热能力；操纵方便、省力。

1. 嵌合式离合器

牙嵌离合器的零件数量少，主要由两个端面有牙的半离合器组成，如图 8-43 所示。其中，半离合器 2 固定在主动轴 1 上，半离合器 3 用导键(或花键)与从动轴 4 连接。通过操纵机构 5 可使半离合器 3 沿导键作轴向移动，以实现离合器的分离与接合。两轴靠两个半离合器端面上的牙嵌接合来连接，以传动运动和转矩。为了使两轴对中，在半离合器 2 上固定有对中环 6，从动轴可以在对中环内自由地转动。

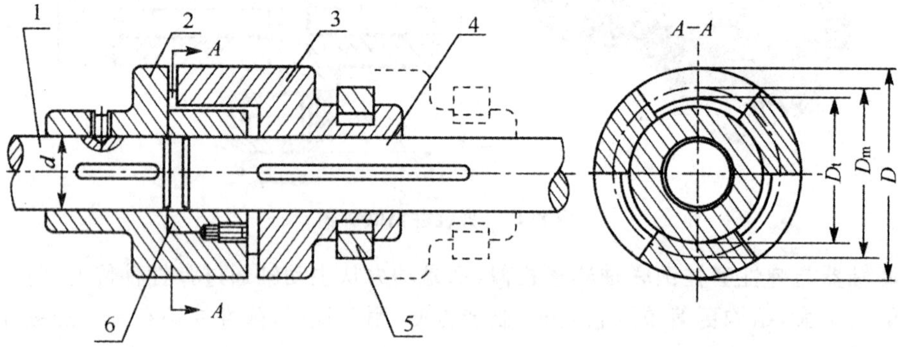

1—主动轴；2，3—半离合器；4—从动轴；5—操纵机构；6—对中环

图 8-43 嵌合式离合器

牙嵌离合器常用的牙型有三角形、矩形、梯形和锯齿形，如图 8-44 所示。三角形接合和分离容易，但齿的强度较弱，多用于传递小转矩，接合后不能自锁。梯形和锯齿形强度较高，接合和分离也较容易，多用于传递大转矩的场合，但锯齿形只能单向工作，反转时工作面将受到较大的轴向分力，迫使离合器自行分离。矩形制造容易，但必须在与槽对准后方能接合，因而接合困难；而且接合以后，与接触的工作面间无轴向分力作用，所以分离也较困难，故应用较少。

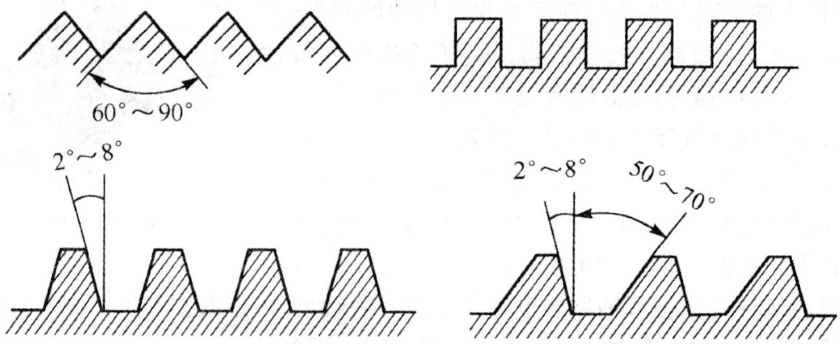

图 8-44 牙嵌离合器的牙型

牙嵌离合器结构简单，外廓尺寸小，接合后两个半离合器之间没有相对滑动，但只能在两根轴的转速差很小或相对静止的情况下才能接合，否则牙的相互嵌合会发生很大冲击，影响牙的寿命，甚至会使牙折断。

牙嵌离合器的材料常用低碳钢表面渗碳，硬度为 56～62 HRC，或采用中碳钢表面淬火，硬度为 48～54 HRC；对于不重要的和静止状态接合的离合器，也允许用 HT200。

牙嵌离合器可以借助电磁线圈的吸力来操纵，称为电磁牙嵌离合器。电磁牙嵌离合器通常采用嵌入方便的三角形细牙。由于该离合器依据信息而动作，所以便于遥控和程序控制。

2. 摩擦式离合器

圆盘摩擦离合器是利用主、从动摩擦盘间产生的摩擦力矩来传递转矩的，其结构上有单盘式和多盘式两种。根据摩擦副的润滑状态不同，又可分为干式与湿式两种。

单盘摩擦离合器是最简单的摩擦离合器，如图 8-45 所示。在主动轴 1 和从动轴 2 上，分别安装摩擦盘 3 和 4，操纵环 5 可以使摩擦盘 4 沿从动轴移动。接合时以力 F 将盘 4 压在盘 3 上，主动轴上的转矩即由两盘接触面间产生的摩擦力矩传到从动轴上。能传递的最大转矩为

$$T_{\max}=FfR_m \tag{8-19}$$

式中，F 为两个摩擦片之间的轴向压力；f 为摩擦系数；R_m 为平均半径。

设摩擦力的合力作用在平均半径的圆周上。取环形接合面的外径为 D_1，内径为 D_2，则

$$R_m=\frac{D_1+D_2}{4} \tag{8-20}$$

这种单盘摩擦离合器为常开式，接合平稳、柔顺，散热性好，但传递的转矩较小，可用于传递转矩范围为 15～3000N·m 的场合。当需要传递较大转矩时，可采用多盘摩擦离合器。

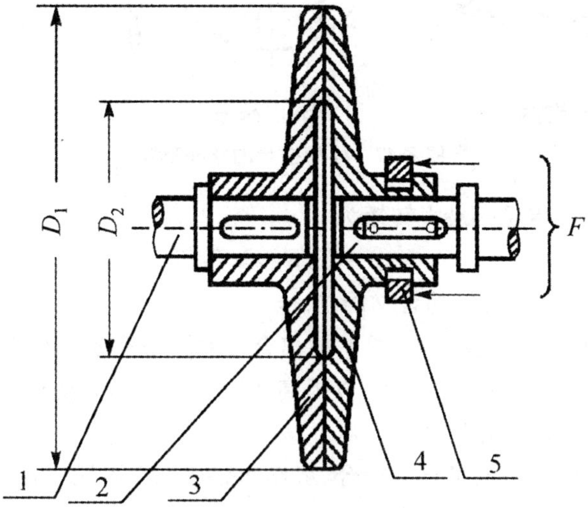

1—主动轴；2—从动轴；3，4—摩擦盘；5—操纵环

图 8-45　单盘摩擦离合器

图 8-46 所示的是多盘摩擦离合器，它有两组摩擦盘，其中外摩擦盘 4 利用外圆上的花键与外鼓轮 2 相连（外鼓轮 2 与输入轴 1 相固连），内摩擦盘 5 利用内圆上的花键与内套筒 9 相连（内套筒 9 与输出轴 10 相固连）。当滑环 8 做轴向移动时，将拨动曲臂压杆 7，使压板 3 压紧或松开内、外摩擦盘组，从而使离合器接合或分离。螺母 6 是用来调节内、外摩擦盘组间隙大小的。外

摩擦盘和内摩擦盘的结构形状如图 8-47 所示。若将内摩擦盘改为图 8-47(c)中的碟形,使其具有一定的弹性,则离合器分离时摩擦盘能自行弹开,接合时也较平稳。

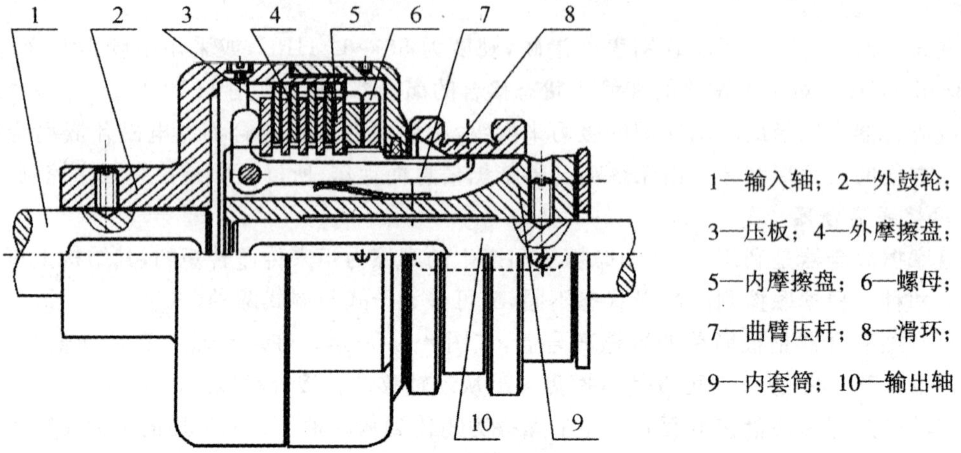

图 8-46　多盘摩擦离合器

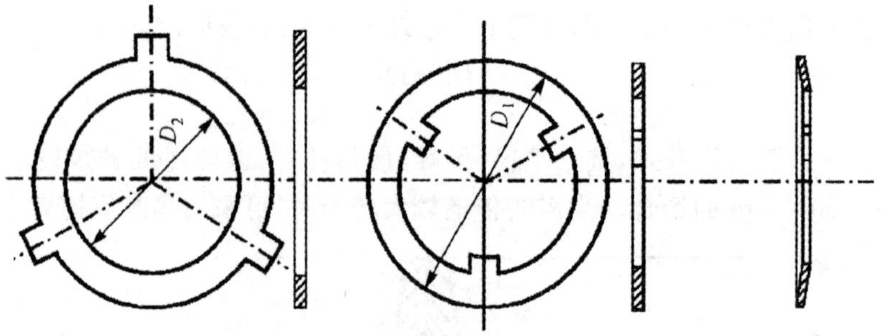

(a) 外摩擦盘　　(b) 内摩擦盘　　(c) 碟形内摩擦盘

图 8-47　外摩擦盘的结构形状

多片式摩擦离合器能传递的最大转矩为

$$T_{\max}=FfR_{m}z\geqslant K_{A}T \tag{8-21}$$

式中,z 为接合摩擦面数,其他符号的含义同前。

摩擦盘工作表面的内、外直径之比,是摩擦离合器的一个重要的结构参数。

由式(8-21)可知,增加摩擦盘数目,可以提高离合器传递转矩的能力,但摩擦盘过多会影响分离动作的灵活性,故一般不超过 10～15 对。

摩擦离合器的工作过程一般可分为接合、工作和分离三个阶段。在接合和分离过程中,从动轴的转速总低于主动轴的转速,因此两个摩擦盘工作面间必将产生相对滑动,从而会消耗一部分能量,并引起摩擦盘的磨损和发热。为了限制磨损和发热,应使接合面上的压强 p 不超过许用压强$[p]$,即

$$p=\frac{4F}{\pi(D_1^2-D_2^2)}\leqslant[p] \tag{8-22}$$

式中　D_1、D_2—环形接合面的外径和内径(mm);F—轴向压力(N);$[p]$为许用压强(N/mm^2)。

许用压强$[p]$为基本许用压强$[p_0]$与系数 k_1、k_2、k_3 的乘积,即

$$[p]=[p_0]k_1k_2k_3 \tag{8-23}$$

式中，k_1、k_2、k_3 为因离合器的平均圆周速度、主动摩擦片数及每小时的接合次数不同而引入的修正系数。

圆盘摩擦离合器利用摩擦盘作为接合元件，结构形式多，传递转矩大，安装调整方便，摩擦材料种类多，能保证在不同工况下，具有良好的工作性能。两根轴可在任意大小转速差的工况下接合和分离（特别是能在高速下进行平稳离合），并可通过改变摩擦盘间的压力来调节从动轴的加速时间，减小接合的冲击振动。过载时摩擦面间将打滑，具有安全保护作用。但在接合过程中会摩擦发热，同时还要调整摩擦面的间隙。圆盘摩擦离合器广泛应用于交通运输、机床、建筑、轻工和纺织等机械中。

3. *磁粉离合器*

如图 8-48 所示，磁粉离合器主要由磁铁轮芯 5、环形激磁线圈 4、从动外鼓轮 2 和齿轮 1 组成。主动轴 7 与磁铁轮芯 5 固连，在轮芯外缘的凹槽内绕有环形激磁线圈 4，线圈与接触环 6 相连；从动外鼓轮 2 与齿轮 1 相连，并与磁铁轮芯间有 0.5～2mm 的间隙，其中填充磁导率高的铁粉和油或石墨的混合物 3。这样，当线圈通电时，形成经轮芯、间隙、外鼓轮又回到轮芯的闭合磁通，使铁粉磁化。当主动轴旋转时，由于磁粉的作用，带动外鼓轮一起旋转来传递转矩。断电时，铁粉恢复为松散状态，离合器即行分离。

这种离合器接合平稳，使用寿命长，可以远距离操纵，但尺寸和重量较大。

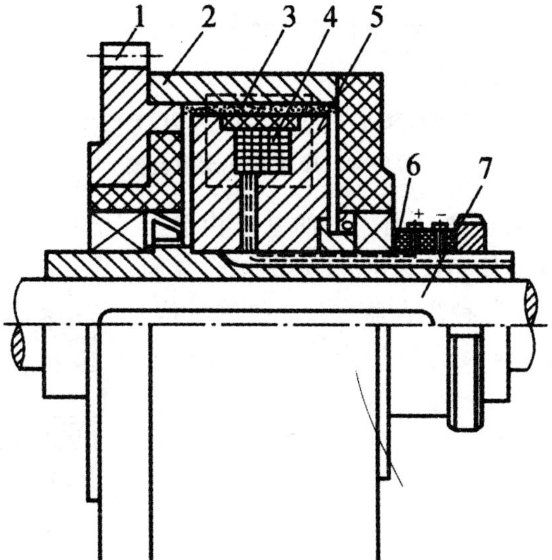

1—齿轮；2—从动外鼓轮；3—混合物；4—环形激磁线圈；
5—磁铁轮芯；6—接触环；7—主动轴

图 8-48　磁粉离合器

4. *自动离合器*

自动离合器是一种能根据机器运转参数（如转矩、转速或转向）的变化而自动完成接合与分离动作的离合器。常用的自动离合器有安全离合器、离心式离合器和定向离合器三类。

(1)安全离合器

安全离合器在所传递的转矩超过一定数值时自动分离。它有许多种类型,图 8-49 所示为摩擦式安全离合器。它的基本构造与一般摩擦离合器大致相同,只是没有操纵机构,而利用调整螺钉 1 来调整弹簧 2 对内、外摩擦片 3、4 的压紧力,从而控制离合器所能传递的极限转矩。当载荷超过极限转矩时,内、外摩擦片接触面间会出现打滑,以此来限制离合器所传递的最大转矩。

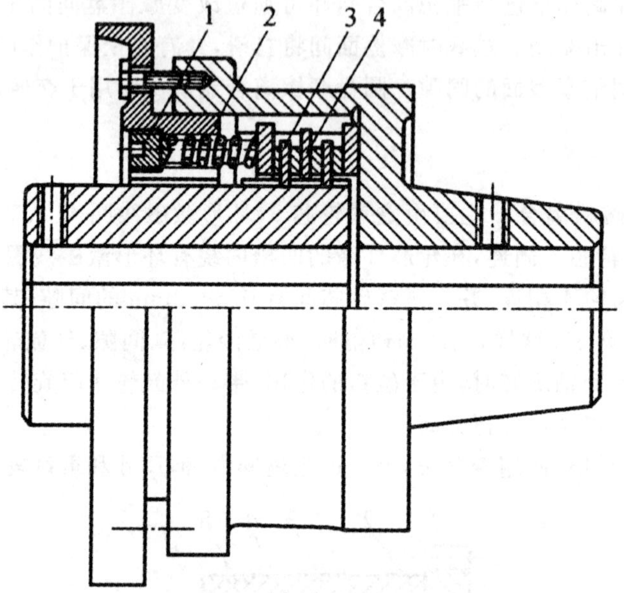

1—调整螺钉;2—弹簧;3、4—内、外摩擦片

图 8-49 摩擦式安全离合器

图 8-50 所示为牙嵌式安全离合器。它的基本构造与牙嵌离合器相同,只是牙面的倾角仪较大,工作时啮合牙面间能产生较大的轴向力 F_a。这种离合器也没有操纵机构,而用一弹簧压紧机构使两个半离合器接合,当转矩超过一定值时,F_a 将超过弹簧压紧力和有关的摩擦阻力,半离合器 1 就会向左滑移,使离合器分离;当转矩减小时,离合器又自动接合。

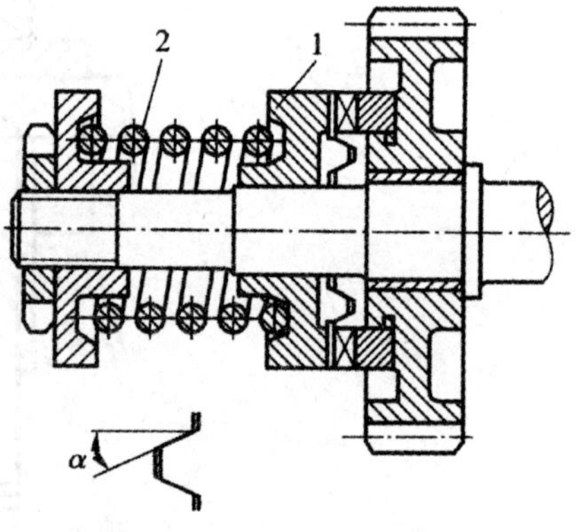

1—半离合器;2—弹簧

图 8-50 牙嵌式安全离合器

(2)离心式离合器

离心式离合器是通过转速的变化,利用离心力的作用来控制接合和分离的一种离合器。离心式离合器有自动接合式和自动分离式两种。前者当主动轴达到一定转速时,能自动接合;后者相反,当主动轴达到一定转速时能自动分离。

图 8-51 所示为一种自动接合式离合器。它主要由与主动轴 4 相连的轴套 3,与从动轴(图中未画出)相连的外鼓轮 1、瓦块 2、弹簧 5 和螺母 6 组成。瓦块的一端铰接在轴套上,一端通过弹簧力拉向轮心,安装时使瓦块与外鼓轮保持适当间隙。这种离合器常用做启动装置,当机器启动后,主动轴的转速逐渐增加,当达到某一值时,瓦块将因离心力带动外鼓轮和从动轴一起旋转。拉紧瓦块的力可以通过螺母来调节。

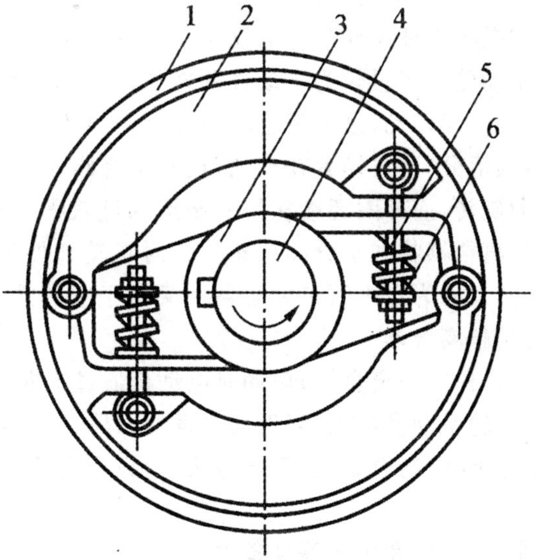

1—外鼓轮;2—瓦块;3—轴套;4—主动轴;5—弹簧;6—螺母

图 8-51　自动接合式离合器

这种离合器有时用于电动机的伸出轴端,或直接装在皮带轮中,使电动机正、反转时都是空载启动,以降低电动机启动电流的延续时间,改善电动机的发热现象。

(3)定向离合器

定向离合器只能传递单向转矩,反向时能自动分离。如前所述的锯齿形牙嵌离合器就是一种定向离合器,它只能单方向传递转矩,反向时会自动分离。这种利用齿的嵌合的定向离合器,空程时(分离状态运转)噪声大,故只宜用于低速场合。在高速情况下,可采用摩擦式定向离合

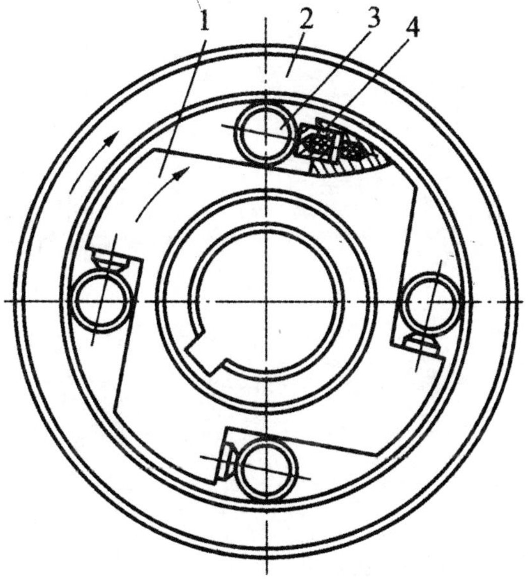

1—星轮;2—外圈;3—滚柱;4—弹簧顶杆

图 8-52　滚柱式定向离合器

器,其中应用较为广泛的是滚柱式定向离合器(见图 8-52)。它主要由星轮 1、外圈 2、弹簧顶杆 4 和滚柱 3 组成。弹簧的作用是将滚柱压向星轮的楔形槽内,使滚柱与星轮、外圈相接触。

星轮和外圈均可作为主动轮。当星轮为主动件并按图示方向旋转时,滚柱受摩擦力的作用被楔紧在槽内,因而带动外圈一起转动,这时离合器处于接合状态。当星轮反转时,滚柱受摩擦力的作用,被推到槽中较宽的部分,不再楔紧在槽内,这时离合器处于分离状态。

如果星轮仍按图示方向旋转,而外圈还能从另一条运动链获得与星轮转向相同但转速较大的运动时,按相对运动原理,离合器将处于分离状态。此时星轮和外圈互不相干,各自以不同的转速转动。所以,这种离合器又称为自由行走离合器。又由于它的接合和分离与星轮和外圈之间的转速差有关,因此也称超越离合器。

在汽车的发动机中装上这种定向离合器,启动时电动机通过定向离合器的外圈(此时外圈转向与图中所示相反)、滚柱、星轮带动发动机;当发动机发动以后,反过来带动星轮,使其获得与外圈转向相同但转速较大的运动,使离合器处于分离状态,以避免发动机带动启动电动机超速旋转。

定向离合器常用于汽车、拖拉机和机床等设备中。

第 9 章　机构的惯性力平衡

9.1　惯性力的确定

汽车的振动和噪声体现了汽车的性能。然而，振动和噪声只是现象，汽车中机构动力学特性才是本质。那么如何研究如图 9-1 所示的汽车内燃机机构动力学呢？首先要研究它的组成机构，研究如图 9-1(c)所示曲柄滑块机构、凸轮机构和齿轮机构的动力学问题，在机构性能设计上提出减小振动的对策，从而为改进整机性能提供设计依据。

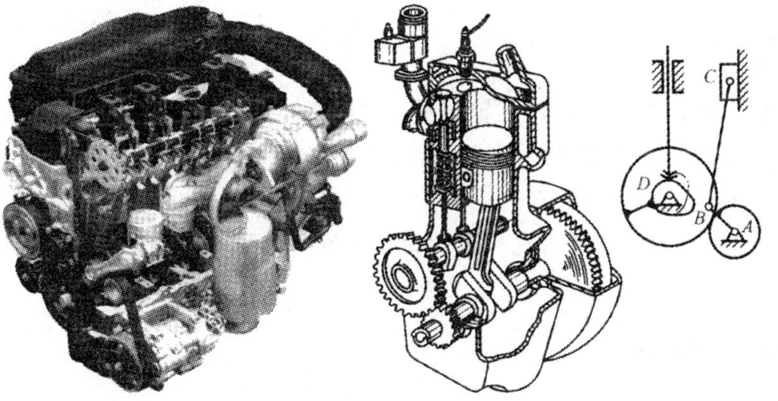

(a)　　(b)　　(c)

图 9-1　内燃机及其工作模型

9.1.1　构件的惯性力

在机械运动过程中，各构件产生的惯性力不仅与各构件的质量、绕过质心轴的转动惯量、质心的加速度及构件的角加速度等有关；还与构件的运动形式有关。现以内燃机的主要机构——曲柄滑块机构(图 9-2)为例分别讨论。

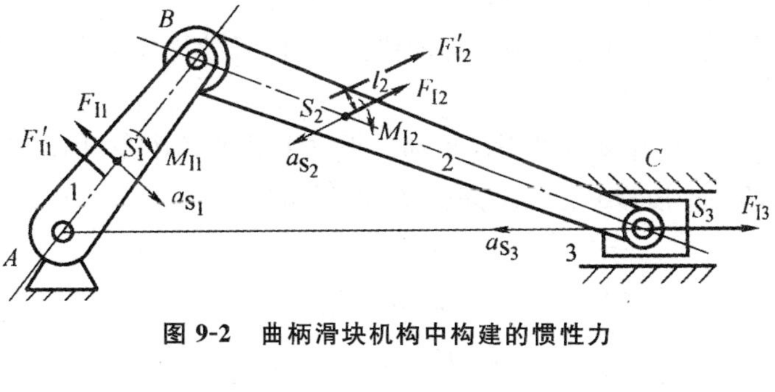

图 9-2　曲柄滑块机构中构建的惯性力

1. 作平面复合运动的构件

连杆 2 为作平面复合运动的构件，其惯性力系可简化为一个加在质心 S_2 上的惯性力 F_{I2} 和一个惯性力偶矩 M_{I2}，即

$$F_{I2}=-m_2 a_{S_2}$$

$$M_{I2}=-J_{S_2}\alpha_2$$

根据力的平衡原理，可将其简化为一个大小等于 F_{I2} 的集中力 F'_{I2}，其作用线偏离质心 S_2，距离为

$$l_2=\frac{M_{I2}}{F_{I2}}$$

F'_{I2} 对质心 S_2 力偶矩的方向应与角加速度 α_2 的方向相反。

2. 作平面移动的构件

滑块 3 为作平面移动的构件，当其作变速移动时，仅有一个作用在质心 S_3 上的惯性力

$$F_{I3}=-m_3 a_{S_3}$$

3. 绕定轴转动的构件

曲柄 1 为绕定轴转动的构件，若其轴线不通过质心，当构件为变速转动时，其上作用有惯性力 $F_{I1}=-m_1 a_{S_1}$，及惯性力偶矩 $M_{I1}=-J_{S_1}\alpha_1$，或简化为一个总惯性力 F'_{I1}；如果回转轴线通过构件质心，则只有惯性力偶矩 $M_{I1}=-J_{S_1}\alpha_1$。

机构的总惯性力为该机构所含构件惯性力的矢量和，对于讨论的曲柄滑块机构，总惯性力是周期性变化的。

9.1.2 构件质量代换

在确定构件上的惯性力和惯性力矩时，计算惯性力矩比较繁琐。在实际计算中，为了简化构件惯性力的计算，可以设想把构件的质量，按一定条件用集中于构件上某几个选定点的假想集中质量来代替，这种方法称为质量代换法。质量代换法中假想的集中质量称为代换质量，代换质量所在的位置称为代换点。

为使构件的惯性力和惯性力偶矩在质量代换前后保持不变，应满足下列三个条件：

①代换前后构件的质量不变。

②代换前后构件的质心位置不变。

③代换前后构件对质心轴的转动惯量不变。

同时满足上述三个条件的质量代换称为动代换，而仅仅满足前两个条件的质量代换称为静代换。

如图 9-3 所示，连杆 BC 作复合的平面运动。根据上述的三个条件，对连杆 BC 的分布质量用集中在 B、K 两点的集中质量 m_{B_2}、m_K 来代换，可列式为

$$\begin{cases} m_{B_2}+m_K=m \\ m_{B_2}b=m_K k \\ m_{B_2}b^2+m_K k^2=J_{S_2} \end{cases} \tag{9-1}$$

当选定 B 的位置时，式(9-1)中三个未知数 m_{B_2}、m_K、k，可解出

$$m_K\begin{cases}k=\dfrac{J_{S_2}}{mb}\\ m_{B_2}=\dfrac{mk}{b+k}\\ m_K=\dfrac{mb}{b+k}\end{cases}\tag{9-2}$$

由此可知，当代换点 B 选定后，另一代换点 K 的位置也随之而定。

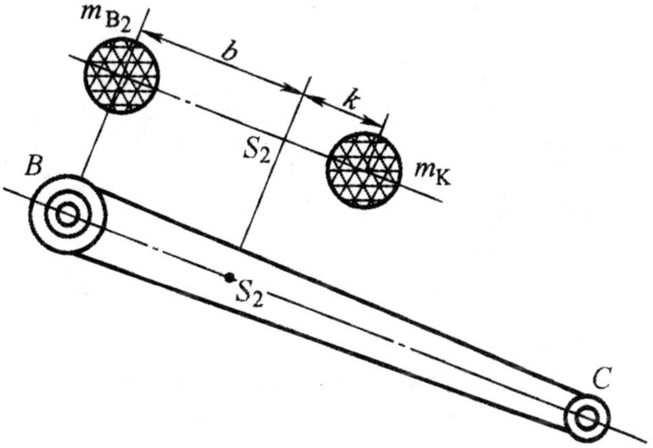

图 9-3　曲柄连杆机构中连杆的动代换

采用动代换方法保证了代换后构件惯性力及惯性力偶矩不改变，但其代换点及位置不能随意选择，给工程计算带来不便。为便于计算，工程中常采用静代换，即将连杆简化为分别集中于连杆点 B 和 C 的两个集中质量，如图 9-4 所示，求解 m_{B_2}、m_{C_2} 则有

$$\begin{cases}m_{B_2}=\dfrac{mc}{b+c}\\ m_{C_2}=\dfrac{mb}{b+c}\end{cases}\tag{9-3}$$

虽然静代换不满足代换的第三个条件，代换后构件的惯性力偶矩会产生一定的误差，但此误差能为一般工程计算所接受。

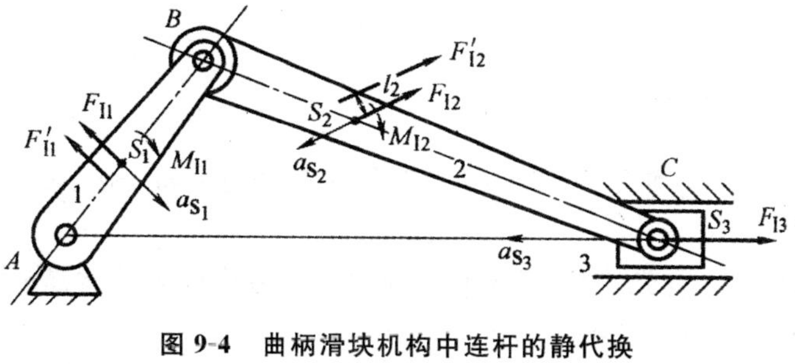

图 9-4　曲柄滑块机构中连杆的静代换

用质量代换的方法确定如图 9-3 所示内燃机曲柄滑块机构的惯性力。

(1)往复直线运动的质量 m_C

滑块质量 m_{C_3}。与式(9-3)中连杆质量代换到连杆点 C 的质量 m_{C_2} 之和，称为往复直线运动质量 m_C

$$m_C = m_{C_2} + m_{CS_3} \tag{9-4}$$

(2)旋转质量 m_B

曲轴同样采用质量静代换的方法，即简化到点 A、B 的两个集中质量，分别为 m_A、m_{B_1}，如图 9-5 所示。则整个机构的不平衡旋转质量，即旋转质量 m_B 为 m_{B_1} 与连杆质量代换到点 B 的质量 m_{B_1} 之和，即

$$m_B = m_{B_1} + m_{B_2} \tag{9-5}$$

通过质量静代换，机构的惯性力主要集中为往复质量 m_C 的往复惯性力 F_C 和旋转质量 m_B 的离心惯性力 F_B，它们可以由 $F=-ma$ 求出。

a)

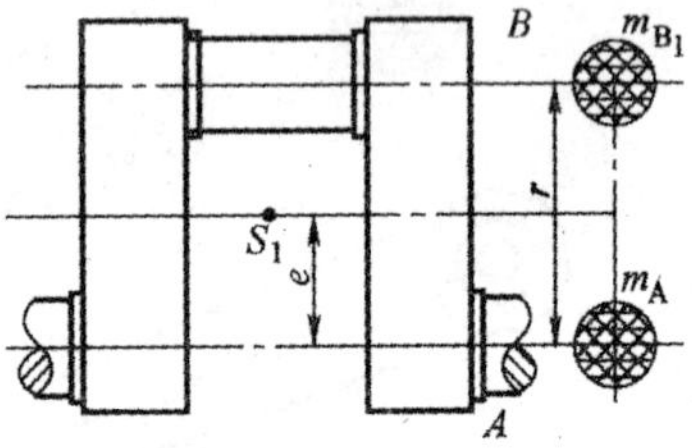

b)

图 9-5　曲轴实物以及曲轴的质量代换

9.2　平面机构惯性力的完全平衡

在机器运转过程中，由于机构各个构件的质量分布与运动特性导致作用在这些构件上的惯性力和惯性力偶矩周期性变化，从而在机架上就体现为周期性变化的振动力和振动力矩。所谓振动力是机构运动构件作用在机架上的作用力的主矢，振动力矩是运动构件施加在机架上作用力的主矩。两者使机器产生振动和噪声。

由于机构总惯性力矩的平衡(也称为振动力矩的平衡)问题必须综合考虑机构的驱动力矩和生产阻力矩，情况较为复杂，所以在此只考虑总惯性力在机架上的平衡问题。为了减小机构运动时产生的惯性力，在机构设计时需要考虑机构的动力性能，采取机构的平衡设计，部分或完全平衡机构运动时构件上的惯性力。在此举例说明铰链四杆机构完全平衡(即完全平衡机构总惯性力)的设计方法。

9.2.1　附加平衡质量法

铰链四杆机构，如图 9-6 所示，设构件 1、2、3 的质量分别为 m_1、m_2、m_3，其质心分别位于 S'_1、S'_2、S'_3 处。

为了进行惯性力平衡，首先，根据质量静代换的方法将构件 2 的质量 m_2 分别用集中于 B、C 两点的两个集中质量 m_{B_2}、m_{C_2} 代换，由式(9-3)得

$$m_{B_2} = m_2 \frac{l_{CS'_2}}{l_{BC}}$$

$$m_{C_2} = m_2 \frac{l_{BS'_2}}{l_{BC}}$$

然后，在构件 1 的延长线上加一平衡质量 m' 来平衡构件 1 的质量 m_1 和 m_{B_2}，使构件 1 的质

心移至固定轴 A 处。

$$m'=\frac{(m_{B_2}l_{AB}+m_1 l_{AS'_1})}{r'} \tag{9-6}$$

同理，可在构件 3 的延长线上加一平衡质量 m''，使其质心移至固定轴 D 处，m'' 为

$$m''=\frac{(m_{C_2}l_{DC}+m_3 l_{DS'_3})}{r''} \tag{9-7}$$

在加上平衡质量 m'' 及 m' 以后，整个机构的总质量可用位于 A、D 两点的两个集中质量代替，故机构的总质心 S 为位于 A、D 的连心线上的一固定点。当机构运动时，机构的质心点 S 静止不动，即 $a_S=0$，所以机构的惯性力得到完全平衡。

这种方法也可应用于单缸内燃机曲柄滑块机构（图 9-7），使得离心惯性力和往复惯性力平衡，从而达到机构的完全平衡。

首先利用质量的静代换，将 m_2 及活塞质量 m_3 都集中在点 B（请思考此处为什么不将连杆的质量静代换集中在点 B、C?）。首先在 BC 的延长线上设置一质量 m' 使 $m'r'=m_3 l_{BC}+m_2 l_{BS'_2}$，这样，$m_B=m'+m_2+m_3$，再对构件 1 上的 m_1、m_B 进行平衡，在曲柄的延长线上加一平面质量 m'' 后，使 $m''r''=m_B l_{AB}+m_1 l_{AS'_1}$ 这样机构的总质心移到固定轴 A 处（点 A 为一固定点，故总质心的加速度为 O），所以机构的总惯性力已得到平衡。

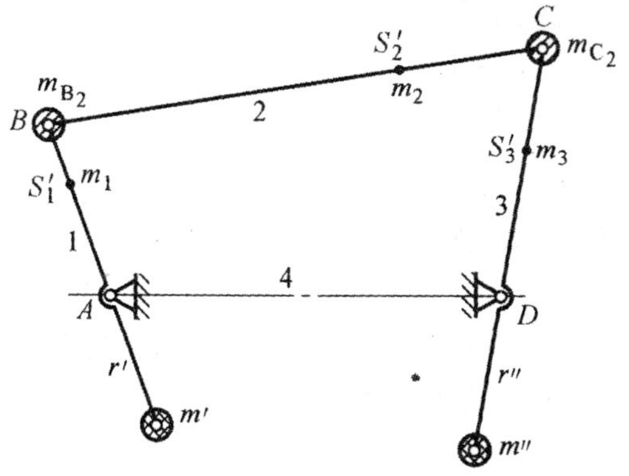

图 9-6 铰链四杆机构力的完全平衡

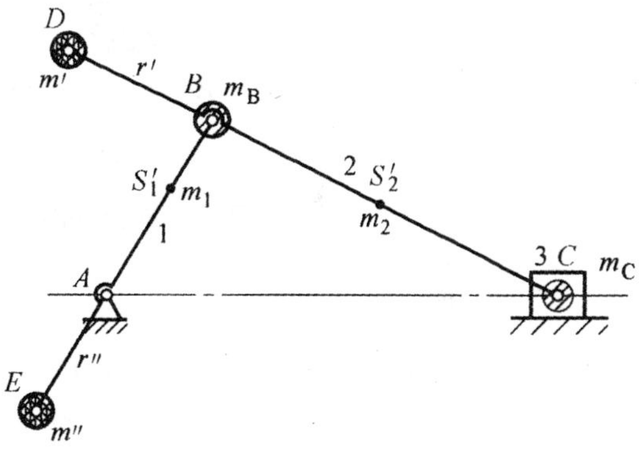

图 9-7 曲柄滑块机构力的完全平衡

需要指出的是，用配重的方法完全平衡总惯性力是有条件的：Tepper 和 Lowen 证明，对平面机构只有每个运动构件到机架都存在一条全部由转动副组成的运动链时，才能用配重使机构总惯性力完全平衡。例如铰链四杆机构和曲柄滑块机构可以用配重的方法使惯性力完全平衡。这就是平面机构总惯性力完全平衡的通路定理。同时，经研究表明：对于自由度为一的平面机构总惯性力的完全平衡的最少配重数为 C-hi2（n 为机构的运动构件数目）。

9.2.2 机构对称布置法

根据上面附加质量使机构完全平衡的思想，同样可以采用两完全相等机构以一固定点对称（机构的总质心显然就是该固定点）的方式来实现机构完全平衡。如图 9-8 所示两曲柄滑块机构完全对称布置，这种结构可以相互抵消惯性力。

以图 9-9 所示 BMW 摩托车采用的两缸对置式发动机（已有 70 多年的历史）为例，就是采用图 9-8 所示的布置方法，由于往复式发动机中活塞和连杆在上、下行程中交替沿相反方向运动，

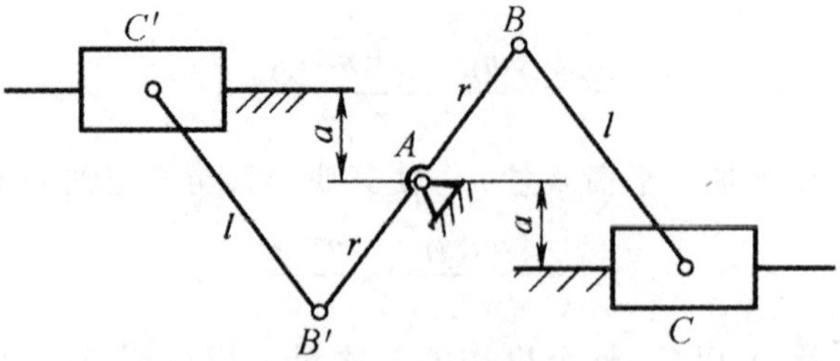

图 9-8 对称布置完全平衡机构

且两个曲轴的曲柄滑块机构以点 A 对称，所以每个瞬间其往复惯性力和离心惯性力完全互相抵消不需加配重，但同时却产生了两滑块与机架间的动压力所构成的惯性力偶矩。

采用这种对称布置可以使任何机构所有惯性力完全平衡。然而，这种方法使机构的结构复杂，体积大为增加。

图 9-9 BMW 摩托车发动机及内部结构

9.3 平面机构惯性力的部分平衡

上一节介绍的机构完全平衡的设计方法，虽然在理论上可以做到，但因配重的大小和作用位置使机构的体积过大而影响机构的工程应用价值。在工作允许的范围内，通常采用惯性力的部分平衡法来减少惯性力所产生的不良影响。本节将介绍内燃机曲柄滑块机构部分平衡(即只平衡机构总惯性力中的一部分)设计方法。

9.3.1 附加平衡质量法

以单缸内燃机曲柄连杆机构(图 9-10)为例进行平衡分析，在质量代换一节中，分析了机构产生的惯性力有两部分，旋转质量 m_B 的离心惯性力 F_B 和往复质量 m_C 的往复惯性力 F_C。

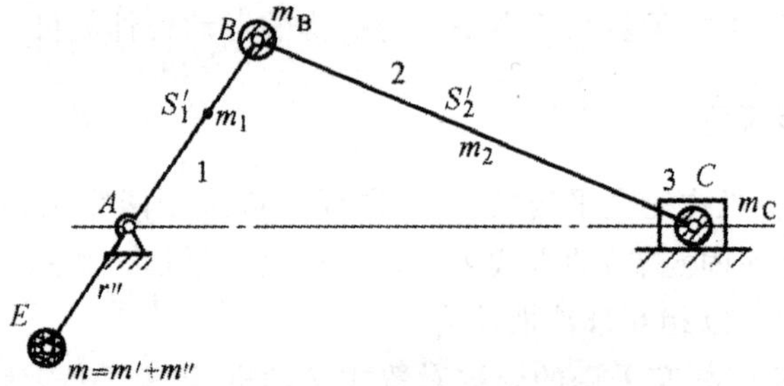

图 9-10 附加质量部分力平衡机构

1. 离心惯性力的平衡

设曲轴转动角速度 ω 近似常数，由转动构件的惯性力公式得

$$F_B=-m_B l_{AB}\omega^2 \tag{9-8}$$

其方向总是沿曲柄半径向外。如果不采取措施加以平衡，将会使曲轴轴承和内燃机支承受变化的作用力，影响轴承寿命并引起内燃机振动。为了平衡离心惯性力 F_B，只要在曲柄的延长线上加一平面质量 m'，使之满足 $m_B l_{AB}\omega^2=m'\omega^2 r$，即 $m_B l_{AB}=m'r$。

2. 往复惯性力的平衡

由一般力学平面移动构件的惯性力公式 $F=-ma$ 得

$$F_C=-m_C a_C \tag{9-9}$$

F_C 是沿气缸中心线方向作用的，公式前的负号表示 F_C 方向与活塞加速度 a_C 的方向相反。

对曲柄滑块机构进行运动分析，得滑块 C 的加速度方程式为

$$a_C=-l_{AB}\omega^2\cos(\omega t)+\omega^2\frac{l_{AB}^2\{l_{BC}^2[1-2\cos^2(\omega t)]-l_{AB}^2\sin^4(\omega t)\}}{\{l_{BC}^2-[l_{AB}\sin^4(\omega t)]\}^{\frac{3}{2}}}$$

根据上式分析各设计参数对加速度的影响是相当困难的，可以将滑块的位移公式

$$x=l_{AB}\cos(\omega t)+l_{BC}\sqrt{1-\left[\frac{l_{AB}}{l_{BC}}\sin(\omega t)\right]^2}$$

中的根式使用级数展开为

$$\sqrt{1-\left[\frac{l_{AB}}{l_{BC}}\sin(\omega t)\right]^2}=1-\left(\frac{l_{AB}^2}{2l_{BC}^2}\right)\sin^2(\omega t)+\frac{\left(\frac{l_{AB}^4}{8l_{BC}^4}\right)\sin^4(\omega t)-\left(\frac{l_{AB}^6}{16l_{BC}^6}\right)\sin^6(\omega t)+\cdots l_{AB}}{l_{BC}}$$

上式的每项均包含$\frac{l_{AB}}{l_{BC}}$因子，考虑工程实际，若$\frac{l_{AB}}{l_{BC}}\geqslant 1$，则曲柄不能整周的回转，若$\frac{l_{AB}}{l_{BC}}$取值接近 1/2 时，压力角较大，不利于机构的传动，因此大多数曲柄滑块机构中 $\frac{l_{AB}}{l_{BC}}$的取值为 1/5～1/3。取范围上限$\frac{l_{AB}}{l_{BC}}=1/3$ 代入上式得到

$$1-\left(\frac{1}{18}\right)\sin^2(\omega t)+\left(\frac{1}{648}\right)\sin^4(\omega t)-\left(\frac{1}{11664}\right)\sin^6(\omega t)+\cdots$$

即

$$1-0.05556\sin^2(\omega t)+0.00154\sin^4(\omega t)-0.00009\sin^6(\omega t)+\cdots$$

可见，从第二项以后各项的值很小，如忽略不计，误差不足 1%，从而可以得出滑块位移的近似表达式

$$x\approx l_{AB}\cos(\omega t)+l_{BC}\left[1-\frac{l_{AB}^2}{2l_{BC}^2}\sin^2(\omega t)\right] \tag{9-10}$$

对式(9-10)求二阶微分得

$$a_C\approx-\omega^2 l_{AB}\cos(\omega t)-\omega^2\frac{l_{AB}^2}{l_{BC}^2}\cos(2\omega t) \tag{9-11}$$

因此，集中质量 m_C 所产生的往复惯性力可近似为

$$F_C\approx m_C l_{AB}\omega^2\cos(\omega t)+m_C\omega^2\frac{l_{AB}^2}{l_{BC}}\cos(2\omega t)$$

右边第一项称为一阶惯性力，第二项称为二阶惯性力。

虽然作为内燃机功率输出主轴的曲轴，其转动是基本均匀的，但活塞连杆组运动不均匀，伴随着很大的加、减速度，产生很大惯性载荷，对曲轴连杆强度影响很大，且也是导致内燃机振动和噪声的主要原因之一。为了完全消除这种往复不平衡惯性力，需要引进另一往复移动的质量，使它与活塞的相位差 180°。在内燃机中增加第二个活塞和缸体，如果安排适当，就能够减小或消除不平衡的往复惯性力，这正是多缸发动机的主要优点之一。

而在单缸内燃机中，只用单转动的配重不能够彻底消除不平衡的往复惯性力，其平衡问题不像平衡曲柄离心惯性力 F_B 那样简单。这里主要讨论平衡一阶往复惯性力 F_C 的方法，可在曲柄的延长线上距回转中心 A 为 r'' 的地方再加上一个平衡质量 m''，m'' 所产生的惯性力在 x、y 方向上的分力分别为

$$F_x = -m''\omega^2 r''\cos(\omega t)$$

$$F_y = -m''\omega^2 r''\sin(\omega t)$$

如果能平衡一阶往复惯性力 F_C，则

$$F_C + F_x = 0$$

解得

$$m'' = \frac{m_C l_{AB}}{r''}$$

不过这样又多了一个新的不平衡惯性力 $F_y = -m''\omega^2 r''\sin(\omega t)$，此竖直方向的惯性力对机械的工作也是不利的。为了减小此惯性力，通常采用在曲柄处添加额外质量平衡掉滑块一阶往复惯性力的一部分，这种方法也称为曲柄的过平衡。这样，既减小了一阶往复惯性力 F_C 的不良影响，又可使在竖直方向产生的惯性力不致太大。因为人们更关心惯性力的大小而不是方向，所以这个折中是比较有利的。

在具体的内燃机设计中，为减小惯性力峰值而在曲柄上附加过平衡质量的大小不尽相同。以某一内燃机曲柄滑块机构为例，对曲柄做过平衡。曲柄的角速度为 $\omega = 2500\text{rad/min}$；曲柄和连杆的长度分别为 $l_{AB} = 0.154\text{m}$，$l_{BC} = 0.4572\text{m}$；滑块的质量为 $m_C = 1.5\ \text{kg}$。曲柄平衡后，在 $r'' = 0.15\ \text{m}$ 处附加 $m'' = (1/3:1/2) \times 1.0267\ m_C$ 的质量对曲柄做过平衡，机构的总惯性力的大小，如图 9-11b 所示，总惯性力仅为曲柄完全平衡的惯性力[图 9-11a)]的 63%。

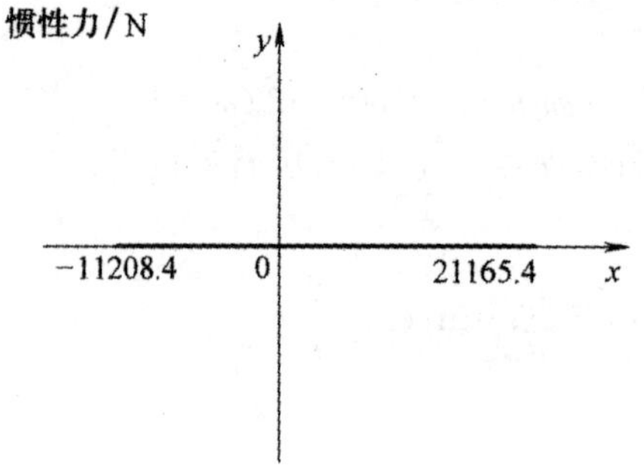

(a)曲柄精确平衡

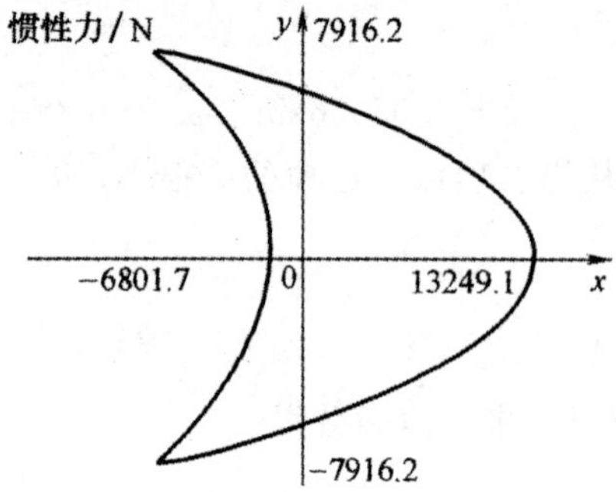

(b)曲柄过平衡

图 9-11　曲柄滑块机构曲柄的精确平衡和过平衡对惯性力的影响

附加平衡质量部分平衡在工程中应用广泛，如鹤式起重机、堆取料机、拨车机等，通过在某一特定的构件上配重，使得整体的机器运动平稳，减小振动和冲击。

9.3.2　附加平衡机构法

附加平衡质量部分平衡曲柄连杆机构的不足在于平衡水平方向的往复惯性力时，将产生垂直方向的惯性力。有没有一个办法做到既能平衡水平方向的往复惯性力，又不产生垂直方向的惯性力呢？

如图 9-12 所示发动机的曲轴和平衡轴在曲轴相反的方向施加 m_{E_1} 的平衡质量，距点 Ar_{E_1}，同时在附加机构的 θ 位置施加平衡质量 m_{E_2}，距点 $A'r_{E_2}$，如图 9-12(b)所示。设计时，只要保证

$$m_{E_1} r_{E_1} = m_{E_2} r_{E_2} = \frac{m_C l_{AB}}{2} \tag{9-13}$$

即可使得曲柄连杆机构的一阶惯性力得到平衡。与用附加平衡质量来部分平衡曲柄滑块机构平衡相比，用平衡轴的方法平衡水平方向的往复惯性力，将不产生垂直方向的惯性力。因为垂直方向的力在平衡轴与曲轴内互相抵消了，所以平衡效果好。

所以轿车、摩托车的发动机通常采用这种平衡机构，也称平衡轴平衡。

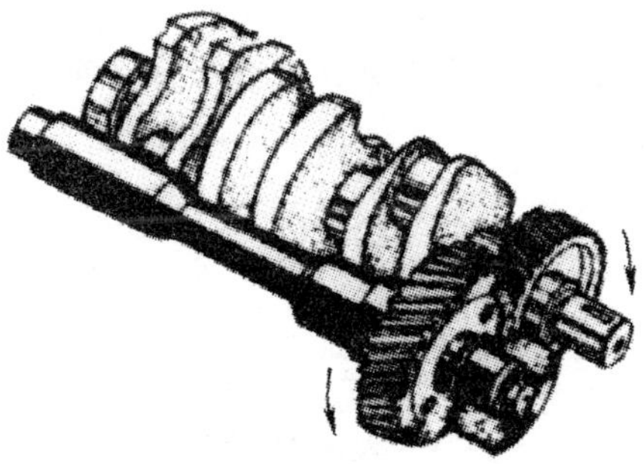

(a)

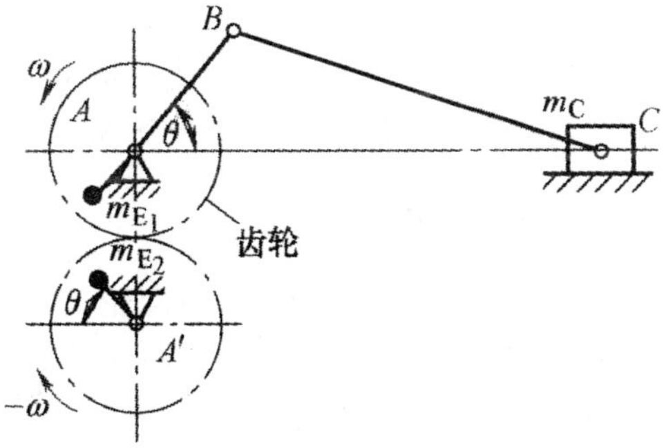

(b)

(a)实物图　　(b)机构简图

图 9-12　发动机的曲轴和平衡轴

9.3.3　近似对称布置法

上面介绍的附加平衡质量方法和附加平衡机构方法在单缸内燃机机构部分平衡中占有重要地位。但多缸内燃机可以合理地配置各缸曲柄间的内错角，使往复惯性力在内燃机内部彼此间得到部分或完全平衡。如直列式发动机是最常用的并且最简单的结构，它的所有缸体都在一个平面上，每个缸的曲柄按照某个内错角布置(通常 180°)，可以使得活塞交错运动，活塞彼此同时向相反的方向运动，可以抵消一部分往复惯性力。

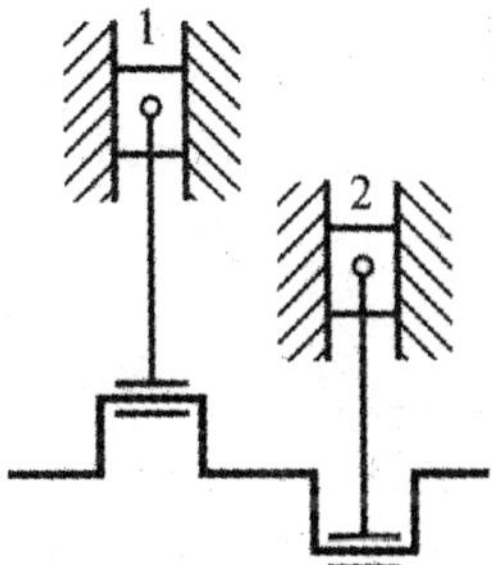

图 9-13　近似对称布置部分平衡

以两缸直列式发动机的曲柄连杆机构(图 9-13)平衡为例，曲柄内错角 180°。

设两缸往复质量和旋转质量均相等。先讨论根据式(9-12)对往复惯性力的计算，从图 9-14 中可以看出，第 1 和第 2 缸的一阶和二阶往复惯性合力分别为

$$\sum F'_C = m_C l_{AB}\omega^2 \cos(\omega t) + m_C l_{AB}\omega^2 \cos(\omega t + 180^\circ) = 0$$

$$\sum F''_{\mathrm{C}} = m_{\mathrm{C}}\omega^2 \frac{l_{\mathrm{AB}}^2}{l_{\mathrm{BC}}}\cos(\omega t) + m_{\mathrm{C}}\omega^2 \frac{l_{\mathrm{AB}}^2}{l_{\mathrm{BC}}}\cos[2(\omega t + 180^\circ)] = 2m_{\mathrm{C}}\omega^2 \frac{l_{\mathrm{AB}}^2}{l_{\mathrm{BC}}}\cos(2\omega t)$$

再讨论根据式(9-8)对离心惯性力的计算，得

$$\sum F_{\mathrm{B}} = -m_{\mathrm{B}}r\omega^2 + m_{\mathrm{B}}r\omega^2 = 0$$

这种两缸直列式发动机的气缸和曲柄布置形式可使两缸的一阶往复惯性力和离心惯性力在发动机内部自行平衡。但二阶往复惯性力并未相互抵消，反而略有增大。

此两缸直列式发动机的曲轴在离心惯性力平衡的情况下一定是稳定的吗？答案是否定的，因为两缸的离心惯性力不在同一回转平面内，因而将形成惯性力偶矩($M = m_{\mathrm{B}}r\omega^2 a$，$a$ 为两气缸的中心距)。

9.4 刚性转子平衡

9.4.1 刚性转子的平衡计算

在转子的设计过程中，尤其对于高速及精密转子的设计，必须对其进行平衡计算，如果不平衡，则需要在结构上采取措施消除不平衡惯性力的影响。

1. 刚性转子的静平衡计算

对于轴向尺寸较小的盘状转子，如齿轮、凸轮、带轮等，可以近似地认为它们的质量分布在垂直于其回转轴线的同一平面内。如果转子的质心不在回转轴线上，当其转动时，其偏心质量就会产生离心惯性力。这种不平衡现象在转子静态时即可表现出来，所以称其为静不平衡。对于这类转子进行平衡，首先根据转子的结构定出偏心质量的大小及方位，然后计算与这些偏心质量平衡的平衡质量的大小和方位，最后根据转子的结构加上或去除该平衡质量，使其质心与回转轴线重合，从而使转子的离心惯性力达到平衡。这一过程称为转子的静平衡计算。

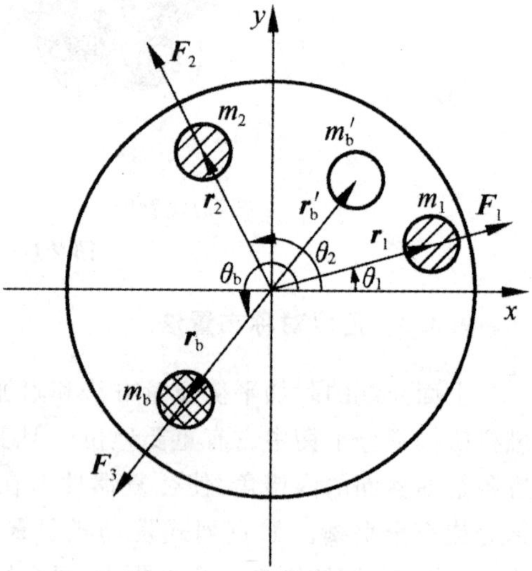

图 9-14 静平衡转子

如图 9-14 所示为一盘形转子，根据其结构特点(如凸轮的质心与回转中心不重合、轮上有凸台等)，可以计算其具有的偏心质量 m_1、m_2，及它们的回转半径 $\boldsymbol{r}_1$、$\boldsymbol{r}_2$。

当转子以等角速度 ω 回转时，偏心质量产生的离心惯性力为

$$\boldsymbol{F}_i = m_i\omega^2\boldsymbol{r}_i \tag{9-14}$$

为了平衡这些离心惯性力，可以在此转子上增加一平衡质量 m_b，回转半径为 $\boldsymbol{r}_b$，使其产生的离心惯性力 $\boldsymbol{F}_b$ 与各偏心质量的离心惯性力 $\boldsymbol{F}_i$ 相平衡。根据平衡条件，这些惯性力形成的平面汇交力系合力 $\boldsymbol{F}$ 为零，即

$$\boldsymbol{F} = \boldsymbol{F}_1 + \boldsymbol{F}_2 + \boldsymbol{F}_b = \boldsymbol{0} \tag{9-15}$$

则

$$m_1\omega^2 \boldsymbol{r}_1 + m_2\omega^2 \boldsymbol{r}_2 + m_b\omega^2 \boldsymbol{r}_b = \boldsymbol{0}$$

消去 ω^2 后可得

$$m_1 \boldsymbol{r}_1 + m_2 \boldsymbol{r}_2 + m_b \boldsymbol{r}_b = \boldsymbol{0} \tag{9-16}$$

式(9-16)中质量与回转半径的乘积称为质径积。它表示在同一转速下转子上各离心惯性力的相对大小和方位。

根据平面汇交力系平衡方程的求解方法，将式(9-16)向 x、y 轴投影，可得

$$(m_b \boldsymbol{r}_b)_x = -(m_1 \boldsymbol{r}_1 \cos\theta_1 + m_2 \boldsymbol{r}_2 \cos\theta_2)$$

$$(m_b \boldsymbol{r}_b)_y = -(m_1 \boldsymbol{r}_1 \sin\theta_1 + m_2 \boldsymbol{r}_2 \sin\theta_2)$$

则平衡质量的质径积的大小为

$$m_b \boldsymbol{r}_b = \sqrt{(m_b \boldsymbol{r}_b)_x^2 + (m_b \boldsymbol{r}_b)_y^2} \tag{9-17}$$

其方位角为

$$\theta_b = \arctan \frac{(m_b \boldsymbol{r}_b)_y}{(m_b \boldsymbol{r}_b)_x} \tag{9-18}$$

平衡质量的质径积求出后，首先根据转子的结构选定其回转半径 r_d，所需要的平衡质量 m_b 的大小也就随之确定了，安装方向即为方位角 θ_b 所指方向。一般来讲，为了使转子的质量不致过大，回转半径尽可能选大些。

设 $m_1 = 10kg$，$m_2 = 8kg$，$\boldsymbol{r}_1 = \boldsymbol{r}_2 = 150$mm，$\theta_1 = 30°$，$\theta_2 = 120°$，忽略重力的影响，建立刚性转子的虚拟样机，如图 9-15 所示。当转子以 2πrad/s 的角速度转动时，测得转动副处的作用力(转子给机架的动压力)如图测量曲线中的实线所示，可以看出水平方向和铅垂方向的作用力是变化的，即有动压力存在。按照上述方法可以计算得到 $m_b \boldsymbol{r}_b = 1920.937$kg·mm，$\theta_b = 249°$，当取 $\boldsymbol{r}_b = 150$mm 时，得到平衡质量 $m_b = 12.806$kg。给转子添加上该平衡质量，再仿真测量，得到的转动副处的作用力如图测量曲线中的虚线所示，在两个方向上的作用力几乎为零(之所以不为零，是计算误差引起的)，转子达到了静平衡。

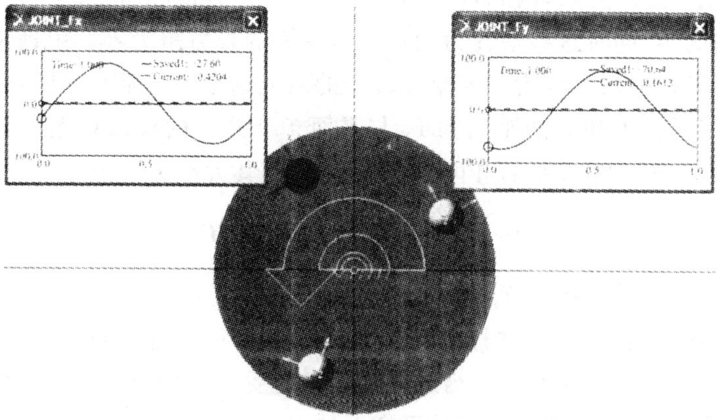

图 9-15　静平衡转子的虚拟样机仿真分析

如果转子的实际结构不允许在 θ_b 的方向上安装平衡质量，也可以在相反方向 $\boldsymbol{r}'_b$ 处，去掉平衡质量 m'_b，只要保证 $m_b \boldsymbol{r}_b = m'_b \boldsymbol{r}'_b$，同样可以使转子得到平衡。

根据上面的实例分析推广可得，对于静不平衡的转子，不论它有多少个偏心质量，都只需要

在同一平衡面内增加或去除一个平衡质量，使其离心惯性力的合力为零，即可获得平衡。故静平衡又可称为单面平衡。

2. 刚性转子的动平衡计算

对于轴向尺寸较大的转子，如内燃机的曲轴、电机的转子等，其质量不能再视为分布在同一平面内了。这时的偏心质量往往分布在若干个不同的回转平面内，如图 9-16 所示的曲轴。即使整个转子的质心在回转轴线上(见图 9-17)，由于各偏心质量所产生的离心惯性力不在同一回转平面内，因而形成惯性力偶，所以仍然是不平衡的。由于这种不平衡现象只有在转子运动的情况下才能完全显示出来，故称其为动不平衡。对于这类转子进行平衡，首先根据转子的结构确定不同平面内的偏心质量的大小及方位，然后计算与这些偏心质量平衡的平衡质量的数量、大小和方位，要注意的是这时要求转子在运动时，所有偏心质量产生的惯性力及惯性力偶矩同时达到平衡，最后根据转子的结构加上或去除这些平衡质量，这一过程称为转子的动平衡计算。

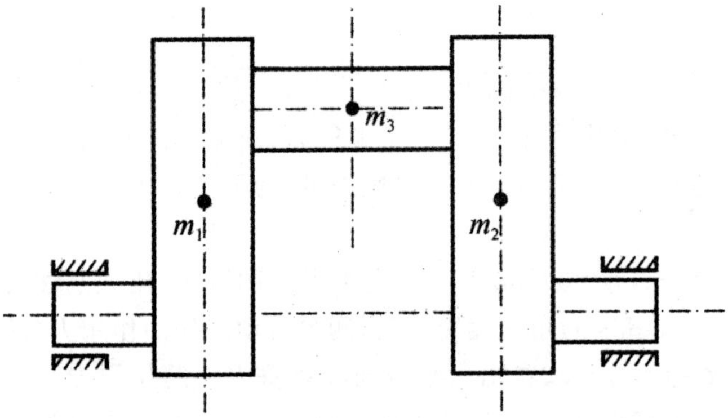

图 9-16　动不平衡曲轴

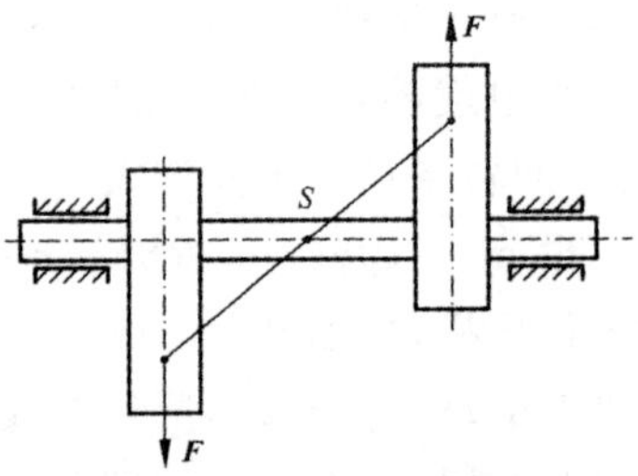

图 9-17　动不平衡转子

如图 9-18 所示的转子，根据其结构，已知其偏心质量 m_1、m_2 及 m_3 分别位于回转平面 1、2 及 3 内，它们的回转半径分别为 $\boldsymbol{r}_1$、$\boldsymbol{r}_2$ 及 $\boldsymbol{r}_3$。当转子以角速度 ω 回转时，它们产生的离心惯性力 $\boldsymbol{F}_1$、$\boldsymbol{F}_2$ 及 $\boldsymbol{F}_3$ 将形成一空间力系，因此转子动平衡的条件是各偏心质量(包括所加的平衡质量)产生的惯性力的合力为零，同时这些惯性力构成的力偶矩的合力矩为零。由理论力学可知，一个力可以分解为与其相平行的两个分力。如果在转子的两端选定两个垂直于轴线的平面工和Ⅱ作为平衡平面，设两平衡平面Ⅰ和Ⅱ的距离为 L，与平面 1、2 及 3 的距离如图 9-18 所示，则 $\boldsymbol{F}_1$ 可以分解到平面Ⅰ内得到分力 $\boldsymbol{F}_{11}$及平面Ⅱ内得到分力 $\boldsymbol{F}_{1\mathrm{II}}$，其大小分别为

$$\boldsymbol{F}_{1\mathrm{I}}=\frac{l_1}{L}\boldsymbol{F}_1 \quad \boldsymbol{F}_{1\mathrm{II}}=\frac{L-l_1}{L}\boldsymbol{F}_1 \tag{9-19}$$

方向与力 $\boldsymbol{F}_1$ 一致。同样将力 $\boldsymbol{F}_2$ 及 $\boldsymbol{F}_3$ 分解到平衡平面Ⅰ、Ⅱ内，得到 $\boldsymbol{F}_{2\mathrm{I}}$、$\boldsymbol{F}_{3\mathrm{I}}$(平衡平面Ⅰ内)和 $F_{2\mathrm{II}}$、$F_{3\mathrm{II}}$(平衡平面Ⅱ内)。这样就把空间力系的平衡问题，转化为两个平面汇交力系的平衡问题。只要在平衡平面Ⅰ、Ⅱ内适当地各加一平衡质量，使两平面内的惯性力的合力分别为零，合力矩自然为零，这个转子就达到了动平衡。

至于平衡平面Ⅰ、Ⅱ内的平衡质量的大小和方位的确定，与前面静平衡计算的方法完全相同，此处不再赘述。

设 $m_1=m_2=m_3=10\text{kg}$，$r_1=r_2=r_3=150\text{mm}$，$\theta_1=0°$，$\theta_2=120°$，$\theta_3=210°$，$l_1=300\text{mm}$，$l_2=200\text{mm}$，$l_3=100\text{mm}$，$L=400\text{mm}$，忽略重力的影响，建立转子的虚拟样机，如图 9-19 所示。当转

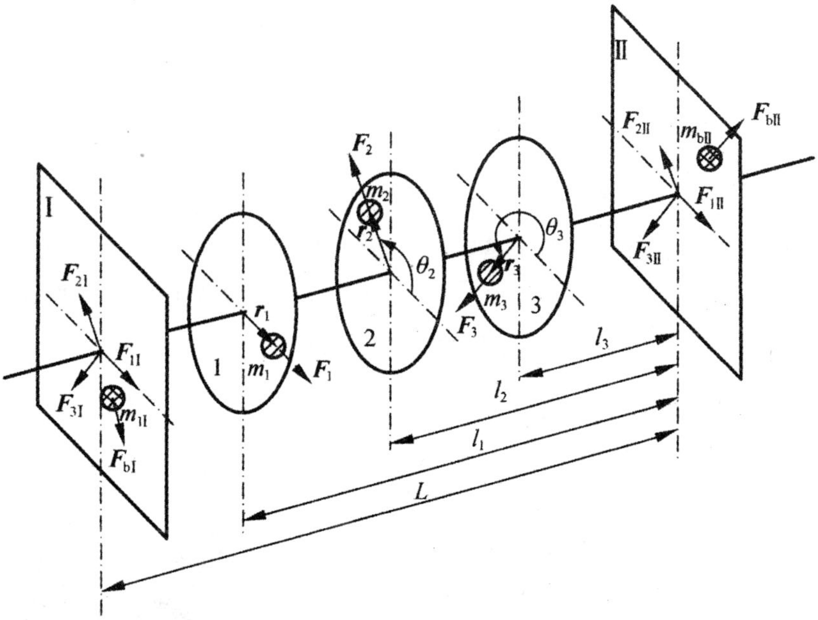

图 9-18 动平衡转子

子以 2πrad/s 的角速度转动时，测得转动副处的作用力如图测量曲线中的实线所示，可以看出转动副处既有动压力存在，也有动压力矩存在。取 $r_{b1}=r_{b2}=150$mm，按照上述方法可以计算得到 $m_{b1}=4.186$kg，$\theta_{b1}=227°$ 和 $m_{b2}=6.527$kg，$\theta_{b2}=355°$。给转子添加上该两平衡质量，再仿真测量，得到的转动副处的作用力如图测量曲线中的虚线所示，可以看出，转动副处的动压力和动压力矩几乎为零，转子达到了动平衡。

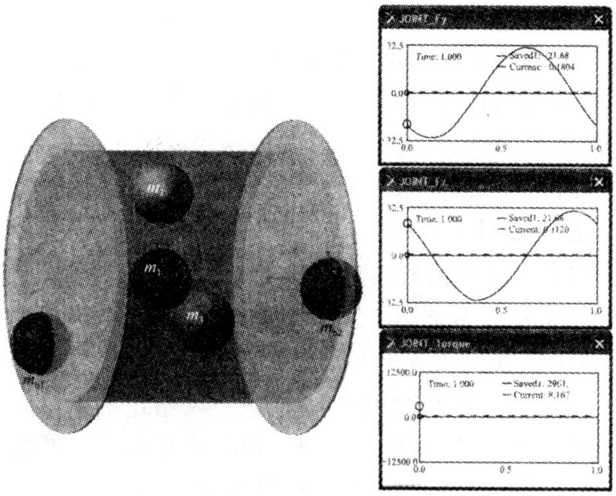

图 9-19 动平衡转子的虚拟样机仿真分析

下面将动平衡计算的步骤总结如下：首先根据转子的结构和安装空间，在转子上选定两个适合安装平衡质量的平面作为平衡平面，此处注意，考虑到力矩的平衡效果，两平衡平面间的距离应尽量大一些；然后进行动平衡计算，即将所有偏心质量产生的离心惯性力向两平衡平面分解；在两平衡平面内分别进行静平衡计算，确定各自的平衡质量、方位及其回转半径。

由上述分析可知，对于任何动不平衡的转子，无论具有多少个偏心质量，以及分布在多少个回转平面内，都只要在选定的两个平衡平面内分别加上或去除一个适当的平衡质量，即可得到完全平衡。故动平衡又称为双面平衡。另外，由于动平衡同时满足静平衡条件，所以经过动平衡的转子一定静平衡；但是，经过静平衡的转子则不一定是动平衡的。

9.4.2 刚性转子的平衡试验

经过平衡计算的刚性转子在理论上是完全平衡的，但是由于材质不均匀、制造误差等原因，实际生产出来的转子还可能会出现新的不平衡现象，由于这种不平衡现象在设计阶段是无法确定和消除的，因此需要采用试验的方法对其做进一步平衡。

1. 静平衡试验

静平衡试验设备比较简单，常用的设备有导轨式静平衡试验机，如图 9-20 所示。试验前，首先调整两导轨为水平且互相平行，然后将要平衡的转子的轴放在导轨上，让其轻轻地自由滚动。如果转子有偏心质量存在，在重力作用下，转子停止滚动时，其质心必位于轴心的正下方，重复多次为同一位置。此时在轴心的正上方加装一平衡质量（一般先用橡皮泥），然后反复试验，增减平衡质量，直至转子在任何位置都能保持静止。这说明转子的质心已与其回转轴线重合，即转子已达到静平衡。

图 9-20 导轨式静平衡试验机

导轨式静平衡机设备简单，操作方便，精度较高，但效率较低，对于批量转子静平衡，可采用快速测定平衡的单面平衡机。

2. 动平衡试验

转子的动平衡试验一般需在专用的动平衡机上进行。工业上使用的动平衡机种类很多，其构造和工作原理也不尽相同，但目的都是确定加于两平衡平面中平衡质量的大小及方位。大部分的动平衡机是根据振动原理设计的，它利用测振传感器将转子转动时离心惯性力所引起的振动转换成电信号，通过电子线路加以处理和放大，然后通过解算求出被测试转子的不平衡质量矢径积的大小和方位，最后通过仪器显示出来。

图 9-21 所示为一种软支撑动平衡机的工作原理示意图。转子放在两弹性支撑上，平衡平面为转子的两端面Ⅰ、Ⅱ。动平衡机由电动机通过带传动驱动，转子与带轮之间用双万向联轴节连接。在两支撑处布置测振传感器 1、2，将其得到的振动电信号同时传到解算电路 3，解算电路对信号进行处理，以消除两平衡平面之间的相互影响，只反映指定平衡平面中偏心质量引起的振动信号，该信号由选频放大器 4 放大，并由仪表 5 显示该平衡平面中不平衡质径积的大小。放大后的信号经由整形放大器 6 转变为脉冲信号，并将此信号送到鉴相器 7 的一端。鉴相器的另一端接受的是基准信号，基准信号来自光电头 8 和整形放大器 9，它的相位与转子上的标记 10 相对应。鉴相器两端信号的相位差由相位表 11 显示，即以标记 10 为基准不平衡质径积的方位。同样方法可以确定另一平衡平面中的不平衡质径积的大小及方位。

此外对于一些尺寸很大的转子，如大型汽轮发电机的转子，无法在试验机上平衡，只能进行现场动平衡。另外还有一些高速转子，虽然在出厂前已经进行了平衡试验，达到了要求的平衡精

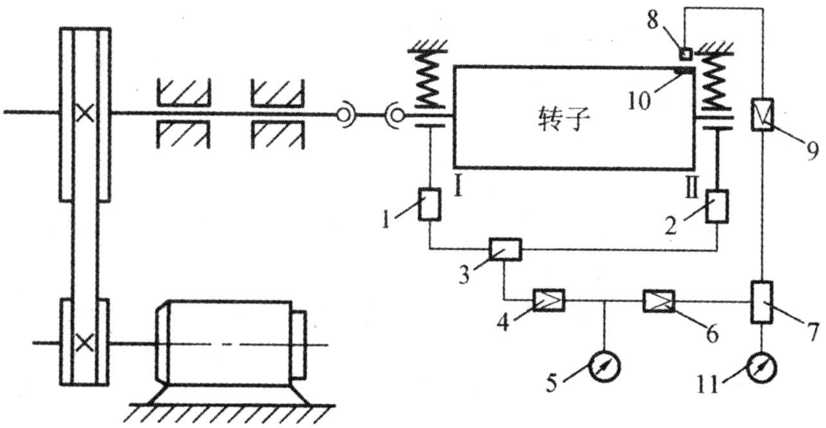

图 9-21　动平衡机的工作原理示意图

度，但是由于运输、安装以及现场工况条件的变化等原因，仍会造成新的不平衡，也需要进行现场动平衡。现场动平衡是通过直接测量机器上的转子支架的振动，来推断在平衡平面上不平衡量的大小及方位，进而确定应加的平衡质量的大小及方位。

3. 转子的许用不平衡量

经过平衡试验的转子，其不平衡量大大减小，但是很难减小到零，过高的要求意味着成本的提高，因此根据工作要求，对转子规定适当的许用不平衡量是很必要的。

转子的许用不平衡量有两种表示方法：质径积表示法和偏心距表示法。如果转子的质量为 m，其质心至回转轴线的许用偏心距为 $[e]$，以转子的许用不平衡质径积表示为 $[mr]$，两者的关系为

$$[e]=\frac{[mr]}{m}$$

可见，偏心距表示了单位质量的不平衡量，是一个与转子质量无关的绝对量，而质径积则是与转子质量有关的相对量。对于具体给定的转子，质径积的大小直接反映了不平衡量的大小，比较直观，便于使用。而在比较不同转子平衡的优劣或者衡量平衡的检测精度时，使用许用偏心距表示法比较方便。

国际标准化组织(ISO)制定了各种典型转子的平衡精度等级和许用不平衡量的标准，如表 9-1 所示，供使用时参考。表中的平衡精度 A 以许用偏心距和转子转速的乘积表示，精度等级以 G 表示。

表 9-1　典型转子的平衡精度等级和许用不平衡量的标准

平衡等级 G	平衡精度 $A=\frac{[e]\omega}{1000}$ ① $\left(\frac{\text{mm}}{\text{s}}\right)$	典型转子示例
G4000	4000	刚性安装的具有奇数气缸的低速② 船用柴油机曲轴部件③
G1600	1 600	刚性安装的大型二冲程发动机曲轴部件
G630	630	刚性安装的大型四冲程曲轴传动装置；弹性安装的柴油机曲轴部件
G250	250	刚性安装的高速四缸柴油机曲轴部件

续表

平衡等级 G	平衡精度 $A=\frac{[e]\omega}{1000}$ ① $\left(\frac{mm}{s}\right)$	典型转子示例
G100	100	六缸和六缸以上高速柴油机曲轴部件；汽车、机车用发动机整机
G40	40	汽车轮、轮缘、轮组、传动轴；弹性安装的六缸和六缸以上高速四冲程发动机曲轴部件；汽车、机车用曲轴部件
G16	16	特殊要求的传动轴(螺旋桨轴、万向联轴器轴)；破碎机械和农业机械的零部件；汽车、机车用发动机特殊部件；特殊要求的六缸和六缸以上发动机曲轴部件
G6.3	6.3	作业机械的零件；船用主汽轮机齿轮；风扇；航空燃气轮机转子部件；泵的叶轮；离心机的鼓轮；机床及一般机械零部件；普通电机转子；特殊要求的发动机零部件
G2.5	2.5	燃气轮机和汽轮机的转子部件；刚性汽轮机发电机转子；透平压缩机转子；机床主轴和驱动部件；特殊要求的大型和中型电机转子；小型电机转子；透平驱动泵
G1.0	1.0	磁带记录以及录音机驱动部件；磨床驱动部件；特殊要求的微型电机转子
G0.4	0.4	精密磨床的主轴、砂轮盘及电机转子；陀螺仪

注：①ω 为转子转动的角速度(rad/s)；[e]为许用偏心距(μm)。

②按国际标准，低速柴油机的活塞速度小于 9m/s，高速柴油机的活塞速度大于 9m/s。

③曲轴部件是指包括曲轴、飞轮、离合器、带轮等的组合件。

对于质量为 m 的转子，如果它是需要静平衡的盘状转子，其许用不平衡量由表 9-1 中

查得相应的平衡精度值通过计算得到，许用不平衡质径积$[mr]=m[e]=\frac{1000Am}{\omega}$；如果它是需要动平衡的厚转子，因为要在两个平衡平面进行平衡，需要将许用不平衡质径积$[mr]=m[e]$分解到两个平衡平面上。设转子的质心距平衡平面Ⅰ、Ⅱ的距离分别为以和 6，则平衡平面工、Ⅱ的许用不平衡质径积分别为

$$[mr]_{\mathrm{I}}=\frac{b}{a+b}[mr],[mr]_{\mathrm{II}}=\frac{a}{a+b}[mr]$$

9.5 挠性转子平衡

高速度是现代机械的发展趋势之一，因此高速转子的应用越来越广泛。当转子的工作转速超过其临界转速时，转子在回转的过程中将产生明显的变形——动挠度，它引起或加剧了支承的振动，这类转子称为挠性转子。讨论挠性转子的不平衡问题，除了要考虑偏心质量造成的离心惯性力外，还要考虑转子弹性变形造成的不平衡，因此更为复杂。

图 9-22 所示为一挠性转子，不平衡质量为 m，偏心距为 e，圆盘位于转轴中间，当转子以角速度 ω_0 转动时，在离心惯性力的作用下，圆盘处的动挠度为 y_0。假设此时在转子两端的两个平衡

平面 1、2 上，回转半径 r 处，各加一个相同的平衡质量 $m_1=m_2$，并且满足 $F=F_1+F_2=2F_1$，即 $m(y_0+e)\omega_0^2=2m_1r\omega_0^2$，此时转子达到平衡。

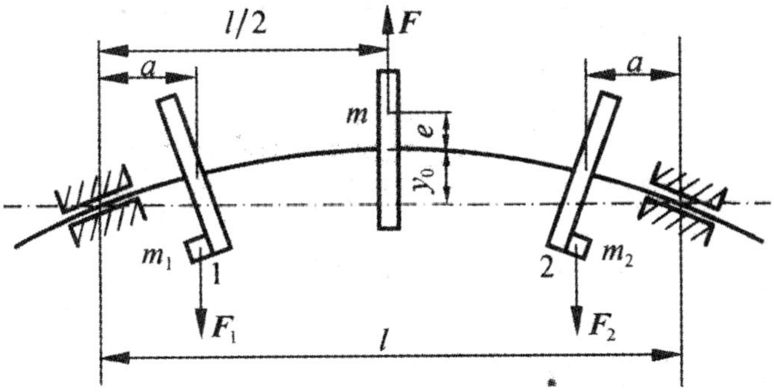

图 9-22　挠性转子

但是由于转子的动挠度 y_0 与角速度 ω_0 有关，所以上式只有在角速度为 ω_0 时成立。当 $\omega\neq\omega_0$ 时，$y\neq y_0$，转子的平衡状态将被破坏。即使在角速度为 ω_0 时，前面所说的平衡只是离心惯性力的平衡，只是减小了转子支承的动反力，并不能消除转子转动时的动挠度。此挠度的存在使转子的质心偏离其轴线，不能保证转子的理想工作条件。

由以上分析可以得到如下结论。

①对于挠性转子，由于存在着动挠度引起的不平衡，而且动挠度随着角速度的变化而变化，因此在一个角速度下平衡好的转子，不能保证在其他转速下也是平衡的。

②减小或消除支承动反力，并不一定能减小转子的弯曲变形程度，而明显的弯曲变形会对转子的结构、强度等产生有害影响。

因此，对于挠性转子不仅要平衡其离心惯性力，减小或消除支承动反力，还要尽量减小其动挠度，使其在一定转速范围内平稳运转。显然，刚性转子的双面平衡不能解决挠性转子的动平衡问题，而应根据转子变形的规律，采用多平衡平面并在几种转速下进行平衡，具体请参考相关文献，此处不作详细介绍。

第 10 章　机械传动原理与设计

10.1　传动总论

10.1.1　传动装置概述

1. 传动装置功能

许多机器都是由原动机、传动装置和工作机三部分组成的。最常用的原动机是电动机。电动机一般为高速、单向、连续转动，而工作机的运动方式多种多样。为了将电动机输出的运动转化为符合工作机需要的运动，在原动机与工作机之间设置了传动装置。传动装置的一般功能有：减速(增速)；在一定转速范围内有级或无级变速；改变运动形式(如转动变为移动或摆动)；实现停歇或反转；把一个原动机的运动分别传递到一个机器的不同部分，驱动几个工作机构。

图 10-1 所示为起重机构简图，其中原动机 1(电动机)与工作件(吊钩)之间的零部件都属于传动装置。图中，齿轮 $z_1 \sim z_6$ 起减速作用，卷筒 3、钢绳、滑轮 4 则将转动变为直线运动。

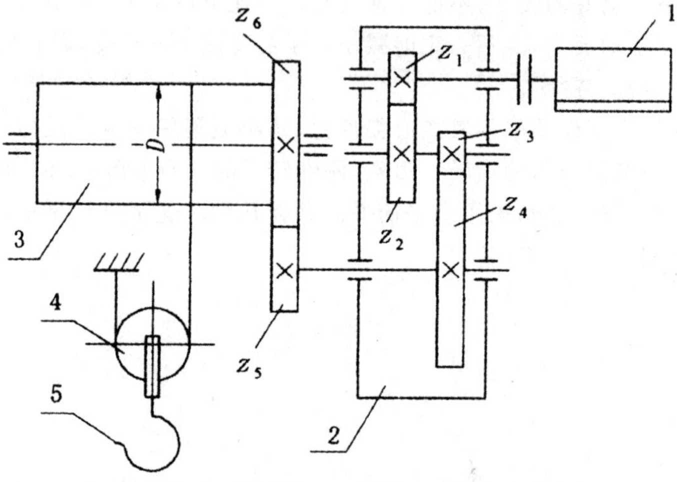

1—电动机；2—减速箱；3—卷筒；4—滑轮；5—吊钩

图 10-1　起重机构简图

2. 传动装置分类

传动装置按其工作原理分，有机械传动、流体传动(气体、液体)、电力传动三类。

按工作原理，机械传动可分为摩擦传动和啮合传动两大类。摩擦传动有带传动和摩擦轮传动等。其结构简单，工作平稳，过载可以打滑，有安全保护作用。但传动比不准确，体积较大，适用于中小功率。啮合传动如齿轮传动、蜗杆传动和链传动等，传动比准确，可传递较大功率，过载能力较大。

按传动装置的结构，机械传动可以分为直接接触传动(如齿轮、蜗杆、摩擦轮传动)，结构比较紧凑；有中间挠性件的传动(如带、链传动)，可以在相距较远的两轴间传动。

3. 特点与性能

表 10-1 和表 10-2 列出了常用机械传动的特点和主要性能，可供选择传动类型时参考。

表 10-1　各种传动形式的特点

传动形式		主要优点	主要缺点
摩擦传动	摩擦轮传动	传动平稳，噪声小，有过载保护作用，可在运转中平稳地调整传动比，广泛地用于无级变速	轴和轴承上作用力很大，不宜传递大功率，有滑动。传动比不能保持恒定，工作表面磨损较快，寿命较短，效率较低
	带传动	中心距变化范围大，可用于较远距离的传动，传动平稳，噪声小，能缓冲吸振，有过载保护作用，结构简单，成本低，安装要求不高	有滑动，传动比不能保持恒定，外廓尺寸大。带的寿命较短(通常为 3500～5000h)，由于带的摩擦起电不宜用于易燃、易爆的地方，轴和轴承上作用力大
啮合传动	齿轮传动	外廓尺寸小，效率高，传动比恒定，圆周速度及功率范围广，应用最广	制造和安装精度要求较高，不能缓冲，无过载保护作用，有噪音
	蜗杆传动	结构紧凑，外廓尺寸小，传动比大，传动比恒定，传动平稳，噪声小，可做成自锁机构	效率低，传递功率不宜过大。中高速需用价贵的青铜，制造精度要求高，刀具费用高
	链传动	中心距变化范围大，可用于较远距离的传动，在高温、油、酸等恶劣条件下能可靠工作，轴和轴承上的作用力小	运转时瞬时速度不均匀，有冲击、振动和噪音，寿命较低(一般为 5000～15000h)
	螺旋传动	能将旋转运动变成直线运动，并能以较小的转矩得到很大的轴向力。传动平稳，无噪声，运动精度高，传动比大，可用于微调，可做成自锁机构	工作速度一般都很低，滑动螺旋效率低，磨损较快

表 10-2　各种传动形式的主要性能

传动形式		效率 η	功率 P/kW	速度 v/m·s^{-1}	单级传动比 i(减速)
摩擦传动	摩擦轮传动	0.85～0.92	受对轴的作用力及外廓尺寸限制 $P_{max}=200$ 通常≤20	受发热限制 ≤20	受外廓尺寸限制 通常≤7～10
	带传动	平带 0.94～0.98 V 带 0.90～0.94 同步带 0.96～0.98	受带的截面尺寸和带的根数的限制 V 带 $P_{max}=500$ 通常≤40	离心力限制 V 带 ≤25～30	受小带轮包角限制 平 带≤4～5 V 带≤7～10 同步 带≤10

续表

传动形式		效率 η	功率 P/kW	速度 v/m·s^{-1}	单级传动比 i(减速)
啮合传动	齿轮传动	闭式 0.95～0.98 开式 0.92～0.94	功率范围广 直齿≤750 斜齿、人字齿 ≤50 000 直齿锥齿轮 ≤500	受振动和噪音限制 圆柱齿轮 7 级精度≤25 5 级精度斜齿≤130 锥齿轮 直齿<5 曲齿 5～40	受结构尺寸限制 圆柱齿轮≤10 常用≤5 锥齿轮 48 常用≤3
	蜗杆传动	闭式 0.7～0.92 开式 0.5～0.7 自锁蜗杆 0.4～0.45	受发热限制 $P_{max}=750$ 通常 450	受发热限制滑动速度 $v_s\leqslant 15$,个别可达 35	$8\leqslant i\leqslant 100$,分度 机构可达 1000
	链传动	闭式 0.95～0.97 开式 0.90～0.93	受链条截面尺寸和 列数的限制 $P_{max}=3500$ 通常≤100	受链条啮入链轮时 的冲击等限制 $v_{max}=30\sim40$ 通常<20	受小链轮包角限制 通常≤8

10.1.2 传动装置基本参数

基本参数是设计机械传动装置的重要数据。基本参数包括传动比、机械效率、功率、各轴转矩等。下面对在连续转动的电动机和工作机之间的传动装置基本参数计算公式作简要介绍。

1. 传动比 i

传动装置的总传动比 i 等于电动机转速 n_1(即输入传动装置的转速)与工作机转速 n_k(即传动装置输出的转速)之比。由此可得

$$i=n_1/n_k$$

$i>1$ 减速传动,$i<1$ 增速传动。

若传动装置由 k 级传动组成,各级传动的传动比依次为 i_1 , i_2 , i_3 ,…, i_k ,则总传动比 i 等于各级传动比之积,即

$$i = i_1 i_2 i_3 \cdots i_k$$

2. 机械效率 η

传动装置的总效率 η 等于各传动件、支承件等效率之积。若各传动件效率为 η_1 ,η_2 ,…, η_k ;轴承的效率以 η_j 表示,有轴承 j 对,每对效率为确 η_{j1} , η_{j2} ,…, η_{jj} ;小联轴器的效率以 η_l 表示,有联轴器 l 个,每个效率为 η_{l1} , η_{l2} ,…, η_{ll} ;,则总效率

$$\eta = \eta_1 \eta_2 \eta_3 \cdots \eta_k \eta_{j1} \eta_{j2} \cdots \eta_{jj} \eta_{l1} \eta_{l2} \cdots \eta_{ll}$$

3. 功率 P

若工作机拖动负载,所需之力为 F(N),沿 F 方向,负载之移动速度为 v(m/s)。则此机械的输出功率 $P_s = \dfrac{Fv}{1000}$ kW。

由电动机输给传动装置的功率 $P_r = \dfrac{P_s}{\eta}$,在此,η 为传动装置总效率。据 P_r 查手册选电动

机型号，其额定功率 P 应满足 $P \geqslant P_r$ 。

4. 转矩 T 、圆周速度 v

计算回转零件上一点 A 的圆周速度 v 的公式为

$$v = \frac{\pi d n}{60 \times 1000} \text{ m/s}$$

式中，d 为回转件上 A 点所在圆的直径，单位为 mm；n 为回转件转速，单位为 r/min。

回转件之转矩 T 可由下式求得

$$T = 9.55 \times 10^6 \frac{P}{n} \text{ N} \cdot \text{mm}$$

式中，P 为回转件传递功率，单位为 kW；n 为回转件转速，单位为 r/min。

10.1.3　传动方案与传动简图

设计传动方案必须考虑的主要问题有：实现工作机构的运动要求，有足够的强度、刚度和寿命，尺寸紧凑，重量轻，效率高，安全可靠，制造和使用成本低，安装方便等。在实际中，往往没有一个方案能充分满足所有的要求，只能根据具体情况，权衡轻重，选择最适宜的方案。如图 10-2 所示的带式运输机传动装置，可以采用的方案有：带和一级闭式圆柱齿轮（图 10-2）；一级闭式圆柱齿轮和开式圆柱齿轮或链传动；二级闭式圆柱齿轮传动；锥齿轮和圆柱齿轮传动；行星传动或一级蜗杆传动等。这些方案各有特点，可参照表 10-1 和表 10-2 选择。

如果工作机要求作直线或曲线运动、往复或间歇运动，则在传动装置中还应加入各种相应的机构。

传动装置简图画法如图 10-1、图 10-2 所示，可以画成平面图或展开图，也可按轴测图画出。要示出传动件及其支承的布置和安排。表示方法应按国家标准用机构运动简图符号画出。

10.2　带传动

10.2.1　带传动概述

如图 10-3 所示的摩擦带传动是依靠传动带与带轮之间的摩擦力来传递运动和动力的。为

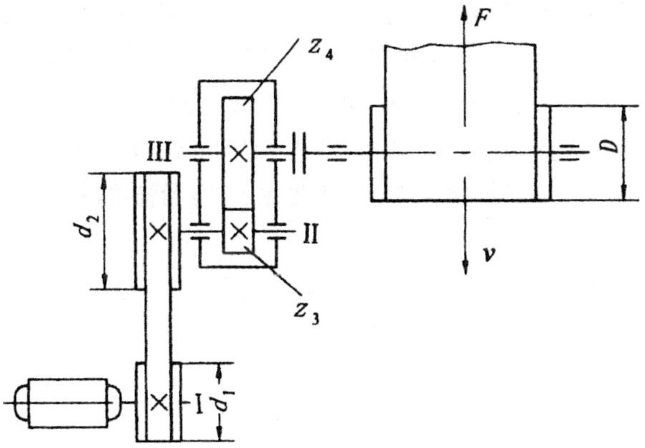

图 10-2　带式运输机传动装置

保证带传动的正常工作，套在带轮上的传动带必须张紧，使传动带与带轮的接触面上产生一定的正压力，从而在传动中使传动带与带轮的接触面间产生摩擦力。当主动轮转动时，其作用于传动带上的摩擦力方向和主动轮圆周速度方向相同，驱使传动带运动；在从动轮上，传动带作用于带轮上的摩擦力方向与传动带的运动方向相同，靠此摩擦力使从动轮转动，从而实现主动轮到从动轮间的运动和动力的传递。

图 10-4 所示的啮合带传动是指同步带传动，同步带传动是依靠带内周的齿与带轮上相应齿槽间的啮合作用来传递运动和动力的。同步带传动工作时，传动带与带轮之间不会产生相对滑动，能够获得准确的传动比，因此，它兼有带传动和齿轮啮合传动的特点和优点。

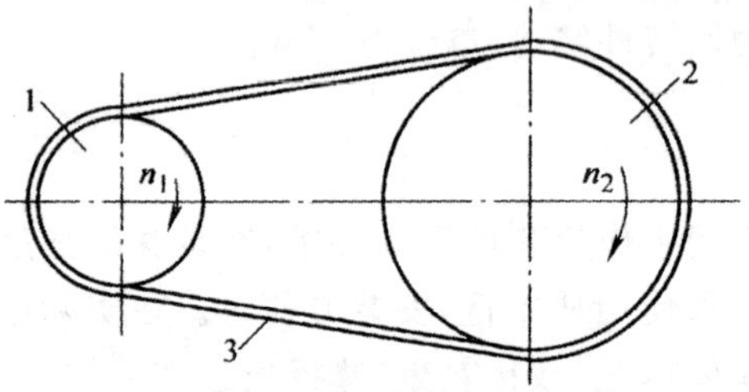

1—主动轮；2—从动轮；3—传动带

图 10-3 摩擦带传动

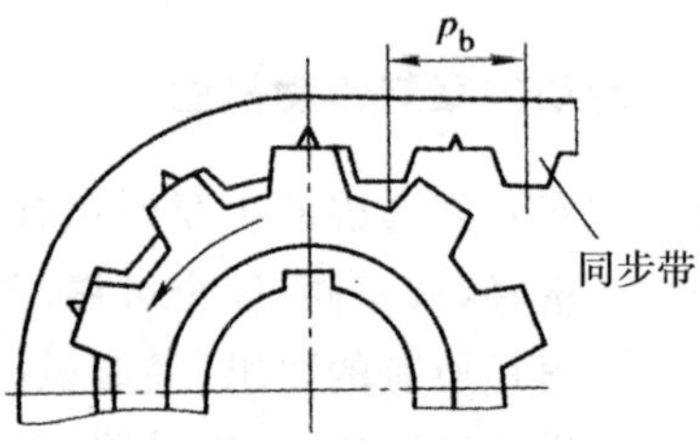

图 10-4 啮合带传动

1. 带传动的分类

根据工作原理不同，带传动可分为摩擦带传动和啮合带传动两大类。

(1)摩擦带传动

摩擦带传动是依靠带与带轮接触弧之间的摩擦力传递运动的。按带的横截面形状不同可分为四种类型。

①平带传动。如图 10-5(a)所示，平带的横截面为扁平矩形，带内面为工作面，与带轮接触，相互之间产生摩擦力。平带有普通平带、编织平带和高速环形平带等多种。常用的多为普通平带。平带传动结构简单，带轮制造方便，平带质轻且挠曲性好，多用于高速和中心距较大的传动中。

②V 带传动。如图 10-5(b)所示，V 带的横截面为等腰梯形，两侧面为工作面。在初拉力相同和传动尺寸相同的情况下，由于轮槽的楔形效应，V 带传动所产生的摩擦力比平带传动大很多，而且允许的传动比较大，结构紧凑，故在一般机械中已取代平带传动。

③多楔带传动。如图 10-5(c)所示，多楔带的横截面形状为多楔形，它以绳芯结构平带为基体，内表面接有若干纵向 V 形带。多楔带传动的工作面为楔的侧面，这种带兼有平带挠曲性好和 V 带摩擦力较大的优点。与普通 v 带相比，多楔带传动克服了 V 带传动各根带受力不均的缺点，传动平稳，效率高，故适用于传递功率较大且要求结构紧凑的场合，特别是要求 V 带根数较多或两传动轴垂直于地面的传动。

④圆带传动。如图 10-5(d)所示，圆带的横截面呈圆形，传递的摩擦力较小。圆带传动仅用于载荷很小的传动，如用于缝纫机和牙科机械中。

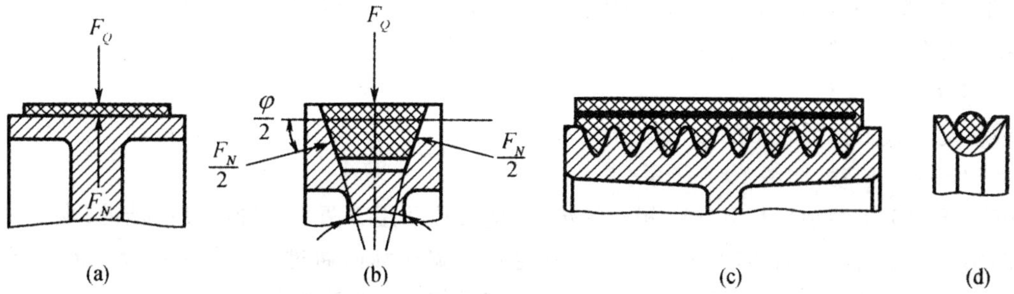

(a)平带传动；(b)V 带传动；(c)多楔带传动；(d)圆带传动

图 10-5　摩擦带传动类型

(2)啮合带传动

啮合带传动依靠带轮上的齿与带上的齿或孔啮合传递运动。啮合带传动有两种类型。

①同步带传动。如图 10-6(a)所示，利用带的齿与带轮上的齿相啮合传递运动和动力，带与带轮间为啮合传动没有相对滑动，可保持主、从动轮线速度同步。

②齿孔带传动。如图 10-6(b)所示带上的孔与轮上的齿相啮合，同样可避免带与带轮之间的相对滑动，使主、从动轮保持同步运动。如打印机采用的是齿孔带传动，被输送的胶片和纸张就是齿孔带。

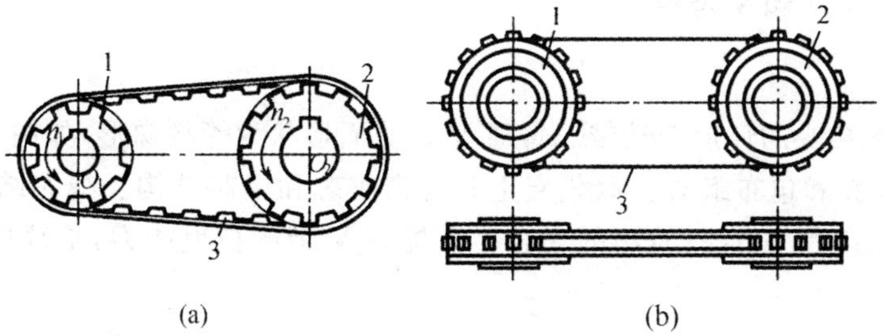

(a)同步带传动；(b)齿孔带传动

图 10-6　啮合带传动

图 10-6 中 1 是主动带轮，2 是从动带轮，3 是挠性环形带。

2. 带传动的特点

摩擦带传动具有以下特点：

①结构简单，传动的中心距大，可实现远距离传动。

②带具有弹性，能缓冲、吸振，传动平稳，噪声小。

③过载时可产生打滑、能防止薄弱零件的损坏，起安全保护作用；但由于存在弹性滑动，不能保持准确的传动比。

④传动带需张紧在带轮上，对轴和轴承的压力较大。

⑤外廓尺寸大，传动效率低，带寿命较短。

⑥不宜用于高温、易燃、油性较大的场所。

根据上述特点，带传动多用于功率通常不大于 100kW 的中、小功率，原动机输出轴的第一级传动，工作速度一般为 5～25m/s，传动比要求不十分准确的机械，常用于汽车工业、家用电器、办公机械以及各种新型机械装备中。

3. 带传动的形式

带传动形式根据带轮轴的相对位置及带绕在带轮上的方式不同，分开口传动、交叉传动和半交叉传动，如图 10-7 所示。

开口传动用于两轴平行且转向相同的传动；交叉传动用于两平行轴的反向传动；半交叉传动用于两轴空间交错的单向传动，安装时应使一轮带的宽对称面通过另一轮带的绕出点。平带可用于交叉传动和半交叉传动，V 带一般不宜用于交叉传动和半交叉传动。

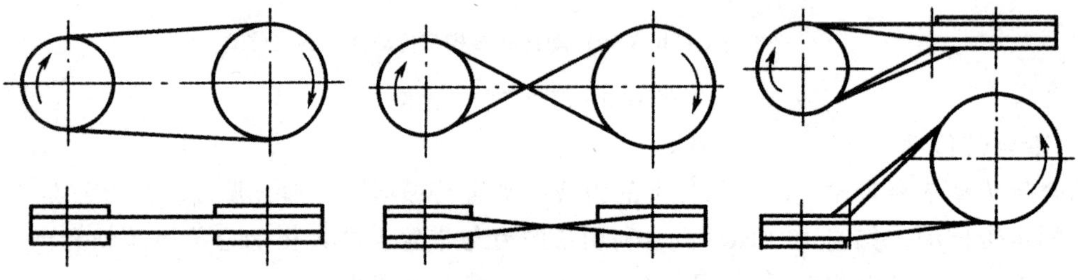

(a)开口传动；(b)交叉传动；(c)半交叉传动

图 10-7　传动形式

10.2.2　普通 V 带和 V 带轮

1. 普通 V 带

普通 V 带为无接头的环形传动带。普通 V 带截面形状为等腰梯形，如图 10-8 所示，其构造由顶胶、承载层、底胶和包布组成。承载层主要有帘布芯和绳芯结构。绳芯结构的 V 带柔韧性好，适用于转速较高和带轮直径较小的场合。为提高 V 带的拉曳能力，承载层可采用尼龙幺幺绳或钢丝绳结构。

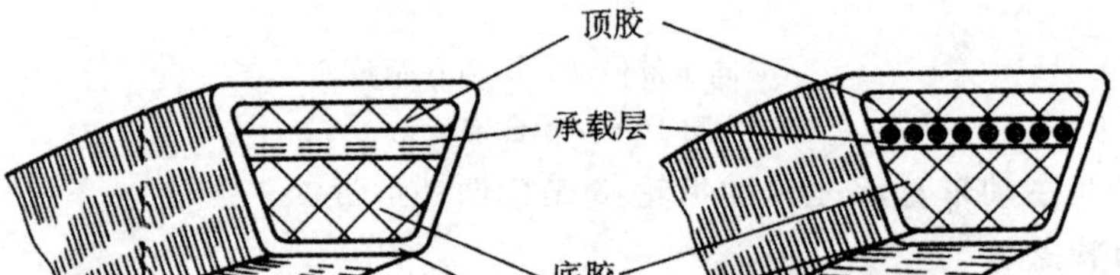

(a)帘布芯结构(b)绳芯结构

图 10-8　普通 V 带结构

V 带绕过带轮发生弯曲时，带中保持原有长度不变的周线称为节线，由全部节线组成的面称为节面。带的节面宽度称为节宽，以 b_p 表示。带在弯曲时，节宽保持不变。

普通 V 带已经标准化，按照横截面尺寸从小到大排序，分为 Y、Z、A、B、C、D、E 七种截型。各种截型普通 V 带的截面尺寸和单位带长质量见表 10-3。

普通 V 带的带高与节宽之比（$\frac{h}{b_p}$）约为 0.7，楔角 $\varphi = 40°$。

表 10-3　普通 V 带截面尺寸及单位带长质量

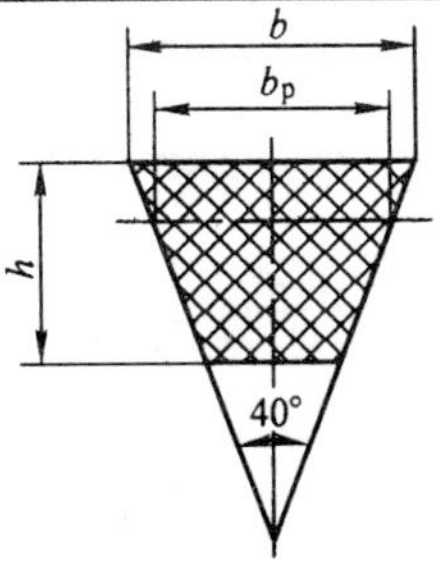

V 带截面

参数	V 带截型						
	Y	Z	A	B	C	D	E
节宽 b_p /mm	5.3	8.5	11	14	19	27	32
顶宽 b /mm	6	10	13	17	22	32	38
高度 h /mm	4	6	8	10.5	13.5	19	23.5
单位带长质量 q /(kg·m^{-1})	0.04	0.06	0.10	0.17	0.30	0.60	0.87

本表摘自 GB/T11544—1997。

V 带的节线长度称为基准长度，用 L_d 表示。普通 V 带的基准长度已经系列化，各种截型普通 V 带的基准长度及带长修正系数 K_L，见表 10-4。

表 10-4　普通 V 带的基准长度及带长修正系数

基准长度 L_d /mm	带长修正系数 K_L						
	Y	Z	A	B	C	D	E
315	0.89						
355	0.92						
400	0.96	0.87					
450	1.00	0.89					
500	1.02	0.91					
560		0.94					
630		0.96	0.81				
710		0.99	0.82				
800		1.00	0.85				
900		1.03	0.87	0.81			
1000		1.06	0.89	0.84			
1120		1.08	0.91	0.86			
1250		1.11	0.93	0.88			
1400		1.14	0.96	0.9			
1600		1.16	0.99	0.93	0.84		
1800			1.01	0.95	0.85		
2000			1.03	0.98	0.88		
2240			1.03	0.98	0.88		
2500			1.09	1.03	0.93		
2800			1.11	1.05	0.95	0.83	
3150				1.07	0.97	0.86	
3550				1.10	0.98	0.89	
4000				1.13	1.02	0.91	
4500				1.15	1.04	0.93	0.90
5000				1.18	1.07	0.96	0.92

续表

基准长度 L_d /mm	带长修正系数 K_L						
	Y	Z	A	B	C	D	E
5600					1.09	0.98	0.95
6300					1.12	1.00	0.97
7100					1.15	1.03	1.00
8000					1.18	1.06	1.02
9000					1.21	1.08	1.05
10000					1.23	1.11	1.07

注:①本表摘自 GB/T11544—1997。

②表中空白处是指该截型的 V 带没有相应规格的基准长度。

③V 带标记示例截型为 A 型、基准长度为 1400mm 的 V 带标记为:A 1400 GB/T11544—1997。

2. 普通 V 带轮

普通 V 带轮常用材料为灰铸铁,如 HT150 或 HT200。当带轮圆周速度 $v \geqslant 25 \sim 45$m/s 时宜采用铸钢带轮,也可采用钢板冲压一焊接结构的带轮。小功率传动时,可采用铸铝或工程塑料。

带轮设计的基本原则是重量轻、结构工艺性好、无过大的铸造内应力。为避免传动带磨损过快,带轮轮槽工作面需精细加工,一般要求表面粗糙度 $R_a \leqslant 3.2\mu$m。当 $v > 25$m/s 时,应对带轮进行动平衡校正。

如图 10-9 所示,带轮(及其他轮状回转件)的结构由轮缘、轮腹和轮毂三部分组成。普通 V 带轮的轮缘结构尺寸按表 10-5 设计确定。

带轮上轮槽的截面宽度与 V 带节宽 b_p 相等之处的圆周直径称为普通 V 带轮的基准直径,以 d_d 表示;相应该宽度称为带轮轮槽的基准宽度,以 b_d 表示。

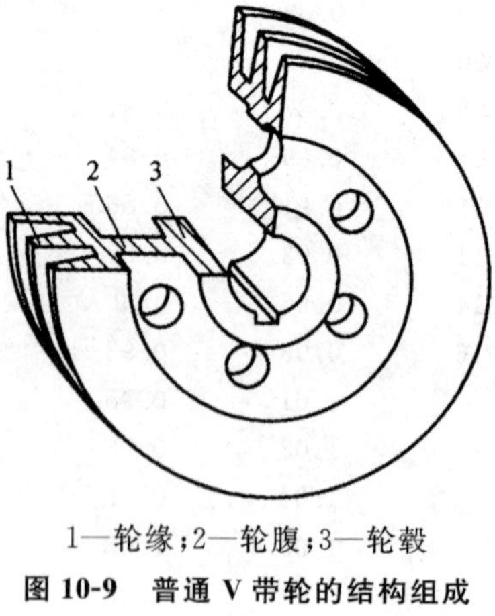

1—轮缘;2—轮腹;3—轮毂

图 10-9 普通 V 带轮的结构组成

表 10-5 普通 V 带轮轮缘结构尺寸

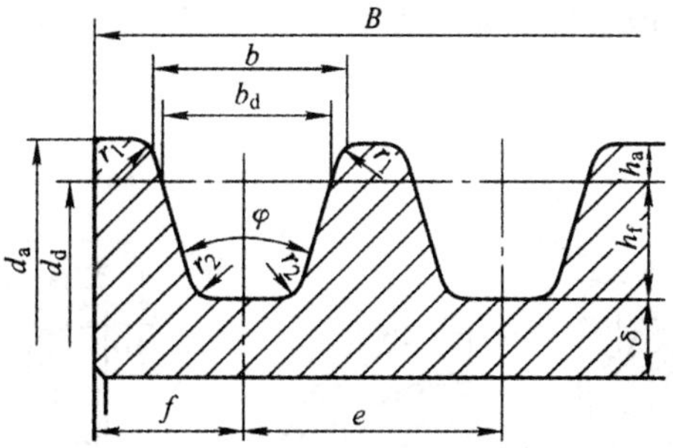

结构参数			Y	Z	A	B	C	D	E
			V 带截型						
b_d			5.3	8.5	11	14	19	27	32
h_{amin}			1.6	2	2.75	3.5	4.8	8.1	9.6
h_{fmin}			4.7	7	8.7	10.8	14.3	19.9	23.4
δ_{min}			5	5.5	6	7.5	10	12	15
e			8 ±0.3	12 ±0.3	15 ±0.3	19 ±0.4	25.5 ±0.5	37 ±0.6	44.5 ±0.7
f			7 ±1	8 ±1	10^{+2}_{-1}	12.5^{+2}_{-1}	17^{+2}_{-1}	23^{+3}_{-1}	29^{+4}_{-1}
B			$B=(z-1)e+2f$ （z 为轮槽数）						
φ	32°	对应的带轮基准直径 d_d	≤63	—	—	—	—	—	—
	34°		—	≤80	≤118	≤190	≤315	—	—
	36°		>63	—	—	—	—	≤475	≤600
	38°		—	>80	>118	>190	>315	>475	>600

注：本表摘自 GB/T13575.1—1992。

国家标准规定了普通 V 带轮的最小基准直径和基准直径系列，见表 10-6、表 10-7。

普通 V 带楔角（即两侧面夹角）为 40°，而由表 10-5 中数据可知，带轮轮槽楔角φ规格有 32°、34°、36°和 38°，均小于 V 带楔角，这是因为：当 V 带绕上带轮后，由于弯曲使其截面形状发生变化。顶胶层受拉而变窄，底胶层受压而变宽，从而使 V 带的工作楔角变小。因此，带轮轮槽楔角必须根据传动带型号以及带轮基准直径的大小作适当调整，以保证 V 带和带轮接触良好。

表 10-6 普通 V 带轮最小基准直径

V 带截型	Y	Z	A	B	C	D	E
d_{dmin}	20	50	75	125	200	355	500

注：本表摘自 GB/T13575.1—1992。

表 10-7 普通 V 带轮基准直径系列

20	22.4	25	28	31.5	35.5	40	45	50	56	63	71	75	80
85	90	95	100	106	112	118	125	132	140	150	160	170	180
200	212	224	236	250	265	280	315	355	375	400	425	450	475
500	530	560	630	710	800	900	1000	1120	1250	1600	2000	2500	

注：本表摘自 GB/T13575.1—1992。

根据带轮的基准直径也的大小,可将其轮腹结构设计成不同的形式。图 10-10 所示为普通 V 带轮的常用结构类型。当基准直径 $d_d \leqslant (2.5\sim3)\ d$($d$ 为轴的直径,mm)时,一般采用实心式带轮(图 10-10a);$d_d \leqslant 300$mm 时,可采用腹板式带轮,若 $d_2 - d_1 \geqslant 100$mm 时,为便于安装和减轻重量,应采用腹板上开孔的孔板式带轮(图 10-10b);$d_d > 300$mm 时,则多采用椭圆轮辐式带轮(图 10-10c)。

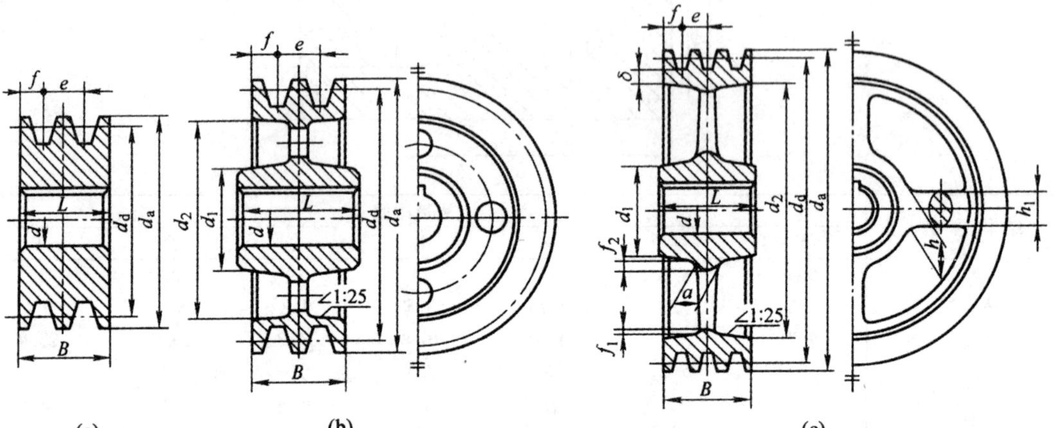

(a)实心式;(b)孔板式;(c)椭圆轮辐式

图 10-10 普通 V 带轮的结构类型

当采用椭圆轮辐式带轮时,轮辐的数目 Z_a 根据带轮基准直径选取。$d_d < 500$mm 时,$Z_a = 4$;$d_d = (500\sim1600)$mm 时,$Z_a = 6$;$d_d = (1600\sim3000)$mm 时,$Z_a = 8$。

普通 V 带轮的主要结构尺寸可按下面的经验公式确定,或查阅机械设计手册。

$$d_1 = (1.8\sim2)\ d$$

$$d_2 = d_a - 2(h_a + h_f + \delta)$$

$$L = (1.5\sim2)\ d$$

10.2.3 带传动的工作情况分析

1. 受力分析

(1)带传动的有效拉力

摩擦型带传动在安装时,传动带必须张紧在带轮上,使传动带和带轮相互压紧。如图 10-11a 所示,在带传动工作前,传动带的两边所受的拉力相等,称为初拉力 F_0。如图 10-11b 所示,在带传动正常工作时,由于传动带与轮面间摩擦力的作用,传动带两边的拉力不再相等。主动轮对传动带的摩擦力方向与传动带的运动方向一致,从动轮对传动带的摩擦力方向与传动带的运动方向相反。于是,传动带绕进主动轮的一边被拉紧,称为紧边,拉力由 F_0 增加到 F_1,称为紧边拉力;而传动带绕进从动轮的一边被放松,称为松边,拉力由 F_0 减为 F_2,称为松边拉力。

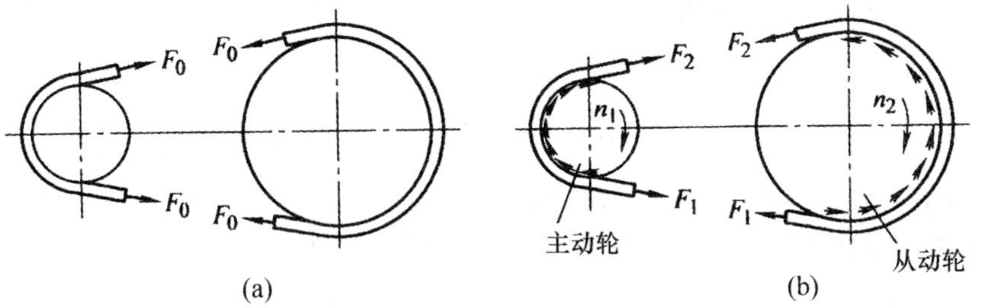

(a)带传动不工作;(b)带传动工作

图 10-11　带传动的受力分析

如果近似认为传动带在静止和工作两种状态时的总长度不变,因传动带是弹性体,符合胡克定律,则传动带的紧边拉力增加量应等于松边拉力的减少量,即

$$F_1 - F_0 = F_0 - F_2$$

$$F_1 + F_2 = 2F_0$$

紧边拉力与松边拉力之差称为传动带的有效拉力,用 F_e 表示,即

$$F_e = F_1 - F_2$$

如取传动带为受力研究对象,根据力矩平衡条件可得有效拉力等于沿带轮的接触弧上各点摩擦力的总和。因此,带传动是依靠有效拉力实现功率传递的,所以,带传递的功率可表示为

$$P = \frac{F_e v}{1000}$$

式中,P 为带传递的功率,单位为 kW;F_e 为带的有效拉力,单位为 N;v 为带速,单位为 m/s。

结合上式可得

$$\left.\begin{aligned} F_1 &= F_0 + \frac{1}{2}F_e \\ F_2 &= F_0 - \frac{1}{2}F_e \end{aligned}\right\} \qquad (9\text{-}1)$$

由上式可知,传动带的紧边拉力 F_1 和松边拉力 F_2 的大小取决于初拉力 F_0 和带传动的有效拉力 F_e 又由 $P = \frac{F_e v}{1000}$ 可知,在带传动的传动能力范围内,F_e 的大小与传递的功率 P 及传动带的速度有关。F_e 的变化实际上反映了传动带与带轮接触面上摩擦力的变化。

(2)最大有效拉力及影响因素

由前面的分析可知,带传动工作中,当传动带有打滑趋势时,传动带与带轮间的摩擦力即达到极限值,亦即带传动的有效拉力达到最大值,用 F_{ec} 表示,称为带传动的最大有效拉力,其大小限制着带传动的传动能力。当 $F_{ec} \geqslant F_e$ 时,带传动才能正常工作。否则,如果所需传递的有效拉力超过这一极限值,传动带将在带轮上打滑。

若带速很低,可忽略离心力,则传动带在带轮上即将打滑时,传动带的紧边拉力与松边拉力之间的关系为

$$F_1 = F_2 e^{\mu\alpha} \qquad (9\text{-}2)$$

式中,e 为自然对数的底,e=2.718…;μ 为传动带与轮缘间的摩擦因数(对于 V 带,用当量摩擦因数 μ_v,代替 μ);α 为传动带在带轮上的包角,单位为 rad。

上式即为著名的柔韧体摩擦的欧拉公式。

将式(9-1)代入式(9-2),可得最大有效拉力的表达式为

$$F_{ec} = 2F_0 \frac{e^{\mu\alpha}-1}{e^{\mu\alpha}+1} = 2F_0\left(1-\frac{2}{e^{\mu\alpha}+1}\right) \tag{9-3}$$

由式(9-3)可知,带传动的最大有效拉力 F_{ec} 与初拉力 F_0 、包角 α 及传动带与轮缘间的摩擦因数 μ 有关,且最大有效拉力 F_{ec} 随 F_0 、α 及 μ 的增大而增大。但要注意 F_0 不能过大,否则将会导致传动带的磨损加剧及传动带的拉应力增大,缩短传动带的工作寿命。因此,在进行带传动设计时应合理确定 F_0 的大小。

2. 应力分析

带传动工作时,传动带中将产生三种应力。

(1)拉应力

由传动带的紧边拉力 F_1 和松边拉力 F_2 产生,可分别表示为

$$\left.\begin{aligned}\sigma_1 &= \frac{F_1}{A}\\ \sigma_2 &= \frac{F_2}{A}\end{aligned}\right\}$$

式中,A 为传动带的横截面面积,单位为 mm。

显然,σ_1 与 σ_2 不相等,当传动带绕过主动轮时,拉应力由 σ_1 ,逐渐降为 σ_2 ;而当传动带绕过从动轮时,拉应力则由 σ_2 逐渐增大为 σ_1 。

(2)离心应力

带传动工作时,与带轮接触部分的传动带,随带轮轮缘作圆周运动,传动带本身的质量将产生离心力。由离心力所引起的传动带的拉应力称为离心应力,其大小可用式(9-4)表示为

$$\sigma_c = \frac{qv^2}{A} \tag{9-4}$$

式中,q 为传动带单位长度的质量,单位为 kg/m;v 为传动带的线速度,单位为 m/s;A 为传动带的横截面面积,单位为 mm;σ_c 为传动带的离心应力,单位为 MPa。

尽管离心力只存在于传动带作圆周运动的弧段上(即包角所对应的弧段上),但由此而产生的离心应力却作用于全部带长的各个截面上。

由式(9-4)可知,离心应力 σ_c 与 q 及 v^2 成正比,故设计高速带传动时宜采用轻质带,以利于减小离心应力;一般带传动时,带速不易过高。

(3)弯曲应力

当传动带绕过主、从动带轮时,因传动带发生弯曲变形将产生弯曲应力。如果近似认为带的材料符合胡克定律,则由材料力学公式可得

$$\sigma_b \approx E\frac{h}{d_d} \tag{9-5}$$

式中,E 为传动带材料的弹性模量,单位为 MPa;h 为传动带的高度,单位为 mm;d_d 为带轮的基准直径,单位为 mm;σ_b 为传动带所受的弯曲应力,单位为 MPa。

由式(9-5)可知,带轮直径 d_d 越小,带越厚,带中的弯曲应力越大。所以,同一型号的带绕过小带轮时的弯曲应力 σ_{b1} 大于绕过大带轮时的弯曲应力 σ_{b2} 。为避免弯曲应力过大,带轮直径不能过小。为防止过大的弯曲应力,对每种型号的 V 带,都规定了相应的最小带轮直径 d_{dmin} ,见表 10-8 所示。

表 10-8　V 带最小带轮直径 d_{dmin} 和推荐轮槽数

带　型	Y	Z SPZ	A SPA	B SPB	C SPC	D	E
d_{dmin} /mm	20	50 63	75 90	125 140	200 224	355	500
推荐轮槽数 z	1～3	1～4	1～6	2～8	3～9	3～9	3～9

图 10-12 表示了带上各个截面的应力分布情况。带中最大应力发生在带的紧边开始绕入小带轮处，其值为

$$\sigma_{max} = \sigma_1 + \sigma_c + \sigma_{b1} \tag{9-6}$$

图 10-12 中显示，当带在传动时，作用在带上某点的应力，随它所处的位置不同而变化。当带回转一周时，应力变化一个周期。当应力循环一定次数时，带将疲劳断裂。

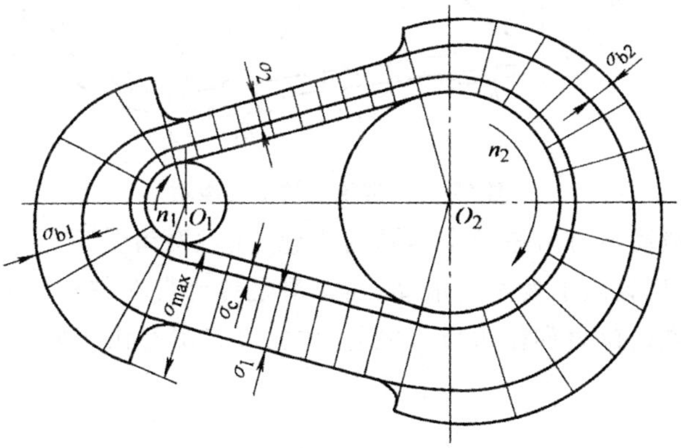

图 10-12　带上各截面应力分布

3. 弹性滑动与传动比

由于传动带是弹性体，当其受到拉力后会产生弹性变形，且受力越大弹性变形越大，受力越小弹性变形越小。带传动在工作时，因紧边拉力 F_1 大于松边拉力 F_2，所以传动带在紧边的伸长量将大于松边的伸长量。图 10-13 中用相邻横向间隔线的距离大小表示传动带在不同位置处的相对伸长程度(弧形小箭头表示带轮对传动带的摩擦力方向)。当传动带在主动轮上从紧边 A_1 点绕到松边 B_1 点的过程中，传动带所受的拉力由 F_1 逐渐减小到 F_2 传动带的伸长量(弹性变形)也逐渐减小，因而传动带在带轮上产生微量向后滑动，使得传动带的运动滞后于带轮，即带速 v 小于主动轮的圆周速度 v_1，这说明传动带在绕过主动轮轮缘的过程中，传动带与主动轮轮缘之间发生了微量的相对滑动。这种相对滑动现象也发生在从动轮上。当传动带在从动轮上从松边 A_2 点绕到紧边 B_2 点的过程中，传动带所受的拉力由 F_2 逐渐增加到 F_1，传动带的伸长量(弹性变形)也逐渐增加，因而传动带在带轮上产生微量向前滑动，传动带的运动超前于从动轮，使带速 v 大于从动轮的圆周速度 v_2，亦即传动带在绕过从动轮轮缘的过程中，传动带与从动轮轮缘之间也发生了微量的相对滑动。这种由于传动带的弹性变形而引起的传动带与带轮之间微量相对滑动的现象，称为带传动的弹性滑动。弹性滑动是摩擦型带传动正常工作时不可避免的固有特性。

在正常情况下，当带传动传递的有效拉力较小时，弹性滑动只发生在传动带离开主、从动带轮前的那部分接触弧上，图 10-13 中 $\widehat{C_1B_1}$ 弧和 $\widehat{C_2B_2}$ 弧，并称为滑动弧，所对应的中心角 β_1 和 β_2 称为滑动角；而未发生弹性滑动的接触弧 $\widehat{A_1C_1}$ 和 $\widehat{A_2C_2}$ 则称为静弧，所对应的中心角称为静角。滑动弧随着有效拉力的增大而增大，当传递的有效拉力达到最大值 F_{ec} 时，小带轮上的滑动弧增至全部接触弧，C_1 点移动到与 A_1 点重合，即 $\beta_1=\alpha_1$ 如果外载荷继续增大，则传动带与小带轮接触面间将发生显著的相对滑动，这种现象称为打滑。打滑将使传动带严重磨损和发热，从动轮转速急剧下降，以致使带传动失效，因此应避免打滑现象的发生。但在带传动突然超载时，打滑却可以起到过载保护的作用，避免其他零件发生损坏。

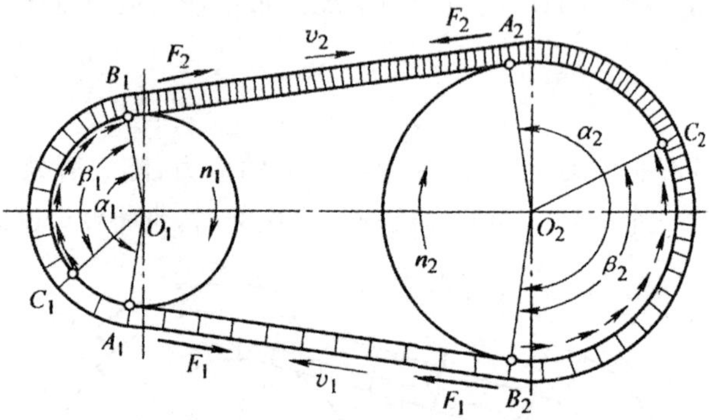

图 10-13　带传动的弹性滑动

在带传动中，弹性滑动与打滑是两个不同的概念，注意两者的区别与联系。从表面现象看，弹性滑动是局部带在局部轮面上发生的滑动，而打滑是传动带在整个轮面上发生的全面滑动；从本质上看，弹性滑动与紧边拉力和松边拉力之差有关，而打滑是由于紧边拉力与松边拉力之比超过了一定限度而产生的。

4. 滑动率和传动比

弹性滑动导致从动轮的圆周速度 v_2 低于主动轮的圆周速度 v_1 从动轮相对于主动轮圆周速度的降低率称为滑动率，用 ε 表示为

$$\varepsilon=\frac{v_1-v_2}{v_1}=\frac{\pi n_1 d_{d1}-\pi n_2 d_{d2}}{\pi n_1 d_{d1}}=1-\frac{d_{d2}n_2}{d_{d1}n_1} \tag{9-7}$$

式中，n_1、n_2 分别为主、从动轮转速，单位为 r/min；d_{d1}、d_{d2} 分别为主、从动轮基准直径，单位为 mm。

由式(9-7)可得带传动的传动比 i 为

$$i=\frac{n_1}{n_2}=\frac{d_{d2}}{d_{d1}(1-\varepsilon)}$$

滑动率 ε 的值与弹性滑动的大小有关，亦即与传动带的材料以及受力的大小等因素有关，不能得到准确的数值，因此带传动不能保持恒定的传动比。带传动的滑动率 ε 一般为 0.01～0.02，粗略计算时可以忽略不计。

10.2.4　普通 V 带传动的设计

1. 带传动的设计准则

根据前面的分析，带传动的主要失效形式是打滑和带的疲劳破坏。因此，带传动的设计准则为：保证传动带在不打滑的条件下，具有一定的疲劳强度和使用寿命。

2. 单根 V 带所能传递的功率

单根 V 带所能传递的功率是指在一定的初拉力作用下，带传动不发生打滑且具有足够的疲劳强度和寿命时所能传递的最大功率。

首先从不打滑的条件出发，根据式 $F_e = F_1 - F_2$、$F_1 = F_2 e^{\mu\alpha}$ 和 $\sigma_1 = \dfrac{F_1}{A}$，并对 V 带用当量摩擦因数 μ_v。代替平面摩擦因数 μ，可推导出 V 带传动的最大有效拉力 F_{ec} 为

$$F_{ec} = F_1\left(1 - \frac{1}{e^{\mu_v\alpha}}\right) = \sigma_1 A\left(1 - \frac{1}{e^{\mu_v\alpha}}\right)$$

由 $\sigma_{max} = \sigma_1 + \sigma_{b1} + \sigma_c$ 可知，V 带的疲劳强度条件为

$$\sigma_{max} = \sigma_1 + \sigma_{b1} + \sigma_c \leqslant [\sigma] \tag{9-8}$$

式中，$[\sigma]$ 为在一定条件下，由疲劳强度所决定的 V 带的许用应力，单位为 MPa。

由实验得出，在 $10^8 \sim 10^9$ 次循环应力下为

$$[\sigma] = \sqrt[11.1]{\frac{CL_d}{3600 zv L_h}} \tag{9-9}$$

式中，$[\sigma]$ 为 V 带的许用应力，单位为 MPa；z 为 V 带上某一点绕行一周所绕过的带轮数；v 为 V 带的速度，单位为 m/s；L_h 为 V 带的使用寿命，单位为 h；L_d 为 V 带的基准长度，单位为 m；C 为由 V 带的材质和结构决定的实验常数。

当带传动的结构与主动轮的转速一定时，σ_{b1}、σ_c 基本不变，故式(9-8)可写成

$$\sigma_1 \leqslant [\sigma] - \sigma_{b1} - \sigma_c \tag{9-10}$$

将式(9-10)代入式 $F_{ec} = F_1\left(1 - \dfrac{1}{e^{\mu_v\alpha}}\right) = \sigma_1 A\left(1 - \dfrac{1}{e^{\mu_v\alpha}}\right)$ 可得

$$F_{ec} = ([\sigma] - \sigma_{b1} - \sigma_c)A\left(1 - \frac{1}{e^{\mu_v\alpha}}\right) \tag{9-11}$$

将式(9-11)代入式 $P = \dfrac{F_e v}{1000}$，可得出满足设计准则条件下单根 V 带所能传递的功率 P_0 为

$$P_0 = \frac{([\sigma] - \sigma_{b1} - \sigma_c)\left(1 - \dfrac{1}{e^{\mu_v\alpha}}\right)Av}{1000} \tag{9-12}$$

式中，P_0 为单根 V 带所能传递的功率，单位为 kW；A 为 V 带的截面面积，单位为 mm^2。

其余各符号的意义及单位同前。

由式(9-12)可知，P_0 值与 V 带的型号、速度、包角、长度、材质以及带轮直径等多一种因素有关。当传动比 $i = 1$（即包角 $\alpha = \pi$）、带长为特定长度、载荷平稳、承载层为化学纤维绳芯结构时，由式(9-12)计算所得 P_0 称为单根普通 V 带所能传递的基本额定功率。

当带传动的传动比 $i > 1$ 时，因从动轮的直径比主动轮直径大，传动带在从动轮上的弯曲应力较小，故在寿命相同条件下，可增大传递的功率，即单根普通 V 带有一功率增量 $\triangle P_0$。这时

单根普通 V 带所能传递的功率增加为 $P_0 + \triangle P_0$ 。

如果再考虑带传动的实际工况与特定条件不相同的影响，引入系数对上述功率进行修正，可得单根普通 V 带实际所能传递的功率为

$$[P_0] = (P_0 + \Delta P_0) K_\alpha K_L$$

式中，K_α 为包角修正系数，考虑包角 $\alpha \neq 180°$ 。时对传动能力的影响，其值可查相关表；K_L 为长度修正系数，考虑带的实际长度不为特定长度时对传动能力的影响。

3. 普通 V 带传动的设计步骤与参数选择

(1)V 带传动设计的原始数据

设计 V 带传动时给定的原始数据为：

①传递的功率 P。

②主、从动轮转速 n_1 和 n_2（或传动比）。

③对传动位置和外部尺寸的要求。

④工作条件。

(2)设计内容

①确定 V 带的型号、长度和根数。

②确定带轮的材料、基准直径及结构尺寸。

③计算传动中心距。

④计算初拉力和作用于轴上的压力等。

(3)设计计算步骤及参数选择

1)确定计算功率 P_c

计算功率 P_c 是根据传递的额定功率 P 并考虑载荷性质、原动机的不同和每天运转的时间等因素而确定的，即

$$P_c = K_A P$$

式中，K_A 为工作情况系数，其值可查表。

2)选择 V 带型号

根据计算功率 P_c 和小带轮转速 n_1 ，由图 10-14 初选普通 V 带型号。当坐标点(P_c ，n_1)位于两种型号分界线附近时，可以对两种型号同时进行计算，最后择优选定。

3)确定带轮的基准直径 d_{d1} 和 d_{d2}

①初选小带轮的基准直径 d_{d1} 。带轮直径过小，传动尺寸紧凑，但弯曲应力大，使传动带的疲劳强度降低，在传递同样的功率时，所需有效拉力也大，这会使带的根数增多。因此，应根据 V 带型号，参考相关表选取 $d_{d1} \geqslant d_{dmin}$ 。为了提高普通 V 带的寿命，在结构尺寸允许的条件下，宜选取较大的带轮直径。

②验算 V 带的速度”带速过高则离心力大，使传动带与带轮间的压力减小，易发生打滑。因此，在初选小带轮基准直径 d_{d1} 后，应验算 V 带的速度 v 使

$$v = \frac{\pi d_{d1} n_1}{60 \times 1000} \leqslant v_{max}$$

式中，v 为带速，单位为 m/s；d_{d1} 为小带轮基准直径，单位为 mm；n_1 为小带轮转速，单位为 r/min。

对于普通 V 带，v_{max} =25～30m/s 当 $v > v_{max}$ 时，应减小 d_{d1} 。

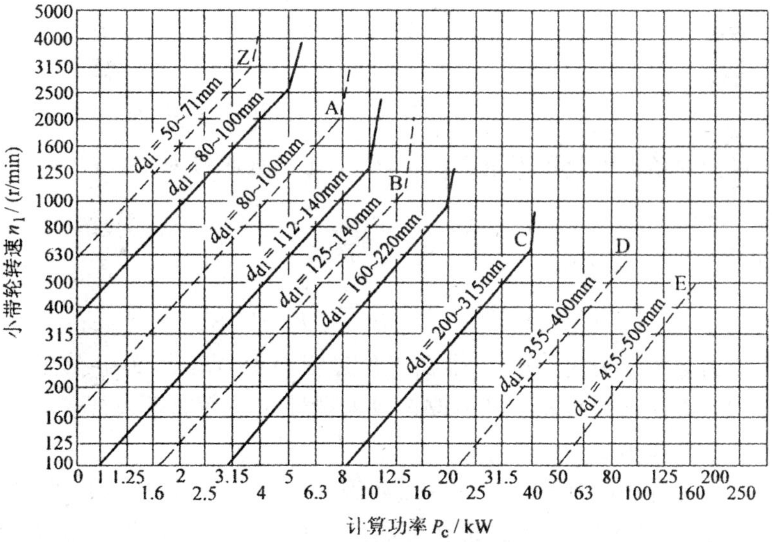

图 10-14　普通 V 带选型图

另一方面，带速也不宜过低。否则，当传递一定功率时，会使有效拉力 F_e 过大，从而使 V 带的根数过多。一般应使 $v=5\sim25\text{m/s}$，最佳带速为 20～25m/s。

③计算大带轮基准直径 d_{d2}。当要求传动比 i 较精确时，可根据 $d_{d2}=id_{d1}(1-\varepsilon))$。一般可忽略滑动率 ε。计算出 d_{d2} 再进行圆整并取标准值。

4)确定中心距 a_0 和 V 带的基准长度 L_d

①初选中心距 a_0。中心距小时，传动外廓尺寸小，结构紧凑，但使小带轮包角 α_1 减小，传动能力降低，同时 V 带短，绕转次数多，使 V 带的疲劳寿命降低。另一方面，中心距大时，有利于增大包角 α_1，并使带的应力变化减慢，但在载荷变化或高速运转时会引起带的抖动，也会使带的工作能力降低。

一般根据传动的结构需要来初定中心距 a_0，并使其满足

$$0.7(d_{d1}+d_{d2})\leqslant a_0\leqslant 2(d_{d1}+d_{d2})$$

②确定 V 带的基准长度 L_d。初选 a_0 后，根据带传动的几何关系，可初算带的基准长度 L_{d0}

$$L_{d0}\approx 2a_0+\frac{\pi}{2}(d_{d1}+d_{d2})+\frac{(d_{d2}-d_{d1})^2}{4a_0}$$

算出 L_{d0} 后，查相关数据，选取与 L_{d0} 相近的 V 带的基准长度 L_d 标准值。

③确定实际中心距 a_0。根据基准长度 L_d 根据相关公式重新确定实际中心距 a_0 由于 V 带传动的中心距一般是可以调整的，所以也可以近似计算 a，即

$$a\approx a_0+\frac{L_d-L_{d0}}{2}$$

考虑安装、更换 v 带和调整、补偿初拉力(例如带伸长而松弛后的张紧)，V 带传动通常设计成中心距是可调的，中心距的变化范围为

$$a_{\min}=a-0.015L_d$$

$$a_{\max}=a+0.03_{d}$$

5)验算小带轮包角 α_1

小带轮包角 α_1 是影响 V 带传动工作能力的重要因素。通常应保证

$$\alpha_1 \approx 180° - \frac{d_{d2} - d_{d1}}{a} \times 57.3° \geqslant 120°$$

特殊情况允许 $\alpha_1 \geqslant 90°$ 。

从上式可知,两带轮直径 d_{d2} 与 d_{d1} 相差越大,即传动比 i 越大,包角 α_1 就越小。所以,为了保证在中心距不过大的条件下包角不至于过小,传动比不宜取得太大。普通 V 带传动一般推荐 $i \leqslant 7$,必要时可达到 10。

6)确定 V 带根数 z

$$z = \frac{P_c}{[P_0]} = \frac{P_c}{(P_0 + \Delta P_0)K_\alpha K_L}$$

计算出的 z 应取整数。为使每根 V 带在工作过程中受力趋于均匀,V 带的根数不宜太多,通常不超过 10 根;否则应增大带轮直径或改选较大型号的 V 带重新设计。

7)确定传动带的初拉力 F_0

初拉力的大小是保证带传动正常工作的重要因素。初拉力过小,则传动带与带轮间的极限摩擦力小,在带传动还未达到额定载荷时就可能出现打滑;反之,初拉力过大,传动带中应力过大,会使传动带的寿命大大缩短,同时还加大了轴和轴承的受力。实际上,由于传动带不是完全弹性体,对非自动张紧的带传动,过大的初拉力将使带易于松弛。

对于非自动张紧的普通 V 带传动,既能保证传递所需的功率时不打滑,又能保证传动带具有一定寿命时,推荐单根普通 V 带张紧后的初拉力按下式计算,即

$$F_0 = \frac{500P_c}{zv}\left(\frac{2.5}{K_\alpha} - 1\right) + qv^2$$

8)计算传动带作用在轴上的压力 F_Q

为了设计安装带轮的轴及轴承,必须计算 V 带传动作用在轴上的压力 F_Q 。如果不考虑传动带的紧边拉力与松边拉力的差别以及离心拉力的影响,可近似按初拉力 F_0 的合力来计算 F_Q ,具体可见图 10-15 所示。

$$F_Q = 2zF_0\cos\frac{\beta}{2} = 2zF_0\sin\frac{\alpha_1}{2}$$

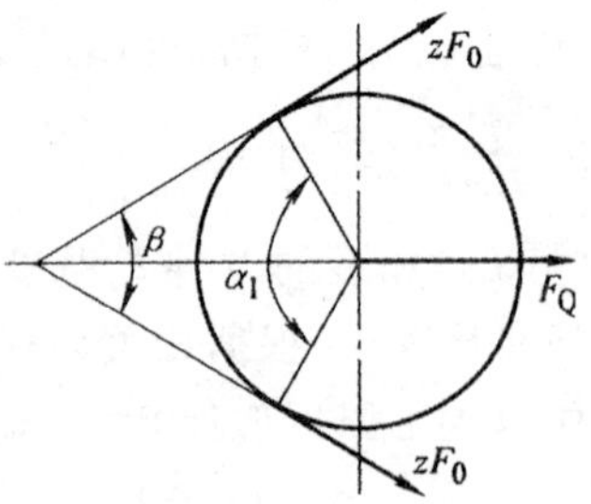

图 10-15 带传动作用在轴上的力

10.2.5 带传动的张紧、安装与维护

V 带工作一段时间后会因塑性变形和磨损使初拉力减小而松弛,造成传动能力下降。为了保证带传动的工常工作,应定期检查带的松紧程度,对带进行重新张紧。结合图 10-16 所示,可将常见的张紧装置分为如下三类。

(1)定期张紧装置

定期调整中心距以恢复初拉力。常见的有滑轨式(图 10-16(a))和摆架式(图 10-16(b))两种,均靠调节螺钉调节带的张紧程度。滑道式适用于水平传动或倾斜不大的传动场合。

(2)自动张紧装置

将装有带轮的电动机安装在浮动的摆架上,利用电动机自重,使带始终在一定的张紧力下工作[图 10-16(c)]。

(3)张紧轮张紧装置

当中心距不可调节时,采用张紧轮张紧。张紧轮一般应设置在松边内侧,并尽量靠近大带轮。张紧轮的轮槽尺寸与带轮相同,直径应小于小带轮的直径。若设置在外侧时,则应使其靠近小轮,这样可以增大小带轮的包角[图 10-16(d)]。

V 带传动的安装与维护需要注意以下几点。

①两轮的轴线必须安装平行,两轮轮槽应对齐,否则将加剧带的磨损,甚至使带从带轮上脱落。

②应通过调整中心距的方法来安装带并张紧,带套上带轮后慢慢地拉紧至规定的初拉力。新带使用前,最好预先拉紧一段时间后再使用。同组使用的 V 带应型号相同、长度相等。

③应定期检查胶带,若发现有的胶带过度松弛或已疲劳损坏时,应全部更换新带。

图 10-16 带传动的张紧能新旧并用。若一些旧带尚可使用,应测量长度,选长度相同的旧胶带组合使用。

④带传动装置外面应加防护罩,以保证安全。

⑤禁止带与酸、碱或油接触,以免腐蚀带,不能暴晒,带传动工作温度不应超过 60℃。

⑥如果带传动装置需闲置一段时间后再用,应将传动带放松。

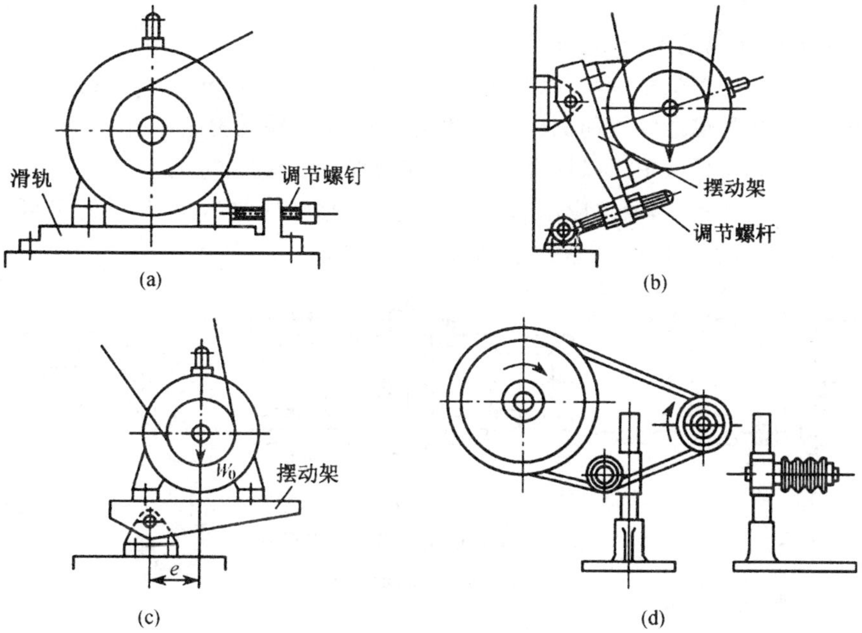

图 10-16　带传动的张紧

10.3 链传动

10.3.1 链传动概述

1. 链传动的组成与类型

(1)链传动的组成

链传动是一种具有中间挠性件(链)的啮合传动装置,依靠链条与链轮轮齿的啮合来传递运动和动力。它由主动链轮 1、从动链轮 2 和链条 3 组成,如图 10-17 所示。

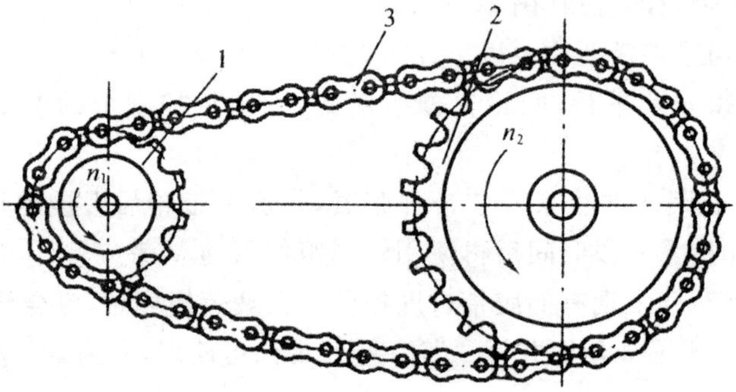

1—主动轮;2—从动轮;3—链条

图 10-17 链传动

(2)链传动的类型

链的种类繁多,按用途来分,链可分为三大类。

①传动链。用于一般机械传动,以传递运动和动力,工作速度 $v \leqslant 15\text{m/s}$。

②输送链。在各种输送装置和机械化装卸设备中,用以输送物品,工作速度 $v \leqslant 4\text{m/s}$。

③起重链。在起重机械中用以提升重物,工作速度 $v \leqslant 0.25\ \text{m/s}$。

在一般机械传动装置中,通常应用的是传动链。根据结构的不同,传动链又可分为套筒链、套筒滚子链(简称滚子链)、齿形链等多种,如图 10-18 所示。

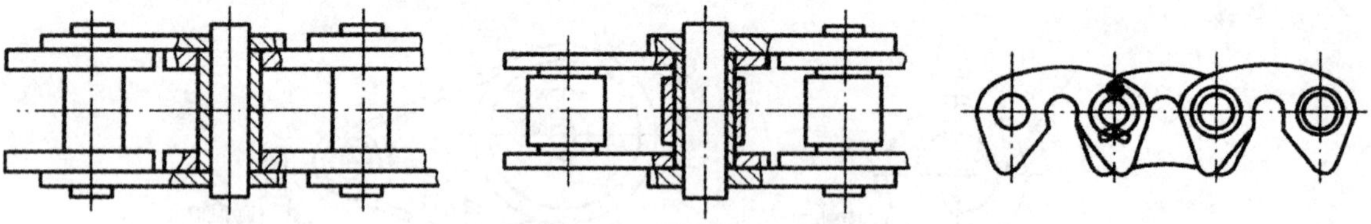

(a)　　(b)　　(c)

(a)套筒链;(b)滚子链;(c)齿形链

图 10-18 传动链的类型

2. 链传动的特点及应用

与摩擦型带传动相比,链传动无弹性滑动和打滑现象,平均传动比准确,工作可靠,效率较高(封闭式链传动的传动效率 $\eta=0.95\sim0.98$);传动功率大,过载能力强,相同工况下的传动尺寸小;所需张紧力小,作用于轴上的压力小;能在高温、多尘、潮湿、有污染等恶劣环境中工作。与齿轮传动相比，制造和安装精度要求较低，成本低，易于实现较大中心距的传动或多轴传动。

链传动的瞬时链速和传动比不恒定，传动平稳性较差，有噪声；不宜用于载荷变化很大和急速反向的传动中。

通常，链传动传递的功率 $P \leqslant 100kW$，链速 $v \leqslant 15m/s$，传动比 $i<8$，传动中心距 $v \leqslant 5 \sim 6m$。目前，链传动最大的传递功率可达 5000kW，链速可达 40m/s，传动比可达 15，中心距可达 8m。链传动常用于农业机械、建筑机械、石油机械、采矿、起重、金属切削机床、摩托车和自行车等。

10.3.2　滚子链和链轮

1. 滚子链

图 10-19 所示为滚子链的结构，它由内链板 1、外链板 2、销轴 3、套筒 4 和滚子 5 组成。外链板与销轴通过过盈配合构成外链节；内链板与套筒通过过盈配合构成内链节；若干个内、外链节通过铰链（转动副）连成封闭的环形链；套筒与销轴之间采用间隙配合，以便在绕上或脱出链轮时，内、外链节之间能顺利屈伸；滚子与套筒之间也采用间隙配合，当链与链轮啮合时，滚子与链轮轮齿之间为滚动摩擦，从而有效地减轻链与轮齿的磨损。内、外链板均采用“∞”形，使链板各横截面抗拉强度近似相等，同时也减轻了链的重量。

滚子链上相邻两个铰链副理论中心之间的距离称为链的公称节距，以 p 表示（图 10-18），它是链的基本特性参数。节距 p 越大，链的各元件尺寸越大，链的承载能力越高。

当传递较大功率时，可采用双排链如图 10-20 所示或多排链。多排链可视为由几条单排链用长销轴联接构成，其承载能力与排数成正比。但由于制造和装配误差，排数越多，各排链受载不均现象越严重，故排数一般不超过 4。

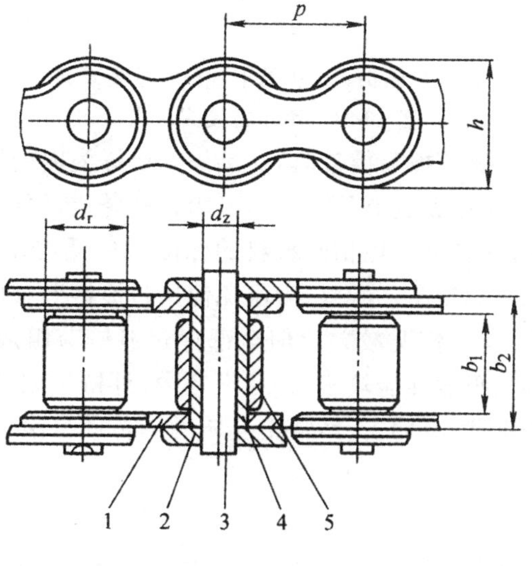

1—内链板；2—外链板；3—销轴；4—套筒；5—滚子

图 10-19　滚子链结构

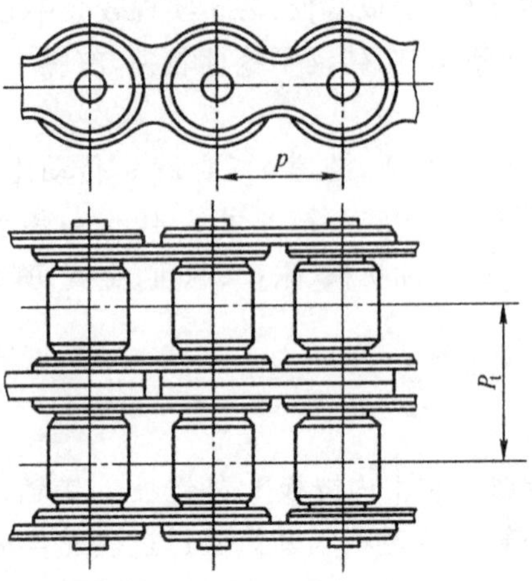

图 10-20 双排滚子链

滚子链的接头处可用开口锁销(图 10-21a,用于大节距链)或弹簧卡片(图 10-20b,用于小节距链)将销轴与联接链板予以固定。

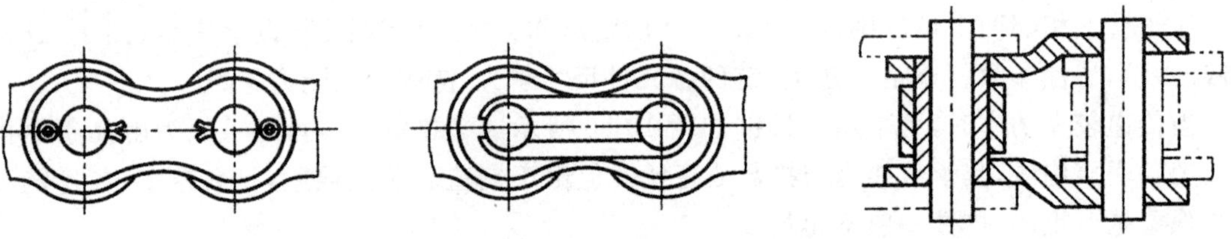

(a) (b) (c)

(a)开口锁销;(b)弹簧卡片;(c)过渡链节

图 10-21 滚子链接头形式

链的长度用链节数表示。链节数为偶数时,在接头处恰好为内链板与外链板相搭接。

当链节数为奇数时,需要用过渡链节(图 10-21c)闭合链条;折弯的过渡链板因在工作中承受拉力和附加弯矩的联合作用,使其强度比相同材料的标准链板低,为保证链的整体等强度,对过渡链节的强度及其材料要求相对较高。所以,为避免使用过渡链节,链节数最好为偶数。

过渡链板制造比较复杂,受力情况较差。但全部由过渡链节组成的弯板链(图 10-22)具有比较大的弹性拉伸空间,缓冲、吸振性能较好,并且没有内、外链节之分,磨损后仍能保证链节距比较均匀。弯板链主要用于重载、有冲击、经常正反转的链传动。滚子链已经标准化,分为 A、B 两种系列。

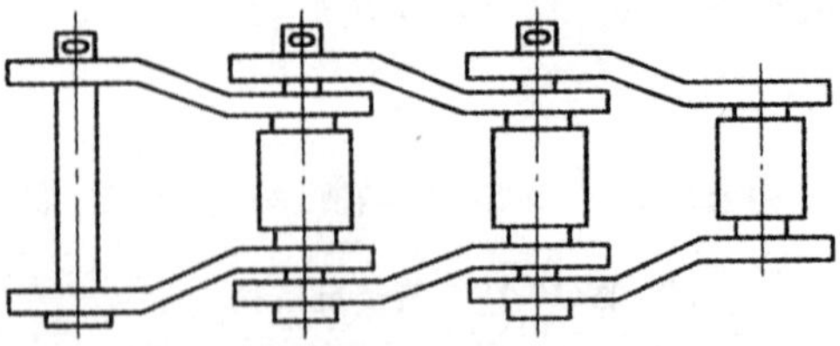

图 10-22 弯板链

滚子链的标记为：

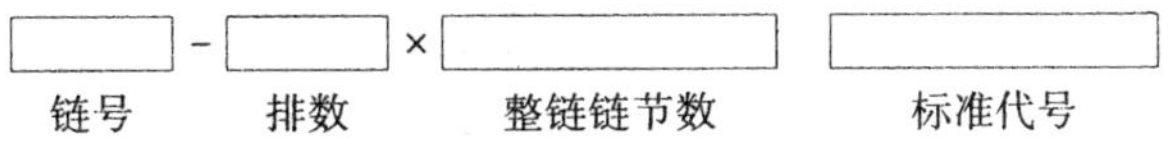

2．链轮

(1)链轮的齿形

链轮的齿形必须保证链节能平稳地进入和退出啮合，尽量减小啮合时链节的冲击和接触应力，而且要求齿形简单、便于加工。

滚子链与链轮的啮合属于非共轭啮合，因此链轮齿形的设计有较大的灵活性。GB/T1243—1997 中没有规定具体的链轮齿形参数，仅仅规定了最大和最小齿槽形状的极限参数，处于两个极限齿槽形状之间的各种标准齿形均可采用。如图 10-23 所示的链轮端面齿形，是目前比较常用的三圆弧（$\overset{\frown}{aa}$、$\overset{\frown}{ab}$、$\overset{\frown}{cd}$）一直线（$\overline{bc}$）齿形。由于这种齿形采用标准成形刀具加工，故在链轮的零件工作图上不必画出轮齿的端面齿形，只需注明“齿形按 3RGB/T1243—1997 规定制造”即可。但必须按 GB/T1243—1997 的有关规定正确画出轮齿的轴向齿廓(图 10-24)。

绕上链轮的各链节滚子中心所在的圆称为链轮的分度圆。

链轮的主要参数和几何尺寸有链节距 p、齿数 z、分度圆直径 d、齿顶圆直径 d_a、齿根圆呈径 d_f。相关的计算公式为

分度圆直径

$$d = \frac{p}{\sin \frac{180°}{z}}$$

齿根圆直径

$$d = p\left(0.54 + \cot \frac{180°}{z}\right)$$

齿根圆直径　　$d_f = d - d_r$

式中，d_r 为滚子外径，单位为 mm。

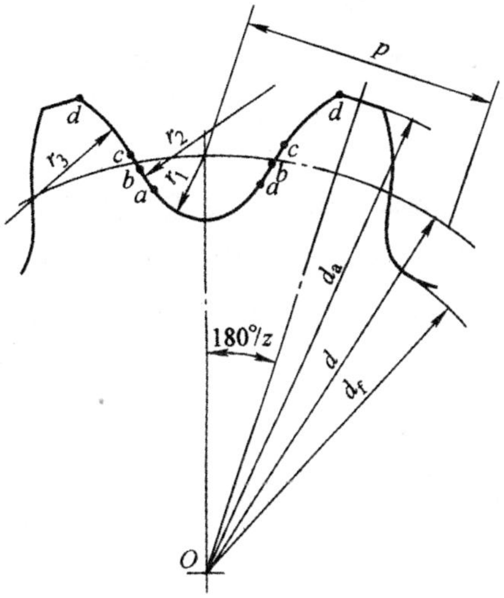

图 10-23　滚子链链轮的端面齿形

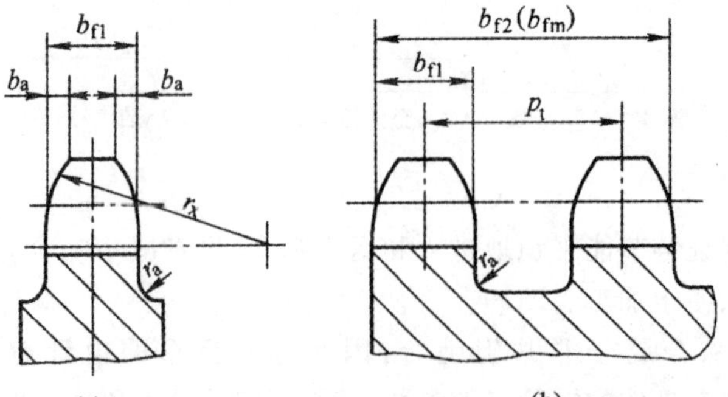

图 10-24　滚子链链轮的轴向齿廓

(2)链轮结构

图 10-25 所示为几种常见的链轮结构。根据直径大小,链轮可做成整体式(图 10-25a)、腹板式(图 10-25b)或孔板式(图 10-25c)、轮辐式(图 10-25d)等结构形式。大直径链轮也可做成组合式结构(图 10-25e、f),齿圈与轮毂可用不同材料制造。

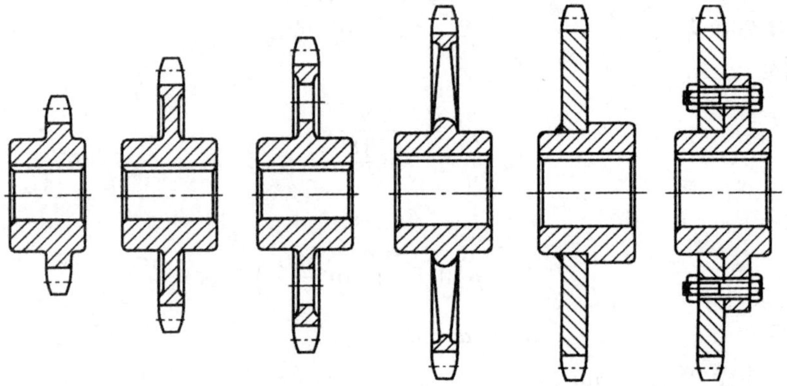

(a)整体式;(b)腹板式;(c)孔板式;(d)轮辐式;(e)、(f)组合式

图 10-25　链轮结构

(3)材料

链轮材料应保证轮齿有足够的强度和耐磨性,通常采用优质碳素钢或合金钢并进行热处理,以保证齿面具有一定硬度;尺寸较大的链轮也可用碳素钢焊接而成。此外,由于传动中小链轮的啮合次数比大链轮多,磨损和冲击也较严重,故小链轮的材料应优于大链轮。

10.3.3　链传动的工作情况分析

1. 链传动运动不均匀性

如图 10-26 所示,链传动工作时,滚子链的结构特点决定了绕上链轮的链节呈折线包在链轮上,形成一个局部正多边形。该正多边形的边长为链节距 p,边数等于链轮齿数 z。链轮每转动一周,链便随之转过定长 zp ,所以链的平均速度 v (m/s)为

$$v=\frac{n_1 z_1 p}{60\times 100}=\frac{n_2 z_2 p}{60\times 100} \tag{9-13}$$

式中，p 为链节距，单位为 mm；z_1 、z_2 分别为主、从动链轮的齿数；n_1 、n_2 分别为主、从动链轮的转速，单位为 r/min。

由上式可得链传动的平均传动比

$$i = \frac{n_1}{n_2} = \frac{z_1}{z_2} \tag{9-14}$$

当主动链轮以等角速度 ω_1（相应 n_1 保持恒定不变）匀速转动时，由式(9-13)、式(9-14)可知链传动的平均链速和平均传动比均等于常数。但应注意，它反映的是某一运动周期(如链轮转动一周)内的平均值。事实上，链传动的瞬时链速和瞬时传动比都是变化的。

图 10-26a 所示为链传动在工作中主、从动链轮的一个任意位置。为便于分析，假设链的紧边(即将绕上主动链轮的一边)在工作中始终处于水平位置，并设主动链轮以角速度 ω_1 匀速转动。显然，在链轮转动时，绕上链轮的链节中只有各铰链中心的运动轨迹在链轮的分度圆上。实际上，某个瞬时的链速，总是取决于在该瞬时最后一个绕进主动轮的铰链中心，即图中 A 点的速度。铰链 A 中心的速度 v_1 等于链轮上该点的圆周速度，即 $v_1 = \frac{d_1\omega_1}{2}$ 。将 v_1 分解为沿链紧边前进方向的水平分速度(即链速) v 和与之垂直的分速度 v'_1 ，则

$$\left.\begin{aligned} v &= v_1\cos\beta = \frac{d_1}{2}\omega_1\cos\beta \\ v'_1 &= v_1\sin\beta = \frac{d_1}{2}\omega_1\sin\beta \end{aligned}\right\}$$

式中，β 为铰链 A 中心在主动链轮上的相位角，即该点的速度与水平线的夹角。

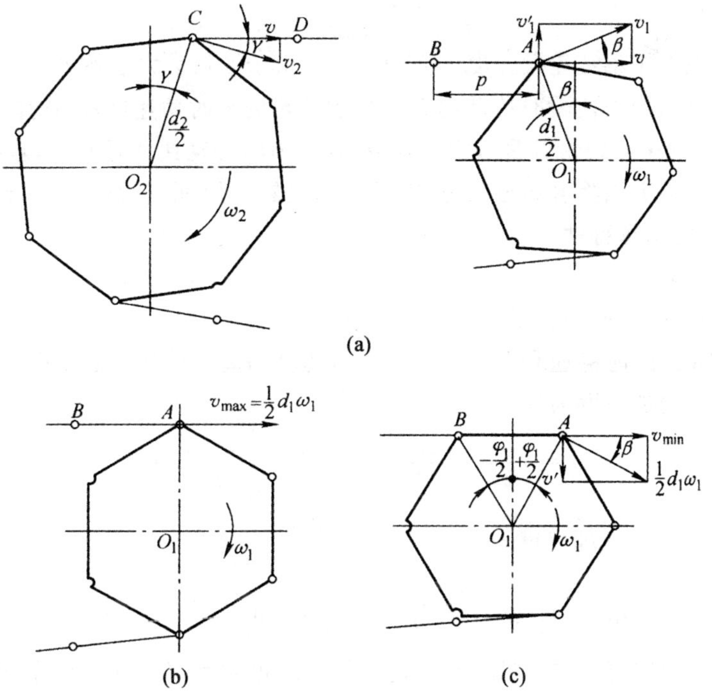

图 10-26　链传动的运动分析

从铰链 A 开始啮入链轮(A 尚处于图 10-25c 所示铰链 B 位置的时刻)到下一铰链 B 啮入链

轮(即图 10-25c 所示位置)的过程中,β 在 $\frac{-\varphi_1}{2}$ 到 $\frac{+\varphi_1}{2}$ 之间变化,$\varphi_1 = \frac{360^\circ}{z_1}$ 。

当主动链轮以等角速度 ω_1 匀速转动时,瞬时链速 υ 是变化的。$\frac{\pm\varphi_1}{2}$ 时(图 10-25c),链速达最小值 $\upsilon_{\min} = \frac{d_1\omega_{100}}{2}\cos\left(\frac{\varphi_1}{2}\right)$;$\beta = 0^\circ$ 时,链速达最大值 $\upsilon_{\max} = \frac{d_1\omega_1}{2}$ 。每转过一个链节,链速就按从小到大再从大到小规律循环变化一次。瞬时链速的周期变化称为链传动的运动不均匀性,它必然引起惯性冲击。而且链轮齿数越少,β 角变化范围就越大,链传动的运动不均匀性就越严重。

上述链传动的运动不均匀性,是由于链以局部正多边形的方式绕在链轮上造成的,故将这一特性称为链传动的多边形效应。

在相同的周期内,链沿垂直方向的分速度 $\upsilon'_1 = \frac{d_1\omega_1\sin\beta}{2}$ 也处于周期性变化中,从而导致链在传动中产生上下振动。

同样道理,对即将与从动链轮脱离啮合的铰链 C 进行分析,从与之相邻的前一铰链 D 脱出链轮的时刻开始到整个链节 CD 脱出链轮的过程中,铰链 C 的中心在从动链轮上的相位角 γ ,将在 $\frac{-180^\circ}{z_2}$,到 $\frac{+180^\circ}{z_2}$ 之间变化。设铰链 C 中心的速度为 υ_2 ,则有

$$\upsilon_2 = \frac{\upsilon}{\cos\gamma} = \frac{\upsilon_1\cos\beta}{\cos\gamma} = \frac{d_1\omega_1\cos\beta}{2\cos\gamma} = \frac{d_1\omega_2}{2}$$

由上式可得瞬时传动比 i_t 为

$$i_t = \frac{\omega_1}{\omega_2} = \frac{d_2\cos\gamma}{d_1\cos\beta}$$

一般情况下,虽然主动链轮角速度 ω_1 为常数,但由于 β 和 γ 大小不等,且分别处于变化范围不同的周期性变化中,因而使瞬时传动比 i_t 和从动链轮的瞬时角速度 ω_2 均作周期性变化。只有当 $z_1 = z_2$,且传动的中心距恰好是节距的整数倍时,瞬时传动比才是常数,且有 $\omega_1 = \omega_2$ 。尽管如此,由于不能从根本上消除多边形效应,瞬时链速仍然是周期变化的,所以链传动的运动不均匀性是其不可避免的固有特性。

2. *链传动的动载荷*

链传动产生动载荷的原因有以下几个方面:

①链传动工作时,瞬时链速和从动链轮瞬时角速度的周期性变化必然引起动载荷,加速度越大,动载荷越大。链的加速度为

$$a = \frac{d\upsilon}{dt} = -\frac{d_1}{2}\omega_1\sin\beta\frac{d\beta}{dt} = -\frac{d_1}{2}\omega_1^2\sin\beta$$

当 $\beta = \pm\frac{\varphi_1}{2}$ 时,其最大加速度为

$$a_{\max} = \pm\frac{d_1}{2}\omega_1^2\sin\frac{\varphi_1}{2} = \pm\frac{d_1}{2}\omega_1^2\sin\frac{180^\circ}{z_1} = \pm\frac{\omega_1^2 p}{2}$$

由此可见,链轮转速越高、链节距越大,链的加速度也越大,传动中产生的动载荷就越大。

同理,υ'_1 的变化使链产生上下抖动,也将产生动载荷。

②链节完全啮入链轮的瞬时,链节与链轮轮齿以一定的相对速度发生碰撞接触,使链节和轮齿受到一定冲击,并产生附加动载荷。链轮转速越高、链节距越大,冲击越严重,动载荷越大。

由于链传动的动载荷效应，链传动不宜用于高速传动。在多级传动中，链传动应布置在低速级。

3. 链传动的受力分析

链传动工作时也有紧边和松边。如果链的松边过松，传动中容易产生振动，甚至发生跳齿和脱链现象，而且对于水平链传动，松边在上时还会影响链从链轮上正常退出，甚至卡死。因此链传动在安装时也应使链受到一定的初拉力，但链传动的初拉力比带传动要小得多。链传动的初拉力一般是通过适当地控制松边垂度所产生的悬垂拉力获得的，必要时可采用张紧轮。

若不考虑动载荷，链传动在工作时作用于链上的力主要有：

(1)工作拉力 F

工作拉力 F(N)只作用在链的紧边，大小为

$$F = \frac{1000P}{v}$$

式中，P 为传递的功率，单位为 kw；v 为链速，单位为 m/s。

(2)离心拉力 F_c

离心拉力 F_c 是由绕在链轮上的链作圆周运动所产生的离心力引起的，它作用于链的全长。大小为

$$F_c = qv^2$$

式中，q 为单位长度链的质量，单位为 kg/m。

当 $v<7$m/s 时，F_c 可以忽略。

(3)悬垂拉力 F_y

悬垂拉力是由于链的松边在自重下产生一定的垂度 y（图 10-26 所示），从而产生作用在链全长的拉力。其值可按下式近似计算

$$F_y \approx K_y qga$$

式中，K_y 为垂度系数，根据两链轮中心连线与水平面夹角 α 按表 10-9 确定；g 为重力加速度，单位为 m/s^2；a 为链传动的中心距，单位为 m。

表 10-9　垂度系数 K_y

α	0°	20°	40°	60°	80°	90°
K_y	6.0	5.9	5.2	3.6	1.6	1.0

综上所述，紧边拉力 F_1 和松边拉力 F_2 大小分别为

$$\left.\begin{aligned} F_1 &= F + F_c + F_y \\ F_2 &= F_c + F_y \end{aligned}\right\}$$

(4)链传动作用在轴上的载荷 F_Q

链传动工作时，链绕上链轮后产生的离心力有使链和链轮放松的趋势，所以由此引起的链的离心拉力并不作用在链轮和轴上。链传动作用在轴上的载荷近似等于链的工作拉力和两边悬垂拉力之和。即

$$F_Q = F + 2F_y$$

一般情况下，悬垂拉力 F_y 并不大，约为(0.1～0.15)F，链传动在不同场合可能有不同的结构形式和尺寸，实际工作情况也存在差别。综合考虑上述因素，链传动作用在轴上的载荷 F_Q 可近似按下式计算

$$F_Q = 1.2K_A F$$

式中，K_A 为链传动的工作情况系数，对于接近垂直布置的链传动，上式中的1.2以1.05替代。

10.3.4 滚子链传动的设计

1. 链传动的失效形式

链传动的失效多为链条失效。主要表现在以下几个方面。

(1)链条疲劳破坏

链传动时，由于链条在松边和紧边所受拉力不同，故其在运行中受变应力作用。经一定循环次数后，链板将会因疲劳而断裂，或套筒、滚子表面将会因冲击而出现疲劳点蚀。在润滑良好时，疲劳强度是决定链传动能力主要因素。

(2)链条铰链的磨损

链传动时，销轴与套筒间的压力较大，又有相对运动，若再润滑不良，导致销轴、套筒严重磨损，链条平均节距增大。达到一定程度后，将破坏链条与链轮的正确啮合，发生跳齿或脱链，这是常见的失效形式之一。开式传动极易引起铰链磨损，急剧降低链寿命。

(3)链条铰链的胶合

在高速重载时，链节所受冲击载荷、振动较大，销轴和套筒接触表面间难以形成中间油膜层，导致摩擦严重且产生高温，在重载作用下发生胶合。胶合限定了链传动的极限转速。

(4)滚子和套筒的冲击破坏

链传动时不可避免地产生冲击和振动，以至滚子、套筒因受冲击而破坏。

(5)链条的过载拉断

低速($v<0.6$m/s)重载的链传动过载并超过了链条静力强度的情况下，链条就会被拉断。

2. 额定功率曲线图

链传动的承载能力受到不同失效形式的限制，而各种失效形式都与链速有关。试验研究表明，对于中等速度、润滑良好的传动，承载能力主要受链板疲劳断裂的限制；当小链轮转速较高时，承载能力主要取决于滚子、套筒的冲击疲劳强度；转速再高时，则要受到销轴和套筒抗胶合能力的限制。

图10-27所示，曲线1至曲线4是在一定使用寿命和润滑良好条件下，通过实验作出的单排链各种扶效形式限定的极限功率曲线；曲线5是润滑良好条件下的额定功率曲线，是实际使用的功率曲线。由图10-27可知，在润滑良好、中等转速条件的链传动中，链传动的承载能力主要取决于链板的疲劳强度；随着转速的增高，链传动多边形效应的增大，链传动的承荔能力主要取决于滚子、套筒冲击疲劳强度；转速越高，承载能力越低，并会出现胶合失效。

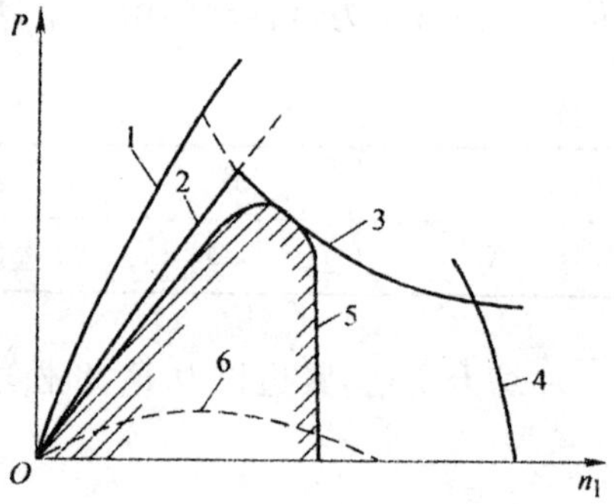

1—铰链磨损限定；2—链板疲劳强度限定 3—套筒、滚子冲击疲劳强度限定；4—铰链胶合限定；5—额定功率曲线；6—润滑不良、工况环境恶劣，由磨损限定

图10-27 极限功率曲线

图10-28所示为A系列常用滚子链的额定功率曲线图，它是由特定实验条件测得的数据绘制而成的。特定的实验条件为：单排链水平布置，载荷平稳，小链轮的齿数 $z_1=19$，链长 $L_p=100$ 节，工作寿命为15000h，按照推荐的润滑方式润滑，如图10-29所示，链条因磨损而引起的链节距相对伸长量不超过3%。根据小链轮的

转速 n_1，由图 10-28 可查出各种型号链在链速 $v>0.6\text{m/s}$ 情况下允许传递的额定功率 P_0。当所设计链传动不符合上述规定的实验条件时，由图 10-271 查出的额定功率 P_0 应进行修正。

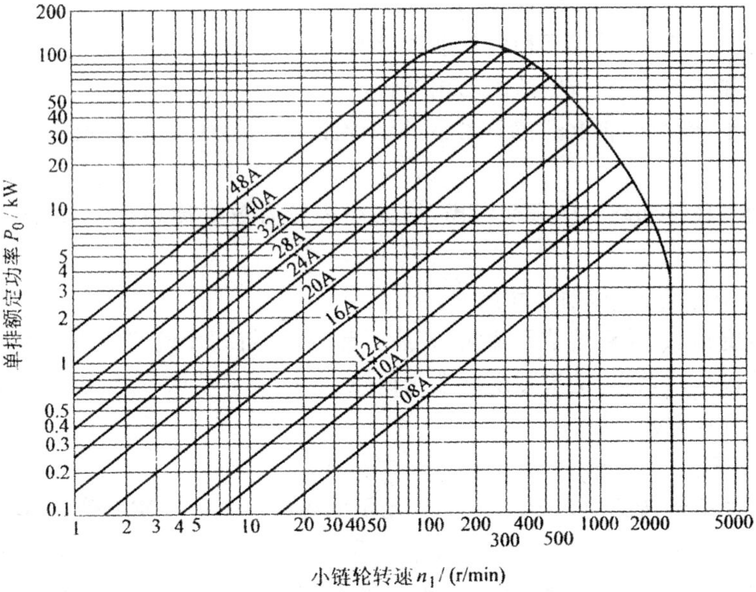

图 10-28　A 系列滚子链的额定功率曲线($v>0.6\text{m/s}$)

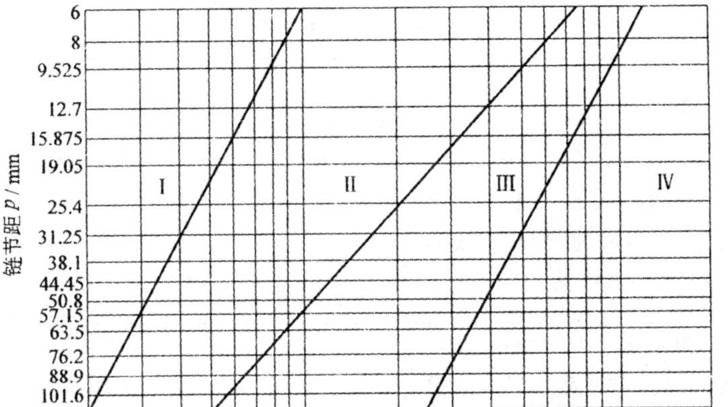

Ⅰ—人工定期润滑；Ⅱ—滴油润滑；Ⅲ—油浴或飞溅润滑；Ⅳ—压力喷油润滑

图 10-29　推荐的润滑方式

3. 设计步骤和设计方法

设计链传动时，一般已知的条件为：传递的功率 P、载荷性质、工作条件、小链轮和大链轮的转速 n_1 和 n_2（或传动比 i）。设计内容为：确定链轮的齿数 z_1 和 z_2、链节距 p、排数 n、中心距 a、润滑方式等。设计步骤如下。

(1)传动比 i

链传动的传动比一般 $i\leqslant 8$，在低速和外廓尺寸不受限制的地方允许到 10，推荐传动比 $i=2\sim3.5$。如传动比过大，则链包在小链轮上的包角过小，啮合的齿数太少，每个轮齿所受的载荷增大，并加速轮齿的磨损，容易出现跳齿，破坏正常啮合，且使外廓尺寸增大。

(2)链轮齿数 z_1 和 z_2

小链轮的齿数对传动平稳性和使用寿命有很大的影响,故首先应合理选择小链轮齿数 z_1 。小链轮齿数 z_1 不宜过少,过少时会出现下列现象:

①多边形效应显著,传动不平稳性和动载荷增大。

②链条进入和退出啮合时,链节间的相对转角增大,从而增大功率消耗,使铰链磨损加剧。

③链轮直径小,则小链轮上的包角也小,每个轮齿所受的载荷增加,链传递的圆周力大,加速了链条的磨损。

从增加传动平稳性和减少动载荷考虑,增大小链轮齿数对传动有利,但 z,不宜过大过大时会出现下列现象:

①因为 z_1 大,z_2 更大,传动尺寸增大。

②链条铰链磨损后,导致链节距增大,容易引起脱链,将缩短链的使用寿命。

在选取链轮齿数时,由于链节数最好选用偶数,为使链传动磨损均匀,链轮齿数最好选质数或不能整除链节数的数。

(3)计算功率 P_{ca}

计算功率可根据传递的功率 P,并考虑原动机的种类和载荷性质而确定。

$$P_{ca} = K_A P$$

式中,P_{ca} 为计算功率,单位为 kw;P 为传递的功率,单位为 kw;K_A 为工作情况系数,具体可见表 10-10 所示。

表 10-10 工作情况系数

工况		输入动力种类		
		内燃机—液力传动	电传动或汽轮机	内燃机—机械传动
平稳载荷	液体搅拌机、中小型离心式鼓风机、离心式压缩机、谷物机械、均匀载荷输送机、发电机、均匀载荷不反转的一般机械	1.0	1.0	1.2
中等冲击	半液体搅拌机、三缸以上往复压缩机、大型或不均匀负载输送机、中型起重机和升降机、金属切削机床、食品机械、木工机械、印染纺织机械、大型风机、中等脉动载荷不反转的一般机械	1.2	1.2	1.4
严重冲击	船用螺旋桨,制砖机,单、双缸往复压缩机,挖掘机,往复式、振动式输送机,破碎机,重型起重机械,石油钻井机械,锻压机械,线材拉拔机械,冲床,严重冲击、有反转的机械	1.4	1.5	1.7

(4)选择链的型号、确定链节距和链排数

链的节距越大,链和链轮齿各部尺寸也越大,链的承载能力也越大,但传动的速度不均匀性、动载荷、噪声等都将增加。因此设计时,在满足承载能力的条件下,应尽量选取较小节距的单排链。高速重载时,可选用小节距的多排链;当载荷大、中心距小、传动比大时,选用小节距的多排链；当速度不高、中心距大、传动比小时，选用大节距的单排链较为经济。

链的型号可根据链传动的额定功率 P_0 和小链轮转速 n_1 由图 10-27 确定，链的节距根据所确定链的型号查表。由于链传动的实际工作情况与特定的实验条件一般不同，因此应对链传动的额定功率进行修正，即

$$P_0 \geqslant \frac{P_{ca}}{K_z K_L K_P}$$

式中，P_0 为在特定条件下，单排链所能传递的额定功率(图 10-27)，单位为 kW；K_z 为小链轮齿数系数，其值可查表 10-11；K_L 为链长系数，其值可查表 10-11；K_P 为多排链系数，其值可查表 10-12。

表 10-11　小链轮齿数系数墨和链长系数

链传动工作在图 10-27 中的位置	位于功率曲线顶点左侧时(链板疲劳)	位于功率曲线顶点右侧时(滚子、套筒冲击疲劳)
小链轮齿数系数 K_z	$\left(\frac{L_P}{100}\right)^{0.26}$	$\left(\frac{z_1}{19}\right)^{1.5}$
链长系数 K_L	$\left(\frac{z_1}{19}\right)^{1.5}$	$\left(\frac{L_P}{100}\right)^{0.5}$

表 10-12　多排链系数 K_P

排数	1	2	3	4	5	6
K_P	1	1.7	2.5	3.3	4.0	4.6

当不能保证图 10-28 中推荐的润滑方式时，链可能首先发生磨损失效，则图 10-27 中的额定功率 P_0 值应修正。

当 $v \leqslant 1.5$m/s，润滑不良时，额定功率降至(0.3～0.6) P_0 无润滑时，额定功率降至 0.15 P_0(寿命不能保证 15000h)。

当 1.5m/s< $v \leqslant$7m/s，润滑不良时，额定功率降至(0.15～0.30) P_0 。

当 v >7m/s，润滑不良时，传动不可靠，不宜采用。

(5)链的长度和中心距

中心距对传动性能有较大的影响。若中心距过小，则小链轮上的包角也小，每个轮齿所受的载荷增加；且链速一定时，单位时间内链节的曲伸次数和应力变化次数增加，从而使链的寿命降低。若中心距过大，则易使链条抖动，且结构尺寸增大。当不受其他条件限制时，一般可初选中心距 a_0 =(30～50)p，最大中心距 $a_{max} \leqslant 80p$。当有张紧装置时，可选 $a_0 > 80p$。

链的长度常用链节数 L_P 表示。按带传动求带长的公式可导出

$$L_P = \frac{2a_0}{p} + \frac{z_1 + z_2}{2} + \left(\frac{z_1 - z_2}{2\pi}\right)^2 \frac{p}{a_0}$$

由此算出的链节数必须圆整为整数，且最好为偶数；然后根据圆整后的链节数用下式计算理论中心距，即

$$a = \frac{p}{4}\left[\left(L_P - \frac{z_1 + z_2}{2}\right) + \sqrt{\left(L_P - \frac{z_1 + z_2}{2}\right)^2 - 8\left(\frac{z_2 - z_1}{2\pi}\right)^2}\right]$$

为了使链条松边有合理的垂度，实际中心距应略小于理论中心距，减小量为 Δa =(0.002～0.004)。若中心距不可调节而又没有张紧装置时，Δa 应取小值。实际中心距为

$$a' = a - \Delta a$$

(6)作用于轴上载荷 F_p

链传动作用在轴上的载荷(简称压轴力)可近似取为

$$F_p \approx 1.2F_e$$

式中，F_e 为链传动的有效圆周力，单位为 N。

4. 低速链的静强度计算

对于 $v < 0.6\text{m/s}$ 的低速链传动，链的主要失效形式是过载拉断，故按静强度设计条件计算，即

$$S_{ca} = \frac{F_{lim} n}{K_A F_1}$$

式中，S_{ca} 为链抗拉静强度计算安全系数；F_{lim} 为单排链的极限拉伸载荷，单位为 kN，其值可查表；n 为链的排数；K_A 为工作情况系数，其值可查表；F_1 为链的紧边拉力，单位为 kN。

图 10-30 所示为滚子链传动的设计计算流程图。

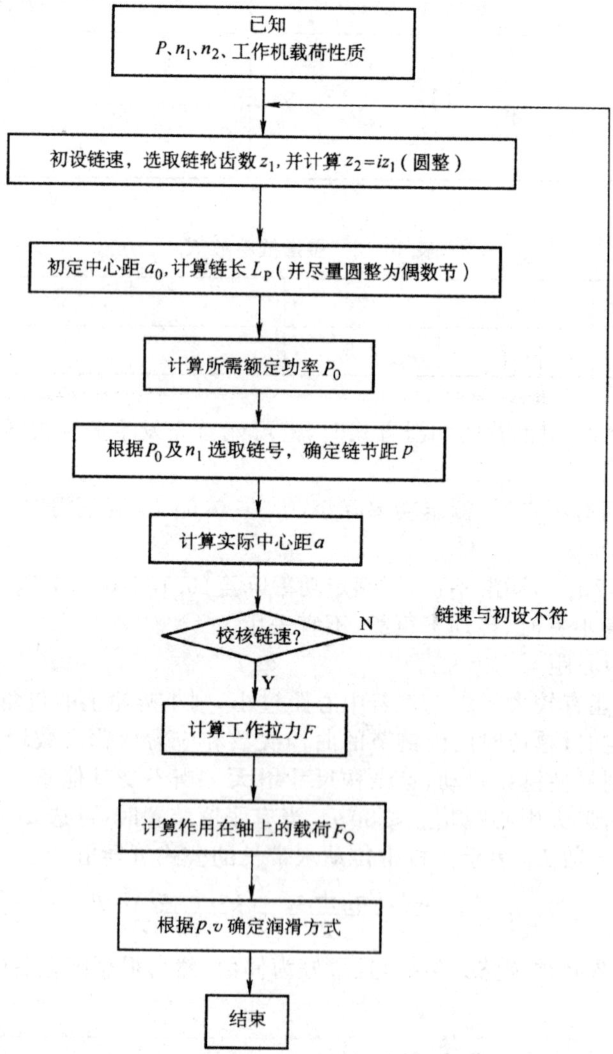

图 10-30 滚子链传动的设计计算流程图

10.3.5 链传动的使用和维护

1. 链传动的合理布置

链传动布置的一般原则是：两链轮的回转平面位于同一铅垂面内；两链轮中心连线与水平面夹角 $\alpha < 45°$，最好为水平线（$\alpha = 0°$）；必要时应设置张紧轮或托板等张紧装置。

在确定链传动的总体结构方案时，根据具体的设计参数，可参考表 10-13 选择合适的传动布置形式。

表 10-13　链传动的布置

传动参数	正确布置	不正确布置	说　明
$i = 2 \sim 3$ $a = (30 \sim 50)P$	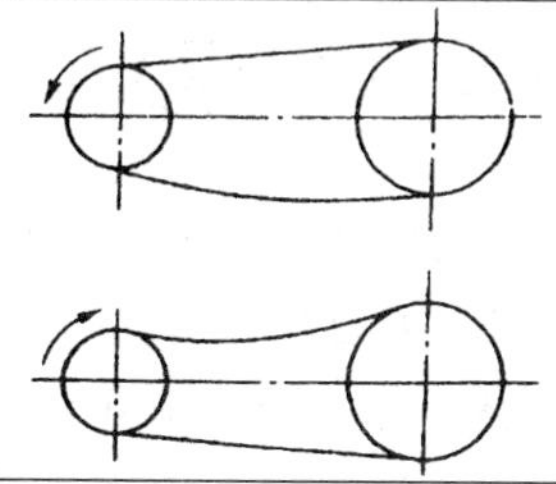		传动比和中心距大小均比较适中两链轮轴线在同一水平面上，紧边在上较好，但也允许紧边在下
$i > 2$ $a < 30P$	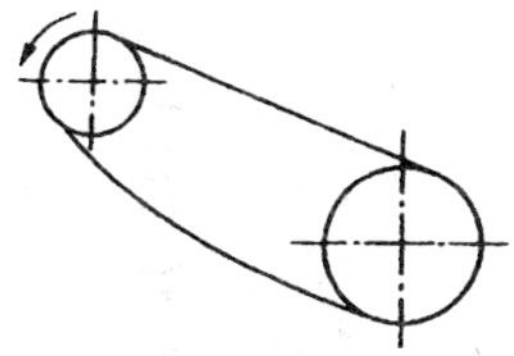	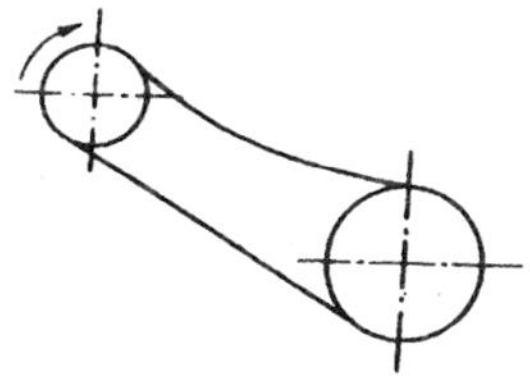	传动比较大而中心距较小两链轮轴线不在同一水平面上，松边应在下面，否则松边下垂量增大后，容易导致链节与链轮卡死
$i < 1.5$ $a > 60P$	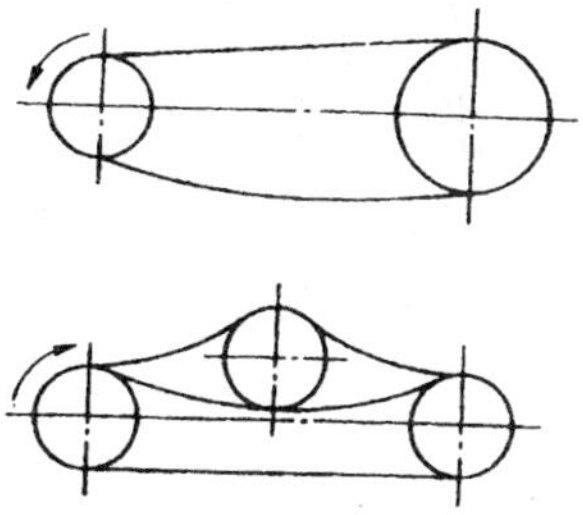		传动比较小而中心距较大两链轮轴线在同一水平面，松边应在下面，否则松边容易因下垂量增大而与紧边相碰，需经常调整中心距
i、a 为任意值 （垂直传动）	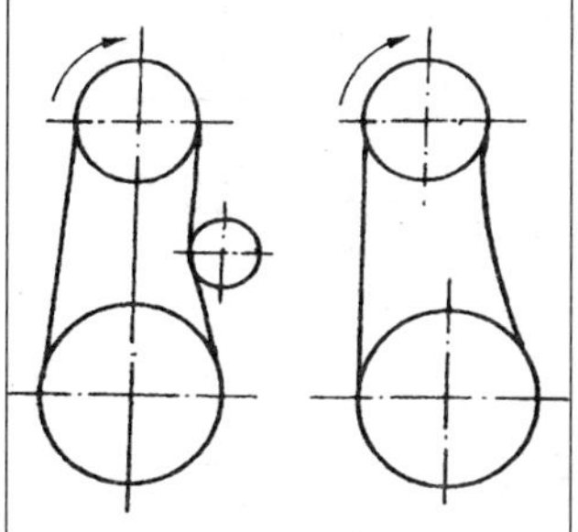	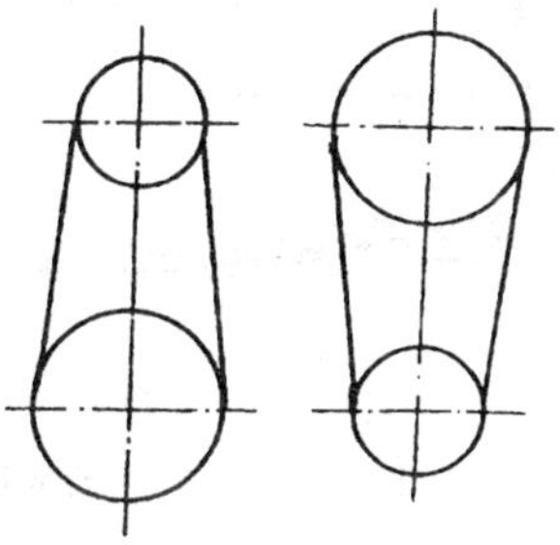	两链轮轴线在同一铅垂面内，下啮合齿数，从而降低传动能力垂量增大后，会减少下链轮的有效 可采取的措施有： ①中心距可调 ②设置张紧轮 ③上、下链轮偏置，使两轮轴线不在同一铅垂面内

2. 链传动的张紧

链传动的安装初拉力是通过控制松边垂度 y 大小获得的，一般取 $y=(0.01\sim0.02)a$ 垂度太小会增大链的拉力，加速链的磨损，并使轴和轴承所受载荷增大；但如果垂度过大，链过于松弛，链传动工作中则极易发生啮合不良和链的振动现象。链传动张紧的主要目的就是尽量消除松边垂度过大对链传动的不利影响。

链传动的张紧方法很多，最常用的是通过调节两链轮的中心距实现张紧。当中心距不可调时，常用的张紧装置有：

①张紧轮[图 10-31(a)、(b)]，通过定期或自动调整张紧轮的位置使链张紧，一般宜将张紧轮安装在链的松边且靠近主动轮的位置上。张紧轮可以是有齿的链轮或无齿的滚轮，张紧轮的直径与小链轮的直径接近为好。

②托板[图 10-31(c)]或压板，托板适用于大中心距链传动的垂度控制，托板上装有软钢、塑料或耐油橡胶衬轨，工作时滚子在衬轨上滚动；中心距更大时，可将托板分成两段，借助中间 6～10 节链的自重下垂张紧；压板多用于多排链，一般压在松边外侧。另外，对于中心距不可调且没有张紧装置的链传动，可采用缩短链长(即拆掉部分偶数节链节)的方法对因磨损而变长的链重新张紧。

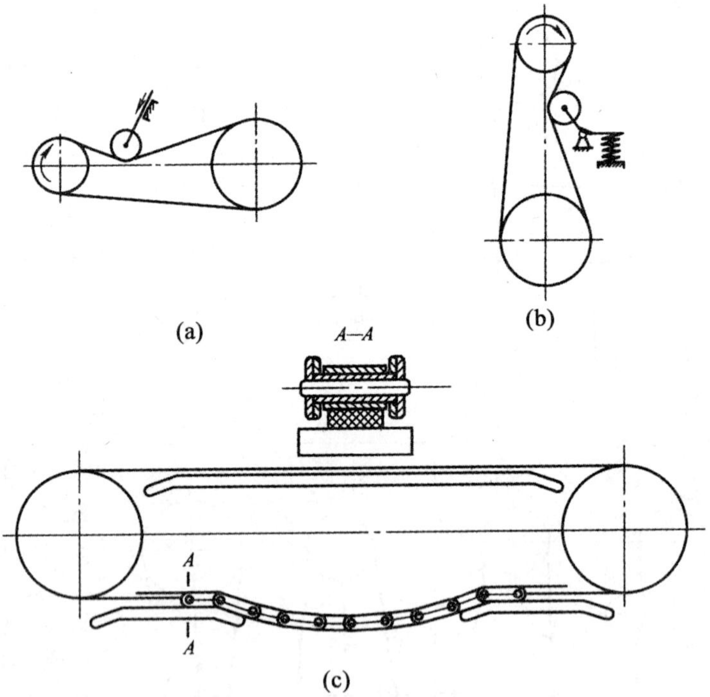

图 10-31 链传动的张紧装置

3. 链传动的润滑

润滑对于链传动、尤其是高速及重载链传动十分重要，良好的润滑有利于缓和冲击、减轻磨损、延长链传动的使用寿命。

对于闭式链传动，应根据其动力及运动参数选择合适的润滑方式。而对于开式链传动及润滑不便的链传动，可定期将链拆下，用煤油清洗链和链轮，干燥后将链浸入 70℃～80℃的润滑油中，待铰链间隙中充满油后再安装使用。

润滑油可选用 L—AN32、L—AN46 或 L—AN68 全损耗系统用油，温度较高或载荷较大时，宜选用粘度较高的润滑油；反之，则选用粘度较低的润滑油。当链轮转速很低无法供油时，可采用脂润滑。

4. 链传动的维护

在链传动的使用过程中，保持定期检查和良好的维护是很重要的，也是非常必要的。一方面可以保证链传动的正常工作，充分发挥链传动的工作能力；另一方面又可有效地延长其使用寿命。在链传动的使用和维护中应采取的措施有：定期清洗链与链轮以保持其良好的工作状态，及时更换损坏的链节等。为了保证工作安全，可为链传动设置护罩，护罩同时还可以起到防尘和降噪作用。

10.4　齿轮传动

齿轮传动是机械传动中最重要的传动之一，形式很多，应用广泛，传递的功率可以达到 10^5kW，圆周速度可达 200m/s，齿轮的直径能做到 10m 以上，单级传动比可达 8 或更大。常见的齿轮传动应用场合包括家用电器的机械定时器、汽车变速箱和差速器、机床主轴箱以及用于各种物料输送机械的齿轮减速器等。

10.4.1　齿轮传动概述

1. 齿轮传动类型

(1)齿轮传动因装置形式分类

齿轮传动因装置形式不同分为开式、半开式及闭式。农业机械、建筑机械及简易的机械设备中，有一些齿轮传动没有防尘罩或机壳，齿轮完全暴露在外边，这种称为开式齿轮传动。开式齿轮传动不仅外界杂物极易侵入，而且润滑不良，因此工作条件不好，轮齿也容易磨损，故只用于传递功率小、圆周速度低、不重要的机械中。当齿轮传动装有简单的防护罩，有时还把大齿轮部分地浸入油池中，则称为半开式齿轮传动。它的工作条件虽有改善，但仍不能做到严密防止外界杂物侵人，润滑条件也不算最好。汽车、机床、航空发动机等所用的齿轮传动，都是装在经过精确加工而且封闭严密的箱体(机匣)内，这称为闭式齿轮传动(齿轮箱)。它与开式或半开式的相比，润滑及防护等条件最好，多用于传递功率大、圆周速度高、使用寿命长及重要的场合。

(2)根据齿轮传动使用分类

根据齿轮传动使用情况不同，有低速、高速，及轻载、重载之别。

(3)根据齿轮材料的性能及热处理工艺分类

根据齿轮材料的性能及热处理工艺的不同，有硬齿面齿轮和软齿面齿轮。硬齿面齿轮是指齿面硬度高于 350HBS 或 38HRC 的齿轮，通常为钢材经表面淬火或渗碳淬火或渗氮处理获得。硬齿面齿轮的承载能力大、寿命长，主要用于载荷大、尺寸要求紧凑的场合。软齿面齿轮是指齿面硬度低于 350HBS 或 38HRC 的齿轮，通常为钢材经正火或调质处理获得。软齿面齿轮的承载能力较低，一般用于载荷不大或尺寸较大的齿轮。

2. 齿轮传动的特点

(1)结构紧凑、传动效率高

在常用的机械传动中，齿轮传动所需的空间尺寸一般较小，且齿轮传动的效率很高，如一级圆柱齿轮传动的效率可达99%，这对大功率传动十分重要。

(2)功率和速度适用范围广

带传动和链传动的圆周速度都有一定的限制，而齿轮传动可以达到的速度要大得多。

(3)工作可靠、寿命长

齿轮传动若设计制造正确合理、使用维护良好，工作将十分可靠，寿命可长达一二十年，这也是其他机械传动所不能比拟的。这对车辆及在矿井内工作的机械尤为重要。

(4)瞬时传动比为常数

齿轮传动是一种可以实现恒速、恒传动比的机械啮合传动形式，齿轮传动广泛应用的最重要原因之一是其能够实现稳定的传动比。

但是齿轮的制造及安装精度要求高，价格较贵，且不宜用于传动距离过大的场合。

齿轮传动类型很多，以适应不同要求，但从传递运动和动力要求出发，各种齿轮传动都必须解决以下两个基本问题。

①传动平稳，涉及齿轮啮合原理方面的许多内容，在机械原理课程中有较详细的介绍。

②承载能力足够：要求齿轮传动在尺寸和质量较小的情况下，保证正常使用所需的强度、耐磨性等要求，以期在使用寿命内不发生失效。

10.4.2 齿轮传动的失效形式和设计准则

齿轮传动的失效形式机械零件在工作中的可能的失效形式是拟定其设计准则的依据。正常情况下，齿轮传动的失效主要发生在轮齿上。轮齿的失效形式很多，但归结起来可分为齿体损伤失效(如轮齿折断)和齿面损伤失效(如点蚀、胶合、磨粒磨损、塑性变形)两大类。

1. 轮齿折断

就损伤机理来说，轮齿折断分为疲劳折断和过载折断两种。轮齿工作时相当于一个悬臂梁，齿根处产生的弯曲变应力最大，再加上齿根过渡部分的截面突变及加工刀痕等引起的应力集中作用，当轮齿重复受载后，其弯曲应力超过弯曲疲劳极限时，齿根受拉一侧将产生微小的疲劳裂纹。随着变应力的反复作用，裂纹不断扩展，最终将引起轮齿折断，这种折断称为疲劳折断。由于冲击载荷过大或短时严重过载，或轮齿磨损严重减薄，导致静强度不足而引起的轮齿折断，称为过载折断。图10-32所示为轮齿折断的两种不同形态。

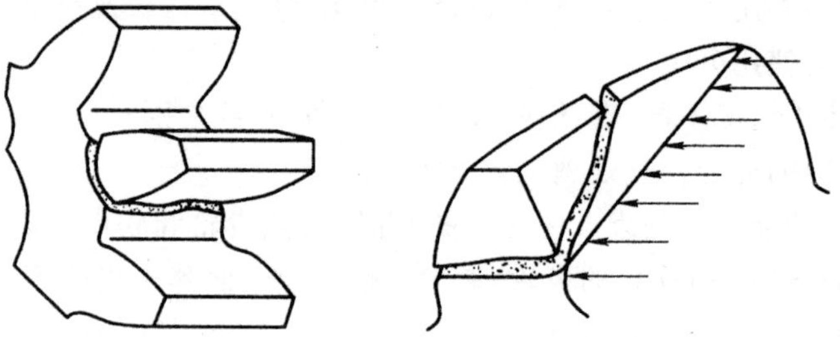

(a)　　　　(b)

(a) **整体折断**；(b) **局部折断**

图10-32　轮齿折断

从形态上看，轮齿折断有整体折断和局部折断。直齿轮的轮齿一般发生整体折断(图 10-32a)。接触线倾斜的斜齿轮和人字齿轮，以及齿宽较大而载荷沿齿向分布不均的直齿轮，多发生轮齿局部折断(图 10-32b)。

增大齿根过渡圆角半径、降低表面粗糙度值、齿面进行强化处理、减轻齿面加工损伤等，均有利于提高轮齿抗疲劳折断能力。而增大轴及支承的刚性，尽可能消除载荷的分布不均匀现象，则有利于避免轮齿的局部折断。

为防止轮齿的疲劳折断和过载折断，在设计中，需分别计算轮齿齿根的弯曲疲劳强度和静强度。

2. 齿面胶合

胶合是相啮合齿面的金属在一定压力下直接接触发生粘着，同时随着齿面的相对运动使相粘结的金属从齿面上撕脱，在轮齿表面沿滑动方向形成沟痕的现象。齿轮传动中，齿面上瞬时温度愈高、滑动系数愈大的地方，愈容易发生胶合，通常在轮齿顶部胶合最为明显，具体可见图 10-33所示。

一般来说，胶合总是在重载条件下发生的。按其形成的条件不同，可分为热胶合和冷胶合。热胶合发生于高速重载齿轮传动中，由于齿面的相对滑动速度高，导致啮合区温度升高，使齿面油膜破裂，造成两齿面金属直接接触而发生胶合。冷胶合发生于低速重载的齿轮传动中，虽然齿面的瞬时温度并无明显增高，但是由于齿面接触处局部压力过大，且齿面的相对滑动速度低，不易形成润滑油膜，使两齿面金属直接接触而发生胶合。

提高齿面硬度，降低齿面粗糙度值，对于低速齿轮传动采用粘度较大的润滑油，高速传动采用抗胶合能力强的润滑油等，均可防止或减轻齿面胶合。为了防止胶合，对于高速重载的齿轮传动，需进行胶合承载能力计算。

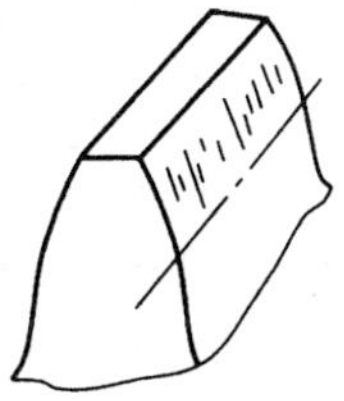

图 10-33　齿面胶合

3. 齿面点蚀

轮齿工作时，其工作表面上任一点处所产生的接触应力是按脉动循环变化的。齿面长时间在这种应力作用下，将导致齿面金属以甲壳状的小片微粒剥落，这种现象称为齿面点蚀。齿面点蚀将使轮齿失去正确的齿形，传动的振动和噪声变大，最终导致齿轮的报废。

实践证明，点蚀多发生在轮齿节线附近靠齿根的一侧，具体可见图 10-34 所示。这主要是由于一对齿廓在节线(对应的啮合点在节点处)附近啮合时，两齿轮之间通常只有一对轮齿啮合，齿面接触应力较高的缘故。

齿面点蚀通常发生在润滑良好的闭式齿轮传动中。在开式传动中，由于齿面磨损较快，点蚀还来不及出现或扩展即被磨掉，所以一般看不到点蚀现象。

提高齿面硬度，降低齿面粗糙度值，采用合理的变位，采用粘度较高的润滑油，减小动载荷等，都能防止或减轻点蚀的发生。

为了防止出现齿面点蚀，在设计中，需进行齿面接触疲劳强度计算。

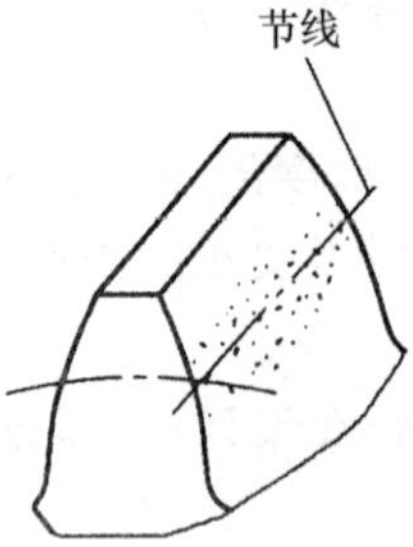

图 10-34 齿面点蚀

4. 齿面磨粒磨损

在开式齿轮传动中，由于灰尘、硬屑粒等进入齿面之间而引起齿面的磨粒磨损。磨粒磨损不仅导致轮齿失去正确的齿形，如图 10-35 所示，而且还会由于齿厚不断减薄最终引起断齿。

在闭式齿轮传动中，只要经常更换和清洁润滑油，一般不会发生磨粒磨损。

采用闭式齿轮传动是避免齿面磨粒磨损最有效的方法。提高齿面硬度，降低齿面粗糙度值，保持良好润滑，可大大减轻齿面磨粒磨损。

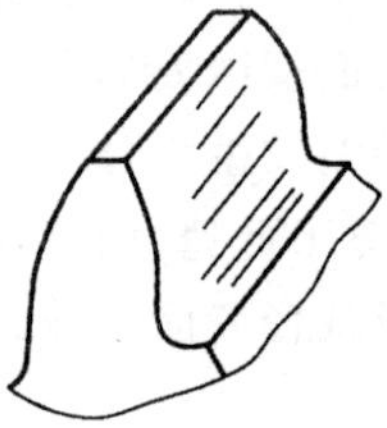

图 10-35 齿面过度磨损

5. 齿面塑性变形

对于用硬度较低的钢或其他较软材料制造的齿轮，当承受重载荷时，在摩擦力的作用下，齿面材料将沿摩擦力方向产生塑性流动，从而导致齿面产生塑性变形。由于齿轮工作时主动轮齿面受到的摩擦力方向背离节圆，从动轮齿面受到的摩擦力方向指向

节圆，所以在主动轮轮齿上的节线位置将被碾出沟槽，而在从动轮轮齿上的节线位置被挤出凸棱，如图 10-36 所示，从而破坏原有的正确齿形。这种失效形式多发生在低速、重载和起动频繁的传动中。

提高轮齿齿面硬度，采用高粘度的或加有极压添加剂的润滑油，均有利于减缓或防止齿面塑性变形。

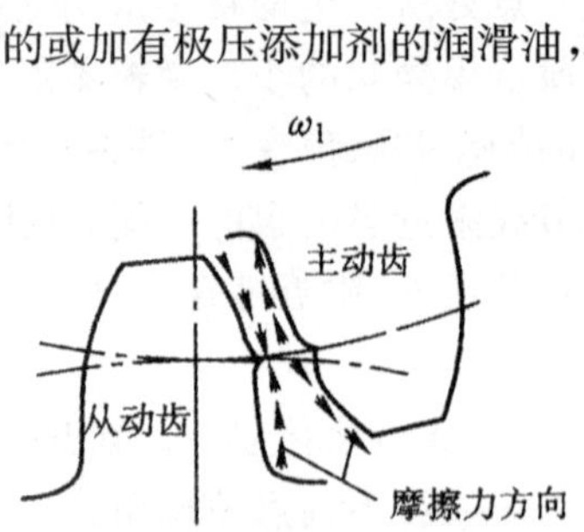

图 10-36 齿面的塑性变形

齿轮传动的不同失效形式，对应于不同的设计准则。因此，设计齿轮传动时，应根据具体的工作条件，在分析其主要失效形式的前提下，选用相应的设计准则，进行相应的计算。

由于目前对于轮齿的齿面磨损、塑性变形尚未建立起实用、完整的计算方法；而对于一般的齿轮传动，通常又不会发生胶合失效。所以，设计一般的闭式齿轮传动时，针对轮齿的疲劳折断和齿面点蚀两种失效形式，通常主要计算轮齿的齿根弯曲疲劳强度和齿面接触疲劳强度。

对于闭式软齿面齿轮传动，其最可能的失效形式为齿面点蚀，故通常先按齿面接触疲劳强度进行设计计算（确定出主要参数和尺寸），然后校核齿根弯曲疲劳强度。

对于闭式硬齿面齿轮传动，其最可能的失效形式为轮齿折断，故通常先按齿根弯曲疲劳强度进行设计计算，然后校核齿面接触疲劳强度。

对于开式齿轮传动，其主要失效形式是齿面磨损和因磨损导致的轮齿折断。通常只进行齿根弯曲疲劳强度计算。考虑到磨损对齿厚的影响，一般采用降低轮齿许用弯曲应力的办法（如将闭式传动的许用应力乘以 0.7～0.8）或将计算出来的模数适当增大（增大 10%～15%）的办法来解决。

如果齿轮传动在工作时有偶然过载或短期尖峰载荷出现，为避免轮齿过载折断或塑性变形，应当进行轮齿的静强度计算。

对于按设计手册中给出的经验公式设计的齿轮轮毂、轮辐、轮缘等部位，通常不会发生破坏，因此不必进行强度计算。

10.4.3 齿轮的材料及其选择

1. 齿轮材料基本要求

由轮齿的失效形式可知，设计齿轮传动时，应使齿面具有较高的抗磨损、抗点蚀、抗胶合及抗塑性变形的能力，而齿根要有较高的抗折断的能力。因此，对齿轮材料性能的基本要求为：齿面要硬、齿心要韧。

2. 常用齿轮材料和热处理

齿轮最常用的材料是钢材，钢材韧性好，耐冲击，还可通过热处理或化学热处理改善其力学性能及提高齿面的硬度。其次是铸铁，还有非金属材料。

(1)锻钢

除尺寸过大或者是结构形状复杂只宜铸造者外，一般都用锻钢制造齿轮，常用的是碳的质量分数在 0.15%～0.6%的碳钢或合金钢。

软齿面齿轮可由调质或常化（正火）得到，切齿可在热处理后进行，其精度一般为 8 级，精切时可达 7 级。

硬齿面齿轮多是先切齿，再作表面硬化处理，最后进行精加工，精度可达 5 级或 4 级。这类齿轮精度高，价格较贵。所用热处理方法有整体淬火、表面淬火、渗碳淬火、渗氮及碳氮共渗等。所用材料视具体要求及热处理方法而定。

软齿面齿轮制造简便、经济、生产率高，但齿面强度低。若改用硬齿面，则齿面接触强度大为提高，在相同条件下，传动尺寸要比软齿面的小得多。同时，也有利于提高抗磨损、抗胶合和抗塑性变形的能力。因此，采用合金钢、硬齿面齿轮是当前发展的趋势。采用硬齿面齿轮时，除应注意材料的力学性能外，还应适当减少齿数、增大模数，以保证轮齿具有足够的弯曲强度。

(2)铸铁

普通灰铸铁的铸造性能和切削性能好,价廉,抗点蚀和抗胶合能力强,但弯曲强度低、冲击韧度差,常用于低速、无冲击和大尺寸的场合。铸铁中石墨有自润滑作用,尤其适用于开式齿轮传动。铸铁性脆,为避免载荷集中引起齿端折断,齿宽宜较窄。

球墨铸铁的力学性能和抗冲击性能远高于灰铸铁,可替代某些调质钢制造大齿轮。

(3)铸钢

铸钢齿轮常用碳的质量分数为0.35%~0.55%的碳钢或合金钢制造,其耐磨性及强度均较好,但应经退火及常化处理以消除残余应力和硬度不均匀现象,必要时也可进行调质。铸钢常用于制造尺寸较大的齿轮(齿顶圆直径 $d_a \geqslant 400$mm)。

(4)非金属材料

高速、轻载和精度要求不高的齿轮传动,可采用非金属材料(如夹布塑胶、尼龙等)制造小齿轮。非金属材料的弹性模量较小,可减轻因制造和安装不精确所引起的不利影响,减小传动时的噪声。由于非金属材料的导热性差,与其啮合配对的齿轮仍应采用钢或铸铁制造,以利于散热。

常用齿轮材料及其力学性能见表10-14所示。

表10-14 常用齿轮材料及其力学性能

材料牌号	热处理方法	拉伸强度极限 σ_b /MPa	屈服极限 σ_s /MPa	硬度HBW	
				齿心部	齿面
HT250		250		170~241	
HT300		300		187~255	
HT350		350		197~269	
QT500—5		500		147~241	
QT600—2		600		229~302	
ZG310—570	常化	580	320	156~217	
ZG340—640		650	350	169~229	
45		580	290	162~217	
G40—640	调质	700	380	241~269	
45		650	360	217~255	
30CrMnSi		1100	900	310~360	
35SiMn		750	450	217~269	
38SiMnMo		700	550	217~269	
40Cr		700	500	241~286	
45	调质后表			217~255	40~50HRC
40Cr	面淬火			241~286	48~55HRC

续表

材料牌号	热处理方法	拉伸强度极限 σ_b /MPa	屈服极限 σ_s /MPa	硬度 HBW	
				齿心部	齿面
20Cr	渗碳后淬火	650	400	300	58～62HRC
20CrMnTi		1100	850		
12Cr2Ni4		1100	850	320	
20CrNi4		1200	1100	350	
35CrAlA	调质后渗氮(氟化层厚 $\delta \geqslant 0.3 \sim 0.5$min)	950	750	255～321	>850HV
38CrMoAlA		1100	850		
夹布塑胶		100		25～35	

注:40cr 钢可用 40MnB 或 40MnVB 钢代替,20Cr、20CrMnTi 钢可用 20M2B 或 20MnVB 利代替。

3. 齿轮材料的选择原则

齿轮材料的种类很多,在选择时应考虑的因素也很多,下述几点可供选择材料时参考:

①齿轮材料必须满足工作条件的要求。例如,对于要求质量小、传递功率大和可靠性高的齿轮传动,必须选择力学性能高的合金钢;矿山机械中的齿轮传动,一般功率很大、工作速度较低、周围环境中粉尘含量极高,因此往往选择铸钢或铸铁等材料;家用及办公用机械的功率很小,但要求传动平稳、低噪声或无噪声以及能在少润滑或无润滑状态下正常工作,因此常选用工程塑料作为齿轮材料。总之,工作条件的要求是选择齿轮材料时首先应考虑的因素。

②应考虑齿轮尺寸的大小、毛坯成形方法及热处理和制造工艺。大尺寸的齿轮一般采用铸造毛坯,可选用铸钢或铸铁作为齿轮材料。中等或中等以下尺寸要求较高的齿轮常选用锻造毛坯,可选择锻钢制作。尺寸较小而又要求不高时,可选用圆钢做毛坯。

采用渗碳工艺时,应选用低碳钢或低碳合金钢作齿轮材料;渗氮钢和调质钢能采用渗氮工艺;采用表面淬火时,对材料没有特别的要求。

③正火碳钢,不论毛坯的制作方法如何,只能用于制作在载荷平稳或轻度冲击下工作的齿轮,不能承受大的冲击载荷;调质碳钢可用于制作在中等冲击载荷下工作的齿轮。

④合金钢常用于制作高速、重载并在冲击载荷下工作的齿轮。

⑤金属制的软齿面齿轮,配对两轮齿面的硬度差应保持为 30～50HBW 或更多。当小齿轮与大齿轮的齿面具有较大的硬度差(如小齿轮齿面为淬火并磨制、大齿轮齿面为常化或调质),且速度又较高时,较硬的小齿轮齿面对较软的大齿轮齿面会起较显著的冷作硬化效应,从而提高了大齿轮齿面的疲劳极限。因此,当配对的两齿轮齿面具有较大的硬度差时,大齿轮的接触疲劳许用应力可提高约 20%,但应注意硬度高的齿面,表面粗糙度值也要相应地减小。

10.4.4　齿轮的许用应力

齿轮的许用应力是根据试验齿轮的接触疲劳极限和弯曲疲劳极限确定的,试验齿轮的疲劳极限又是在一定试验条件下获得的。当设计齿轮的工作条件与试验条件不同时,需加以修正。经修正后,许用接触应力为

$$[\sigma_{\rm H}]=\frac{\sigma_{\rm Hlim}}{S_{\rm Hlim}}=Z_N$$

许用弯曲应力为

$$[\sigma_{\rm H}]=\frac{\sigma_{\rm Flim}Y_{ST}}{S_{\rm Flim}}Y_N$$

式中，$\sigma_{\rm Hlim}$ 、$\sigma_{\rm Flim}$ 分别为试验齿轮的接触疲劳极限和弯曲疲劳极限，单位为 MPa；Z_N 、Y_N 分别为接触强度和弯曲强度计算的寿命系数；Y_{ST} 为试验齿轮的应力修正系数，按国家标准取 $Y_{ST}=2.0$；$S_{\rm Hlim}$ 、$S_{\rm Flim}$ 分别为接触强度和弯曲强度计算的最小安全系数。

1. 试验齿轮的疲劳极限 $\sigma_{\rm Hlim}$ 、$\sigma_{\rm Flim}$

试验齿轮的疲劳极限是在持久寿命期限内，失效概率为 1%时，经运转试验获得的。接触疲劳极限的试验条件：节点速度 $v=10$m/s，矿物油润滑（运动黏度 $v=100$mm^2/s），齿面平均粗糙度 $R_z=3$ μm。$\sigma_{\rm Hlim}$ 的值可由图 10-38 查得。弯曲疲劳极限的试验条件：$m=3\sim5$mm，$\beta=0°$，$b=10\sim50$mm，$v=-10$ms。齿根表面平均粗糙度 $R_z=10\mu$m，轮齿受单向弯曲。$\sigma_{\rm Flim}$ 值可由图 10-38查得。图 10-37 和图 10-38 中给出的 $\sigma_{\rm Hlim}$ 、$\sigma_{\rm Flim}$ 值有一定的变动范围，这是由于同一批齿轮中，其材质、热处理质量及加工质量等有一定的差异，致使所得到的试验齿轮的疲劳极限值出现较大的离散性。图中，ML 表示齿轮材料品质和热处理质量达到最低要求时 $\sigma_{\rm Hlim}$ 、$\sigma_{\rm Flim}$ 的取值线；MQ 表示齿轮材料品质和热处理质量达到中等要求时 $\sigma_{\rm Hlim}$ 、$\sigma_{\rm Flim}$ 的取值线；ME 表示齿轮材料品质和热处理质量很高时 $\sigma_{\rm Hlim}$ 、$\sigma_{\rm Flim}$ 的取值线。通常可按 MQ 线选取 $\sigma_{\rm Hlim}$ 、$\sigma_{\rm Flim}$ 值。当齿面硬度超过其区域范围时，可将图向右作适当的线性延伸。图中，$\sigma_{\rm Flim}$ 值是在单向弯曲条件即受脉动循环变应力下得到的疲劳极限；对于受双向弯曲的齿轮（如行星轮、中间惰轮等），轮齿受对称循环变应力作用，此时的弯曲疲劳极限应将图示值乘以系数 0.7。

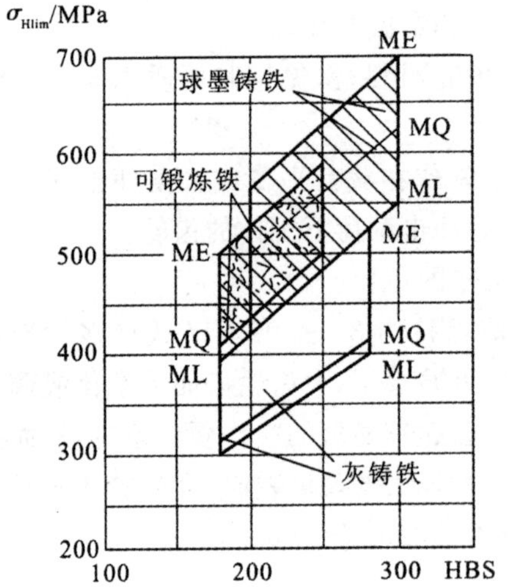

(a)

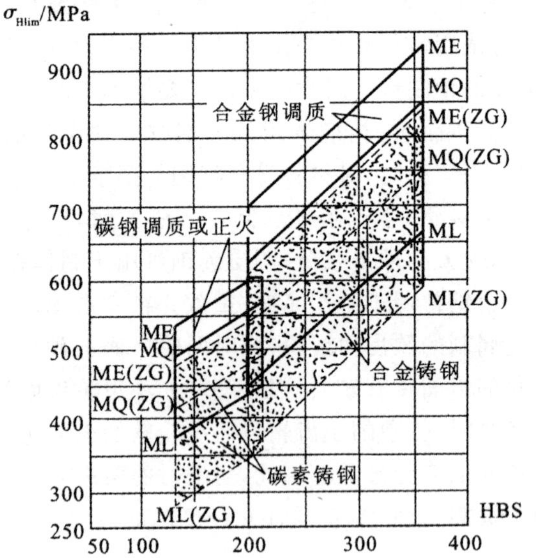

(b)

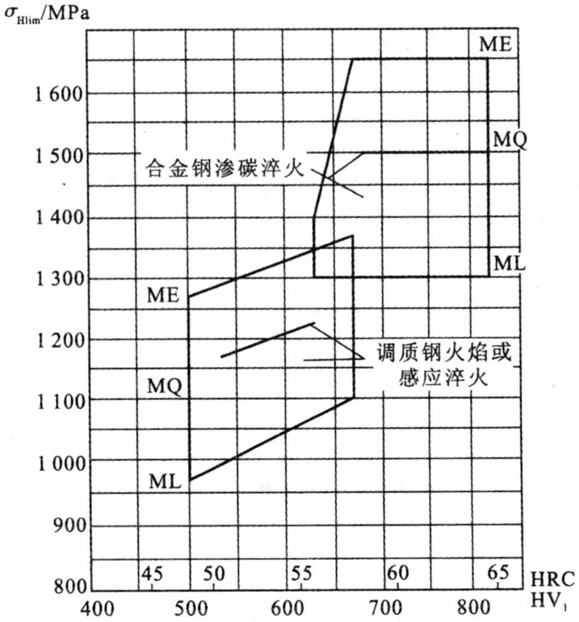

(c)

(a)铸铁;(b)调质钢和铸钢;(c)表面硬化钢

图 10-37　齿面接触疲劳强度 σ_{Hlim}

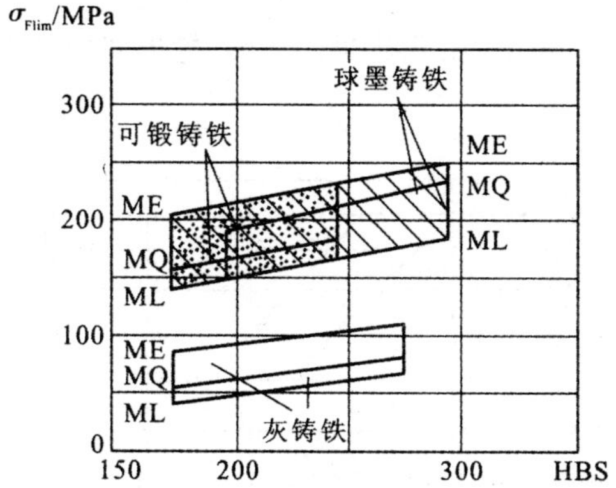

(a)

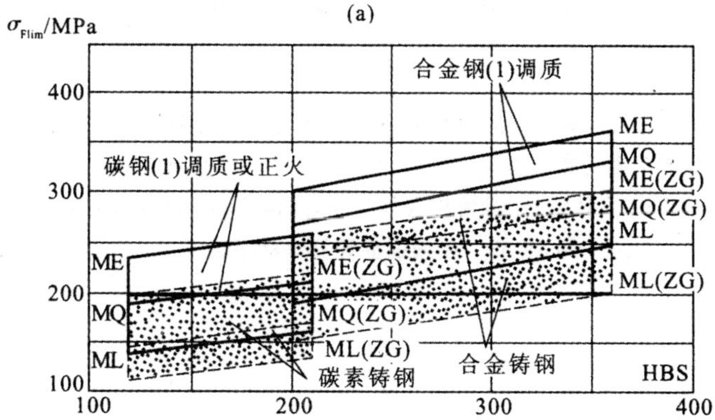

(b)

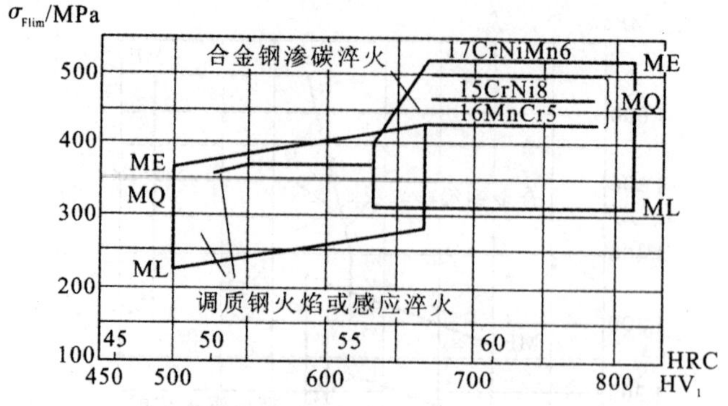

(c)

注:(1)碳的质量百分数>0.32%

(a)铸铁;(b)调质钢和铸钢;(c)表面硬化钢

图 10-38　齿根弯曲疲劳强度 σ_{Flim}

2. 寿命系数 Z_N 、Y_N

因图 10-37、图 10-38 中的疲劳极限是按无限寿命试验得到的数据,当要求所设计的齿轮为有限寿命时,其疲劳极限还会有所提高,应将 σ_{Hlim} 乘以 Z_N 、σ_{Flim} 乘以 Y_N 进行修正。齿轮受稳定载荷作用时,Z_N 按轮齿经受的循环次数 N 由图 10-39 查取,Y_N 按 N 由图 10-40 查取。转速不变时,N 可由下式计算:

$$N = 60nat$$

式中,n 为齿轮转速,单位为 r/min;a 为齿轮每转一转,轮齿同侧齿面啮合次数;t 为齿轮总工作时间,单位为 h。

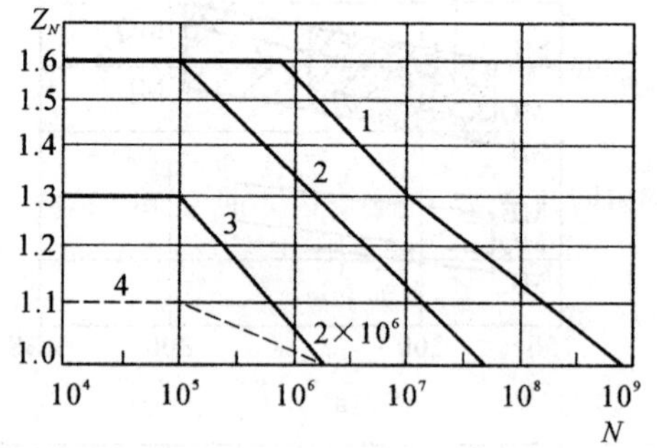

1—碳钢(经正火、调质、表面淬火、渗碳淬火),

球墨铸铁,珠光体可锻铸铁(允许一定的点蚀);2—材料和热处理同 1,不允许出现点蚀;

3—碳钢调质后气体渗氮、渗氮钢气体氮化,灰铸铁;4—碳钢调质后液体渗氮

图 10-39　接触强度计算寿命系数 Z_N

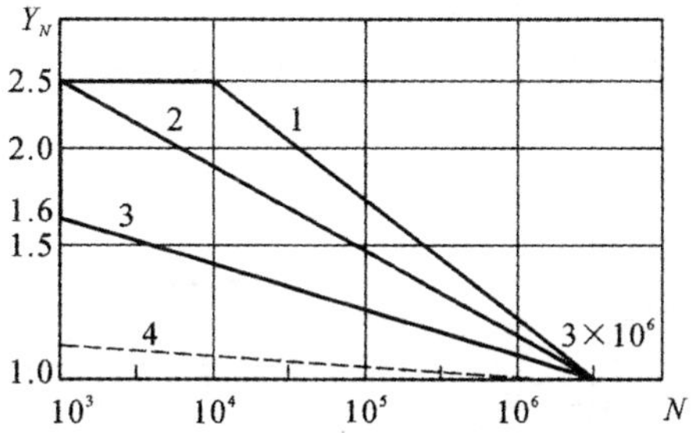

1—碳钢(经正火、调质),球墨铸铁,珠光体可锻铸铁;2—碳钢经表面淬火、渗碳淬火;
3—碳钢调质后气体渗氮、渗氮钢气体氮化,灰铸铁;4—碳钢调质后液体渗氮

图 10-40　弯曲强度计算寿命系数 Y_N

3. 最小安全系数 S_{Hlim} 、S_{Flim}

选择最小安全系数时,应考虑齿轮的载荷数据和计算方法的正确性以及对齿轮的可靠性要求等。S_{Hlim} 、S_{Flim} 的值可按表 10-15 查取。在计算数据的准确性较差,计算方法粗糙,失效后可能造成严重后果等情况下,两者均应取大值。

表 10-15　最小安全系数 S_{Hlim} 、S_{Flim} 值

安全系数	静　强　度		疲劳强度	
	一般传动	重要传动	一般传动	重要传动
接触强度 S_{Hlim}	1.0	1.3	1.0～1.2	1.3～1.6
弯曲强度 S_{Flim}	1.4	1.8	1.4～1.5	1.6～3.0

10.4.5　直齿圆柱齿轮传动的强度计算

1. 受力分析

进行齿轮传动的强度计算时,首先要知道轮齿上所受的力,这就需要对齿轮传动作受力分析。当然,对齿轮传动进行受力分析也是计算安装齿轮的轴及轴承时所必需的。

齿轮传动一般均加以润滑,啮合轮齿间的摩擦力通常很小,计算轮齿受力时,可不予考虑。

沿啮合线作用在齿面上的法向载荷 F_n 垂直于齿面,在分度圆上法向载荷 F_n (单位为 N)可分解为两个相互垂直的分力:切于分度圆的圆周力 F_t 与半径方向的径向力 F_r(单位均为 N),如图 10-41 所示。由此得

$$\left.\begin{aligned} F_t &= \frac{2T_1}{d_1} \\ F_r &= F_t\tan\alpha \\ F_n &= \frac{F_t}{\cos\alpha} \end{aligned}\right\}$$

式中,T_1 为小齿轮传递的名义转矩,单位为 N·mm;d_1 为小齿轮的分度圆直径,单位为 mm;α 为分度圆压力角,单位为(°)。

根据作用力与反作用力的关系,作用在主动轮和从动轮上各对应的力大小相等、方向相反。

从动轮上的圆周力是驱动力，其方向与回转方向相同；主动轮上的圆周力是阻力，其方向与回转方向相反；径向力分别指向各轮轮心(内齿轮为远离轮心方向)。

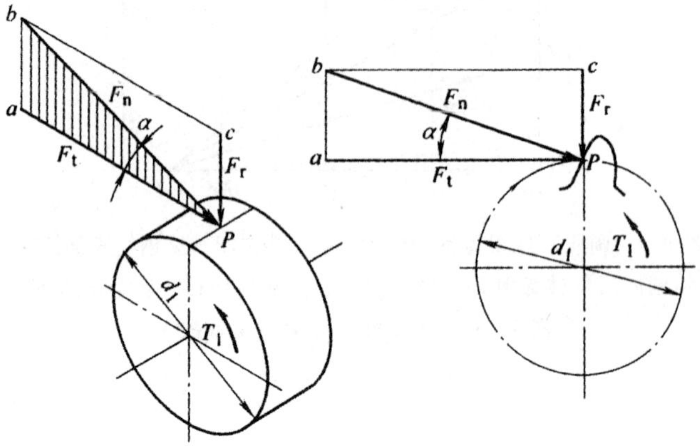

图 10-41　直齿圆柱齿轮传动的受力分析

2. 齿面接触疲劳强度计算

齿面接触疲劳强度计算的目的，是为了防止齿面出现疲劳点蚀。为此，必须保证在预定的使用期限内，齿面的接触应力不超过其许用值，即 $\sigma_H \leqslant [\sigma_H]$。

齿面接触应力可利用前面章节中介绍的两平行圆柱体相接触的赫兹应力公式进行计算，并以计算载荷 F_{ca} 代替圆柱体上的压力 F，以轮齿接触线长度 L 代替圆柱体接触宽度，则齿面接触疲劳强度条件式为

$$\sigma_H = \sqrt{\frac{F_{ca}\left(\frac{1}{\sigma_1}+\frac{1}{\sigma_2}\right)}{\pi L\left[\left(\frac{1-\mu_1^2}{E_1}\right)+\left(\frac{1-\mu_2^2}{E_2}\right)\right]}} \leqslant [\sigma_H]$$

$$\frac{1}{\rho_\Sigma} = \frac{1}{\rho_1} + \frac{1}{\rho_2}$$

令

$$Z_E = \sqrt{\frac{1}{\pi\left[\left(\frac{1-\mu_1^2}{E_1}\right)+\left(\frac{1-\mu_2^2}{E_2}\right)\right]}}$$

则

$$\sigma_H = Z_E\sqrt{\frac{F_{ca}}{L}\cdot\frac{1}{\rho_\Sigma}} \leqslant [\sigma_H]$$

式中，ρ_Σ 为啮合齿面上啮合点的综合曲率半径，单位为 mm；Z_E 为弹性影响系数，用以考虑材料弹性模量 E 和泊松比 μ 对接触应力的影响，单位为 $\sqrt{\text{MPa}}$ 数值列于表 10-16。

表 10-16　弹性影响系数 Z_E　（单位：$\sqrt{MPa}$）

齿轮材料 \ 弹性模量 E/MPa	配对齿轮材料				
	灰铸铁	球墨铸铁	铸钢	锻钢	夹布塑胶
	11.8×10^4	17.3×10^4	20.2×10^4	20.6×10^4	0.785×10^4
锻钢	162.0	181.4	188.9	189.8	56.4
铸钢	161.4	180.5	188.0		
球墨铸铁	156.6	173.9			
灰铸铁	143.7				

注：表中所列夹布塑胶的泊松比 μ 为 0.5，其余材料 μ 的均为 0.3。

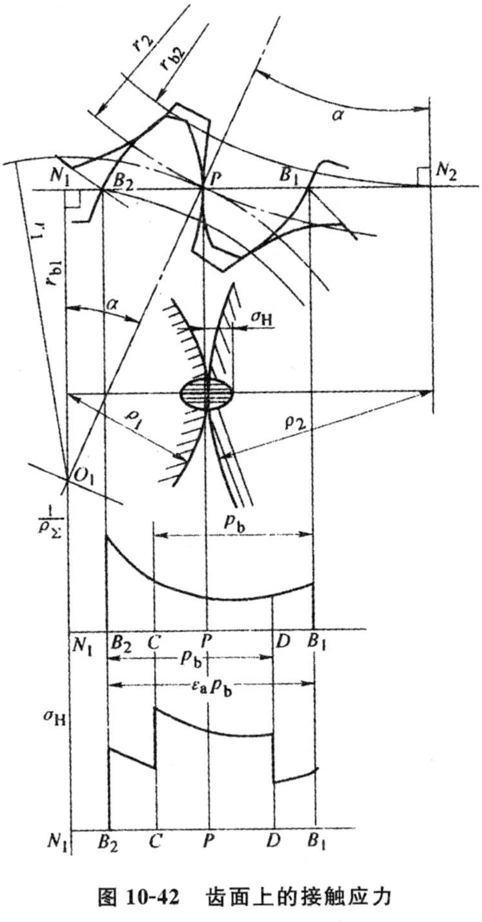

图 10-42　齿面上的接触应力

一对齿轮啮合时，可将齿廓啮合点的曲率半径 ρ_1 和 ρ_2 视为接触圆柱体的半径，如图 10-42 所示。由机械原理可知，渐开线齿廓上各点的曲率（$1/\rho$）并不相同，沿工作齿廓各点所受的载荷也不同。因此，齿廓各点接触应力的大小是不相同的。对端面重合度 $\varepsilon_\alpha \leqslant 2$ 的直齿圆柱齿轮传动，如图 10-42 所示，以小齿轮单对齿啮合的最低点（图中 C 点）产生的接触应力为最大。但按单对齿啮合的最低点计算接触应力比较麻烦，并且当小齿轮齿数 $z_1 > 20$ 时，按单列齿啮合的最低点所计算得的接触应力与按节点啮合计算得的接触应力极为相近。考虑到节点 P 处一般只有一对齿啮合，点蚀也往往先在节线附近的齿根表面出现，因此，为了计算方便，通常蹦节点啮合为代表进行齿面的接触强度计算。

设 d' 和 α' 分别为节圆直径和啮合角，则两卤廓在节点处的曲率半径分别为

$$\rho_1 = \frac{d'_1 \sin\alpha'}{2}, \rho_2 = \frac{d'_2 \sin\alpha'}{2}$$

$$\frac{1}{\rho_\Sigma} = \frac{1}{\rho_1} + \frac{1}{\rho_2} = \frac{\rho_2 \pm \rho_1}{\rho_1 \rho_2}$$

$$= \frac{\frac{\rho_2}{\rho_1} \pm 1}{\rho_1 \left(\frac{\rho_2}{\rho_1}\right)} = \frac{2\left(\frac{\rho_2}{\rho_1} \pm 1\right)}{d'_1 \sin\alpha' \left(\frac{\rho_2}{\rho_1}\right)}$$

注意到 $d'_1 = d_1 \dfrac{\cos\alpha}{\cos\alpha'}$，$\dfrac{\rho_2}{\rho_1} = \dfrac{d'_2}{d'_1} = \dfrac{d_2}{d_1} = \dfrac{z_2}{z_1} = u$，则

$$\frac{1}{\rho_\Sigma} = \frac{2}{d_1 \cos\alpha \tan\alpha'} \cdot \frac{u \pm 1}{u}$$

结合 $L = \dfrac{b}{Z_\varepsilon^2}$ 以及以上各式可得

$$\sigma_H = Z_E \sqrt{\frac{F_\alpha}{L} \frac{1}{\rho_\Sigma}} = Z_E Z_\varepsilon \sqrt{\frac{2KT_1}{bd_1^2} \frac{u \pm 1}{u}} \sqrt{\frac{2_1}{\cos^2\alpha \tan\alpha'}} \leqslant [\sigma_H]$$

其中，Z_ε 为重合度系数，用以表示端面重合度对接触线长度的影响。可以认为：重合度越

大，接触线长度越大，单位接触载荷则越小。重合度系数的计算公式为

$$Z_\varepsilon = \sqrt{\frac{4 - \varepsilon_\alpha}{3}}$$

令 $Z_H = \sqrt{\dfrac{2_1}{\cos^2\alpha \tan\alpha'}}$，$Z_H$ 称为节点区域系数，用以考虑节点处齿廓曲率对接触应力的影响，具体可由图 10-43 可查得。

则 σ_H 可写为

$$\sigma_H = Z_E Z_H Z_\varepsilon \sqrt{\frac{2KT_1}{bd_1^2} \frac{u \pm 1}{u}} = Z_E Z_H Z_\varepsilon \sqrt{\frac{KF_t}{bd_1} \frac{u \pm 1}{u}} \leqslant [\sigma_H]$$

令 $\psi_d = \dfrac{b}{d_1}$，则 σ_H 的表达式可变换为

$$d_1 \geqslant \sqrt[3]{\frac{2KT_1}{\psi_d} \frac{u \pm 1}{u} \left(\frac{Z_E Z_H Z_\varepsilon}{[\sigma_H]}\right)^2}$$

$\sigma_H = Z_E Z_H Z_\varepsilon \sqrt{\dfrac{2KT_1}{bd_1^2} \dfrac{u \pm 1}{u}} = Z_E Z_H Z_\varepsilon \sqrt{\dfrac{KF_t}{bd_1} \dfrac{u \pm 1}{u}} \leqslant [\sigma_H]$ 为校核公式，式 $d_1 \geqslant \sqrt[3]{\dfrac{2KT_1}{\varphi_d} \dfrac{u \pm 1}{u} \left(\dfrac{Z_E Z_H Z_\varepsilon}{[\sigma_H]}\right)^2}$ 为设计公式，对标准齿轮传动和变位齿轮传动均适用。式中“+”号用于外啮合，“—”号用于内啮合。公式中各参数的单位为：T_1（N · mm），b、d_1（mm），[σ_H]（MPa）。由上式可知：齿轮传动的接触疲劳强度取决于齿轮的直径（或中心距）。

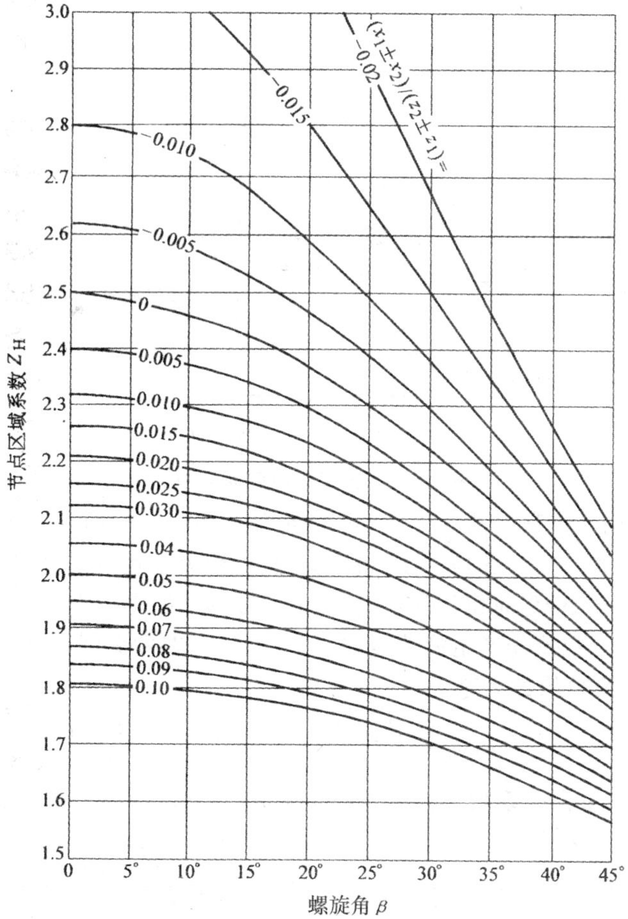

图 10-43　节点区域系数 Z_H ($\alpha_n = 20°$)

3. 齿根弯曲疲劳强度的计算

齿根弯曲疲劳强度计算的目的，是为了防止齿根发生弯曲疲劳折断。为此，必须保证在预定的使用期限内，齿根危险截面的弯曲应力不超过其许用值，即 $\sigma_F \leqslant [\sigma_F]$。

当轮齿在齿顶处啮合时，处于双对齿啮合区，此时弯矩的力臂虽然最大，但力并不是最大，因此弯矩并不是最大。根据分析，齿根所受的最大弯矩发生在轮齿啮合点位于单对齿啮合区最高点处。因此，齿根弯曲强度也应按载荷作用于单对齿啮合区最高点来计算，但这种算法比较复杂。为便于计算，通常按全部载荷作用于齿顶来计算齿根的弯曲强度，另引入重合度系数 γ_ε 。表示端面重合度对齿根弯曲应力的影响。

由于轮缘刚度很大，故轮齿可看做是宽度为 b 的悬臂梁。因此，齿根处为危险截面，它可用 30° 切线法确定(图 10-44)：作与轮齿对称中线成 30° 角并与齿根过渡曲线相切的切线，通过两切点平行于齿轮轴线的截面，即齿根危险截面。

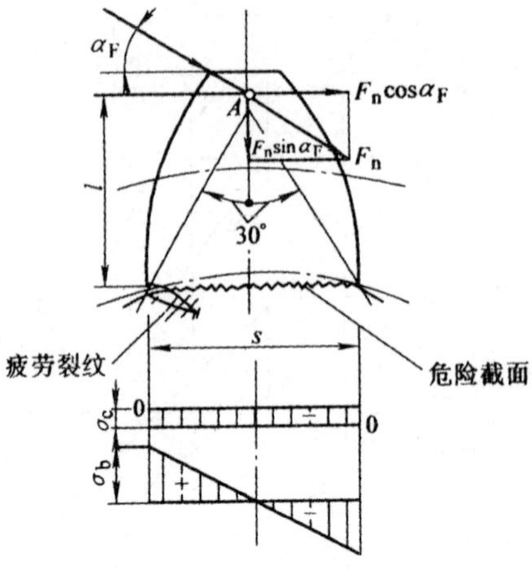

图 10-44　齿根危险截面的应力

沿啮合线方向作用于齿顶的法向力 F_n 可分解为互相垂直的两个分力 $F_n\cos\alpha_F$ 和 $F_n\sin\alpha_F$，(图 10-44)。前者使齿根产生弯曲应力 σ_b 和切应力 τ，后者使齿根产生压缩应力 σ_c。弯曲应力起主要作用，其余影响很小，为简化计算，在应力修正系数 Y_{Sa} 中考虑。

轮齿长期工作后，受拉侧先产生疲劳裂纹，因此齿根弯曲疲劳强度计算应以受拉侧位计算依据。由图 10-44 可知，齿根的最大弯矩

$$M = F_n\cos\alpha_F l = \frac{F_t}{\cos\alpha} l\cos\alpha_F = \frac{2T_1}{d_1}\frac{l\cos\alpha_F}{\cos\alpha}$$

计入载荷系数 K、重合度系数 Y_ε、应力修正系数 Y_{Sa} 后，得齿根弯曲强度条件式为

$$\sigma_F \approx \sigma_b = \frac{M}{W}KY_\varepsilon Y_{Sa} = \frac{2KT_1}{d_1\dfrac{bs^2}{6}}\frac{l\cos\alpha_F}{\cos\alpha}Y_{Sa}Y_\varepsilon = \frac{2KT_1}{bd_1m}\frac{6\left(\dfrac{l}{m}\right)\cos\alpha_F}{\left(\dfrac{s}{m}\right)^2\cos\alpha}Y_\varepsilon Y_{Sa} \leqslant [\sigma_F]$$

令 $Y_{Fa} = \dfrac{6\left(\dfrac{l}{m}\right)\cos\alpha_F}{\left(\dfrac{s}{m}\right)^2\cos\alpha}$ 称为齿形系数，由于 l 和 s 均与模数成正比，故 Y_{Fa} 只取决于轮齿的形状(随齿数 z 和变位系数 x 而异)，而与模数大小无关，Y_{Fa} 可由图 10-45 查得。应力修正系数 Y_{Sa}。用以综合考虑齿根过渡曲线处的应力集中和除弯曲应力外其余应力对齿根应力的影响。Y_{Sa} 值可由图 10-46 查得。重合度系数 Y_ε 的计算公式为

$$Y_\varepsilon = 0.25 + \frac{0.75}{\varepsilon_\alpha}$$

则 ρ_F 可写为

$$\sigma_F = \frac{2KT_1}{bd_1m}Y_{Fa}Y_{Sa}Y_\varepsilon = \frac{KF_t}{bm}Y_{Fa}Y_{Sa}Y_\varepsilon \leqslant [\sigma_F]$$

以 $\psi_d = \dfrac{b}{d_1}$、$d_1 = mz_1$ 代入，则上式可变换为

$$m \geqslant \sqrt[3]{\frac{2KT_1}{\psi_d z_1^2}Y_\varepsilon\frac{Y_{Fa}Y_{Sa}}{[\sigma_F]}}$$

式 $\sigma_F = \dfrac{2KT_1}{bd_1m}Y_{Fa}Y_{Sa}Y_\varepsilon = \dfrac{KF_t}{bm}Y_{Fa}Y_{Sa}Y_\varepsilon \leqslant [\sigma_F]$ 为校核公式，式 $m \geqslant \sqrt[3]{\dfrac{2KT_1}{\psi_d z_1^2}Y_\varepsilon\dfrac{Y_{Fa}Y_{Sa}}{[\sigma_F]}}$ 为设

计公式，对标准齿轮传动和变位齿轮传动均适用。公式中各参数的单位为：m（mm）、$[\sigma_F]$（MPa），其他同接触强度计算的。由以上两式可以看出：齿轮传动的弯曲疲劳强度取决于齿轮的模数。

$\alpha_n=20^\circ$，$h_{an}=1m_n$，$c_n=0.25\,m_n$，$\rho_f=0.38\,m_n$；对于内齿轮，可取 $Y_{Fa}=2.053$。

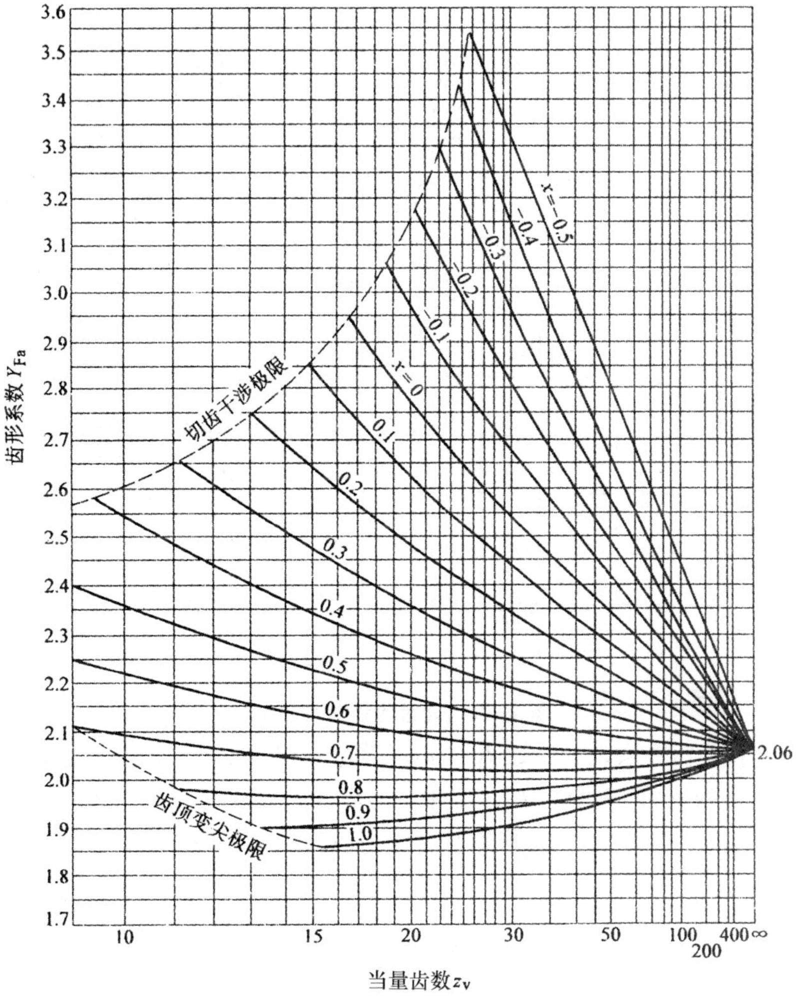

图 10-45 外齿轮齿形系数 Y_{Fa}

$\alpha_n=20^\circ$，$h_{an}=1m_n$，$c_n=0.25\,m_n$，$\rho_f=0.38\,m_n$；对于内齿轮，可取 $Y_{Sa}=2.65$。

4. 齿轮传动的强度计算说明

由于同一对齿轮传动中大、小齿轮的齿形系数 Y_{Fa}、应力修正系数 Y_{Sa} 和许用弯曲应力 $[\sigma_F]$ 是不相同的。因此，进行齿根弯曲疲劳强度计算时，应对大、小齿轮的 $[\sigma_F]/Y_{Fa}Y_{Sa}$ 进行比较，并按两者中的大者代入进行计算。

由于配对齿轮的接触应力皆一样，即 $\sigma_{H1}=\sigma_{H2}$，因此进行齿面接触疲劳强度计算时，应将 $[\sigma_H]_1$ 和 $[\sigma_H]_2$ 中的小者代入进行计算。

当用设计公式初步计算齿轮的分度圆直径 d_1（或模数 m）时，载荷系数 K 不能预先确定，此时可试选一载荷系数 K_t，则算出的分度圆直径（或模数）也是一个试算值 d_{1t}（或 m_t），然后按 d_{1t}

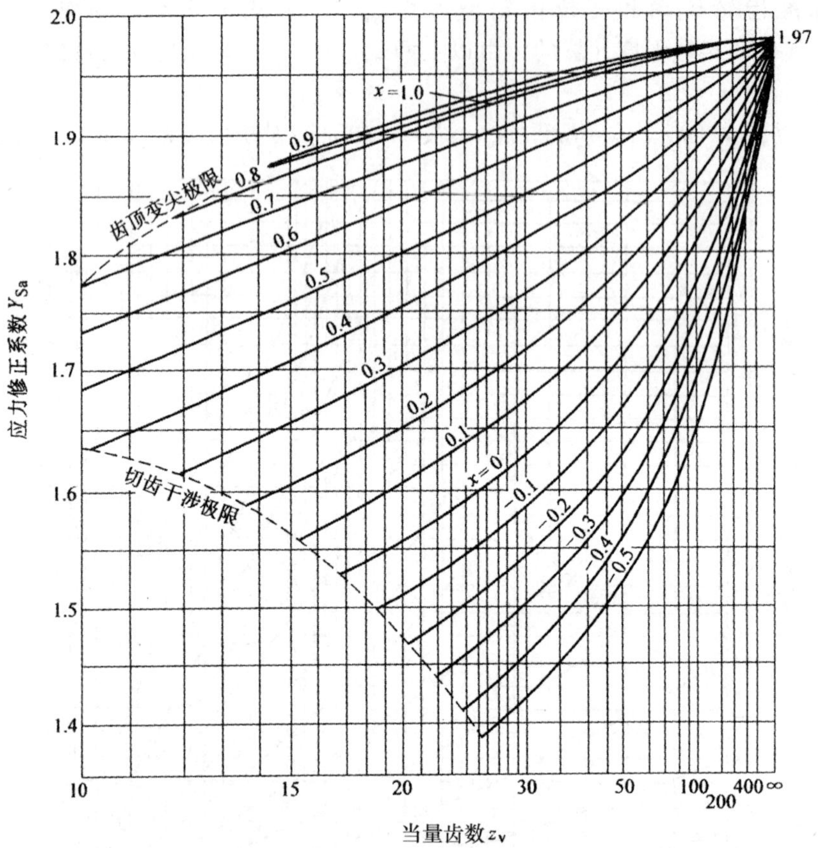

图 10-46　外齿轮齿形系数 Y_{Sa}

值计算齿轮的圆周速度，查取动载系数 K_V 、齿间载荷分配系数 K_α 及齿向载荷分布系数 K_β 计算载荷系数 K。若算得的 K 值与试选的 K_t 值相差不多，就不必再修改原计算；若两者相差较大，应重新按新的 K 值修正分度圆直径（或模数），直到和前一次计算的分度圆直径（或模数）一致或相近为止。

10.4.6　斜齿圆柱齿轮传动的强度计算

由于斜齿圆柱齿轮传动的轮齿接触线是倾斜的，重合度大，同时啮合的轮齿多，故具有传动平稳、噪声小、承载能力较高的特点，常用于速度较高、载荷较大的传动中。

斜齿圆柱齿轮传动的强度计算与直齿圆柱齿轮传动基本相同，但稍有区别。主要区别如下：斜齿圆柱齿轮轮齿的接触线是倾斜的，引入螺旋角系数 Z_β 、Y_β 考虑接触线倾斜对齿轮强度的影响；接触线总长度不仅受端面重合度 ε_α 的影响，还受纵向重合度 ε_β 的影响，因此，重合度系数 Z_ε 的计算与直齿圆柱齿轮有所不同。除此之外，公式的形式和式中各参数的确定方法与直齿轮基本相同。

1. 受力分析

如图 10-47 所示，若略去齿面间的摩擦力，则作用于节点 C 的法向力 F_n 可分解为径向力 F_r 和分力 F ，分力 F 又可分解为圆周力 F_t 和轴向力 F_a ，有

$$\left.\begin{aligned}F_t &= \frac{2T_1}{d_1} \\ F_r &= F_t\frac{\tan\alpha_n}{\cos\beta} \\ F_a &= F_t\tan\beta \\ F_n = \frac{F_t}{\cos\alpha_n\cdot\cos\beta} &= \frac{F_t}{\cos\alpha_t\cdot\cos\beta_b} = \frac{2T_1}{d_1\cos\alpha_t\cdot\cos\beta_b}\end{aligned}\right\}$$

式中，α_n 为法面分度圆压力角；α_t 为端面分度圆压力角；β 为分度圆螺旋角；β_b 为基圆螺旋角。

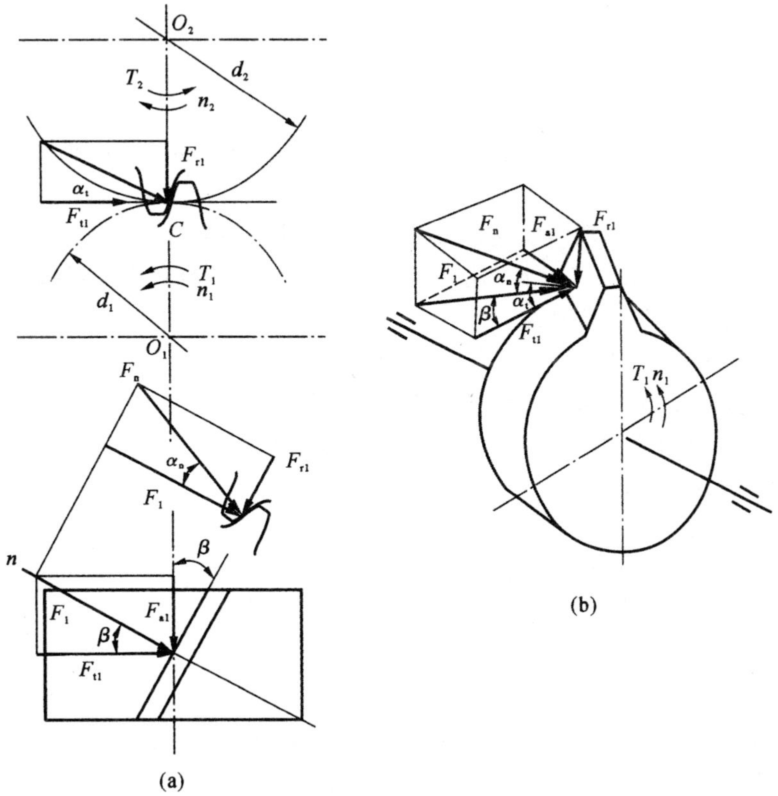

图 10-47　斜齿圆柱齿轮传动的受力分析

作用在主动轮和从动轮上的各力均对应等值、反向。各分力的方向可用下面的方法判定。

①圆周力 F_t 在主动轮上与回转方向相反，在从动轮上与回转方向相同。

②径向力 F_r 分别指向各自的轮心。

③轴向力 F_a 的方向取决于齿轮的回转方向和螺旋线方向，可以用“主动轮左、右手定则”来判断：当主动轮为右旋时，以右手四指的弯曲方向表示主动轮的转向，拇指指向即为它所受轴向力的方向；当主动轮为左旋时，用左手，方法同上。从动轮上的轴向力方向与主动轮的相反。上述左、右手定则仅适用于主动轮。

2. 齿面接触疲劳强度条件

计算斜齿圆柱齿轮传动的接触应力时，考虑其特点：

①啮合的接触线是倾斜的，有利于提高接触强度，引入螺旋角系数 $Z_\beta = \sqrt{\cos\beta}$ 。

②节点的曲率半径按法面计算。

③重合度大，传动平稳。

与直齿圆柱齿轮传动相同，可导出斜齿圆柱齿轮传动齿面接触疲劳互虽度条件为

$$\sigma_H = Z_H Z_E Z_\varepsilon Z_\beta \sqrt{\frac{2KT_1(u \pm 1)}{bd_1^2 u}} \leqslant \sigma_H$$

取 $b = \psi_d d_1$，代入上式，可得齿面接触疲劳强度条件的另一表达形式，设计时，用此式可计算出齿轮的分度圆直径 d_1，即

$$d_1 \geqslant \sqrt[3]{\left(\frac{Z_H Z_E Z_\varepsilon Z_\beta}{[\sigma_H]}\right)^2 \cdot \frac{2KT_1}{\psi_d} \cdot \frac{u \pm 1}{u}}$$

其中，

$$Z_H = \sqrt{\frac{2\cos\beta_b}{\cos^2\alpha_t \tan\alpha_t}},$$

式中，Z_H 为节点区域系数；Z_ε 为重合度系数，因斜齿圆柱齿轮传动的重合度较大，可取 $Z_\varepsilon = 0.75 \sim 0.88$，齿数多时，取小值；反之取大值。

上式中有关单位和其余系数的取值方法与直齿圆柱齿轮相同。

由于斜齿圆柱齿轮的 Z_H、Z_ε、K_V 比直齿圆柱齿轮小，在同样条件下，斜齿圆柱齿轮传动的接触疲劳强度比直齿圆柱齿轮传动高。

3. 齿根弯曲疲劳强度计算

斜齿圆柱齿轮传动的齿根弯曲疲劳强度是按其当量齿轮分析的。因此，强度计算公式中的模数为法向模数 m_n，各相关系数也都按其当量齿轮的参数确定

校核式 $\sigma_F = \dfrac{2KT_1}{bd_1 m_n} Y_{Fa} Y_{Sa} Y_\varepsilon Y_\beta \geqslant [\sigma_F]$

将 $b = \psi_d d_1$，$d_1 = \dfrac{m_n z_1}{\cos\beta}$ 代入上式可得

设计式 $m_n \geqslant \sqrt[3]{\dfrac{2KT_1 \cos^2\beta Y_\varepsilon Y_\beta}{\psi_d z_1^2} \cdot \dfrac{Y_{Fa} Y_{Sa}}{[\sigma_F]}}$

式中，m_n 为法向模数；Y_{Fa} 为齿形系数，应根据当量齿数 $z_v = \dfrac{z}{\cos^3\beta}$ 查对应的图；Y_{Sa} 为应力修正系数，根据当量齿数 z_v，查对应的图；Y_β 为螺旋角系数。

Y_ε 为重合度系数，按下式计算

$$Y_\varepsilon = 0.25 + \frac{0.75}{\varepsilon_{\alpha n}}$$

$$\varepsilon_{\alpha n} = \frac{\varepsilon_\alpha}{\cos^2\beta_b}$$

式中，$\varepsilon_{\alpha n}$ 为当量齿轮的端面重合度；β_b 为基圆螺旋角，$\beta_b = \arctan(\tan\beta\cos\alpha_t)$，其中 $\alpha_t = \arctan\left(\dfrac{\tan\alpha_n}{\cos\beta}\right)$。

式中其他参数的意义和确定方法以及计算中应注意的问题，与直齿圆柱齿轮相同。由上式可知在相同条件下，斜齿圆柱齿轮传动的轮齿弯曲应力比直齿圆柱齿轮传动的小，其弯曲疲劳强度比直齿圆柱齿轮传动的高。

4. 渐开线圆柱齿轮传动设计流程图

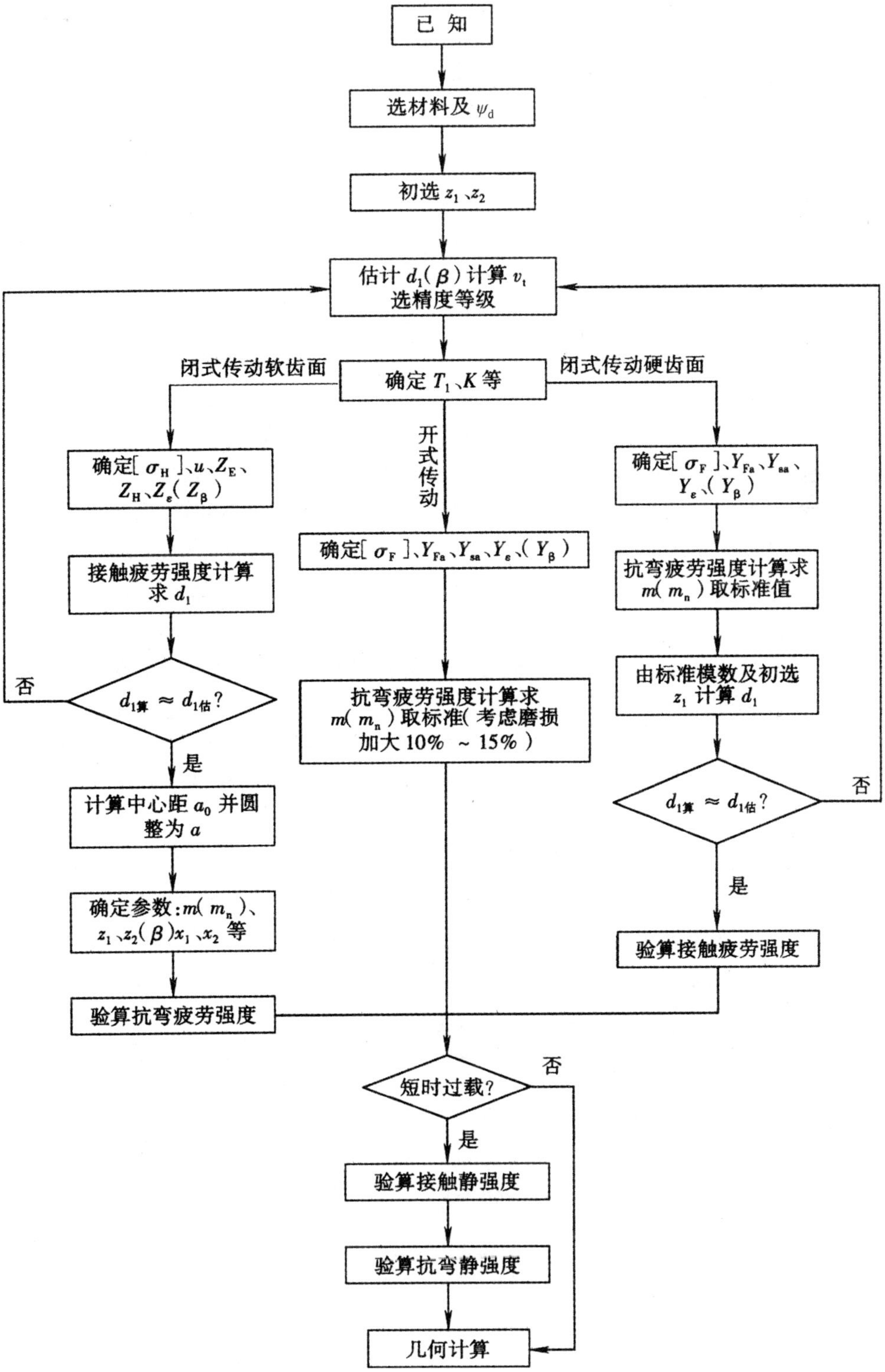

10.4.7 齿轮传动的设计方法

1. 设计任务

设计齿轮传动系统时，应根据齿轮传动的工作条件和要求、输人轴的转速和功率、齿数比、原动机和工作机的工作特性、齿轮工况、工作寿命、外形尺寸要求等，确定齿轮材料和热处理方式、主要参数(对于圆柱齿轮传动，为 z_1、z_2、m_n、b_1、b_2、a、x_1、x_2、β；对于直齿锥齿轮传动，为 z_1、z_2、m、b、R、δ_1、δ_2、)和几何尺寸(d_1、d_2、d_{a1}、d_{a2}、d_{f1}、d_{f2})、结构形式及尺寸、精度等级及其检验公差等。一般情况下，可获得多种能满足功能要求和设计约束条件的可行方案，设计时，应根据具体的目标，通过评价决策，从中选出较优者作为最终的设计方案。

2. 设计过程和方法

在设计时，所有参量均为未知，要先假设预选，预选内容包括齿轮材料、热处理方式、精度等级和主要参数(z_1、z_2、β、x_1、x_2、ψ_d、ψ_R)，然后根据强度条件初步计算出齿轮的分度圆直径或模数，并进一步计算出齿轮的主要几何尺寸。以此为基础，选出若干能满足强度条件的可行方案。通过评价决策，从中选出较优者作为最终的参数设计方案。根据所得的参数设计方案，按照结构设计的准则设计出齿轮的结构，并绘制出齿轮的零件工作图。应注意的是:这些参量往往不是经一次选择就能满足设计要求的，计算过程中，必须不断修改或重选，进行多次反复计算，才能得到最佳结果。选择参量时需考虑如下几个方面的内容。

(1)齿轮材料、热处理方式

选择齿轮材料时，应使轮芯具有足够的强度和韧性，以抵抗轮齿折断，并使齿面具有较高的硬度和耐磨性，以抵抗齿面的点蚀、胶合、磨损和塑性变形。另外，还应考虑齿轮加工和热处理的工艺性及经济性等要求。通常，对于重载、高速或体积、重量受到限制的重要场合，应选用较好的材料和热处理方式;反之，可选用性能较次但较经济的材料和热处理方式。

(2)齿轮精度等级

齿轮精度等级应根据齿轮传动的用途、工作条件、传递功率和圆周速度的大小及其他技术要求等来选择。一般而言，在传递功率大、圆周速度高、要求传动平稳、噪声小等场合，应选用较高的精度等级;反之，为了降低制造成本，精度等级可选得低些。表 10-17 列出了齿轮在不同传动精度等级下适用的速度范围，可供选择时参考。

表 10-17 齿轮在不同传动精度等级下适用的速度范围

齿的种类	传动种类	齿面硬度	齿轮精度等级				
		HBS	3,4,5	6	7	8	9
直齿	圆柱齿轮	≤350	>12	≤18	≤12	≤6	≤4
		>350	>10	≤15	≤10	≤5	≤3
	锥齿轮	≤350	>7	≤10	≤7	≤4	≤3
		>350	>6	≤9	≤6	≤3	≤2.5
斜齿及曲齿	圆柱齿轮	≤350	>25	≤36	≤25	≤12	≤8
		>350	>20	≤30	≤20	≤9	≤6
	锥齿轮	≤350	>16	≤24	≤16	≤9	≤6
		>350	>13	≤19	≤13	≤7	≤6

(3)主要参数

①齿数 z_1 。对于闭式软齿面齿轮传动，在保持分度圆直径 d 不变和满足弯曲强度的条件下，齿数 z_1 应选得多些，以提高传动的平稳性和减小噪声。齿数增多，模数减小，还可减少金属的切削量，节省制造费用。模数减小还能降低齿高，减小滑动系数，减少磨损，提高抗胶合能力。一般可取 $z_1=20\sim40$。对于高速齿轮或噪声小的齿轮传动，建议取 $z_1=25$。对于闭式硬齿面齿轮、开式齿轮和铸铁齿轮传动，其齿根弯曲强度往往是薄弱环节，应取较少齿数和较大的模数，以提高轮齿的弯曲强度。一般取 $z_1=17\sim25$。

对于承受变载荷的齿轮传动及开式齿轮传动，为了保证齿面磨损均匀，宜使大、小齿轮的齿数互为质数，至少不要成整数倍。

②齿宽系数 ψ_d、ψ_R 和齿宽 b 。载荷一定时，齿宽系数大，可减小齿轮的直径或中心距。这样能在一定程度上减轻整个传动系统的重量，但同时会增大轴向尺寸，增加载荷沿齿宽分布的不均匀性，设计时，必须合理选择。圆柱齿轮的齿宽系数可参考表 10-18 选用。其中：闭式传动支承刚性好，ψ_d 可取大值；开式传动齿轮一般悬臂布置，轴的刚性差，ψ_d 应取小值。

表 10-18　圆柱齿轮的齿宽系数 ψ_d

齿轮相对轴承的位置	大轮或两轮齿面硬度≤350HBS	两轮齿面硬度>350HBS
对称布置	0.8～1.4	0.4～0.9
不对称布置	0.6～1.2	0.3～0.6
悬臂布置	0.3～0.4	0.2～0.25

对于直齿锥齿轮传动，因轮齿由大端向小端缩小，载荷沿齿宽分布不均，ψ_R 不宜太大，常取 $\psi_R=0.25\sim0.3$。

对于圆柱齿轮，大齿轮齿宽 $b_2=\psi_d d_1$ 。，并圆整成整数，而小齿轮齿宽 $b_1=b_2+(5\sim10)$ mm，以降低装配精度要求。对于锥齿轮，$b_1=b_2=\psi_R R$ 。

③模数。根据齿轮强度条件计算出的模数，对于传递动力用的圆柱齿轮传动，其模数应不小于 1.5mm；对于锥齿轮传动，其模数应不小于 2mm。

④分度圆螺旋角 β 。增大螺旋角 β 可提高传动的平稳性和承载能力，但 β 过大，会导致轴向力增加，轴承及支承装置的尺寸也相应增大，同时，传动效率也将因 β 的增大而降低。一般可取 $\beta=10°\sim25°$。但从减小齿轮传动的振动和噪声来考虑，目前有采用大螺旋角的趋势。对于人字齿轮传动，因其轴向力可相互抵消，β 可取大些，一般可取到 $\beta=25°\sim40°$，常取 30°以下。

10.4.8　齿轮传动效率与润滑

1. 齿轮传动的效率

齿轮传动的功率损失主要包括：

①啮合中的摩擦损失。

②润滑油被搅动的油阻损失。

③轴承中的摩擦损失。

闭式齿轮传动的效率 η 为

$$\eta=\eta_1\eta_2\eta_3$$

式中，η_1 为考虑齿轮啮合损失的效率；η_2 为考虑油阻损失的效率；η_3 为轴承的效率。

满载时，采用滚动轴承的齿轮传动，计入述三种损失后的平均效率列于表 10-19。

表 10-19　采用滚动轴承时齿轮传动的平均效率

传动类型	精度等级和结构形式		
	6 级或 7 级精度的闭式传动	8 级精度的闭式传动	脂润滑的开式传动
圆柱齿轮传动	0.98	0.97	0.95
锥齿轮传动	0.97	0.96	0.94

2. 齿轮传动的润滑

齿轮在传动时，相啮合的齿面间有相对滑动，因此就要发生摩擦和磨损，增加动力消耗，降低传动效率。特别是高速传动，就更需要考虑齿轮的润滑。

轮齿啮合面间加注润滑剂，可以避免金属直接接触，减少摩擦损失，还可以散热及防锈蚀。因此，对齿轮传动进行适当的润滑，可以大为改善轮齿的工作状况，确保运转正常及预期的寿命。

(1)齿轮传动的润滑方式

开式及半开式齿轮传动，或速度较低的闭式齿轮传动，通常由人工进行周期性加油润滑，所用润滑剂为润滑油或润滑脂。

通用闭式齿轮传动，其润滑方法根据齿轮圆周速度大小而定。当齿轮的圆周速度小于12m/s时，常将大齿轮轮齿浸入油池中进行浸油润滑，如图 10-48 所示。这样，齿轮传动时，就把润滑油带到啮合的齿面上，同时也将油甩到箱壁上，借以散热。齿轮浸入油中的深度可视齿轮圆周速度大小而定，对圆柱齿轮通常不宜超过一个齿高，但一般亦不应小于 10mm；对锥齿轮应浸入全齿宽，至少应浸入齿宽的一半。在多级齿轮传动中，可借带油轮将油带到未浸入油池内的齿轮的齿面上，具体可见图 10-49 所示。油池中的油量多少，取决于齿轮传递功率的大小。对单级传动，每传递 1kW 的功率，需油量为 0.35～0.7L。对于多级传动，需油量按级数成倍地增加。

当齿轮的圆周速度 $v>12$m/s 时，应采用喷油润滑如图 10-50 所示，即由油泵或中心供油站以一定的压力供油，借喷嘴将润滑油喷到轮齿的啮合面上。当 $v\leqslant25$m/s 时，喷嘴位于轮齿啮入边或啮出边均可；当 $v>25$m/s 时，喷嘴应位于轮齿啮出的一边，以便借润滑油及时冷却刚啮合过的轮齿，同时亦对轮齿进行润滑。

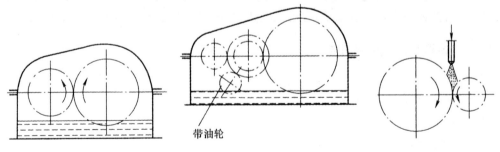

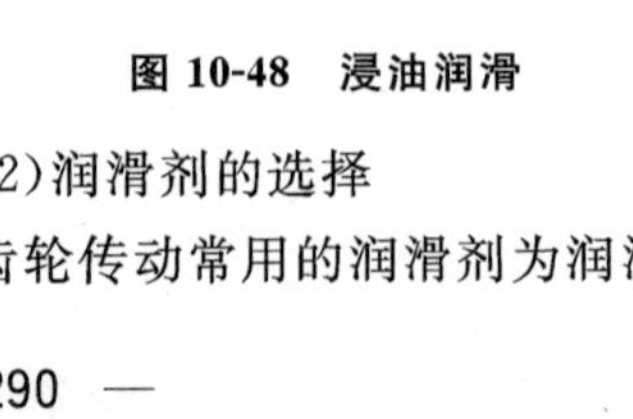

图 10-48　浸油润滑

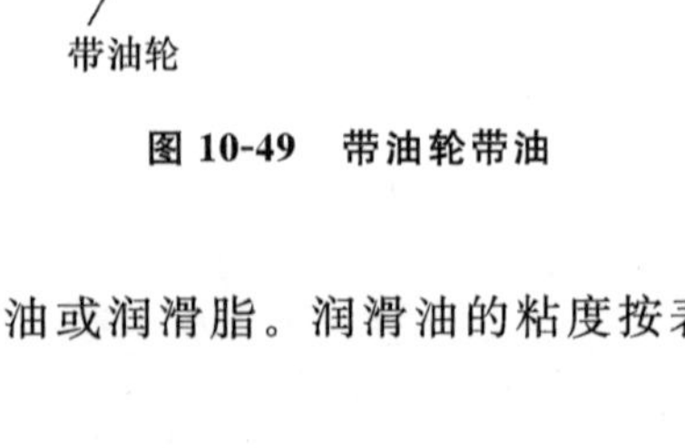

图 10-49　带油轮带油

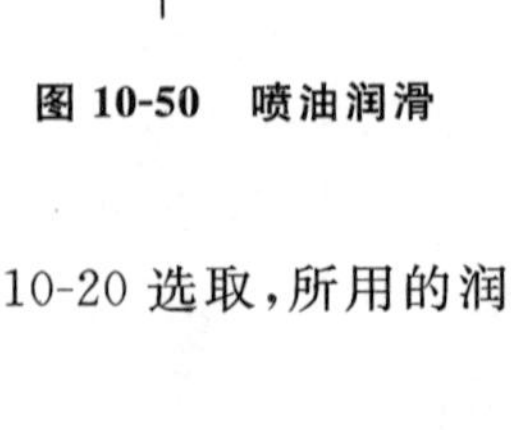

图 10-50　喷油润滑

(2)润滑剂的选择

齿轮传动常用的润滑剂为润滑油或润滑脂。润滑油的粘度按表 10-20 选取，所用的润滑一曲或润滑脂的牌号按表 10-21 选取。

表 10-20　齿轮传动润滑油粘度荐用值

齿轮材料	拉伸强度极限 σ_b /MPa	圆周速度 v/(m/s)						
		<0.5	0.5~1	1~2.5	2.5~5	5~12.5	12.5~25	>25
		运动粘度(40℃) ν/$mm^2\cdot s^{-1}$						
塑料、铸铁、青铜		350	220	150	100	80	55	
钢	450~1000	500	350	220	150	100	80	55
	1000~1250	500	500	350	220	150	100	80
渗碳或表面淬火的钢	1250~1580	900	500	500	350	220	150	loo

注：①多级齿轮传动，采用各级传动圆周速度的平均值来选取润滑油粘度。

②对于 σ_b >800MPa 的镍铬钢制齿轮(不渗碳)的润滑油粘度应取高一档的数值。

表 10-21　齿轮传动常用的润滑剂

名　称	牌号	运动粘度(40℃) ν/$mm^2\cdot s^{-1}$	应　用
L—AN 全损耗系统用油(GB/T 443—1989)	L—AN7 L—AN10	6.12~7.48 9.0~11.0	用于各种高速轻载机械轴承的润滑和冷却(循环式或油箱式)，如转速在 10000r/min 以上的精密机械、机床及纺织纱锭的润滑和冷却
	L—AN15 L—AN22	13.5~16.5 19.8~24.2	用于小型机床齿轮箱、传动装置轴承，中小型电动机，风动工具等
	L—AN32	288~352	主要用在一般机床变速箱、中小型机床导轨及 10kw 以上电动机轴承
	L—AN46	41.4~50.6	主要用于大型机床、大型刨床上
	L—AN68 L—AN100 L—AN150	61.2~74.8 90.0~110.0 135.0~165.0	主要用在低速重载的纺织机械及重型机床、锻压、铸工设备上
工业闭式齿轮油(GB/T 5903—1995)	68 100 150 220 320 460	61.2~74.8 90~110 135~165 198~242 288~352 414~506	适用于煤炭、水泥和冶金等工业部门的大型闭式齿轮传动装置的润滑
		100℃	
普通开式齿轮油(SH/T 0363—1992)	68 100 150	60~75 90~110 135~165	主要适用于开式齿轮、链条和钢丝绳的润滑

续表

名　称	牌号	运动粘度(40℃) $\nu/mm^2 \cdot s^{-1}$	应　用
50℃			
硫一磷型极压工业齿轮油	120 150 200 250 300 350	110～130 130～170 180～220 230～270 280～320 330～370	适用于经常处于边界润滑的重载，高冲击的直、斜齿轮和蜗轮装置及轧钢机齿轮装置
钙钠基润滑脂(SH/T 0368—1992)	ZGN—2 ZGN—3		适用于80℃～100℃，有水分或较潮湿的环境中工作的齿轮传动，但不适于低温工作情况
石墨钙基润滑脂(SH/T 0369—1992)	ZG—S		适用于起重机底盘的齿轮传动、开式齿轮传动、需耐潮湿处

10.5　蜗杆传动

10.5.1　概述

1. 蜗杆传动的特点

蜗杆传动用来传递空间两交错轴之间的运动和动力。通常交错角 $\Sigma = 90°$ 蜗杆传动的主要优点有：

①传动比大，结构紧凑。在动力传动中，一般传动比 $i_{12}=5\sim80$；在分度机构中，传动比可达300；若只传递运动，传动比可达1000。

②传动平稳，无噪声。轮齿是逐渐进入啮合及逐渐退出啮合的，且同时啮合的齿对数多，故传动平稳，几乎无噪声。

③具有自锁性。当蜗杆的导程角 γ 小于当量摩擦角 φ_v 时，可实现反向自锁，即只能以蜗杆为主动件带动蜗轮传动，而不能由蜗轮带动蜗杆。

其主要缺点是：

①磨损严重，传动效率低。因齿面间相对滑动速度大，故有较严重的磨损和摩擦，从而引起发热，且摩擦损耗大，故传动效率低。一般效率为0.7～0.8，具有自锁性的蜗杆传动，其效率小于0.5。

②为保证传动具有一定寿命，蜗轮常需用较贵重的减磨材料来制造，故成本高。

2. 蜗杆传动设计的主要任务

蜗杆传动设计的主要任务是：在满足蜗杆传动的轮齿强度、蜗杆刚度、热平衡和经济性等约束条件下，合理确定蜗杆传动的主要类型、参数(如模数、蜗杆头数、蜗轮齿数、变位系数、蜗杆分度圆柱导程角和中心距等)、几何尺寸和结构尺寸，以达到预定的传动功能和性能的要求。

3. 蜗杆传动的应用

蜗杆传动广泛应用于机床、汽车、仪表、矿山及起重运输机械设备中，多用于减速传动，并以蜗杆为主动件。蜗杆与螺杆相似，也有左旋和右旋之分，通常采用右旋蜗杆。由于蜗杆螺旋齿的导程角 $\gamma = 90° - \beta_1$ ，而 $\Sigma = 90°$ ，故有 $\gamma = \beta_2$ ，即蜗杆的导程角 γ 与蜗轮的螺旋角 β_2 相等。

10.5.2 蜗杆传动类型

按照蜗杆形状不同，蜗杆传动可分为：圆柱蜗杆传动、环面蜗杆传动和锥面蜗杆传动，如图 10-51 所示。

1. 圆柱蜗杆传动

圆柱蜗杆传动又可分为普通圆柱蜗杆传动和圆弧圆柱蜗杆传动两类。

(1)普通圆柱蜗杆传动

普通圆柱蜗杆一般是在车床上用直线切削刃的车刀切削而成。按刀具安装位置不同，普通圆柱蜗杆又分为：

①阿基米德蜗杆(ZA 型)。加工时，车刀顶刃面通过蜗杆轴线(图 10-52a)切制出的蜗杆，在垂直于蜗杆轴线的平面(端面)上的齿廓为阿基米德螺旋线，过轴线平面内的齿廓为直线。这种蜗杆车削容易，但难以磨削，故精度不高。因此，常在无需磨削加工的情况下广泛采用。

②渐开线蜗杆(ZI 型)。加工时，车刀顶刃面与蜗杆基圆柱相切(图 10-52b)而切制出的蜗杆，端面齿廓为渐开线，切于基圆柱的平面内一侧齿形为直线，另一侧为凸曲线。这种蜗杆可以磨削，易得到高精度，承载能力高于其他直齿廓蜗杆，适于传递载荷和功率较大的场合。

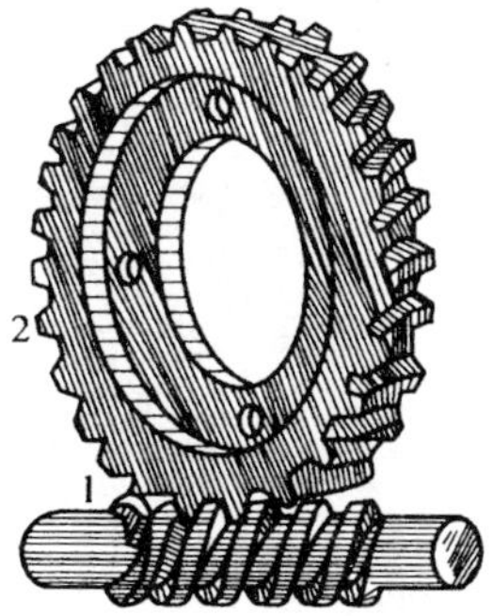

(a)

(b)

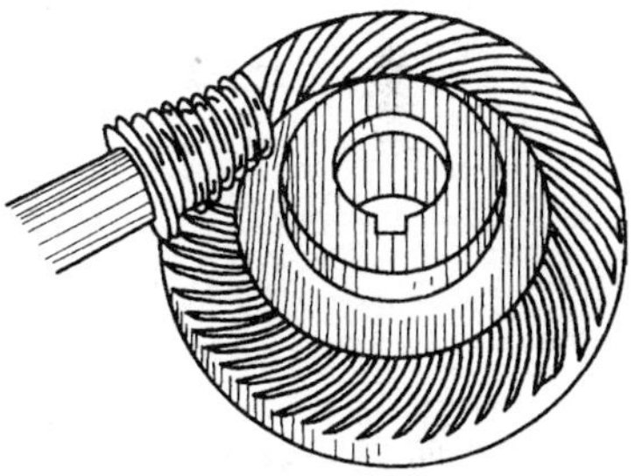

(c)

(a)圆柱蜗杆传动；(b)环面蜗杆传动；(c)锥面蜗杆传动

1 —蜗杆；2 —蜗轮

图 10-51 蜗杆传动的类型

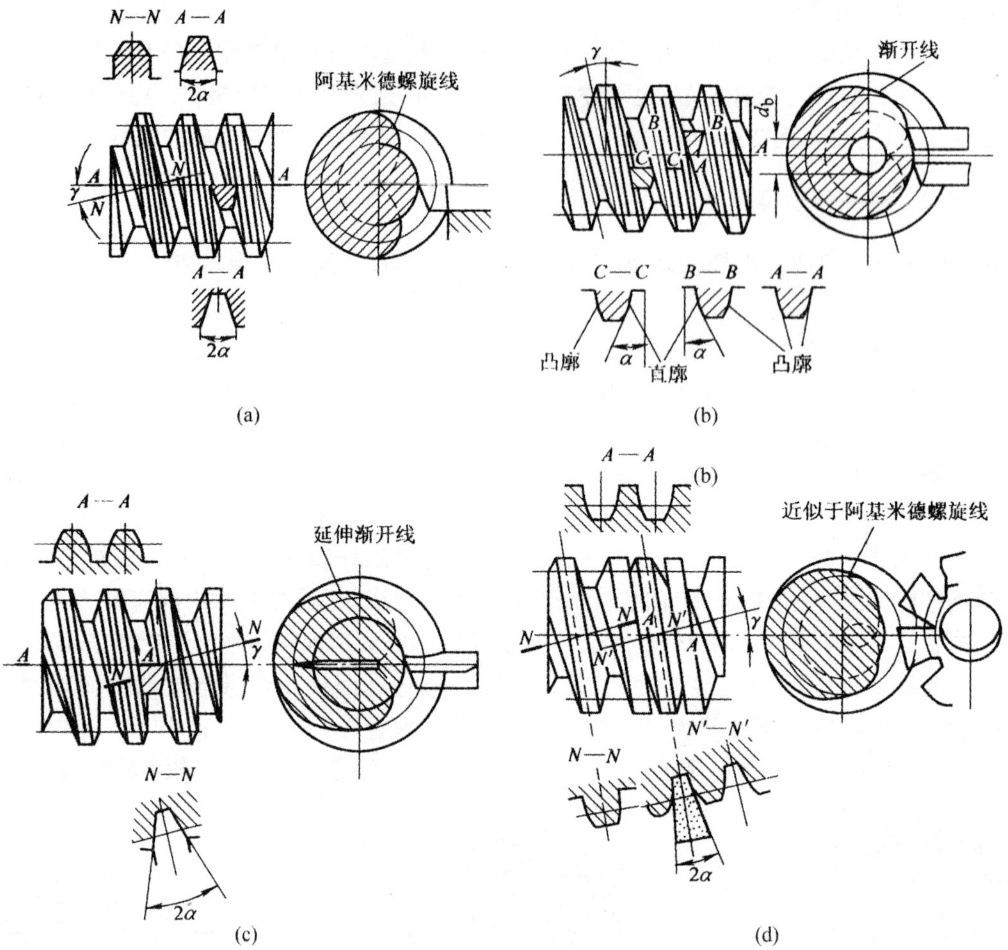

(a)阿基米德蜗杆(ZA 型);(b)渐开线蜗杆;(ZI 型)

(c)法向直廓蜗杆(ZN 型);(d)锥面包络圆柱蜗杆(ZK 型)

图 10-52 普通圆柱蜗杆传动

③法向直廓蜗杆(ZN 型)。加工时,将车刀顶刃面放在蜗杆的法向平面内(图 10-52c)切制出的蜗杆,法向齿廓为直线,端面齿廓为延伸渐开线。这种蜗杆不易磨削,精度较低,多用于分度蜗杆传动。

④锥面包络圆柱蜗杆(ZK 型)。这种蜗杆不能在车床上加工,而只能在特种铣床上切制,并在磨床上磨削。切制出的蜗杆在各剖面内齿廓均为曲线(图 10-52d)。这种蜗杆可磨削,能获得较高的精度,因此应用范围日益扩大。

(2)圆弧圆柱蜗杆传动

圆弧圆柱蜗杆传动类似于普通圆柱蜗杆传动,只是齿廓形状不同。这种蜗杆的螺旋齿面是用刃边为凸圆弧形的刀具切制的,蜗轮是用展成法制造的。在中间平面内,蜗杆齿廓是凹弧形,而配对蜗轮的齿廓为凸弧形,如图 10-53 所示。故圆弧圆柱蜗杆传动是一种凹凸齿廓相啮合的传动,也是一种线接触的啮合传动。这种蜗杆传动的特点是:承载能力高,一般可较普通圆柱蜗杆传动高出 50%~150%;效率高,一般可达 90%以上;结构紧凑。这种传动已广泛应用于冶金、矿山、起重等机械设备的减速机构中。

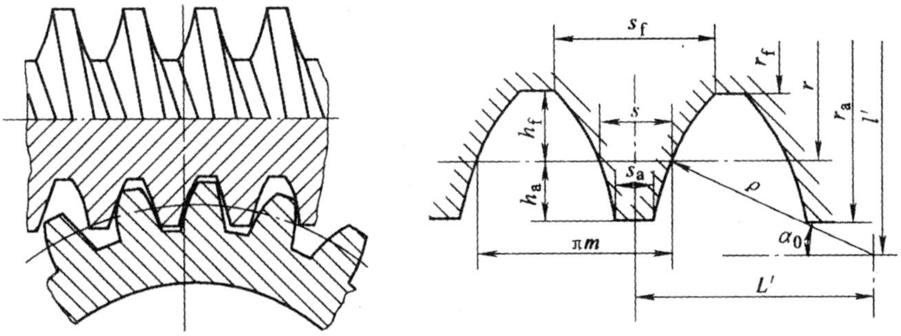

图 10-53　圆弧圆柱蜗杆传动

2. 环面蜗杆传动

环面蜗杆的特征是，蜗杆体的轴向外形是以凹圆为母线所形成的旋转曲面，所以将这种蜗杆传动称为环面蜗杆传动(图 10-51b)。在这种蜗杆传动的啮合带内，蜗轮的节圆位于蜗杆的节弧面上。由于同时啮合齿数多，而且轮齿接触线与蜗杆齿运动的方向近似垂直，从而使轮齿间具有油膜形成条件，因此这种蜗杆传动的承载能力是普通圆柱蜗杆传动的 2～4 倍，效率可达 85%～90%，但对制造和安装精度要求高。

3. 锥面蜗杆传动

锥面蜗杆传动的蜗杆与蜗轮的轮齿分布在圆锥外表面上(图 10-51c)，故也称为锥蜗杆与锥蜗轮。这种蜗杆传动的特点是：同时啮合齿数多，重合度大，传动平稳，承载能力高，效率高；传动比范围大(一般为 10～360)；侧隙可调。蜗轮可用淬火钢制成，节约了有色金属。

10.5.3　蜗杆传动的主要参数与几何尺寸

通过蜗杆轴线并与蜗轮轴线垂直的平面称为主平面(也称为中间平面)。蜗杆传动的主要参数和尺寸大多在主平面内确定。显然，主平面是蜗杆的轴面，是蜗轮的端面。

就阿基米德蜗杆传动而言，蜗杆与蜗轮在主平面内相当于齿条与齿轮的啮合。

1. 普通圆柱蜗杆传动的主要参数

如图 10-54 所示，对于阿基米德蜗杆传动，在中间平面(通过蜗杆轴线且垂直于蜗轮轴线的平面)上，相当于齿条与齿轮的啮合传动。在设计时，常取此平面内的参数和尺寸作为计算基准。

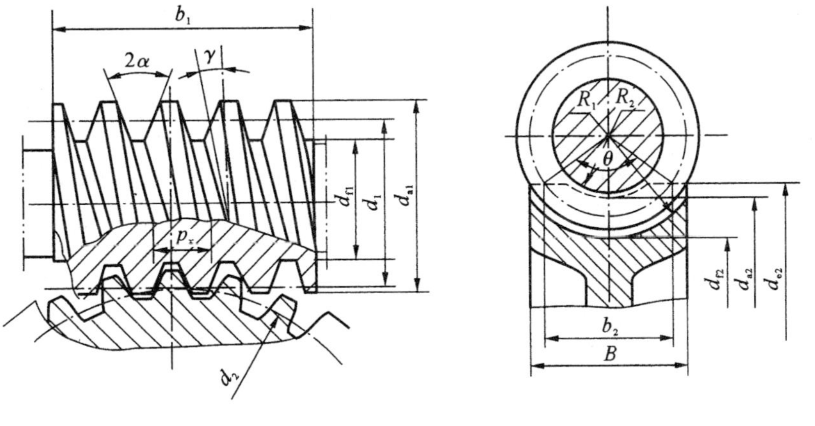

图 10-54　普通圆柱蜗杆传动的几何尺寸

蜗杆传动的主要参数有模数 m 、齿形角 α 、蜗杆头数 z_1 、蜗轮齿数 z_2 、蜗杆直径系数 q 、蜗杆分度圆柱导程角 γ 、传动比 i 、中心距倪和蜗轮变位系数 x_2 等。

(1)模数 m 和压力角 α

为保证蜗杆与蜗轮的正确啮合，两者在主平面内的模数和压力角应分别相等，即蜗杆的轴面模数 m_{x1} ，和轴面压力角 α_{x1} 应分别等于蜗轮的端面模数 m_{t2} 和端面压力角 α_{t2} 。

圆柱蜗杆传动在主平面内的模数 m 须为标准值，见表 10-22 所示。

用切削刃为等腰梯形，齿形角为 20° 的成形车刀车削蜗杆时，在刀具切削刃顶面所在的截面内，蜗杆的齿形与车刀切削刃的形状相同，蜗杆的压力角等于刀具的齿形角。故阿基米德蜗杆的轴面压力角为标准值，即 $\alpha_{x1}=20°$ ；法向直廓蜗杆的法面压力角为标准值，即 $\alpha_n=20°$ ；而渐开线蜗杆在切于基圆柱的平面内，单侧压力角为标准值 20° 。

(2)蜗杆分度圆直径 d_1 和直径系数 q

加工蜗轮时，常用与配对蜗杆具有同样参数和直径的蜗轮滚刀来加工。这样，只要有一种尺寸的蜗杆，就必须用与之配对的蜗轮滚刀。为了减少蜗轮滚刀的数目，便于刀具的标准化，将蜗杆分度圆直径 d_1 定为标准值，即对应于每一种标准模数规定一定数量的蜗杆分度圆直径 d_1 ，并把 d_1 与 m 的比值称为蜗杆直径系数 q ，即

$$q=\frac{d_1}{m}$$

式中，m 、d_1 、z，和 q 的匹配情况如表 10-22 所示。

表 10-22 普通圆柱蜗杆传动常用的参数匹配

模数 m/mm	分度圆直径 d_1/mm	蜗杆头数 z_1	直径系数 q	m^2d_1	模数 m/mm	分度圆直径 d_1/mm	蜗杆头数 z_1	直径系数 q	m^2d_1
1.25	20	1	16.000	31	6.3	80	1,2,4	12.698	3175
	22.4	1	17.900	35		112	1	17.798	4445
1.6	20	1,2,4	12.500	51.2	8	63	1,2,4	7.875	4032
	28	1	17.500	72		80	1,2,4,6	10.000	5120
2	18	1,2,4	9.000	72	10	100	1,2,4	12.500	6400
	22.4	1,2,4	11.2	89.2		140	1	17.500	8960
	28	1,2,4	14.00	112		71	1,2,4	7.100	7100
	35.5	1	17.750	142		90	1,2,4,6	9.000	9000
2.5	20	1,2,4	8.000	125	12.5	112	1	11.200	11200
	25	1,2,4,6	10.000	156		160	1	16.000	16000
	31.5	1,2,4	12.600	197		90	1,2,4	7.200	14062
	45	1	18.000	281		112	1,2,4	8.960	17500

续表

模数 m/mm	分度圆直径 d_1/mm	蜗杆头数 z_1	直径系数 q	$m^2 d_1$	模数 m/mm	分度圆直径 d_1/mm	蜗杆头数 z_1	直径系数 q	$m^2 d_1$
3.15	25	1,2,4	79.37	248	16	140	1,2,4	11.200	21875
	31.5	1,2,4,6	10.000	313		200	1	16.000	31250
	40	1,2,4	12.678	396		112	1,2,4	7.000	2867
	56	1	17.778	556		140	1,2,4	8.750	35840
4	31.5	1,2,4	7.875	504	20	180	1,2,4	11.250	46080
	40	1,2,4,6	10.000	640		250	1	15.625	64000
	50	1,2,4	12.500	800		140	1,2,4	7.000	56000
	71	1	17.750	1136		160	1,2,4	8.000	64000
5	40	1,2,4	8.000	1000	25	224	1,2,4	11.200	89600
	50	1,2,4,6	10.000	1250		315	1	15.750	126000
	63	1,2,4	12.600	1575		180	1,2,4	7.200	112500
	90	1	18.000	2250		200	1,2,4	8.000	125000
6.3	50	1,2,4	7.963	1984		280	1,2,4	11.200	175000
	63	1,2,4,6	10.000	2500		400	1	16.000	250000

(3)蜗杆导程角 γ 和传动比 i

如图 10-55 所示，蜗杆导程角是指蜗杆分度圆柱螺旋线上任一点的切线和端面之间所夹的锐角。按下式计算

$$\tan\gamma = \frac{z_1 p_x}{\pi d_1} = \frac{z_1 m}{d_1} = \frac{z_1}{q}$$

式中，p_x 为蜗杆的轴向齿距；z_1 为蜗杆头数，即蜗杆上螺旋齿的条数。

蜗杆导程角小，则传动效率低，易自锁；导程角大，则传动效率高，但加工困难。

此外，蜗杆螺旋方向(旋向)也有左旋和右旋之分，常用右旋，判断方法与螺纹相同。

为保证蜗杆与蜗轮的正确啮合，还要求蜗轮的螺旋角 β 等于蜗杆的导程角 γ，且两者旋向应相同。则蜗杆传动的正确啮合条件为

$$\left.\begin{aligned} m_{x1} &= m_{x2} = m \\ \alpha_{t1} &= \alpha_{t2} = \alpha \\ \gamma &= \beta(\text{旋向相同}) \end{aligned}\right\}$$

与齿轮传动相同，蜗杆传动的传动比也等于齿数的反比，但不等于分度圆直径的反比

$$i = \frac{n_1}{n_2} = \frac{z_2}{z_1}$$

式中，n_1、n_2 分别为蜗杆和蜗轮的转速，单位为 r/min；z_1、z_2 分别为蜗杆头数和蜗轮齿数；d_1、d_2 分别为蜗杆和蜗轮分度圆直径。

对于减速装置中的蜗杆传动，其传动比一般可从下列荐用系列值中选取：5，7.5，10，12.5，15，20，25，30，35，40，50，70，80。

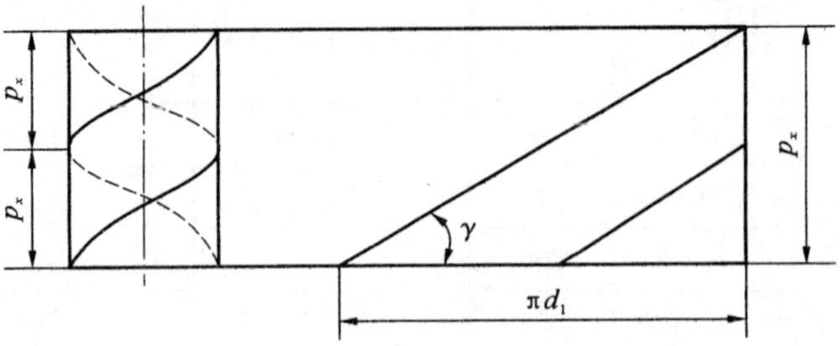

图 10-55　导程角与导程的关系

(4)变位系数 x_2

普通圆柱蜗杆传动变位的主要目的是凑中心距和凑传动比，使之符合标准或推荐值。

蜗杆传动的变位方法与齿轮传动相同，也是在切削时，将刀具相对于蜗轮移位。

凑中心距时，蜗轮变位系数 x_2 为

$$x_2 = \frac{a'}{m} - \frac{1}{2}(q + z_2) = \frac{a' - a}{m}$$

式中，a、a' 分别为未变位时的中心距和变位后的中心距。

凑传动比时，变位前、后的传动中心距不变，即 $a = a'$，用改变蜗轮齿数 z_2 来达到传动比略作调整的目的。变位系数 x_2 为

$$x_2 = \frac{z_2 - z_2'}{2}$$

式中，z_2' 为变位蜗轮的齿数。

普通圆柱蜗杆传动的几何尺寸计算公式如表 10-23 所示。

表 10-23　普通圆柱蜗杆传动的蜗轮宽度 B、顶圆直径 d_{e2} 及蜗杆螺纹部分长度 b_1 的计算公式

<table>
<tr><th>z_1</th><th>B</th><th>d_{e2}</th><th>x_2</th><th colspan="2">b_1</th></tr>
<tr><td rowspan="3">1</td><td rowspan="6">$\leqslant 0.75\ d_{a1}$</td><td rowspan="3">$\leqslant d_{e2} + 2m$</td><td>0</td><td>$\geqslant (11 + 0.06\ z_2)\ m$</td><td rowspan="10">当变位系数 x_2 为中间值时，6，取 x_2 邻近两公式所求值的较大者。经磨削的蜗杆，按左式所求的长度应再增加一定的值：
当 $m < 10$ mm 时，增加 25 mm；
当 $m = 10 \sim 16$ mm 时，增加 35～40 mm；
当 $m > 16$ mm 时，增加 50mm</td></tr>
<tr><td>−0.5</td><td>$\geqslant (8 + 0.06\ z_2)\ m$</td></tr>
<tr><td>−0.1</td><td>$\geqslant (10.5 + z_1)\ m$</td></tr>
<tr><td rowspan="2">2</td><td rowspan="5">$\leqslant d_{e2} + 1.5m$</td><td>0.5</td><td>$\geqslant (11 + 0.1\ z_2)\ m$</td></tr>
<tr><td>1.0</td><td>$\geqslant (12 + 0.1\ z_2)\ m$</td></tr>
<tr><td rowspan="2">3</td><td>0</td><td>$\geqslant (12.5 + 0.09\ z_2)\ m$</td></tr>
<tr><td rowspan="4">$\leqslant 0.67\ d_{a1}$</td><td>−0.5</td><td>$\geqslant (9.5 + 0.09\ z_2)\ m$</td></tr>
<tr><td rowspan="3">4</td><td>−0.1</td><td>$\geqslant (10.5 + z_1)\ m$</td></tr>
<tr><td rowspan="2">$\leqslant d_{e2} + m$</td><td>0.5</td><td>$\geqslant (12.5 + 0.1\ z_2)\ m$</td></tr>
<tr><td>0.1</td><td>$\geqslant (13 + 0.1\ z_2)\ m$</td></tr>
</table>

2. 圆弧圆柱蜗杆传动的主要参数

圆弧圆柱蜗杆的基本齿廓是指通过蜗杆分度圆柱的法截面齿形，如图 10-56 所示。圆弧圆柱蜗杆传动的主要参数有模数 m 、齿形角 α_0 、齿廓圆弧半径 ID 和蜗轮变位系数 x_2 等。砂轮轴截面齿形角 $\alpha_0=23°$；砂轮轴截面圆弧半径 $\rho=(5\sim6)m$（m 为模数）。蜗轮变位系数 $x_2=0.5\sim1.5$。

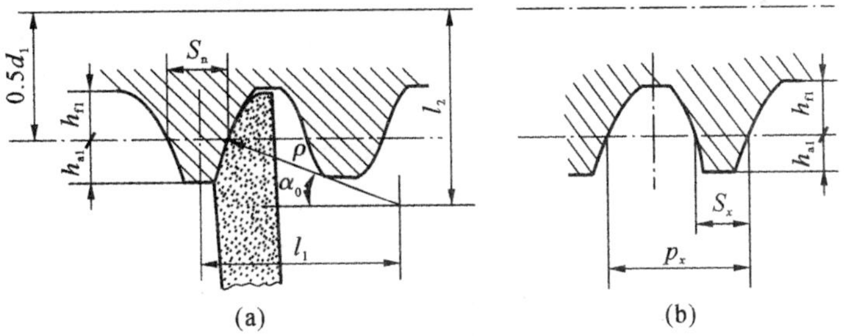

(a)法截面齿形；(b)轴截面齿形

图 10-56　圆弧圆柱蜗杆齿形

3. 蜗杆传动的几何尺寸计算

结合图 10-57 所示，圆柱蜗杆传动的基本几何尺寸计算公式见表 10-24 所示。

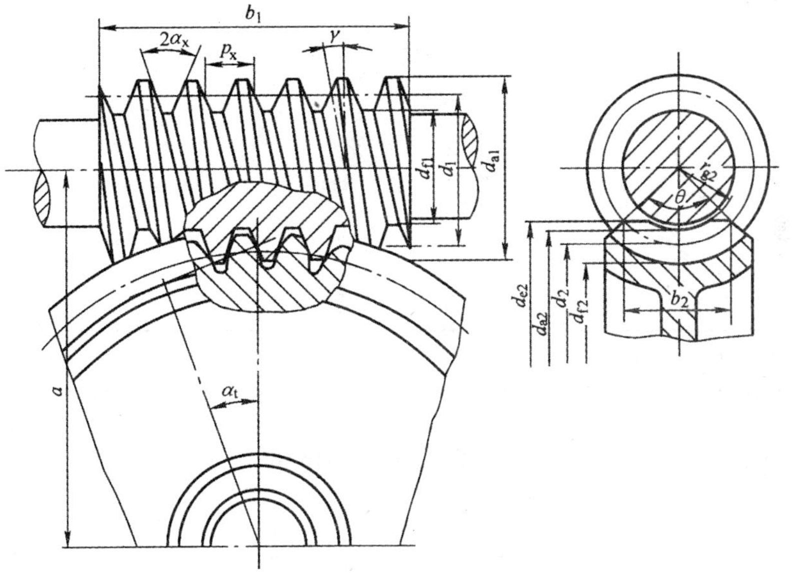

图 10-57　圆柱蜗杆传动的几何尺寸

表 10-24　圆柱蜗杆传动的几何尺寸关系式(轴交角 90°)

基本尺寸	计算公式
蜗杆轴向齿距	$p_x = \pi m$
蜗杆导程	$p_z = \pi m z_1$
中心距	$a = \frac{1}{2}(d_1 + d_2) = \frac{1}{2}m(q + z_2)$ $a' = \frac{1}{2}(d_1 + 2xm + d_2) = \frac{1}{2}m(q + 2x + z_2)$
蜗杆分度圆直径	$d_1 = qm$
蜗杆齿顶圆直径	$d_{a1} = d_1 + 2h_a^* \mathrm{m}$
蜗杆齿圆直径	$d_{f1} = d_1 - 2m(h_a^* + c^*)$
蜗杆节圆直径	$d'_1 = d_1 + 2xm = m(q + 2x)$
蜗杆分度圆柱导程角	$\tan\gamma = mz_1/d_1 = z_1/q$
螺杆节圆柱导程角	$\tan\gamma' = z_1/(q + 2x)$
蜗杆齿宽(螺纹长度)	建议取 $b_1 \approx 2m\sqrt{z_2 + 1}$
渐开线蜗杆基圆直径	$d_{b1} = d_1 \tan\gamma/\tan\gamma_b = mz_1/\tan\gamma_b$ $\cos\gamma_b = \cos\alpha_n \cos\gamma$
蜗轮分度圆直径	$d_2 = mz_2 = 2a' - d_1 - 2xm$
蜗轮喉圆直径	$d_{a2} = d_2 + 2m(h_a^* + x)$
蜗轮齿根圆直径	$d_{f2} = d_2 - 2m(h_a^* - x + c^*)$
蜗轮外径	$d_{e2} \approx d_{a2} + m$
蜗轮咽喉母圆半径	$r_{g2} = a' - \frac{d_{a2}}{2}$
蜗轮节圆直径	$d'_2 = d_2$
蜗轮齿宽	建议取 $b_2 \approx 2m(0.5 + \sqrt{q+1}$
蜗轮齿宽角	$\theta = 2\arcsin\frac{b_2}{d_1}$

注:①取齿顶高系数 $h_a^* = 1$,径向间隙系数 $c^* = 0.2$。

② $\gamma > 15°$ 的渐开线和法向直廓蜗杆传动,在计算 d_{a1}、d_{f1}、d_{a2}、d_{f2}、d_{e2} 公式中的应代以 $m_n (m_n = m\cos y)$。

10.5.4　蜗杆传动的失效形式、设计准则、材料和结构

1. 失效形式和设计准则

蜗杆传动的失效形式与齿轮传动类似。但由于蜗杆、蜗轮的齿面间相对滑动速度较大、发热量大而使传动效率低,故传动更易发生磨损和胶合,尤其在开式传动和润滑不清洁的闭式传动中,轮齿磨损速度很快。所以蜗杆传动的主要失效形式为胶合、磨损和点蚀。由于蜗杆的齿是螺旋齿,其强度高于蜗轮,因而失效多发生在强度较低的蜗轮齿面上。

蜗杆传动的设计准则为:

对闭式蜗杆传动,蜗轮的主要失效形式是胶合和点蚀,按蜗轮轮齿的齿面接触疲劳强度进行设计,并按齿根弯曲疲劳强度进行校核,此外,闭式蜗杆传动散热较困难,还须进行热平衡计算;

对开式蜗杆传动,多发生蜗轮齿面磨损和轮齿折断,通常只需按蜗轮齿根弯曲疲劳强度进行设计。

实践证明，闭式蜗杆传动，当载荷平稳，无冲击时，蜗轮轮齿因弯曲强度不足而失效的情况多发生于齿数 $z_2>80\sim100$ 时，所以在齿数少于以上数值时，不必校核弯曲强度；当蜗杆细长且支承跨距大时，还应进行蜗杆轴的刚度计算。

2. 蜗杆、蜗轮的材料

针对蜗杆传动的主要失效形式，蜗杆和蜗轮材料不仅要求有足够的强度，更重要的是要具有良好的减摩性、耐磨性和抗胶合能力。因此，蜗杆传动中常采用青铜蜗轮齿圈（低速时可用铸铁）与淬硬的钢制蜗杆相匹配。

蜗杆一般用碳钢或合金钢制造，蜗杆常用材料见表 10-25 所示。

蜗轮材料可参考相对滑动速度”。来选择。常用的材料为铸锡青铜、铸铝铁青铜及灰铸铁等。常用材料见表 10-26。

表 10-25　蜗杆常用材料及应用

材料	热处理	硬度	表面粗糙度/μm	应用
45,42SiMn,40Cr,42CrMo,38SiMnMo,40CrNi	表面淬火	45～55HRC	1.6～0.8	中速、中载、一般传动
20Cr,15CrMn,20CrMnTi,20CrMn	渗碳淬火	56～62HRC	1.6～0.8	高速、重载、重要传动
45 钢	调质或正火	220～270HBS	6.3	低速，轻、中载，不重要传动

表 10-26　涡轮常用材料及应用

材料	牌号	适用的滑动速度/(m/s)	特性	应用
铸锡青铜	ZCuSnl0P1	≤25	耐磨性、跑合性、抗胶合能力、可加工性能均较好，但强度低，成本高	连续工作的高速、重载的重要传动
	ZCuSn 5Pb5Zn5	≤12		速度较高的轻、中、重载传动
铸铝铁青铜	ZCuAI 10Fe3	≤10	耐冲击，强度较高，可加工性能好，抗胶合能力较差，价格较低	速度较低的重载传动
黄铜	ZCuZn 38Mn2Pb2	≤10		速度较低，载荷稳定的轻、中载传动
灰铸铁	HT150 HT200 HT250	≤2	铸造性能、可加工性能好，价格低，抗点蚀和抗胶合能力强，抗弯强度低，冲击韧度低	低速，不重要的开式传动；蜗轮尺寸较大的传动；手动传动

3. 蜗杆、蜗轮的结构

如图 10-58 所示蜗杆常和轴做成一体，称为蜗杆轴，只有当 $\frac{d_f}{d}\geqslant1.7$ 时才采用蜗杆齿圈套装在轴上的型式。按蜗杆的螺旋部分加工方法的不同，可分为车制蜗杆和铣削蜗杆。车制蜗杆需有退刀槽，故刚性较差（图 10-58(a)）；铣削蜗杆无退刀槽时 d 可大于 d_f（图 10-58(b)），刚性较好。

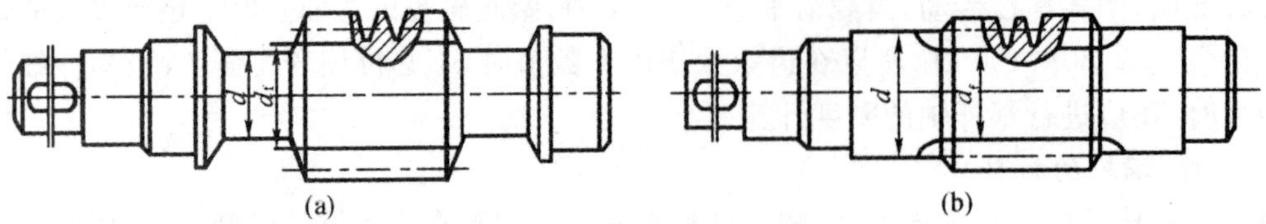

图 10-58　蜗杆轴结构

蜗轮结构分为整体式和组合式两种，如图 10-59 所示。

铸铁蜗轮及直径小于 100 mm 的青铜蜗轮可做成整体式，如图 10-59(a)所示。

直径大的蜗轮，为了节约贵重的有色金属，常采用组合结构，即齿圈用有色金属制造，而轮芯用钢或铸铁制成。组合形式有以下三种。

①齿圈式，如图 10-59(b)所示。齿圈用青铜材料，两者采用过盈配合(H7/s6 或 H7/r6)，并沿配合面安装 4～6 个紧定螺钉，该结构多用于尺寸不大或工作温度变化较小的场合。

②螺栓连接式，如图 10-59(c)所示。齿圈和轮芯用普通螺栓或铰制孔螺栓连接，常用于尺寸较大或容易磨损且磨损后需更换齿圈的场合。

③组合浇铸式，如图 10-59(d)所示。在铸铁轮芯上预制出榫槽，浇注上青铜轮缘，然后切齿，适用于中等尺寸、批量生产的蜗轮。

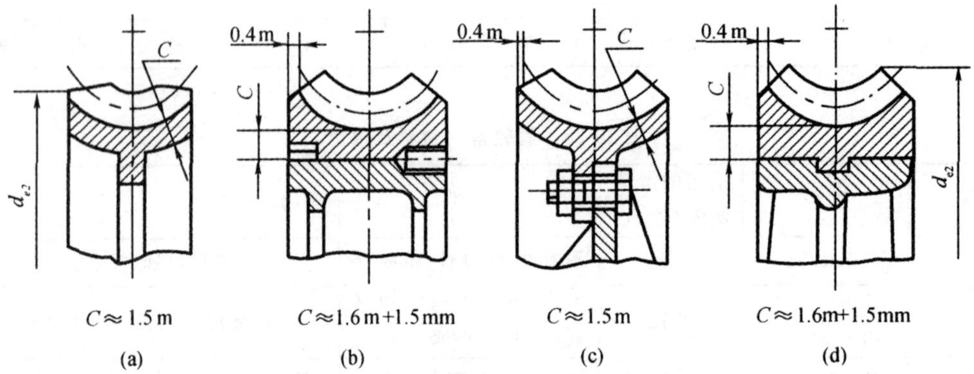

图 10-59　蜗轮的结构

如表 10-27 所示，GB100089—1988 规定，蜗杆传动的精度有 12 个等级，1 级为最高，12 级最低；对于传递动力用的蜗杆传动，一般可按照 6～9 级精度制造，6 级用于蜗轮速度较高的传动，9 级用于低速及手动传动。分度机构、测量机构等要求运动精度高的传动，按照 5 级或 5 级以上的精度制造。

表 10-27　蜗杆传动的精度等级选择

精度等级	蜗轮圆周速度 /(m/s)	蜗杆齿面的表面粗糙度 R_a 值/μm	蜗轮齿面的表面粗糙度 R_a 值/μm	使用范围
6	＞5	≤0.4	≤0.8	中等精密机床的分度机构
7	＜7.5	≤0.8	≤0.8	中速动力传动
8	＜3	≤1.6	≤1.6	速度较低或短期工作的传动
9	＜15	≤3.2	≤3.2	不重要的低速传动或手动传动

10.5.5　圆柱蜗杆传动的强度计算

1. 蜗杆传动的受力分析

蜗杆传动的受力与斜齿轮传动相似，在进行受力分析时不考虑摩擦力的影响。如图 10-60 所示，蜗杆主动，作用在工作节点 P 处的法向力 F_n（位于蜗杆轮齿的法面内）分解为三个相互垂直的分力：圆周力 F_t、径向力 F_r 和轴向力 F_a。由于蜗杆与蜗轮轴线交错角为 90°，根据力的作用原理可知：$F_{t1}=-F_{a2}$、$F_{t2}=-F_{a1}$、$F_{r1}=-F_{r2}$ 各力的大小可按下列各式计算：

$$F_{t1}=\frac{2T_1}{d_1}=F_{a2}$$

$$F_{a1}=F_{t2}=\frac{2T_2}{d_2}$$

$$F_{r1}=F_{r2}=F_{t2}\tan\alpha$$

$$F_n=\frac{F_{a1}}{\cos\alpha_n\cos\gamma}=\frac{F_{t2}}{\cos\alpha_n\cos\gamma}=\frac{2T_2}{d_2\cos\alpha_n\cos\gamma}$$

式中，T_1、T_2 为蜗杆、蜗轮上的名义转矩，$T_2=T_1 i\eta$，其中，i 为传动比，η 为传动效率；α_n 为蜗杆法面压力角。

确定各分力的方向时，先确定蜗杆受力的方向。因蜗杆主动，所以蜗杆所受的圆周力 F_{t1} 的方向与它的转向相反；径向力 F_{r1}。的方向总是沿半径指向轴心；轴向力 F_{a1} 的方向，分析方法与斜齿圆柱齿轮传动相同，对主动蜗杆用左（右）手法则判定。

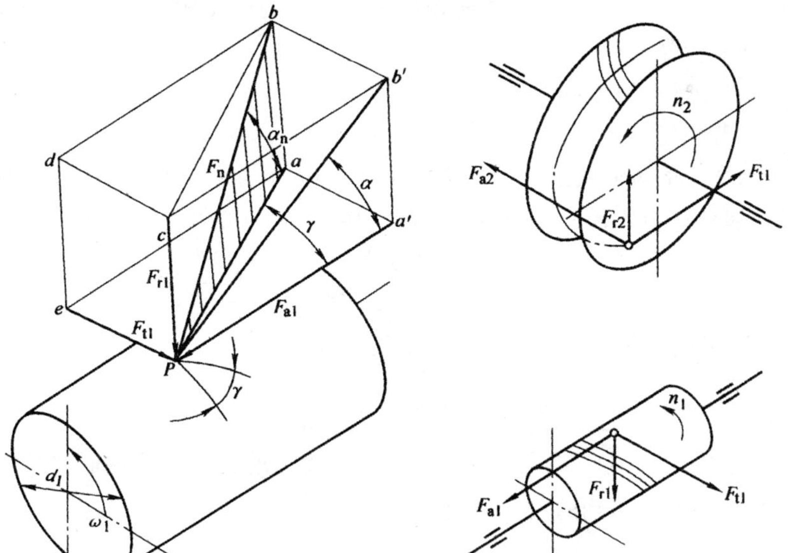

图 10-60　蜗杆传动的受力分析

2. 蜗杆传动的计算载荷

与齿轮传动一样，由于外部和内部的原因，轮齿实际所受的载荷大于名义载荷，其计算载荷为

$$F_{nca}=KF_n$$

式中，K 为载荷系数。

$$K = K_A K_V K_\beta$$

式中，K_A 为使用系数，见表 10-28；K_V 为动载荷系数，当精确制造，且蜗轮的圆周速度 $v_2 \leqslant 3\text{m/s}$ 时，取 $K_V = 1.0 \sim 1.1$，当 $v_2 > 3\text{m/s}$ 时，取 $K_V = 1.1 \sim 1.2$；K_β 为齿向载荷分布系数，当蜗杆传动的载荷平稳时，载荷分布不均匀现象由于工作表面良好的磨合得到改善，取 $K_\beta = 1$，当载荷变化较大，或有冲击、振动时，$K_\beta = 1.3 \sim 1.6$。

表 10-28　蜗杆传动使用系数 K_A

工作类型	Ⅰ	Ⅱ	Ⅲ
载荷性质	均匀、无冲击	不均匀、小冲击	不均匀、大冲击
每小时起动次数	<25	25～50	>50
起动载荷	小	较大	大
K_A	1	1.15	1.2

3. 蜗杆传动的强度计算

根据设计准则分析，蜗杆传动的强度条件包括蜗轮齿面接触强度条件和轮齿弯曲疲劳强度条件。如前所述，蜗杆传动的失效多发生在蜗轮上，所以，在进行蜗杆传动的强度计算时，只需对蜗轮轮齿进行强度校核，至于蜗杆的强度可按轴的强度计算方法进行，必要时还要进行蜗杆的刚度计算。对于闭式蜗杆传动，只需校核齿面接触疲劳强度，一般无须校核蜗轮轮齿的弯曲疲劳强度，只有当蜗轮齿数很多（$z_2 > 80$）时，才需校核蜗轮轮齿的弯曲疲劳强度。对于开式蜗杆传动，只需校核齿根弯曲疲劳强度。

（1）普通圆柱蜗杆传动的强度

1）齿面接触疲劳强度

蜗轮与蜗杆啮合处的齿面接触应力与齿轮传动相似，利用赫兹应力公式，考虑蜗杆传动的特点，可得普通圆柱蜗杆传动的齿面接触疲劳强度条件：

$$\sigma_H = Z_E \sqrt{\frac{9K_A T_2}{m^2 d_1 z_2^2}} \leqslant [\sigma_H]$$

将上式整理后，得蜗杆传动齿面接触疲劳强度的设计公式：

$$m^2 d_1 \geqslant 9K_A T_2 \left(\frac{Z_E}{z_2[\sigma_H]}\right)^2$$

式中，K_A 为使用系数；Z_E 为弹性系数。设计时，由上式求出 $m^2 d_1$ 后，再根据对应的表查出相应的 m、d_1 及 q 值，作为蜗杆传动的设计参数。

2）弯曲疲劳强度

蜗轮轮齿的齿形复杂，难以精确计算，借用斜齿圆柱齿轮轮齿弯曲疲劳强度条件公式，考虑蜗轮齿形的特点，经简化，可得普通圆柱蜗杆传动的弯曲疲劳强度条件：

$$\sigma_F = \frac{1.64K_A T_2}{m^2 d_1 z_2} Y_{Fa} Y_\beta \leqslant [\sigma_H]$$

将上式整理后，得蜗轮轮齿弯曲疲劳强度的设计公式：

$$d_1 \geqslant \frac{1.64K_A T_2}{z_2[\sigma_H]} Y_{Fa} Y_\beta$$

式中，Y_{Fa} 为蜗轮轮齿的齿形系数，根据当量齿数 $z_v = \frac{z}{\cos^2\gamma}$，可通过表 10-29 查取；$Y_\beta$ 为螺旋角系数，$Y_\beta = 1 - \gamma/140°$。

表 10-29　蜗轮齿形系数 Y_{Fa}

z_v	Y_{Fa}	z_v	Y_{Fa}	z_v	Y_{Fa}	z_v	Y_{Fa}
20	2.24	30	1.99	40	1.76	80	1.52
40	2.12	32	1.94	45	1.68	1	1.47
26	2.10	35	1.86	50	1.64	150	1.44
28	2.04	38	1.82	60	1.59	300	1.40

3)许用应力

①许用接触应力。当蜗轮材料为强度极限 $\sigma_b < 300\text{MPa}$ 的青铜，而蜗杆材料为钢时，传动的承载能力常取决于蜗轮的接触疲劳强度。表 10-30 列出了应力循环次数 $N = 10^7$ 的基本许用应力 $[\sigma_H]'$，当应力循环次数 $N \neq 10^7$ 时，$[\sigma_H]'$ 应乘以寿命系数 Z_N，即 $[\sigma_H] = [\sigma_H]'Z_N$。若 t_h 为工作时间(h)，n_2 为蜗轮的转速(r/min)，则寿命系数 Z_N 为

$$Z_N = \sqrt[8]{\frac{10^7}{N}}, N = 60 n_2 t_h$$

若 $N > 25 \times 10^7$，应取 $N = 25 \times 10^7$，再代入计算。

表 10-30　普通圆柱蜗杆传动中蜗轮的基本许用应力 $[\sigma_H]'$ 和 $[\sigma_F]'$

蜗轮材料	铸造方法	适用的滑动速度/(m/s)	机械性能		$[\sigma_H]'$		$[\sigma_F]'$	
					蜗杆齿面硬度			
			$\sigma_{0.2}$	σ_b	≤350HBS	>45HRC	一侧受载	两侧受载
ZCuSn10P1	砂模	≤12	130	220	180	200	51	32
	金属模	≤25	170	310	200	220	70	40
ZCuSnPb5Zn5	砂模	≤10	90	200	110	125	33	24
	金属模	≤12	100	250	135	150	40	29
ZCuSnPb5Zn5	砂模	≤10	180	496	见表 10—31		82	64
	金属模		200	496			90	80
HT150	砂模	≤2	—	150			40	25
HT200	砂模	≤2～2.5		200			48	30

当蜗轮材料为铸铁或为强度极限 $\sigma_b > 300\text{MPa}$ 的青铜时，传动的承载能力常取决于蜗轮的抗胶合能力。目前尚无成熟的胶合计算方法，故采用接触强度公式计算是一种条件性的计算。但许用应力的大小与应力循环次数无关，而与齿面间相对滑动速度 v_s 有关，其许用接触应力 $[\sigma_H]$ 按表 10-31 选取。表 10-31 的数据是在良好的跑合与润滑条件下给出的，若不满足此条件，则表中的数据应降低 30%左右。

表 10-31　铸铁或青铜($\sigma_b>300$ MPa)蜗轮的许用接触应力 $[\sigma_H]$

材料		滑动速度 v_s /(m/s)						
蜗轮	蜗杆	0.5	1	2	3	4	6	8
ZCuAl10Fe3	钢(淬火)	250	230	210	180	160	120	90
HT200 HT150	渗碳钢	130	115	90				
HT150	钢(调质或正火)	110	90	70				

②许用弯曲应力。表 10-30 中还列出了应力循环次数 $N=10^6$ 时常用材料的基本许用弯曲应力 $[\sigma_H]'$，当 $N\neq10^6$ 时，应将 $[\sigma_H]$ 乘以寿命系数 Y_N，即 $[\sigma_H]=[\sigma_H]'Y_N$。其中，$Y_N$ 按下式计算：

$$Y_N=\sqrt[9]{\frac{10^6}{N}}$$

(2)圆弧圆柱蜗杆传动的强度条件

①蜗轮齿面接触疲劳强度条件。蜗轮与蜗杆啮合处的齿面接触应力，与普通圆柱蜗杆传动相似，利用赫兹应力公式，考虑蜗杆和蜗轮齿廓特点，可得齿面接触疲劳强度条件：

$$\sigma_H=Z_EZ_\rho\sqrt{T_2\frac{K_A}{a^3}}\leqslant[\sigma_H]$$

式中，Z_E 为材料弹性系数，单位为 $\sqrt{\mathrm{MPa}}$，可由表 10-32 查得；Z_ρ 为接触系数，是考虑蜗杆传动的接触线长度和曲率半径对接触强度的影响系数，根据 $\frac{d_1}{a}$ 的值由图 10-61 查得（$\frac{d_1}{a}$ 现按已知尺寸算出，初步设计时，按 i 选取：当 $i=70\sim20$ 时，$\frac{d_1}{a}=0.3\sim0.4$；当 $i=20\sim5$ 时，$\frac{d_1}{a}=0.4\sim0.5$；i 较小时取大值）；T_2 为蜗轮转矩，单位为 N · mm；K_A 为使用系数；a 为中心距，单位为 mm；σ_{HP} 为许用接触应力，单位为 MPa。

由上式可得圆弧圆柱蜗杆传动的中心距设计公式：

$$a\geqslant\sqrt[3]{T_2K_A\left(\frac{Z_EZ_\rho}{[\sigma_H]}\right)^2}$$

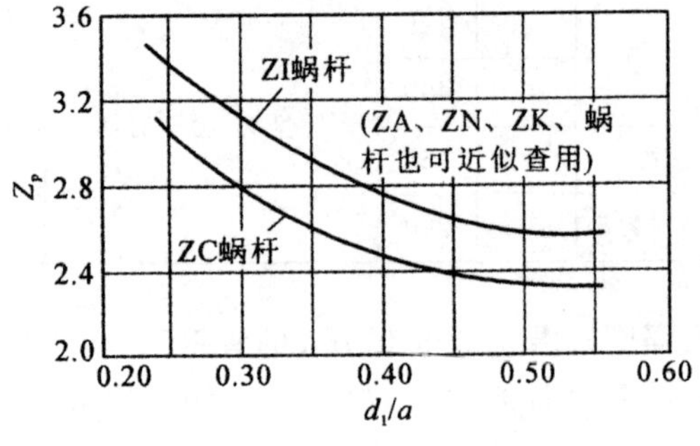

图 10-61　圆柱蜗杆传动的接触系数 Z_ρ

②蜗轮轮齿的弯曲疲劳强度条件

由于蜗轮轮齿的齿形比较复杂，难以精确计算其弯曲应力，根据实践经验，齿根弯曲强度主

要与模数 m 和齿宽有关，可用简单的条件性计算法，即 U 系数法来校核。蜗轮轮齿弯曲疲劳强度条件为

$$U = \frac{F_{t2} K_A}{m b_2} \leqslant U_p$$

式中，F_{t2} 为蜗轮的圆周力，单位为 N；K_A 为使用系数；m 为蜗杆轴向模数，即蜗轮端面模数；b_2 为蜗轮齿宽，单位为 mm；U_p 为许用 U 系数。

表 10-32　圆弧圆柱蜗杆传动中蜗轮常用材料的性能

蜗轮材料牌号（德国）	铸造方法	抗拉强度 σ_b/MPa	屈服强度 $\sigma_{0.2}$/MPa	弹性模量 E/MPa	弹性系数 Z_E/MPa	接触疲劳极限 σ_{Hlim}/MPa	极限系数 U_{lim}/MPa	相近的国产材料牌号	铸造方法	玑扭强度 σ_b/MPa	屈服强度 $\sigma_{0.2}$/MPa
GCuSn12	砂模铸造	260	140	88300	147	265	115	铸锡青铜 ZCuSn10Pl	砂模铸造	250	140
GZ-CuSn12	离心铸造	280	150	88300	147	425	190		离心铸造	250	200
G-CuAl10Fe	砂模铸造	500	180	122600	164	250	400	铸铝铁青铜 ZCuAl10Fe3	砂模铸造	400	180
GZ-CuAl10Fe	离心铸造	550	220	122600	164	265	500		离心铸造	530	230
GG-25	砂模铸造	300	120	98100	152.2	350	150	HT300	砂模铸造	300	

4. 蜗杆的刚度计算

蜗杆的支点跨距一般较大，受载后若产生过大弹性变形，会造成轮齿上的载荷集中，影响蜗杆与蜗轮的正确啮合，因此，蜗杆还需进行刚度校核。在进行蜗杆刚度校核时，近似将蜗杆螺旋部分看做以蜗杆齿根圆直径为直径的轴，蜗杆的最大挠度应满足

$$y = \frac{\sqrt{F_{t1}^2 + F_{r1}^2}}{48EI} L'^3 \leqslant [y]$$

式中，F_{t1} 为蜗杆所受的圆周力，单位为 N；F_{r1} 为蜗杆所受的径向力，单位为 N；E 为蜗杆材料的弹性模量，单位为 MPa；I 为蜗杆的危险截面截面二次矩，$I = \pi \frac{d_{f1}^4}{64}$，单位为 mm^4，其中 d_{f1} 为蜗杆齿根圆直径，单位为 mm；L' 为蜗杆两端支承间的跨距，单位为 mm，初步计算时可取 $L' \approx 0.9d_2$，d_2 为蜗轮分度圆直径；$[y]$ 为许用最大挠度，单位为 mm，$[y] = \frac{d_1}{1000}$，d_1 为蜗杆分度圆直径。

10.5.6 蜗杆传动的润滑及热平衡计算

1. 蜗杆传动的润滑

对蜗杆传动进行良好的润滑，具有特别重要的意义。良好的润滑可以减少齿面磨损，降低齿面温度，防止胶合失效，提高承载能力和传动效率。一般采用粘度大的润滑油进行润滑，在润滑油中还常加入添加剂，提高其抗胶合能力。但青铜蜗轮不允许采用活性大的、油.胜添加剂，以免被腐蚀。

(1)润滑油

润滑油的种类很多，应根据蜗杆蜗轮配对材料和运转条件合理选择。当钢蜗杆配青铜蜗轮时，常用润滑油见表 10-33。

表 10-33 蜗杆传动常用的润滑油

齿轮油 L—CKC 一等品	68	100	150	220	320	460	680
运动粘度 ν_{40} /(mm²/s)	61.2～74.8	90～110	135～165	198～242	288～352	414～506	612～748
粘度指数(不小于)	90						
闪点(开口)/℃(不低于)	180		90			220	
倾点/℃(不高于)	−8					−5	

注：其余指标可参看 GB/T 5903—1995。

(2)润滑油粘度及润滑方法

一般根据相对滑动速度及载荷的类型选择润滑油的粘度和润滑方法。对于闭式蜗杆传动，常用的润滑油粘度和润滑方法见表 10-34；对于开式蜗杆传动，用粘度高的齿轮油或润滑脂。

表 10-34 蜗杆传动的润滑油粘度推荐值及润滑方法

蜗杆传动的相对滑动速度 v_s /(m/s)	≤1	1～2.5	2.5～5	5～10	10～15	15～25	>25
载荷类型	重载	重载	中载	—	—	—	—
运动粘度 ν_{40} /(mm²/s)	1000	680	320	220	150	100	68
给油方式	油池润滑			喷油润滑 或油池润滑	压力喷油润滑		

(3)润滑油量

闭式蜗杆传动采用浸油润滑时，蜗杆尽量下置；当蜗杆速度为 4～5m/s 时，为避免蜗杆的搅油损失过多，采用上置蜗杆的形式。对于下置或侧置蜗杆，浸油深度为蜗杆的一个齿高；对于上置蜗杆，浸油深度约为蜗轮外径的 1/3。

2. 蜗杆传动热平衡计算

在闭式蜗杆传动中，由于传动效率低，摩擦发热量大，如果产生的热量不能及时散逸，油温不断升高，会使润滑油粘度下降，从而加剧齿面间磨损，甚至产生胶合失效。所以必须根据单位时间内传动的发热量等于同时间内的散热量的条件进行热平衡计算，以保证润滑油的油温控制在许可范围内。

蜗杆传动在单位时间内由功率损耗产生的热量(单位为 W)为

$$\Phi_1 = 1000P(1-\eta)$$

式中,P 为蜗杆传递的功率,单位为 kW。

以自然冷却方式,在单位时间从箱体外壁散发到周围空气中的热量(单位为 W)为

$$\Phi_2 = \alpha_d A(t_0 - t_a)$$

式中,α_d 为箱体表面传热系数,单位为 W/(m^2 · ℃),取 α_d =8.15~17.45,周围空气流通良好时,取较大值;A 为箱体有效散热面积(内表面能被油溅到,而外表面又可为周围空气冷却的箱体表面面积),单位为 m^2;t_0 为油的工作温度,单位为℃,一般应限制在 60℃~70℃,最高不超过 80℃;t_a 为周围空气的温度,单位为℃,通常取 t_a =20℃。

由热平衡条件 ($\Phi_2 = \Phi_1$),可得在既定工作条件下的油温 t_0 为

$$t_0 = t_a + \frac{1000P(1-\eta)}{\alpha_d A}$$

或在既定工作条件下,保持正常工作温度所需的散热面积(m^2)

$$A = \frac{1000P(1-\eta)}{\alpha_d(t_0 - t_a)}$$

初步设计时,箱体散热片布置良好的蜗杆传动,可按下式估算散热面积

$$A = 9 \times 10^{-5} a^{1.88}$$

式中,a 为蜗杆传动的中心距,单位为 mm。

当油温超过 80℃或散热面积不够时,应采取措施,提高散热能力。常用的散热措施有:

①在箱体外壁加散热片以增大散热面积。

②在蜗杆轴端加风扇,提高表面传热系数 α_d [图 10-62(a)]。

③在传动箱体内加循环冷却设施,如安装循环冷却管路[图 10-62(b)]。

④在大功率蜗杆传动中,可采用压力喷油循环润滑[图 10-62(c)]。

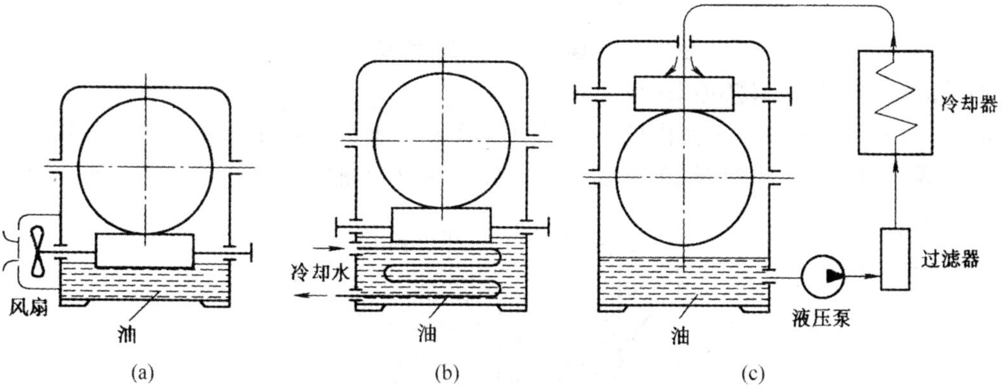

图 10-62　蜗杆减速器的冷却方式

10.5.7　圆弧圆柱蜗杆传动

1. 圆弧圆柱蜗杆传动的类型

圆弧圆柱蜗杆传动(ZC 型)是在普通圆柱蜗杆传动的基础上发展起来的一种新型的蜗杆传动。圆弧圆柱蜗杆的齿面用切削刃为凸圆弧形的刀具加工。在主平面内,蜗杆的齿形为凹弧形,

而蜗轮的齿形为凸弧形。

圆弧圆柱蜗杆传动可分为圆环面包络圆柱蜗杆传动和轴向圆弧齿圆柱蜗杆传动两种类型。

(1)圆环面包络圆柱蜗杆传动

这种蜗杆的加工如图 10-63 所示,圆环面砂轮与蜗杆作相对螺旋运动,蜗杆齿面是砂轮曲面族的包络面。圆环面包络圆柱蜗杆传动又分为以下两种形式:

①ZC1 型蜗杆传动加工时,砂轮与蜗杆的相对位置如图 10-63a)所示,蜗杆轴线与砂轮轴线的交错角毛等于蜗杆的导程角 y。砂轮与蜗杆齿面的瞬时接触线是一条固定的空间曲线。

②ZC2 型蜗杆传动加工时,砂轮与蜗杆的相对位置如图 10-63b)所示,蜗杆轴线与砂轮轴线的公垂线通过砂轮齿廓的曲率中心,但两轴线的交错角三。不等于蜗杆的导程角 y。砂轮与蜗杆齿面的瞬时接触线是一条与砂轮的轴向齿廓互相重合的固定平面曲线。

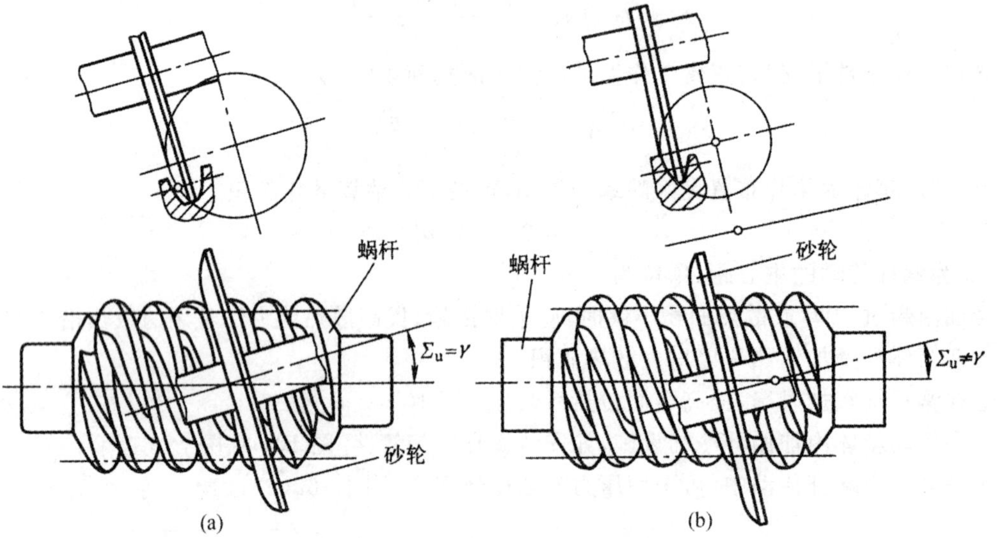

图 10-63　圆环面包络圆柱蜗杆的加工

(2)轴向圆弧齿圆柱蜗杆传动(ZC3 型)

蜗杆齿面是由蜗杆轴向平面内的一段凹圆弧绕蜗杆轴线作螺旋运动形成的。用车床加工时,车刀与蜗杆的相对位置如图 10-64 所示,需将凸圆弧车刀前刀面置于蜗杆轴向平面内。

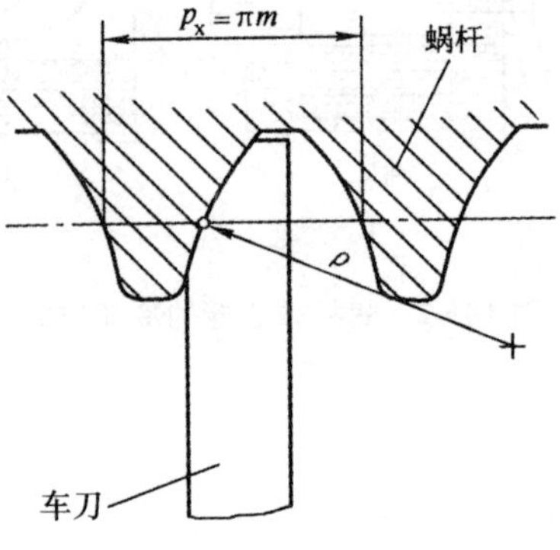

图 10-64　轴向圆弧圆柱蜗杆的加工

2. 圆弧圆柱蜗杆传动的特点

圆弧圆柱蜗杆传动和普通圆柱蜗杆传动相比，具有以下主要特点：

①蜗杆和蜗轮两共轭齿面为凹凸面啮合，综合曲率半径较大，因而齿面接触应力较小，齿面强度较高。

②蜗杆和蜗轮啮合时的瞬时接触线方向与相对滑动方向的夹角(润滑角)较大，见图 10-65 所示，易于形成和保持油膜，从而减少了啮合面间的摩擦，故磨损小，发热量低，传动效率高。

③在蜗杆齿强度不减弱的情况下，蜗轮的齿根厚度较大，故蜗轮齿的弯曲强度较高。

④由于齿面和齿根强度的提高，使承载能力增大。与普通蜗杆传动相比，在传递同样功率的情况下，体积小，重量轻，结构也较为紧凑。

⑤蜗杆与蜗轮相啮合时，蜗轮为正变位，啮合节线位于接近蜗杆齿顶的位置，啮合性能好。

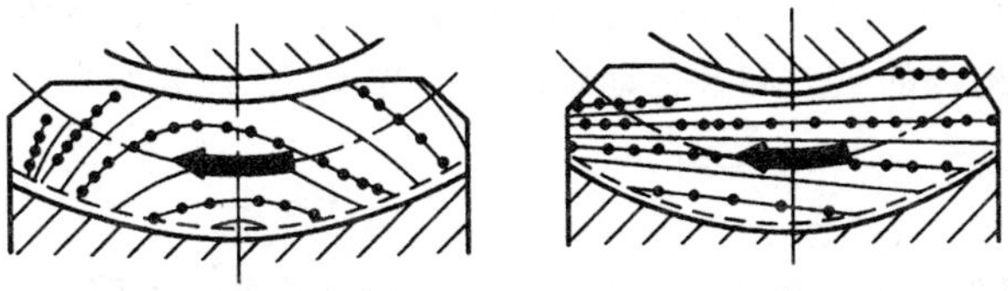

(a)　　　　(b)

(a)ZC 蜗杆　(b)普通蜗杆

图 10-65　蜗杆与蜗轮啮合时的瞬时接触线比较

此外，在加工和装配工艺方面也都并不复杂。因此，这种传动已逐渐广泛地应用到各种机械设备的减速机构中。

第 11 章　机械的运转及其速度波动的调节

11.1　机械系统的运转

11.1.1　作用在机械上的力

为了研究机械系统在外力作用下的真实运动规律，首先，需要知道作用在机械上的外力。在本章的研究中，忽略各构件的重力和各运动副间的摩擦力，而只考虑主动件产生的驱动力和执行机构所承受的生产阻力。

1. 驱动力

驱动力是由原动机发出的。原动机不同，驱动力的特性也不相同。工程中常用内燃机、电动机、蒸汽机、汽轮机、水轮机、风力机等机械作原动机。原动机的驱动力是运动参数(位移或速度)的函数，这种函数关系称为原动机的机械特性，一般可以用图形曲线来表示，称为特性曲线(见图 11-1 所示)。驱动力按机械特性可以分为以下几种：

①驱动力为常量，即 $F_d=C$。如利用重锤的质量作驱动力时，其值为常数。机械特性曲线如图 11-1(a)所示。

②驱动力是位移的函数，即 $F_d=f(s)$。如利用弹簧作驱动力时，其值为位移的函数，其机械特性曲线如图 11-1(b)所示。

③驱动力矩是角速度的函数，即 $M_d=f(\omega)$。如内燃机、电动机发出的驱动力矩均与其转速有关。图 11-1(c)为内燃机的机械特性曲线，图 11-1(d)为直流串激电动机的机械特性曲线，图 11-1(e)为交流异步电动机的机械特性曲线。

图 11-1(c)所示的内燃机机械特性曲线中，当工作负荷增加而导致机械转速降低时，其驱动力矩变化不大，不能自动平衡外载荷的变化，导致速度继续下降，直到停车，故内燃机无自调性。为实现低速大扭矩的工作要求，用内燃机作原动机时，只能靠使用变速器或减速器来调整速度与扭矩之间的协调关系。

当原动机的功率一定时，许多机械在工作过程中要求满足高转速、小扭矩或低转速、大扭矩的工作要求。由图 11-1(d)所示的直流串激电动机的机械特性曲线可知，当工作负荷增加而导致机械转速降低时，其驱动力矩也随之加大，适合低转速、大扭矩的工作要求。当工作负荷减少而导致机械转速上升时，其驱动力矩也随之减少，适合于高转速、小扭矩的工作要求。直流串激电动机具有良好的自调性。

图 11-2 所示的三相交流异步电动机的机械特性曲线中，电机正常工作时，对应于图中的 BC 段。为了便于用解析法研究机械在外力作用下的运动，原动机的驱动力必须用解析式表示，为简化 BC 段曲线方程，常用一条过 C 点且接近 BC 曲线的直线 NC 来代替 BC 段的曲线。其中 N 点的力矩为电动机的额定力矩 M_n，N 点对应的角速度为电动机的额定角速度 ω_n。C 点对应的角速度为电动机的同步角速度 ω_0，直线 NC 上任意一点处的驱动力矩 M_d 与其角速

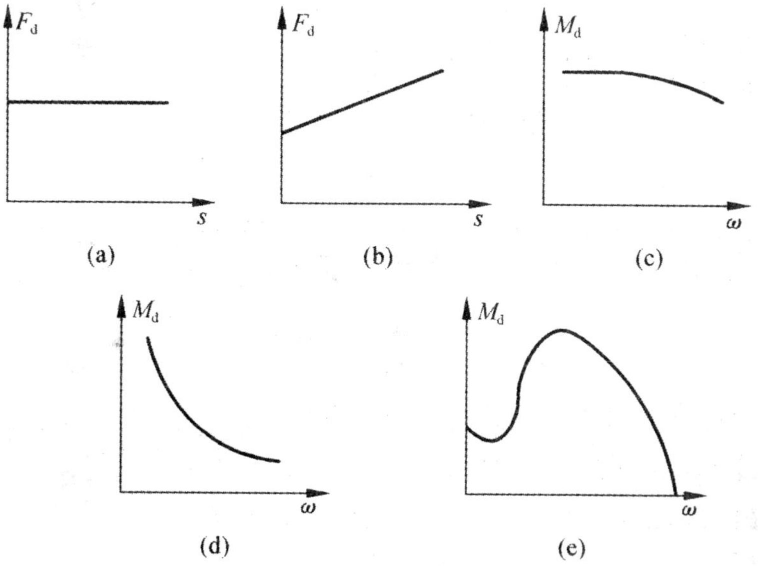

图 11-1　常用原动机的机械特性曲线

度 ω 的关系为

$$M_d = \frac{M_n}{\omega_o - \omega_n}(\omega_o - \omega) \tag{11-1}$$

式中，M_n、ω_n、ω_o 可从电动机铭牌上查出。当用解析法研究机械系统的运动时，异步电动机发出的驱动力矩特性可用上面方程来表示。

2. 工作阻力

工作阻力（F_r）是指机械工作时需要克服的工作负荷，它决定于机械的工艺特点。不同机械的工作阻力特性不同，因此，仅对常见的工作阻力特性作简单说明。

①工作阻力为常数，即 $F_r = C$。如车床、起重机、轧钢机等机械的工作阻力均可看作常数。

②工作阻力是位移的函数，即 $F_r = f(s)$。如曲柄压力机、弹簧上的工作阻力均随执行构件的位移而变化。

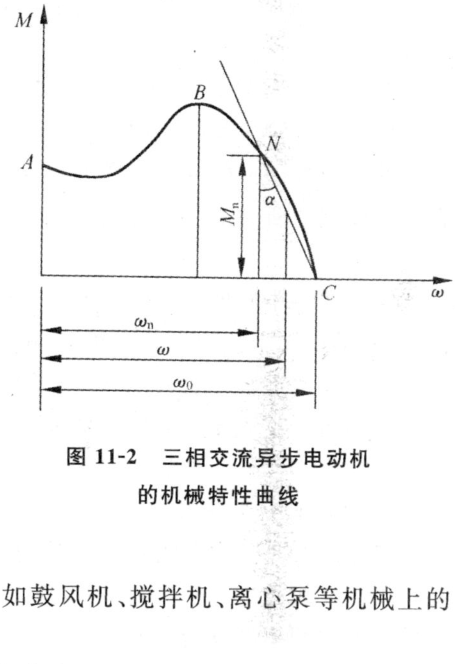

图 11-2　三相交流异步电动机的机械特性曲线

③工作阻力是执行构件速度的函数，即 $F_r = f(\omega)$。如鼓风机、搅拌机、离心泵等机械上的工作阻力均随转速而变化。

④工作阻力是时间的函数，即 $F_r = f(t)$。有少数机械，如揉面机、球磨机等机械上的工作阻力均随时间而变化。

因此，工作阻力的特性要根据具体的机械来确定。

11.1.2　机械运转的过程及其特点

机械系统从开始运转到停止的全工作过程一般可以分为三个阶段：起动、稳定运转和停车（见图 11-3）。

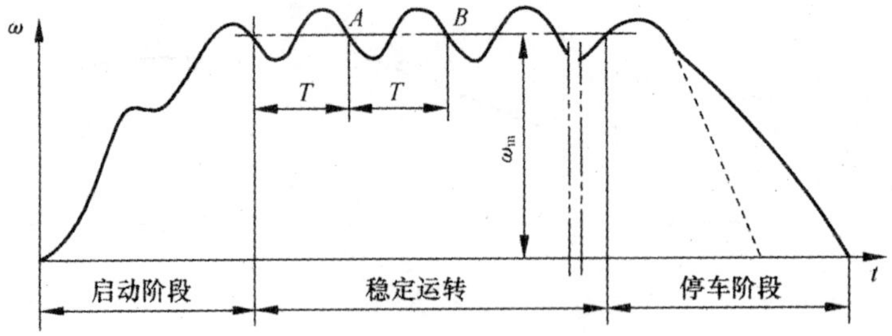

图 11-3 机械系统的运转过程

1. 机械的起动阶段

机械的起动阶段指机械主动件的速度从零开始逐渐上升到开始稳定运转的过程。在该阶段中，机械的驱动力所做的驱动功 W_d 大于阻抗力所做的阻抗功 W_r，此时机械系统的动能增加，根据动能定理，动能的增量为

$$\Delta E = W_d - W_r \tag{11-2}$$

动能增量越大，起动时间越短。为减少机械起动的时间，一般在空载下起动，即 $W_r=0$。此时，$\Delta E=W_d$，机械驱动力所做的功除克服摩擦功以外，全部转换为加速起动的动能，从而缩短了起动时间。

2. 机械的稳定运转阶段

稳定运转阶段是机械的正常运转阶段。此时，主动件的平均角速度 ω_m 保持稳定，但瞬时速度随着外力等因素的变化而产生周期性或非周期性波动。对于周期性波动，驱动力和生产阻力在一个周期内所做的功相等，动能增量为零，即

$$W_d - W_r = E_B - E_A = \Delta E = 0 \tag{11-3}$$

系统在一个周期始末的动能相等（$E_A=E_B$），主动件的速度也相等，但在一个周期内的任一区间，驱动功和阻抗功不一定相等，机械的动能将增大或减小，瞬时速度产生波动。

这种稳定运转称为周期性变速稳定运转。许多机械如牛头刨床、冲床等机械的运动就属于此类。还有一些机械，其主动件的运动速度是恒定的常数，称为匀速稳定运转，如鼓风机、提升机等。

3. 机械的停车阶段

停车阶段是指机械由稳定运转的工作转速下降为零转速的过程。要停止机械运转必须首先撤销作用在机械上的驱动力，使驱动功 $W_d=0$，这时阻抗力所做的阻抗功用于克服机械在稳定运转过程中积累的动能 ΔE，即

$$-W_r = \Delta E$$

由于停车阶段也要撤去阻抗力，仅靠摩擦力做的功去克服惯性动能会使停车时间很长，为了缩短停车时间，一般要在机械中安装制动器，加速消耗机械的动能，缩短停车时间。制动时的运转曲线如图 11-3 中的虚线所示。

起动阶段与停车阶段统称为机械运转的过渡阶段。多数机械是在稳定运转阶段进行工作的，但也有一些机械（如起重机），其工作过程有相当一部分是在过渡阶段进行的。

11.2　机械系统的动力学模型

11.2.1　机械运动方程式的一般表达式

研究机械系统的真实运动，必须首先建立外力与运动参数间的函数表达式，这种函数表达式称为机械的运动方程式。机械是由机构组成的多构件的复杂系统，其一般运动方程式不仅复杂，求解也很烦琐。

对于只有一个自由度的机械，描述它的运动规律只需要一个广义坐标。因此，在研究机械在外力作用下的运动规律时，只需要确定出该坐标随时间变化的规律即可。

下面以图 11-4 所示的曲柄滑块机构为例说明单自由度机械系统的运动方程式的建立方法。

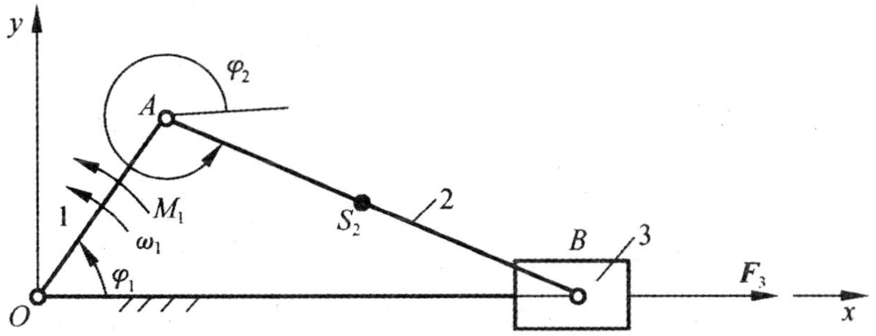

图 11-4　曲柄滑块机构的动力分析

该机构由三个活动构件组成。设已知曲柄 1 为主动件，其角速度为 ω_1，曲柄 1 的质心 S_1 在 O 点，其转动惯量为 J_1；连杆 2 的角速度为 ω_2，质量为 m_2，其对质心 S_2 的转动惯量为 J_{S_2}，质心 S_2 的速度为 v_{S_2}；滑块 3 的质量为 m_3，其质心 S_3 在 B 点，速度为 v_3。则该机构在 $\mathrm{d}t$ 瞬时的动能增量为

$$\mathrm{d}E = \mathrm{d}\left(\frac{1}{2}J_1\omega_1^2 + \frac{1}{2}J_{S_2}\omega_2^2 + \frac{1}{2}m_2v_{S_2}^2 + \frac{1}{2}m_3v_3^2\right)$$

又如图 11-4 所示，设在此机构上作用有驱动力矩 M_1 与工作阻力 F_3，在 $\mathrm{d}t$ 瞬时其所做的功为

$$\mathrm{d}W = (M_1\omega_1 - F_3v_3)\mathrm{d}t = N\mathrm{d}t$$

根据动能定理，机械系统在某一瞬间其总动能的增量应等于在该瞬间内作用于该机械系统的各外力所作的元功之和，故可得出该曲柄滑块机构的运动方程式为

$$\mathrm{d}\left(\frac{1}{2}J_1\omega_1^2 + \frac{1}{2}J_{S_2}\omega_2^2 + \frac{1}{2}m_2v_{S_2}^2 + \frac{1}{2}m_3v_3^2\right) = (M_1\omega_1 - F_3v_3)\mathrm{d}t \tag{11-4}$$

同理，如果机械系统由胛个活动构件组成，作用在构件 i 上的作用力为 $\boldsymbol{F}_i$，力矩为 M_i，力 $\boldsymbol{F}_i$ 的作用点的速度为 v_i，构件的角速度为 ω_i，v_{Si} 为构件 i 的质心速度，J_{Si} 为构件 i 对质心的转动惯量，则可得出机械运动方程式的一般表达式为

$$\mathrm{d}\left[\sum_{i=1}^{n}\left(\frac{1}{2}m_iv_{S_i}^2 + \frac{1}{2}J_{S_i}\omega_i^2\right)\right] = \left[\left(\sum_{i=1}^{n}(F_iv_i\cos\alpha_i \pm M_i\omega_i)\right)\right]\mathrm{d}t \tag{11-5}$$

式中，α_i 为作用在构件 i 上的外力 $\boldsymbol{F}_i$ 与该力作用点的速度 v_i 之间的夹角，而“±”号的选取决定

于作用在构件 i 上的力偶矩 M_i 与该构件的角速度 ω_i 的方向是否相同，相同时取"＋"号，相反时取"—"号。

在运用式(11-5)时，由于各构件的运动参数量均为未知量，求解非常繁琐。但是，对于单自由度的机械系统，只要知道其中一个构件的运动规律，其余所有构件的运动规律就可随之求得。因此，为了求得简单易解的机械运动方程式，可将复杂的单自由度的机械系统，按一定的原则简化为一个构件(称为等效构件)，建立最简单的等效动力学模型，然后再列出其运动方程式求解。下面介绍这种方法。

11.2.2 机械系统的等效动力学模型

对于单自由度的机械系统，可以用机械中的一个构件的运动来代替整个机械系统的运动。我们把这个能代替整个机械系统运动的构件称为等效构件。这样，就把研究复杂机械系统的运动问题转化为研究一个简单构件的运动问题。为了使等效构件和原机械系统中该构件的真实运动一致，根据质点系动能定理，将作用于机械系统上的所有外力和外力矩、所有构件的质量和转动惯量，都向等效构件转化，转化的原则是使该系统转化前后的动力学效果保持不变。因此，等效转化的原则如下：

①等效构件的质量或转动惯量所具有的动能，应等于原机械系统的总动能。

②等效构件上作用的等效力或等效力矩所产生的瞬时功率应等于原机械系统所有外力或外力矩所产生的瞬时功率之和。

现仍以图 11-4 所示的曲柄滑块机构为例来说明这种方法。该机构为一单自由度机械系统，若选择曲柄 1 的转角 φ_1 为独立的广义坐标，并将式(11-4)改写为如下形式：

$$\mathrm{d}\left\{\frac{\omega_1^2}{2}\left[J_1+J_{S_2}\left(\frac{\omega_2}{\omega_1}\right)^2+m_2\left(\frac{v_{S_2}}{\omega_1}\right)^2+m_3\left(\frac{v_3}{\omega_1}\right)^2\right]\right\}=\omega_1\left[M_1-F_3\left(\frac{v_3}{\omega_1}\right)\right]\mathrm{d}t \tag{11-6}$$

令

$$J_e=J_1+J_{S_2}\left(\frac{\omega_2}{\omega_1}\right)^2+m_2\left(\frac{v_{S_2}}{\omega_1}\right)^2+m_3\left(\frac{v_3}{\omega_1}\right)^2 \tag{11-7}$$

$$M_e=M_1-F_3\left(\frac{v_3}{\omega_1}\right) \tag{11-8}$$

由式(11-7)可知，J_e具有转动惯量的量纲，故称为等效转动惯量。式中的各速比$\frac{\omega_2}{\omega_1}$、$\frac{v_{S_2}}{\omega_1}$、$\frac{v_3}{\omega_1}$都是广义坐标 φ_1 的函数。因此，等效转动惯量的一般表达式可以写成如下函数表达式：

$$J_e=J_e(\varphi_1)$$

由式(11-8)可知，M_e 具有力矩的量纲，故称之为等效力矩。同理，式中的传动比$\frac{v_3}{\omega_1}$也是广义坐标 φ_1 的函数，而外力 M_1 与 F_3 在机械系统中可能是运动参数 φ_1、ω_1 及 t 的函数，所以等效力矩的一般表达式为

$$M_e=M_e(\varphi_1,\omega_1,t)$$

根据 J_e和 M_e 的表达式，则式(11-6)可以写成如下的运动方程式：

$$\mathrm{d}\left[\frac{1}{2}J_e(\varphi_1)\omega_1^2\right]=M_e(\varphi_1,\omega_1,t)\omega_1\mathrm{d}t \tag{11-9}$$

上述推导可以理解为：对于一个单自由度机械系统的运动的研究，可以简化为对于一个具有

等效转动惯量 $J_e(\varphi)$，且其上作用有等效力矩 $M_e(\varphi,\omega,t)$ 的假想构件（如图 11-4 所示的曲柄）的运动的研究，这一假想的构件即为等效构件。显然，具有等效转动惯量，$J_e(\varphi)$ 的等效构件的动能将等于原机械系统的动能，而作用在其上的等效力矩 $M_e(\varphi,\omega,t)$ 的瞬时功率将等于作用在原机械系统上的所有外力在同一瞬时的功率之和。所以我们把具有等效转动惯量 J_e，其上作用有等效力矩 M_e 的等效构件（见图 11-5(a)）称为原机械系统的等效动力学模型。

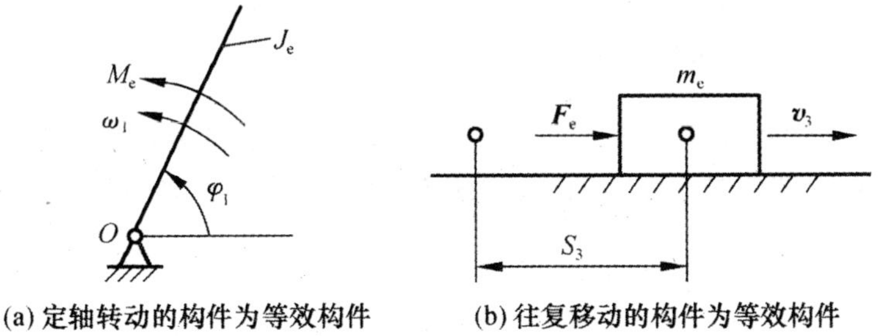

图 11-5　等效动力学模型

不难看出，利用等效动力学模型建立的机械运动方程式，不仅形式上简单，而且方程式的求解也将大为简化。

当然，等效构件也可选用移动构件。如在图 11-4 所示的曲柄滑块机构中，如选取滑块 3 为等效构件，其广义坐标为滑块的位移 s_3（见图 11-5(b)），则式(11-4)可改写成下列形式：

$$\mathrm{d}\left\{\frac{v_3^2}{2}\left[J_1\left(\frac{\omega_1}{v_3}\right)^2+J_{S_2}\left(\frac{\omega_2}{v_3}\right)^2+m_2\left(\frac{v_{S_2}}{v_3}\right)^2+m_3\right]\right\}=v_3\left(M_1\frac{\omega_1}{v_3}-F_3\right)\mathrm{d}t \tag{11-10}$$

式(11-10)左端方括号内的量，具有质量的量纲，设以 m_e 表示，即令

$$m_e=J_1\left(\frac{\omega_1}{v_3}\right)^2+J_{S_2}\left(\frac{\omega_2}{v_3}\right)^2+m_2\left(\frac{v_{S_2}}{v_3}\right)^2+m_3 \tag{11-11}$$

而式(11-10)右端括号内的量，具有力的量纲，设以 F_e 表示，即令

$$F_e=M_1\left(\frac{\omega_1}{v_3}\right)-F_3 \tag{11-12}$$

于是可得以滑块 3 为等效构件时所建立的运动方程式为

$$\mathrm{d}\left[\frac{1}{2}m_e(s_3)v_3^2\right]=F_e(s_3,v_3,t)v_3\,\mathrm{d}t \tag{11-13}$$

式中，m_e 称为等效质量；F_e 称为等效力。

因此，具有等效质量 m_e，且其上作用有等效力 F_e 的等效构件（图 11-5(b)）也是图 11-4 曲柄滑块机构的等效动力学模型。

综上所述，如果取转动构件为等效构件，则其等效转动惯量的一般计算公式为

$$J_e=\sum_{i=1}^{n}\left[m_i\left(\frac{v_{S_i}}{\omega}\right)^2+J_{Si}\left(\frac{\omega_i}{\omega}\right)^2\right] \tag{11-14}$$

等效力矩的一般计算公式为

$$M_e=\sum_{i=1}^{n}\left[F_i\cos\alpha_i\left(\frac{v_{S_i}}{\omega}\right)\pm M_i\left(\frac{\omega_i}{\omega}\right)\right] \tag{11-15}$$

同理，当取移动构件为等效构件时，其等效质量和等效力的一般计算公式可分别表示为

$$m_e = \sum_{i=1}^{n}\left[m_i\left(\frac{v_{S_i}}{v}\right)^2 + J_{Si}\left(\frac{\omega_i}{\omega}\right)^2\right] \tag{11-16}$$

$$F_e = \sum_{i=1}^{n}\left[F_i\cos\alpha_i\left(\frac{v_i}{v}\right)\pm M_i\left(\frac{\omega_i}{v}\right)\right] \tag{11-17}$$

由以上计算可知，等效转动惯量、等效力矩、等效质量、等效力的数值均与构件的速度比值有关，而构件的速度又与机构的位置有关，故这些等效量均为机构位置的函数。

11.2.3 运动方程式的推演

前面推导的机械运动方程式式(11-9)和式(11-13)为能量微分形式的运动方程式。为了便于对某些问题的求解，尚需求出用其他形式表达的运动方程式，为此将式(11-9)简写为

$$\mathrm{d}\left(\frac{1}{2}J_e\omega^2\right) = M_e\omega\mathrm{d}t = M_e\mathrm{d}\varphi$$

再将上式改写为

$$\frac{\mathrm{d}\left(\frac{J_e\omega^2}{2}\right)}{\mathrm{d}\varphi} = M_e \tag{11-18}$$

求导得

$$J_e\frac{\mathrm{d}\left(\frac{\omega^2}{2}\right)}{\mathrm{d}\varphi} + \frac{\omega^2}{2}\frac{\mathrm{d}J_e}{\mathrm{d}\varphi} = M_e \tag{11-19}$$

式中

$$\frac{\mathrm{d}\left(\frac{\omega^2}{2}\right)}{\mathrm{d}\varphi} = \frac{\mathrm{d}\left(\frac{\omega^2}{2}\right)}{\mathrm{d}\varphi}\frac{\mathrm{d}t}{\mathrm{d}\varphi} = \omega\frac{\mathrm{d}\omega}{\mathrm{d}t}\frac{1}{\omega} = \frac{\mathrm{d}\omega}{\mathrm{d}t}$$

将其代入式(11-19)中，即可得到力矩形式的机械运动方程式

$$J_e\frac{\mathrm{d}\omega}{\mathrm{d}t} + \frac{\omega^2}{2}\frac{\mathrm{d}J_e}{\mathrm{d}\varphi} = M_e \tag{11-20}$$

此外，将式(11-18)对 φ 进行积分，还可得到动能形式的机械运动方程式为

$$\frac{1}{2}J_e\omega^2 - \frac{1}{2}J_{e0}\omega_0^2 = \int_{\varphi_0}^{\varphi}M_e\mathrm{d}\varphi$$

式中，φ_0 为 φ 的初始值，而 $J_{e0}=J_e(\varphi_0)$，$\omega_0=\omega(\varphi_0)$。

当选用移动构件为等效构件时，同理可以得到与上面类似的机械运动方程式，即

$$m_e\frac{\mathrm{d}v}{\mathrm{d}t} + \frac{v^2}{2}\frac{\mathrm{d}m_e}{\mathrm{d}s} = F_e \tag{11-21}$$

$$\frac{1}{2}m_ev^2 - \frac{1}{2}m_{e0}v_0^2 = \int_{s_0}^{s}F_e\mathrm{d}s \tag{11-22}$$

为便于计算，通常取只做直线移动或绕定轴转动的构件作为等效构件，它的位置参量即为机构的广义坐标。由于选回转构件为等效构件时，计算各等效参量比较方便，并且求得真实运动规律后，也便于计算机械中其他构件的运动规律，所以常选用回转构件作为等效构件。但当在机构中作用有随速度变化的一个力或力偶时，最好选这个力或力偶所作用的构件为等效构件，这样求得的等效力矩(或等效力)形式较简单，从而可为方程的求解带来方便。

11.3　稳定运转状态下机械的周期性速度波动及其调节

机械在运转过程中，其上所作用的外力或力矩的变化，会导致机械运转速度的波动。过大的速度波动对机械的工作是不利的。因此在机械系统设计阶段，设计者就应采取措施，设法降低机械运转的速度波动程度，将其限制在许可的范围内，以保证机械的工作质量。

11.3.1　周期性速度波动产生的原因

下面以等效力矩和等效转动惯量是等效构件位置函数的情况为例，分析速度波动产生的原因。

作用在机械上的驱动力矩和阻抗力矩在稳定运转状态下往往是主动件转角 φ 的周期性函数。因此，其等效驱动力矩 M_{ed} 与等效阻抗力矩 M_{er} 必然也是等效构件转角 φ 的周期性函数。

如图 11-6(a)所示为基一机械在稳定运转过程中，其等效构件在一个周期 φ_T 中所受等效驱动力矩 $M_{ed}(\varphi)$ 与等效阻抗力矩 $M_{er}(\varphi)$ 的变化曲线。在等效构件转过 φ 角时（设起始位置为 φ_a），其驱动功与阻抗功分别为

$$W_d(\varphi)=\int_{\varphi_a}^{\varphi} M_{ed}(\varphi)\mathrm{d}\varphi$$

$$W_r(\varphi)=\int_{\varphi_a}^{\varphi} M_{er}(\varphi)\mathrm{d}\varphi$$

其等效驱动力矩和等效阻力矩所做的功之差值为机械动能的增量，即

$$\begin{aligned}\Delta E=\Delta W &= W_d(\varphi)-W_r(\varphi)=\int_{\varphi_a}^{\varphi}[M_{ed}(\varphi)-M_{er}(\varphi)]\mathrm{d}\varphi \\ &=\frac{1}{2}J_e(\varphi)\omega^2(\varphi)-\frac{1}{2}J_{ea}\omega_a^2\end{aligned}\tag{11-23}$$

ΔW 为正值时称为盈功，为负值时称为亏功。

由图 11-6(a)中可以看出：在 bc 段、de 段，由于等效驱动力矩大于等效阻力矩，即 $M_{ed}>M_{er}$，因而驱动功大于阻抗功，即为盈功（对应于图中的 f_2 和 f_4），在这一段运动过程中，等效构件的角速度由于动能的增加而上升；反之，在 ab 段、cd 段和 ea' 段，由于 $M_{ed}<M_{er}$，因而驱动功小于阻抗功，即为亏功（对应于图中的 f_1，f_3 和 f_5），在这一段运动过程中，等效构件的角速度由于动能的减少而下降。

图 11-6(b)表示以 a 点为基准的 ΔW 与 φ 的关系。$\Delta W-\varphi$ 曲线亦为机械的动能增量 ΔE 对 φ 的曲线。ab 区间为亏功区，等效构件的角速度由于机械动能的减小而下降；反之，由 b 到 c 的盈功区间，等效构件角速度由于机械动能的增加而上升。因此也得到了角速度在一个周期内变化的示意图，如图 11-6(c)所示。如果在等效力矩 M_e 和等效转动惯量 J_e 变化的公共周期内（如图中由区间 φ_a 到 $\varphi_{a'}$，所示）驱动力矩与阻力矩所做功相等，则机械动能的增量等于零，即

$$\int_{\varphi_a}^{\varphi_{a'}}(M_{ed}-M_{er})\mathrm{d}\varphi=\frac{1}{2}J_{ea'}\omega_{a'}^2-\frac{1}{2}J_{ea}\omega_a^2=0\tag{11-24}$$

于是经过等效力矩与等效转动惯量变化的一个公共周期，机械的动能又恢复到原来的值，因而等效构件的角速度也将恢复到原来的数值。由以上分析可知，等效构件在稳定运转过程中其角速度将呈现周期性的波动。

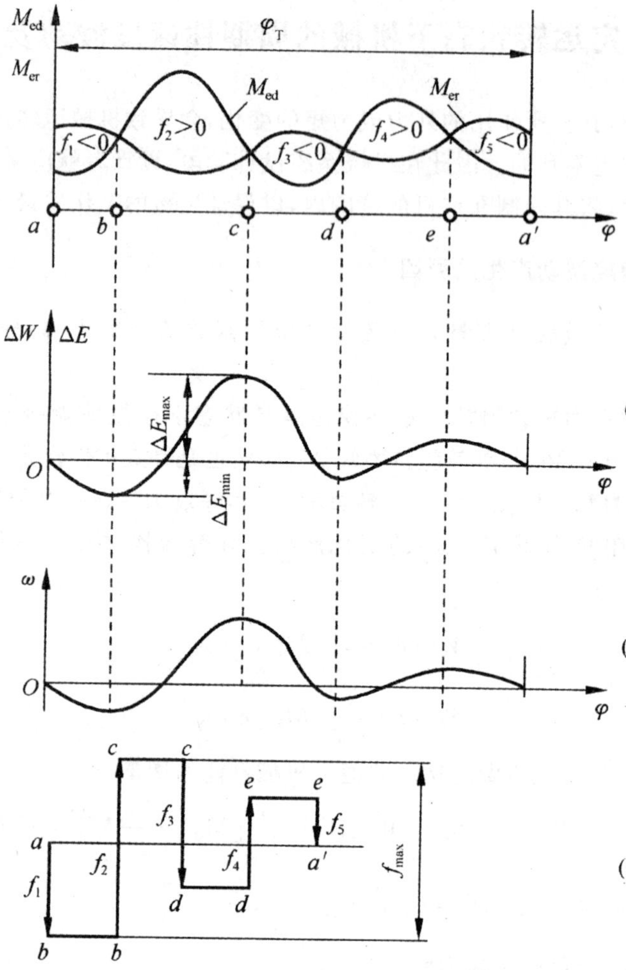

图 11-6 机械运转的功能曲线

11.3.2 速度波动程度的衡量指标

如上所述，机械运转的速度波动对机械的工作是不利的，它不仅将影响机械的工作质量，而且会影响到机械的效率和寿命，所以必须设法加以控制和调节，将其限制在许可的范围之内。

为了对机械稳定运转过程中出现的周期性速度波动进行分析，下面先介绍衡量速度波动程度的几个参数。

如果一个周期内等效构件角速度的变化曲线如图 11-7 所示，其最大和最小角速度分别为 ω_{max} 和 ω_{min}，则在一个周期内的平均角速度应为

$$\omega_m = \frac{\int_0^{\varphi_T} \omega \mathrm{d}\varphi}{\varphi_T} \tag{11-25}$$

在工程实际中，当 ω 变化不大时，常按最大和最小角速度的算术平均值来计算平均角速度，即

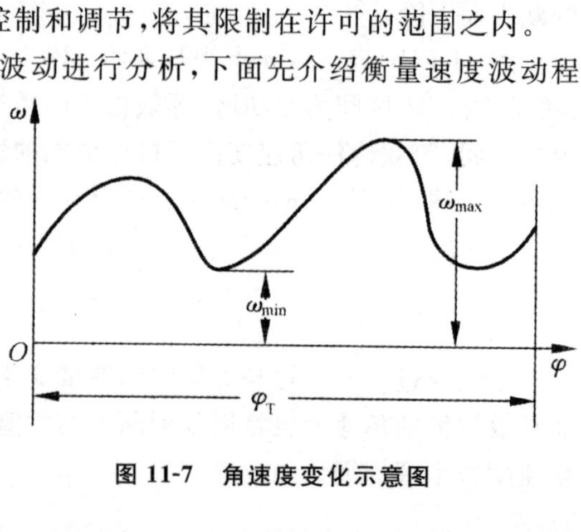

图 11-7 角速度变化示意图

$$\omega_m = \frac{1}{2}(\omega_{max} + \omega_{min}) \quad (11\text{-}26)$$

机械速度波动的程度不能仅用速度变化幅度 $\omega_{max}-\omega_{min}$ 表示，因为当 $\omega_{max}-\omega_{min}$ 一定时，对低速机械和对高速机械其变化的相对百分比显然是不同的。因此，平均角速度 ω_m 也是衡量速度波动程度的一个重要指标。综合考虑这两方面的因素，采用角速度的变化量和其平均角速度的比值来反映机械运转的速度波动程度，这个比值以 δ 表示，称为速度波动系数，或速度不均匀系数。

不同类型的机械，所允许的波动程度是不同的。表 11-1 给出了几种常用机械的许用速度波动系数[δ]，供设计时参考。为了使所设计的机械系统在运转过程中速度波动在允许范围内，设计时应保证不超过许用值，即满足 $\delta \leqslant [\delta]$ 的条件，可在机械中安装一个具有很大转动惯量的回转构件——飞轮，以调节机械的周期性速度波动。

表 11-1　常用机械运转速度波动系数的许用值[δ]

机械的名称	[δ]	机械的名称	[δ]
碎石机	1/5～1/20	水泵、鼓风机	1/30～1/50
冲床、剪床	1/7～1/10	造纸机、织布机	1/40～1/50
轧压机	1/10～1/25	纺纱机	1/60～1/1 00
汽车、拖拉机	1/20～1/60	直流发电机	1/100～1/200
金属切削机床	1/30～1/40	交流发电机	1/200～1/300

11.3.3　周期性速度波动的调节

1. 飞轮调速的基本原理

由图 11-6(b)可以看出，该机械系统在 b 点处具有最小的动能增量 ΔE_{min}，它对应于最大的亏功 ΔW_{min}，其值等于图 11-6(a)中的面积 f_1；而在 c 点，机械具有最大的动能增量 ΔE_{max}，它对应于最大的盈功 ΔW_{max}，其值等于图 11-6(a)中的面积 f_2 与面积 f_1 之和。两者之差称为最大盈亏功，用[W]表示。对于图 11-6 的系统有

$$[W] = \Delta W_{max} - \Delta W_{min} = \int_{\varphi_b}^{\varphi_c} (M_{ed} - M_{er})\mathrm{d}\varphi \quad (11\text{-}27)$$

如果忽略等效转动惯量中的变量部分，即假设机械系统的等效转动惯量 J_e 为常数，则当 $\varphi=\varphi_b$ 时，$\omega=\omega_{min}$；当 $\varphi=\varphi_c$ 时，$\omega=\omega_{max}$若设为调节机械系统的周期性速度波动，安装的飞轮的等效转动惯量为 J_F，则根据动能定理可得

$$[W] = \Delta E_{max} - \Delta E_{min} = \frac{1}{2}(J_e + J_F)(\omega_{max}^2 - \omega_{min}^2) = (J_e + J_F)\omega_m^2\delta \quad (11\text{-}28)$$

由此可得机械系统在安装飞轮后其速度波动系数的表达式为

$$\delta = \frac{[W]}{\omega_m^2(J_e + J_F)} \quad (11\text{-}29)$$

在设计机械时，为了保证安装飞轮后机械速度波动的程度在工作许可范围内，应满足 $\delta \leqslant [\delta]$，即

$$\delta = \frac{[W]}{\omega_m^2(J_e + J_F)} \leqslant [\delta] \quad (11\text{-}30)$$

由此可得应安装的飞轮的等效转动惯量为

$$J_F \geqslant \frac{[W]}{\omega_m^2[\delta]} - J_e \tag{11-31}$$

式中，J_e 为系统中除飞轮以外其他运动构件的等效转动惯量。若 $J_e \leqslant J_F$，则 J_e 通常可以忽略不计，式(11-31)可近似写为

$$J_F \geqslant \frac{[W]}{\omega_m^2[\delta]} \tag{11-32}$$

若将式(11-32)中的平均角速度 ω_m 用平均转速 n(r/min)代替，则有

$$J_F \geqslant \frac{900[W]}{\pi^2 n^2[\delta]} \tag{11-33}$$

显然，忽略 J_e 后算出的飞轮转动惯量比实际需要的大，从满足运转平稳性的要求来看是趋于安全的。

分析式(11-32)可知：

①当$[W]$与 ω_m 一定时，若加大飞轮转动惯量 J_F，则机械的速度波动系数将下降，起到减小机械速度波动的作用，达到调速的目的。若$[W]$取值过小，则飞轮的转动惯量就会很大。所以过分追求机械运转速度的平稳性，将会导致飞轮过于笨重。

②由于 J_F 不可能为无穷大，而$[W]$与 ω_m 又都是有限值，所以$[W]$不可能为零，即安装飞轮后机械运转的速度仍然有周期性波动，只是波动的幅度减小了而已。

③当$[W]$与$[\delta]$一定时，J_F 与 ω_m 的平方值成反比，所以为减小飞轮的转动惯量，最好将飞轮安装在机械的高速轴上，当然，在实际设计中还必须考虑安装飞轮轴的刚性和结构上的可能性等要求。

由于飞轮转动惯量很大，因而要使其转速发生变化，就需要较大的能量，当机械出现盈功时，它可以以动能的形式将多余的能量储存起来，从而使主轴角速度上升的幅度减小；反之，当机械出现亏功时，飞轮又可释放出其储存的能量，以弥补能量的不足，从而使主轴角速度下降的幅度减小。从这个意义上讲，飞轮在机械中的作用，相当于一个能量储存器。由此可以看出，飞轮之所以能调速，就是利用了它的储能作用。

因此可以说，飞轮实质上是一个能量储存器，它可以用动能的形式把能量储存或释放出来。惯性玩具小汽车就利用了飞轮的这种功能。一些机械(如锻压机械)在一个工作周期中，工作时间很短，而峰值载荷很大，就利用了飞轮在机械非工作时间所储存的能量来帮助克服其尖峰载荷，从而可以选用较小功率的原动机来拖动，进而达到减少投资及降低能耗的目的。较新的应用研究有：利用飞轮在汽车制动时吸收能量和在汽车起动时释放能量以达到节能的目的；为太阳能及风能发电装置充当能量平衡器等等。

2. 最大盈亏功的确定

飞轮设计的主要问题就是计算飞轮的转动惯量，在由式(11-33)计算 J_F 时，由于$[\delta]$和 n 均为已知量，因此，为求飞轮转动惯量，关键在于确定最大盈亏功$[W]$。

为了确定最大盈亏功$[W]$，需要先确定机械动能最大增量 ΔE_{max} 和最小增量 ΔE_{min} 出现的位置，因为在这两个位置，机械系统分别有最大角速度 ω_{max} 和最小角速度 ω_{min}。如图 11-6(a)、(b)所示，ΔE_{max} 和 ΔE_{min} 应出现在 M_{ed} 和 M_{er} 两曲线的交点处。

如果 M_{ed} 和 M_{er} 分别用炉的函数表达式形式给出，则可由下式

$$\Delta W = \int_0^{\varphi} (M_{ed} - M_{er})\mathrm{d}\varphi = \Delta E \tag{11-34}$$

直接积分求出各交点处的 ΔW，进而找出 ΔW_{max} 和 ΔW_{min} 及其所在位置，从而求出最大盈亏功 $[W]=\Delta W_{max}-\Delta W_{min}$。

如果 M_{ed} 和 M_{er} 以线图或表格给出，则可通过 M_{ed} 和 M_{er} 之间所包含的各块面积计算各交点处的 ΔW 值，然后找出 ΔW_{max} 和 ΔW_{min} 及其所在位置，从而求出最大盈亏功 $[W]=\Delta W_{max}-\Delta W_{min}$。

在计算最大盈亏功时，也可借助能量指示图来确定，如图 11-6(d)所示，取任意点 a 作为起点，按照一定比例用向量线段依次表明相应位置 M_{ed} 和 M_{er} 之间所包围的面积，用盈亏功表示，即 f_1、f_2、f_3、f_4、f_5，盈功为正，其箭头向上；亏功为负，箭头向下。由于在一个循环的起始位置与终了位置处的动能相等，故能量指示图的首尾应在同一水平线上。由图中可以看出，b 点处动能最小，c 点处动能最大，而图中折线的最高点与最低点的距离 f_{max}，就代表了最大盈亏功 $[W]$ 的大小，即 $[W]=f_2$。

3. 飞轮主要尺寸设计

飞轮的转动惯量确定后，就可以计算其各部分的尺寸。需要注意的是，在上述讨论飞轮转动惯量的求法时，都假定飞轮是安装在机械系统的等效构件上，实际设计时，若希望将飞轮安装在其他构件上，则在确定其各部分尺寸时需要先将计算所得的飞轮转动质量折算到其安装的构件上。飞轮按构造大体可分为轮形和盘形两种。

(1)轮形飞轮

如图 11-8 所示，这种飞轮由轮毂、轮辐和轮缘三部分组成。由于与轮缘相比，轮毂和轮辐的转动惯量很小，因此计算时，一般可略去不计。这样简化后，实际的飞轮转动惯量稍大于要求的转动惯量。若设飞轮外径为 D_1，轮缘内径为 D_2，轮缘质量为 m，则轮缘的转动惯量为

$$J_F = \frac{m}{2}\left(\frac{D_1^2 + D_2^2}{4}\right) = \frac{m}{8}(D_1^2 + D_2^2) \tag{11-35}$$

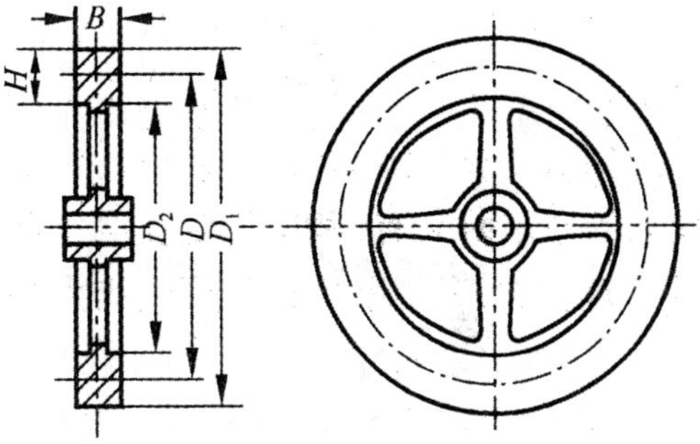

图 11-8　轮形飞轮结构

当轮缘厚度 H 不大时，可近似认为飞轮质量集中于其平均直径 D 的圆周上，于是得

$$J_F \approx \frac{mD^2}{4} \tag{11-36}$$

式中，mD^2 称为飞轮矩，其单位为 $kg \cdot m^2$。知道了飞轮的转动惯量 J_F，就可以求得其飞轮矩。当根据飞轮在机械中的安装空间，选择了轮缘的平均直径 D 后，即可用上式计算出飞轮的质量 m。若设飞轮宽度为 $B(m)$，轮缘厚度为 $H(m)$，平均直径为 $D(m)$，材料密度为 ρ (kg/m^2)，则

$$m = \frac{1}{4}\pi(D_1^2 - D_2^2)B\rho = \pi\rho BDH \tag{11-37}$$

在选定了 D 并由式(11-46)计算出 m 以后，便可根据飞轮的材料和选定的比值 H/B 由式(11-47)求出飞轮的截面尺寸 H 和 B，对于较小的飞轮，通常取 $H/B\approx 2$，对于较大的飞轮，通常取 $H/B\approx 1.5$。

由式(11-36)可知，当飞轮转动惯量一定时，选择的飞轮直径愈大，则质量愈小。但直径太

大,会增加制造和运输的困难,占据空间大。同时轮缘的圆周速度增加,会使飞轮有受过大离心力作用而破裂的危险。因此,在确定飞轮尺寸时应该验算飞轮的最大圆周速度,使其小于安全极限值。

(2)杆形飞轮

当飞轮的转动惯量不大时,可采用形状简单的盘形飞轮,如图 11-9 所示。设 m、D、B 分别为其质量、外径和宽度,则整个飞轮的转动惯量为

$$J_F = \frac{m}{2}\left(\frac{D}{2}\right)^2 = \frac{mD^2}{8} \tag{11-38}$$

当根据安装空间选定飞轮直径 D 后,即可由该式计算出飞轮质量 m。又因 $m=\frac{\pi\rho D^2 B}{4}$,故根据所选飞轮材料,即可求出飞轮的宽度 B 为

$$B = \frac{4m}{\pi\rho D^2} \tag{11-39}$$

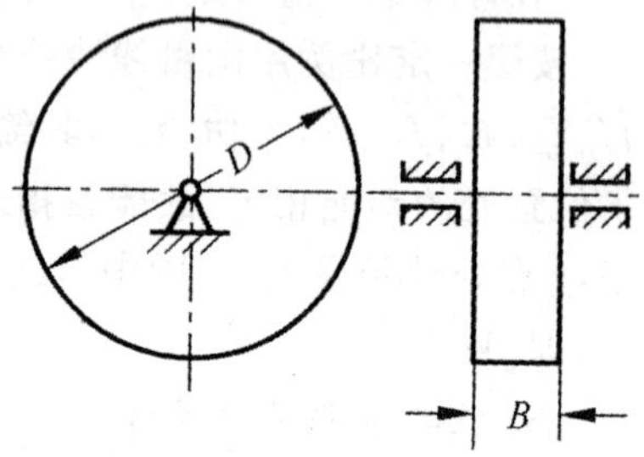

图 11-9　盘形飞轮结构

11.4　机械的非周期性速度波动及其调节

如果机械在运转过程中,等效力矩($M_e = M_{ed} - M_{er}$)的变化是非周期性的,则机械的稳定运转状态将遭到破坏,此时出现的速度波动称为非周期性速度波动。

11.4.1　非周期性速度波动产生的原因

非周期性速度波动多是由于工作阻力或驱动力在机械运转过程中发生突变,从而使输入能量与输出能量在一段较长时间内失衡所造成的。若不加以调节,它会使系统的转速持续上升或下降,严重时将导致“飞车”或停止运转。电网电压的波动,被加工零件的气孔和夹渣等都会引起非周期性速度波动。汽轮发电机是这方面的典型例子:当用电负荷增大时,必须开大汽阀更多地供汽,否则将导致“停车”;反之,当用电负荷减少时,必须关小汽阀,否则会导致“飞车”事故。

11.4.2　非周期性速度波动的调节方法

对于非周期性速度波动,安装飞轮是不能达到调节目的的,这是因为飞轮的作用只是“吸收”和“释放”能量,它既不能创造出能量,也不能消耗掉能量。非周期性速度波动的调节问题可分为两种情况。

第一种,当机械的原动机所发出的驱动力矩是速度的函数且具有下降的趋势时,机械具有自动调节非周期性速度波动的能力。

如图 11-10 所示,当机械处于稳定运转时,$M_{ed} = M_{er}$,

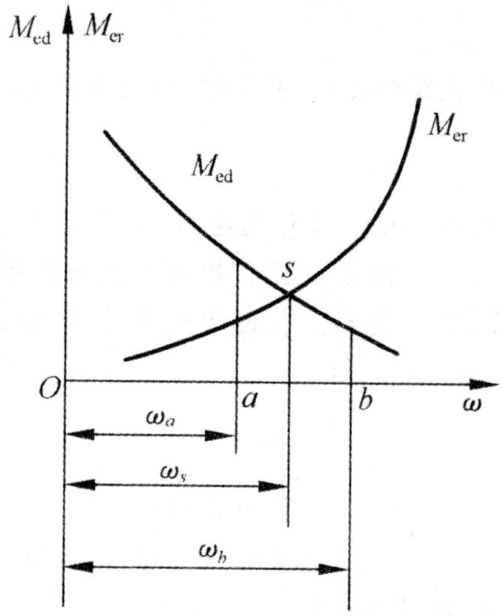

图 11-10　等效力矩变化曲线

此时机械的稳定运转速度为 ω_s，s 点称为稳定工作点。当由于某种随机因素使 M_{er} 增大时，由于 $M_{ed}<M_{er}$，等效构件的角速度会下降，但由图中可以看出，随着角速度的下降，M_{ed} 将增大，所以可使 M_{ed} 与 M_{er} 自动地重新达到平衡，机械将在∞以的速度下稳定运转；反之，当由于某种随机因素，使 M_{er} 减小时，由于 $M_{ed}>M_{er}$，机械的角速度将会上升，但由图中可以看出，随着角速度的上升，M_{ed} 将减小，所以可使 M_{ed} 与 M_{er} 自动地重新达到平衡，机械将在 ω_b 的速度下稳定运转，这种自动调节非周期性速度波动的能力称为自调性，选用电动机作为原动机的机械，一般都具有自调性。

第二种，对于没有自调性的机械系统，如采用蒸汽机，汽轮机或内燃机为原动机的机械系统，就必须安装一种专门的调节装置——调速器，来调节机械出现的非周期性速度波动。

调速器的种类很多，下面我们举一例简要说明其工作原理(见图 11-11)。

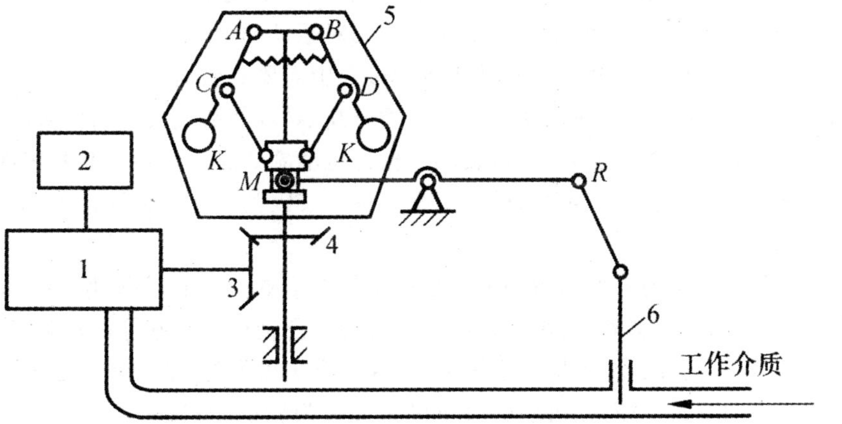

图 11-11 离心式调速器的工作原理

图 11-11 示为离心式调速器的工作原理图。方框 1 为原动机，方框 2 为工作机，框 5 内是由两个对称的摇杆滑块机构组成的调速器本体。

当系统转速过高时，调速器本体也加速回转，由于离心惯性力的关系，两重球 K 将张开带动滑块 M 上升，通过连杆机构关小节流阀 6，使进入原动机的工作介质减少，从而降低速度。如果转速过低则工作过程反之。可以说调速器是一种反馈机构。

第 12 章　机械中的摩擦和机械效率

12.1　摩擦及其基本原理

12.1.1　摩擦概述

摩擦是普遍的自然现象，只要物体相互接触，并有相对运动或相对运动趋势存在，就会发生摩擦。摩擦力是产生于物体的接触表面，阻止物体相对运动的力。

机械的运动副中同样存在摩擦。机械在运动过程中需要克服运动副中的摩擦而消耗一部分能量，而这部分能量转换为热量使运动副中的温度升高，导致润滑油失效，材料性能变化，使机械的工作条件恶化。同时摩擦会引起磨损，破坏了构件运动副的表面几何形状和表面质量，使运动副不能正常工作而失效。从这个角度看，摩擦是一种有害因素。在机械设计中，人们一直为减少摩擦而努力。

在日常生活和工程中的某些方面，摩擦也发挥着不可缺少的有益作用。例如，机械中的紧固、连接、皮带传动、机械的制动、汽车在路面上的行驶以及钢材的轧制等都是利用摩擦的典型例证。在这些情况下，人们又在努力增加摩擦力，以保证产生可靠的、足够大的摩擦力。

随着科学技术的发展，对摩擦机理的研究已形成一门新的学科——“摩擦学”。随着摩擦学理论的逐步完善，人们对摩擦机理的了解会更加深入。

12.1.2　运动副中摩擦的基本原理

在平面机构中的运动副常见的有移动副、转动副和高副三种。其中属于低副的移动副和转动副中只有滑动摩擦产生，而高副中既有滑动摩擦，又有滚动摩擦。由于滚动摩擦较滑动摩擦小很多，故常常忽略不计，这样对高副中的摩擦分析同移动副摩擦一样。

讨论运动副中摩擦，其重要的工作是确定运动副中全反力的大小、方位及作用点位置，从而可以方便地判断对构件运动和受力的影响。

如图 12-1 所示的曲柄滑块机构，设在驱动力矩 M 作用下曲柄 AB 做等速转动。滑块为从动件，即输出运动构件，它是受到连杆 BC 的作用力才运动的。显然考虑和不考虑运动副中的摩擦，滑块的受力的情况是不同的，从而对滑块的运动产生不同的影响。

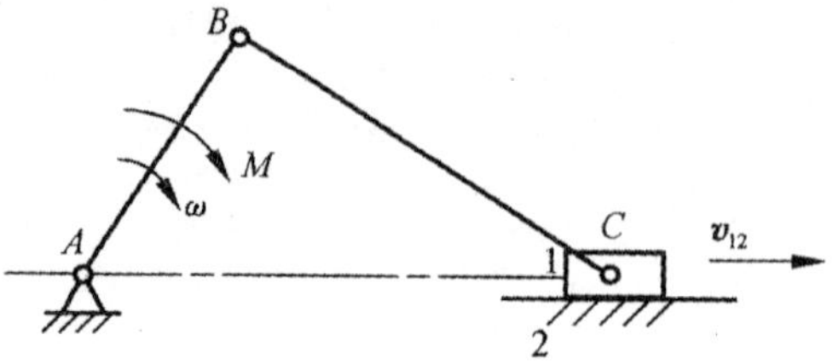

图 12-1　曲柄滑块机构

在考虑摩擦的情况下，对机构进行力分析所涉及的基本力学原理主要有以下四点。

①摩擦库仑定律。在常规速度范围内，有相对运动两物体间的摩擦力 F_f

$$F_f = f \cdot N$$

式中，f 为摩擦系数；N 为两物体间的法向压力。

②若一物体只受两个力(该物体称为二力构件),则此两力必定共线。

③若一物体只受三个力,则此三力必定汇交一点。

④一物体所受的驱动力(或力矩)必与其运动方向一致;一物体所受摩擦力(或力矩)必定与其运动方向相反。

12.2 移动副中的摩擦

12.2.1 平面摩擦

如图 12-2 所示曲柄滑块机构中,滑块与机架组成移动副,下面讨论机构处于该位置滑块的受力。不计转动副 C 中的摩擦,滑块受到连杆的推动力 T 必定沿着 BC 方向。

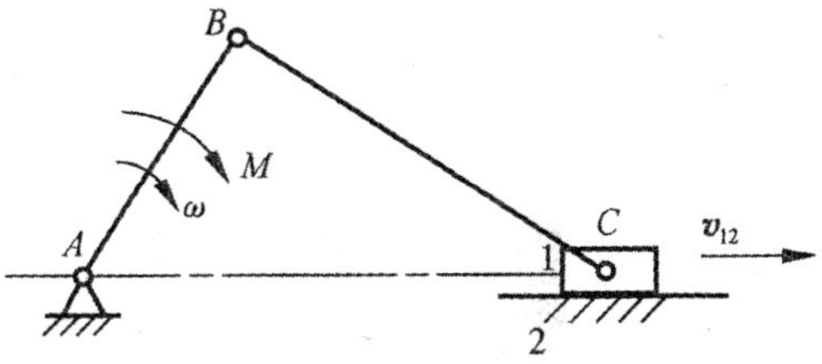

图 12-2 滑块的受力分析

将合力 T 解成两个分力 F 和 Q,即可写成

$$T = F + Q$$

式中,F 为沿着滑块速度方向 v_{12} 的分力;Q 为垂直于滑块速度方向 v_{12} 的分力。

在 T 力作用下,滑块向右运动,并受到机架的反作用力:法向反力为 N_{21},机架作用于滑块的摩擦力为 F_{f21}。由于 N_{21} 及 F_{f21} 都是构件 2 作用于构件 1 的反力,可将它们合成为一个全反力 R_{21},即有

$$R_{21} = N_{21} + F_{f21}$$

全反力 R_{21} 与法向反力 N_{21} 之间的夹角 φ 为摩擦角。由图 12-2 可知

$$\tan\varphi = \frac{F_{f21}}{N_{21}} = \frac{f \cdot N_{21}}{N_{21}} = f \tag{12-1}$$

故

$$\varphi = \arctan f$$

图 12-2 中 R_{21} 与 v_{12} 间的夹角总是一个钝角,因此在分析移动副中的摩擦时,可利用这一规律来确定总反力的方向,即滑块 1 所受的总反力 R_{21} 与其对平面 2 的相对运动速度 v_{12} 间的夹角总是钝角($90° + \varphi$)。

由于滑块与机架始终保持接触而组成移动副,因此在接触面的法线方向上,滑块受力必定平衡,由此知

$$N_{21} = Q$$

所以

$$F_{f21} = f \cdot N_{21} = f \cdot Q = \tan\varphi \cdot Q \tag{12-2}$$

又有

$$F = \tan\gamma \cdot Q \tag{12-3}$$

由式(12-2)可知,当两构件的材料及接触表面的润滑情况确定后,摩擦系数 f(或摩擦角 φ)为定值,故当 Q 给定后,就可求得最大静摩擦力 F_{f21}。

由式(12-3)可知,当 Q 给定后,分力 F 的大小还取决于传动角 γ。

当 Q 相同，比较 γ 和 φ，可以看出，$\gamma>\varphi$ 时，$F>F_{f21}$，滑块做加速运动；当 $\gamma=\varphi$ 时，$F=F_{f21}$，滑块做等速运动或静止不动；而当 $\gamma<\varphi$ 时，$F<F_{f21}$，滑块做减速运动或静止不动。分别如图 12-3(a)、(b)和(c)所示。

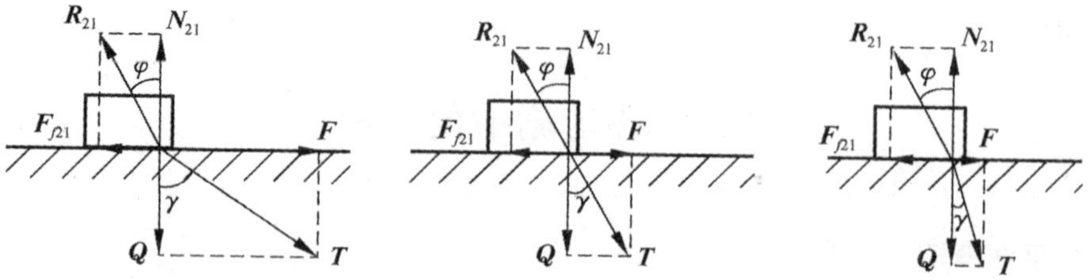

(a) $\gamma>\varphi$,滑块加速运动　(b) $\gamma=\varphi$,滑块等速运动或静止　(c) $\gamma<\varphi$,滑块减速运动或静止

图 12-3　滑块的运动状态分析

在图 12-3(c)所示情况(即 $\gamma<\varphi$ 下，如果滑块初始不动，无论怎样加大 T 力，滑块 1 也不会运动。因为虽然加大了 T 力，F 力也增大，同时 Q 力也增大，N_{21} 也增大(因 $N_{21}=Q$)。因而摩擦力 F_{f21} 也随之增大。根据式(12-2)和式(12-3)判断可知，此时仍然保持有 $F<F_{f21}$。

设滑块与机架之间的摩擦系数 $f=0.5$，则由式(12-1)得到摩擦角 $\varphi=\arctan 0.5=26.565°$。施加到滑块上的驱动力 $T=100$N，当传动角 γ 分别为 26.0°、26.5°65°和 26.6°时，建立滑块水平运动的虚拟样机，如图 12-4 所示。仿真分析发现，当 $\gamma=26.0°$时，滑块静止不动，如图 12-4(a)所示；当 $\gamma=26.565°$时，滑块匀速运动，如图 12-4(b)所示；当 $\gamma=26.6°$时，滑块等加速运动，如图 12-4(c)所示。

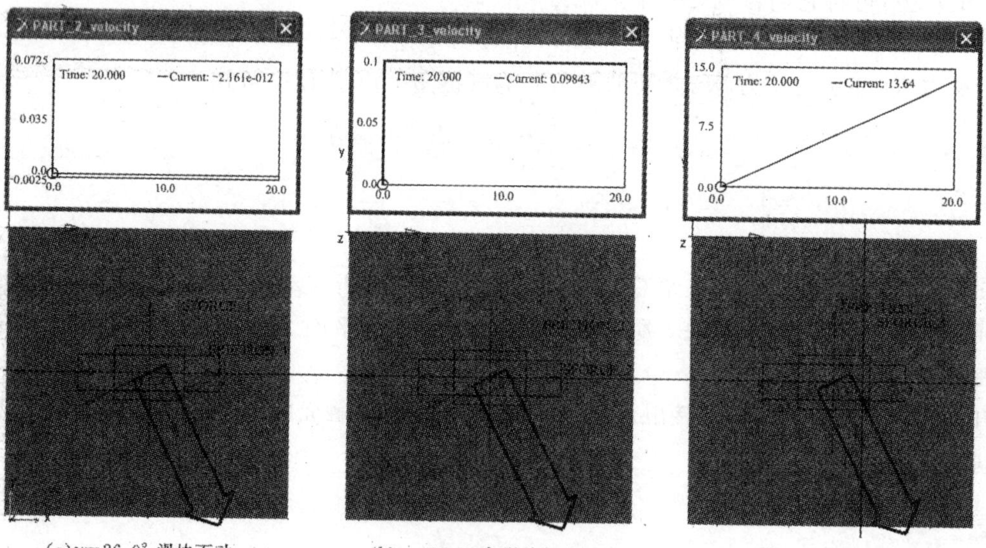

(a)$\gamma=26.0°$，滑块不动　(b)$\gamma=26.565°$，滑块匀速运动　(c)$\gamma=26.6°$，滑块加速运动

图 12-4　滑块运动的虚拟样机及其仿真分析

12.2.2　非平面摩擦

1. 槽面摩擦

在实际机械设备中，移动副的结构有时采用"V"形槽的两平面接触，如图 12-5(a)所示为对称型槽面。滑块 1 所受的力有铅垂载荷(包含滑块的重力)Q、槽的每个侧面对滑块的法向反力

N、水平推动力 F（它使滑块 1 沿槽面等速向后移动）。

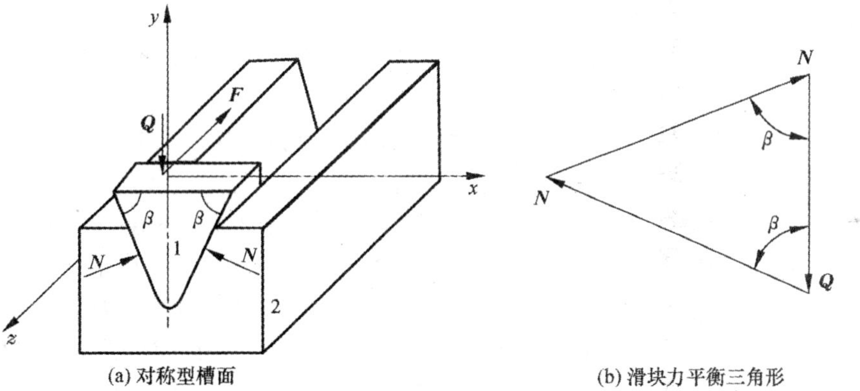

(a) 对称型槽面　　(b) 滑块力平衡三角形

图 12-5　对称性槽面

根据滑块 1 在 xy 平面内的力平衡条件，可得如图 12-5(b)的力三角形关系。由此知

$$N = \frac{Q}{2\cos\beta} \tag{12-4}$$

式中，β 为槽面接触面与水平面 x 方向间的夹角。

设接触面间的摩擦系数为 f，如图 12-6 所示，则滑块两侧面受到的总摩擦力 F_f 为

$$F_f = 2F'_f = 2f \cdot N = \frac{f}{\cos\beta}Q \tag{12-5}$$

比较式(12-5)和式(12-2)，也可写成相似的形式，只需令

$$f_V = \frac{f}{\cos\beta} \tag{12-6}$$

便可得

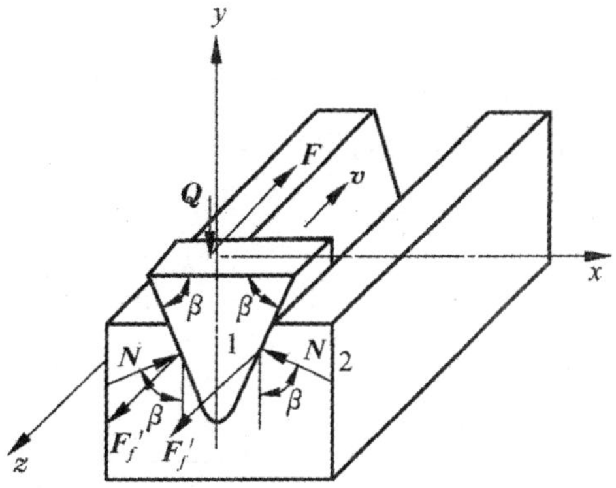

图 12-6　楔形模块受力

$$F_f = f_v \cdot Q \tag{12-7}$$

按式(12-7)计算槽面摩擦力如同计算平面摩擦力一样，只是摩擦系数取为 f_v 而不是 f。故 f_v 凡称为当量摩擦系数。与 f_v 相应的摩擦角 $\varphi_v = \arctan f_v$ 称为当量摩擦角。

引入当量摩擦系数 f_v 和当量摩擦角 φ_v 的目的是为了使问题简化。前面导出的平面滑块摩擦问题的某些结论也适用于槽面摩擦，如当推动力的合力与滑块速度垂直方向的夹角 $\gamma < \varphi_v$ 时，槽面滑块将自锁。

在两接触面间的实际摩擦系数 f 确定后，当量摩擦系数 f_v 值取决于槽面的几何形状，是对称型还是非对称型，以及 β 角的大小，应根据具体的槽面几何形状计算确定。

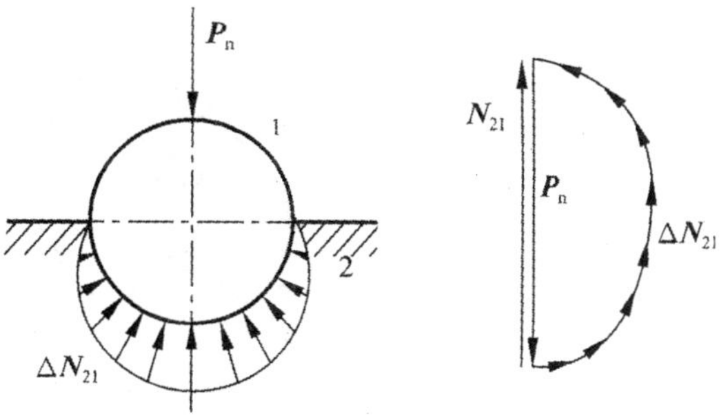

图 12-7　柱面接触的移动副摩擦力分析

2. 柱面

两构件的接触表面如果是圆柱面，可将其看作无限多边的槽面。若外力 P 的垂直分力 P_n 作用于构件 1 上，则接触表面将产生对称分布的反力 $\sum\Delta N_{21}$，如图 12-7 所示。其反力集的矢量和用 N_{21} 表示，即 $\sum\Delta N_{21}=N_{21}$，其大小的分布规律与接触表面的贴合程度有关，但不论其具体分布规律如何，总有

$$P_n+N_{21}=0$$

反力集 $\sum\Delta N_{21}$ 的代数和用 N'_{21} 表示，即 $\sum\Delta N_{21}=N'_{21}$，显然 $N'_{21}>N_{21}=P_n$。而总摩擦力的大小 $F=\sum f\Delta N_{21}=fN'_{21}=fP_n$

由此可见，柱面接触时，在其他条件相同的情况下，其摩擦力大于平面接触时的摩擦力。

令 $N'_{21}=kP_n$，k 是根据反力集的不同分布规律，由理论分析得出的一个系数，其值为 1～1.57，则

$$F_{21}=fkP_n=f_vP_n \tag{12-8}$$

$f_v=kf$ 为柱面摩擦时的当量摩擦系数。

综上所述，在移动副中，总反力的确定方法如下：

①总反力 R_{21} 与移动副两接触面的公法线偏斜一个摩擦角 φ。

②总反力 R_{21} 的偏斜方向与构件 1 相对于构件 2 的相对运动速度 v_{12} 的方向 相反。概括起来说，就是总反力 R_{21} 与构件 1 相对于构件 2 的相对运动速度 v_{12} 夹角为 $90°+\varphi$。

确定总反力方向后，就可以对机构进行力分析了。

【例 12-1】 如图 12-8 所示，设滑块 1 置于倾角为 α 的斜面 2 上，Q 为作用在滑块 1 上的铅垂载荷（包括滑块自重）。求使滑块 1 沿斜面 2 等速度运动时所需的水平力。

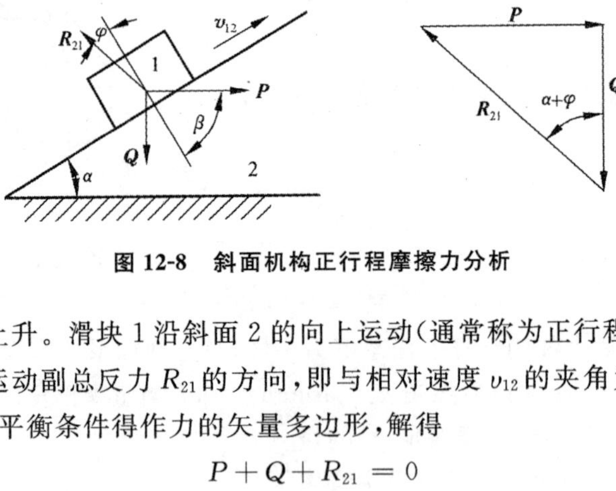

图 12-8　斜面机构正行程摩擦力分析

解　①滑块等速上升。滑块 1 沿斜面 2 的向上运动（通常称为正行程）时，按上述方法，先作出构件 2 对滑块 1 的运动副总反力 R_{21} 的方向，即与相对速度 v_{12} 的夹角为 $90°+\varphi$，如图 12-8 所示，再根据滑块 1 的力平衡条件得作力的矢量多边形，解得

$$P+Q+R_{21}=0$$

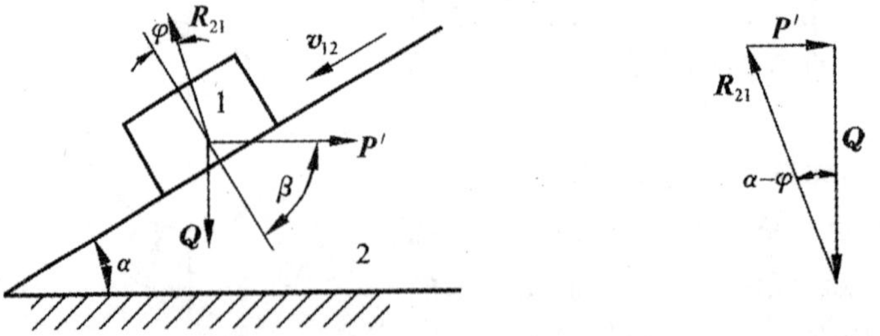

图 12-9　斜面机构反行程摩擦力分析

作力的矢量多边形，解得

$$P = Q\tan(\alpha + \varphi)$$

②滑块等速下滑。若让滑块 1 沿斜面等速度下滑(通常称为反行程)，如图 12-9 所示，在确定总反力 R_{21} 的方向后，作力的矢量多边形得

$$P' = Q\tan(\alpha - \varphi)$$

【例 12-2】 如图 12-10 所示，机床滑板的运动方向垂直于纸面。经测定接触面间的滑动摩擦系数为 $f_v = 0.1$。试求滑板的当量摩擦系数的大小。

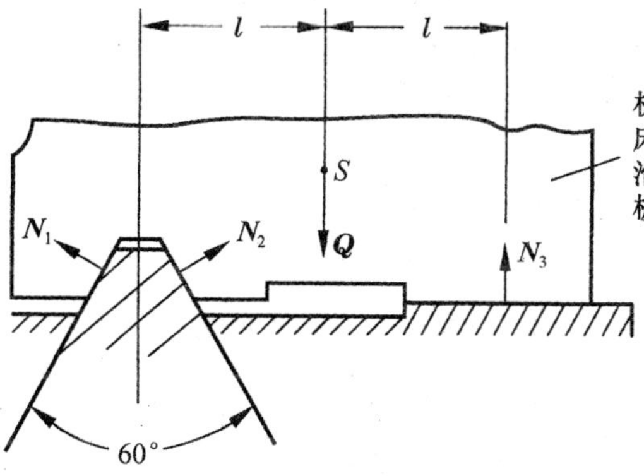

图 12-10　机床滑板及其受力分析

解　首先画出机床滑板接触面间所受法向反力图，如图 12-10 所示。

然后由平面力系平衡条件可列出力平衡方程式

$$\begin{cases} N_1\cos30^\circ = N_2\cos30^\circ \\ (N_1 + N_2)\sin30^\circ + N_3 = Q \\ l\cdot(N_1 + N_2)\sin30^\circ = l\cdot N_3 \end{cases}$$

解得

$$N_1 = N_2 = N_3 = \frac{Q}{2}$$

机床滑板所受摩擦力为

$$F = f(N_1 + N_2 + N_3) = \frac{3}{2}f\cdot Q$$

当量摩擦系数为

$$f_v = \frac{3}{2}f = 0.15$$

12.2.3　螺旋副中的摩擦

如图 12-11 所示，矩形螺旋副可以看成是一斜面包绕于圆柱面上而形成的，故螺母相当于斜面上的滑块，可以用斜面摩擦分析的结果。在螺母 1 上加一力矩 M，使螺母旋转并逆着其所受轴向力 Q 的方向等速移动(相当于拧紧螺母)，此时相当于滑块沿斜面等速上升。α 为螺旋升角，P 力为作用在螺旋中径 d_2 上的圆周力，此时拧紧螺母所需的力矩大小为

$$M = P\frac{d_2}{2} = Q\frac{d_2}{2}\tan(\alpha + \varphi)$$

同理可得放松螺母所需的力矩为

$$M' = Q\frac{d}{2}\tan(\alpha - \varphi)$$

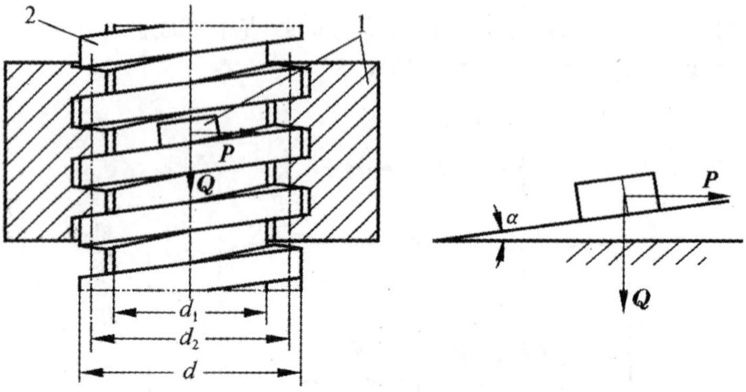

图 12-11　矩形螺旋副摩擦力分析

当 $\alpha > \varphi$ 时，$M' > 0$，M' 为阻止螺母加速松脱的阻力矩，当 $\alpha < \varphi$ 时，$M' < 0$，M' 为放松螺母所需的驱动力矩。

若螺旋副为三角形，如图 12-12 所示，可以按槽面摩擦分析。只需引入当量摩擦系数即可，则拧紧螺母的力矩为

$$M = \frac{d_2}{2}Q\tan(\alpha + \varphi_V)$$

松开螺母

$$M' = \frac{d_2}{2}Q\tan(\alpha - \varphi_V)$$

由于 $\varphi_v > \varphi$ 故三角牙型螺旋的摩擦大于矩形螺旋的摩擦。因此三角螺旋副更适用于构件的连接，矩形螺旋副多用于传递运动。

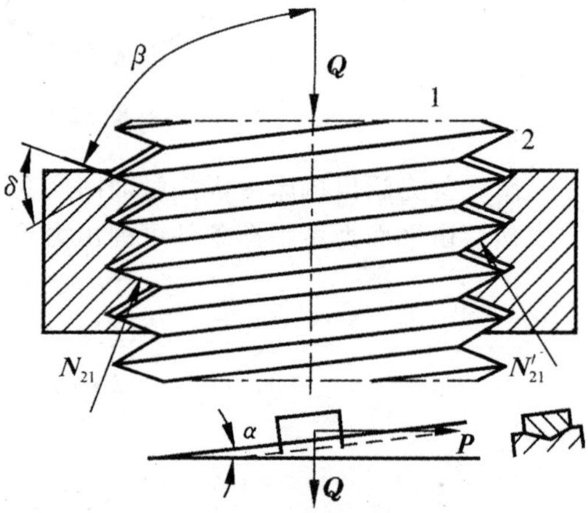

图 12-12　三角螺旋副摩擦力分析

12.3　转动副中的摩擦

12.3.1　轴颈摩擦

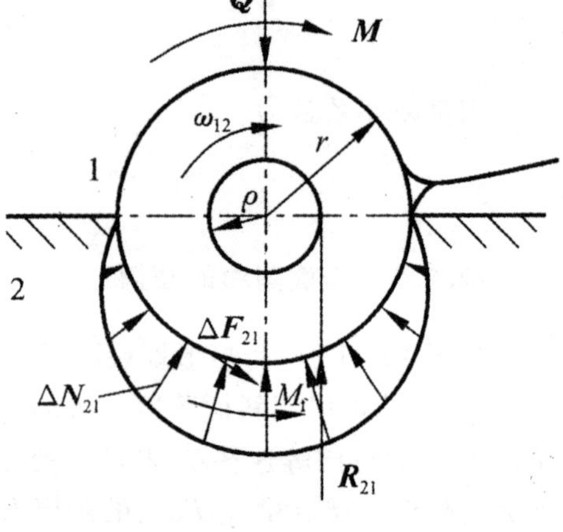

图 12-13　轴颈摩擦力分析

如图 12-13 所示，设轴颈 1 上作用有径向载荷（Q 包括自重在内）和驱动力矩 M，轴颈 1 在轴承 2 中等速转动。此时，转动副两元素间必产生反力集 $\sum\Delta N_{21}$，每一个 ΔN_{21} 将产生摩擦力 ΔF_{21}，形成阻碍运动的摩擦力矩，其大小为 $\Delta M_f = f\Delta N_{21} r$，r 为轴颈半径。则轴颈 1 受到

的总摩擦力矩的大小为

$$M_f = \sum \Delta M_f = \sum \Delta N_{21} r = kfQr \tag{12-9}$$

外载荷 Q 与 N_{21}($\sum \Delta N_{21} = N_{21}$)互相平衡,即 $Q = N_{21}$。N_{21} 与摩擦力矩 M_f 可合成一总反力 R_{21},设 R_{21} 到轴心的距离为 ρ,则摩擦力矩大小 $M_f = R_{21}\rho$,又因 $R_{21} = Q$,则与式(12-9))比较有

$$\rho = kfr \tag{12-10}$$

式(12-10)表明,ρ 的大小与轴颈半径 r 和当量摩擦系数($f_v = kf$)有关。对于一个具体的轴颈,ρ 为定值。

在轴颈和轴承组成的转动副中,总反力 R_{21} 的作用线偏离轴线的距离为 ρ。若以 ρ 为半径作一圆,则总反力 R_{21} 总是切于此圆,称此圆为摩擦圆。由此可得出在轴颈摩擦中确定总反力的方法:

①总反力 R_{21} 作用线切于摩擦圆。

②总反力 R_{21} 与铅垂外载荷 Q 大小相等、方向相反。

③总反力 R_{21} 对轴线的力矩即摩擦力矩 M_f 的方向总与构件 1 相对构件 2 的角速度 ω_{12} 的方向相反。

12.3.2　轴端摩擦

轴用以承受轴向力的部分称为轴端,如图 12-14 所示。当轴 1 的轴端在止推轴承 2 上旋转时,运动副元素间将产生摩擦力,摩擦力对回转轴线的力矩即为摩擦力矩 M_f。

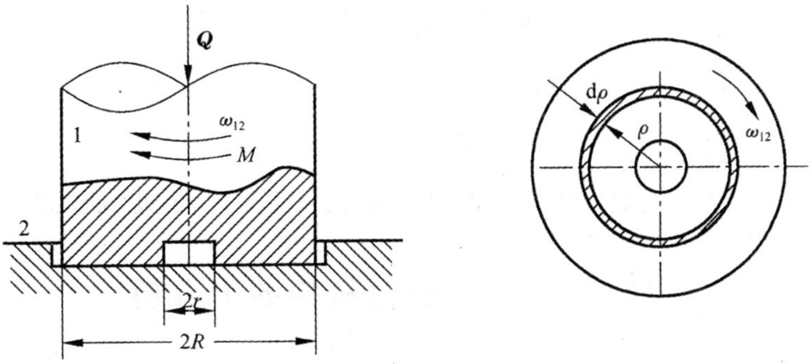

图 12-14　轴端摩擦力分析

如图 12-14 所示,假设与轴承 2 的支撑面相接触的轴端是内径为 $2r$,外径为 $2R$ 的空心端面,轴 1 承受载荷 Q 并与轴承 2 压紧,则 M_f 具体求法如下:

从轴端接触面上取出微环面积设 $ds = 2\pi\rho d\rho d\rho$ 上的压强为 ρ。则微环面积上的正压力为 $dN_{21} = \boldsymbol{p}ds = 2\pi \boldsymbol{p}\rho d\rho$,摩擦力 $dF_{21} = fdN_{21} = \boldsymbol{p}ds = 2\pi f\boldsymbol{p}\rho d\rho$,对回转轴线的摩擦力矩为

$$dM_f = \rho dF_{21} = 2\pi f p \rho^2 d\rho$$

轴端受到的正压力为

$$N_{21} = \int_r^R 2\pi p\rho d\rho = Q \tag{12-11}$$

轴端受到的总摩擦力矩为

$$M_f = \int_r^R 2\pi p\rho^2 d\rho \tag{12-12}$$

对于新制成的轴端和很少使用的轴端和轴承(也称未跑合轴端),各处接触的紧密程度基本相同。对此可假定压强 ρ 在整个轴端上处处相等,即 ρ=常数,则由式(12-11)得

$$\rho = \frac{Q}{\pi(R^2 - r^2)}$$

由式(12-12)得

$$M_f = \frac{2}{3}\pi p(R^3 - r^3)$$

故

$$M_f = \frac{2}{3}fQ\frac{R^3 - r^3}{R^2 - r^2} \tag{12-13}$$

轴端经过一段时间的运转后,由于磨损,接触面上各处接触紧密程度不太一 样。靠近轴线处,磨损较少,接触较紧密;远离轴线处磨损较多,接触较松,压强 ρ 不再是常数。但是,通常 p 和 ρ 的乘积等于常数,即各处磨损相等,这样的轴端称为跑合轴端。此时由式(12-11)得轴端受到的正压力为

$$N_{21} = 2\pi p\rho(R - r) = Q$$

即

$$p\rho = \frac{Q}{2\pi(R - r)}$$

由式(12-12)得轴端受到的总摩擦力矩为

$$M_f = \pi f p\rho(R^2 - r^2)$$

故

$$M_f = \frac{1}{2}fQ(R + r) \tag{12-14}$$

由于 pρ=常数,靠近轴线处的压强 p 非常大,容易发生压溃,因此,轴端多作成空心的。

12.4 考虑摩擦时机构的力分析

掌握了对运动副中的摩擦进行分析的方法后,就可以考虑在有摩擦条件下,对机构进行力分析,下面通过几个例题加以说明。

【例 12-3】 在图 12-15 所示曲柄滑块机构中,已知各构件的尺寸,各转动副的半径及其相应的摩擦系数。在曲柄 AB 上作用有驱动力矩 M_1,滑块上作用有工作阻力 F。在不计各构件质量的情况下,确定机构在图示位置各运动副中全反力作用线的位置。

解 (1)连杆 2 的受力分析

当不考虑摩擦时,曲柄与滑块作用于连杆的全反力 R_{12} 和 R_{32} 应分别通过转动副中心,并沿着连杆 BC 方向,R_{12} 由 B 指向 C,R_{32} 由 C 指向 B。考虑摩擦时,确定全反力必须注意以下两个原则:

①全反力必定切于摩擦圆,且对转动副中心产生的摩擦力矩一定与相对转动方向相反。

②连杆 2 仍为二力构件,因此全反力 R_{12} 和 R_{32} 也必定共线。

为此,首先按给定条件确定摩擦圆半径 ρ,在转动副 B、C 处画出摩擦圆,则全反力 R_{12} 和 R_{32}

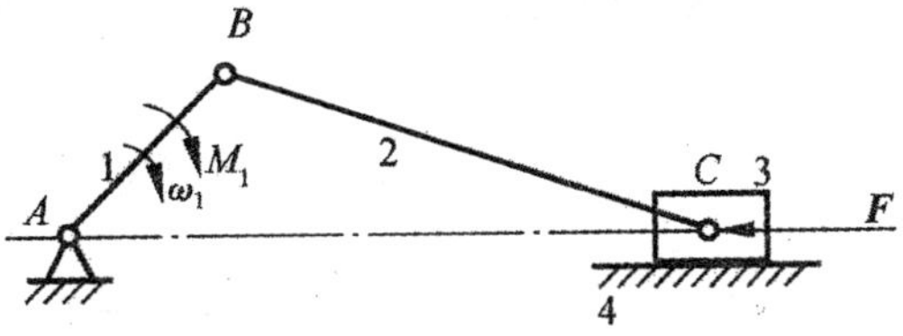

图 12-15　曲柄滑块机构的受力分析

一定是两摩擦圆的公切线。然后根据 R_{12}、R_{32} 的方向相对(连杆 2 为受压二力杆)和相对转动角速度 ω_{21}、ω_{23} 确定 R_{12}、R_{32}，如图 12-16(a)所示位于两摩擦圆的内公切线上。

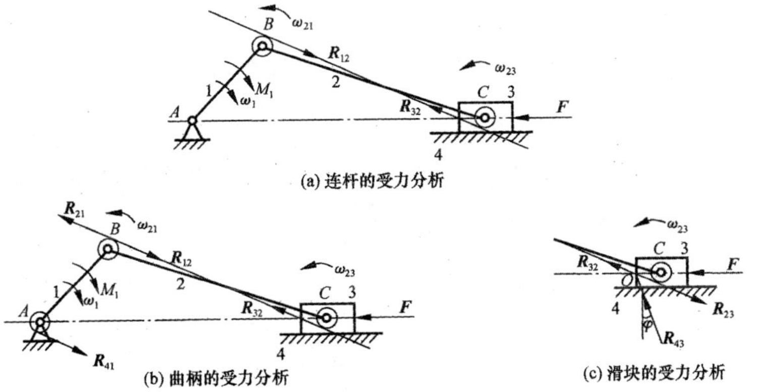

图 12-16　曲柄滑块的受力分析

(2)曲柄 1 的受力分析

以曲柄为研究对象，在转动副 A、B 处作用有机架 4 和连杆 2 给予的全反力 R_{41} 和 R_{21}。根据作用力与反作用力原理，即可确定 R_{21} 的位置。根据曲柄上只受有两个全反力 R_{21} 和 R_{41} 以及一个驱动力矩 M_1，因此可知 R_{41} 一定与 R_{21} 平行、反向，组成一个阻转力偶矩，并同驱动力矩 M_1 平衡。为此，在转动副 A 处画出摩擦圆，根据 R_{41} 对中心 A 产生的摩擦力矩一定与曲柄相对机架的转动角速度($\omega_{14}=\omega_1$)方向相反，从而确定 R_{41} 位于摩擦圆的下方。如图 12-16(b)所示。

(3)滑块 3 的受力分析

滑块受有三个力，除工作阻力 F 外，还有连杆 2 给予的全反力 R_{23}，同理 R_{23} 同 R_{32} 大小相等、方向相反。现确定移动副中机架给予滑块的全反力 R_{43} 的方位及作用点位置。根据滑块向右移动的相对速度方向，R_{43} 应由法线方向左偏转一摩擦角，其作用点位置应根据三力平衡的原则，即三力平衡必定汇交一点的原则确定。先由 F 和 R_{23} 的作用线确定汇交点 O，然后由汇交点 O 作出 R_{23} 的方位线，从而即可确定其作用线位置。

取图 12-15 所示曲柄滑块机构各构件的尺寸 $l_{AB}=100\text{mm}$，$l_{BC}=200\text{mm}$，$\angle BAC=30°$，各转动副的半径 $R=10\text{mm}$ 及其摩擦系数 $f=0.5$，驱动力矩 $M_1=1000\text{N}$。建立该机构的虚拟样机，如图 12-17 所示。当不考虑各运动副的摩擦时，仿真分析得到运动副的反力和作用在滑块上的工作阻力(用弹簧力替代)的大小，如图 12-17(a)所示，而考虑各运动副的摩擦情况时，仿真分析得到运动副的反力和作用在滑块上的工作阻力的大小，如图 12-17(b)所示。

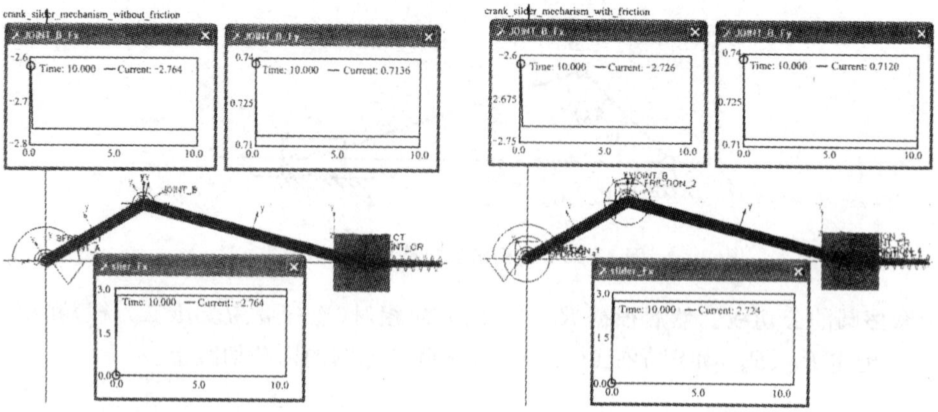

(a)不考虑摩擦时机构的受力仿真分析　　(b)考虑摩擦时机构的受力仿真分析

图 12-17　曲柄滑块机构的虚拟样机仿真法受力分析

【例 12-4】如图 12-18 所示四杆机构。曲柄 1 为主动件，在已知驱动力矩 M_1 的作用下以角速度 ω_1 匀速转动。图中细线小圆为摩擦圆，不计重力和惯性力的影响，试求在图示位置时各运动副中的总反力及作用在构件 3 上的平衡力矩 M_3。

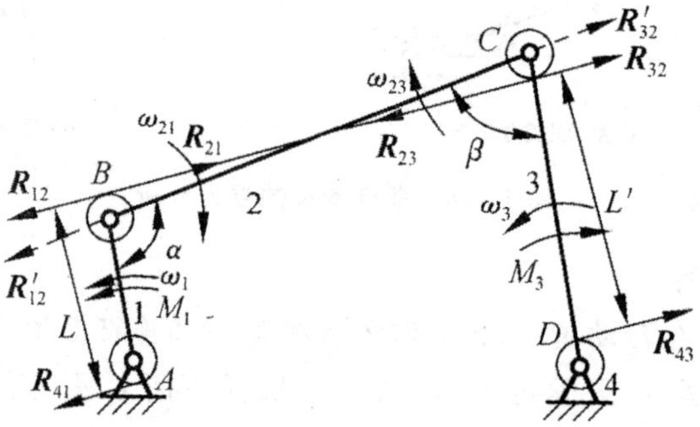

图 12-18　考虑摩擦时平衡四杆机构力分析

解　在不计摩擦时，各转动副中的反作用力通过轴颈中心。

先分析构件 2 的受力情况：因为不计构件自重和惯性力，故构件 2 为受拉的二力构件，即在 R'_{12} 和 R'_{32} 作用下构件 2 处于平衡状态，且 R'_{12} 和 R'_{32} 大小相等，方向相反作用在 BC 直线上(如图中带箭头的虚线)。考虑摩擦时，总反力应切于摩擦圆上。在转动副 B 处，构件 1、2 之间的夹角 α 逐渐减小，相对角速度 ω_{21} 为顺时针方向。因构件 2 受拉，总反力 R_{12} 应切于 B 处摩擦圆上方，产生的摩擦力矩为逆时针方向，阻碍 ω_{21}，的运动。在转动副 C 处，构件 2、3 之间的夹角 β 逐渐增大，相对角速度 ω_{23} 为顺时针方向。总反力 R_{32} 应切于 C 处摩擦圆下方，产生的摩擦力矩为逆时针方向，阻碍 ω_{23} 的运动。而构件 2 在 R_{12} 和 R_{32} 作用下处于平衡状态，故此二力应共线，且同时切于 B 处摩擦圆上方和 C 处摩擦圆下方。

再分析曲柄 1 的受力情况：曲柄 1 在 R_{21}、M_1 和 R_{41} 作用下处于平衡状态，根据力平衡条件可知，$R_{41}=-R_{21}$，$\omega_{14}=\omega_1$ 为逆时针方向。因此 R_{41} 应与 R_{21} 平行，且切于 A 处摩擦圆下方，并有

$$R_{21}=M_1/L$$

式中，L 为 R_{21} 和 R_{41} 之间的力臂。

最后分析构件 3 的受力情况：构件 3 在 R_{23}、M_3、R_{43} 作用下平衡，$R_{43}=-R_{12}=R_{21}$，而 $\omega_{34}=\omega_3$ 为逆时针方向。R_{43} 应在 D 点切于摩擦圆上方，作用在构件 3 上的 摩擦力矩为

$$M_3 = R_{23}L'$$

式中，L' 为 R_{23} 和 R_{43} 之间的力臂，M_3 与 ω_3 方向相反，因此 M_3 为阻抗力矩。

【例 12-5】 图 12-19(a)和(b)所示为两台同类型的斜面压力机。当在滑块 1 上施加向左的推动力 F 时，滑块 2 上升并将物件 4 压紧，由此产生压紧力 Q。当物件 4 被压紧达到要求后，撤去 F 力，该机构应该具有自锁性。试分析两台压力机是否满足工作要求。

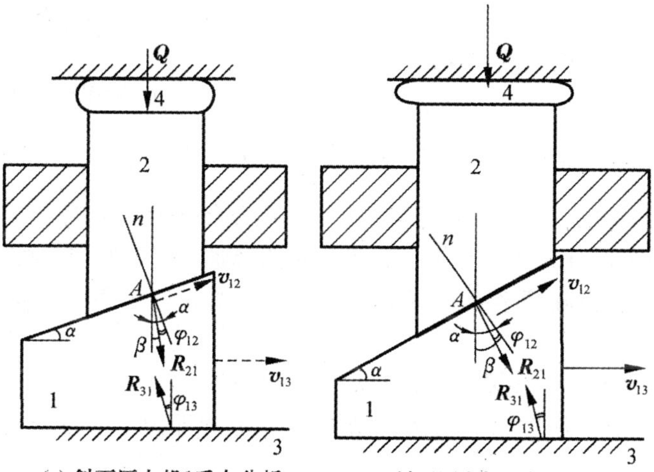

(a) 斜面压力机1受力分析　　(b) 斜面压力机2受力分析

图 12-19　斜面压力机及其受力分析

解　是否自锁的关键在于物件被压紧后，滑块 1 是否会向右移动，而这决定于滑块 1 所受滑块 2 给予的推动力是否能克服滑块 1 底面机架给予的摩擦力。而若滑块 1 所受的推动力作用在滑块 1 底面的摩擦角内时，滑块 1 就能自锁，从而得到压力机的自锁条件。为此作出滑块 1、2 接触面间的受力图，如图 12-19(a)和(b)所示。

假设两接触面间的合力作用点为 A，摩擦角为 φ_{12} 可由摩擦系数 f_{12} 得到。过 A 点作两接触面的法线 nn 以，而法线与铅垂线的夹角即为斜面倾角 α。此时滑块 2 给予滑块 1 的全反力 R_{21}，就是推动滑块向右运动的推动力。因为滑块 2 给予滑块 1 的摩擦力 F_{21}，应同滑块 1 相对滑块 2 的滑动速度(或趋势)v_{12} 的方向相反，因此，全反力 R_{21} 应自法线方向顺时针偏转一个摩擦角 φ_{13} 根据滑块 1 有向右滑动的趋势，故机架给予滑块 1 的全反力 R_{31} 应自法线方向向左偏转一个摩擦角 φ_{13}。

从图 12-19(a)上可判断出，为使 R_{21} 作用于摩擦角 φ_{13} 内，应满足：

$$\alpha - \varphi_{12} = \beta \leqslant \varphi_{13}$$

也即

$$\alpha \leqslant \varphi_{12} + \varphi_{13}$$

这就是斜面压力机的自锁条件。显然，在图 12-19(b)所示斜面压力机中，由于 α 较大，R_{21} 作用在摩擦角 φ_{13} 之外，不满足上述自锁条件，故压力机没有自锁性。

【例 12-6】 图 12-20(a)所示为偏心夹具。其工作原理是，当偏心轮 1 手柄上加驱动力后，偏心轮绕偏心轴转动，从而偏心轮压紧工件 2。同样要求压紧工件后，撤去偏心轮手柄的驱动力，

被压紧的工件不能松掉。

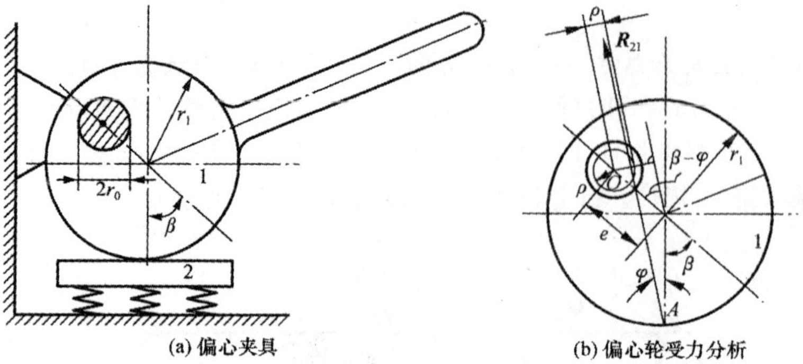

图 12-20　偏心夹具及自锁性分析

解　分析偏心夹具具有自锁性应满足的条件。是否自锁的关键在于工件被压紧后，工件的反力是否会使偏心轮逆时针转动。如果压紧力作用在转轴的摩擦圆内，则夹具具有自锁性，否则就没有自锁性。为此，根据轴颈半径 r_0 及摩擦系数 f 计算出摩擦圆半径 ρ，并画出摩擦圆，如图12-20(b)所示。

判断工件 2 给予偏心轮的压紧力(反力)R_{21}作用线方位。若不计工件与偏心轮间的摩擦，则压紧力位于过接触点 A 的法线方向；若考虑摩擦，则压紧力即为全反力 R_{21} 自法线方向偏转一个摩擦角 φ。

在压紧力作用下，偏心轮有逆时针转动的趋势，所以在接触点 A 处偏心轮相对工件的滑动速度方向向右，因此工件 2 给予偏心轮 1 的摩擦力 R_{21} 的方向向左，所以全反力 R_{21} 自法线方向是向左偏转一个摩擦角 φ。由图 12-20(b)可看出，压紧力 R_{21} 的作用线位于转动副中的摩擦圆内，所以偏心轮 1 不能逆时针方向转动，因此夹具具有自锁性。

根据上述偏心轮夹具能否自锁的判断，可推导出自锁的几何条件。如图 12-20(b)所示，设偏心轮半径为 r_1、转轴中心 O 的偏心距为 e、转轴方位角为 β。

由图 12-20(b)上几何关系可得压紧力 R21 的作用线位于摩擦圆内的几何条件为

$$e\sin(\beta-\varphi)-r_1\sin\varphi\leqslant\rho$$

由此得

$$\beta=\arcsin\left(\frac{r_1\sin\varphi+\rho}{e}\right)+\varphi$$

由上也可看出，设计具有自锁性的偏心夹具，关键是合理地确定转轴中心 O 在偏心轮上的相对位置，也即 e 和 β 的选择。

12.5　机械效率

12.5.1　机械效率的功率表达形式和力表达形式

作用在机械上所有做功的力分为驱动力、工作阻力和有害阻力三种。通常把驱动力所做的功称为输入功，用 W_d 表示，克服工作阻力所做的功称为输出功，用 W_r 表示，而克服有害阻力所做的功称为损耗功，用 W_f 表示。

机械在稳定运转时，一个运动循环内，显然有

$$W_d = W_r + W_f$$

输出功与输入功的比值称为机械效率。它表示机械对能量的有效利用程度，通常用 η 表示。

1. 机械效率的功率表达形式

根据机械效率的定义

$$\eta = \frac{W_r}{W_d} = 1 - \frac{W_f}{W_d} \tag{12-15}$$

将式(12-15)除以做功的时间，则得

$$\eta = \frac{P_r}{P_d} = 1 - \frac{P_f}{P_d}$$

式中 P_d、P_r、P_f 为输入功率、输出功率和损耗功率。

对于连续、长期工作的机械，常采用效率的功率表达形式来评价其能量有效利用的程度。此时机械效率是一个总体的、平均的概念。

2. 机械效率的力(或力矩)表达形式

在匀速运转或忽略动能变化的条件下，也可用驱动力和工作阻力或力矩的比值来表示机械效率。

在图 12-21 所示的匀速运转起重减速箱示意图中，设 F 为实际驱动力，Q 为相应的实际工作阻力。而 v_F 和 v_Q 分别为 F 和 Q 的作用点沿力作用线方向的速度。根据式(12-14)可得

$$\eta = \frac{P_r}{P_d} = \frac{Qv_Q}{F_0 v_F} \tag{12-16}$$

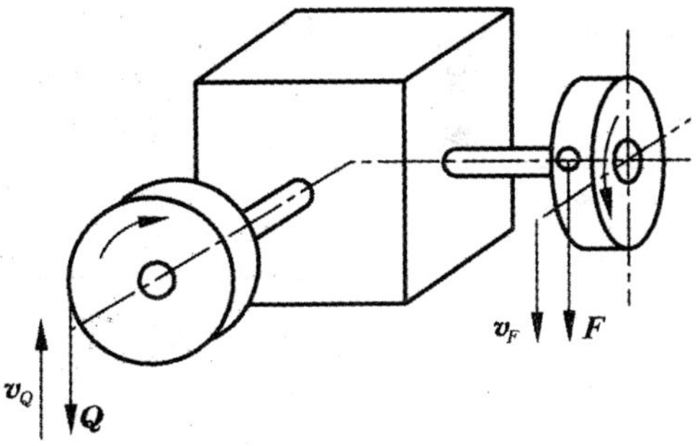

图 12-21　减速箱示意图

现设想该装置不存在摩擦等有害阻力做功的损耗，称为理想机械。这时克服同样的工作阻力 Q 所需的驱动力为 F_0，称为理想驱动力(显然 $F_0 < F$)，此时对于理想机械来说，其效率 $\eta_0 = 1$。故根据式(12-16)可写出

$$\eta_0 = \frac{Qv_Q}{F_0 v_F} = 1$$

由此得 $Qv_Q = F_0 v_F$，并将此式代入式(12-16)可得

$$\eta = \frac{M_0}{M} \tag{12-17}$$

式(12-17)说明，机械效率也等于不计摩擦时克服工作阻力所需的理想驱动力 F_0 与克服同样工作阻力(连同克服摩擦阻力)时该机械实际所需驱动力 F 之比值。

同理，如果用 M_0 表示理想驱动力矩，M 表示实际驱动力矩，此时机械效率可写成

$$\eta = \frac{M_0}{M} \tag{12-18}$$

用类似的推理方法，设同一个驱动力 F 所能克服的理想机械的工作阻力为 Q_0，实际机械的工作阻力为 Q (显然 $Q_0 > Q$)，则机械效率也可写成

$$\eta = \frac{Q}{Q_0} \tag{12-19}$$

对于做变速运动的机械，在忽略动能变化的情况下，如用式(12-17)～式(12-19)计算机械效率，所得结果应为机械的瞬时效率。在一个运动循环内，不同时刻的瞬时效率是不同的。

用力或力矩之比来表达的瞬时效率，通常在对机构或机构系统进行效率分析时较为方便。

12.5.2 机组的机械效应

对于由许多机构或机器组成的机械系统的机械效率及其计算，常用下面方法来估算。因为各种机械系统都是由常用机构组合而成的，而这些常用机构的效率已经通过实践积累了数据(见表 12-1)。根据这些机构的机械效率，可以通过计算确定机械系统的机械效率。机械系统一般按串联、并联和混联三种方式组合，故其效率也相应有三种计算方法。

表 12-1 简单传动机械和运动副的效率

名称	传动形式	效率值	备注
圆柱齿轮传动	6～7 级精度齿轮传动	0.98～0.99	良好磨合、稀油润滑
	8 级精度齿轮传动	0.97	稀油润滑
	9 级精度齿轮传动	0.96	稀油润滑
	切制齿、开式齿轮传动	0.94～0.96	干油润滑
	铸造齿、开式齿轮传动	0.90～0.93	
锥齿轮传动	6～7 级精度齿轮传动	0.97～0.99	良好磨合、稀油润滑
	8 级精度齿轮传动	0.94～0.97	稀油润滑
	切制齿、开式齿轮传动	0.92～0.95	干油润滑
	铸造齿、开式齿轮传动	0.88～0.92	
蜗杆传动	自锁蜗杆	0.40～0.45	润滑良好
	单头蜗杆	0.70～0.75	
	双头蜗杆	0.75～0.82	
	三头和四头蜗杆	0.80～0.92	
	圆弧面蜗杆	0.85～0.95	

续表

名　　称	传动形式	效 率 值	备　　注
带传动	平带传动 V 带传动 同步带传动	0.90～0.98 0.94～0.96 0.98～0.99	
链传动	套筒滚子链 无声链	0.96 0.97	润滑良好
摩擦轮传动 滑动轴承	平摩擦轮传动 槽摩擦轮传动	0.85～0.92 0.88～0.90 0.94 0.97 0.99	润滑不良 润滑正常 液体润滑
滚动轴承	球轴承 滚子轴承	0.99 0.98	稀油润滑 稀油润滑
螺旋传动	滑动螺旋 滚动螺旋	0.30～0.80 0.85～0.95	

1. 串联

图 12-22 为由 k 个机构按顺序依次串联组成的机组示意图。该机组的输入功率为 N_d，依次经过机构 1，2，…，k，M 为该机组的输出功率。功率在传递的过程中，前一机构的输出功率为后一机构的输入功率，各机构的机械效率分别为 η_1，η_2，…，η_k，则得各机构的效率为

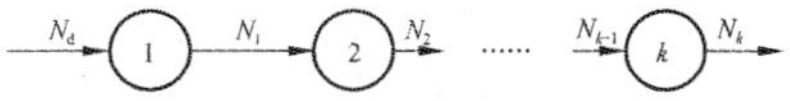

图 12-22　串联机组示意图

$$\eta_1 = \frac{N_1}{N_d}, \eta_2 = \frac{N_2}{N_1}, \cdots, \eta_k = \frac{N_k}{N_{k-1}}$$

机组的总效应

$$\eta = \frac{N_k}{N_d} = \frac{N_1}{N_d}\frac{N_2}{N_1}\cdots\frac{N_k}{N_{k-1}} = \eta_1\eta_2\cdots\eta_k \tag{12-20}$$

式(12-20)表明串联机组的总效率等于各个机构效率的连乘积。因为任一机构的机械效率都小于 1，所以串联机组的总效率小于机组中任一机构的效率。串联的机构越多，机组总效率越低，因此在串联机组中应提高效率最低环节的效率。

2. 并联

图 12-23 为并联机组示意图。并联机组总输入功率为 N_d，且 $N_d = N_1 + N_2 + \cdots + N_k$ 设各个机构的效率分别为 η_1，η_2，…η_k，总输出功率 $N_r = N_1' + N_2' + \cdots + N_k'$，则机组总效率为

$$\eta=\frac{N_r}{N_{\mathrm{d}}}=\frac{N'_1+N'_2+\cdots+N'_k}{N_1+N_2+\cdots+N_k}=\frac{N_1\eta_1+N_2\eta_2+\cdots N_k\eta_k}{N_1+N_2+\cdots N_k}=\frac{\sum_{i=1}^{k}N_i\eta_i}{\sum_{i=1}^{k}N_i}\qquad(12\text{-}21)$$

式(12-21)表明并联机组的总效率不仅与各个机构的效率有关，而且与总输入功率的分配有关。设 $\eta_{\max}$和是各个机构效率的最大值和最小值，则 $\eta_{\mathrm{mix}}<\eta<\eta_{\max}$传递功率较大的分支，对总功率影响也较大。

3. 混联

混联机组是由上述两种连接组合而成的，计算效率的方法是，先将输入输出功率的传递路线弄清，然后分别按其连接方式计算出机组的总效率。

【例 12-6】 在图 12-24(a)所示减速器中，已知每一对圆柱齿轮和圆锥齿轮的效率分别为 0.95 和 0.92，且齿轮 9 输入功率 N_{d2}是齿轮 3 输入功率 N_{d1}的 2 倍，试求其总效率 η。

解 减速器的能量输送路线如图 12-24(b)所示，此齿轮机构的连接属于混合连接，其总效率的求法如下：

$$N_{r1}=N_{\mathrm{d1}}\eta_{3,8}$$
$$\eta_{3,8}=\eta_{3,4}\eta_{5,6}\eta_{7,8}=0.95\times0.95\times0.92$$
$$N_{r2}=N_{\mathrm{d2}}\eta_{9,14}$$
$$\eta_{9,14}=\eta_{9,10}\eta_{11,12}\eta_{13,14}=0.95\times0.95\times0.92$$
$$N_{\mathrm{d1}}+N_{\mathrm{d2}}=N_{\mathrm{d}}\eta_{1,2}$$
$$\eta_{3,8}=\eta_{3,4}\eta_{5,6}\eta_{7,8}=0.95\times0.95\times0.92$$

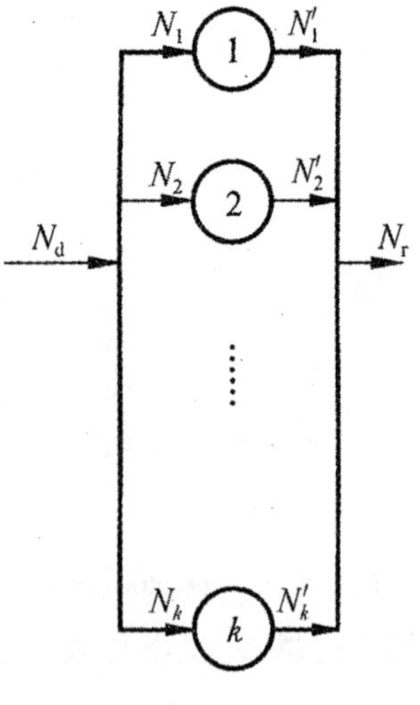

图 12-23 并联机组示意图

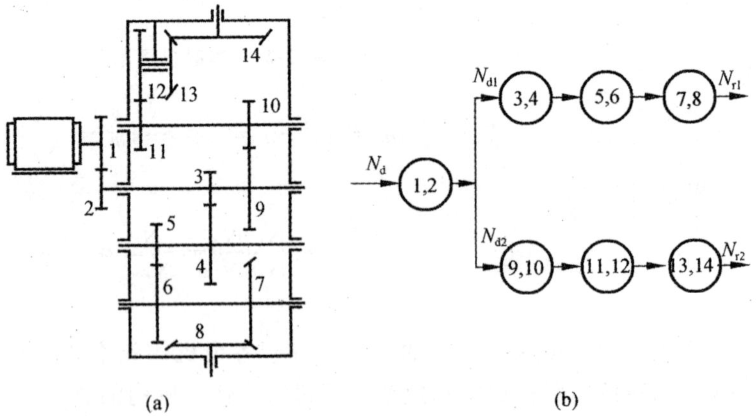

图 12-24 减速器效率计算

12.6 机械的自锁

主要给机械加上足够的驱动力，似乎就应该使该机械在有效驱动力作用的方向上运动。方向上运动。而在实际工程中，由于摩擦的存在，却会出现无论如何增大这个驱动力，机械都无法运动的现象，称此现象为机械的自锁。

自锁现象具有十分重要的意义。当我们设计机械时，为实现预期的运动，应避免自锁现象的发生。但是有些机械在工作中却需要自锁这种特性。例如，螺旋千斤顶，机床加工用的夹具，牛头刨床的工作台和进给机构等都需要自锁特性。下面分析一下自锁发生的原因。

如图 12-25 所示，滑块 1 与平台 2 构成移动副。设 P 为作用在滑块 1 上的驱动力，它与导轨法线夹 β 角，φ 为摩擦角。将力 P 分解成沿接触面切向和法向两个分力 P_t 和 P_n，$P_t = P\sin\beta = P_n\tan\beta$ 是推动滑块运动的有效分力。P 垂直接触面，只能产生正压力和摩擦力，由 P 引起的最大摩擦力 $F_{max} = fP_n = P_n\tan\beta$。

当 $\beta \leqslant \varphi$ 时，$P_t \leqslant F_{max}$。此时不管驱动力 P 如何增大，有效分力 P_t 总小于由 P 力引起的最大摩擦力，滑块 1 不能运动，这就是发生了所谓的自锁现象。

由上述分析可知，移动副发生白锁的条件是：$\beta \leqslant \varphi$ 即驱动力作用在摩擦角之内。

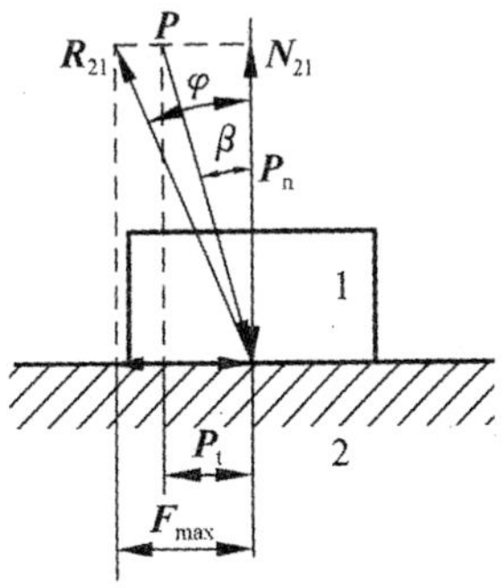

图 12-25　移动副中的自锁

在图 12-26 所示的转动副中，设轴颈上作用单一外载荷 P，其到轴线的距离为 a。当 $a < \rho$ 时，因为使轴颈转动的驱动力矩 $M = Pa$ 总小于由 P 力引起的最大摩擦力矩 $M_{f\max} = P\rho$，所以转动副发生自锁。由上述分析可知，转动副发生自锁的条件为：作用在轴颈上的驱动力作用在摩擦圆之内。

还可以通过生产阻力的情况判断机械能否自锁。当自锁时，机械已不能运动，这时克服的生产阻力 $Q \leqslant 0$。因此可利用当驱动力任意增大时，生产阻力 $Q < 0$ 的条件来判断机械是否自锁。

另外还可以从效率的观点来分析自锁条件。在机械自锁时，机械已不能运动，输入的功不足以克服由其引起的最大损耗功，此时机械无输出功，按效率计算公式，即 $\eta \leqslant 0$。机械发生自锁，已无输出功，机械效率的定义已发生变化。在 $\eta < 0$ 时，其绝对值越大，表示自锁可靠性越高，而 $\eta = 0$ 是自锁的临界状态。

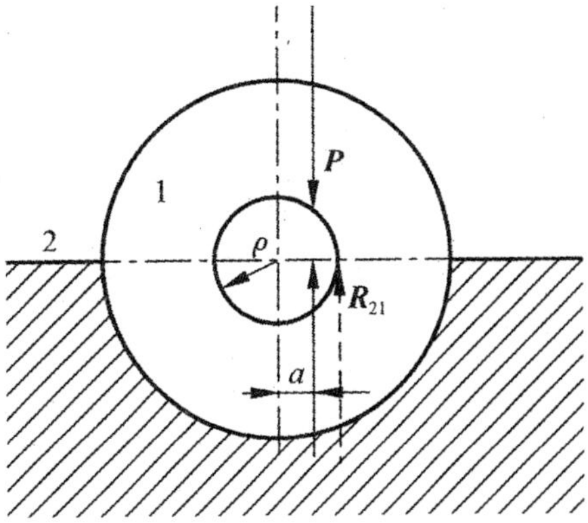

图 12-26　回转副中的自锁

通常每个机械都有正、反两个行程。当当驱动力作用在原动件上，运动从原动件传递至从动件并克服其上的工作阻力，称为正行程；反之，当工作阻力作用在从动件上，在某种条件下(例如驱动力减小)使运动向相反的方向传递，则称为反行程。

下面介绍机械工程中应用自锁的几个实例，通过分析来确定它们自锁发生的条件。

1. 螺旋千斤顶

螺旋千斤顶在物体重力 Q 作用下运动的阻力矩是 M'，则

$$M' = \frac{d_2}{2}Q\tan(\alpha - \varphi_V)$$

若发生自锁，$M' \leqslant 0$，得 $\tan\alpha - \varphi_v \leqslant 0$，即 $\alpha \leqslant \varphi_v$，这就是螺旋千斤顶在物体重力作用下，不致

反转的自锁条件。

2. 斜面压榨机

图 12-27 为斜面压榨机的简化模型，已知各接触面的摩擦系数为 f，斜面倾角 α，求在外力 Q 作用下机构自锁条件。

设在外力 Q 作用下，机构产生运动。先作出各运动副反力如图 12-27(a)所示，然后分别取物体 2、3 为分离体，建立力平衡方程式 $P+R_{12}+R_{32}=0$，最后作力多边形求解，如图 12-27(b)所示。由正弦定理得

$$P=R_{32}\sin(\alpha-2\varphi)/\cos\varphi$$

$$Q=R_{23}\cos(\alpha-2\varphi)/\cos\varphi$$

因为 $R_{32}=R_{23}$，则可得 $P=Q\tan(\alpha-2\varphi)$。

令 $P\leqslant 0$，得 $\tan(\alpha-2\varphi)\leqslant 0$，即 $\alpha\leqslant 2\varphi$。此时无论如何增大 Q 力，始终有 $F\leqslant 0$，因此该机构的反行程自锁条件为 $\alpha\leqslant 2\varphi$。

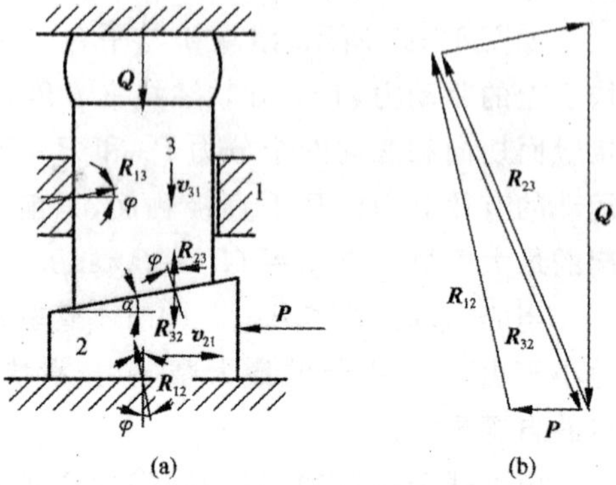

图 12-27　斜面压榨机的自锁分析

第 13 章　机械系统运动方案设计

13.1　机械系统性能需求分析

13.1.1　机构系统运动方案设计的任务与步骤

机构系统运动方案设计是机械设计过程中极其重要的一环，对机械的性能、尺寸、外形、质量及生产成本具有重大的影响。机构系统包括传动系统和执行系统，执行系统的运动方案设计是机构系统总体方案设计的核心，也是整个机械设计工作的基础。

在执行系统的运动方案设计之前，必须了解机器的预期功能要求。机构系统运动方案设计的任务就是根据机械的功能要求，拟订实现功能的工作原理，确定出机构所要实现的工艺动作，通过执行机构的选型或构型的方法，进行机构形式的创新设计，通过机构尺度设计，在进行机构运动分析及动力分析的基础上，创造性地构思出各种可能的方案，并从中选出最佳方案。图 13-1 为执行机构系统方案设计的一般流程。

下面简要介绍一下设计流程中的几个主要步骤。

1. 功能原理设计

功能原理设计就是根据机器预期的功能要求，拟订实现总功能的工作原理和技术手段。实现某种预期的功能要求，可以采用多种不同的工作原理。选择的工作原理不同，执行系统的方案也必然不同。如齿轮轮齿加工即可以采用仿形法，也可采用范成法。

功能原理设计是一项极富创造性的工作，丰富的专业知识、实践经验以及创造性的思维方法缺一不可，在功能原理设计中，有些功能依靠纯机械装置是难以实现的，应从机、电、液、磁、光等多个角度考虑。

2. 执行构件运动规律设计

实现同一工作原理，可以采用不同的运动规律。不同的运动规律必然对应不同的执行系统方案。执行构件运动规律设计的任务就是根据工作原理，构思出多种执行构件工艺动作组合方案，拟订工艺动作实现所采用的各种运动规律，然后从中选取最为简单适用的运动规律，作为机械的运动方案。具体地说，就是根据工艺动作确定出各执行构件的数目、运动形式、运动参数及它们之间的运动协调关系。比如，齿轮加工可采用铣齿机利用仿形原理铣齿，也可采用滚齿机利用范成原理滚齿。范成法加工齿轮的工艺动作可分解为刀具切削运动、刀具进给运动以及刀具与轮坯的范成运动。

3. 执行机构的形式设计

实现同一种运动规律，可采用不同形式的机构，从而得到不同的方案。执行机构的形式设计就是在选定原动机的类型和运动参数基础上，根据各基本工艺动作，选择或构思出能实现这些工艺动作的多种机构，从中找出最佳方案。

执行机构形式设计的优劣直接影响机械工作质量，是机构运动方案设计中极其重要的一环。

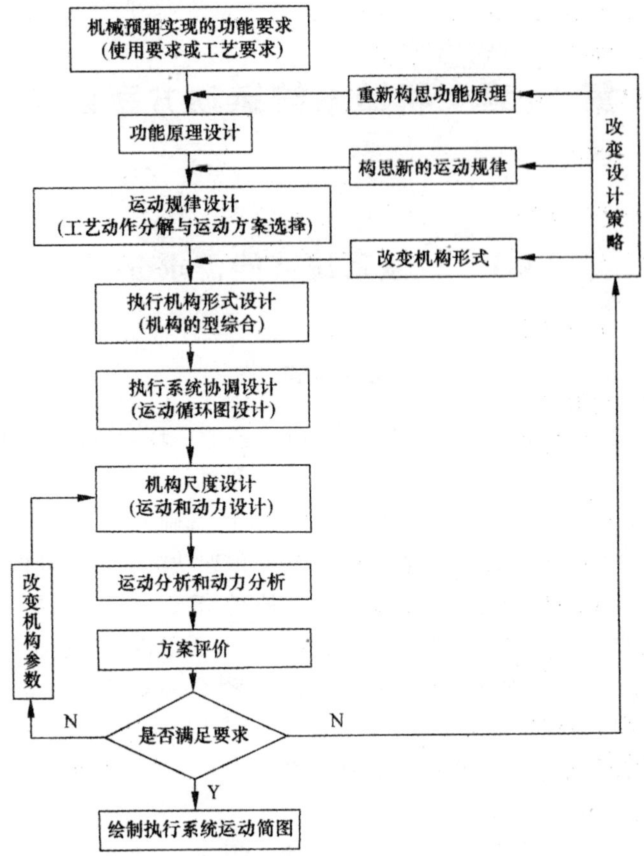

图 13-1　执行机构系统方案设计的一般流程

机构的形式设计应以满足执行构件的运动要求为前提,并尽量简单、安全、有良好的动力特性等。

执行机构形式设计的方法有两大类:机构的选型和机构的构型。机构的选型是根据执行构件所需运动特性,从前人已发明的数以千计的机构中经比较选择找到合适的形式。构型是重新构筑机构的形式,通过对已有机构进行扩展、组合和变异,创造出新型的机构,形成满足运动和动力要求的机构运动系统方案。

4. 执行机构系统协调设计

一个复杂的机械,通常由多个执行机构组合而成,这些机构必须以一定的次序协调动作,才能完成预期的工作要求,否则,会破坏机械的整个工作过程,达不到工作要求,甚至造成机械破坏。

执行机构的协调含义很广,包括各执行机构动作先后顺序的协调、动作时间的同步、空间位置不干涉等。

执行机构系统协调设计,就是根据工艺动作要求,分析各执行机构应当如何协调和配合,设计出协调配合图,通常称之为运动循环图,它可有效指导机构的设计、安装和调试。

5. 机构的尺度设计

根据执行构件和原动机的运动参数,以及各执行构件运动的协调配合要求,确定各构件的运动尺寸,绘制各执行机构的运动简图。

6. 机构运动和动力分析

对执行系统进行运动和动力分析，考察其能否全面满足机械的运动和动力特性要求，必要时还应对机构进行适当调整。运动和动力分析的结果也将为机械的工作能力和结构设计提供必要的数据。

7. 方案评价与决策

方案评价包括定性评价和定量评价。定性评价指对结构的繁简、尺寸大小及加工难易等进行评价。定量评价指对运动和动力分析后的执行系统的具体性能与使用要求所规定的预期性能进行比对评价。通过对方案的评比，从中选出最佳方案，绘制出系统的运动简图。如果评价的结果认为不合适，可对设计方案进行修改。在实际工作中，机构运动方案选择与对运动方案进行设计与分析是不能断然分开的，经常是相互交叉进行的。

13.1.2　机构系统设计的创新途径

合理选择机构类型，拟订机构系统运动方案，是一项较为复杂的工作，需要设计者既要具有丰富的实践经验和宽广的知识面，又要充分发挥创造性。功能原理设计是机构运动方案设计的第一步，实现同一功能要求可采用多种不同的工作原理，因此功能原理的设计是一个创造性的过程。功能原理的创造性设计有多种方法，常用的方法有分析综合法、思维扩展法及还原创新法。运动规律设计的创新方法也有多种，如仿生法及思维扩展法等。执行机构系统的设计是系统方案设计中举足轻重的一环，为拟订出一个优良的机构运动方案，仅仅从常见的基本机构中选择机构类型显然是不够的，需要在原有基本机构的基础上进一步通过扩展、组合、演化等方法创造出新机构。

1. 扩展法

根据平面机构组成原理，在一个基本机构上叠加一个或多个杆组后形成新机构的方法，即为扩展法。因为基本杆组的自由度为零，所以将若干个基本杆组叠加到基本机构上不会改变原机构的自由度，但新机构的功能有所改善。如图 13-2 所示为钢料推送机构。它由铰链四杆机构 $ABCD$ 叠加了一个Ⅱ级杆组 EF 后构成，从而可使执行构件滑块 5 的行程大幅度增加。

如图 13-3 所示，一对大小相同的齿轮机构，叠加一个Ⅱ级杆组 $ABC(BC=AC)$后，就可得到 C 点沿铅垂直线的轨迹曲线。

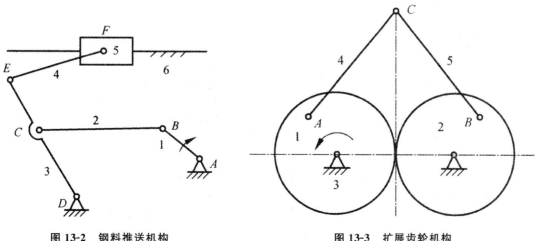

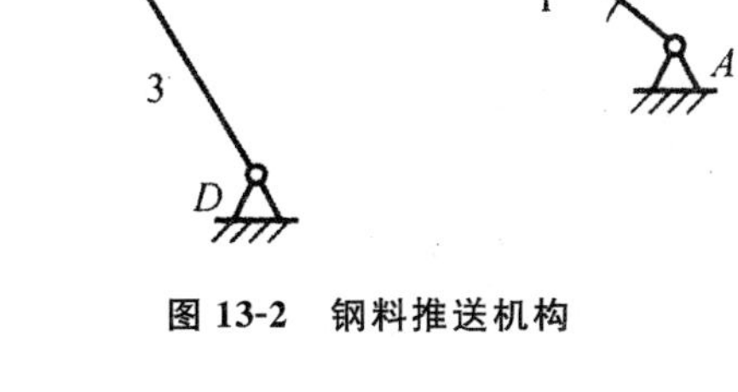

图 13-2　钢料推送机构

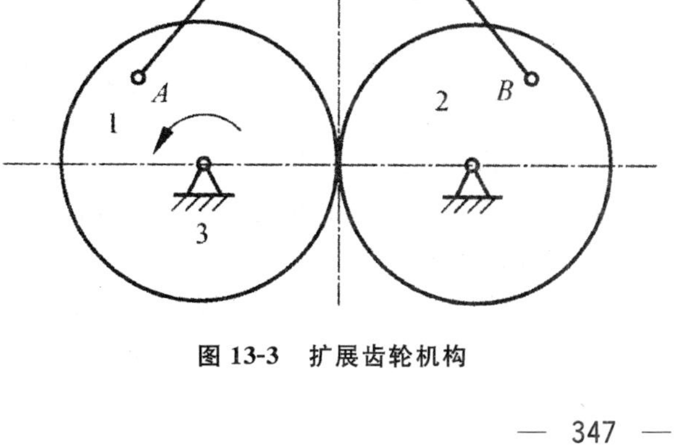

图 13-3　扩展齿轮机构

2. 组合法

将不同类型的若干基本机构组合在一起的方法称为机构组合法。常用的组合方式有串联、并联、反馈和复合式组合等。例如,如图 13-4 所示为钢锭热锯机构,它由双曲柄机构 1-2-3-6 与曲柄滑块机构 3′-4-5-6 串联组成。该机构能实现滑块 5(锯条)在工作行程时等速运动,而回程时为急回运动,具有较大的急回特性,生产效率高。

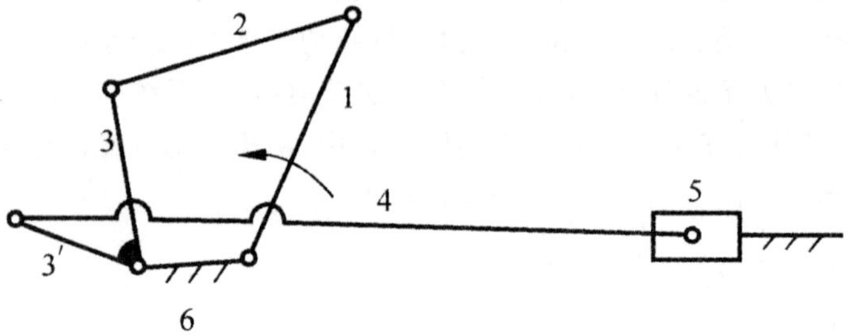

图 13-4　钢锭热锯机构

3. 演化法

演化法也称为变异法。该方法主要突出“变换”,一是构件间相对运动的变换,一是高副与低副间的变换。

(1)运动变换法

在同一运动链中,变换不同的构件为机架,即可得到不同的机构,称为运动变换法。这种方法又称运动倒置法。此方法在平面连杆机构演化和设计中已经得到充分的应用。

如图 13-5(a)所示的连杆机构,当分别以曲柄 1、连杆 2、滑块 3 为机架时,可得到转动导杆机构(见图 13-5(b))、摇块机构(见图 11-5(c))和定块机构(见图 13-5(d)),在工程上分别应用于型发动机、油泵和集通等机械中。

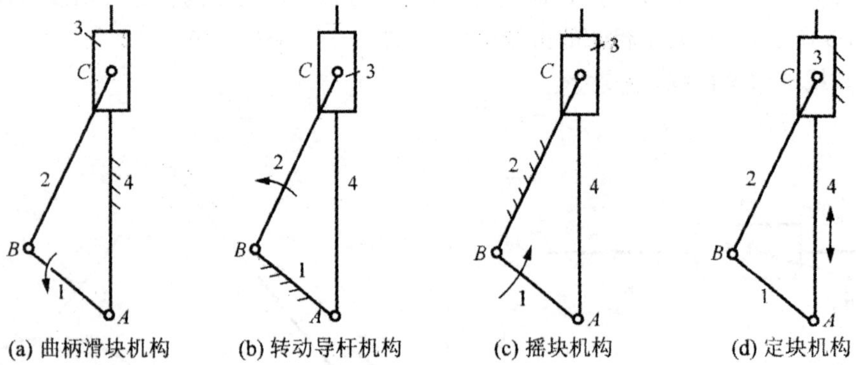

图 13-5　连杆机构

(2)运动副变换法

通过运动副变换得到新机构是机构创新的途径之一,变换方法有转动副和移动副之间的变换、高副低副之间的变换。

图 13-6 所示为一般导杆机构,为保证机构自由度不变,将滑块 2 及其与构件 1 组成的转动副和同构件 3 组成的移动副用一个高副来替代,这样原低副机构就变换成如图 13-7 所示的高副

机构了。原滑块变成滚轮，将导杆槽由直槽改为带有一段圆弧的曲线槽，且使圆弧的半径等于曲柄 1 的长度、其中心与曲柄转轴 O_1 重合，从而使该机构实现从动件有较长时间停歇的运动要求。

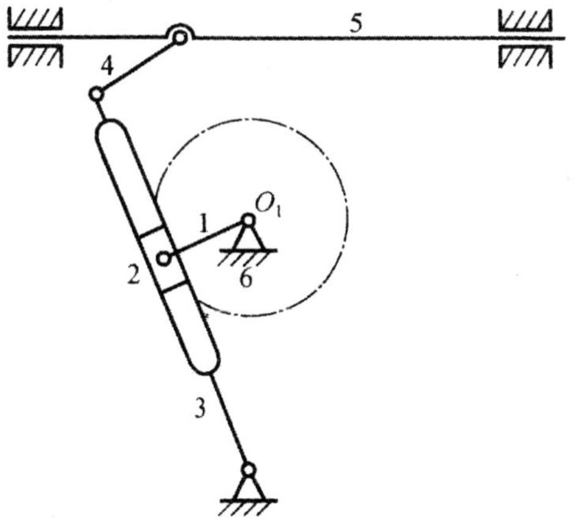

图 13-6　一般导杆机构

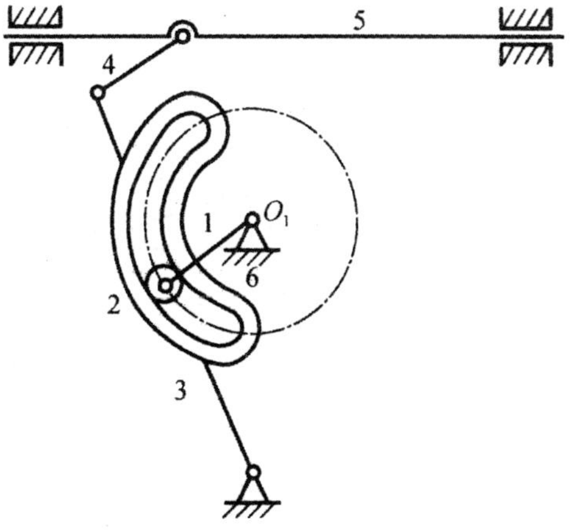

图 13-7　停歇运动导杆机构

由上例可推论出，在一个低副机构中，一个两副构件(非原动件)就可变换成一个高副，由此就将低副机构演化成高副机构了。

13.2　常见机构的组合规律

连杆机构、凸轮机构、齿轮机构、间歇运动机构等称为基本机构。在工程实际中，常将同类型或不同类型的基本机构进行适当组合，使各基本机构既能发挥其特长，又能避免其自身固有的局限性，从而形成结构简单、性能优良、能满足预期复杂运动要求的机构系统。在机构组合系统中，单个基本机构称为该系统的子机构。常见的机构组合方式有以下几种。

13.2.1　机构的串接式组合

在机构组合中，若前一级子机构的输出构件即为后一级子机构的输入构件，则这种组合方式称为串接式组合。它包括以下两种情况。

1. 固连式串接

后一级子机构的主动件固连在前一级子机构的输出连架杆上称为固连式串接。如图 13-8 所示，凸轮机构的输出构件 2 与下一机构的输入构件 3 固连。

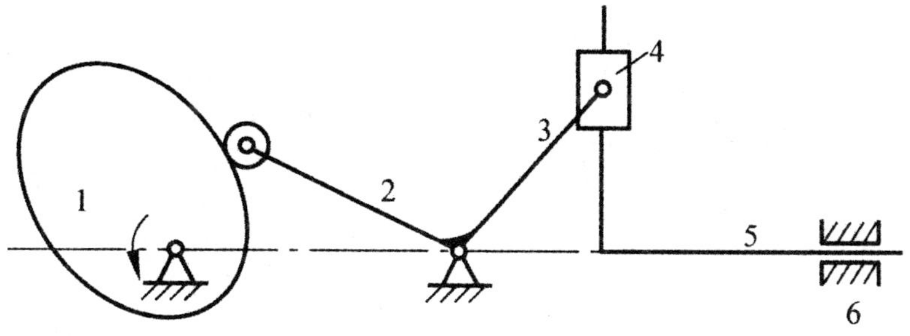

图 13-8　固连式串接

2. 轨迹点串接

前一级子机构通过连杆上的一点将运动传给后一级子机构称为轨迹点串接机构。如图 13-9所示，前一级曲柄滑块机构连杆上 M 点的轨迹$\overset{\frown}{mm}$曲线，其中 AB 段为直线。后一级导杆机构的滑块 4 铰接于 M 点，则当 M 点通过直线部分时，从动导杆 5 做较长时间的停歇。

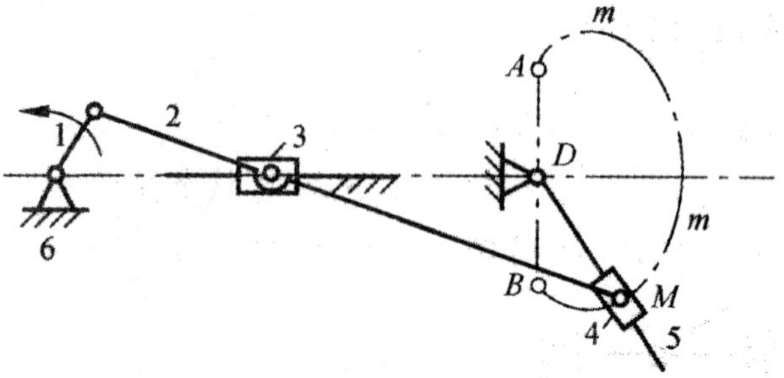

图 13-9 轨迹点串接

串联式组合机构可以用图 13-10 所示的组合方式框图来表示。在实际机械中，串接是应用最为广泛的机构组合方式，全部由串接组成的机构系统，给每个机构的运动设计带来方便，即可按输入、输出顺序逐个对基本机构进行设计。

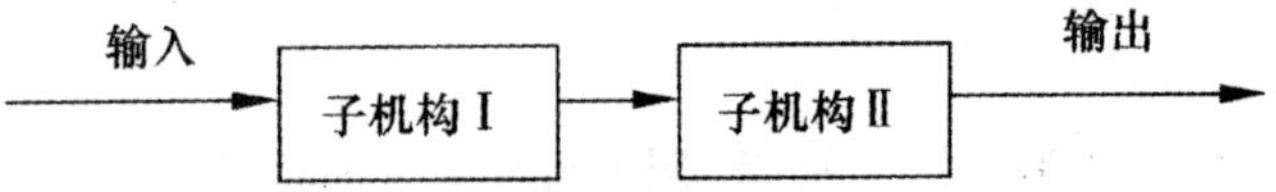

图 13-10 串联式组合框图

13.2.2 机构的并接式组合

在机构组合系统中，若几个子机构共用一个输入构件，而它们的输出运动又同时输入一个多自由度的子机构，从而形成一个自由度为 1 的机构系统，则这种组合方式称为并接式组合。

图 13-11 所示机构是由定轴轮系 1′-5-4、曲柄摇杆机构 1-2-3-4 以及差动轮系 5-6-7-3-4 所组成。原动齿轮 1，和曲柄 1 固连在同一轴上，其运动 ω_1 同时传给并列布置的定轴轮系和曲柄摇杆机构，从而转换成两个运动 ω_5 和 ω_3。该两个运动又传给差动轮系合成为一个输出运动 ω_7。当原动件做匀速转动时，齿轮 5 为匀速转动，而摇杆 3 却为变速摆动，所以内齿轮 7 做变速转动，其周期为原动轴回转一周的时间。可见此机构用两个并列的单自由度基本机构封闭了二自由度差动轮系，它可用于铁板输送机。组合方式框图如图 13-12 所示。

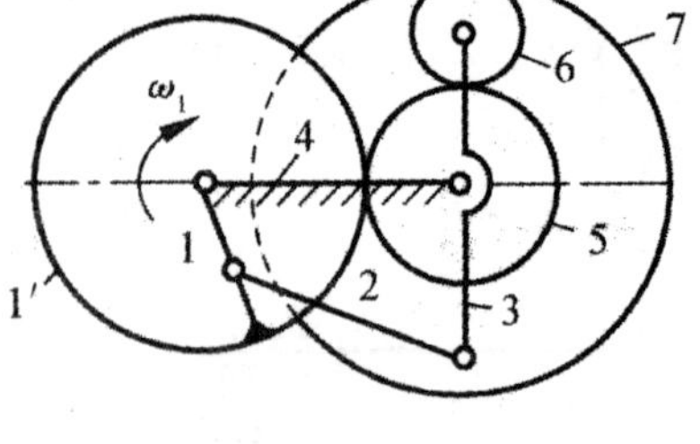

图 13-11 并联式组合机构

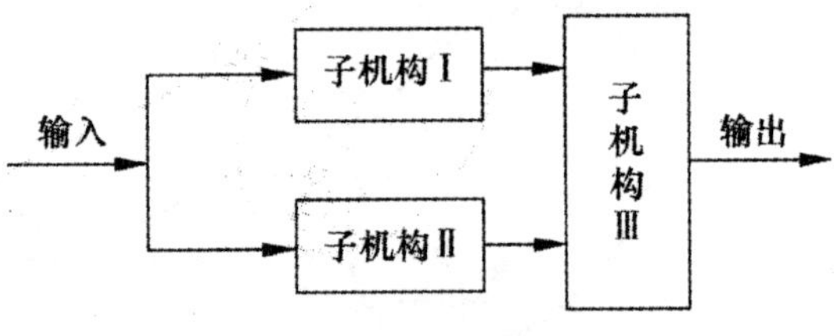

图 13-12 并联式组合框图

13.2.3　机构的复合式组合

在机构组合系统中，若由一个或几个串联的基本机构去封闭一个具有两个或多个自由度的基本机构，则这种组合方式称为复合式组合。

图 13-13 所示机构系统，它是由凸轮机构 1-4-5 及自由度为 2 的五杆机构 1-2-3-4-5 所组成的。凸轮 1 与曲柄 AB 为同一构件，且为原动件。构件 4 称为两基本机构的公共构件。其组合方式框图如图 13-14 所示。

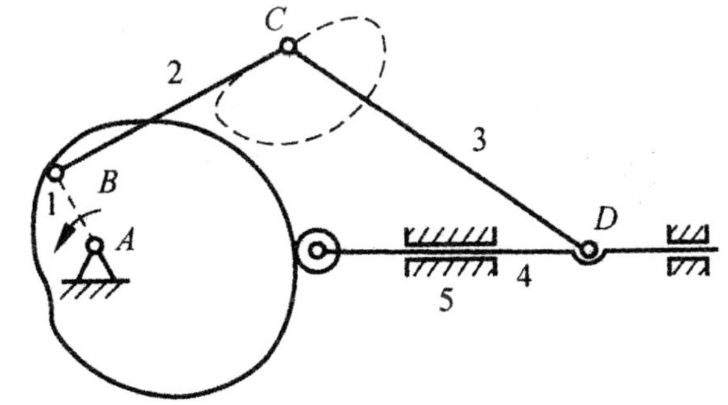

图 13-13　复合式组合机构

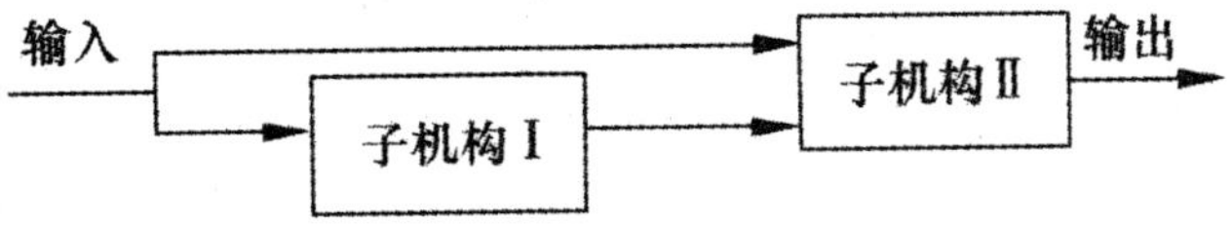

图 13-14　复合式组合框图

由传动关系可看出，一个原动件的输入运动，同时传给凸轮机构的移动从动件 4 和五杆机构的 AB 构件。对于自由度为 2 的连杆机构来说，就获得了两个输入运动，从而得到 C 点确定的轨迹输出。

该机构系统的运动特点是，通过凸轮廓线的设计，可使连杆 2、3 的铰链点 C 满足预定的轨迹要求。

在机构的复合式组合中，一般有两个基本机构，其中一个必为具有 2 个自由度的机构。原动件的运动分成两路传给 2 自由度机构，只是其中一路直接输入给 2 自由度机构，而另一路经过另一个基本机构再输入给 2 自由度机构。

13.2.4　机构的反馈式组合

在机构组合中，若其多自由度子机构的一个输入运动是通过单自由度子机构从该多自由度子机构的输出构件回收的，则这种组合方式称为反馈式组合。

图 13-15 所示的滚齿机上所用的校正机构，即为反馈式组合的例子，其组合方式框图如图 13-16 所示。这类校正装置在齿轮加工机床中应用较多。其中，蜗杆 1 为原动件，如果由于制造误差等原因，蜗轮 2 的运动输出精度达不到要求时，则可根据输出的误差，设计出与蜗轮 2 固装在一起的凸轮 2′的凸轮曲线。当此凸轮 2′与蜗轮 2 一起转动时，将推动推杆 3 移动，推杆 3 上齿

条又推动齿轮 4 转动，最后通过差动机构 K 使蜗杆 1 得到一附加转动，从而使蜗轮 2 的输出运动得到校正。从而可以大幅度提高滚齿机的加工精度。

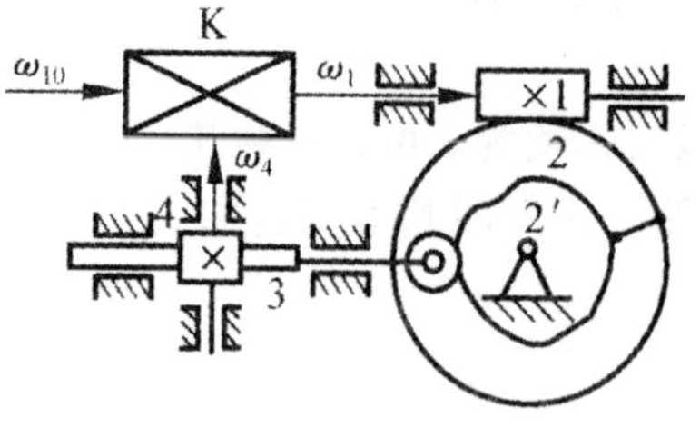

图 13-15　反馈封闭式组合机构

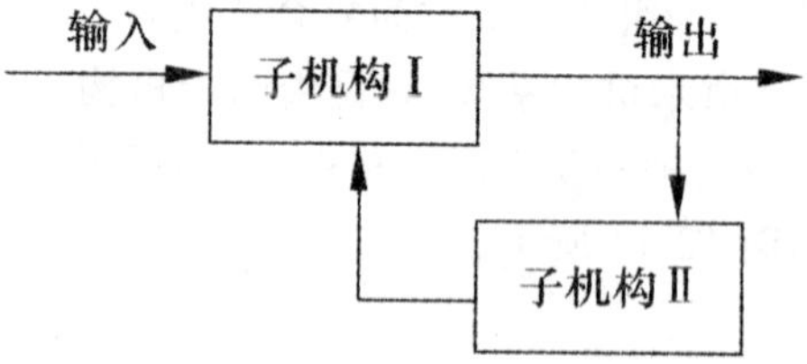

图 13-16　反馈式组合框图

13.2.5　机构的叠连式组合

在多数机构系统中，原动件为连架杆之一。但在某些机构系统中，将平面一般运动的构件(如连杆)作原动件，其输入运动则为相对运动，且其中一个基本机构的输出(或输入)构件为另一个基本机构的相对机架的连接方式称为叠连式组合。叠连式组合的特点是后一个基本结构的相对机架就是前一个基本机构的输出构件。

按装载和被装载基本机构所共有的运动构件数目不同，又可分为两类。

1. 两基本机构共有的运动构件只有一个

如图 13-17 所示为挖掘机示意图，其挖掘动作由 3 个带液压缸的基本连杆机构(1-2-3-4、4-5-6-7 和 7-8-9-10)组合而成。它们一个紧挨一个，而且后一个基本机构的相对机架正好是前一个基本机构的输出构件。挖掘机臂架 4 的升降、铲斗柄 7 绕 D 轴的摆动以及铲斗 10 的摆动分别由 3 个液压缸驱动，便可完成挖土、提升和倒土等动作。挖掘机的底盘是第一个基本机构的机架。

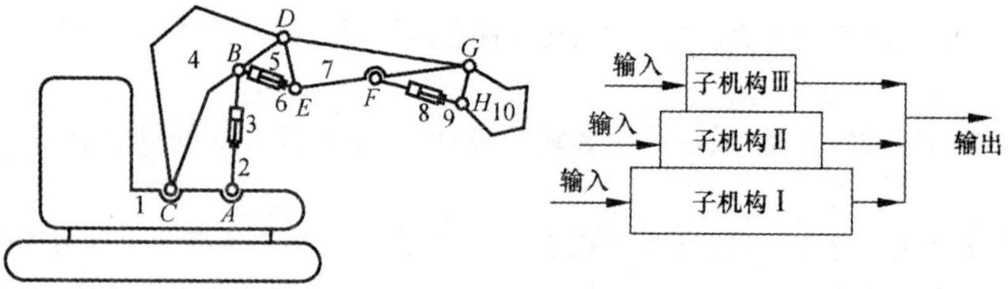

图 13-17　挖掘机及组合框图

2. 两基本机构共有的运动构件不止一个

图 13-18 所示为某型号客机的前起落架收放机构，它由上半部的五杆机构 1-2-5-4-6 和下半部的四杆机构 2-3-4-6 组成。其中液压油缸 5 中的活塞杆 1 为原动件，当活塞杆从油缸中被推出时，机轮支柱 4 就绕 C 轴收起。

不难看出，构件 2 和 4 是两个基本机构的公共构件。五杆机构 1-2-5-4-6 可看成原四杆摆缸机构 1-2-5-4 安装在活动机架 4 上。活动机架 4 为四杆机构的输出构件，因此两基本机构属于叠连式组合。

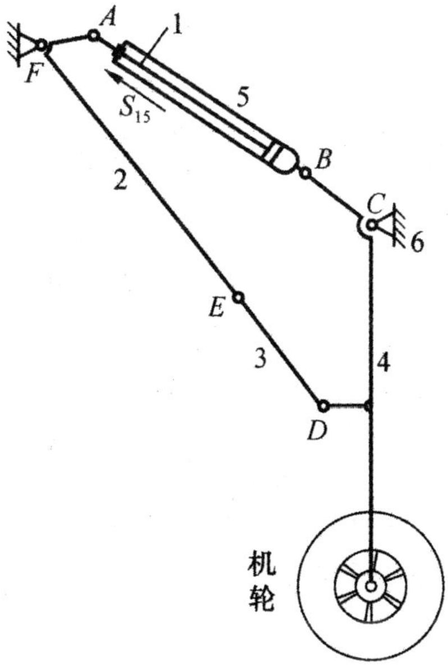

图 13-18　客机的前起落架收放机构

13.3　典型组合机构的分析与设计

由基本机构组合而成的机构系统有两种不同的情况:一种是在机构组合中所含的子机构仍能保持其原有结构和各自相对独立的机构系统,一般称其为机构组合。另一种是用一个子机构去约束或影响另一个多自由度机构形成封闭式传动机构,它是具有与原基本机构不同结构特点和运动性能的复合式结构,一般称其为组合机构。正因如此,每种组合机构都具有各自的尺寸综合和分析设计方法。

组合机构可以是同类基本机构的组合,也可以是不同类型基本机构的组合。不同类型的基本机构所组成的组合机构有利于充分发挥各基本机构的特长和克服各基本机构固有的局限性应用较为广泛。

按子机构的名称,组合机构可分为连杆—凸轮机构、凸轮—齿轮机构、连杆—齿轮机构。

13.3.1　连杆—凸轮组合机构

连杆—凸轮组合机构,多由自由度为 2 的连杆机构和自由度为 1 的凸轮机构组合而成。其实质是利用凸轮机构来封闭具有两个自由度的五杆机构。连杆—凸轮组合机构能精确实现给定的运动规律和轨迹,连杆—凸轮组合机构的形式很多,封闭式连杆—凸轮组合机构可克服凸轮机构压力角越小机构尺寸越大的缺点,使结构更紧凑。

图 13-19 所示为能实现预定运动规律的几种简单的连杆—凸轮组合机构。图 13-19(a)、图 13-19(b)所示实际上相当于连架杆长度可变的四杆机构;图 13-19(c)所示则相当于连杆长度(即 BD)可变的曲柄滑块机构。这种组合机构的设计,关键在于根据输出的运动要求设计凸轮的轮廓。

图 13-20 所示为一常见的连杆一凸轮组合机构,构件 3、4、5、6 和机架构成一自由度为 2 的

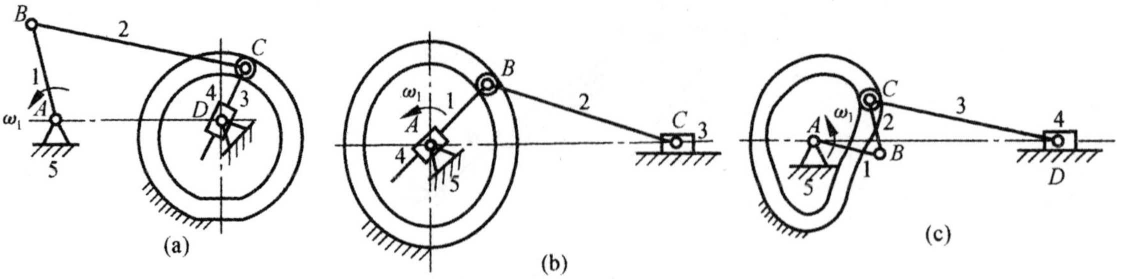

图 13-19　连杆—凸轮组合机构

五杆机构。这个五杆机构在初始位置各构件相互垂直。因此，构件 3 的摆动可使 C 点近似沿 x 方向运动(水平)，构件 6 的摆动可使 C 点近似沿 y 方向运动(垂直)，只要使构件 3、6 的运动规律相互配合，则 C 点可描绘出任意形状的轨迹。构件 3、6 的摆动用凸轮控制。凸轮 1 控制构件 3 的运动，凸轮 2 控制构件 6 的运动，两个凸轮装在一根轴上，这样凸轮机构和连杆机构就组合成一个自由度为 1 的组合机构。设计此连杆—凸轮组合机构。

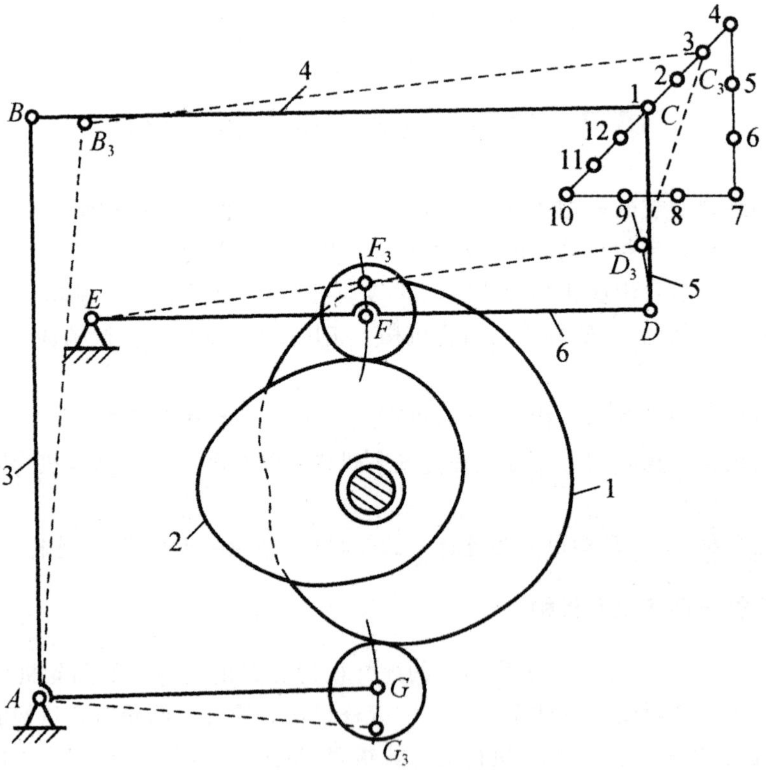

图 13-20　连杆—凸轮组合机构的设计

当连杆机构各部分尺寸确定以后，可根据动点 C 的运动规律设计凸轮轮廓，其步骤如下。

①将 C 点运动轨迹，沿着运动方向标出许多点 1，2，3，…，12。若对 C 点的运动速度有要求，则在点的分布上有所考虑。例如，若为等速运动，则点间距离近似均等；若为加速运动，则点的分布应由密变稀。

②将 C 点的轨迹逐步移动，求得构件 3、6 上 B、D 点在圆弧轨迹线上的对应位置以及 F、G 点在各自圆弧轨迹线上的对应位置。

③选定凸轮的回转中心位置(也即确定凸轮的基圆半径)，按滚子摆动从动件盘形凸轮机构的设计方法，求得凸轮的轮廓曲线。

图 13-21(a)所示为实现预定运动轨迹的连杆—凸轮组合机构。构件 1、2、3、4、5 组成一个自由度为 2 的五杆机构；构件 1、4、5 组成一个单自由度的凸轮机构。原动件 1 的运动，一方面直接传给五杆机构的构件 1，一方面又通过凸轮机构传给五杆机构的构件 4，五杆机构将这两个输入运动合成后，从 C 点输出一个如图所示的复杂运动轨迹 cc。

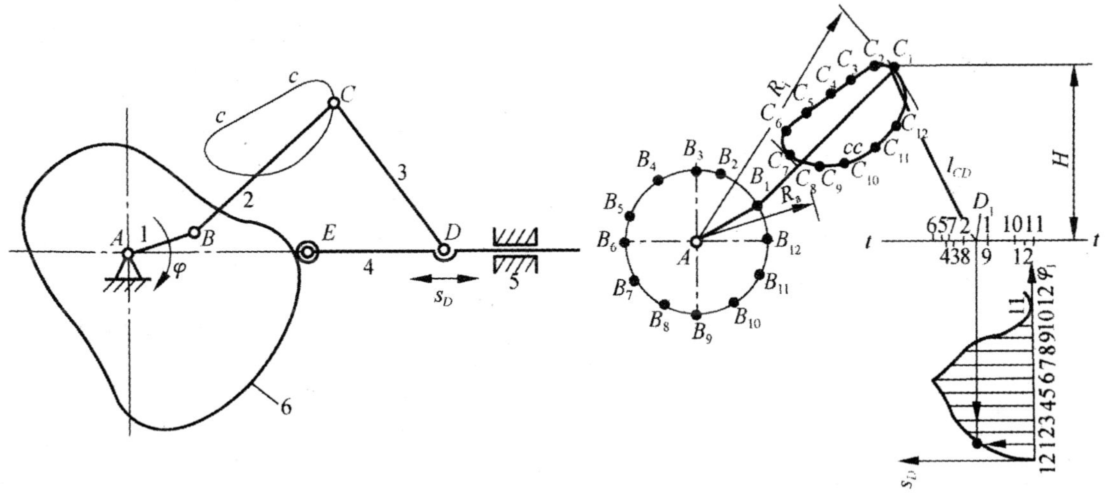

(a)　　　　　　　　　　　　(b)

图 13-21　连杆—凸轮组合机构的设计

在未引入凸轮机构之前，由于五杆机构具有 2 个自由度，故可有两个输入运动。因此，当使构件 1 做等速运动时，可同时让连杆上的 C 点沿着工作所要求的轨迹 cc 运动，这时，构件 4 的运动则完全确定。由此可求出构件 4 与构件 1(它们是五杆机构的两个原动件)之间的运动关系 $S_D(\varphi_1)$，并据此设计凸轮的轮廓线。很显然，按此规律设计的凸轮廓线能保证 C 点沿着预定的轨迹 cc 运动。其设计步骤如下(见图 13-21(b))。

①选定铰链 A 的位置。根据结构要求，选定曲柄回转中心 A 相对于给定轨迹 cc 的位置。

②确定构件 1、2 的长度 l_{AB}、l_{BC}。以 A 为圆心、$l_{AB}+l_{BC}=R_i$ 为半径(即 cc 离 A 的最远点)画弧；以 A 为圆心、$l_{BC}-l_{AB}=R_a$ 为半径画弧(即 cc 离 A 的最近点)。由四杆机构可知

$$l_{AB}=\frac{1}{2}(R_i-R_a),\ l_{BC}=\frac{1}{2}(R_i+R_a)$$

③确定构件 3 的长度 l_{CD}。由于构件 4 的导路通过凸轮轴心，为了保证 CD 杆与导路有交点，必须使 l_{CD} 大于轨迹 cc 上各点到导路的最大距离。为此，找出曲线 cc 与构件 4 的导路间的最大距离 H，从而选定构件 3 的尺寸

④绘制构件 4 与构件 1 之间的运动关系 $S_D(\varphi_1)$。具体做法为：将曲柄圆分为若干等份，得

到曲柄转一周期间 B 点的一系列位置，然后用作图法找出 C、D 两点对应于 B 点的各个位置，由此即可绘制出从动件的位移曲线 $S_D(\varphi_1)$，如图 13-21(b)所示。

⑤根据结构选定凸轮的基圆半径，按照位移曲线 $S_D(\varphi_1)$ 设计直动滚子从动件盘形凸轮的廓线。

由以上设计过程可看出，由于连杆机构精确设计较困难，凸轮机构设计较简便，故在设计连杆—凸轮组合机构时，有关连杆机构部分的尺寸参数通常先选定，然后设法找出相应的凸轮从动件的位移规律，最终将整个组合机构的设计变为凸轮廓线的设计。

13.3.2 凸轮—齿轮组合机构

凸轮—齿轮组合机构多由自由度为 2 的差动轮系和自由度为 1 的凸轮机构组合而成。

凸轮—齿轮组合机构可以很方便地使从动件完成复杂的运动规律。例如，在输入轴等速转动的情况下，输出轴可按一定运动规律周期性的增速、减速、反转、步进；也可做具有任意停歇时间的间歇运动；还可实现校正装置中所要求的特殊规律的补偿运动等。

图 13-15 所示为凸轮—齿轮组合机构(校正机构)在齿轮加工机床中的应用。

图 13-22 所示为凸轮—齿轮组合机构的另一应用实例。主动蜗杆 1 在等速转动的同时，又受凸轮 2 的控制做轴向移动，适当选择凸轮的轮廓曲线，可使蜗轮 3 得到预期的运动规律。

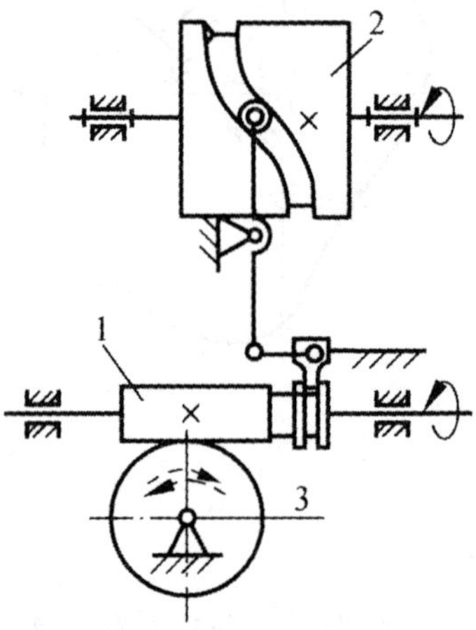

图 13-22 凸轮—齿轮反馈机构

图 13-23 所示凸轮—齿轮组合机构，它由简单差动轮系和摆动从动件凸轮机构组合而成。简单差动轮系由中心轮现、行星轮 g 和行星架 H 组成。行星轮 g 和行星架 H 铰接，其一端装有滚子 1 并置于固定凸轮 2 的凹槽内，另一端扇形齿部分则与从动中心轮 a 相啮合。当主动行星架 H 转动时，带动行星轮 g 的轴线做周转运动，同时凸轮廓线迫使行星轮 g 相对于行星架 H 转动，从动中心轮 a 的输出运动就是行星架 H 的运动与行星轮相对于行星架的运动之合成。设中心轮 a 的角速度为 ω_a，行星架 H 的角速度 ω_H 由行星轮系传动比公式可求得

$$\frac{\omega_a-\omega_H}{\omega_g-\omega_H}=-\frac{z_g}{Z_a} \tag{13-1}$$

$$\omega_a=-\frac{z_g}{Z_a}(\omega_g-\omega_H)+\omega_H \tag{13-2}$$

在 ω_H 一定的条件下，改变 $\omega_g-\omega_H$，即改变凸轮 2 的轮廓曲线，则可得到 ω_a 的不同变化规律。反之，若给定 ω_a 随行星架 H 的转角 φ_H 的变化规律，则可由式(13-2)算出 $(\omega_g-\omega_H)$ 与 φ_H 的关系，将其转换成 $(\omega_g-\omega_H)$ 与 φ_H 的关系，就可画出凸轮轮廓。

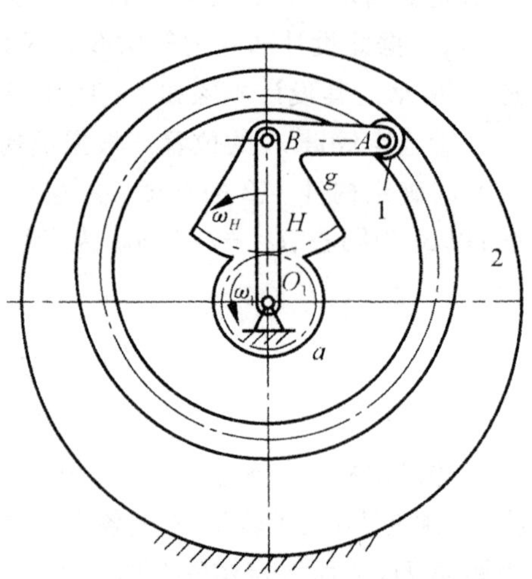

图 13-23 凸轮 — 齿轮组合机构

【例 13-1】 参照图 13-23 的原理试设计一凸轮—齿轮组合机构，使行星架转一周时，中心轮口间歇停 180°。

解 取 $\frac{z_g}{Z_a}=4$，将其代入式(13-2)得

$$\omega_a=-4(\omega_g-\omega_H)+\omega_H$$

根据工作需要，令 $\omega_a=0$，得

$$\omega_g - \omega_H = \frac{1}{4}\omega_H$$

故有

$$\varphi_g - \varphi_H = \frac{1}{4}\varphi_H$$

上式即为中心轮 a 停止不动对应的行星轮相对行星架的运动规律。它表明当行星架 H 每转过 φ_H 角的过程中，g 轮相对于行星架 H 同向转过 $\varphi_H/4$，就可实现中心轮不动。根据此运动规律设计凸轮轮廓如图 13-24 所示。设计步骤为：

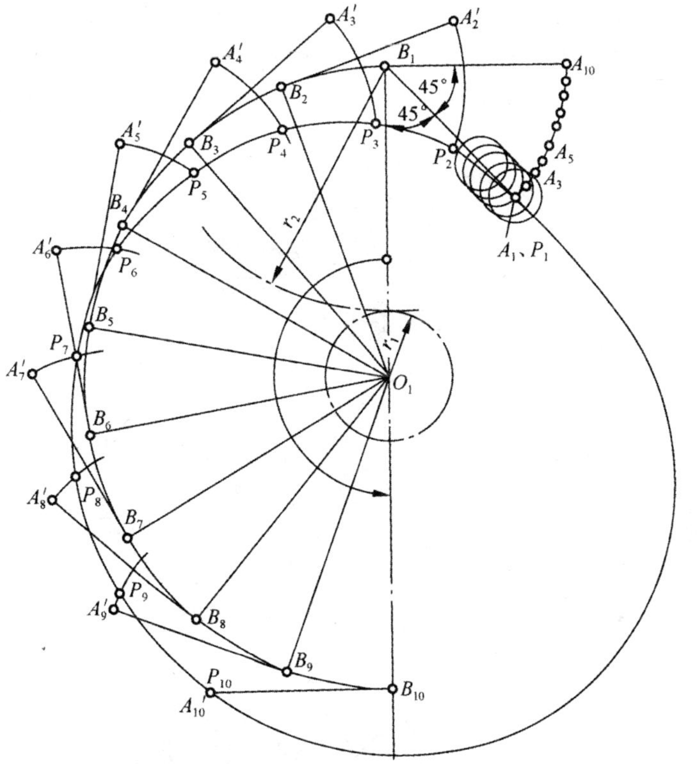

图 13-24　凸轮—齿轮组合机构的设计

①选取齿轮 a、g 的中心 O_1、B_1，作出半径为 r_1 和 r_2 齿轮节圆。

②选取齿轮 g 上柱销 B 点与滚子 1 中心 A 的距离 L，并使 B_1A_1 的初始位置与 O_1B_1 成 45°角(也可选别的角度)，画出 B_1A_1。

③由式(13-2)知，行星架 H 在转 180°的过程中，齿轮 g 相对于行星架 H 转过 45°，以 O_1 为中心、O_1B_1 为半径作半圆周角；以 B_1 为中心、B_1A_1 为半径作 45°角。

④等分半圆圆周角和 45°角；标出分点 B_2，B_3，…，及 A_2，A_3，…，且 $B_1A_{10} \perp O_1B_1$。

⑤显然 A_1 为凸轮理论轮廓上的一个点，作 $B_2A_2' \perp B_2O_1$，且 $B_2A_2' = B_1A_1$。以 B_2 为中心、B_1A_1 为半径画弧，截 $A_2'P_2 = A_{10}A_2$ 得 P_2 为凸轮理论轮廓上一个点。

⑥依此求出 P_3，P_4，…，P_{10} 并以光滑曲线连接这些点，即得从动件停歇区间凸轮的理论轮廓曲线。

⑦若从动件在其他运动区间对运动无特殊要求，可用平缓曲线连接 P_1 和 P_{10}，并在交点处注意尽可能光滑过渡。

⑧用包络法作出凸轮的实际轮廓曲线。

13.3.3 连杆—齿轮组合机构

连杆—齿轮组合机构是由变传动比的连杆机构和定传动比的齿轮机构组合而成。连杆—齿轮组合机构可以实现较复杂的运动规律和运动轨迹，可以实现停歇时间不长的步进运动和有特殊要求的间歇运动。由于组成这种机构的齿轮和连杆加工方便，加工精度易于保证，因此是一种应用较广的机构。

如图 13-25 所示的连杆—齿轮组合机构，是用来实现复杂运动轨迹的组合机构，这类组合机构多由自由度为 2 的连杆机构和自由度为 1 的齿轮机构组合而成。如图 13-25 所示的连杆—齿轮组合机构由齿轮 1、2 和机架 5 组成的定轴轮系和自由度为 2 的五杆机构 1-4-3-2-5 组成。改变 1、2 的相对相位角，传动比及各杆的相对尺寸等，就可以得到不同的连杆曲线。

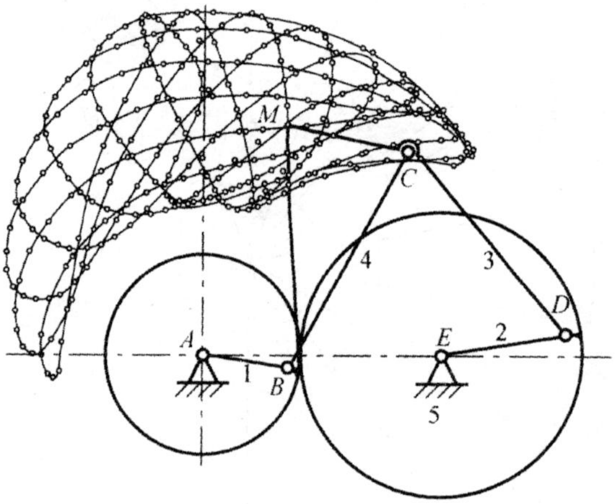

图 13-25 连杆—齿轮组合机构

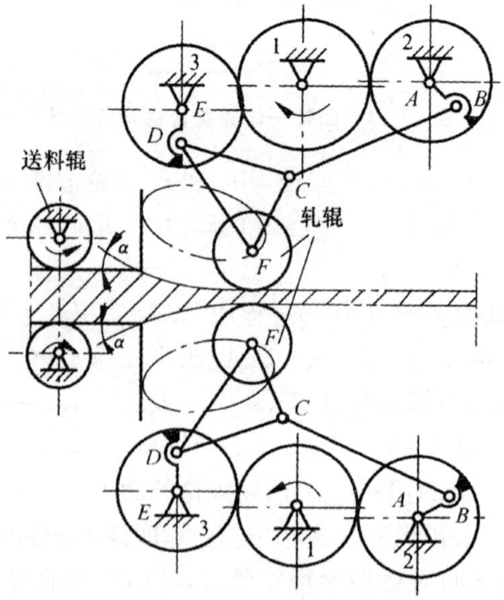

图 13-26 振摆式轧机

如图 13-26 所示为振摆式轧机上采用的连杆—齿轮组合机构。主动轮 1 同时带动齿轮 2 和齿轮 3 运动，连杆上的 F 点描绘出图示的轨迹。对此轨迹的要求是，轧辊接触点的咬入角 α 宜小，以减轻送料辊的负荷。

13.4 机构选型及机构系统运动方案设计

13.4.1 机构类型的选择

由机械系统运动方案设计步骤可知，在了解并确定了机构系统各执行构件所要实现的若干个基本运动形式、运动特性及运动规律后，经过从已有的各种机构进行搜索、选择、比较、评价，选出机构的合适形式，称为机构选型问题。

1. 选择一个合适的机构组合通常要考虑的问题

①机械的工作用途，要求的运动形式、运动规律。

②机械选择什么种类的原动件，什么种类的执行构件。

③机械的外廓尺寸、重量、加工、装配及维修。

正确地选型将会使机械在工作过程中的运动、受力、机械效率等方面都达到理想的状况，使机构产生最大的效益。

2. 按执行构件所需的运动特性进行机构选型

这种方法是从具有相同运动特性的机构中，按照执行构件所需的运动特性，通过分析比较，从中选出机构的合适形式。这种方法简单直观。

表 13-1 列出了执行构件常见的运动形式及实现这些运动形式的常用执行机构示例。为了便于机构的选型，下面对各种常用机构的工作特点、性能和使用场合作一简略的归纳和比较，以上供选型时参考。

表 13-1 执行构件常见的运动形式及其对应的执行机构示例

运动形式		常用执行机构示例
连续转动	定传动比匀速转动	平行四边形机构、双万向联轴节机构、齿轮机构、轮系、谐波齿轮传动机构、摩擦传动机构、挠性传动机构
	变传动比匀速转动	轴向滑移圆柱齿轮机构、复合轮系变速机构、摩擦传动机构、行星无级变速机构、挠性无级变速机构
	非匀速转动	双曲柄机构、转动导杆机构、单万向联轴节机构、非圆齿轮机构、某些组合机构
往复运动	往复移动	曲柄滑块机构、移动导杆机构、正弦机构、正切机构、直动从动件凸轮机构、齿轮齿条机构、楔块机构、气动机构、液压机构
	往复摆动	曲柄摇杆机构、双摇杆机构、摆动导杆机构、曲柄摇块机构、空间连杆机构、摆动从动件凸轮机构、某些组合机构
间歇运动	间歇转动	棘轮机构、槽轮机构、不完全齿轮机构、凸轮式间歇运动机构、某些组合机构
	间歇摆动	特殊形式的连杆机构、带有修正段轮廓摆动从动件的凸轮机构、连杆—齿轮组合机构、利用连杆曲线圆弧段或直线段组成的多杆机构
	间歇移动	棘齿条机构、摩擦传动机构、从动件做间歇往复移动的凸轮机构、反凸轮机构、气动机构、液压机构、移动杆有停歇的斜面机构

续表

运动形式		常用执行机构示例
预定轨迹	直线轨迹	连杆近似直线机构、八杆精确直线机构、某些组合机构
	曲线轨迹	利用连杆曲线实现预定轨迹的连杆机构、连杆—凸轮组合机构、连杆—齿轮组合机构、行星轮系与连杆组合机构,行星轮系

(1)传递连续回转运动的机构

传递连续回转的运动的机构常用的有以下三大类。

①摩擦传动机构。包括带传动、摩擦轮传动等。其优点是结构简单、传动平稳、易于实现无级变速、有过载保护作用。缺点是传动比不准确、传动功率小、传动效率较低等。

②啮合传动机构。包括齿轮传动、蜗杆传动、链传动及同步带传动等。齿轮传动传递功率大,传动比准确。链传动通常用在传递距离较远、传动精度要求不高而工作恶劣的地方。同步带传动兼有带传动能缓冲减振和齿轮传动传动比准确的优点,且传动轻巧,故其在中小功率装置中的应用日益增多。

③连杆机构。如双曲柄机构和平行四边形机构等,多用于有特殊需要的地方。

此外,还有万向联轴节机构等。

(2)实现单向间歇回转运动的机构

实现单向间歇回转运动的机构常用的有槽轮机构、棘轮机构、不完全齿轮机构、凸轮式间歇机构及齿轮—连杆组合机构等。

槽轮机构的槽轮每次转过的角度与槽轮的槽数有关,要改变其转角的大小必须更换槽轮,所以槽轮机构多用于转角为固定值的转位运动。

棘轮机构主要用于要求每次的转角较小或转角大小需要调节的低速场合。

不完全齿轮机构的转角在设计时可在较大范围内选择,故常用于大转角而速度不高的场合。

凸轮式间歇机构运动平稳,分度、定位准确,但制造困难,故多用于速度较高或定位精度要求较高的转位装置中。

连杆—齿轮组合机构主要用于有特殊需要的输送机中。

(3)实现往复移动和往复摆动的机构

将回转运动变为往复移动或往复摆动的机构常见的有连杆机构、凸轮机构、螺旋机构、齿轮齿条机构及组合机构等。此外,往复移动或往复摆动也常用液压缸或气缸来实现。

连杆机构中用来实现往复移动的主要是曲柄滑块机构、正弦机构、正切机构、六连杆机构等。连杆机构是低副机构、制造容易,承载能力大,但难以准确地实现任意指定的运动规律,故多用于无严格运动规律要求的场合。

凸轮机构可以实现复杂的运动规律,也便于实现各执行构件间的运动协调配合。但因其为高副机构,因此多用在受力不大的场合。

螺旋机构可获得大的减速比和较高的运动精度,常用作低速进给和精密微调机构。

齿轮齿条机构适用于移动速度较高的场合,但是由于精密齿条制造困难,传动精度及平稳性不及螺旋机构,所以不宜用于精确传动及平稳性要求高的场合。

就上述几种机构的行程大小来说,凸轮机构推杆的行程一般较小,否则会使凸轮机构的压力角过大或尺寸庞大;连杆机构可以得到较大的行程,但也不能太大,否则连杆机构的尺寸会过于庞大;齿轮齿条机构或螺旋机构则可以满足较大行程的要求。

(4)实现预定轨迹的机构

实现预定轨迹的机构有连杆机构、连杆—齿轮组合机构、连杆—凸轮组合机构和联动凸轮机构等。用四杆机构来再现所预期的轨迹,虽然机构的结构简单、制造方便,但只能近似地实现所预期的轨迹。用多杆机构或连杆—齿轮组合机构来实现所预期的轨迹时,因待定的尺寸参数较多,故精度可以较四杆机构高,但设计和制造困难。用连杆—凸轮组合机构或联动凸轮机构可准确地实现预期轨迹,且设计较方便,但凸轮制造较难,故成本较高。

需要说明的是,表 13-1 中所列机构只是很少一部分,其他各种机构在机构设计手册中均可查到。

3. 按形态学矩阵法进行机构选型

机器的执行机构系统都是由一些基本机构协调构成的。而满足同一运动形式和功能要求的机构又有多种。为求得多种方案,并从中优选最佳方案,形态学矩阵法是常用的一种方法。

把系统分解成几个独立因素,并列出每个因素所包含的几种可能状态(作为列元素)构成形态学矩阵。机构选型时则是把系统的总功能分解成几个分功能(即独立因素),实现每个分功能又有不同的机构(即可能状态),然后把纵坐标列为分功能,横坐标列为分功能解即各种不同机构,构成了一机构选型的形态学矩阵。只要在矩阵的每一行任找一个元素,把各行中找出的机构组合起来,就组成一个能实现总体功能的方案。

表 13-2 列出了基本机构的基本功能元及其表示符号。各个基本机构在完成运动和动力传递的同时,还同时完成了运动合成、分解、换向和动力的放大缩小等功能。

表 13-2　机构的基本功能元及其表示符号

名　　称	符　　号	名　　称	符　　号
运动缩小 运动放大	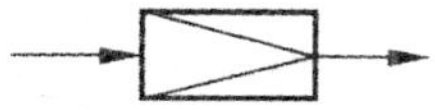 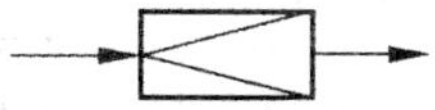	连续转动 ↓ 双侧停歇直线移动	
运动轴线变向	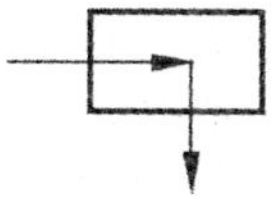	连续转动 ↓ 单侧停歇直线移动	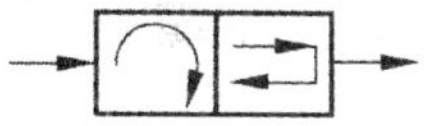
运动轴线平移		连续转动 ↓ 单项间歇转动	
运动分支	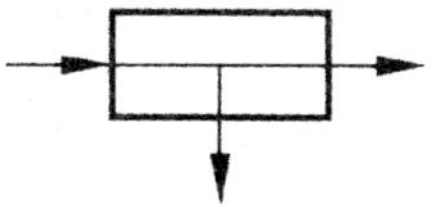	连续转动 ↓ 双向摆动	
连续转动 ↓ 单向直线移动	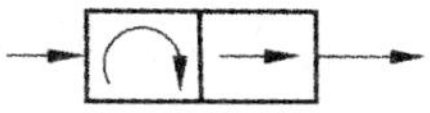	连续转动 ↓ 单侧停歇摆动	
连续转动 ↓ 往复直线移动	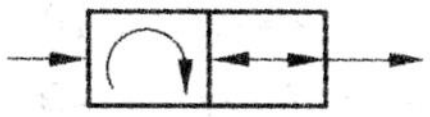	连续转动 ↓ 双侧停歇摆动	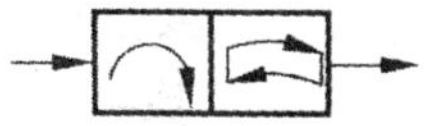

下面以四工位专用机床进给系统运动方案设计为例来说明形态学矩阵法在机构选型中的应用。四工位专用机床是在四个工位上分别完成相应的装卸工件、钻孔、扩孔、铰孔工作。它的进给系统实现两个工艺动作：回转工作台的间歇转动、主轴箱往复移动。图 13-27 所示为四工位专用机床进给系统的运动转换功能图。

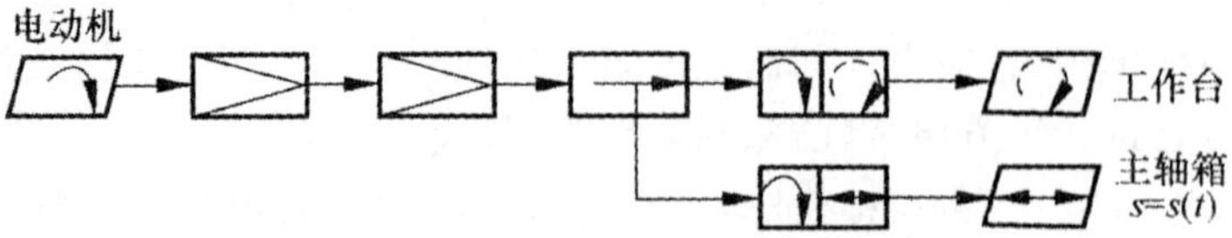

图 13-27　四工位专用机床的运动转换功能图

根据图中要求的功能选择合适的机构形式。然后，把纵坐标列为分功能，横坐标列为分功能所选择的机构形式，这样就形成了形态学矩阵，如表 13-3 所示。对该形态学矩阵的行、列进行组合就可以求解得到 N 种设计方案。

表 13-3　四工位专用机床的形态学矩阵

分功能(功能元)		分功能解(匹配的执行机构)				
		1	2	3	4	5
减速 A	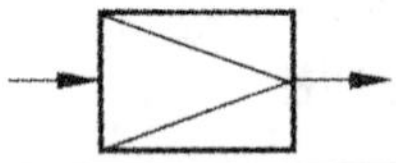	带传动	链传动	蜗杆传动	齿轮传动	摆线针轮传动
减速 B	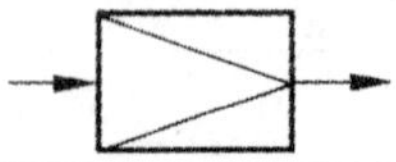	带传动	链传动	蜗杆传动	齿轮传动	行星传动
工作台间歇转动 C		圆柱凸轮间歇机构	蜗轮凸轮间歇机构	曲柄摇杆棘轮机构	不完全齿轮机构	槽轮机构
主轴箱移动 D	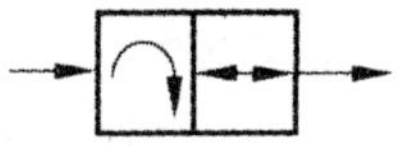	直动从动件圆柱凸轮机构	直动从动件盘形凸轮机构	摆动从动件盘形凸轮与摆杆滑块机构	曲柄滑块机构	六杆滑块机构

在这 625 种设计方案中首先剔除明显不合理的方案，再从是否满足预定的运动要求、机构安排的顺序是否合理、制造难易、可靠性好坏等方面进行综合评价，选出较优的方案。在表 13-3 中，方案Ⅰ：$A_4+B_1+C_5+D_1$ 和方案Ⅱ：$A_1+B_5+C_4+D_5$ 是两组可选方案。方案Ⅰ对应的机构系统运动简图如图 13-28 所示。

13.4.2　机构系统运动方案设计的某些特殊要求

在实际机械设计中，对于较为特殊的或复杂的运动，只选用一个执行机构往往不能满足设计要求，需要用一个以上基本机构组成的机构系统来实现。合理选择若干个基本机构组合成机构系统以满足机械设计的运动要求，就是机构系统运动方案设计的主要任务。在机构系统运动方案设计时要注意以下几种特殊的设计要求。

1. 实现执行件大行程的要求

如图 13-29 所示的对心曲柄滑块机构，它的滑块行程 H 是曲柄长度的两倍，因此要实现滑块大

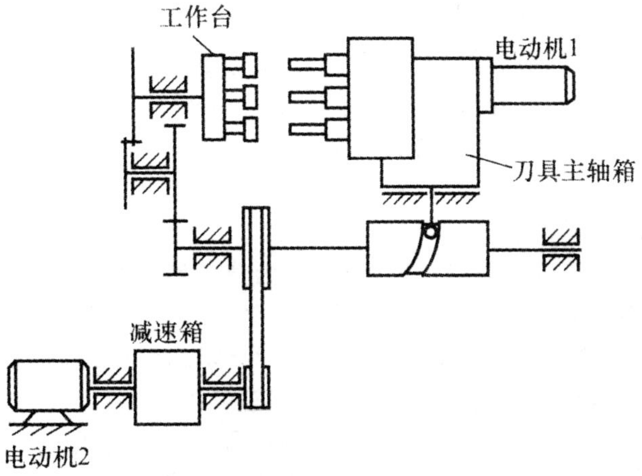

图 13-28　四工位专用机床的机构系统运动简图

行程要求，会造成机构尺寸过大。为了减小机构所占空间尺寸，可采用图 13-30 所示由曲柄滑块机构与齿轮齿条机构串接而成的机构系统。该机构系统是将滑块变为小齿轮，并同时与一个固定齿条和一个活动齿条(为执行构件)相啮合。这样在曲柄长度相同的情况下，行程 H 可扩大 1 倍。

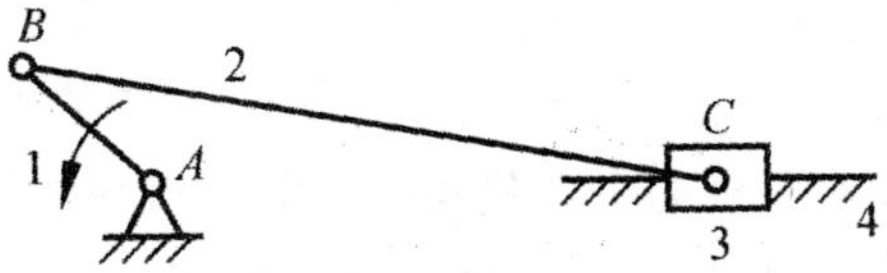

图 13-29　对心曲柄滑块机构

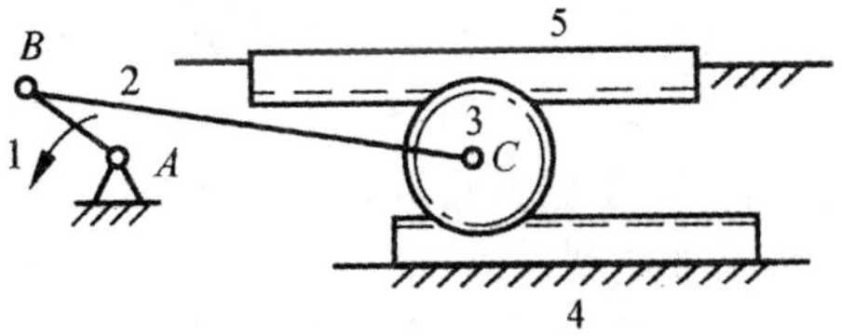

图 13-30　曲柄滑块-齿轮齿条串接机构

同样，如果要求执行件有大的角行程，若采用图 13-31 所示的曲柄摇杆机构来实现，不仅机构所占活动空间大，而且在某些位置(如右极限位置)的压力角可能过大而使传力性能下降。采用图 13-32 所示由导杆机构与一对齿轮机构串接而成的机构系统，可以满足大角行程的要求，不仅机构紧凑、所占活动空间小，而且传力特性好。

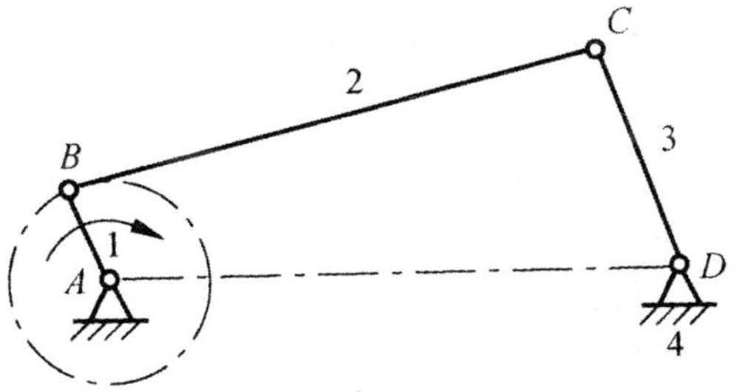

图 13-31　曲柄摇杆机构

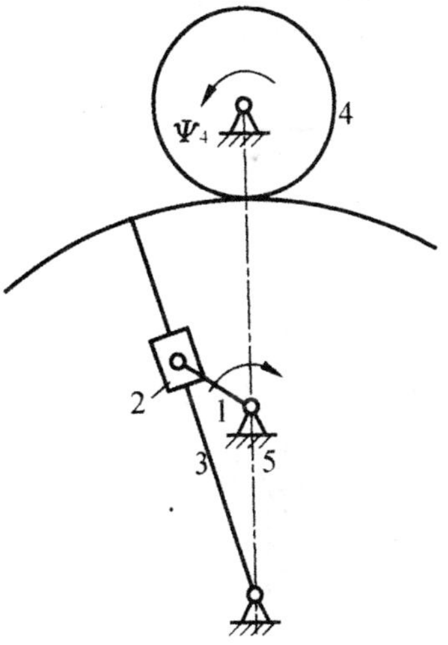

图 13-32　导杆机构与齿轮机构串接

2. 实现执行构件行程可调的要求

有些机械需要调节某些运动参数，如牛头刨床，根据刨削工件的大小不同，刨刀的行程也应随之调整。调整行程的方法一般有两种。

(1)将机构中某些构件制成长度可调的构件

如图 13-29 所示的曲柄滑块机构，若将曲柄制作成长度可调的构件，就可改变滑块的行程。

(2)设计出可调行程的机构

设计的基本思路是，选择一个两自由度的机构，为使其具有确定的运动，应有两个原动件，其中一个为主原动件，即为完成预定运动要求的输入构件；另一个为调整原动件，调整它的位置就可改变执行件的行程。当调整原动件调整至满足行程要求的位置后，就将其固定不动，此时机构就变为一个自由度的系统，然后在主原动件驱动下正常工作。

在图 13-31 所示的曲柄摇杆机构中，摇杆 CD 的极限位置和行程角是不可调的。图 13-33 所示为两个自由度的七杆机构，其中 1 为主原动件，6 为调整原动件。改变构件 6 的位置，摇杆 CD 的极限位置及行程角都会相应改变。当 6 杆位置调整到合适位置后，将其固定，此时机构系统就变成一个自由度的六杆机构。这种调整可以在主原动件不停地运转过程中进行。在缝纫机中就采用了类似的机构来调整"针脚"的大小。

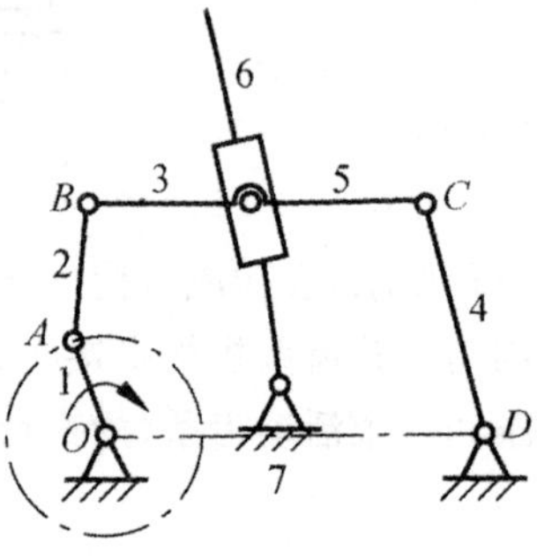

图 13-33 行程可调的两自由度七杆机构

3. 实现执行构件在某位置能承受极大力的要求

某些大型机械在工作行程中要求执行构件短时间内承受极大的力。实现此要求，不应盲目选择大功率的原动机，而应通过合理选择机构组合系统来达到。图 13-34 所示为常见中小型冲压机的主体机构——曲柄滑块机构，当滑块接近下极限位置开始冲压工件时，滑块将承受较大的力，但因为此时极大的 **P** 力沿着 CB 和 BA 方向直接传到固定铰链 A 处，驱动力矩主要克服运动副中的摩擦力矩，所以并不需要曲柄 AB 上作用有很大的驱动力矩。但由于滑块在极限位置只有瞬时停歇作用，所以不能很好满足短暂停歇的工作要求。图 13-35 所示的机构系统，可看成是由曲柄摇杆机构 $ABCD$ 和摇杆滑块机构 DCE 串接组成的。由于两机构的执行构件 DC（也是摇杆滑块机构的输入运动构件）和滑块 E 同时处在速度为零的极限位置，而在该位置附近两构件的速度也较小，因而滑块 E 的速度在一短暂的时间内可近似看成零，即有短暂停歇的作用。可见该机构不仅能在短时间内承受极大的力，而且还具有短暂（非瞬时）的停歇作用。

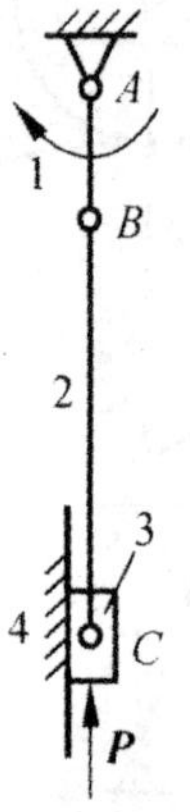

图 13-34 曲柄滑块机构

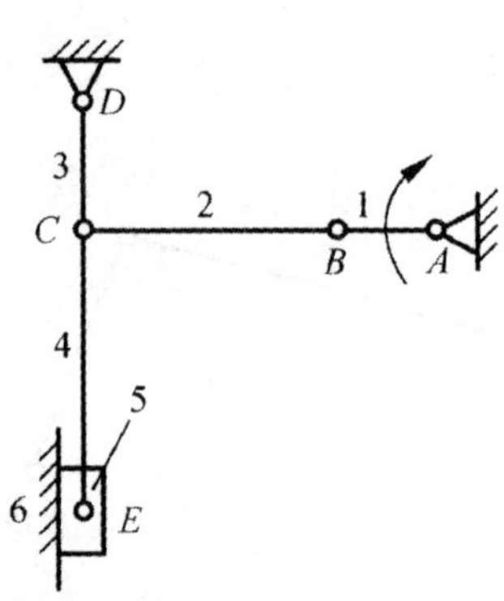

图 13-35 曲柄摇杆一摇杆滑块串接组合机构

13.4.3 机构系统运动方案设计的基本原则

机构系统运动方案的设计是一项极具创造性的工作。即使满足同一个运动要求，可选用不同类型的机构组成不同的机构系统运动方案。设计者在进行机构系统运动方案设计时，应遵循以下基本原则。

1. 满足执行构件的工艺动作和运动要求

机构系统运动方案设计首要的任务是满足执行构件的运动要求，包括运动形式、运动规律或运动轨迹要求。

2. 运动链尽可能简短，机构尽可能简单

实现同样的运动要求，应尽量采用构件数和运动副数目最少的机构。这样做有以下几方面好处。

①运动副数量少，运动链的累计误差小，从而可提高传动精度。

②有利于提高整个机构系统的刚度，可减少产生振动的环节，增强机构系统工作可靠性。

③运动副中摩擦带来的功率损耗减少了，机械效率提高了。

④可以简化机械构造，减轻重量，降低制造成本。

图 13-36 和图 13-37 所示为两个实现直线轨迹的机构，其中如图 13-36 所示为理论上 E 点有精确直线轨迹的八杆机构；而如图 13-37 所示为 E 点有近似直线轨迹的四杆机构。通常在同一制造精度条件下，其实际轨迹误差却是图 13-36 所示机构大于图 13-37 所示机构，其原因就在于运动副数目增多而造成运动副累计误差增大。所以，在选择平面连杆机构时，有时宁可采用有一定设计误差的简单的近似机构，而不采用理论上无设计误差的较复杂的精确机构。

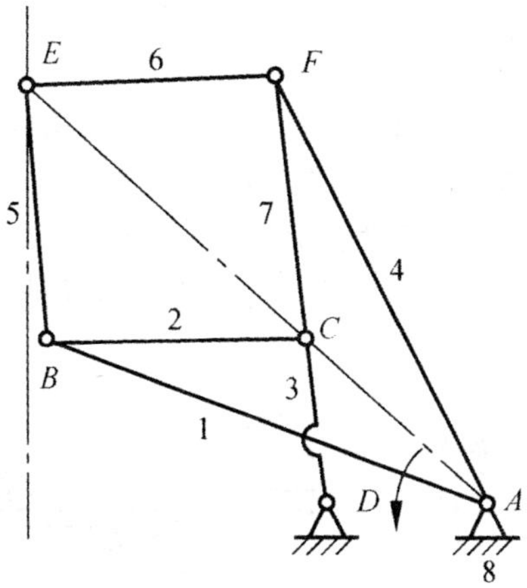

图 13-36 八杆机构

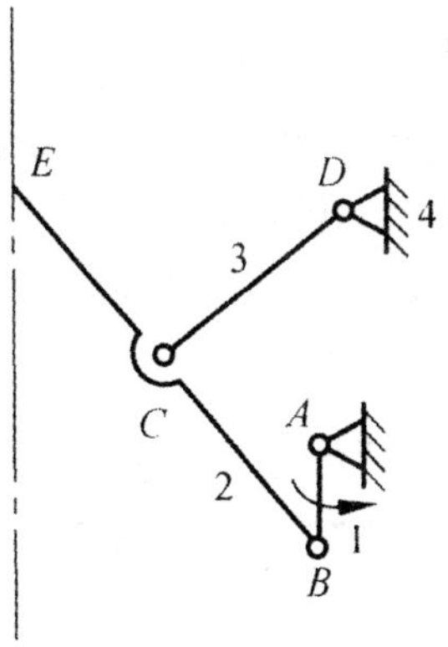

图 13-37 四杆机构

3. 合理选择动力源的类型，可使运动链简短

机构的选型不仅与执行构件的运动形式有关，而且与机构的驱动元件的类型、动力源的情况有关，常用驱动元件如图 13-38 所示。

在具有多个执行机构的工程机械中，常采用液压缸或气压缸作为原动机，直接推动执行构件运动。与采用电动机驱动相比，可省去一些减速传动装置和运动变换机构。不仅机构较为简便，而且还有传动平稳、操作方便、易于调速等优点。

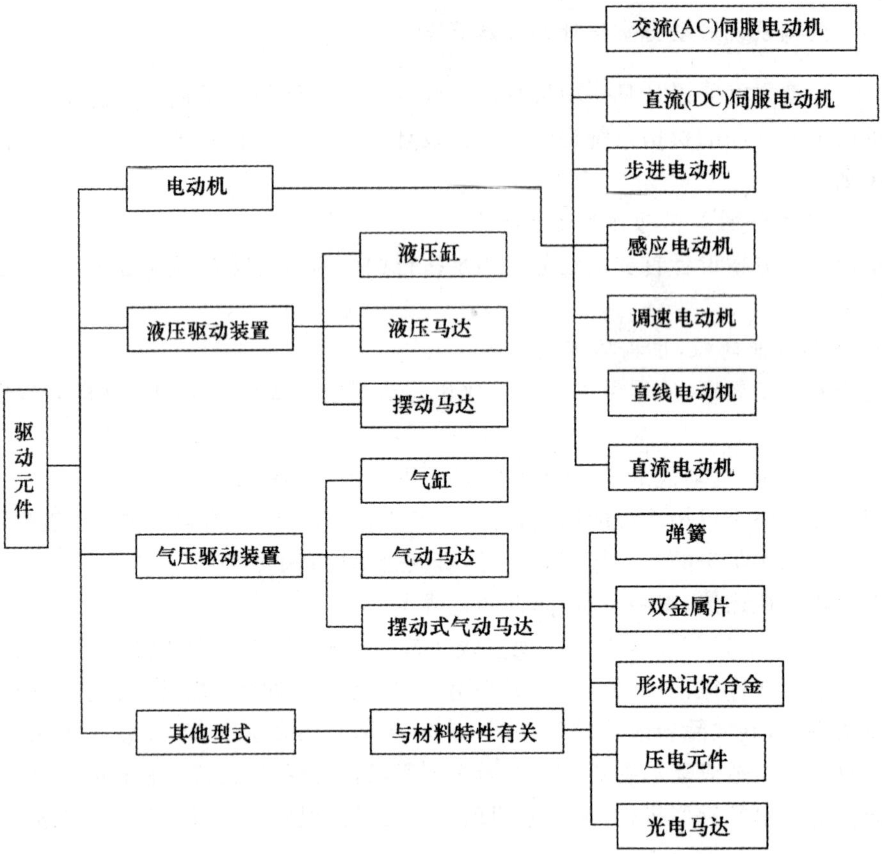

图 13-38　驱动元件

如图 13-39 所示为两种钢板叠放机构系统的运动简图。图 13-39(a)采用电动机作为原动机，通过减速装置(图中未画出)带动机构中的曲柄 AB 转动；图 13-39(b)采用运动倒置的凸轮机构(凸轮为固定件)，液压缸活塞杆直接推动执行件 2 运动。显然图 13-39(b)的机构系统比图 13-39(a)的机构系统的结构更简单些，可见，选择合适的动力源，可以简化运动链。

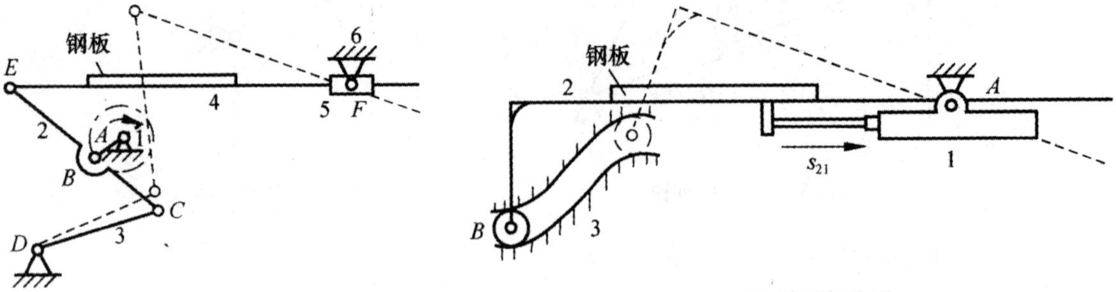

(a) 电机驱动　　(b) 液压缸驱动

图 13-39　钢板叠放机构

4. 选择合适的运动副形式

在平面基本机构中，高副机构(如凸轮机构、齿轮机构)只有三个构件和三个运动副，而低副机构(如四杆机构)有四个构件和四个运动副。因此,从运动链尽可能简短考虑,似乎应优先选用高副机构。但在实际设计中,不只是考虑运动链简短问题,还需要对高副机构和低副机构在传动与传力特点、加工制造及使用维护等各方面进行全面比较,才能作出最终选择。

一般来说,转动副易于制造,容易保证运动副元素的配合精度,且效率较高,移动副不易保证配合精度,效率低且易发生自锁,所以,设计时如果可能,可用转动副代替移动副。

5. 尽可能减小机构的尺寸

在满足工作要求的前提下,总希望机械产品的结构紧凑、尺寸小、重量轻,这是机械设计所追求的目标之一。机械产品的尺寸和重量随所选用的机构类型不同而有很大的差别。例如,实现同样大小传动比的情况下,周转轮系的尺寸比普通定轴轮系的尺寸要小很多。

6. 机构系统应有良好的动力学特性

①要选择有良好动力学特性的机构,首先是尽可能选择压力角较小的机构,特别注意机构的最大压力角是否在允许值范围内。例如,在具有往复摆动构件的连杆机构中,摆动导杆机构最为理想,其压力角始终为零。

②为减少运动副摩擦、防止机构出现楔紧现象,甚至自锁等,尽可能采用由转动副组成的连杆机构,少采用固定导路的移动副。转动副制造方便,摩擦小,机构传动灵活。

③对于高速运转的机构,如果做往复运动或平面一般运动构件的惯性质量较大,或转动构件有较大的偏心质量(如凸轮构件),则在设计机构系统时,应考虑采用平衡措施,以减少运转过程中的动负荷和振动。

7. 保证机械的安全运转

进行执行机构形式设计时,必须考虑机械的安全运转问题,以防止发生机械损坏或出现生产和人身事故。例如,为了防止因过载而损坏,可采用具有过载保护性的带传动或摩擦传动机构;又如,为了防止起重机械的起吊部分在重物作用下自行倒转,可采用具有自锁功能的机构(如蜗杆蜗轮机构)。

选择机构类型并设计机构系统运动方案是件复杂、细致的工作,往往要同时做一些运动学和动力学分析、比较,甚至还要考虑制造、安装等方面的问题。上述提出的几个基本原则主要从“运动方案”角度出发,还未涉及具体的尺寸设计、结构设计、强度设计等方面。在机构系统运动方案设计中,必须从整体出发,分清主、次,全面权衡选择某方案的利、弊、得、失。此外,对于所选机构的优缺点分析往往都具有相对性,要避免孤立地、片面地评价,这样才有可能设计出一个较优的机构系统运动方案。

13.5 机构系统运动循环图解

13.5.1 机构系统运动循环图及其类型

1. 机器的运动分类

机器的运动可分为无周期循环和有周期循环两大类。起重机械、工程机械工作时的运动为无周期循环运动;大多数机械,如包装机械、轻工机械、自动机床等,它们的执行构件在经过一定时间间隔后,其位移、速度、加速度等运动参数的数值呈现出周期性重复,往往做周期性的运动。

2. 机器的运动循环(工作循环)

机器的运动循环是指机器各执行机构完成其功能所需的总时间。机器的一个运动循环内有些执行机构完成一个运动循环,有些完成若干个运动循环。机器各执行构件的运动循环至少包括一个工作行程和一个空回行程,有的执行构件还有一个或若干个停歇阶段。

3. 机器运动循环图的形式

按机械的运动要求初步设计出机构系统运动方案示意图后,还不能充分反映出机构系统中各个执行构件间的相互协调配合运动关系。

用来描述机构系统在一个工作循环中各执行构件运动间相互协调配合的示意图称为机构系统运动循环图,简称运动循环图。

由于机械在主轴或分配轴转动一周或若干周内完成一个运动循环,故运动循环图常以主轴或分配轴的转角为位置变量,以某主要执行构件有代表性的特征位置为起始位置,在主轴或分配轴转过一个周期时,表示出其他执行构件相对该主要执行构件的位置先后次序和配合关系。

按其表示的形式不同,运动循环图通常有直线式运动循环图(或称矩形运动循环图)、圆周式运动循环图和直角坐标式运动循环图三种。下面以如图 13-40 所示的粉料压片机为例分别介绍这三种运动循环图。

粉料压片机的成型工件为电容器瓷片或药片。它由上冲头机构(六杆机构)、下冲头机构(双凸轮机构)、料筛传送机构(凸轮连杆机构)组成。粉料压片工艺过程如图 13-41 所示。

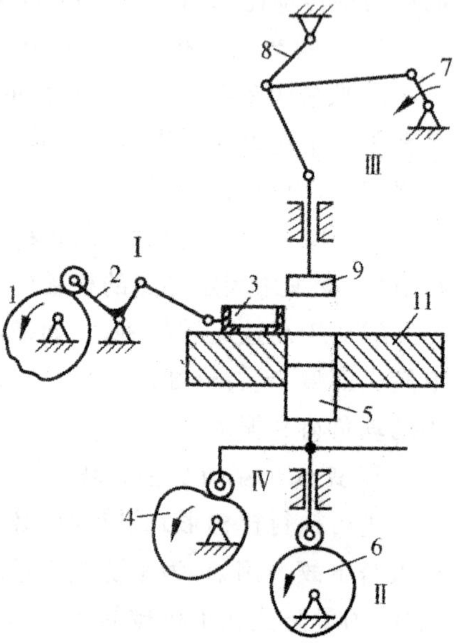

图 13-40 粉料压片机

①移动料筛 3,将粉料送至模具 11 的型腔上方等待装料,并将上一循环已成型的工件 10 推下工作台。

②料筛振动,将粉料筛入型腔。

③下冲头 5 下沉一定距离,粉料在型腔中跟着下沉,以防止上冲头 9 向下压制时将型腔中的粉料扑出。

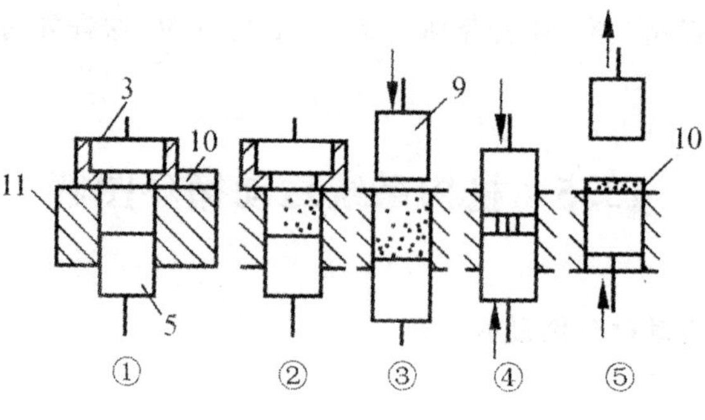

图 13-41 粉料压片工艺

④上冲头向下,下冲头向上加压,并在加压行程结束后,在一定时间内保持一定压力;

⑤上冲头快速退出,下冲头稍后将成形工件推出型腔。

如图 13-40 所示的凸轮连杆机构 1-3（Ⅰ）完成动作①、②；凸轮机构 6-5（Ⅱ）完成动作③；串接六杆机构 7-9（Ⅲ）及凸轮机构 4-5（Ⅳ）配合完成动作④、⑤。整个机构系统可由一个电动机带动，所以主动构件 1、4、6、7 可装在同一根轴上或用机构系统（如链传动，图中未画出）连接起来，并通过该机构系统将运动传给凸轮 1、凸轮 4、凸轮 6、曲柄 7。而它们又分别通过机构Ⅰ、Ⅱ、Ⅲ、Ⅳ输出料筛 3 的位移 s_3、下冲头 5 的位移 s_5、上冲头的位移 s_9 和下冲头的位移 s_5'。

根据生产工艺路线方案，此粉料压片机在送料期间上冲头不能压到料筛，只有当料筛不在上、下冲头之间时，冲头才能加压。所以送料和上、下冲头之间运动在时间顺序上有严格的协调配合要求，否则就无法实现机器的粉料压片工艺。

（1）直线式运动循环图

1）绘制方法

如图 13-42 所示为干粉压机片的直线式运动循环图，其横坐标表示上冲头机构中曲柄 7 的转角 φ。这种运动循环图将一个运动循环中各执行构件的各行程区段的起止时间和先后顺序按比例绘制在直线坐标轴上，形成长条矩形图。

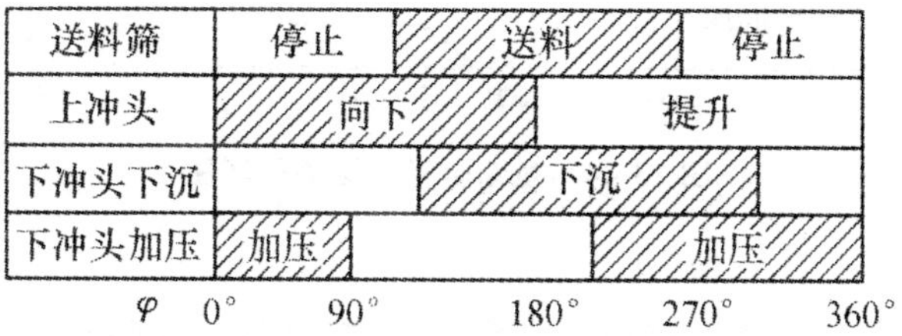

图 13-42　直线式运动循环图

2）特点

绘制方法简单，能清楚地表示出整个运动循环内各执行构件间运动的先后顺序和位置关系。但由于不能显示各执行构件的运动变化情况，只有简单的文字表述，因而运动循环图的直观性较差。

（2）圆周式运动循环图

1）绘制方法

如图 13-43 所示为干粉压机片的圆周式运动循环图，它以上冲头机构中的曲柄 7 作为定标构件，曲柄每转一周为一个运动循环。这种运动循环图将运动循环的各运动区段的时间和顺序按比例绘在圆形坐标上。具体绘制方法：确定一个圆心，作若干个同心圆环，每一个圆环代表一个执行构件。由各相应圆环分别引径向直线表示各执行构件不同行程区段的起始和终止位置。

2）特点

因为机械的运动循环通常是在主轴或分配轴转一周的过程中完成的，所以能直观地看出各执行机构中原动件在主轴或分配轴上所处的相位，便于各执行

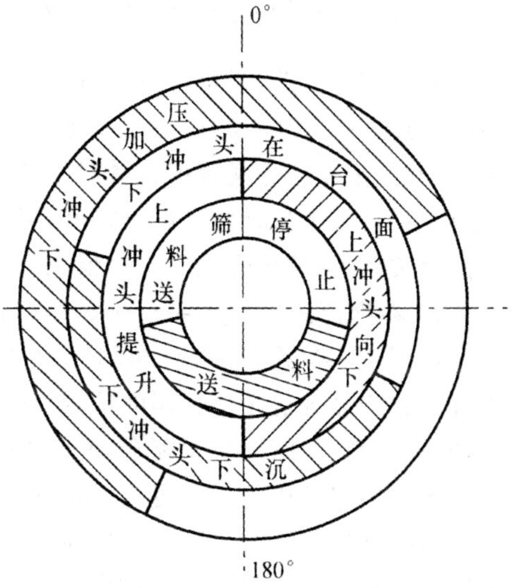

图 13-43　圆周式运动循环图

机构的设计、安装和调试。但当执行构件较多时,因同心圆环太多而不够清晰,而且也不能显示执行构件的运动变化情况。

(3)直角坐标式运动循环图

1)绘制方法

如图 13-44 所示为干粉压片机的直角坐标式运动循环图,图中横坐标表示机械的主轴或分配轴的转角,纵坐标表示上冲头、下冲头、料筛的运动位移。这种运动循环图将运动循环的各运动区段的时间和顺序按比例绘在直角坐标轴上。实际上它就是执行构件的位移线图,但为了简单起见通常将工作行程、空回行程、停歇区段分别用上升、下降和水平的直线来表示。

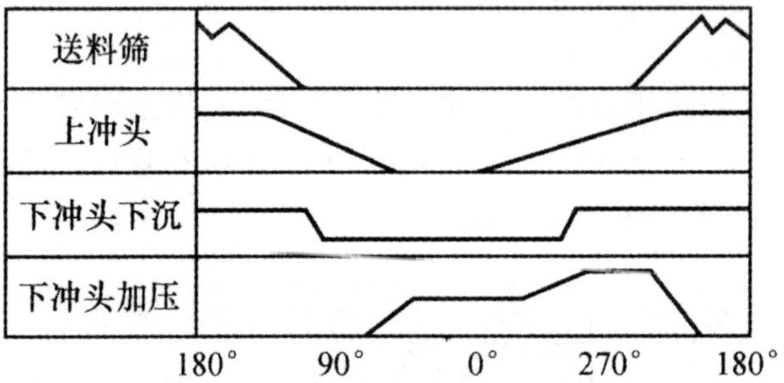

图 13-44 直角坐标式运动循环图

2)特点

形象、直观,不仅能清楚地表示出各执行构件的运动先后顺序,还能表示出执行构件在各区段的运动规律,便于指导各执行机构的设计。

在上述三种类型的运动循环图中,直角坐标式运动循环图不仅能表示出这些执行机构中构件动作的先后,而且还能描述它们的运动规律及运动上的配合关系,直观性最强,比其他两种运动循环图更能反映执行机构的运动特征,所以在设计机器时,通常优先采用直角坐标式运动循环图。

13.5.2 机构系统运动循环图的拟订

机器为完成总功能,各执行机构不仅要完成各自的执行动作,而且相互之间必须协调一致。所以必须进行各执行机构协调设计,而拟订机构系统运动循环图是各执行机构协调设计的重要内容,它的主要任务是根据机械对工艺过程及运动的要求,建立各执行机构运动循环之间的协调配合关系。如果这种协调配合得好,可保证机械有较高的生产率和效率及较低的能耗。运动协调配合关系,通常包含以下三种情况。

1. 各执行机构在时间上的协调配合

如图 13-45 所示的打印机可完成产品外包装打印生产日期,工艺过程为:首先由推送机构的推杆 1 将产品 3 送至待打印的位置,然后打印机构的打印头 2 向下完成打印操作。推送机构和打印机构应在时间上协调配合,配合方式不同,打印质量和生产效率均不同。

下面给出该机构系统运动循环图的三种安排方式,并评价每一种方式的合理性。

两执行构件 1 和 2 的运动规律已按工艺要求基本确定,在一个运动周期内的位移线图分别如图 13-46(a)和(b)所示,且周期相同,即 $T_1=T_2$。

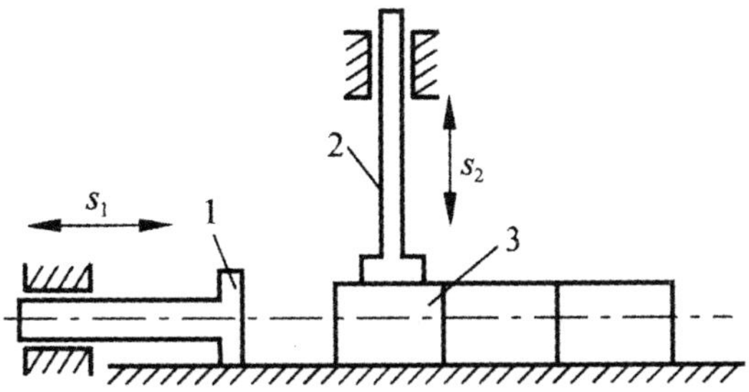

图 13-45　产品外包装上印记的打印工艺示意图

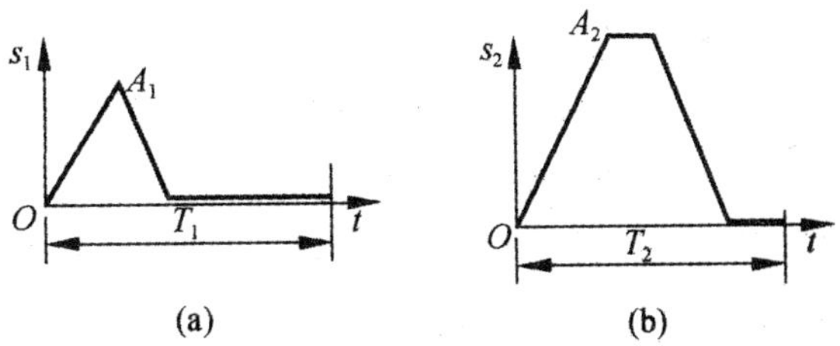

图 13-46　推杆与打印头的运动规律

方式一：推杆 1 将产品 3 送至打印位置，然后返回到初始位置并完成一个运动循环，然后打印头 2 开始动作，并完成一个运动循环，如此反复交替，显然这种安排工作循环所需时间为 $T=T_1+T_2$，不合理。

方式二：打印头 2 先运动，推杆 1 经过 Δt 时间后也开始运动，使产品和打印头 2 同时到达打印位置，机构系统的运动及运动循环图如图 13-47 所示。理论上整个打印工作循环所需时间最短，即 $T=T_{\min}=T_1=T_2$。但由于机构有运动误差，有可能产品还在移动未到打印位置，而打印头 2 已经开始打印。显然这种运动循环图的安排也不合理。

方式三：调整推杆 1 在一个运动循环内运动区段与停歇区段的相对位置，使产品提前 Δt 时间到达打印位置，机构系统运动循环图如图 13-48 所示。这种安排较为合理，不仅避免了方式 2 可能出现的不利情况，而且保证一个打印工作循环时间仍为最短。时间提前量 Δt 的数值可根据产品大小及实际可能的误差因素综合地加以确定。

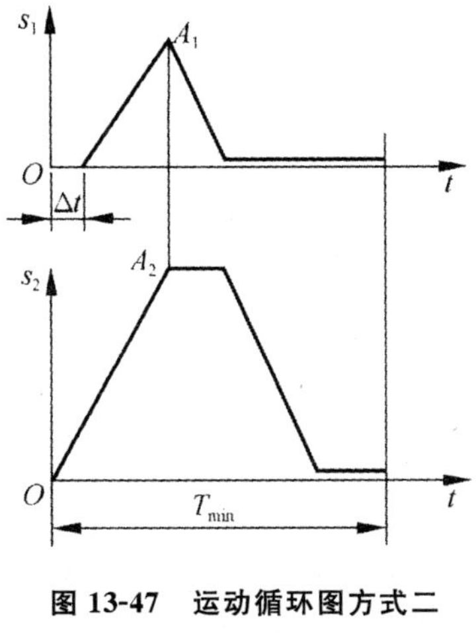

图 13-47　运动循环图方式二

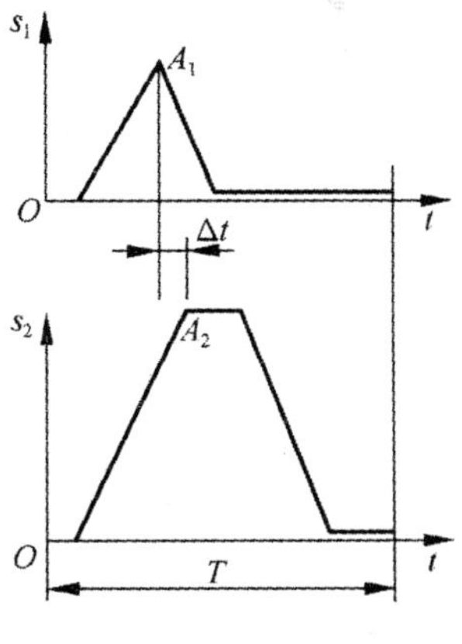

图 13-48　运动循环图方式三

2. 执行机构在空间上的协调配合

如图 13-49 所示为某包装机械的折纸机构（机构未画出），其左右两折边机构的执行构件 1 和 2 不仅有时间上的顺序关系，而且还有空间上的相互干涉关系。M 点是左右两执行构件端点 N、K 轨迹的交点，也是它们的空间干涉点。进行折纸时，执行构件 1 先动作，执行构件 2 后动作，两折边执行机构的运动必须协调不能发生空间相碰。在构件 1 返回过程中，若其上端点 N 通过 M 点后，构件 2 上端点 K 点再到达 M 点就不会发生干涉。

假设两折纸机构执行构件 1 和 2 的位移线图如图 13-50(a)和(b)所示。由图可知，M 点的

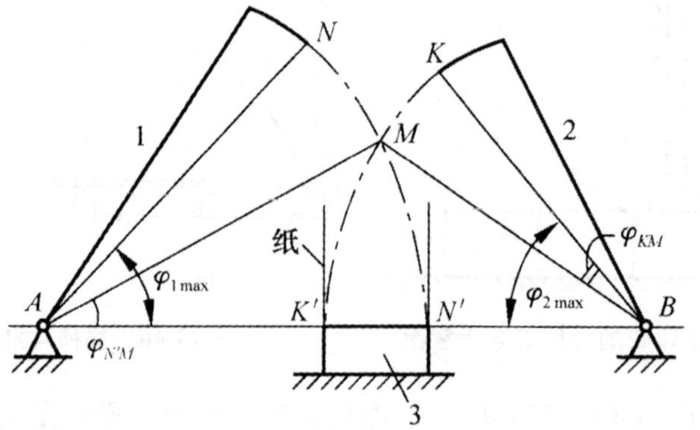

图 13-49　包装自动线上折纸机构工艺动作示意图

位置即为构件 1 在返回 $\varphi_{N'M}$ 角时和构件 2 从初始位置转过 φ_{KM} 时两构件所处的位置，在位移线图上为对应的 M_1 和 M_2 点。

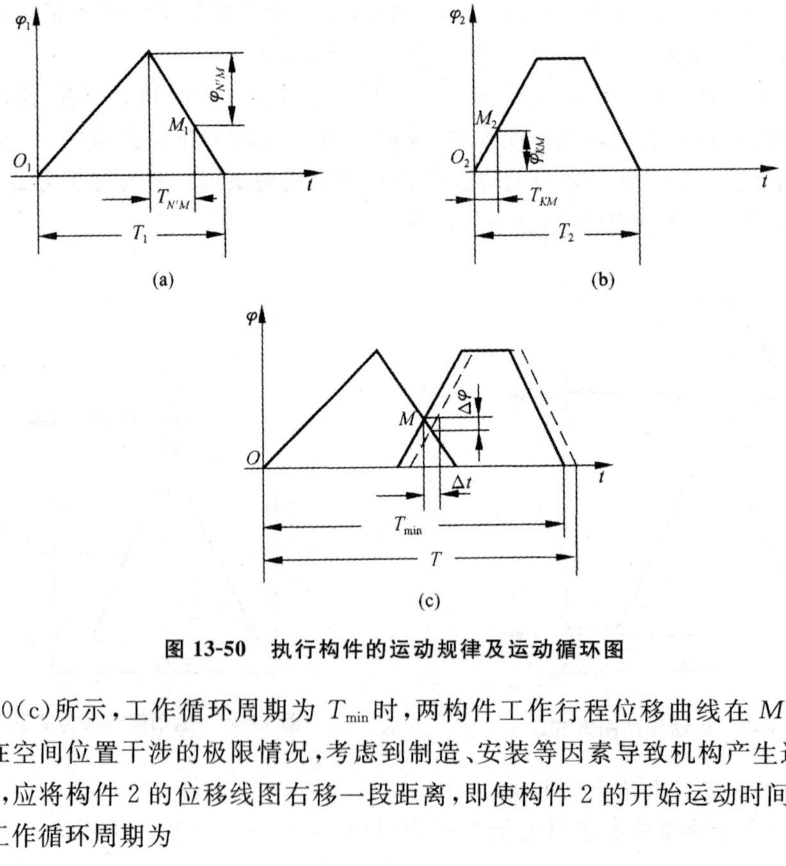

图 13-50　执行构件的运动规律及运动循环图

如图 13-50(c)所示，工作循环周期为 $T_{\min}$时，两构件工作行程位移曲线在 $M(M_1、M_2)$点相交，为两构件在空间位置干涉的极限情况，考虑到制造、安装等因素导致机构产生运动误差，为了避免空间干涉，应将构件 2 的位移线图右移一段距离，即使构件 2 的开始运动时间有一个滞后量 Δt，这样一个工作循环周期为

$$T = T_{\min} + \Delta t$$

总之，只有通过对各执行机构中的执行构件在一个运动循环中的位移线图的分析研究，并从时间及空间两方面协调相互关系，才能拟订出一个合理的机构系统运动循环图。

3. 各执行机构在速度上的协调配合

在实际生产中，还有一些机械的执行机构之间不仅存在时间、空间协调设计问题，还存在速度的协调设计问题。如插齿机中齿坯和插齿刀的两个旋转运动之间必须保持一定的传动比，只有这样才能完成插齿功能。

4. 机构系统运动循环图的设计

在机构系统各机构运动协调关系确定清楚之后，按下述步骤进行机构系统运动循环图的设计。

①确定机构系统的运动循环时间，一般设计机构运动系统之前，它的理论生产率已知，根据生产率，即可求得执行机构的运动循环时间。

②确定各执行机构运动循环的各个区段，即工作行程、空回行程区段，有些还包括间歇区段等。

③确定执行构件各区段的运动时间及相应的分配轴转角。

④初步绘制执行机构的运动循环图。

⑤在完成执行机构的初步设计后，对初步绘制的运动循环图进行修改。

⑥进行各执行机构的运动协调设计。

【例 13-2】 如图 13-51 所示为书本包装自动打印机系统运动简图。凸轮 1 转动带动摆动从动件 2 运动实现对包装 6 表面的打印。凸轮 1 通过链传动和齿轮传动，将运动传递给凸轮 4，凸轮 4 带动直动从动件 5 运动，实现包装书本的送进。

拟订包装自动打印机的机构系统运动循环图，已知自动打印机的生产率要求为 4500 件/班。

(1)确定执行机构的运动循环时间

如图 13-51 所示，该打印机有两个执行机构：打印机构和送料机构。打印机每分钟生产的件数为

$$Q=\frac{4500}{8\times 60}=9.4(件/\mathrm{min})$$

为了满足每班(8 小时)打印 4500 件的总功能要求，所设计的机构每分钟生产的件数定为 10 件/min。分配轴转一周即完成一个产品打印，则自动打印机的分配轴转速为 10r/min。完成一个产品打印所需时间为

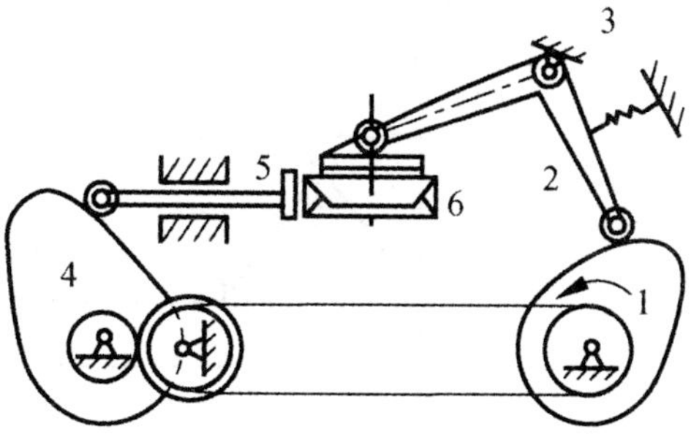

图 13-51　包装自动打印机

$$T_{P1}=\frac{1}{n_{分}}=\frac{1}{10}\mathrm{min}=6\mathrm{s}$$

(2)确定各执行机构运动循环的各组成区段

以打印机构为例，根据打印工艺要求，打印头的一个运动循环由如下四段组成：打印头前进(运动时间 t_{k1})、打印头在产品上停留(时间 t_{ok1})、打印头退回(运动时间 t_{d1})和打印头返回初始位停歇(时间 t_{o1})。

(3)确定打印头各区段运动的时间及转角

打印头的一个运动循环周期 T_{P1} 为

$$T_{P1}=t_{k1}+t_{ok1}+t_{d1}+t_{o1}$$

相应的分配轴转角为

$$360^{\circ}=\varphi_{k1}+\varphi_{ok1}+\varphi_{d1}+\varphi_{o1}$$

为保证打印质量，打印头在产品上停留时间为

$$t_{ok1}=0.2\mathrm{s}$$

相应的分配轴转角为

$$\varphi_{ok1}=360^\circ\times\frac{t_{ok1}}{T_{P1}}=360^\circ\times\frac{0.2}{6}=12^\circ$$

为保证送料机构有充分的时间来装料、送料，取 $t_{ok1}=3s$。

相应的分配轴转角为

$$\varphi_{ok1}=360^\circ\times\frac{t_{ok1}}{T_{P1}}=360^\circ\times\frac{3}{6}=180^\circ$$

根据打印头的运动规律要求，分别取其前进和退回运动的时间为 $t_{k1}=1.5\ s$，$t_{d1}=1.3\ s$。

相应的分配轴转角为

$$\varphi_{k1}=360^\circ\times\frac{t_{k1}}{T_{P1}}=360^\circ\times\frac{1.5}{6}=180^\circ$$

$$\varphi_{d1}=360^\circ\times\frac{t_{d1}}{T_{P1}}=360^\circ\times\frac{1.3}{6}=180^\circ$$

(4)初步绘制执行机构的执行构件的运动循环图

根据以上计算结果，选择打印机的执行构件——打印头作为定标件，以它的运动位置(转角或位移)作为确定各个执行构件的运动先后次序的基准。首先绘制出打印头的直角坐标式循环图如图 13-52(a)所示。采用同样的方法画出送料机构的执行构件——送料推头的运动循环图如图 13-52(b)所示(t_{k2}、t_{d2}、t_{o2}分别为送料推头的前进运动时间、退回运动时间和停歇时间)。

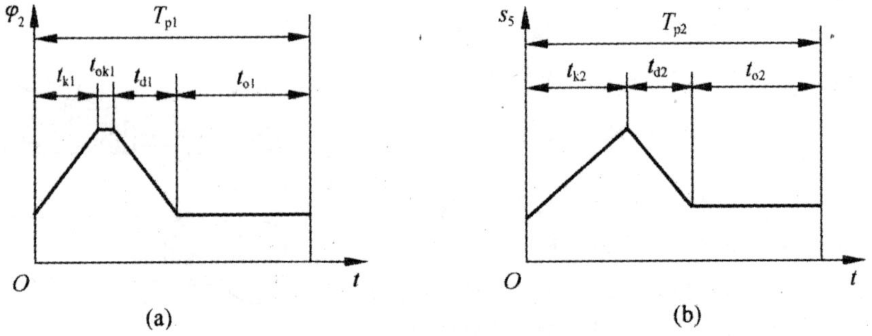

图 13-52 打印头和送料推头的直角坐标式运动循环图

(5)在完成执行机构的设计后，对初步绘制的运动循环图进行修改

初步确定的执行机构往往由于整体布局和结构方面的原因，或者因为加工工艺的原因，在实际使用中要做必要的修改。例如，为了满足传动角、曲柄存在等条件，构件的尺寸必须进行调整。这样，执行机构的运动规律就会不同，所以应以改进后的构件结构和尺寸为依据，精确地描绘出它的运动循环图。

(6)进行各执行机构的运动协调设计

以打印机构打印头远离被打印件的初始位置即打印机构的起点为基准，把打印头和送料推头的运动循环图按同一时间(或分配轴的转角)比例组合起来画出自动打印机的机器工作循环图。

打印机构完成一个完整的运动循环打印头退回到初始起点位置后，送料机构才开始启动，两机构不会产生任何干涉，但机器的运动循环时间最长，难于满足生产率的要求。所以，为了满足生产率要求，让两执行机构的运动循环完全重合，即可让机器获得最小的运动循环，如图 13-53 所示。但如图 13-53(a)所示的机器运动循环，送料机构刚把产品送到打印工位上，打印机构打印头正好压在产品上，即图中的点 1 和点 2 在时间上重合，但由于机构运动尺寸误差、运动副间隙及使用过程中构件受力变形等原因，势必影响打印质量。有可能打印头打到工件时，工件还未到位，正在移动，致使打印不清。为确保打印机正常工作，采用如图 13-53(b)所示的运动协调方案，即在打印机构打印头到达打印工位之前 Δt 时间，送料机构已将工件送到打印工位。相应地，送料机构相对于分配轴的转角也进行相应调整 $\Delta\varphi$。机器最终的工作循环图如图 13-54 所示。

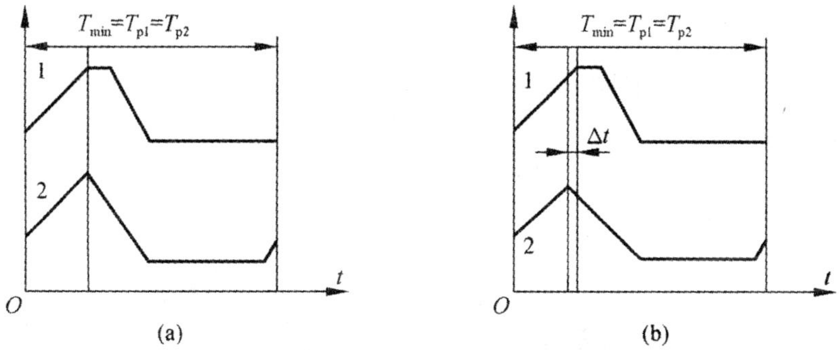

图 13-53　改进的运动循环图

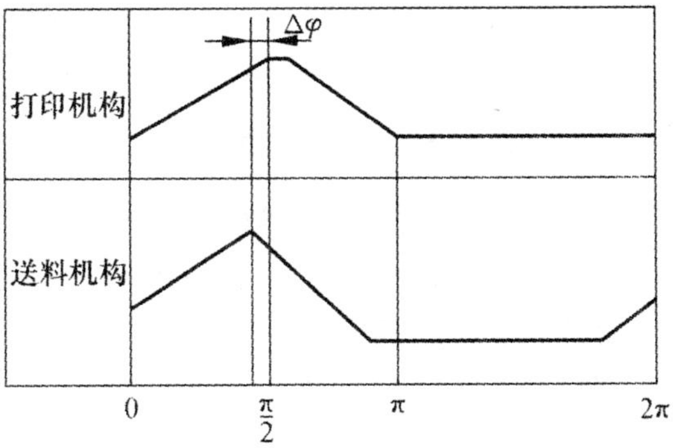

图 13-54　最终运动循环图

在绘制机构运动循环图时还必须注意以下几点。

①以生产工艺过程开始点作为机器运动循环的起点，并且确定最先开始运行的那个执行机构在运动循环图上的位置，其他执行机构则按工艺程序先后次序列出。

②因为运动循环图是以主轴或分配轴的转角位横坐标的，所以对于不在主轴或分配轴上的各执行机构的原动件如凸轮、曲柄、偏心轮等，应把它们运动时所对应的转角换算成主轴或分配轴上的相应的转角。

③在确保不产生相互干涉的前提下，尽可能地使各执行机构的动作重合，以缩短运动循环周期，提高机器的生产率。

④各执行机构的动作必须按工艺程序先后进行，为避免制造、安装误差造成两机构在动作衔接处发生干涉，在一个机构动作结束点到另一个机构动作起始点之间，应有适当的间隔（通常可取 2°～3°）。

机构系统运动循环图有着重要的应用,它可用来核算机器的生产率,并通过分析研究运动循环图,从中寻找提高机器生产率的途径;还可用来指导各个执行机构的设计、安装和调试,检验各执行机构中执行构件的动作是否紧密配合、互相协调。

13.6　机构运动方案设计实例

现以滚针轴承保持架自动弯曲机为实例,说明机械运动方案的设计步骤和大体过程。

13.6.1　总功能分析

①总体功能。滚针轴承保持架自动弯曲机是滚针轴承保持架生产线上一个主要设备,它将前道工序冲出来的料片[见图 13-55(a)]自动弯曲成图 13-55(b)所示的成品,然后送往下道工序进行焊接、整形。因此,该自动机必须具有输入料片、对保持架料片进行弯曲成型以及输出保持架初始成品的总功能。

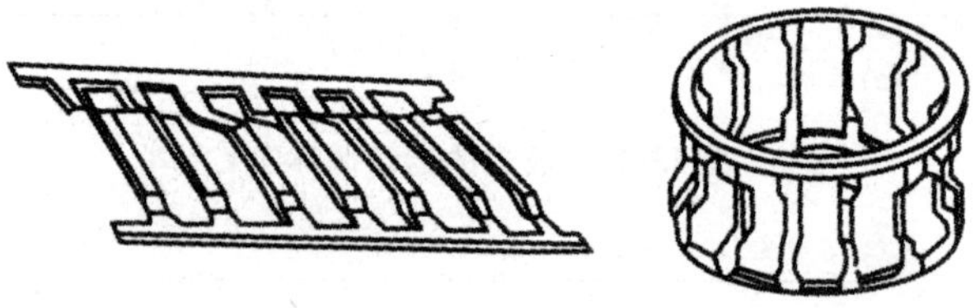

(a) 料片　　(b) 成品

图 13-55　滚针轴承保持架

②产品规格。料片厚度 1mm,弯曲成型后其外圆直径为 28mm,宽度为 23mm。

③生产率。滚珠轴承保持架自动弯曲机的生产率为 18～20 个/min。

④执行动作。料片送入,下模上升,左、右模压入,上模压下,上、下、左、右四个模块脱开,保持架脱模并交自动焊接机接料机械手(见图 13-56)。

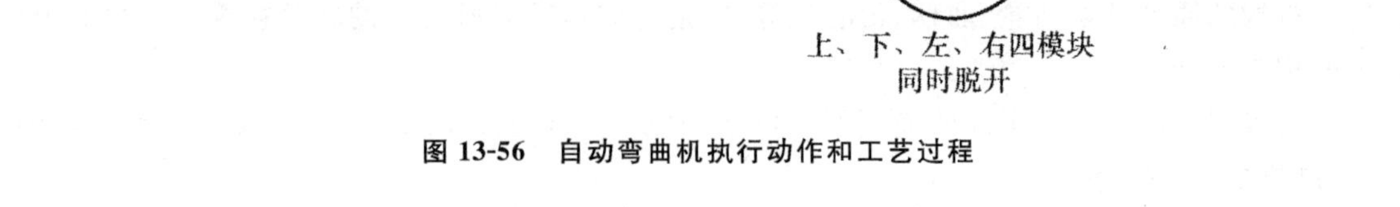

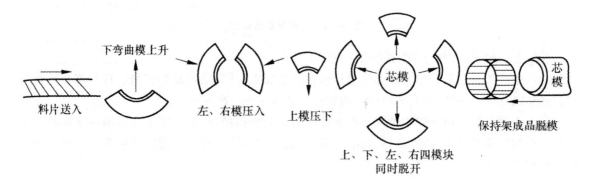

图 13-56　自动弯曲机执行动作和工艺过程

⑤结构与环境。自动弯曲机要求机构紧凑、动作稳定、可靠、精确。周围环境要清洁、干净,保持架料片及弯曲成型后的半成品不能沾灰尘,特别是不允许沾染油污,否则将影响产品的焊接质量。

13.6.2　功能分解

根据总体功能要求，将自动弯曲机的功能分解为图 13-57 树状功能图所示的几个工艺动作。

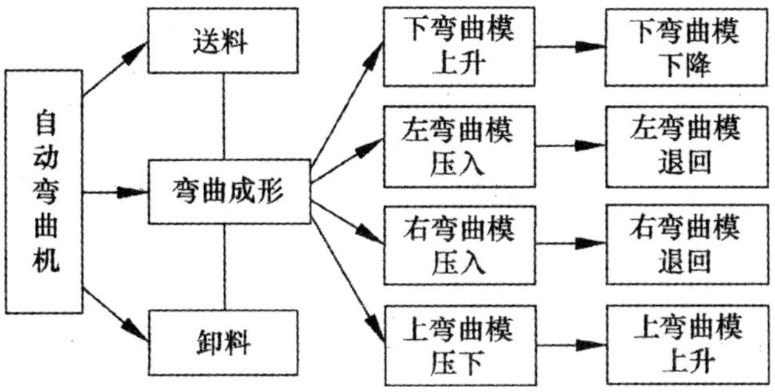

图 13-57　自动弯曲机树状功能图

送料——把前道工序冲床冲出的料片以匀速直线运动方式送至弯曲模，然后推头快速返回，为下一次送料做好准备。

弯曲成形——弯曲模分成上下左右四块，从四个方向把料片压在芯模上，使其弯成圆柱形。四个模块的动作顺序是：

①下模上升把料片压在芯模上并把料片变成 U 形。

②左、右模同时压入，把料片紧紧压在芯模上，只留下一个尖顶，犹如一个桃子。

③上模压下，把尖顶压平，使料片与圆形芯模紧密地贴合在一起，并保压一段时间。

④四个模块同时快速脱开，这时弯成圆形的料片产生一些反弹，使其与芯模松开。

卸料——已弯成圆形的保持架初始成品从芯模上脱出滑向自动焊接机的接料机械手。

13.6.3　运动转换功能图

①选择电动机 Y100L-4 作为原动机，其转速为 1420r/min，功率为 2.2kW。

②确定各执行构件的运动形式：送料——往复直线运动；各弯曲成形及卸料——间歇往复直线运动。

③确定传动链。仔细分析电动机的运动参数与各执行构件的运动形式、运动参数；考虑总体布局，通过离合器、减速器、传动机构，把电动机的运动和动力转化为执行机构所要求实现的运动和动力。

把上述传动链的构思用如图 13-58 的运动转换功能图来表示。

13.6.4　形态学矩阵

根据图 13-58 所示的自动弯曲机的运动转换功能图，把各基本运动转换功能作为列，把各基本功能的实现载体作为行，构成一个矩阵，如表 13-4 所示。

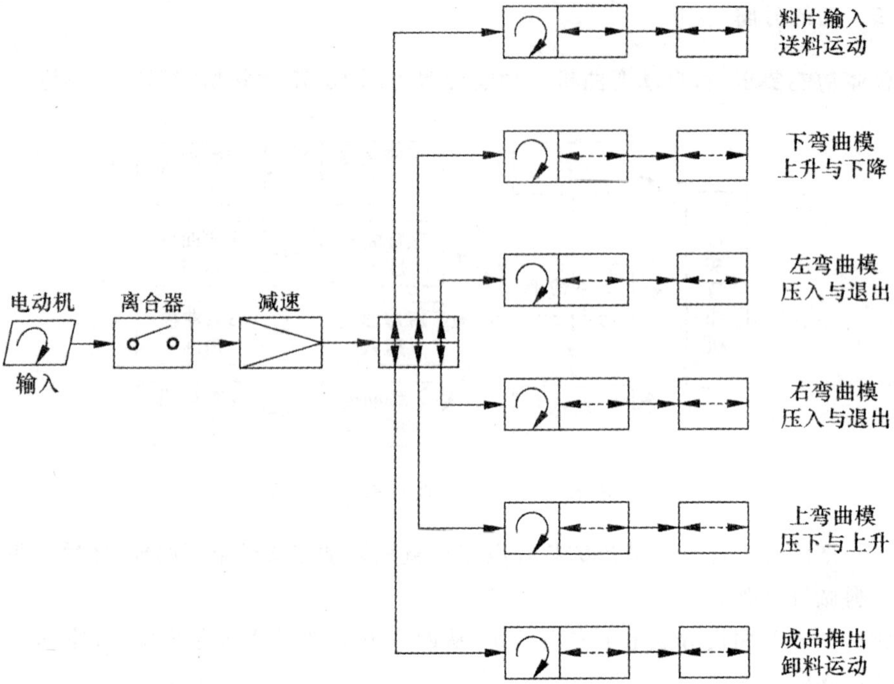

图 13-58　自动弯曲机的运动转换功能图

表 13-4　自动弯曲机形态学矩阵

分功能(功能元)			分功能解(匹配机构或载体)		
			方案 1	方案 2	方案 3
离合器	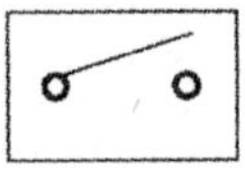	A	电磁摩擦离合器	电磁牙嵌(尖齿)离合器	电磁牙嵌(梯形齿)离合器
减速	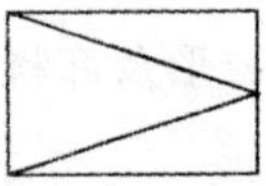	B	摆线针轮减速器	少齿差行星齿轮减速器	谐波减速器
减速	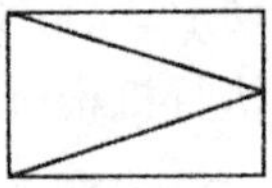	C	链传动	圆柱斜齿轮传动	同步带传动
送料	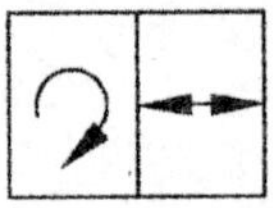	D	牛头刨床六杆机构	移动从动件圆柱凸轮机构	摆动从动件盘状凸轮＋摇杆滑块机构
弯曲成形	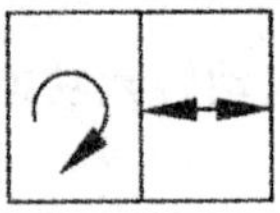	E	摆动从动件盘状凸轮机构＋摇杆滑块机构	移动从动件盘状凸轮机构	移动从动件圆柱凸轮机构
卸料	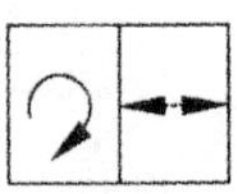	F	摆动从动件圆柱凸轮机构＋摇杆滑块机构	不完全齿轮机构＋偏置曲柄滑块机构	槽轮机构＋曲柄滑块机构

对形态学矩阵求解，可得 N 种组合方案：

从中可以筛选出三种方案：

$$方案 1：A_1 + B_1 + C_1 + D_1 + E_1 + F_1$$

$$方案 2：A_2 + B_2 + C_1 + D_3 + E_2 + F_3$$

$$方案 3：A_1 + B_3 + C_2 + D_1 + E_3 + F_2$$

最后，根据实际使用环境、用户要求及专家评议确定采用方案 1。

13.6.5　运动循环图

在该自动弯曲机中，中心大齿轮是惰轮，主轴输入小齿轮通过中心大齿轮把运动分配给与中心大齿轮啮合的各周边小齿轮，这些小齿轮齿数与主轴输入小齿轮齿数相等，所以，它们的转角与主轴转角相等。实际上，这些周边小齿轮就是各执行机构的主动构件。以主轴转角够为横坐标，各执行机构中执行构件的运动为纵坐标，选择第一个方案，并把自动弯曲机中的送料、弯曲成形、卸料等各种动作之间相互协调配合的运动循环图绘制出来（见图 13-59）。

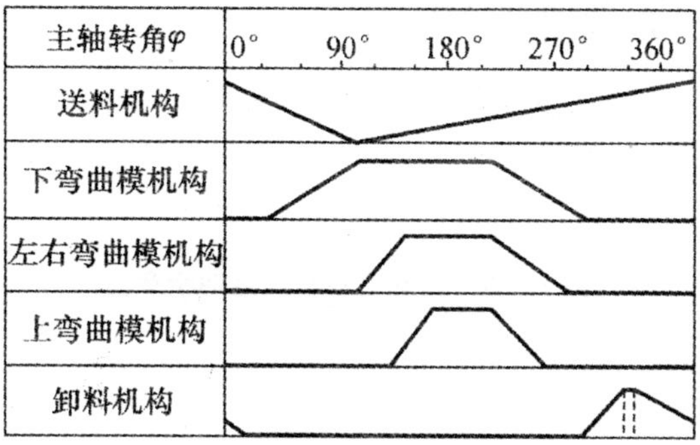

图 13-59　自动弯曲机的运动循环图

13.6.6　运动示意图

1. 送料运动

送料运动由如图 13-60 所示的六杆机构来完成，该执行机构的滑块（推料头）在工作行程中近似做匀速直线运动。空回行程的返回速度快，具有急回特性，故能满足送料要求。

2. 弯曲成形运动

弯曲成形运动由如图 13-60 所示的摆动从动件盘状凸轮机构加摇杆滑块机构实现。通过凸轮轮廓线设计能满足弯曲模（上、下弯曲模，左、右弯曲模）压入、停歇、退回、再停歇的要求。通过调节连杆长度满足不同规格保持架料片的弯曲成形要求，并补偿运动副间隙、构件尺寸误差和零部件磨损。

3. 卸料运动

卸料运动由如图 13-60 中的圆柱沟槽凸轮加上摆杆滑块机构完成。通过形封闭圆柱凸轮保证滑块（卸料套筒）把弯曲成圆形的保持架，从芯模上推出移交给从自动焊接机伸过来的接料机械手，然后自动退回等待下一次卸料。

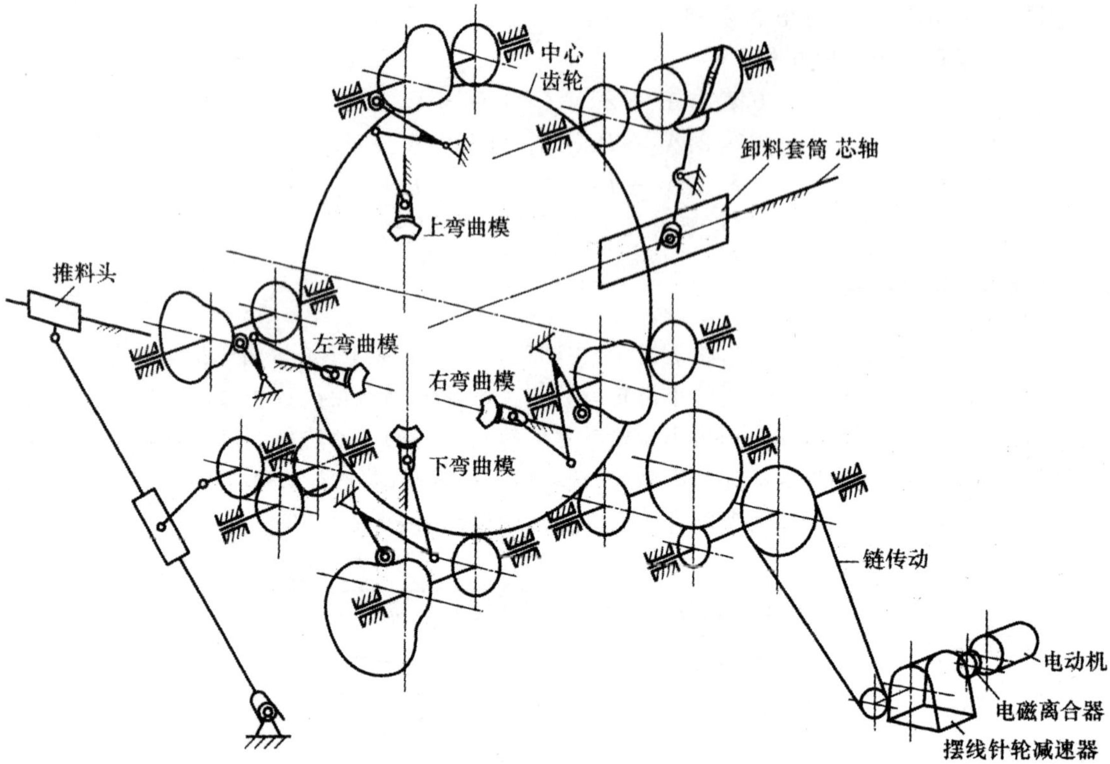

图 13-60　自动弯曲机的运动示意图

第 14 章　机械优化设计

14.1　机械优化概述

14.1.1　优化设计

一般机械设计问题，都存在多种可能的设计方案，优化设计是人们在进行设计时总是力求从所有可能的方案中选择最好的方案（优化的方案）。实际的设计过程，往往是经过某种程度的"优化"过程：首先进行综合设计；然后对方案进行分析评价，与其他方案比较，若不满意，再进行设计；不断"评价—再设计"，最后得到满意的方案即优化的方案，如图 14-1 所示。

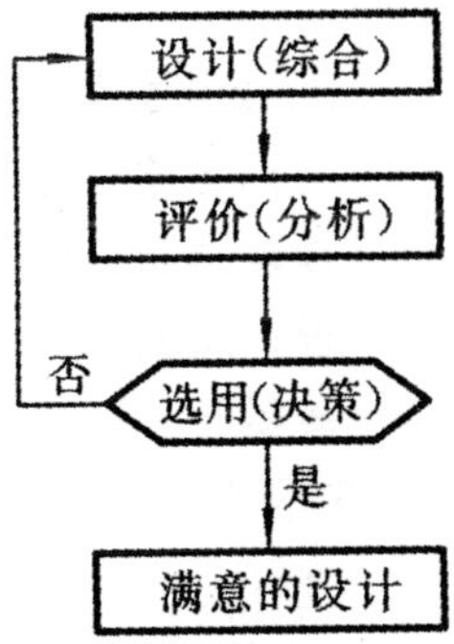

图 14-1　优化设计

实际的"评价一再设计"，即优化的过程可以归纳成几种方法或几种方法的结合。

①直接优化。技术人员凭借自己的知识、经验和直觉，对候选方案进行的评价和选择，得出较好的设计方案。

②进化优化。许多机械设计方案是在长期的实践中发展形成的，由于产品的竞争，自然的选择，优者生产，劣者淘汰，其演化过程就是一个优化的过程。

③试验优化。经过反复的试验来对方案进行比较和选择。

优化设计是一种建立在最优化数学理论和现代计算技术基础上的现代设计方法，是运用计算机来确定机械设计的最优方案。当然，这种优化设计不仅仅只限于机械设计，还可运用到各种设计，以及管理、控制等部门。

14.1.2　优化设计基本步骤

优化数学模型的三要素为：设计变量；目标函数；约束条件。机构的优化设计，就是在给定的运动学和动力学的要求下，在结构参数和其他因素的限制范围内，按照某种设计准则（目标函数），修改设计变量，寻求最佳方案，所以评价运动学和动力学特性好坏的目标函数，以及设计变量、约束条件就构成了机构优化设计的基本问题。

机构的优化设计一般步骤为：

①根据机构运动学和动力学方面的设计要求，建立优化设计的数学模型。

②选择恰当的优化方法，编制相应的计算机程序，上机运算得到优化结果。

③对所得结果进行分析，以确定数学模型的正确性与工程上的适用性。如有问题，则应重复步骤①、②。

1. 数学模型

实际设计问题一般都可以用数学表达式来描述，即转化为数学模型。优化设计的数学模型通常包括设计变量、目标函数和约束条件三个基本要素。它所表达的意义是：在满足一定的约束条件下，寻求一组设计变量值，使其目标函数达到极小值(或极大值)。其数学模型一般可写为

求设计变量 $X=[x_1,x_2,\cdots,x_n]$

使目标函数 $F(x)=F[x_1,x_2,\cdots,x_n]$ 极小(或极大)

满足约束条件 $\begin{cases} g_u(X)=g_u(x_1,x_2,\cdots,x_n) \\ h_v(X)=h_v(x_1,x_2,\cdots,x_n) \end{cases}$

通常用符号 F 表示目标函数，符号 g_u、h_v 分别表示不等式约束和等式约束。上式表示有 m 个不等式约束条件和有 p 个等式约束条件，n 个设计变量 $x_1,x_2,\cdots,x_n$ 按顺序排列成一个数组，称 n 维列向量，表示为

$$X=\begin{bmatrix} x_1 \\ x_2 \\ \vdots \\ x_n \end{bmatrix}=[x_1,x_2,\cdots x_n]$$

2. 设计变量

设计变量有离散变量和连续变量两种形式，一组设计变量值即代表一个可能的设计方案，称为设计点；无数个设计点构成一个设计空间，因此设计空间是设计点的集合。

设计变量越多，优化设计的自由度也就越大，在理论上讲可以得到较理想的结果，但将会增加计算量与计算复杂程度，有时会给解求带来困难。因此建立数学模型时，在满足设计基本要求下，应尽可能减少设计变量的个数，某些影响不大的参数可赋以定值。

在许多可行的设计方案中，用来评价这些方案满足某种运动学或动力学要求好坏的函数，称为目标函数，它是设计变量 X 以及输入参数 φ 的函数。

$$\min F = F(X,\varphi)$$

机构的设计要求可以用某种函数关系来表示为

$$y = f(X,\varphi)$$

式中，y 为输出参数；一般情况下 y 是非线性的，并且常常难以显式的形式出现。

若所设计的机构再现的函数关系为

$$y = f(X,\varphi)$$

则目标函数可以表示为

$$F(X,\varphi) = \int_{\varphi_1}^{\varphi_2} W(\varphi)[f(X,\varphi_i) - f(X,\varphi_{i-1})]^2 \mathrm{d}\varphi$$

或写成离散形式为

$$F(X,\varphi) = \sum_{i=1}^{k} W(\varphi_i)[f(X,\varphi_i) - f(X,\varphi_{i-1})]^2(\varphi_i - \varphi_{i-1})$$

式中，$W(\varphi_i)$ 为权函数 $\varphi_i-\varphi_{i-1}$ 为步长；$f(X,\varphi_i)$ 为函数值。

如果输入参数 φ 取均匀间距，还可将因子 $\varphi_i-\varphi_{i-1}$ 省略，权函数 $W(\varphi_i)$ 是为了提高 $f(X,\varphi)$ 在某个区间的计算精度附加的一个非线性限制，标志着该项要求的重要程度，可由设计者依具体情况选择，如不十分重要可取为 1。

选择目标函数可能是整个优化设计过程中最重要的决策之一。实际中有时会存在着明显的目标函数，如连杆机构的轨迹问题，希望误差越小越好。但对一个复杂的系统，有时无法找到合

适的数学描述;有时若干个目标相互制约,无法同时达到"极小"。因此大部分设计方案都应权衡比较,甚至需要在运算中或运算后调整。

在优化设计中,同时要求几项设计指标都达到最优,称多目标优化设计问题,如要求产品质量好、强度高、几何尺寸小。一般而言,这些分目标的优化是相互矛盾的,优化进程是在各个目标之间进行权衡协调,以取得一个各目标函数值都比较好的最优方案。

3. 约束条件

在设计过程中,对设计变量的选取常加以某种限制或附加一些设计限制,称为约束条件。约束条件的存在,增加了优化设计的难度。约束条件一般分为边界约束和性能约束两类。

(1)边界约束

这类约束不是直接从设计本身来考虑,大部分是从设计的外形来考虑的,直接限制设计变量的取值范围,如构件长度 $l_i>0$,于是有不等约束条件 $g_i(X)=x_i>0$。

(2)性能约束

由实际对象性能要求推导出来的一种约束条件,如曲柄存在条件,传动角 $\gamma>\gamma_{\min}$,机械零部件的强度、刚度、效率、质量的允许值等。这类约束条件有时可以显式表示,但很多情况下无法用显式表示,而用依赖于分析过程中的中间结果来表示。

除了不等约束外,还可能存在等式约束 $h_j(X)=0$。从理论上讲,一个等式约束条件就可从优化设计中消去一个设计变量。但因消去过程一般难以实现,在优化过程中还是作为约束条件来处理。

求解无约束优化问题 $\min F=F(X,\varphi)$ 可以利用极值必要条件 $\nabla F(X,\varphi)=0$ 得到驻点,然后利用海森(Hessian)矩阵判断是否为极小点,对于高次多变量函数 $F(X,\varphi)$,$\nabla F(X,\varphi)=0$ 仍是高次多变量方程组,要联立求解这种高度非线性方程组是非常困难的,甚至不可能;对于约束优化问题,利用 K-T 条件求解情况也类似,而且更为困难。因此使用的优化方法大多采用下降迭代法,即按某种算法从初值点 X^0 出发,逐次迭代计算出点 $X^1,X^2,\cdots,X^n$ 相应的函数值 $F(X^1)$,$F(X^2),\cdots,F(X^n)$,应依次下降。

任何一种下降算法的迭代过程是逐步逼近极小值点的过程,要收敛于极小点往往需要很多的迭代次数,计算工作量和所需机时很多,这就要规定迭代点近似程度的准则,常采用的方法有以下几种。

①前后两个迭代点的距离达到充分小,即

$$|X^{(k+1)}-X^{(k)}|\leqslant\varepsilon_1,\varepsilon_1>0$$

②前后两个迭代点的目标函数值下降量达到充分小,即,

$$|F(X^{(k+1)})-F(X^{(k)})|\leqslant\varepsilon_2,\varepsilon_2>0$$

③迭代点函数梯度的模达到充分小,即

$$|\nabla F(X^{(k)})|\leqslant\varepsilon_3,\varepsilon_3>0$$

如果要完全可靠地判断迭代点是否充分逼近极小点,往往需要把上述三个终止准则结合起来使用。

14.2 平面连杆机构的优化设计

平面连杆机构设计的解析方法在工程设计中得到了广泛的应用。但人们在使用这些传统设

计方法解决工程实际问题时发现，它们的应用有一定的局限性。这主要表现在：用传统设计方法难以解决具有多功能的连杆机构设计问题；用传统设计方法难以解决复杂的近似设计问题，特别是对于有较多限制条件的四杆机构近似设计问题；用传统的方法难以获得最优设计。这主要是因为传统设计方法所允许的设计参数有限，因而一般用传统方法求解之前往往要将问题简化。若预先规定过多的已知条件，所求得的解往往不是一个很好的设计。要得到一个好的设计，往往要经过反复多次修改，故设计周期较长。

为了克服传统设计方法的局限性，人们进行了广泛的探索。以计算机为运算工具，以数学规划为理论基础发展起来的优化设计的理论和方法在机械设计中获得了日益普遍的应用，而其中的机构优化设计是发展得较为完善的领域之一。

14.2.1 机构最优设计一般步骤

①根据机械运动方案的预期功能，确定机构结构方案。

②根据设计要求和限制条件，建立机构优化设计的数学模型。

③根据数学模型的特点，选用最优化方法、编制计算程序、上机计算获得最优解。

④对优化结果进行分析，并根据分析结果对设计方案进行评估；若不符合要求，则应修改数学模型，重新计算求解。

机构优化设计成功与否，关键在于机构优化数学模型是否正确，是否合乎实际。本节以平面连杆机构为研究对象，具体讨论机构优化设计的数学模型的建立，并简要介绍优化计算的基本思路。

例如，图 14-2 所示的铰链四杆机构，希望连杆上 P 点能实现预期的轨迹曲线运动，轨迹用 n 点坐标值给出：$(x_{Pi}, y_{Pi})(i=1,2,\cdots,n)$。最优化方法要求：当四杆机构运动时，连杆上 P 点轨迹与给出的行点轨迹坐标偏差最小。

为了求机构的几何参数，应首先写出 P 点与四杆机构的几何参数之间的关系，设直角坐标系 xOy 如图 14-2 点的位置可由以下参数确定：各杆杆长 l_1、l_2、l_3、l_4、l_5；A 点的坐标(x_A, y_A)；l_4 的位置角 φ_4；l_5 与 l_2 的夹角 α。在确定上述这些参数的优化区间时，必须考虑各杆长由于结构限制所确定的范围、曲柄存在的条件、动力性能及其他一些约束限制条件。

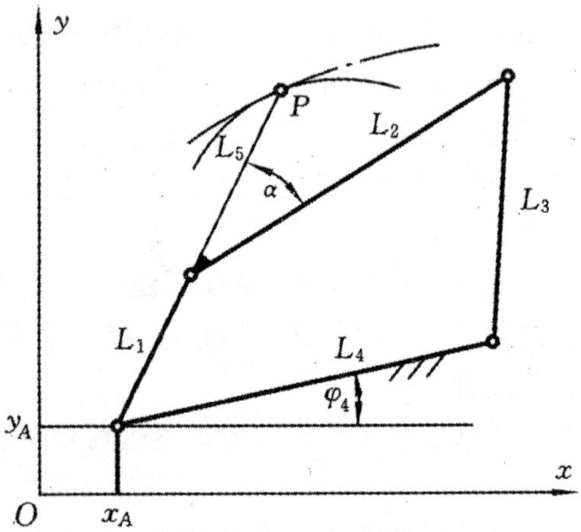

图 14-2 铰链四杆机构优化设计

14.2.2 优化设计过程

机构优化设计过程为：建立优化的数学模型；根据数学模型，选用合适的优化方法；在计算机上计算最优解。

机构优化的数学模型包括三个方面内容：确定设计变量；建立目标函数；确定约束条件。现分述如下。

(1)确定设计变量

根据设计要求预先确定数值的参数，称为设计常量。在优化设计中需不断改变数值的参数称为设计变量。如图 14-2 杆机构，为了追求 A 点与给定轨迹点的逼近的精度，可将 (x_A, y_A) 和 φ_4 作为设计常量，其值预先给出，而将 l_1、l_2、l_3、l_4、l_5 和 α 作为设计变量。设计变量数量愈多，则供优选的方案也愈多，设计也愈灵活，愈容易获得所要求的优化精度，但设计的难度也愈大，所以原则上应根据优化设计的具体要求，适当地减少设计变量的数量。

当优化设计有 n 个设计变量 $x_1, x_2, \cdots x_n$ 可用一个矢量 x 表示为

$$x = \begin{bmatrix} x_1 \\ x_2 \\ \vdots \\ x_n \end{bmatrix} = [x_1, x_2, \cdots x_n]^T, x \in \mathbf{R}^n$$

(2)建立目标函数

为了评价设计方案的优劣，可以在众多的设计要求中选出一个或多个要求作为优化设计追求的目标，而将其他要求作为设计的约束限制条件。当目标确定以后，应将这些设计目标如同运动分析和机构尺度综合时那样用设计变量 x 的函数 $f(x)$ 表示出来，$f(x)$ 称为目标函数，有

$$f(x) = f(x_1, x_2, \cdots x_n)$$

对于有多个目标函数的优化设计，一般采用线性加权和法，即用权因子分别乘以各目标用函数然后相加成为一个总目标函数。设目标函数的数量为 m，则总目标函数可以表示为

$$f(x) = \sum_{i=1}^{m} \omega_i f_i(x)$$

式中，ω_i 权因子，它反映了该分目标的重要程度。设计者应根据分目标的重要程度确定权因子值的大小，对于分目标的重要程度是等同的设计，可取 $\omega_i = 1(i = 1, 2, \cdots m)$

目标函数的建立是优化设计的关键，若目标函数的形式选取不当，不仅会增加计算的难度，甚至会导致整个优化设计的失败。

下面以图 14-2 机构为例，说明以连杆上 P 点与预期轨迹点坐标偏差最小为目标，建立目标函数的过程。

由图 14-2，四杆机构上 P 的坐标可以用机构的几何参数和运动参数表示为

$$\begin{cases} x'_{Pi} = x_A + l_1 \cos(\varphi_4 + \varphi_{1i}) + l_5 \cos(\alpha + \varphi_{2i}) \\ y'_{Pi} = y_A + l_1 \sin(\varphi_4 + \varphi_{1i}) + l_5 \sin(\alpha + \varphi_{2i}) \end{cases} (i = 1, 2 \cdots, n)$$

式中，φ_{1i}、φ_{2i} 别为构件 1、2 对应轨迹曲线点 P_i 的角位移。从图 14-2 得

$$\varphi_{2i} = \delta_i(\beta_i - \varphi_4)(i = 1, 2. \cdots, n)$$

其中

$$\begin{cases} \delta_i = \arccos\left[\dfrac{l_1^2 + l_2^2 + l_3^2 + l_4^2 - 2l_3 l_4 \cos\varphi_{1i}}{2l_2\sqrt{l_1^2 + l_4^2 - 2l_1 l_4 \cos\varphi_{1i}}}\right] \\ \beta_i = \arctan\left(\dfrac{l_1 \sin\varphi_{1i}}{4 - l_1 \cos\varphi_{1i}}\right) \end{cases} (i = 1, 2, \cdots n)$$

因此，四杆机构连杆上点 P 的坐标 (x'_{Pi},y'_{Pi}) 与预期轨迹点坐标 (x_{Pi},y_{Pi}) 间的误差分别为

$$\begin{cases}\Delta x_i = x'_{Pi} - x_{Pi} \\ \Delta y_i = y'_{Pi} - y_{Pi}\end{cases} \quad (i = 1,2,\cdots n)$$

按均方根误差来建立目标函数得

$$f(x) = \sum_{i=1}^{n}[(x'_{Pi} - x_{Pi})^2 + (y'_{Pi} - y_{Pi})^2]^{\frac{1}{2}}$$

从目标函数可知：如果给出了轨迹点坐标 (x'_{Pi},y'_{Pi}) 和 φ_{1i} 的对应值 $(i=1,2,\cdots n)$，目标函数中有 zx_A，y_A、l_1、l_2、l_3、l_4、l_5、φ_4、α 九个设计变量。如果没有给出 φ_{i1} 与 (x'_{Pi},y'_{Pi}) 的对应值，φ_{1i} 可在其变化域中任取，这时目标函数共有 $9+n$ 今设计变量。

(3)确定约束条件

在优化设计中，常把某些设计要求作为设计约束条件，用数学表达式来说明对寻优目标的约束限制。

14.2.3 约束条件表达形式

1. 不等式约束

不等式约束用来限制设计变量的取值范围，约束表达式常用小于或等于零的不等式表示。例如，若有 m 个不等式约束，则可将不等式约束表示

$$g_i(x) \leqslant 0(i = 1,2,\cdots m)$$

当约束表达式大于零时，即 $g_i(x)\geqslant 0$，可将不等式约束改写为

$$-g_i(x) \geqslant 0(i = 1,2,\cdots m)$$

2. 等式约束

若优化设计中有 p 个等式约束，则可将等式约束表示为

$$h_i(x) = 0 \quad (i = 1,2,\cdots p)$$

等式约束的数量 p 应当小于设计变量的数量 n。等式约束也可以用两个不等式约束来代替，例如 $h(x)=0$ 可以用 $g(x)\leqslant 0$ 或 $-g(x)\leqslant 0$ 来代替。

任何一个不等式约束都把设计空间分成了两个部分：另一部分是不满足约束条件的，称为非可行域；一部分是满足约束条件的，称为可行域。对于有约束的优化问题，其实质就是在可行域中寻求一组设计变量，使目标函数值最优。机构的优化设计

(1)有曲柄的条件

对于曲柄摇杆机构，若长度为 l_1 的构件为曲柄，其余各杆的长度分别为 l_2、l_3 和、l_4，则机构有曲柄的条件为

$$\begin{cases}l_1 + l_2 \leqslant l_3 + l_4 \\ l_1 + l_3 \leqslant l_2 + l_4 \\ l_1 + l_4 \leqslant l_2 + l_3\end{cases}$$

因此，其约束条件表达式为

$$\begin{cases}g_1(x) = l_1 + l_2 - l_3 - l_4 \leqslant 0 \\ g_2(x) = l_1 + l_3 - l_2 - l_4 \leqslant 0 \\ g_3(x) = l_1 + l_4 - l_2 - l_3 \leqslant 0\end{cases}$$

(2)传动角 γ_i 在允许值范围内变化

设 φ_i 为曲柄的角位移变量，则

$$\cos\gamma_i = \frac{l_2^2 - l_3^2 - l_1^2 - l_4^2 + 2l_1 l_4 \cos\varphi_i}{2l_2 l_3}$$

设机构传动角的许用值$[\gamma_{min}]$、$[\gamma_{max}]$，则应使$[\gamma_{min}] \leqslant \gamma_i \leqslant [\gamma_{max}] = 180° - [\gamma_{min}]$。因此，写出约束条件为

$$\begin{cases} g_1(x) = \cos\gamma_i - \cos[\gamma_{min}] \leqslant 0 \\ g_2(x) = \cos[\gamma_{max}] - \cos\gamma_i \leqslant 0 \end{cases}$$

(3)杆长的取值范围

例如，当要求 $l_{1min} \leqslant l_1 \leqslant l_{1max}$时，其约束条件为

$$\begin{cases} g_1(x) = l_{1min} - l_1 \leqslant 0 \\ g_2(x) = l_1 - l_{1max} \leqslant 0 \end{cases}$$

(4)保证运动的连续条件

例如，当要求离散的角位移变量 e 之值必须按顺序增大时，即要求 $\varphi_{i-1} - \varphi \geqslant 0$，则约束条件可以表示为

$$g_i(x) = \varphi_i - \varphi_{i-1} \leqslant 0 (i = 1,2,\cdots,n)$$

14.2.4　优化设计的数学模型

设有 n 个设计变量 $x = [x_1, x_2, \cdots, x_n]^T$，它表示 n 维空间内的一个点($x \in \mathbf{R}^n$)，在可行域内满足 m 个不等式约束条件 $g_i(x) \leqslant 0 (i=1,2,\cdots,m)$和 p 个等式约束条件 $h_i(x) \leqslant 0 (i=1,2,\cdots,p)$，使得目标函数 $f(x)$达到最小值，即 $f(x^*) = \min f(x)$，这就是优化设计数学模型的标准形式。x^* 称为优化设计的优化点。

在机构设计中，有时要求目标函数值最大。例如，目标函数为机构效率，这时目标函数可以写为$-f(x^*) = \min f(x)$。

优化设计在数学上称为数学规划。若目标函数、约束条件都是设计变量的线函数，则称为线性规划；否则，称为非线性规划。连杆机构的优化设计问题一般都是有约束的线性规划问题。

1. *约束优化方法的求解思路*

根据约束条件处理方法的不同，可将约束优化问题的求解方法分为两大类。

(1)约束优化问题的直接解法

这类方法的基本思路是，直接从可行域 $D = \{X \mid g_i(X) \geqslant 0, i=1,2,\cdots,m\}$ 内寻找它的约束最优解 X^* 和 $F(X^*)$。属于这类方法的有网格法、随机试验法及复合形法。这类方法只适用于维数低、函数复杂、要求精度不高的问题。

(2)约束优化问题的间接解法

这类方法的基本思路是将一个约束优化设计的求解问题转化为求一系列韵无约束极值问题。因而约束优化问题的间接解法的基础是无约束优化方法。此类方法的常用算法有惩罚函数法、广义乘子法、约束变尺度法、序列二次规划算法及广义简约梯度法等。

2. *无约束优化问题的求解思路*

无约束优化问题的实质就是求目标函数的极小值。但由于工程实际问题中的目标函数是复杂的，用高等数学中求极值的方法求解是很困难的，所以一般都采用数值迭代的方法，逐次逼近目标函数的极小值。

数值迭代法的基本思路是：从某一个初始点 $X^{(0)}$ 出发，按照一定的规则寻找合适的方向和适当的步长，一步一步地进行数值计算，最终达到问题的最优点。其具体做法是：首先选择一个初始点 $X^{(0)}$，从 $X^{(0)}$ 出发，沿某方向 $P^{(0)}$ 进行多次搜索，求得 $F(X)$ 在 $P^{(0)}$ 方向上的极小点，设为 $X^{(1)}$ 然后再从 $X^{(1)}$ 出发，沿某方向 $P^{(0)}$ 进行搜索，求得 $F(X)$ 在 $P^{(0)}$ 方向上的极小点，设为 $X^{(2)}$；往后依次类推，逐次产生点列 $X^{(0)}, X^{(2)}, \cdots, X^{(k)}, \cdots$ 使得

$$F(X^{(0)}) > F(X^{(1)}) > \cdots > F(X^{(k)}) \cdots$$

直到迭代计算满足

$$|X^{(k)} - X^{(k+1)}| \leqslant \varepsilon_1$$

或

$$|F(X^{(k)}) - F(X^{(k+1)})| \leqslant \varepsilon_2$$

时，则可认为目标函数 $F(X^{(k+1)})|$ 的值近似收敛于函数 $|F(X^{(k)})$ 的极小值。这样就得到近似最优解为 $X^* = X^{(k+1)}, F(X^*) = F(X^{(k+1)})$。于是，迭代计算即告结束。上述两式中，$\varepsilon_1$ 和 ε_2 分别表示变量及日标函数值的计算精度，可根据具体问题及不同的计算方法确定。

上述迭代格式可用数学式表示为

$$X^{(k+1)} = X^{(k)} + \alpha^{(k)} p^{(k)}$$

式中，$X^{(k)}$ 为第 $k+1$ 步迭代的起始点（也就是第 k 步迭代所得到的点），在初始计算时，取 $X^{(0)}$；p^k 为由 $X^{(k)}$ 点迭代到 $X^{(k+1)}$ 点时的搜索方向；$\alpha^{(k)} p^{(k)}$ 为迭代计算的优化步长。

无约束优化方法是优化设计中的基本方法。各种无约束优化方法的区别在于确定搜索方向和优化步长的方法不同，归纳起来可分为两大类：一类是解析方法，即利用函数的一阶或二阶导数来确定优化方向和步长，如梯度法、牛顿法、变尺度法等；另一类是直接搜索法，如坐标轮换法、模式搜索法、Powell 共轭方向法等。求解一元函数的无约束优化问题的方法称为一维优化方法，它是优化方法中最 简单、最基本的方法。在求解多元函数在某一方向上的极小点时，就要采用一维优化方法。一维优化方法中，应用较多的有黄金分割法（0. 618 法）、二次插值法等。

【例 14-1】 图 14-3 所示为汽车前轮转向等腰梯形机构 $ABCD$，已知主动件 AB 转角范围 θ 为 30°，从动件 CD 转角为 β，为保证汽车转向两前轮轴线能始终交于后轮轴线于一点，理论上应

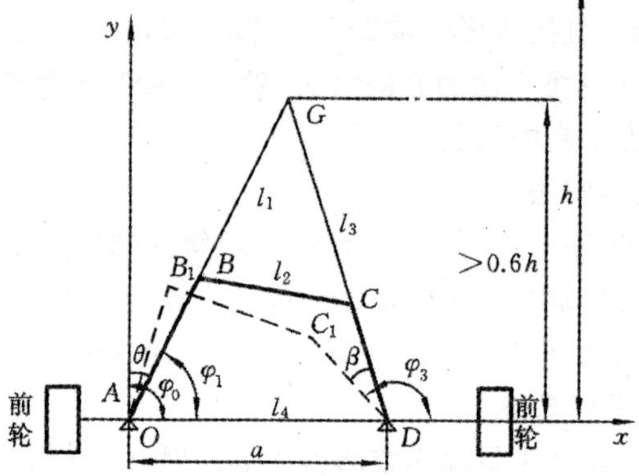

图 14-3　汽车前轮转向机构优化

满足：

$$\beta = \arctan[\tan\theta/(1-0.5\tan\theta)]$$

转向四杆机构中，$AD=a=1480\text{mm}$，$h=2960\text{mm}$，试设计该四杆机构。

解 ①确定设计变量。该四杆机构的几何参数有各杆长 l_1、l_2、l_3、l_4 和主动件初始角 φ_0（见图 14-3）。

由 $l_1=l_3$，$l_4=a$ 得

$$l_2 = a - 2l_1\cos\varphi_0$$

所以只有两个设计变量

$$x = [l_1, \varphi_0]^{\mathrm{T}}$$

②建立目标函数。取点 A 为坐标原点建立坐标系 xOy，由图 14-3 知

$$\varphi_1 = \varphi_0 + \theta$$

$$\varphi_3 = 180° - \varphi_0 + \beta(\text{a})$$

因此，可求出点 B、C 的坐标分别为

$$x_B = l_1\cos\varphi_1 \ y_B = l_1\sin\varphi_1$$

$$x_C = a + l_1\cos\varphi_3 \, y_C = l_1\sin\varphi_3$$

根据连杆 BC 在运动中长度不变为 l_2，得

$$(x_C - x_B)^2 + (y_C - y_B)^2 = l_2^2$$

整理可得

$$A\sin\varphi_3 = B\cos\varphi_3$$

式中，$A=2l_1^2\sin(\varphi_0+\theta)$，$B=2l_1^2\cos(\varphi_0+\theta)-2al_1$，$C=2l_1^2+2al_1\cos\varphi_0-4l_1^2\cos^2\varphi_0-2al_1(\varphi_0+\theta)$

解方程，得

$$\varphi_3 = 2\arctan\left(\frac{A \pm \sqrt{A^2+B^2-C^2}}{B+C}\right)$$

将求出的 φ_3 代入式(a)中得 β 与 θ、l、φ_0 的函数关系式。用从动杆 CD 的实际转角 β 与理论要求的转角 β' 的均方根误差最小建立目标函数，得

$$f(x) = \int_{0°}^{30°} (\beta' - \beta)^2 \mathrm{d}\theta$$

采用数值方法，用梯形求积公式近似计算上式，得

$$f(x) = 1/2(\beta'_0 - \beta_0)^2\Delta\theta + \sum_{i=1}^{19}[(\beta'_0 - \beta_0)^2\Delta\theta] + \frac{1}{2}(\beta'_{20} - \beta_{20})^2\Delta\theta$$

式中已将主动件 AB 转角 θ 分成 20 等份，故 $\Delta\theta=\dfrac{30°-0°}{20}=1.5°$

③确定约束条件。根据汽车设计对转向机构的空间、布置和结构要求，得

$$0.1a \leqslant l_1 \leqslant 0.4a$$

$$g_1(x) = 14.8 - l_1 \leqslant 0$$

$$g_2(x) = l_1 - 59.2 \leqslant 0$$

因为$\overline{AB}$与$\overline{CD}$交点 G 离前桥$\overline{AD}$的距离必须在 $0.6h$ 以外，故

$$\arctan\left(\frac{1.2h}{a}\right) \leqslant \varphi_0 \leqslant 90°$$

$$g_3(x) = 1.176 - \varphi_0 \leqslant 0$$

$$g_4(x) = \varphi_0 - 1.57 \leqslant 0$$

所以汽车转向机构的优化设计是二维、四个不等式约束的非线性优化问题。用 网络法进行优化计算，当 $f(x^*)=2.56\times10^{-5}$时，有

$$x_1^* = l_1 = 148\text{mm} \qquad x_2^* = \varphi_0 = 1.226\text{rad}$$

【例 14-2】现设计一车库门启闭四杆机构。如图 14-4 所示，要求车库门在关闭时为位置 N_1，在开启后为位置 N_2（S 为车库门的重心位置），车库门在启闭过程中不得与车库顶部或车库内汽车相碰，并尽量节省启闭所占的空间。

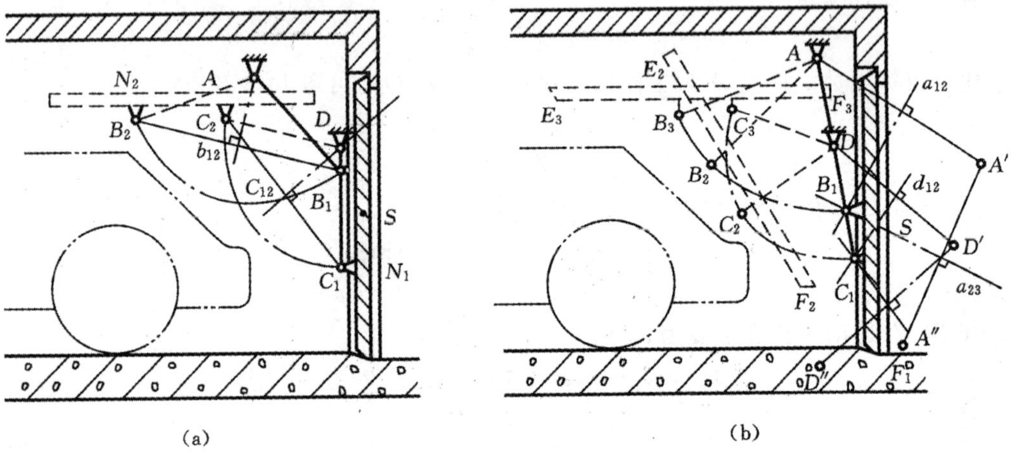

图 14-4　车库门启闭四杆机构

解　此设计可将车库门视作连杆，而车库房为机架，按给定连杆的两个位置进行设计。有如下两种设计方案。

①在车库门上先选定两活动铰链 B、C 的位置。为使车库门能正常关闭，启闭时省力，两活动铰链中心 B、C 可选在车库门的内面重心 S 的上下两侧，如图 14-4(a)所示。现已知连杆 B_1C_1 和 B_2C_2 两位置，需在车库房上确定两固定铰链 A、D 的位置。为此，作$\overline{B_1B_2}$和$\overline{C_1C_2}$的垂直平分线 b_{12}和 C_{12}固定铰链 A、D 应分别在 b_{12}和 C_{12}上选定，如图 14-4(a)所示。AB_1C_1D 即为所设计的四杆机构，实际上要采用两套相同的四杆机构（分别布置在门的两侧，以改善受力状态）。最后，还需作图检验车库门在启闭过程中车库顶和汽车是否发生干涉和机构的传动角是否满足要求等。若不满足要求，则需重新选定铰链 A、D 或 B、C 的位置后再设计，直至满意为止。

②在车库房上先选定两固定铰链 A、D 的位置，再在车库门上确定两活动铰链中心 B、C 的位置。为了能直接设计出满意的四杆机构，可再给出车库门的一个中间位置，使车库门在启闭过程中不与车库顶和汽车发生相碰并占据较小的空间，这时为按给定连杆三位置进行设计，如图 14-4(b)所示。为了设计作图方便，在车库门上作一个标线 EF，即已知其三个位置 E_1F_1、、E_2F_2 及 E_3F_3，并取 EF 为新机架的固定位置，然后利用已知固定铰链中心位置的设计方法可得新连杆（原机架）AD 相对于新机架 EF（即 E_1F_1 的位置）的另两个位置 $A'D'$和 $A''D''$。由 A、A'和 A'' 所确定的圆弧的圆心即活动铰链 B 的位置点 B_1，同理，由 D、D'及 D''可确定活动铰链 C 的位置点 C_1。AB_1C_1D 即为所设计的四杆机构。试采用优化设计确定最佳方案。

【例 14-3】设已知一四杆机构 ABCD 各杆的长度为$\overline{AB}=200\text{mm}$，$\overline{BC}=700\text{mm}$，$\overline{CD}=400\text{mm}$，$\overline{DA}=600\text{mm}$，如图 14-5 所示。现欲以此四杆机构来驱动一颚式碎矿机的动颚 GF（设四杆机构

$ABCD$ 与动颚板 GF 的相对位置关系如图 14-5 所示)，使其得到从铅垂位置向左具有 20°角位移的往复摆动，试设计此机构。

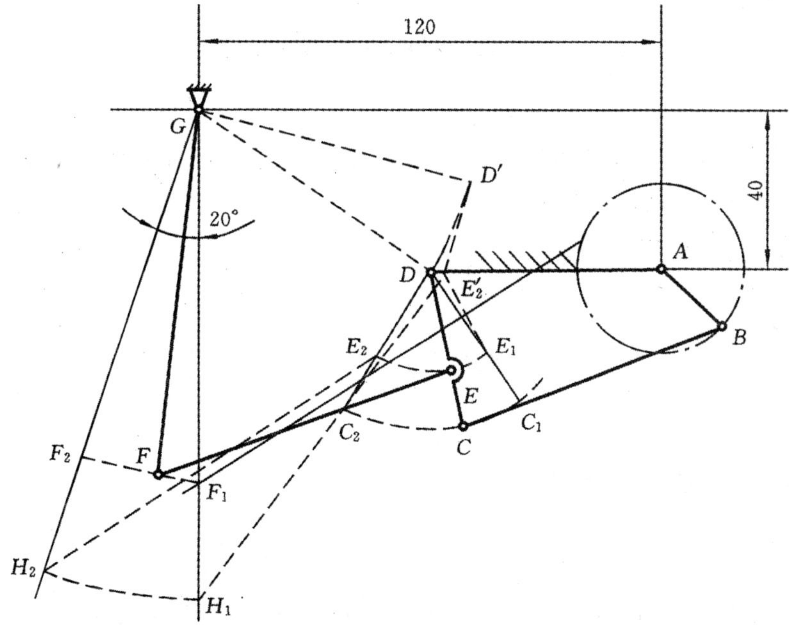

图 14-5　颚式碎矿机

解　由图 10-5 可见，欲以四杆机构 $ABCD$ 来驱动颚板 GF，显然只要用一个构件分别以转动副与构件 CD 及 GF 连接起来就可以了。但是这样的随意连接显然只能达到使构件 GF 往复摆动的目的，并不一定能满足构件 GF 的位置要求。所以此题的设计任务是如何确定此连接构件的长度及其与构件 CD 及 GF 相连接的转动副的位置，亦即要定出图中构件 DE、EF 及 FG 的长度。

由题中给出的尺寸可见，四杆机构 $ABCD$ 为一曲柄摇杆机构，其摇杆 CD 的两个极端位置 DC_1，和 DC_2 应与动颚板 GF 的两个极端位置 GF_1 和 GF_2 相对应。因此，本题实际上是按两连杆(CD 及 GF)预定的两个对应位置来设计四杆机构的问题。具体的设计步骤如下。

①根据所给的尺寸，按比例$\left(设取\ \mu=0.02\ \dfrac{\text{m}}{\text{mm}}\right)$作图，并定出摇杆 CD 的两极端位置 DC_1，和 DC_2。

②在构件 CD 上任取一点 E 作为连杆机构 CD 的铰接点，并在构件 GF 上取标线 GH (H 为标线 GH 上的任意一点)。当摇杆 CD 处于两极端位置时，构件 GF 的对应位置为 GF_1 和 GF_2。

③将四边形 GH_2E_2D 视为一刚体，并设想将四边形绕轴心 G 反转至 GH_2 与 GH_1 相重合的位置，这时 E_2D 和 DG 将反转到 E'_2D' 和 $D'G$ 位置。

作 $\overline{E_1E'_2}$ 的垂直平分线，则连杆构件 EF 与构件 GF 的铰接点 F 可在此垂直平分线上任意选取。现设选取此垂直平分线与 GH_1 线的交点 F_1 为连接构件 EF 与构件 GF 的铰接点，则由图 14-5 可量得

$$l_{DE}=\overline{DE}\mu_l=13\times0.02=0.26\text{m}=260\text{mm}$$

$$l_{EF}=\overline{EF}\mu_l=41\times0.02=0.82\text{m}=820\text{mm}$$

$$l_{FG}=\overline{FG}\mu_l=47\times0.02=0.94\text{m}=940\text{mm}$$

根据上述的设计步骤可见，由于铰接点 E、F 可以分别在构件 CD 和 $\overline{E_1E'_2}$ 的垂直平分线上任意选

取，故本题有无穷多解。在设计时应根据其他附加条件，从若干个设计方案中选取比较理想的方案，对于本题来讲可采用优化设计使之得到较大的传动角，以便碎矿时可以节省动力等。

14.3 平面凸轮机构的优化设计

平面凸轮机构优化设计的任务是在确定了凸轮机构类型和从动件运动规律之后，按一定的性能参数和评价指标确定凸轮机构的运动学尺寸（如基圆半径 r_b、滚子半径 r_r、偏距 e 等），并使某一个或几个评价指标获得最优值。

14.3.1 性能参数与评价指标

1. 压力角 α

一般情况下，规定凸轮机构从动件推程中的最大压力角 α_{max} 的值必须小于或等于许用压力角[α]的值，即 $\alpha_{max}=[\alpha]$。

2. 传动效率 η

凸轮机构不仅不能发生自锁现象，还应有较高的传动效率，因而传动效率是凸轮机构的一个重要评价指标。

3. 接触应力 σ

在所有传递一定动力的高副机构中，传力部分均有接触强度问题，即当两个具有曲面的弹性体在一定压力作用下互相接触时，在接触处都会产生接触应力。在凸轮机构中，接触应力对凸轮机构的使用寿命起着重要作用，是凸轮机构的一个重要特性参数。为此，一般应保证凸轮与从动件（或其上的滚子）的最大接触应力小于或等于许用接触应力，即 $\sigma_{Hmax}\leqslant[\sigma]$。

4. 体积

若要求机构紧凑，可将凸轮体积作为一个评价指标。

14.3.2 平面凸轮机构优化

一台面盆自动卷切机中的卷边凸轮机构为偏置移动滚子从动件盘形凸轮机构，其凸轮以转速 $n=12\text{r/min}$ 顺时针转动。从动件运动规律是：$\varphi=0\sim90°$时，从动件以正弦加速度运动规律上升 46mm；90°～180°之间从动件远停不动；180°～240°之间从动件以余弦加速度运动规律返回；240°～360°之间，从动件近停不动。其他参数如表 14-1 所示。试以升程效率最高为目标，设计此凸轮机构（即确定 r_bN，A_0，l_a，d，r_r，e 等参数）。

表 14-1 面盆自动卷切机参数

参数	符号	取值	参数	符号	取值
许用压力角/(°)	[α_1]	35	载荷/N	Q	200N
	[α_2]	70	实际基圆半径/mm	r_bN	$35\leqslant r_bN\leqslant50$
弹性模量/MPa	$E_1=E_2$	2.1×10^6	滚子半径/mm	r_r	$10\leqslant r_r\leqslant\frac{2}{3}r_bN$
泊松比	$\mu_1=\mu_2$	0.3	从动件导路长/mm	l_a	$45\leqslant l_a\leqslant100$
密度/(kg/m³)	ρ	7.8×10^3	凸轮轴中心至导路底部距离/mm	A_0	$75\leqslant A_0\leqslant120$

续表

参　数	符　号	取　值	参　数	符　号	取　值
摩擦系数	f_1	0.05	从动件的宽度/mm	d	$10\leqslant d\leqslant 30$
	f_2	0.10	间隙/mm	Δ	$5\leqslant\Delta\leqslant 20$
摩擦圆半径/mm	ρ_1	1.0	许用接触应力/MPa	$[\sigma_H]$	500
	ρ_2	0.5	许用接触剪应力/MPa	$[\tau_H]$	150

1. 凸轮机构开程传动效率公式

图 14-6 所示为偏置移动滚子从动件盘形凸轮机构简图。图中 r_bN 为凸轮实际轮廓的最小半径，r_b 为凸轮基圆半径；r_r 为滚子半径；e 为偏距；l_a 为从动件导路长度；l_b 为从动件悬臂长度；A_0 为凸轮回转轴线至导路底部的距离；φ_1、φ_2 均为摩擦角；ρ_1、ρ_2 均为摩擦圆半径；s 为从动件位移量；α 为压力角（取绝对值）；r 为理论轮廓线上某点的向径；d 为从动件宽度。

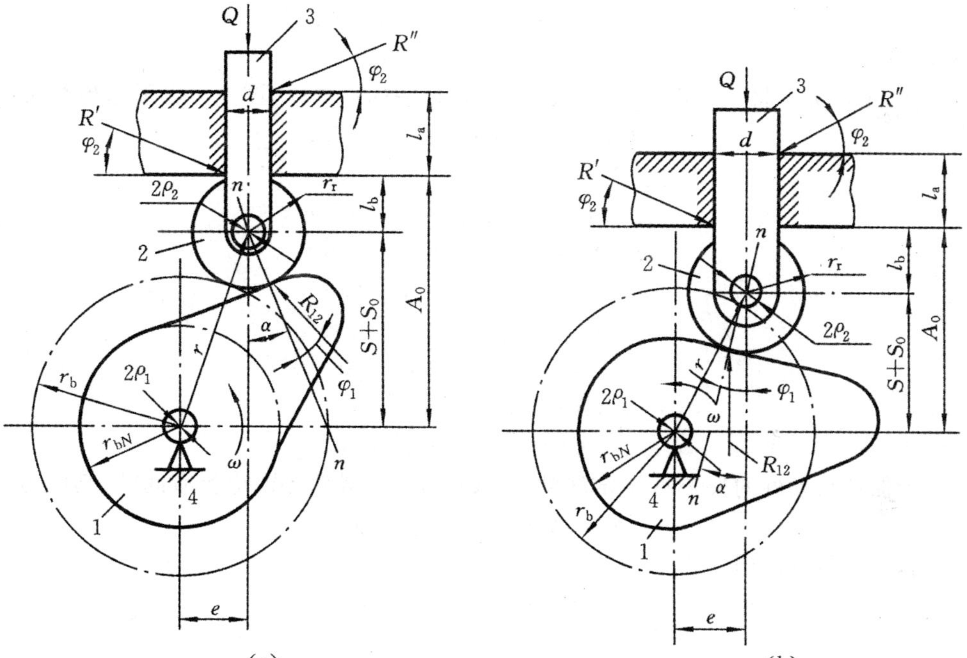

图 14-6　偏置移动滚子从动件盘形凸轮结构简图

通过受力分析，可求得偏置移动滚子从动件盘形凸轮机构的瞬时效率为

$$\eta=\frac{[(s+s_0)\tan\alpha+e]\left[1\mp\tan\varphi_2\tan(\alpha+\varphi_1)\left(1+\frac{2l_b}{l_a}-\frac{d}{l_a}\tan\varphi_2\right)\right]\mp\frac{2\rho_2\tan\varphi_2}{l_a\cos(\alpha+\varphi_1)}}{(s+s_0)\tan(\alpha+\varphi_1)+e+(\rho_1-r_r\sin\varphi_1)/\cos(\alpha+\varphi_1)}$$

式中，$l_b=A_0-s-\sqrt{r_b^2-e^2}$；$s_0=\sqrt{r_b^2-e^2}$；$\alpha=\arctan\left(\frac{\mathrm{d}s/\mathrm{d}\varphi-e}{s+s_0}\right)$；$\varphi$ 为凸轮的转角，而 s 和 $\mathrm{d}s/\mathrm{d}\varphi$ 则由所选定的从动件的运动规律而定。式中，"∓"号分别对应于图 14-6 两种工作状况，即若为图 14-6(a)的情况，取"－"号；若为图 14-6(b)的情况，取"＋"号。为了上机计算方便，式中"∓"号也可根据传动效率 $\eta<1$ 的条件来选定，即当

$$(l_a+2l_b-d\tan\varphi_2)\tan(\alpha+\varphi_1)+\frac{2\rho_2}{\cos(\alpha+\varphi_1)}\geqslant 0$$

时，取""－"号；否则，取"＋"号。

2. 优化设计数学模型

(1)设计变量

由凸轮机构瞬时效率公式可知，η 与 r_b、e、φ_1、φ_2、s、α、l_a、l_b、ρ_1、ρ_2、r_r、d 等参数有关。当凸轮机构从动件运动规律、凸轮和滚子的转轴半径及材料确定后 φ_1、φ_2、s、ρ_1、ρ_2 的值就确定了。在满足压力角要求的条件下，根据机构瞬时效率的要求，可求得 r_b、e、l_a、l_b、r_r、d 诸值。由于 $r_b=r_bN+r_r$，$l_b=A_0-s-\sqrt{r_b^2-e^2}$，故当 r_bN、r_r、A_0、l_a、s 确定后，即可求出 r_b、l_b。于是，可选定 r_bN、A_0、l_a、d、r_r、e 为设计变量，记作

$$X=[x_1,x_2,x_3,x_4,x_5,x_6]^T=[r_{bN},A_0,l_a,d,r_r,e]^T$$

(2)目标函数

由于凸轮机构从动件在运动过程中，每一瞬时传动效率各不相同，故取升程的最大瞬时效率极大化为优化设计的准则。据此，可写出优化目标函数为

$$\min[-f(X)]=\min(-\max(\eta))$$

(3)约束条件

①边界约束。为了将 r_{bN}、A_0、l_a、d、r_r、e 限制在合理的范围内，设置了以下边界约束：

$$g_1(X)=[(r_{bN})_{\min}-r_{bN}]\leqslant 0$$
$$g_2(X)=[r_{bN}-(r_{bN})_{\max}]\leqslant 0$$
$$g_3(X)=[(A_0)_{\min}-A_0]\leqslant 0$$
$$g_4(X)=A_0-(A_0)_{\max}\leqslant 0$$
$$g_5(X)=[(l_a)_{\min}-l_a]\leqslant 0$$
$$g_6(X)=[l_a-(l_a)_{\max}]\leqslant 0$$
$$g_7(X)=[d_{\min}-d]\leqslant 0$$
$$g_8(X)=[d-d_{\max}]\leqslant 0$$
$$g_9(X)=[r_{r\min}-r_r]\leqslant 0$$

此外，为保证从动件的滚子不与导轨端面相碰，滚子与导轨端面应留有间隙，其值为

$$\Delta=A_0-S_0-S_{\max}-r_r$$

其大小应满足下列条件，即

$$g_{10}(X)=[\Delta_{\min}]-\Delta\leqslant 0$$
$$g_{11}(X)=\Delta-[\Delta_{\max}]\leqslant 0$$

②性能约束。

滚子半径约束。保证凸轮实际廓线光滑的约束条件是

$$g_{12}(X)=r_r-(r_2)_{\min}+3\leqslant 0$$

式中，$(r_2)_{\min}$ 为理论轮廓的最小曲率半径。

保证凸轮实际结构合理的条件是，$r_r\leqslant 0.4r_b$，又因 $r_b=r_{bN}+r_r$ 故应有下列约束

$$g_{13}(X)=r_r-\frac{2}{3}r_{bN}\leqslant 0$$

偏距约束。为了将偏距限制在合理的范围内，设置如下偏距约束，即

$$g_{14}(X)=e-\frac{1}{2}(r_{bN}+r_r)\leqslant 0$$

压力角。约束升程最大压力角 $(\alpha_1)_{\max}$ 与回程最大压力角 $(\alpha_2)_{\max}$ 应分别小于相应的许用压力角 $[\alpha_1]$、$[\alpha_2]$ 即

$$\left.\begin{aligned}g_{15}(X)=(\alpha_1)_{\max}-[\alpha_1]\leqslant 0\\g_{16}(X)=(\alpha_2)_{\max}-[\alpha_2]\leqslant 0\end{aligned}\right\}$$

接触应力约束。最大接触应力应小于许用接触应力，即

$$\left.\begin{aligned}g_{17}(X) &= \sigma_{H\max} - [\sigma_H] \leqslant 0 \\ g_{18}(X) &= \tau_{H\max} - [\tau_H] \leqslant 0\end{aligned}\right\}$$

3. 计算结果与分析

将此问题有关参数代入上述数学模型的有关公式，并上机计算，求得结果如表 14-2 所示。

表 14-2　计算结果

参数 / 方案	r_{bN} /mm	A_0 /mm	l_a /mm	l_b /mm	r_r /mm	e /mm	$\alpha_{1\max}$ /(°)	$\alpha_{2\max}$ /(°)	$\sigma_{H\max}$ /MPa	$\tau_{H\max}$ /MPa
初方案	40	120	50	15	20	10	31.3°	42.5°	180.8	0.791
优化方案	35.8	119.9	52.5	14.1	19.5	24.9	26.76°	54.37°	189.7	0.893

由表 14-2 的结果可知，以凸轮机构升程传动效率最高为目标来设计凸轮机构，可以一次合理地确定凸轮机构的全部运动学尺寸，不仅最大瞬时效率比初始方案提高了 12.8%，而且凸轮最小向径比初始方案减少了 10.5%，使整个凸轮机构紧凑、重量减轻、设计合理，充分显示了优化设计的优越性。

14.4　齿轮变位系数的优化设计

14.4.1　选择变位系数的指标

1. 轮齿弯曲强度

(1)提高轮齿弯曲强度

齿轮工作时，轮齿的根部受弯曲应力作用，当应力超过材料应力极限时，最终造成轮齿的弯曲折断。如图 14-7 所示，通常将轮齿视为悬臂梁来计算齿轮危险截面的弯曲应力。机械设计教材中所讲的轮齿弯曲疲劳强度条件为

$$\sigma_F = \frac{2KT_1}{bZ_1 m^2} Y_{Fa} Y_{Sa} Y_\varepsilon \leqslant \sigma_{FP}$$

式中，σ_F 为危险截面的弯曲应力；σ_{FP} 为材料许用弯曲应力；b 为齿宽；Y_ε 为重合度系数；Y_{Sa} 为考虑齿根应力集中和危险截面上的压应力及剪应力的应力修正系数；K 为载荷系数；T_1 为主动轮 1 传递的名义转矩，$T_1 = F_n m Z_1 \cos\alpha/2$；$F_n$ 为齿面法向作用力；Y_{Fa} 为力作用于齿顶的齿形系数。

$$Y_{Fa} = 6\left(\frac{h_F}{m}\right)\frac{\cos\alpha_{Fa}}{(S_F/m)^2\cos\alpha}$$

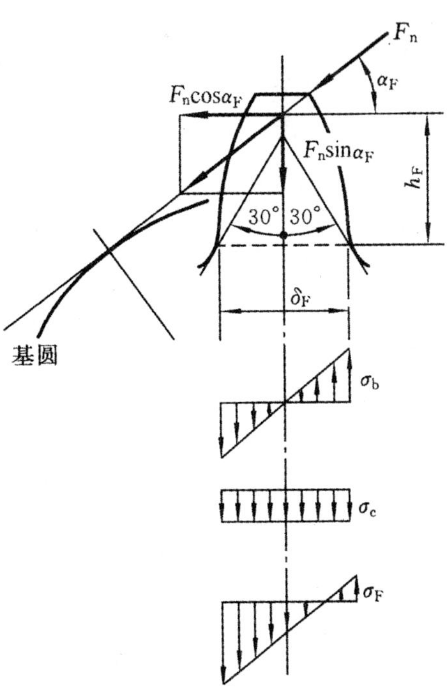

图 14-7　齿轮弯曲强度

其中，h_F 为弯曲力臂；α_{Fa}为 F_n 力作用角；S_F 为危险截面的齿厚。

由上述可知，变位系数大，则 $Y_{Fa}Y_{Sa}$小，使 Y_{Fa}小，轮齿弯曲强度高，所以采用正变位齿轮可提高轮齿弯曲强度。

(2)使两齿轮的弯曲强度相等

一对相啮合齿轮的参数 K、F_n、b、m、a、Y_ε 是相同的。若两齿轮的材料和热处理质量又相同，则 σ_{FP} 也相同。为了使两齿轮的弯曲强度相等，就必须使 $Y_{Fa1}Y_{Sa1}=Y_{Fa2}Y_{Sa2}$。在两齿轮变位系数相等的条件下，齿数多的齿轮，其齿形系数和应力修正系数之积较大，所以，为了使两齿轮的弯曲强度相等，就需使小齿轮的变位系数大于大齿轮的变位系数。通常小齿轮的材料和热处理质量比大齿轮好，即 $\sigma_{FP1}>\sigma_{FP2}$，此时所采用的变位系数会使 $Y_{Fa1}Y_{Sa1}/\sigma_{FP1}=Y_{Fa2}Y_{Sa2}/\sigma_{FP2}$，这才能达到两齿轮的弯曲强度相等的目的。

2. 齿面接触强度

(1)增大综合曲率半径

轮齿受力后，齿面接触处产生循环变化的接触应力，在此接触应力的反复作用下，在节圆附近的齿面上出现麻点状凹坑，产生齿面接触疲劳破坏。

用弹性力学的赫兹公式，可计算接触表面的最大接触应力为

$$\sigma_H = Z_E\sqrt{\frac{F_n}{b\rho}}$$

式中，σ_H 为齿面接触应力；Z_E 为材料系数；F_n 为齿面法向作用力；b 为齿宽；ρ 为齿面接触处综合曲率半径，$\rho=\dfrac{\rho_1\rho_2}{\rho_1+\rho_2}$由图 14-8 可知，齿面在节点接触时，有

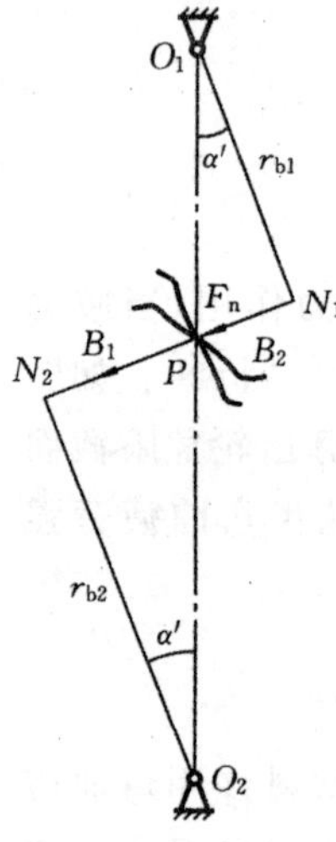

图 14-8 增大综合曲率半径

$$\rho_1 = \overline{N_1P} = r_{b1}\tan\alpha' = \frac{1}{2}mz_1\cos\alpha\tan\alpha'$$

$$\rho_2 = \overline{N_2P} = r_{b2}\tan\alpha' = \frac{1}{2}mz_2\cos\alpha\tan\alpha'$$

$$\rho = \frac{mz_1 z_2 \cos\alpha \tan\alpha'}{2(z_1 + z_2)}$$

所以，$\sigma_H = Z_F \sqrt{2(z_1 + z_2)F_n / bmz_1 z_2 \cos\alpha \tan\alpha'}$

$$\mathrm{inv}\alpha' = \mathrm{inv}\alpha + 2(\chi_1 + \chi_2)\tan\alpha / (z_1 + z_2)$$

由此可知，在 Z_E、F_n、z_1、z_2、m、、α、b 一定的条件下，$\chi_1 + \chi_2$ 越大，σ_H 越小，所以，采用正角度变位齿轮传动（即 $\chi_1 + \chi_2 > 0$），并选取尽可能大的变位系数和，以提高齿面接触强度。

(2)使节点处于两对齿啮合区内

齿面接触疲劳破坏发生在节圆附近的齿面上，而齿面在节点啮合时，一般只有一对齿啮合。为了提高齿面接触强度，可选择适当的变位系数，改变实际啮合线 $\overline{B_1 B_2}$ 在理论啮合线 $\overline{N_1 N_2}$ 上的位置，使节点处于两对齿啮合的区域内，减轻齿面在节点啮合时的作用力。

(3)采用节点外啮合

选择适当的变位系数，使节点位于实际啮合线之外。如使齿轮 2 的齿顶圆小于节圆，实际啮合仅在齿轮 1 节圆外的齿顶部分与齿轮 2 的节圆内齿面上进行。为了使 $r_{a2} < r'_2$；齿轮 2 必须为负变位，且 $\chi_2 < -1$，但为了不产生齿廓根切，只有齿轮 2 的齿数较多时才能实现这种变位。

(4)耐磨损和抗胶合

齿面磨损和胶合与两齿面间的相对滑动密切相关，相对滑动越大，齿面的磨损就越严重，也就越容易产生胶合，因此，为提高齿轮耐磨损和抗胶合能力，就必须研究齿面间的相对滑动情况。

如图 14-9 所示，一对轮齿在点 K 接触，它们齿廓接触点的切向分速度为

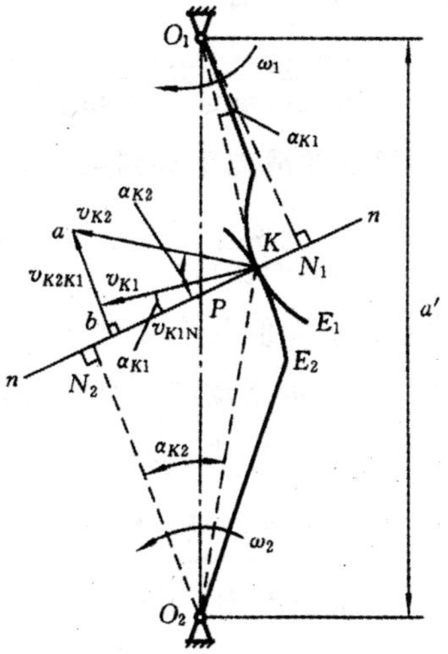

图 14-9　齿面间的相对滑动

$$v_{t1} = v_{k1} \sin\alpha_{K1} = \Delta_1 \overline{O_1 K} \sin\alpha_{K1} = \Delta_1 \overline{N_1 K}$$

$$v_{t2} = v_{k2} \sin\alpha_{K1} = \Delta_2 \overline{O_2 K} \sin\alpha_{K2} = \Delta_2 \overline{N_2 K}$$

两齿廓在 K 点的相对滑动速度为

$$\begin{aligned} v_{21} &= v_{t2} - v_{t1} = \Delta_2(\overline{N_2 P} + \overline{PK}) - \Delta_1 \overline{N_1 P} + \overline{PK}) \\ &= (\Delta_1 + \Delta_2)\overline{PK} + \Delta_2 \overline{N_2 P} - \Delta_1 \overline{N_1 P} \\ &= (\Delta_1 + \Delta_2)\overline{PK} = -v_{12} \end{aligned}$$

通常用两齿面间的相对速度(即相对滑动速度)与该点切向分速度的比值表示齿面间相对滑动程度,该比值称为滑动率,用 η 表示。

小齿轮齿面的滑动率为

$$\eta_1=\frac{v_{t2}-v_{t1}}{v_{t1}}=\frac{(\Delta_1+\Delta_2)\overline{PK}}{\Delta_1\overline{N_1K}}=\frac{\overline{PK}}{\overline{N_1K}}\left(\frac{\mu+1}{\mu}\right)$$

式中,$\mu=\Delta_1/\Delta_2=z_2/z_1$ 称为齿数比。

大齿轮齿面的滑动率为

$$\eta_2=\frac{v_{t1}-v_{t2}}{v_{t2}}=\frac{(\Delta_1+\Delta_2)\overline{PK}}{\Delta_2\overline{N_2K}}=\frac{\overline{PK}}{\overline{N_2K}}\left(\frac{\mu+1}{\mu}\right)$$

由式上述滑动率的表达式可知,η_1 和 η_2 为啮合点 K 在啮合线$\overline{N_1N_2}$上的位置函数。当轮齿在极限啮合点 N_1 啮合时,$\eta_1\to\infty$,$\eta_2=1$;当轮齿在节点 P 啮合时,$\eta_1=0$,$\eta_2=0$;当轮齿在极限啮合点 N_2 啮合时,$\eta_1=1$,$\eta_2\to\infty$。由上述两式可以作出滑动率变化曲线。

齿轮的轮齿是在实际啮合线$\overline{B_1B_2}$上啮合的。一对轮齿在点 B_2 啮合时,轮齿 1 齿根部的滑动率达到实际最大值 $\eta_{1\max}$。

$$\begin{aligned}\eta_{1\max}&=\frac{\overline{PB_2}}{\overline{N_1B_2}}\left(\frac{\mu+1}{\mu}\right)=\frac{\overline{N_2B_2}-\overline{N_2P}}{\overline{N_1N_2}-\overline{N_2B_2}}\left(\frac{\mu+1}{\mu}\right)\\&=\frac{r_{b2}\tan\alpha_{a2}-r_{b2}\tan\alpha'}{(r_{b1}+r_{b2})\tan\alpha'-r_{b2}\tan\alpha_{a2}}\left(\frac{\mu+1}{\mu}\right)\\&=\frac{\tan\alpha_{a2}-\tan\alpha'}{(1+z_1/z_2)\tan\alpha'-\tan\alpha_{a2}}\left(\frac{\mu+1}{\mu}\right)\end{aligned}$$

一对轮齿在点 B_1 啮合时,齿轮 2 齿根部的滑动率达到实际最大值 $\eta_{2\max}$,即

$$\eta_{2\max}=\frac{\tan\alpha_{a1}-\tan\alpha'}{(1+z_1/z_2)\tan\alpha'-\tan\alpha_{a1}}(\mu+1)$$

由分析可知,轮齿根部的滑动率大于齿顶上的滑动率,且在标准齿轮传动中小齿轮根部在点 B_2 的滑动率又大于大齿轮根部(在点 B_1)的滑动率。当一对相啮合齿轮的,齿数相差很大时(即齿数比 μ 较大),点 B_2 就接近于点 N_1,$\eta_{1\max}$较大;或者当变位系数选用不当,使点 B_2 接近于点 N_1。可采用小变位系数 χ_2,以减小其齿顶圆直径,增大点 B_2 至点 N_1 的距离(减小 $\eta_{1\max}$);或增大变位系数 χ_1,以增大其齿顶圆直径,减小点 B_1 至点 N_2 的距离(增大 $\eta_{2\max}$),使 $\eta_{1\max}=\eta_{2\max}$,也就是改变实际啮合线$\overline{B_1B_2}$在理论啮合线上的位置。

14.4.2 变位系数的选择

1. 选择变位系数的基本原则

变位齿轮设计的关键问题是正确地选择变位系数。变位系数选择是一个复杂的综合性问题,如果变位系数选择得合理,可使齿轮的承载能力提高;假若变位系数选择得不合理,反而会降低齿轮的承载能力。在现代变位齿轮设计中,一般均是依据齿轮传动的工作条件,针对最有可能产生的主要失效形式,在满足齿轮设计限制条件下,根据齿轮设计质量指标,选用最佳的变位系

数。有些变位齿轮的设计，要先选定变位齿轮传动的类型，再进一步选择 χ_1 和 χ_2 值。下面简述变位齿轮类型的性能特点。

(1)正角度变位齿轮传动(简称正传动)

$\chi_1+\chi_2>0$，因此，$\alpha'>\alpha$ 而啮合角 α' 的增大，使实际啮合点 B_1 和 B_2 远离理论啮合极限点 N_1 和 N_2，故两齿轮根部的相对滑动减少，从而减轻了轮齿的磨损。当啮合角增大后，节点处两齿轮齿廓的曲率半径 ρ_1 和 ρ_2 相应增大，从而提高了齿轮的接触强度。同时还可使两齿轮均采用正变位系数，或者小齿轮的正变位系数大于大齿轮的负变位系数的绝对值，因而使小齿轮的齿根部厚度增大，从而提高了弯曲强度。采用正传动还可以使用齿数和 $z_1+z_2<2z_{\min}$从而可减小齿轮传动的尺寸。虽然采用正传动，其重合度会稍减少，但优点较多，故应优先选用。

(2)负角度变位齿轮传动(简称负传动)

$\chi_1+\chi_2<0$，因此，$\alpha'<\alpha$ 正传动的优点正是负传动的缺点，故应尽量少选用，它仅在以 $\alpha'<m(z_1+z_2)/2$ 时为了配凑中心距才采用。

(3)高度变位齿轮传动(又称等移距变位齿轮传动)

$\chi_1=-\chi_2$，一般是小齿轮采用正变位系数，大齿轮采用负变位系数，使实际啮合线$\overline{B_1B_2}$ 向大齿轮一侧移动一段距离，从而使大、小齿轮滑动磨损和弯曲强度等接近相等，此外，还可使小齿轮的齿数为 $z_1\geqslant z_{\min}$而不产生齿廓根切，故高度变位齿轮传动适用于以 $a'=m(z_1+z_2)/2$，且大、小齿轮的齿数相差较大的场合。此外还常用于修复标准齿轮传动中已磨损了的大齿轮，即对大齿轮作负变位切制，重新配制正变位的小齿轮。

(4)标准齿轮传动

$\chi_1=\chi_2=0$，无侧隙啮合的中心距 $a=m(z_1+z_2)/2$，一般用于以 $a'=m(z_1+z_2)/2$，且 $z_2, z_1\geqslant z_{\min}$的场合。

为了提高齿轮传动的承载能力，确定选择变位系数的基本原则如下。

①对于润滑良好的硬齿面(>350HB)的闭式齿轮传动，一般认为其主要危险是在循环应力的作用下齿根的疲劳裂纹逐渐扩展而造成齿根折断。但是，实际上也有许多硬齿面齿轮传动因齿面点蚀剥落而失去工作能力的。因而，对这种齿轮传动，仍应尽量增大传动的啮合角 α'（即尽量增大总变位系数 χ_{Σ}），这样不仅可以提高接触强度，还能增大齿形系数 Y_{Fa}值，提高齿根的弯曲强度，必要时还可以适当地分配变 位系数，使两齿轮的齿根弯曲强度大致相等(即$[\sigma_{W1y1}]=[\sigma_{W2y2}]$)。

②对于润滑良好的软齿面(<350HB)的闭式齿轮传动，其齿面在循环应力的作用下，易产生点蚀破坏而失去工作能力。为了减小齿面的接触应力，提高接触强度，应当增大啮合节点处的当量曲率半径。这时应采用尽可能大的正变位，即尽量增大传动的啮合角 α'。

③对于开式齿轮传动，由于润滑不良，且易落入灰尘成为磨料，故极易产生齿面磨损而使传动失效。为了提高齿轮的耐磨损能力，应增加齿根厚度并降低齿面的滑动率。这也要求采用啮

合角尽可能大的的正传动，并合理地分配变位系数，以使两齿轮齿根处的最大滑动率接近或相等(即 $\eta_1=\eta_2$)。

④对于高速或重载的齿轮传动，易产生齿面胶合破坏而使传动失效。除了在润滑方面采取措施外，采用变位齿轮时，要尽可能减小其齿面的接触应方及滑动率，因而它也要求尽量增大啮合角 α'，并使 $\eta_1=\eta_2$。

综上所述，虽然由于齿轮的传动方式、材料和热处理的不同，其失效的形式各异，但为了提高承载能力而采用变位齿轮时，不论是闭式传动还是开式传动，硬齿面还是软齿面，一般情况下，都应尽可能地增大齿轮传动的啮合角 α'（即增大总变位系数 χ_Σ），并使齿根处的最大滑动率接近或相等(即 $\eta_1=\eta_2$)。

14.4.3 变位系数的优化选择

选择齿轮变位系数的方法有很多种，但传统的方法均各有缺点与不足之处，采用优化的方法，就能解决各种工况下齿轮变位系数的最优选择问题。齿轮机构的类型与工况不同，故齿轮变位系数选择的原则不同，从而使优选变位系数的数学模型也不同。

1. 齿形系数相等条件下变位系数的优化选择

对于闭式圆柱齿轮传动，当中心距限定时，两齿轮的变位系数之和就给定，故优化变位系数问题的实质就是两齿轮变位系数的最优分配问题，可按两齿轮的齿形系数接近相等的原则来分配变位系数，以提高其齿根弯曲强度。优化的设计变量为两齿轮的变位系数 χ_1 与 χ_2，即 $X=[\chi_1,\chi_2]^{\mathrm{T}}$，优化设计目标为两齿轮的齿形系数之差的绝对值最小，优化设计的目标函数为

$$\min f(X)=Y_{F1}-Y_{F2}$$

式中，Y_{F1}，Y_{F2}分别为两齿轮的齿形系数，对于外啮合渐开线圆柱齿轮，其值可按《机械设计》中的规定进行计算。

优化设计的约束条件如下。

①圆柱齿轮无根切的限制条件为

$$g_1(X)=h_a^*-z\sin^2\alpha/2-\chi_1\leqslant 0$$

$$g_2(X)=h_a^*-z\sin^2\alpha/2-\chi_2\leqslant 0$$

式中，α 为压力角；h_a^* 为齿顶高系数。

②重合度限制条件为

$$g_3(X)=[\varepsilon_a]-\frac{1}{2\pi}[z_1(\tan\alpha_{a1}-\tan\alpha')+z_2(\tan\alpha_{a2}-\tan\alpha')]\leqslant 0$$

式中，α_{a1}、α_{a2}分别为齿轮 1、2 的齿顶圆压力角；$[\varepsilon]$为许用重合度；α'为啮合角。

③齿顶厚限制条件为

$$g_4(X)=[S_{a1}]-[Sr_{a1}/r-2r_{a1}(\mathrm{inv}\alpha_{a1}-\mathrm{inv}\alpha]\leqslant 0$$

$$g_5(X)=[S_{a2}]-[Sr_{a2}/r-2r_{a2}(\mathrm{inv}\alpha_{a2}-\mathrm{inv}\alpha]\leqslant 0$$

式中，[Sa]为齿顶厚许用值。

④齿根过渡曲线限制条件为

$$g_6(X) = z_2(\tan\alpha_{a2} - \tan\alpha') - z_1(\tan\alpha' - \tan\alpha) - 4(h_a^* - \chi_1)/\sin 2\alpha \leqslant 0$$

$$g_7(X) = z_1(\tan\alpha_{a1} - \tan\alpha') - z_2(\tan\alpha' - \tan\alpha) - 4(h_a^* - \chi_2)/\sin 2\alpha \leqslant 0$$

例如，已知一硬齿面闭式直齿圆柱齿轮传动的两齿轮齿数 $z_1=16$，$z_2=72$，模数 $m=2$ mm，齿顶高系数 $h_a^*=1$，径向间隙系数 $c^*=0.25$m 两齿轮的中心距以 $a'=88$ mm，齿顶厚许用值[S_a]＝0.25m，许用重合度[ε]＝1.2。对两齿轮的变位系数进行优化计算，计算结果为 $\chi_1=0.118455$，$\chi_2=0.118455$。

2. 滑动系数相等条件下变位系数的优化选择

根据抗胶合及耐磨损最有利的质量指标选择变位系数，应使相啮合齿在开始啮合时主动齿轮齿根处的滑动系数 η_1 与啮合终了时从动齿轮齿根处的滑动系数 η_2 相等，即

$$\eta_1 = \eta_2$$

由有关滑动系数的表达可知，两轮齿根的滑动系数 η_1、η_2 与两轮的变位系数 χ_1、χ_2 有关。令

$$\min f(\chi) = |\eta_1 - \eta_2|$$

由于

$$\chi_\Sigma = (z_1 + z_2)(\mathrm{inv}\alpha' - \mathrm{inv}\alpha)/2\tan\alpha$$

$$\chi_2 = \chi_\Sigma - \chi_1$$

所以在实际中心距 a' 给定的情况下，$f(\chi)$ 就是 χ_1 的函数。这样使一对齿轮轮齿根滑动系数相等的问题转化为求以变位系数Ⅻ为变量的方程 $f(\chi_i)=0$ 方程根的问题，解此非线性方程，可用多种优化方法求解，现简单介绍 0.618 法求根的流程，0.618 法的原理如图 14-10 所示。

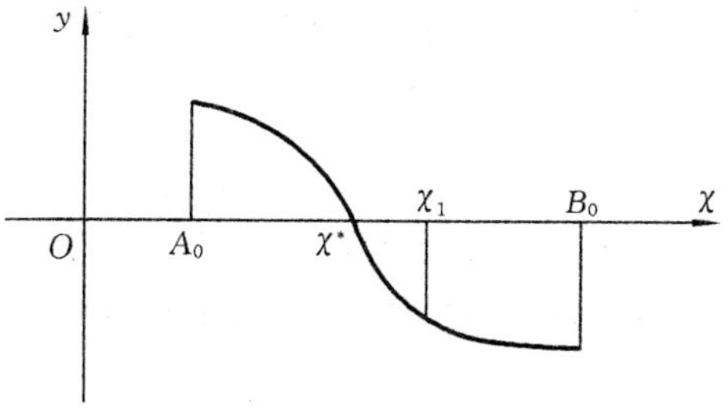

图 14-10　0.618 原理图

设有单调函数 $f(\chi)$ 在已知区间 (A_0, B_0) 内有根，其根的求法如下。

①取 (A_0, B_0) 间的 0.618 点 χ_1，作为根 χ^* 的近似值，则

$$\chi_1 = A_0 + 0.618(B_0 - A_0)$$

②设 δ 为误差。

③当优化迭代精度为 ε 时,如 $|\delta|<\varepsilon$,则 χ_1 即为所求;如 $|\delta|>\varepsilon,\delta>0$,则用 A_0 的值代替 χ_1;如 $\delta<0$ 时,则用 B_0 的值代替 χ_1,然后返回到步骤①求出新的$[A_0,B_0]$区间的 0.618 点,依次进行下去,直到符合精度 ε 的要求为止。

其程序设计流程框图如图 14-11 所示。

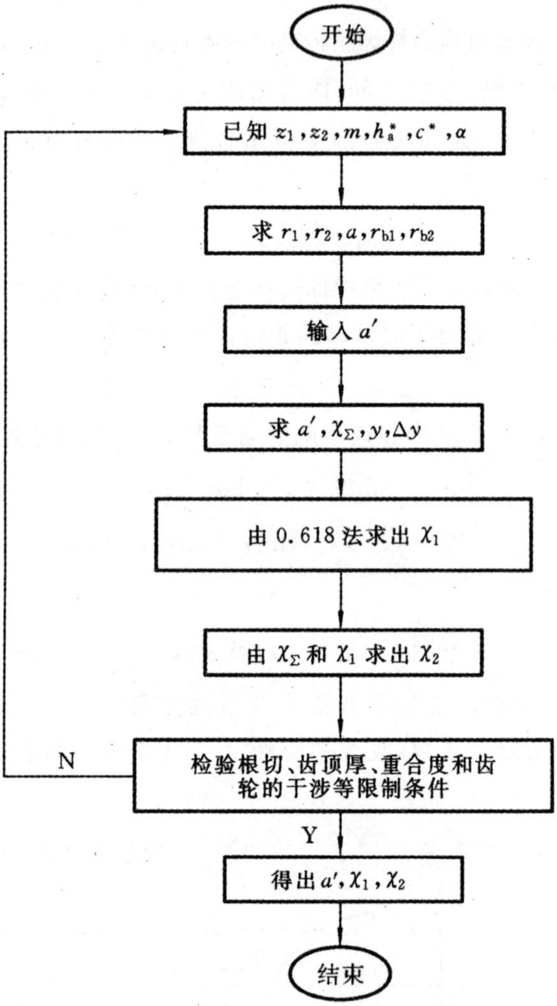

图 14-11　变为系统优化选择流程图

参考文献

[1]王德伦,高媛.机械原理.北京:机械工业出版社,2011.
[2]郭卫东.机械原理(第2版).北京:科学出版社,2013.
[3]李树军.机械原理.北京:科学出版社,2009.
[4]高志.机械原理.上海:华东理工大学出版社,2011.
[5]孙恒,陈作模,葛文杰.机械原理(第7版).北京:高等教育出版社,2006.
[6]郑文纬,吴克坚.机械原理(第7版).北京:高等教育出版社,2010.
[7]王知行,邓宗全.机械原理(第2版).北京:高等教育出版社,2006.
[8]杨家军.机械原理.武汉:华中科技大学出版社,2009.
[9]谢进,万朝燕,杜立杰.机械原理(第2版).北京:高等教育出版社,2010.
[10]邹慧君,张春林,李杞仪.机械原理(第2版).北京:高等教育出版社,2006.
[11]张春林.机械原理.北京:机械工业出版社,2013.
[12]孔凌嘉.机械设计.北京:北京理工大学出版社,2006.
[13]王宁侠.机械设计.西安:西安电子科技大学出版社,2008.
[14]黄华梁,彭文生.机械设计基础(第三版).北京:高等教育出版社,2001.
[15]钟毅芳,吴昌林,唐增宝.机械设计(第二版).武汉:华中理工大学出版社,2001.
[16]黄平,朱文坚.机械设计基础.广州:华南理工大学出版社,2003.
[17]阮忠唐.联轴器、离合器设计与选用指南.北京:化学工业出版社,2005.
[18]机械设计手册编委会.机械设计手册单行本(滑动轴承).北京:机械工业出版社,2007.
[19]孔凌嘉.简明机械设计手册.北京:北京理工大学出版社,2008.
[20]机械设计手册编委会.机械设计手册.北京:机械工业出版社,2007.
[21]机械设计手册编委会.机械设计手册单行本(齿轮传动).北京:机械工业出版社,2007.
[22]机械设计手册编委会.机械设计手册单行本(带传动和链传动).北京:机械工业出版社,2007.
[23]机械设计手册编委会.机械设计手册单行本(弹簧、摩擦轮及螺旋传动轴).北京:机械工业出版社,2007.

参考文献